INSTRUMENTOS DEL AVION

E. H. J. Pallett

INSTRUMENTOS DEL AVION

1984
PARANINFO S.A.
MADRID

Traducido por:
LUIS FERNANDEZ MARTINEZ

Título original inglés:
AIRCRAF INSTRUMENTS, publicado
por: PITMAN PUBLISHING LIMITED

IMPRESO EN ESPAÑA
PRINTED IN SPAIN

ISBN: 0273015397 (edición inglesa)
ISBN: 84-283-1320-2 (edición española)

Depósito legal: M. 13.852-1984

PARANINFO S.A. Magallanes, 25 - Madrid-15 (3-3157)

Imprime GREFOL, S. A., Pol. II - La Fuensanta - Móstoles (Madrid)

Indice de materias

Prólogo

por Air Cdre Sir Vernon Brown CB, OBE, MA, CEng, FRAeS, HonFSLAET

El avión en el que obtuve mi título de piloto de Aero Club tenía como instrumentos un cuentarrevoluciones del motor y un indicador de presión de aceite, un altímetro que registraba hasta 16.000 pies (y muy lento por cierto) y un anemómetro cuya escala mostraba hasta 75 m.p.h. (la velocidad máxima de un Maurice Farman Longhorn era más o menos 60 m.p.h. y su mejor velocidad de ascensión 28 m.p.h.). Este anemómetro consistía en un recipiente pequeño en forma de taza en el extremo de una varilla en cuya punta había una palanca acodada que accionaba una aguja. Como estaba montada en el montante exterior, cuando se quería ver la velocidad desde el asiento delantero ¡había que girar la cabeza más de 90° a la izquierda!

Mucho ha llovido desde principios de 1915, y con la llegada del avión tipo cabina y el motor de turbina, el avión ha llegado a ser una nave en verdad muy complicada, cuyos fines principales son transportar enormes cantidades de combustible sumamente inflamable a gran velocidad y altura con una carga útil lo más grande posible, o simplemente para destruir a un enemigo antes de que éste lo destruya a él. Naturalmente, la instalación y el mantenimiento de sus instrumentos se ha hecho más difícil.

Este libro de Mr. Pallet se ha escrito con la intención de ayudar a aquéllos cuyo trabajo es mantener el avión en el aire a que entiendan sus instrumentos y, desde luego, los principios fundamentales de su diseño y su aplicación en el vuelo.

Siempre que me invitan a la cabina del piloto, doy gracias a mi estrella por no volar ya excepto como pasajero y admiro a los técnicos responsables de que todo se desarrolle de acuerdo con el plan. Su trabajo es muy difícil, y si el libro de Mr. Pallet les sirve de ayuda, como tengo la seguridad de que lo será, habré hecho una buena labor y recibiré muchísimas felicitaciones.

Prólogo a la segunda edición

La continua demanda de un libro de esta naturaleza ha sido sumamente alentadora. Ha resultado muy grato satisfacer los deseos del editor para la producción de una segunda edición. Durante los siete años de existencia del libro, es inevitable que hayan aparecido tipos nuevos de instrumentos y sistemas asociados. No obstante, como suele suceder generalmente, lo que ha evolucionado han sido los métodos para aplicar los principios establecidos. Se tiene la esperanza de que el estudio de estos principios en la primera edición y sus posteriores tiradas haya ayudado a los lectores que, habiendo encontrado ejemplos prácticos de la moderna "tecnología aplicada" en el curso de su trabajo, hayan tenido que profundizar en los fundamentos de operación.

Con el fin de incluir detalles de ejemplos representativos de nuevos instrumentos en esta segunda edición, se ha efectuado alguna "cirugía" en los detalles relativos a los instrumentos que han quedado anticuados o han caído en desuso. También ha sido necesario, en varios casos, hacer un nuevo arreglo del orden y la denominación de los capítulos ampliando considerablemente su contenido. Como consecuencia de las sugerencias de varios lectores, con los cuales estoy en deuda, se trata más a fondo que en la primera edición ciertos principios de funcionamiento, especialmente los principios de los giróscopos y de los sistemas de transmisión síncronos. Asimismo, se ha incluido una sección sobre factores de conversión y tablas apropiadas a los parámetros medidos por los instrumentos.

También se ha contado con la valiosa ayuda de Smiths Industries, Collins Radio Company of England Ltd., Normalair-Barret Ltd., British Airways y Laker Airways (Services) Ltd. para ilustrar los nuevos temas de este libro, ayuda que les agradezco sumamente, así como el permiso concedido para reproducir varias fotografías y diagramas.

EP
Copthorme
Sussex

Prólogo a la primera edición

El aumento constante del número y ámbito de los instrumentos de los aviones ha seguido el mismo ritmo que la complejidad de éstos; en el desarrollo de los métodos para detectar, procesar y presentar la información de control, también ha aumentado la complicación del diseño y las formas de construcción de los instrumentos. En consecuencia, ¡los instrumentos se asocian frecuentemente con una ciencia rodeada de una considerable "electrosupercherία" contenida dentro de numerosas cajas negras producidas por personas desconocidas que se creen discípulos de Pandora!

No se puede negar, desde luego, la abundancia de cajas negras (¡de cualquier forma actualmente suelen ser invariablemente grises!) y las numerosas variaciones de funcionamiento y construcción, pero igual que en los procesos evolutivos de la mayoría de los campos tecnológicos, la mitad de las veces las complejidades en el desarrollo de nuevos métodos se basan en la aplicación de viejos pero bien establecidos principios. Tenemos, por ejemplo, que en la medición de la altura, la velocidad con respecto al aire y el empuje del motor de turbina, las presiones apropiadas se detectan y miden por las flexiones de elementos detectores tipo cápsula y tipo diafragma exactamente igual que se hizo en los primeros instrumentos creados para medir la presión en los aviones. Análogamente, el funcionamiento de los instrumentos empleados para medir y controlar las temperaturas de los motores depende todavía de los cambios de la resistencia eléctrica y de las características termoeléctricas de ciertos metales bajo condiciones variables de temperatura.

Por lo tanto, al preparar el material para este libro, se han recalcado los principios fundamentales y sus aplicaciones a los instrumentos de vuelo, navegación y supervisión de actuación de los motores. No ha sido posible incluir todos los tipos de instrumentos, pero se considera que los que se tratan abarcan una amplia gama de las instalaciones actuales de instrumentos en los aviones, y proporcionan unos cimientos firmes en los que basar estudios posteriores.

El material está dispuesto en un orden que el autor ha encontrado útil para la realización de los diversos programas de exámenes establecidos para los técnicos de mantenimiento de aviones y los diversos niveles de títulos de piloto. En este sentido se esperaba, por consiguiente, que el libro demostrara ser una fuente útil de referencia tanto para el instructor con experiencia como para el estudiante. Al final de cada capítulo figura una selección de preguntas; el autor queda en deuda con la Society of Licensed Aircraft Engineers and Technologists por el permiso para reproducir preguntas seleccionadas de los textos de examen.

Se ha contado con la valiosa ayuda de varias organizaciones que han facilitado datos técnicos y el permiso para reproducir muchas de las ilustraciones. Así, expresamos nuestro reconocimiento a las siguientes organizaciones: Smith's Industries Ltd., Aviation Division; Sperry Rand Ltd., Sperry Gyroscope Division; Sangamo-Weston Ltd.; Thorn Bendix, (Operating) Ltd; R. W. Munro Ltd.; Dowty Electrics Ltd.; Negretti and Zambra (aviation) Ltd.; Hawker Siddeley Aviation Ltd.

EP

Fondo histórico

En los días de los primeros aviones que alcanzaron el éxito, los problemas que se presentaron para hacerlos funcionar a ellos y a sus motores según procedimientos estrictos y complicados, para navegar distancias de día y de noche en todas las condiciones meteorológicas, eran, desde luego, problemas del futuro. No hay duda que los entusiastas pioneros de entonces pensaban en ellos, pero estaban quizás algo oscurecidos por las emociones de elevarse, maniobrar y aterrizar.

Los aviones que estos pioneros volaban eran más bien cuestión de "palanca de mando y cuerda" con motores algo temperamentales, y toda la combinación era maniobrada por un piloto que yacía, sentado o agazapado precariamente al descubierto, ya que todavía no existía el lujo de una cabina. Tampoco existían instrumentos ideados específicamente para utilizarlos en un avión; después de todo ¿qué fabricante de instrumentos de la época había tenido la necesidad de diseñar, por ejemplo, un instrumento que mostrase la rapidez con que un hombre y una máquina podían desplazarse a través del aire?

Es un poco difícil decir en qué orden se introdujeron los instrumentos en los aviones. Una de las primeras adquisiciones en cuanto los pilotos intentaron volar de A a B fue ciertamente la brújula magnética; los vuelos a mayores distancias necesitaban información sobre el combustible que había en el depósito, así que se instaló un indicador de contenido, el cual solía tener la forma de un indicador de mirilla. En algún otro momento apareció el reloj y fue útil como medio para calcular la velocidad por el método de tiempo/distancia y como ayuda para la navegación. Con tales ayudas suplementarias un piloto podía penetrar en la tercera dimensión volando principalmente por sus sentidos y presumiendo después que ¡quizás los instrumentos no eran necesarios!

A medida que se incorporaron otros entusiastas aparecieron muchos y diversos diseños de aviones, algunos de los cuales disponía de un lugar cubierto para el piloto y un tablero de madera en el que se podían montar los instrumentos de que se disponía entonces. De este modo nacieron la cabina de mando y el panel de instrumentos.

Poco antes del estallido de la primera Guerra Mundial, se prestó alguna atención al desarrollo de instrumentos para emplearlos en los aviones militares y navales; fueron apareciendo los primeros principios de la navegación aérea con diseños para instrumentos adaptados especialmente para este fin. En consecuencia, surgieron algunos instrumentos más en los salpicaderos de ciertos tipos de avión, entre los que se encontraban el altímetro, el anemómetro y los primeros instrumentos del motor –un indicador de r.p.m. y un indicador de presión de aceite.

Durante los años que duró la guerra se introdujeron muy pocos instrumentos nuevos en los muchos tipos de aviones fabricados. Surgió la necesidad de disponer de la indicación de posición de cabeceo y alabeo del avión, lo cual condujo a la introducción del nivel longitudinal y transversal. El primero de estos instrumentos consistía en un tubo de cristal construido especialmente que contenía un líquido que subía y bajaba contra una escala graduada y el último era una versión especialmente adaptada del simple nivel de burbuja de aire.

El proceso principal de los años de guerra en lo que a instrumentos se refiere fue la evolución de los tipos existentes hacia una mayor exactitud, la investigación de nuevos principios y el reconocimiento de que los instrumentos tenían que se diseñados específicamente para soportar la vibración, la aceleración, la variación de temperatura, etc. En este período fue cuando los instrumentos llegaron a ser una rama independiente y definida de la aviación.

Después de la guerra, la aviación entró en lo que se puede denominar su segunda etapa de promoción, en la que los pilotos veteranos de guerra volaron rutas jamás intentadas antes. En 1919, por ejemplo, Alcock y Brown cruzaron por primera vez el Atlántico sin escalas; en el mismo año los hermanos australianos Keith y Ross Smith realizaron el primer vuelo desde Inglaterra a Australia. Estos vuelos y otros realizados en la década de los 20 fueron hechos en aviones militares y con la ayuda de los mismos tipos de instrumentos que se habían utilizado durante la guerra. Aunque estos vuelos establecieron los cimientos para la explotación comercial del avión, pronto se descubrió que no podría ser explotado completamente hasta que los vuelos pudieran realizarse con seguridad lo mismo de día que de noche y en condiciones meteorológicas adversas. Ya se había descubierto que los pilotos perdían pronto su sentido del equilibrio y tenían dificultades para controlar un avión cuando las referencias exteriores no eran visibles. Por consiguiente, se necesitaban instrumentos que ayudaran al piloto en circunstancias que llegaron a conocerse como "condiciones de vuelo sin visibilidad".

El primero y más importante paso en este sentido fue la creación del indicador de viraje basado en los principios del giróscopo. Este instrumento, junto con la brújula magnética, se transformó en una ayuda sumamente útil en el vuelo sin visibilidad y, cuando más adelante se añadió un indicador de inclinación al de viraje, los pilotos pudieron, con mucha paciencia y habilidad, volar "a ciegas" gracias a un pequeño grupo de instrumentos.

No obstante, el progreso en el diseño de aviones y motores avanzó hasta un punto que era fundamental proporcionar más ayudas para perfeccionar el arte de volar sin visibilidad. Se precisaba un instrumento que pudiese sustituir a la referencia del horizonte natural y se pudiese integrar la información obtenida hasta ahora del nivel longitudinal y transversal. También era necesario tener alguna indicación estable del rumbo que no se viese afectada por la aceleración y los virajes –maniobras que durante mucho tiempo habían sido una fuente de serios errores en la brújula magnética.

El resultado de las investigaciones fue la introducción de dos instrumentos más que utilizan principios giroscópicos, llamados horizonte giroscópico y giróscopo direccional, los cuales se probaron con éxito en el primer vuelo con instrumentos en 1929. En este momento también habían aparecido el altímetro sensible y el variómetro en el panel de instrumentos. A los motores se les estaba sobrealimentando y por eso se puso de moda el indicador de presión "auxiliar";

se necesitaba conocer las temperaturas de los sistemas de refrigeración de aceite y líquido así como las presiones de combustible, y con ello se presentó otro problema –los paneles de instrumentos se estaban sobrecargando un poco. Además, estos instrumentos, aunque eran fundamentales, estaban siendo agrupados en el panel un poco al azar, y esto hacía que los pilotos tuvieran alguna dificultad en asimilar las indicaciones, interpretarlas y basar en ellas un curso claro de acción.

Por tanto, hacia la mitad de la década de los 30 aproximadamente, el agrupamiento de los instrumentos llegó a ser más racional, de forma que la "distancia de exploración" entre los instrumentos quedó reducida a un mínimo. El resultado más notable de la racionalización fue la introducción del "panel de vuelo sin visibilidad" independiente que contenía el anemómetro, el altímetro, el horizonte giroscópico, el giróscopo direccional, el variómetro (indicador de velocidad vertical) y el indicador de inclinación lateral y viraje. Este método de agrupamiento de los instrumentos de vuelo se ha mantenido hasta nuestros días.

La expansión continua de la aviación militar y comercial trajo consigo aviones más rápidos y más grandes, aviones polimotores, sistemas de trenes de aterrizaje replegables, sistemas eléctricos, etc., todo lo cual exigía más y más instrumentos. Los diseñadores de instrumentos seguían el mismo ritmo que estas evoluciones introduciendo instrumentos accionados eléctricamente y sistemas de indicación a distancia, pero la instalación de botones, interruptores y palancas para la operación de otros sistemas imponía limitaciones de espacio. Por consiguiente, los pilotos se volvían a enfrentar con problemas para asimilar las indicaciones de los instrumentos colocados al azar. En los aviones polimotores los problemas se agravaron aún más.

Los radios de acción mayores de los aviones polimotores implicaban períodos más largos de permanencia en el aire y presentaban el problema de la fatiga del piloto: un problema no desconocido a los pioneros de los vuelos de larga distancia. Esto se redujo equipando a los bombarderos y a los aviones comerciales de gran radio de acción de los últimos 30 con un piloto automático, un dispositivo cuyo empleo con éxito se remonta a 1917. Con el piloto automático en funciones, los pilotos podían dedicar más atención a la observación de los instrumentos y a las técnicas de navegación y radiocomunicación relacionadas que se habían introducido.

Cuando se crearon los puestos de navegante, operador de radio y mecánico de vuelo, que llegaron a ser características estándar durante la Segunda Guerra Mundial, se dio un paso más hacia adelante en la reducción de la carga de trabajo del piloto. De este modo, se pudieron montar los instrumentos apropiados a los deberes de los miembros de la tripulación en paneles separados, dejando para el piloto los instrumentos esenciales para el manejo del avión en vuelo.

Una de las evoluciones más sobresalientes resultantes de los años de la guerra tuvo lugar en el campo de la navegación, elevando notablemente el uso sin restricciones del sistema de brújula de transmisión a distancia o remota en conjunción con instrumentos tales como los indicadores de posición en tierra y en el aire y las unidades de distancia recorrida en el aire. Los instrumentos de vuelo se habían perfeccionado; la mayor parte de los instrumentos para operación de los motores se diseñaban ahora para funcionamiento eléctrico, y como ayuda para conservar espacio de panel, se habían introducido más instrumentos dobles.

Otro acontecimiento que tuvo lugar y que cambió la fisonomía de la aviación, fue la aparición del motor de turbina de gas. Como motor, abría muchas posibilidades: se podía disponer de más potencia, se podían alcanzar mayores velocidades y alturas, el avión podía ser "más limpio" aerodinámicamente; y al ser su funcionamiento más sencillo, los sistemas necesarios para el mismo podían ser también más sencillos. Desde el punto de vista de los instrumentos, el cambio fue gradual e inicialmente no creó una súbita demanda de tipos de instrumentos completamente nuevos. Las velocidades de rotación de los motores de turbina eran mucho mayores que las de los de émbolo y, por consiguiente, se tuvieron que cambiar los indicadores de r.p.m., y apareció un nuevo parámetro, la temperatura de los gases, que necesitaba un termómetro adicional; pero aparte de estos dos, podían seguir utilizándose todavía los instrumentos de motor y vuelo existentes.

Sin embargo, este estado de cosas duró sólo unos cuantos años después de la guerra. Cuando la industria aeronáutica se multiplicó en tiempo de paz, empezaron a fabricarse varios aviones propulsados por turbinas de gas que volaron junto a los tipos más convencionales. Las peticiones de mayores velocidades y alturas significaban motores más grandes, y como se obtuvieron nuevos materiales de alta temperatura y se desarrollaron sistemas más modernos, se produjo la potencia necesaria, ¡pero el reactor estaba perdiendo mucha de su sencillez en el proceso!

De nuevo se tuvieron que modificar los instrumentos e introducir nuevos diseños. El motor de turbina, por ejemplo, producía bastante menos vibración en el panel de instrumentos y, como consecuencia, había una tendencia a que la li-

Figura 0.—Monoplano Blackburn (1910).

gera fricción estática inherente del mecanismo de un instrumento "detuviese" las agujas. Por consiguiente, se diseñaron los mecanismos de forma que funcionasen correcta y continuamente en ausencia de vibración. Los aumentos de velocidad trajeron consigo un efecto conocido como compresibilidad, y se introdujo el indicador de velocidad denominado medidor de número de Mach, para avisar a los pilotos de su proximidad a una peligrosa situación en vuelo.

Las alturas mayores que se podían alcanzar gracias al motor de turbina y los procedimientos de descenso rápido controlado adoptados posteriormente, necesitaban el empleo de altímetros que tuviesen más alcance y escalas que se pudiesen leer fácilmente y sin ambigüedad. Para cumplir estos requisitos y ayudar a los pilotos a evitar los consiguientes "incidentes de lectura erróneas", el altímetro ha pasado, y sigue pasando, por varias etapas de modificación.

En los aviones también se hicieron avances en el campo eléctrico y electrónico, de modo que se pudiesen emplear nuevas técnicas de medición para los instrumentos; tenemos, como ejemplo, la medición de la cantidad de combustible mediante tipos especiales de condensadores situados en los depósitos de combustible, horizontes giroscópicos accionados eléctricamente e indicadores de inclinación lateral y viraje que proporcionan una mayor estabilidad y mejor actuación a grandes alturas que sus contrapartidas accionados por aire.

Como consecuencia del rápido crecimiento de las radioayudas a la navegación, se introdujeron instrumentos específicos de "radioayuda" para facilitar in-

Figura 1.–Lockheed - 1011 (Tristar) (por cortesía de British Airways).

formación adicional; éstos se emplearon en conjunción con la información proporcionada por los instrumentos estándar de vuelo y navegación. Aunque éstos eran fundamentales para la operación segura de los aviones, particularmente durante las fases de aproximación y aterrizaje, se aumentó la carga de trabajo del piloto y se previó que con el tiempo volvería a ser un problema la colocación de instrumentos independientes en los paneles. Por consiguiente, era natural que se desarrollase una técnica de integración mediante la cual se pudiesen presentar los datos de varias fuentes de los instrumentos en una sola presentación. De esta forma, aparecieron los sistemas de instrumentos de vuelo integrados y directores de vuelo, que son ahora una característica de instrumentación estándar de muchos tipos de aviones actualmente en servicio, no sólo porque facilitan los datos principales de vuelo, sino también porque regulan los sistemas avanzados de control de vuelo automático.

Al crecer la complejidad de los motores, también se necesitaba contar con datos más variados que abarcasen el comportamiento de los motores y los sistemas, por lo que se aumentó el número de indicadores independientes. Sin embargo, la aplicación de componentes eléctricos y electrónicos miniaturizados y las técnicas de microcircuitos han permitido realizar grandes reducciones en las dimensiones de las cajas de los instrumentos, ayudando así a mantener las necesidades de espacio de panel dentro de unos límites razonables. Además, esto ha conducido a la actualización de un método antiguo de presentación de datos, esto es, la escala vertical, para los instrumentos de los motores de varios aviones actuales. Otra técnica aplicada ahora como una característica estándar de la instrumentación de los motores de turbina se basa en la desarrollada con éxito a finales de los 40: el control de la velocidad y la temperatura de los gases de escape de los motores mediante la regulación automática del flujo de combustible. En esta técnica, las señales producidas por los generadores estándar y por los termopares se procesan también electrónicamente y se usan para situar el sistema de válvula de control de combustible apropiado.

De esta brevísima reseña de la evolución de los instrumentos se observará particularmente que en su mayor parte el desarrollo se ha basado en una filosofía de "hacer lo imposible" y se ha orientado continuamente a perfeccionar los métodos para presentar los datos pertinentes. Este ha sido un progreso natural, y la evolución en estas áreas seguirá teniendo suma importancia, corriendo pareja, como lo hace, con la complejidad creciente de los aviones y sus sistemas. Al hombre, como controlador de una "unión hombre-máquina" al desarrollar y operar la máquina, se le ha recordado continuamente las limitaciones de sus medios naturales para detectar y tratar la información de control. Sin embargo, en los procesos evolutivos científicos y técnicos, los métodos de diseño de colocación de los instrumentos y de presentación de datos se han transformado en una parte especializada de la ergomanía, o el estudio del hombre en su ambiente de trabajo; esto, junto con los rápidos avances de la electrónica de la aviación, culmina en la facilitación de instrumentos electrónicos de presentación, elementos medidores computerizados, sistemas de control de vuelo e instrumentos integrados para control totalmente automático, que capacitan al hombre para enfrentarse con una tarea de expansión dentro del alcance normal del rendimiento humano.

1. Requisitos y normas

La complejidad de los aviones modernos y todos los equipos relacionados, así como la naturaleza de las condiciones ambientales en las que deben operar, precisa que el diseño, el desarrollo y la subsiguiente operación se ajusten a los requisitos y normas establecidos. Esto está de acuerdo, desde luego, con otras ramas de la tecnología mecánica y del transporte, pero en la aviación los requisitos y las normas son únicos y, con mucho, los más estrictos.

La formulación y control de los requisitos de aeronavegabilidad, como se les llama, y las normas recomendadas de acuerdo con las cuales se deben diseñar y fabricar la materia prima, los instrumentos y otros equipos, se establecen en los países de origen, fabricación y matrícula del diseño, por los departamentos gubernamentales y/u otros organismos legalmente constituidos. La operación internacional de aviones civiles necesita un reconocimiento internacional de que los aviones cumplen, en la práctica, los requisitos de aeronavegabilidad nacionales respectivos. En consecuencia, es la Organización Internacional de Aviación Civil (OACI) la que establece también normas internacionales de aeronavegabilidad. Estas normas no sustituyen a las disposiciones nacionales, pero sirven para definir las bases mínimas internacionales para el reconocimiento por los países de la certificación de aeronavegabilidad.

No se intenta profundizar en todas las normas –se necesitarían varios volúmenes– sino extraer más bien las relacionadas esencialmente con los instrumentos; al hacerlo así puede establecerse un fundamento útil sobre el cual estudiar los principios de funcionamiento y su aplicación para el cumplimiento de los requisitos exigidos.

REQUISITOS

Situación, Visibilidad y Agrupamiento de Instrumentos

1. Todos los instrumentos se situarán de forma que el miembro correspondiente de la tripulación pueda leerlos fácilmente.
2. Cuando se proporcione iluminación de los instrumentos ésta será suficiente para que se puedan leer y distinguir fácilmente de noche. Las luces de los instrumentos estarán instaladas de tal forma que los ojos del piloto estén protegidos de sus rayos directos para que no sufra reflexiones molestas.
3. Los instrumentos de vuelo, navegación y grupo motopropulsor de uso por parte del piloto serán claramente visibles desde su puesto con la mínima desviación posible de su posición normal y línea de visión cuando mire fuera y delante a lo largo de la trayectoria de vuelo del avión.

4. Todos los instrumentos de vuelo estarán agrupados en el panel de instrumentos y, en tanto sea posible, colocados simétricamente alrededor del plano vertical de la visión hacia adelante del piloto.
5. Todos los instrumentos necesarios del grupo motopropulsor estarán convenientemente agrupados en paneles de instrumentos y de tal forma que el miembro correspondiente de la tripulación los pueda ver fácilmente.
6. En los aviones polimotores, los instrumentos idénticos de los grupos motopropulsores correspondientes a los diversos motores estarán situados de forma que no haya ninguna impresión equivocada en cuanto a qué motores corresponden.

Paneles de Instrumentos

Las características de vibración de los paneles de instrumentos serán tales que no alteren seriamente la precisión de los instrumentos o los deteriore. Las características mínimas aceptables de aislamiento de vibración se establecen mediante normas formuladas por la organización nacional apropiada.

Instrumentos que se han de instalar

Instrumentos de vuelo y navegación

1. Altímetro ajustable para cambios de presión barométrica.
2. Anemómetro.
3. Indicador de velocidad vertical (variómetro).
4. Indicador giroscópico de posición en vuelo de alabeo y cabeceo.
5. Indicador giroscópico de velocidad de viraje (con indicador de alabeo).
6. Indicador giroscópico de dirección.
7. Brújula magnética.
8. Indicador de temperatura del aire exterior.
9. Reloj.

Sistema pitot-estática

Los instrumentos 1, 2 y 3 citados anteriormente forman parte de un sistema pitot-estático del avión, que debe ajustarse también a ciertos requisitos. Estos se resumen de la forma siguiente:

a) El sistema será hermético, excepto por las ventilaciones a la atmósfera y estará colocado de modo que la precisión del instrumento no sea afectada seriamente por la velocidad, la posición o la configuración del avión, o por la humedad u otras materias extrañas.

b) El sistema estará provisto de una sonda pitot-estática calentada para impedir su mal funcionamiento debido a la formación de hielo.

c) Habrá el número suficiente de colectores de humedad para asegurar un drenaje eficaz en todo el conjunto del sistema.

d) En los aviones en los que se vaya a instalar un sistema alternativo o de emergencia, tal sistema ha de ser tan fiable como el principal y cualquier válvula selectora debe estar claramente marcada para indicar qué sistema se está utilizando.

e) El diámetro interior de las tuberías será tal que el retardo de presión y la posibilidad de obturación por humedad se mantengan a un mínimo aceptable.

f) Donde se utilicen ventilaciones de presión estática para eliminar los errores de guiñada, se situarán en lados opuestos del avión y se conectarán entre sí como un solo sistema. Cuando se prescriban sistemas dobles, se instalará un segundo sistema similar.

Instrumentos Giroscópicos

Los instrumentos giroscópicos pueden ser del tipo accionado por vacío o del tipo accionado eléctricamente, pero en todos los casos los instrumentos estarán provistos de dos fuentes de energía independientes, un medio de seleccionar una u otra fuente de alimentación y un medio para indicar que la alimentación funciona satisfactoriamente.

La instalación y el sistema de alimentación deben ser tales que el fallo de un instrumento, o de la alimentación de una fuente, o un fallo en cualquier parte del sistema de alimentación, no perjudique a la alimentación correcta procedente de la otra fuente.

Instrumentos Duplicados

En los aviones en los que se necesiten dos pilotos, es necesario que cada uno de ellos tenga sus propios instrumentos giroscópicos y de pitot-estática. Por consiguiente, deben facilitarse dos sistemas de operación independientes que deben disponerse de tal forma que cualquier fallo que pudiera perjudicar la operación de uno no afecte la operación de ambos.

Brújula Magnética

La brújula magnética se instalará de forma que su precisión no se vea excesivamente afectada por la vibración del avión o los campos magnéticos de naturaleza permanente o momentánea.

Instrumentos del Grupo Motopropulsor

1. Tacómetro para medir la velocidad rotacional de un cigüeñal o de un compresor según el tipo de grupo motopropulsor.
2. Indicador de temperatura de la culata de los cilindros en un motor refrigerado por aire para indicar la temperatura del cilindro más caliente.
3. Indicador de temperatura del aire de entrada del carburador.

4. Indicador de temperatura del aceite que muestre la temperatura de entrada y/o salida del mismo.
5. Para motores turborreactores y turbohélices, un indicador de temperatura para señalar si la temperatura de la turbina o los gases de escape se mantienen o no dentro de sus límites.
6. Indicador de presión de combustible para indicar la presión a la que se está suministrando éste y como medio de aviso de baja presión.
7. Indicador de presión de aceite para señalar la presión a la que se está suministrando a un sistema de lubricación y como medio de aviso de baja presión.
8. Indicador de presión de admisión en el colector para un motor sobrealimentado.
9. Indicador de cantidad de combustible para indicar en galones o unidades equivalentes la cantidad de combustible utilizable en cada tanque durante el vuelo. Los indicadores se calibrarán a lectura cero durante vuelo horizontal de crucero, cuando la cantidad de combustible que quede sea igual al combustible no utilizable, esto es, la cantidad de combustible que haya cuando, en las condiciones más adversas, se produzca la primera evidencia de mal funcionamiento de un motor.
10. Indicador de flujo de combustible para motores turborreactores y turbohélices. Para los motores alternativos no provistos de control automático de mezcla, un aforador o indicador de relación combustible/aire.
11. Indicador de empuje para un motor turborreactor.
12. Indicador de torsión para un motor turbohélice.

NORMAS

En el diseño y fabricación de cualquier producto, lo normal es atenerse a alguna forma de especificación, cuya finalidad es asegurar la conformidad con los procesos de producción requeridos y establecer una norma general para la calidad del producto y su fiabilidad cuando realice la función para la que fue diseñado. Las especificaciones, o normas, como se las conoce comúnmente, las formulan a nivel nacional e internacional organizaciones especializadas. Por ejemplo, en el Reino Unido, la British Standards Institution es el organismo reconocido para la preparación y promulgación de normas nacionales y códigos de métodos, y representa al Reino Unido en la Organización Internacional para Normalización (ISQ), en la Comisión Electrotécnica Internacional (IEC) y en las organizaciones de Europa Occidental que realizan funciones comparables.

Las normas conciernen a todos los aspectos de la teconología; como consecuencia se produce y edita un gran número de ellas en formularios en serie. En lo que se refiere a instrumentos de los aviones y equipos asociados, las normas británicas (British Standards) quedan encuadradas en la serie Aerospace G100 y G200; dan definiciones, requisitos de construcción, dimensiones, datos de calibración, precisión requerida en condiciones ambientales variables y métodos de prueba. Asimismo, en conexión con los instrumentos y equipos electrónicos asociados, se hace referencia con bastante frecuencia a lo que se denomina especificaciones ARINC. Son las siglas de Aeronautical Radio Incorporated, una organización en los Estados Unidos que opera bajo el patronato de los operadores de líneas aéreas, y en estrecha colaboración con los fabricantes.

Una notable especificación de las muchas que ARINC formula es la que establece un conjunto de normas para los elementos denominados familiarmente "cajas negras". Estos factores abarcan principalmente las dimensiones de las cajas, los bastidores de montaje, la situación de los enchufes machos y hembras, y un sistema de pasadores de referencia para asegurar que sólo puede instalarse el equipo correcto en su posición apropiada en el bastidor. El tamaño de la caja se basa en una dimensión de ancho estándar llamada "un ATR" (abreviatura de Air Transport Rack); las variaciones en múltiples simples de esta dimensión proporcionan una gama de anchos de cajas. Existen dos longitudes de caja, denominadas larga y corta, mientras que la altura es estándar. En la Tabla 9, página 414, se detallan las diversas configuraciones.

2. Elementos y mecanismos de los instrumentos

ELEMENTOS

Desde el punto de vista operacional, podemos considerar que un instrumento se compone de los cuatro elementos principales siguientes: (i) el *elemento detector*, que detecta los cambios de valor de la cantidad física o la condición presentada a él; (ii) el *elemento medidor*, que mide realmente el valor de la cantidad física o la condición mediante pequeños desplazamientos traslacionales o angulares; (iii) el *elemento acoplador*, mediante el cual se aumentan y transmiten los desplazamientos; y (iv) el *elemento indicador*, que muestra el valor de la cantidad medida transmitido por el elemento acoplador, por las posiciones relativas de una aguja, o índice, y una escala. En la Fig. 2.1 se muestra la relación entre los cuatro elementos.

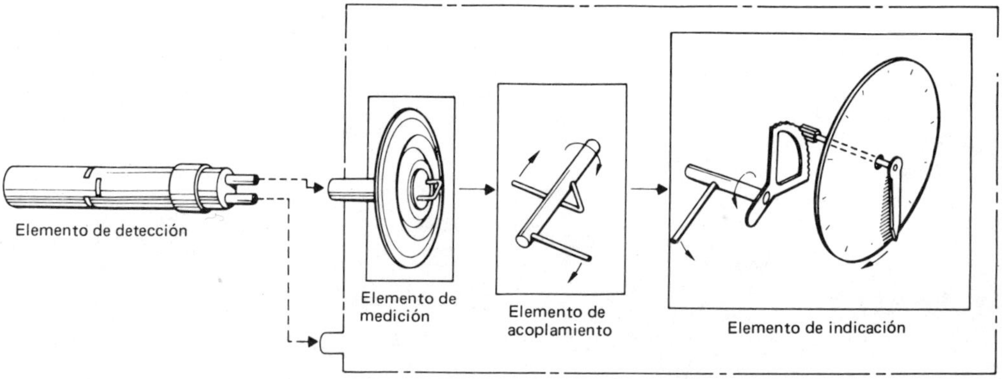

Figura 2.1.—Elementos de un instrumento.

MECANISMOS

En el sentido más estricto, el término *mecanismo*, en lo que se refiere a los cuatro elementos, es una unidad compuesta y contenida dentro de la caja de un instrumento. Sin embargo, puesto que la forma en la que se efectúan e integran las funciones de los elementos se regula por los principios de operación del instrumento pertinente, esto sólo se aplica a muy pocos instrumentos. En la mayoría de las aplicaciones a los aviones, se requiere una separación de algunos de los elementos de modo que tres, o quizás solamente dos elementos, formen el mecanismo dentro de la caja del instrumento. El manómetro de lectura directa mostrado en *a*) en la Fig. 2.2 es un buen ejemplo de una unidad compuesta de elementos mecánicos, mientras que en *b*) se expone un ejemplo de elementos

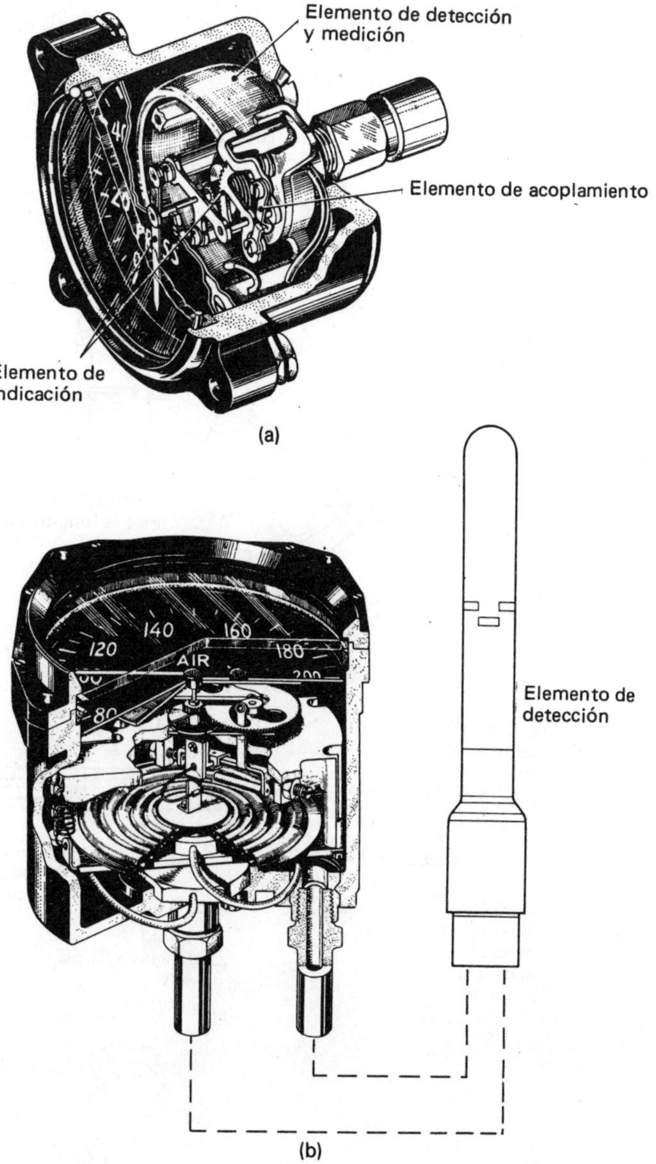

Figura 2.2.–Mecanismos del instrumento. *a*) Indicador de presión de lectura directa; *b*) anemómetro conteniendo elementos de medición, acoplamiento e indicación.

mecánicos independientes aplicados a un anemómetro. En este ejemplo el elemento detector está separado de los otros tres elementos, los cuales, por tanto, forman el mecanismo dentro de la caja.

Hay otros ejemplos que se aclararán cuando estudiemos los capítulos siguientes, pero en esta fase no estará de más considerar el funcionamiento de una serie de mecanismos basados en los principios de palancas y varillas. Estos se utilizan como elementos acopladores que siguen leyes definidas y que pueden introducir cualquier relación entrada/salida requerida. En la utilización de instrumentos de aviación, tales mecanismos de palancas y varillas se limitan principalmente a manómetros de lectura directa e instrumentos de vuelo pitot-estática.

Mecanismo de Palanca

Consideremos en primer lugar el manómetro de tubo Bourdon simple mostrado en *a*) en la Fig. 2.3. El tubo Bourdon forma el elemento detector y el medidor; una articulación simple, una palanca, un cuadrante y un piñón forman el elemento acoplador; el elemento indicador está compuesto por aguja y escala.

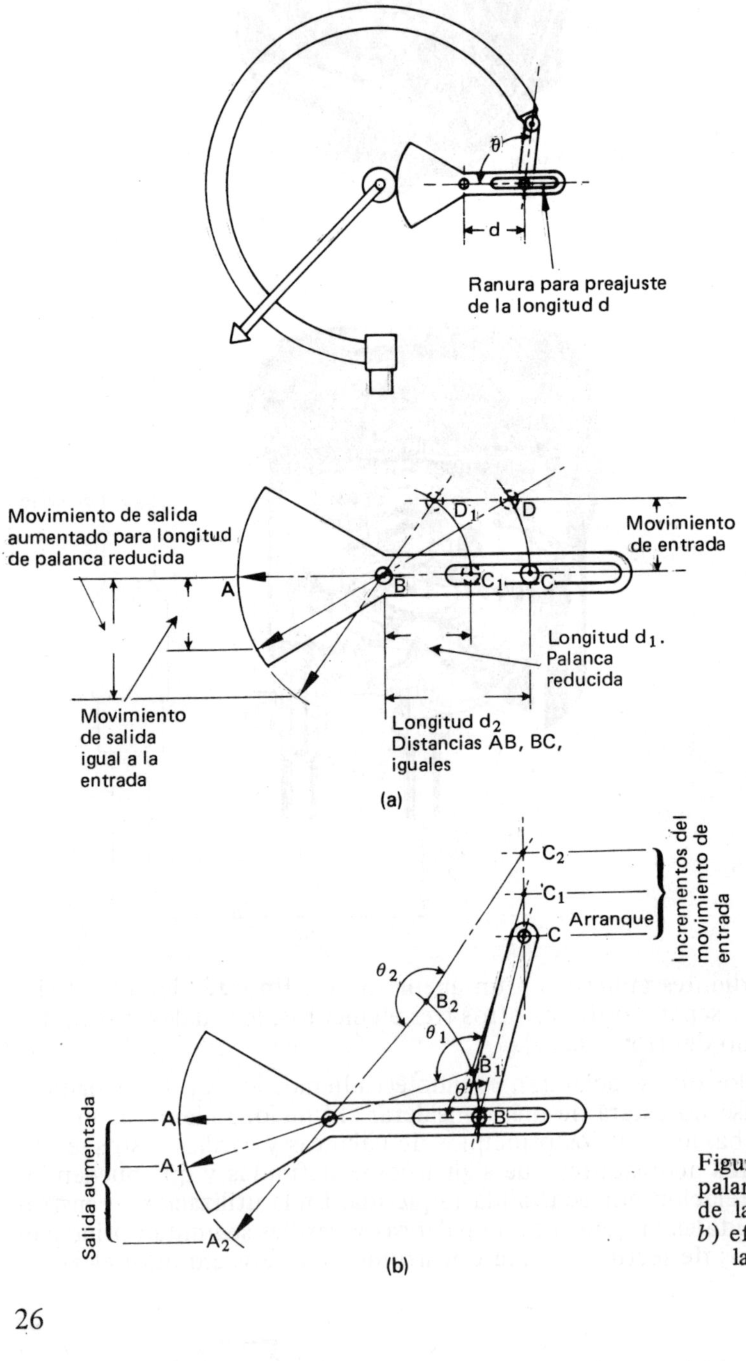

Figura 2.3.–Mecanismo de palanca simple. *a*) Efecto de la longitud de palanca; *b*) efecto del ángulo de palanca en el aumento.

Este mecanismo corresponde al tipo básico de palanca, siendo en este caso la palanca el elemento acoplador completo. Cuando se aplica presión al tubo, éste se desplaza y tal desplazamiento da lugar a movimientos de entrada y salida de los elementos acoplador e indicador, respectivamente, en las direcciones mostradas.

En relación con los mecanismos de este tipo, se usan dos términos que están relacionados con el movimiento y calibración del elemento indicador; son, la *longitud de palanca*, que es la distancia d entre el punto de operación del elemento medidor y el punto de giro de la palanca, y el *ángulo de palanca*, que es el ángulo θ entre la palanca y la varilla que la conecta al elemento medidor.

Con el fin de comprender qué efectos tienen éstos sobre la relación entrada/salida, consultemos otra vez la Fig. 2.3 *a*). El movimiento del elemento indicador es proporcional a la longitud de palanca; por tanto, si la palanca pivota en su centro, este movimiento será igual al movimiento de entrada. Supongamos ahora que el punto de giro se desplaza a una distancia d_1 del punto de operación. La longitud de palanca se reduce ahora de modo que para el mismo movimiento de entrada anterior, el movimiento de salida del elemento indicador aumentará. Según esto, se verá claramente que un aumento de la longitud de palanca a una distancia d_2 producirá un movimiento de salida reducido para el mismo movimiento de entrada.

El efecto del ángulo de palanca sobre la relación entrada/salida es cambiar el grado de aumento, puesto que el mismo ángulo de palanca varía en respuesta al desplazamiento del elemento medidor. Este efecto se ve claramente en la Figura 2.3 *b*). Suponiendo que la línea AB representa el eje de la palanca en su posición de arranque, el ángulo de palanca de arranque será θ. Suponiendo ahora que el elemento medidor está siendo desplazado por aumentos iguales de presión aplicados a él, el punto C de fijación de la articulación se desplazará a C_1 y aumentará el ángulo de palanca en dos fases; primeramente cuando la articulación pivota alrededor del punto B, y segundo, cuando la articulación tira del brazo de palanca del elemento acoplador hacia arriba desde la posición de arranque, llevando el punto B al punto B_1. Por tanto, el eje del brazo de palanca se ha movido a A_1B_1 y el ángulo de palanca ha aumentado a un ángulo total θ_1. Cuando se aplica el siguiente aumento de presión, el punto C alcanza el C_2, el punto B alcanza el B_2, y el eje AB se mueve a A_2B_2, de modo que no sólo se ha aumentado más el ángulo de palanca, sino también el aumento, la distancia de A_1 a A_2, es mucho mayor que la de A a A_1.

Basándonos en lo anteriormente dicho, parecería que los dos efectos se neutralizan y que se producirían indicaciones erráticas. Sin embargo, en todos los instrumentos que emplean mecanismos de palanca, se facilitan medios para el ajuste de las longitudes y ángulos de palanca, de forma que el elemento indicador siga la ley de calibración requerida dentro de los límites permisibles.

Mecanismos de varillas

A diferencia de los mecanismos puros de palanca, los mecanismos de varillas prescinden de varillajes unidos por pasadores o tornillos para la interconexión de componentes y dependen de varillas en contacto entre sí, que se deslizan con relación unas a otras para la generación de la relación entrada/salida. El contacto entre las varillas se mantiene en todas las condiciones mediante el empleo de un muelle capilar que tensa todo el mecanismo.

Estos mecanismos, mostrados en la Fig. 2.4, encuentran su mayor aplicación en los instrumentos de vuelo y pueden dividirse en tres clases principales denominadas en función de las relaciones trigonométricas que regulan su operación. Son: (i) el mecanismo sinusoidal, (ii) el mecanismo tangente y (iii) el mecanismo tangente doble.

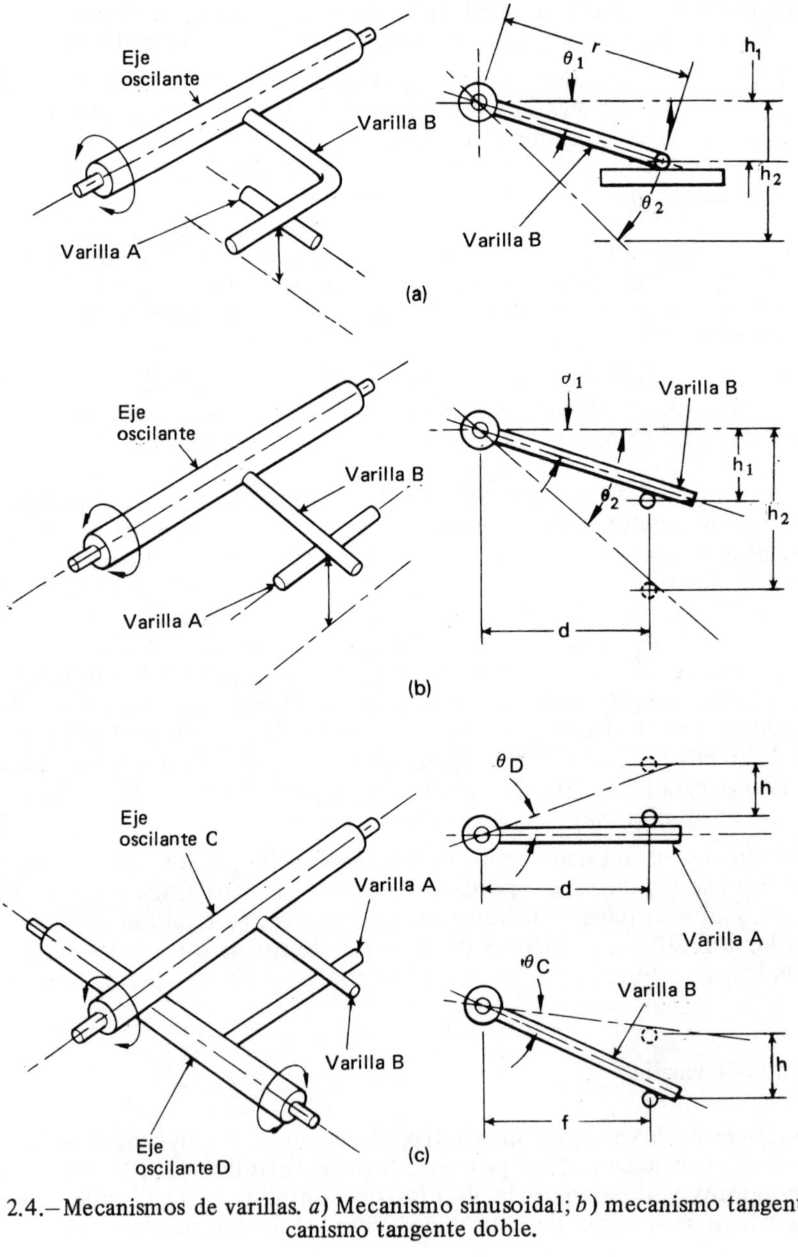

Figura 2.4.—Mecanismos de varillas. *a*) Mecanismo sinusoidal; *b*) mecanismo tangente; *c*) mecanismo tangente doble.

El *mecanismo sinusoidal*, Fig. 2.4 *a*), se emplea en ciertos tipos de anemómetros como la primera etapa del elemento acoplador y comprende dos varillas A y B en contacto deslizante y un eje de balancín C al cual va fijada la varilla B. En respuesta al desplazamiento del elemento medidor, el movimiento de entrada de la varilla A está en un plano vertical, haciendo que la varilla B se deslice a lo largo de él y que al mismo tiempo haga girar al eje de balancín. El punto de contacto entre las dos varillas permanece en un radio r constante desde el centro del eje de balancín.

La rotación del eje de balancín viene dada por la relación trigonométrica

$$h_2 - h_1 = r\,(\operatorname{sen}\theta_2 - \operatorname{sen}\theta_1)$$

donde h es el movimiento vertical de entrada de A y θ el ángulo de la varilla B. La magnitud de movimiento utilizable (θ en el diagrama) de la varilla B es $\pm 60^\circ$ y el ángulo en el que empieza dentro de esta magnitud depende del aumento requerido para la calibración. Por ejemplo, si la varilla A se mueve hacia arriba desde un ángulo de arranque en -60°, la amplificación es al principio alta y luego disminuye con el movimiento continuo de la varilla A. Cuando el ángulo de arranque está en o cerca de la posición de cero grados, el grado de aumento es cada vez mayor.

Un mecanismo *tangente* es parecido al sinusoidal, pero como observarán en la Fig. 2.4 *b*), el punto de contacto entre las dos varillas permanece en una distancia d perpendicular constante del centro del eje de balancín. La rotación de este eje viene dada por la relación

$$h_2 - h_1 = d\,(\operatorname{tg}\theta_2 - \operatorname{tg}\theta_1).$$

El grado de aumento de este mecanismo es opuesto al de uno sinusoidal excepto en un ángulo de arranque cero o cerca de cero, donde sen θ y tg θ son aproximadamente iguales.

En la Fig. 2.4 *c*) puede verse un *mecanismo tangente doble*, el cual se emplea cuando el movimiento giratorio de un eje ha de transferirse a través de un ángulo recto. Una utilización típica es parecida a la segunda etapa de un elemento acoplador del anemómetro y para el mecanismo del elemento indicador.

Como puede verse claramente por el diagrama, está formado básicamente por dos mecanismos tangentes en serie, de forma que el movimiento giratorio de uno de los ejes se convierte en movimiento giratorio del otro. La relación entrada/salida es una relación combinada que supone dos conversiones trigonométricas; la primera está relacionada con el movimiento del punto de contacto entre las varillas A y B y viene dada por

$$h = d\,(\operatorname{tg}\theta_{D_2} - \operatorname{tg}\theta_{D_1})$$

donde d es la distancia perpendicular entre el eje del eje C y el plano de contacto entre A y B; θ_D es la rotación de D. La segunda conversión viene dada por

$$h = f\,(\operatorname{tg}\theta_{C_2} - \operatorname{tg}\theta_{C_1})$$

donde f es la distancia perpendicular entre el eje del eje C y el plano de contacto entre A y B, y θ_C la rotación del eje C. Cuando los planos de movimiento de las varillas A y B se intersectan en ángulo recto y las varillas son rectas, la combinación de las dos conversiones da la relación:

$$d\,(\mathrm{tg}\,\theta_{D_1} - \mathrm{tg}\,\theta_{D_2}) = f\,(\mathrm{tg}\,\theta_{C_1} - \mathrm{tg}\,\theta_{C_2}).$$

El *mecanismo tangente oblicuo* es una variante del de tangente doble. En éste, los ejes de balancín son ortogonales, pero los planos de las varillas A y B no se intersectan en ángulo recto.

ENGRANAJES

Los elementos de acoplamiento e indicación de muchos instrumentos de avión emplean engranajes de una forma u otra, para la conversión directa de movimiento en línea recta o en forma de arco en giratorio total, y para aumentar o disminuir el movimiento. En la Fig. 2.5 puede verse de forma esquemática cómo se emplean los engranajes en un instrumento que utiliza un tipo de elemento indicador de varias agujas. El sector dentado y su piñón de engrane proporcionan el aumento inicial del desplazamiento del elemento medidor. El engranaje es una pequeña parte de una rueda dentada grande, y puesto que tiene tantos dientes en unos cuantos grados de arco como el piñón en todo él, el sector sólo necesita girar unos cuantos grados para que el piñón dé una vuelta completa. Los otros engranajes que aparecen en la Fig. 2.5 están diseñados para proporcionar una relación concreta de aumento entre sus agujas respectivas y la aguja accionada por el sector dentado y el piñón.

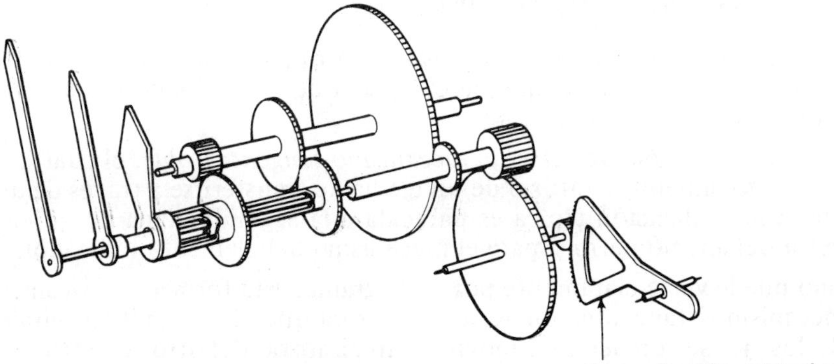

Figura 2.5.–Conjunto de engranajes para un elemento de indicación de varias agujas.

Al emplear engranajes en los instrumentos y en los sistemas de control, se ha tenido que hacer frente al problema de que un engranaje puede girar siempre un poco antes de arrastrar al que engrana con él. Esta pérdida de movimiento, o *juego entre dientes* como se la denomina, es inevitable, puesto que las dimensiones de los dientes de los engranajes deben dejar siempre algo de "juego" para evitar que éstos se agarroten. Por consiguiente, hay que buscar otros métodos que reduzcan al mínimo los efectos inestables que pueda crear este juego entre dientes.

El método más comúnmente adoptado en los mecanismos dentados consiste en el uso de un muelle en espiral. El muelle en espiral suele formar parte de un elemento indicador y está situado de forma que uno de los extremos está fijado al eje de la aguja y el otro al armazón del mecanismo. En funcionamiento, el muelle, debido a la tensión, tiene siempre una tendencia a desarrollarse; de esta forma se elimina el juego entre dientes y éstos se mantienen en contacto.

Otro método, que se adopta en ciertos sistemas de instrumentos que implican la transmisión de datos, es el *engranaje antijuego entre dientes*. Consta éste de dos engranajes idénticos montados libremente frente a frente en un cubo común e interconectados por medio de dos muelles, de modo que, en realidad, es una sola rueda dentada dividida. Antes de que el engranaje engrane con su compañero, una de las mitades se gira uno o dos dientes, estirando, de este modo, los muelles. Después del engranaje, los muelles tienden siempre a situar de nuevo a las dos mitades del engranaje en la posición estática sin carga; de esta forma, la superficie de todos los dientes se mantiene en contacto. La torsión ejercida por los muelles es siempre mayor que los pares de torsión de funcionamiento del sistema de transmisión, para que la resiliencia necesaria para la actuación de los engranajes no sea afectada.

MUELLES EN ESPIRAL

Los muelles en espiral son dispositivos fabricados con precisión que, además de la función antijuego entre dientes que ya hemos citado, sirven también como dispositivos controladores contra los cuales se equilibran las fuerzas deflectoras para establecer las leyes de calibración requeridas (como en los instrumentos eléctricos de bobina móvil) y para devolver a los elementos de acoplamiento e indicación a sus posiciones originales según y cuando se retiren las fuerzas deflectoras.

En la mayoría de los casos, los muelles en espiral son del tipo de bobina plana con el extremo interior fijo a un engaste, lo que hace que se le pueda instalar a presión en su eje correspondiente, quedando el extremo exterior sujeto a un punto adyacente al armazón del mecanismo. En la Fig. 2.6 *a*) puede verse un conjunto típico, en el que se observará que el método de sujeción permite cierto grado de ajuste de torsión del muelle y ajuste inicial del elemento indicador.

En ciertos tipos de instrumentos eléctricos de medida, debe facilitarse un medio para ajuste exterior de la aguja en la posición cero de la escala. En la Figura 2.6 *b*) se muestra un método comúnmente adoptado. El extremo interior del muelle está sujeto al eje de la aguja, pero el exterior está sujeto a una placa circular cargada por fricción alrededor del tornillo-eje anterior. Una horquilla, que forma parte integral de la placa, engrana con un pasador montado excéntricamente en un tornillo en la parte frontal del instrumento. El tornillo, al girar, desvía la placa, girando de este modo el muelle, el eje y la aguja a una nueva posición sin alterar la carga de torsión del muelle.

Los muelles en espiral suelen ser de bronce fosforoso y cobre berílico, y su fabricación exige un control y graduación precisos del grosor, diámetro y carga de torsión, de forma que se ajusten a las características de operación de las distintas clases de instrumentos.

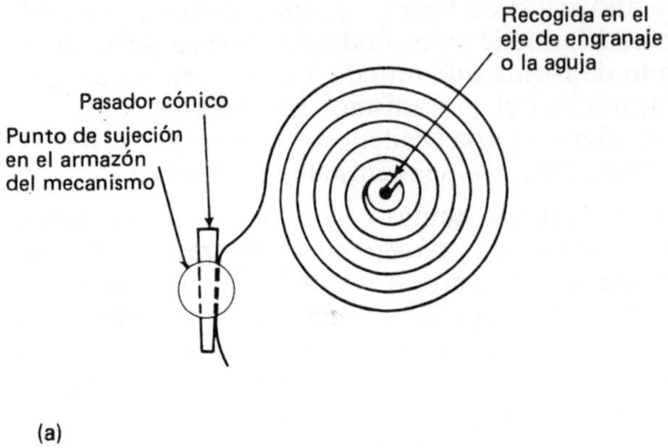

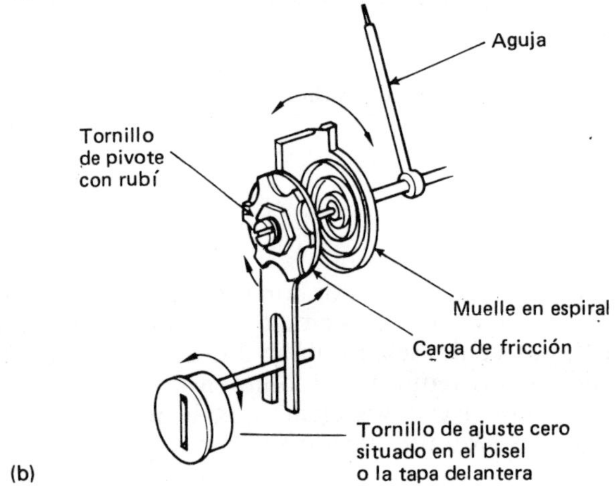

Figura 2.6.—Muelles en espiral. *a*) Método de sujeción; *b*) método de ajuste cero.

COMPENSACION DE TEMPERATURA DE LOS MECANISMOS DE LOS INSTRUMENTOS

En la construcción de los mecanismos de los instrumentos se utilizan varios metales y aleaciones, e inevitablemente, pueden producirse cambios en sus características físicas con las variaciones de la temperatura en sus proximidades. En algunos casos se pueden aprovechar deliberadamente estos cambios como base de operación; en ciertos termómetros eléctricos, por ejemplo, los cambios en una resistencia eléctrica de metal forman la base de la medición de temperatura. Sin embargo, éste y otros cambios de las características no son siempre deseables y, por consiguiente, se hace necesario tomar medidas para neutralizar los que, si no se comprueban, introducirían errores de indicación debido solamente a los cambios de temperatura del medio ambiente.

Los métodos adoptados para *compensación de temperatura*, como se denomina, varían según el tipo de instrumento al que se aplican. El método más antiguo de compensación es el que utiliza el principio de tira bimetálica y se aplica a diversos instrumentos, como anemómetros, altímetros, indicadores de velocidad vertical e indicadores de temperatura de los gases de escape.

Método de tira bimetálica

Una *tira bimetálica*, como su propio nombre indica, consta de dos metales unidos en su superficie de contacto para formar una sola tira. Uno de los metales es invar, una forma de acero con un 36% de contenido de níquel y un coeficiente despreciable de dilatación lineal, mientras que el otro metal puede ser latón o acero, los cuales tienen altos coeficientes de dilatación lineal. De este modo, cuando la tira es sometida a un aumento de temperatura, el latón o el acero se dilatarán y cuando la tira sea sometida a una disminución de temperatura se contraerán. La tira de invar, por otra parte, al tener un coeficiente despreciable de dilatación, mantendrá siempre la misma longitud y, al estar firmemente unida al otro metal, hará que toda la tira se doble.

En la Fig. 2.7 *a*) se muestra la utilización del principio de tira bimetálica en un mecanismo típico tipo varillas. En este caso, la barra de referencia vertical conectada al eje de balancín es bimetálica y se apoya contra el brazo acoplado al sector dentado del elemento indicador.

El principal efecto que los cambios de temperatura tienen sobre este mecanismo es la dilatación y contracción de la cápsula, tendiendo, por tanto, a hacer que el elemento indicador lea de más o de menos. Supongamos, por ejemplo, que las posiciones adoptadas por los elementos del mecanismo son las que se obtienen cuando se mide una cantidad conocida a la temperatura normal de calibración de 15 °C, y que la temperatura se aumenta gradualmente. El efecto de la elevación de la temperatura en el material de la cápsula es hacerlo más flexible, de forma que se dilatará más para llevar la barra de referencia en la dirección indicada por las flechas continuas (Fig. 2.7 *b*)). Como la barra está en contacto con el brazo del sector dentado, el elemento indicador tiene la tendencia a leer de más. Sin embargo, el aumento de temperatura tiene un efecto simultáneo sobre la barra, la cual, al ser un bimetal y a causa de la posición de la parte de invar, se curvará o flexará en la dirección indicada por la flecha de puntos, contrarrestando así la dilatación de la cápsula y manteniendo una lectura cons-

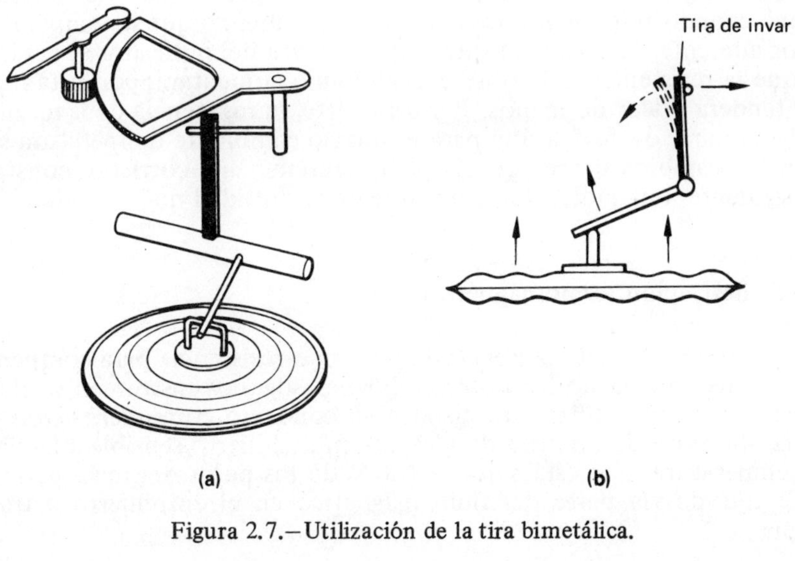

Figura 2.7.—Utilización de la tira bimetálica.

tante en el elemento indicador. Cuando se disminuye la temperatura, el material de la cápsula "se pone rígido" y se contrae, de forma que el elemento indicador tiende a leer de menos; como se verá claramente en el diagrama, la barra de referencia bimetálica mantendrá una lectura constante al curvarse o flexar en la dirección contraria.

En algunos instrumentos, los indicadores de temperatura de los gases de escape, por ejemplo, pueden dar errores de indicación debido a los efectos de la temperatura ambiental sobre los valores de la fuerza electromotriz producida por un sistema de termopar.

Aunque tales errores son en el fondo el resultado de los cambios de una cantidad eléctrica, también pueden compensarse mecánicamente o mediante la aplicación del principio de tira bimetálica. No obstante, como este método está estrechamente relacionado con los principios de operación de los instrumentos termoeléctricos, lo estudiaremos detalladamente en el momento apropiado.

Método de termorresistencia

Muchos de los instrumentos empleados para medir la temperatura en los aviones son del tipo de bobina móvil eléctrica, y como el material de la bobina suele ser cobre o aluminio, las variaciones de temperatura del indicador pueden ocasionar cambios de la resistencia eléctrica del material. En un capítulo posterior estudiaremos los principios de los instrumentos de bobina móvil, pero en este momento podemos citar que, puesto que dependen de la corriente eléctrica para su funcionamiento, la cual es regulada por resistencia, los efectos de la temperatura pueden dar lugar a errores de indicación que necesiten compensación.

Uno de los métodos de compensación adoptado utiliza una *termorresistencia* o *termistor* conectado en el circuito del indicador. Una termo-resistencia, que se compone de una mezcla de óxidos metálicos, tiene un coeficiente muy grande de resistencia a la temperatura, que suele ser negativo; esto es, su resistencia disminuye cuando la temperatura aumenta. Suponiendo que la temperatura del indicador aumente, la corriente que fluye a través del indicador se verá reducida, porque la resistencia del cobre o el aluminio aumentará; por lo tanto, el indicador tenderá a leer de menos. Por otra parte, la resistencia de la termorresistencia disminuirá, de forma que para el mismo cambio de temperatura se compensarán los cambios de resistencia para mantener una corriente constante y, por consiguiente, una indicación constante de la cantidad que se mide.

Método de derivación termomagnética

Como método alternativo al método de termo-resistencia para compensar los cambios de resistencia de las bobinas móviles, algunos instrumentos de medición de temperatura utilizan un dispositivo conocido como *derivación termomagnética*. Se trata de una tira de aleación níquel-hierro sensible a las variaciones de temperatura, que está sujeta a través de los polos del imán permanente de forma que desvía parte del flujo magnético en el entrehierro a través de ella misma.

Como anteriormente, supongamos que la temperatura del indicador aumenta. La resistencia de la bobina móvil aumentará, oponiéndose de este modo al flujo de corriente a través de la bobina, pero, al mismo tiempo, aumentará también la reluctancia ("resistencia magnética") de la tira de aleación, de forma que se desvía menos flujo del entrehierro. Puesto que la torsión deflectora ejercida sobre una bobina móvil es proporcional al producto de la corriente y el flujo, el flujo aumentado del entrehierro compensa la reducción de corriente para mantener una torsión constante y por tanto una lectura indicada también constante. Para efectuar la compensación requerida pueden instalarse varias tiras termomagnéticas de acuerdo con el tamaño del imán permanente.

HERMETICIDAD DE LOS INSTRUMENTOS CONTRA LOS EFECTOS ATMOSFERICOS

En los aviones presurizados, las condiciones de presión atmosférica interna están aumentadas a un valor mayor que el predominante a la altitud a la que está volando el avión. En consecuencia, los instrumentos que usan presión atmosférica exterior como punto de referencia, los altímetros, los indicadores de velocidad vertical (variómetros) y los anemómetros, por ejemplo, pueden ser imprecisos en sus lecturas si en sus cajas entrase aire a la presión de cabina. Por consiguiente, las cajas están cerradas herméticamente para soportar presiones mayores de las normales en condiciones presurizadas. La presión exterior a la cual es eficaz la hermeticidad es normalmente 15 libras/pulgada cuadrada.

Los instrumentos de medida de presión de lectura directa del tubo Bourdon, o tipo cápsula, conectados a una fuente de presión fuera de la cabina de presión, también pueden dar errores. Tales errores se corrigen utilizando cajas herméticas y ventilándolas a la presión atmosférica exterior.

Muchos de los instrumentos que se utilizan actualmente dependen, para su funcionamiento, de circuitos eléctricos sensibles y mecanismos que deben protegerse contra los efectos adversos de la temperatura, la presión y la humedad atmosféricas. Esta protección se realiza llenando las cajas con un gas inerte, como nitrógeno o helio, y cerrándolas luego herméticamente.

PREGUNTAS

2.1. ¿Cuáles son los cuatro elementos principales que componen un instrumento?

2.2. Definir la longitud y el ángulo de palanca y citar los efectos que tienen sobre un instrumento que utilice un mecanismo de palanca.

2.3. *a*) ¿Cuáles son las diferencias esenciales entre un mecanismo de palanca y otro de varilla? *b*) Citar alguna utilización típica en instrumentos de aviones.

2.4. ¿Qué se entiende por el término "movimiento perdido"? Describir los métodos adoptados para reducir al mínimo sus efectos.

2.5. Describir un método mediante el cual puedan corregirse automáticamente las indicaciones de los instrumentos según las variaciones de temperatura.

3. Presentaciones, paneles y disposiciones de los instrumentos

En vuelo, un avión y su tripulación forman un conjunto "hombre-máquina" que, según el tamaño y el tipo de avión, puede ser bastante sencillo o muy complejo. La función de la tripulación dentro del conjunto es la de controlar, y la importancia de la función de control depende de la simplicidad o no de la máquina como un todo integrado. Por ejemplo, al volar manualmente un avión, e iniciar manualmente los ajustes de los sistemas fundamentales, se dice que la función del controlador es muy activa. Si, por el contrario, el vuelo de un avión y los ajustes de los sistemas fundamentales son automáticos, entonces la función del controlador es meramente de verificación, con la posibilidad de pasar a la función activa en caso de fallo de los sistemas.

Desde luego, los instrumentos juegan un papel sumamente vital en el aspecto de control, ya que son el medio de comunicar datos entre los sistemas y el controlador. Por consiguiente, con el fin de que un controlador pueda obtener una excelente calidad de control y también para reducir al mínimo el esfuerzo mental al interpretar datos, es necesario prestar la máxima consideración al contenido y a la forma de la presentación de datos.

Las formas más comunes de presentación de datos aplicadas a los instrumentos de aviones son *a*) *cuantitativa*, en la que la cantidad variable que se mide se presenta en términos de un valor numérico y mediante la posición relativa de una aguja o índice, y *b*) *cualitativa*, en la que la información se presenta en forma simbólica o gráfica.

PRESENTACIONES CUANTITATIVAS

Existen tres métodos principales mediante los cuales puede presentarse la información: (i) la *escala circular*, o más familiarmente, la escala tipo "reloj", (ii) la *escala recta* y (iii) el *digital*, o contador. Veamos detalladamente estos tres métodos.

Escala circular

Puede considerarse como el método clásico de presentar información en forma cuantitativa, y se muestra en la Fig. 3.1.

La *base de escala*, o círculo de graduación, es la línea, que puede ser real o presunta, que va de un extremo a otro de la escala y por la cual se determinan las marcas de la escala y la línea de recorrido de la aguja.

Las *marcas de la escala*, o marcas de graduación, son las marcas que constituyen la escala del instrumento. En las presentaciones cuantitativas es de suma

Figura 3.1.–Presentación cuantitativa en escala circular.

importancia que el número de graduaciones se escoja cuidadosamente con el fin de obtener interpretaciones rápidas y exactas de las lecturas. Si la escala está dividida en demasiado pocas graduaciones, puede perderse información vital y producirse errores de lectura. Si, por otra parte, hay demasiadas graduaciones, se malgastará tiempo, puesto que la velocidad de lectura disminuye cuando aumentan las graduaciones. Además, un observador puede lograr un sentido falso de exactitud si el número de graduaciones hace que se pueda leer la escala con precisión a, digamos, una unidad (la unidad más pequeña marcada), cuando en realidad el instrumento tiene un error inherente que le hace que sea exacto a, digamos, dos unidades. En cuanto a lo que se refiere a instrumentos de avión de presentación cuantitativa, los fabricantes siguen una regla sencilla que consiste en dividir las escalas de modo que las graduaciones representen unidades de 1, 2 ó 5, ó múltiplos decimales de éstas. También tienen importancia los tamaños de las graduaciones; el principio general adoptado es que las graduaciones que se han de numerar sean las más grandes, mientras que las intermedias sean más cortas y, por lo general, todas de la misma longitud.

La separación también tiene gran importancia, pero puesto que es regulada por leyes físicas con relación a la cantidad que se mide, no puede haber uniformidad completa entre todas las presentaciones cuantitativas. Generalmente, sin embargo, existen dos grupos distintos, *lineal* y *no lineal*; en otras palabras, escalas con graduaciones espaciadas uniforme y no uniformemente. En la Fig. 3.2 se muestran ejemplos típicos, en los que puede observarse que las presentaciones no lineales pueden ser del tipo de ley cuadrática o ley logarítmica; en este caso las leyes físicas están en relación con la velocidad respecto al aire y el cambio de régimen de altitud respectivamente.

El orden de numeración siempre aumenta a derechas, esto es, en el sentido de las agujas del reloj, ajustándose de este modo a lo que se denomina "expectativa visual" del observador. En un instrumento que tenga un centro cero, esta regla sólo se aplicaría, desde luego, a la escala positiva. Igual que en el caso de las graduaciones, la numeración es siempre en pasos de 1, 2 ó 5, ó múltiplos decimales de éstos. Los números pueden marcarse en la esfera bien en el interior o bien en el exterior de la base de escala; es preferible el último método puesto que los números no quedan cubiertos por la aguja durante su recorrido por la escala.

La distancia entre los centros de las graduaciones que indican los valores mínimo y máximo de la gama de medición elegida, y medida a lo largo de la base

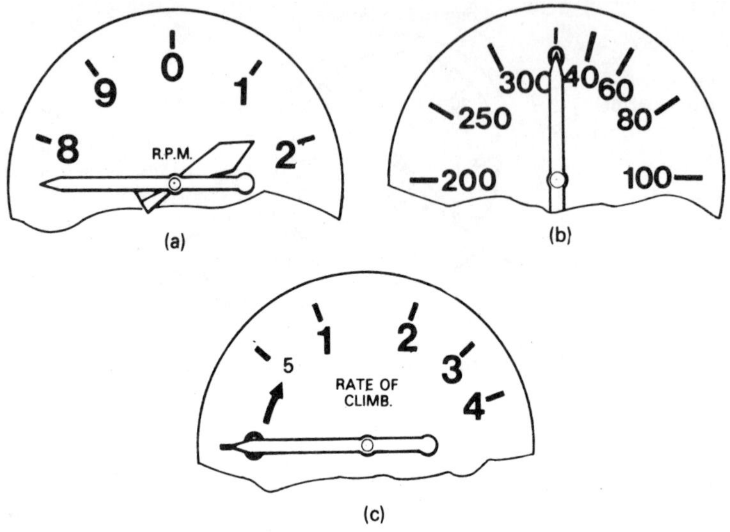

Figura 3.2.–Escalas lineales y no lineales. *a*) Lineal; *b*) ley cuadrática; *c*) logarítmica.

de la escala, se llama *longitud de la escala*. Los factores que regulan la elección de la longitud de la escala para una gama particular son el tamaño del instrumento, la exactitud con que se necesita leerlo y las condiciones bajo las que ha de ser observado. En condiciones ideales y basándose en consideraciones puramente teóricas, se ha calculado que la longitud de una escala proyectada para observarla a una distancia de 75 cm y que pueda leerse al 1% de la cantidad total indicada, debe ser de 5 cm (sea cual fuere su forma). Esto quiere decir que para un instrumento de escala circular sería suficiente una caja de 2 1/2 cm de diámetro. Sin embargo, los instrumentos de avión deben conservar su legibilidad en condiciones que a veces pueden estar lejos de ser ideales –luz variable, vibraciones de panel de instrumentos, etc. En consecuencia, debe haber algún grado de unificación de los tamaños de las cajas, siendo dictada la utilización de tales cajas por la exactitud de lectura y la frecuencia con que se necesitan las observaciones. Los instrumentos que presentan información que se ha de leer exactamente y a intervalos frecuentes tienen escalas de unos 18 cm de longitud instaladas en cajas estándar de unos 9 cm (3 1/4 pulgadas), mientras que las que hay que observar sólo de vez en cuando, o de las que sólo se necesitan lecturas aproximadas, tienen escalas más cortas y sus cajas son más pequeñas.

Presentaciones en escalas largas de gran alcance

Para medir algunas cantidades, revoluciones por minuto del motor, velocidad con respecto al aire y altitud, por ejemplo, se necesitan escalas muy largas, puesto que las gamas de medición son altas. Esto hace que sea difícil presentar tales cantidades en escalas circulares sencillas en cajas de tamaño estándar, particularmente en lo que respecta al número y separación de las graduaciones. Si se necesita un número grande de graduaciones, su separación podría ser demasiado pequeña para que pudiera leerse con rapidez, mientras que, por otra parte, una reducción del número de graduaciones con el fin de aumentar la separación también originaría errores a la hora de interpretar valores en puntos entre graduaciones de la escala.

En la Fig. 3.3 se muestran algunas de las soluciones prácticas adoptadas ante las dificultades encontradas. La presentación mostrada en *a*) es quizás la forma más sencilla de adaptar longitudinalmente una escala; dividiéndola en dos escalas concéntricas y haciendo que la interior sea la continuación de la exterior. Para registrar en ambas escalas puede utilizarse una sola aguja movida por dos revoluciones, pero como esto también puede conducir con demasiada frecuencia a una lectura errónea, es mucho mejor una presentación por dos agujas interconectadas de diferente tamaño. En algunos diseños actuales de indicador de revoluciones por minuto de motor de turbina puede encontrarse un ejemplo práctico de esta presentación. En este caso, una aguja grande gira en la escala exterior para indicar centenas de revoluciones por minuto y, al mismo tiempo, una aguja más pequeña gira en la escala interior para indicar millares de revoluciones por minuto.

En la Fig. 3.3 *b*) se representa un método que se emplea en cierto tipo de anemómetros; en su concepto básico es similar al que acabamos de describir. En este diseño, sin embargo, una sola aguja gira en una escala circular y arrastra una segunda escala en vez de una aguja. Esta escala giratoria, que registra cientos de millas por hora cuando la aguja gira revoluciones completas, se ve en una abertura en la esfera principal.

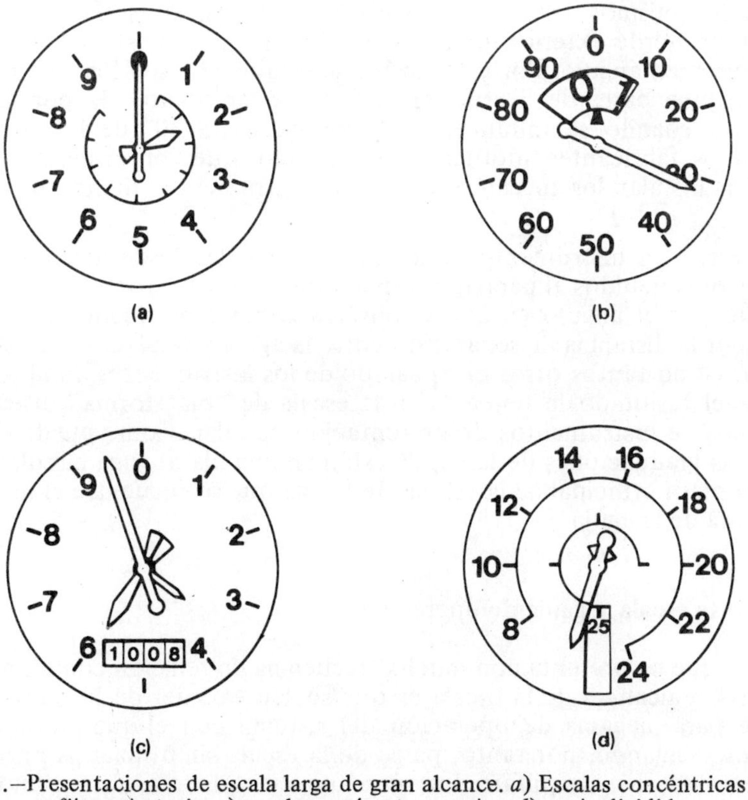

Figura 3.3.–Presentaciones de escala larga de gran alcance. *a*) Escalas concéntricas; *b*) escalas fija y giratoria; *c*) escala común, tres agujas; *d*) aguja dividida.

Un tercer método de presentación es el mostrado en *c*), en el que tres agujas concéntricas de diferente tamaño comparten una escala común. La aplicación de esta presentación se ha limitado principalmente a los altímetros; la aguja grande indica centenas, la intermedia millares y la pequeña decenas de miles de pies. Este método de presentación tiene varios inconvenientes, siendo el principal que se tarda demasiado en interpretar una lectura y da origen frecuentemente a lecturas erróneas.

En la Fig. 3.3 *d*) puede verse un método de presentación relativamente reciente para medir la velocidad con respecto al aire. Se observará que se adopta una escala exterior y otra interior y que también parece haber una sola aguja. Sin embargo, hay dos agujas que se mueven juntas y leen en la escala exterior durante su primera vuelta. Cuando se ha terminado ésta, la punta de la aguja más larga queda cubierta por una placa pequeña y no puede moverse más allá de este punto de la escala. La más corta sigue moviéndose para leer en la escala interior.

Angulo de observación

Otro factor que tiene una gran importancia en la elección de la longitud correcta de escala y el tamaño de la caja es el ángulo en el que se observa el instrumento. Es importante porque, aunque se podrían utilizar escalas más largas en los mismos tamaños de cajas pertinentes, la escala estaría situada tan cerca del borde exterior de la placa de la esfera que éste quedaría oscurecido al mirar en ángulo. Por esta razón, se estableció también una norma por la que ninguna parte del instrumento debía estar oscurecida por la caja del instrumento cuando se mirara en ángulos de hasta 30° de la posición normal. Algunos fabricantes adoptaron un método, que conforme a esta norma, consiste en instalar los mecanismos de los instrumentos dentro de cajas cuadradas.

Al observar un instrumento en ángulo, es posible, desde luego, que se produzcan errores debidos al paralaje; la magnitud de tales errores es regulada principalmente por el ángulo en que se observa la parte pertinente de su escala y también por la distancia de separación entre la aguja y la placa de la esfera. Este problema, como tantos otros en el campo de los instrumentos, también ha sido discutido; el resultado lo tenemos en la escala de "plataforma" diseñada para ciertos tipos de instrumentos de presentación circular. Como puede verse en la Fig. 3.4, las graduaciones de la escala están en una plataforma circular que está sujeta a la placa principal de la esfera, de forma que se encuentre al mismo nivel que la punta de la aguja.

Alcance de la escala y gama de operación

Un caso que se presenta con mucha frecuencia en relación con las longitudes y las gamas o alcances de la escala es que suelen exceder de lo que se necesita realmente para la gama de operación del sistema con el que está asociado el instrumento, dejando, por tanto, parte de la escala sin utilizar. A primera vista esto parece ser algo despilfarrador, pero un ejemplo mostrará cómo ayuda a mejorar la exactitud de las observaciones de las lecturas.

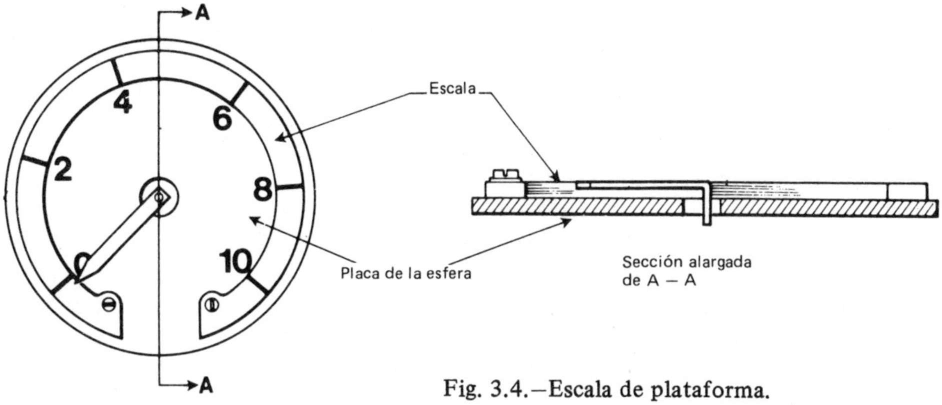

Fig. 3.4.–Escala de plataforma.

Consideremos un sistema de fluido en el que la gama de presión de funcionamiento es, digamos, 0-30 lib./pulgada^2. No sería ningún problema diseñar una escala para el indicador de presión requerido, que sería de una longitud equivalente a la gama de operación del sistema, dividida también en un número conveniente de partes según se muestra en la Fig. 3.5 *a*). No obstante, en ciertas condiciones de operación del sistema en cuestión, puede ser fundamental vigilar las presiones que tengan valores tales como 17 ó 29 lbf/pulgada^2; hacer esto con precisión en el menor tiempo posible no es muy fácil, como nos mostrará una segunda mirada al diagrama. Diseñemos de nuevo la escala de forma que su longitud y alcance sean superiores a la gama de operación del sistema y dispongamos las graduaciones de la escala de acuerdo con la regla dada en la página 36. El resultado mostrado en *b*) indica claramente cuánto más fácil es interpretar los valores que hemos considerado fundamental vigilar.

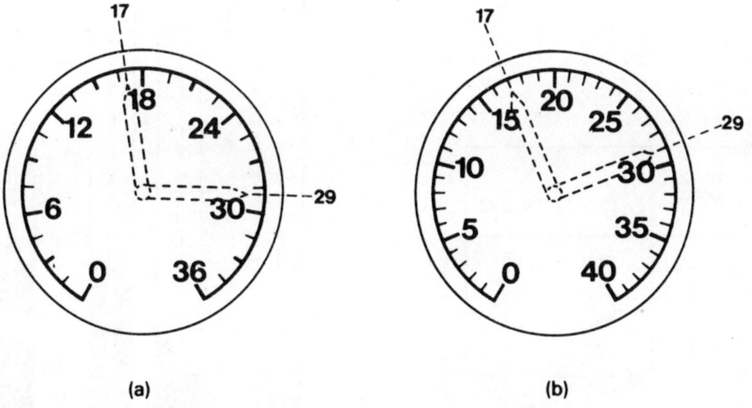

Fig. 3.5.–Exactitud de lectura. *a*) Longitud de la escala y gama de operación iguales; *b*) gama de la escala superior a la gama de operación.

Escala recta

Además de la presentación de escala circular, otra presentación cuantitativa es la del tipo de *escala recta* (vertical u horizontal). Por la misma razón que el orden de numeración se da en el sentido de las agujas del reloj en una escala circular, en una escala recta el orden es de abajo a arriba o de izquierda a derecha.

En los instrumentos de avión se hace una escasa utilización de las presentaciones de escala recta y aguja, ya que no son adecuadas para la vigilancia de la mayoría de las cantidades que se miden. No obstante, poseen características que pueden contribuir al ahorro de espacio del panel y mejorar la exactitud de observación, particularmente en lo que se refiere a los problemas de agrupamiento y vigilancia de un gran número de instrumentos del motor.

El desarrollo de estas características y las investigaciones de los problemas de agrupamiento y vigilancia, han dado como resultado la aplicación práctica de otra variante de la presentación de escala recta. Se la conoce como la presentación de *cinta móvil* o "termómetro". En la Fig. 3.6 se muestra cómo se emplea-

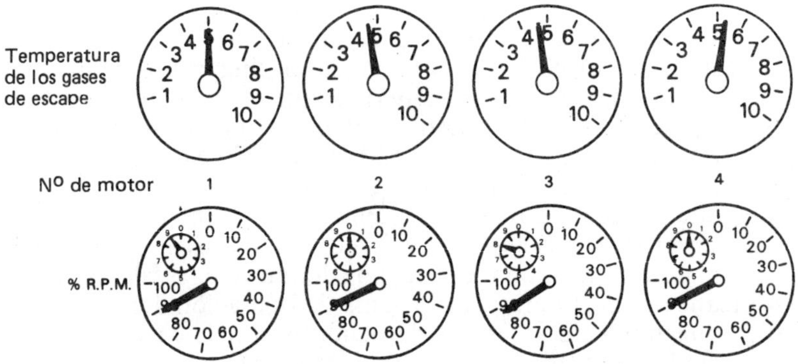

Nº de Motor	*E.G.T. °C*	*% R.P.M.*
1	500	89
2	470	90
3	480	88
4	520	90

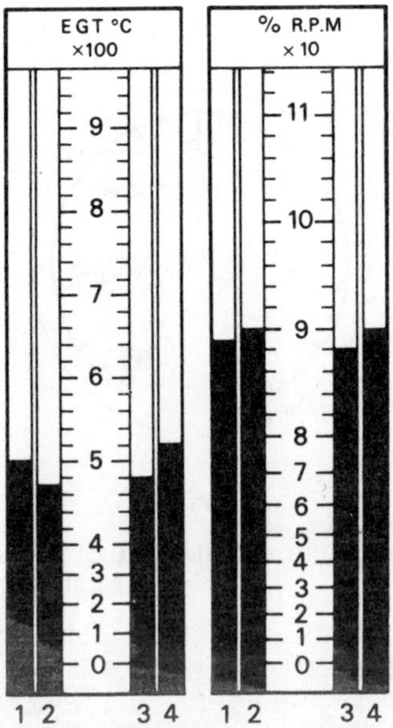

Figura 3.6.–Comparación entre presentaciones de cinta móvil y escala circular.

ría para medir dos parámetros vitales para la operación de un avión impulsado por cuatro motores turborreactores.

Cada unidad de presentación contiene una cinta blanca servoaccionada en lugar de una aguja, la cual se mueve en un plano vertical y marca en una escala igual a la columna de mercurio en un termómetro. Como se puede ver, hay una unidad de presentación para cada parámetro. Echando una mirada a los finales de las cintas o columnas, puede obtenerse una evaluación mucho más rápida y exacta de los cambios de la actuación de los motores que en la presentación clásica de escala circular y aguja. Este hecho, unido a que el espacio del panel puede reducirse considerablemente, se ven también claramente de la Fig. 3.6.

Presentación digital

Un tipo de presentación digital es aquél en el que los datos se presentan en forma de letras o números *–presentación alfanumérica–*, como se denomina técnicamente. En los instrumentos de avión, la presentación citada en último lugar es la más común y generalmente funciona en combinación con el tipo de presentación circular. En la Fig. 3.7 pueden verse unos ejemplos típicos. En el altímetro, por ejemplo, hay dos contadores; uno presenta un valor fijo de presión que puede ajustarlo mecánicamente el piloto como y cuando sea necesario, y que se conoce como presentación de *contador estático*, y el otro va engranado al mecanismo del altímetro y presenta automáticamente las variaciones de altitud y, por consiguiente, se le conoce como presentación de *contador dinámico*. Es interesante citar que la presentación de datos de altitud por medio de una escala y contador es también otro método de resolver el problema de escala larga ya estudiado en la página 38. El contador del indicador TGT es también una presentación dinámica, puesto que es accionado por una servotransmisión a la aguja principal (ver la página 306).

Figura 3.7.–Utilización de las presentaciones digitales.

Presentaciones en indicador doble

Las presentaciones en indicador doble se proyectan principalmente como un medio para ahorrar espacio de panel, particularmente cuando lo que interesa es la medición de varias cantidades relacionadas con los motores. Suelen tener dos formas básicas: una, en la que dos indicadores independientes y escalas van ajustados en una caja y, la otra, que también tiene dos indicadores en una caja, en la que las agujas marcan en una escala común. En la Fig. 3.8 pueden verse ejemplos típicos de combinaciones de presentaciones.

Medición	Presentación
A. Dos cantidades diferentes de un sistema	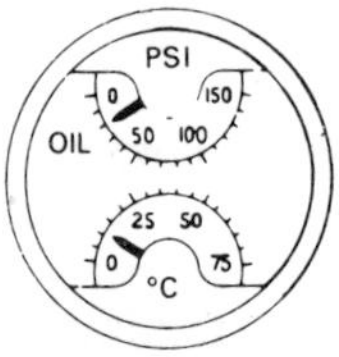
B. La misma cantidad de dos sistemas diferentes	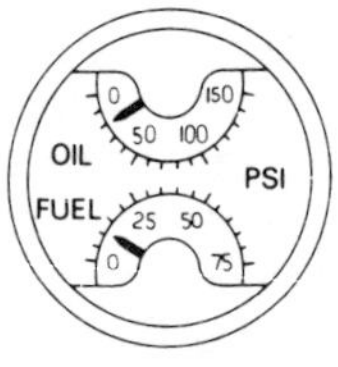
C. Las mismas cantidades de dos sistemas idénticos	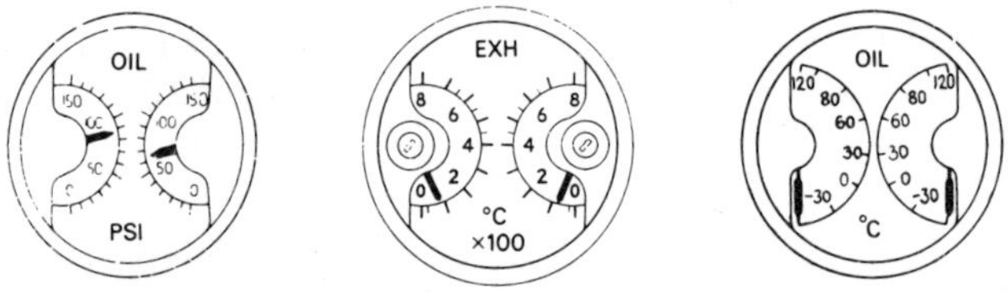

Figura 3.8.—Ejemplos de presentaciones en indicador doble.

Presentaciones en color

El empleo de color en las presentaciones puede añadir mucho a su valor; desde luego, no desde el punto de vista artístico, sino como medio para indicar gamas específicas de operación de los sistemas y como ayuda para hacer una evaluación más rápida de las condiciones predominantes cuando se examinan los instrumentos.

El color puede aplicarse a las escalas en forma de sectores y arcos que abarcan el número de marcas de la escala correspondiente a la parte requerida de la gama y en forma de líneas radiales que coinciden con las marcas de escala individuales apropiadas. En la Fig. 3.9 se da un ejemplo típico. Suele ser corriente que los sectores en color se apliquen a las partes de una gama en la que es suficiente conocer que se ha alcanzado cierta condición en vez de saber los valores cuantitativos reales. Los colores elegidos pueden ser el rojo, el amarillo o el verde, según lo que vaya a controlarse. Por ejemplo, en un sistema de oxígeno

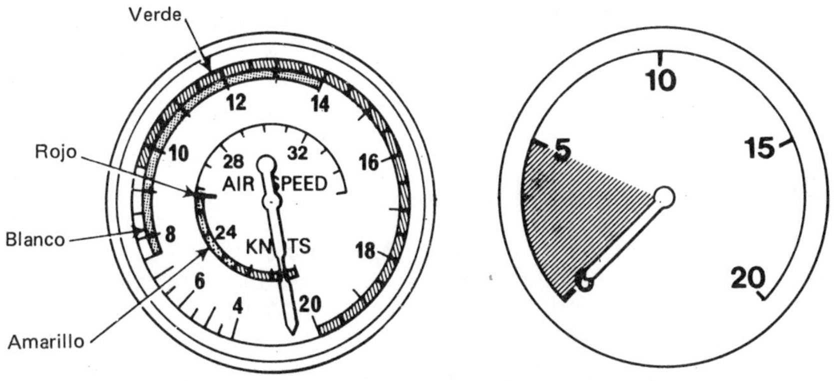

Figura 3.9.–Empleo del color en las presentaciones de los instrumentos. Arco blanco 75-140; arco verde 95-225; arco amarillo 225-255; línea radial roja 255.

de un avión puede ser necesario cargar las botellas cuando la presión ha descendido por debajo de, digamos, 500 lbf/pulgada^2. El manómetro del sistema tendría, por consiguiente, un sector rojo en su esfera que abarcase las marcas de 0 a 500; de este modo, si la aguja se encontrase dentro de este sector, sería una indicación suficiente de que se necesita recargar las botellas; saber cuál es la presión real tiene solamente una importancia secundaria.

Los arcos y las líneas radiales se suelen llamar *graduaciones específicas*, y su finalidad es definir los valores en diversos puntos de la gama de una escala que están relacionados con las gamas específicas de operación de un avión, sus grupos motopropulsores y sus sistemas. Las definiciones de estas graduaciones son las siguientes:

Línea radial ROJA	Límites máximo y mínimo.
Arco AMARILLO	Gamas de despegue y precaución.
Arco VERDE	Gama normal de operación.
Arco ROJO	Gama en la que se prohibe la operación.

En los indicadores de cantidad de combustible, un *arco* ROJO indica combustible que no puede utilizarse con seguridad en vuelo.

Las esferas de los anemómetros pueden tener también un *arco* BLANCO adicional. Este arco sirve para indicar la gama de velocidad con respecto al aire en la que los flaps de aterrizaje del avión pueden extenderse en las configuraciones de despegue, aproximación y aterrizaje del avión.

Las graduaciones específicas pueden variar en los diferentes tipos de aviones y, por consiguiente, las añade el fabricante del avión antes de su instalación en el mismo.

Frecuentemente las graduaciones están pintadas directamente en los cristales que tapan los instrumentos –un método más sencillo puesto que no precisa desmontar el mecanismo de un instrumento de su caja. Sin embargo, siempre se tiene la precaución de pintar un índice blanco o línea de lectura la mitad en el cristal y la otra mitad en el bisel para asegurar la alineación correcta del cristal y las graduaciones sobre las marcas de la escala.

Además de las utilizaciones citadas, el color puede usarse también para facilitar la identificación de los instrumentos con los sistemas a los que están conectados. Por ejemplo, en un tipo de avión actualmente en servicio, se emplean sistemas hidráulicos triples, llamados sistema amarillo, sistema verde y sistema azul, y con el fin de identificar los indicadores de presión de cada sistema, las escalas se pintan en las esferas de los colores respectivos.

PRESENTACIONES CUALITATIVAS

Son de un tipo especial en el que la información se presenta en una forma simbólica o gráfica para mostrar el estado de un sistema, si el valor de una salida disminuye o aumenta, el movimiento de un componente, etc. En la Fig. 3.10 se muestran dos ejemplos típicos.

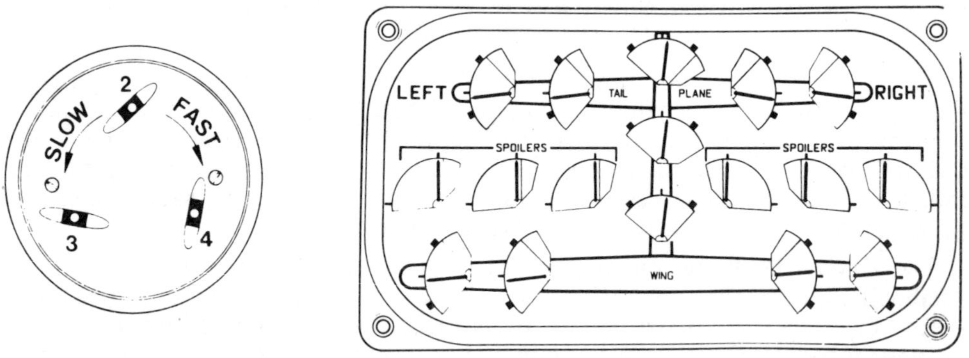

(a) (b)

Figura 3.10.–Presentaciones cualitativas. *a*) Sincronización de motores; *b*) posición de las superficies de control de vuelo.

El sincroscopio en *a*) se utiliza en conjunción con un sistema de indicación de rpm de un avión que tenga una instalación múltiple de motores de hélice, y sus agujas, que representan las hélices, giran únicamente para mostrar las diferencias de velocidad entre los motores.

La presentación mostrada en *b*) es un buen ejemplo de la indicación del movimiento de componentes, en este caso, las superficies de control de vuelo, los flaps de aterrizaje y los spoilers. El instrumento contiene diecisiete mecanismos eléctricos independientes, los cuales, al ser accionados por los transmisores, sitúan los elementos de indicación simbólicos o representativos de forma que aparezcan en diversos ángulos detrás de las aberturas en la esfera principal.

PRESENTACIONES DIRECTORAS

Las presentaciones directoras son las que están asociadas principalmente con los datos de navegación y posición en vuelo (véase el Capítulo 15) y los presentan de forma que indican a un piloto los movimientos de control que debe hacer para corregir cualquier desviación de una trayectoria de vuelo deseada, o para hacer que el avión realice una maniobra específica. Por tanto, es evidente que en el desarrollo de este tipo de presentación debe haber una estrecha relación entre la dirección de los movimientos de control y la aguja del instrumento o elemento de indicación del tipo simbólico o representativo; en otras palabras, los movimientos deben ser en el sentido "natural" con el fin de que el piloto pueda obedecer las "directrices" o "demandas" de la presentación.

Aunque las presentaciones directoras de vuelo tienen un origen relativamente reciente como sistemas de instrumentos integrados especializados de los aviones actuales, en concepto no son nuevos. El horizonte giroscópico (véase la página 143), que se ha estado empleando durante muchos años, utiliza en su forma básica una presentación directora de la posición de cabeceo y alabeo de un avión. En este instrumento hay tres elementos que componen la presentación: una aguja que señala en una escala de ángulo de inclinación lateral, un elemento que representa al avión y un elemento que representa al horizonte natural. Tanto la aguja de inclinación lateral o alabeo como el símbolo del horizonte natural son estabilizados por un giróscopo. Como el instrumento está ideado para la presentación de ángulos de posición en vuelo, y como también uno de los elementos representativos o simbólicos puede moverse con respecto al otro, hay dos ejes de referencia, el de la caja que está fija con respecto al avión y el del elemento móvil. Si los cambios de posición de cabeceo del avión elevan el morro del avión, la presentación del horizonte se mostrará igual que en la Fig. 3.11 *a*), ordenando o exigiendo, por tanto, al piloto que "baje el morro". Igualmente, si la posición de alabeo variase haciendo que el ala izquierda baje, entonces la presentación del horizonte sería la que se muestra en *b*), ordenando o exigiendo al piloto "inclinar el avión a la derecha". En ambos casos, las órdenes serían satisfechas por el piloto moviendo sus mandos en el sentido natural.

Otro ejemplo de una presentación directora es la empleada en un indicador utilizado en conjunción con el *Sistema de Aterrizaje con Instrumentos* (ILS); éste es un sistema de radionavegación que ayuda a un piloto a mantener la posición correcta de su avión durante la aproximación para aterrizar en la pista de un aeropuerto. Desde tierra se transmiten dos haces de radioseñales; uno de los haces está en el plano vertical y en ángulo con la pista para establecer el ángulo de senda de planeo o de aproximación correcto; el otro, conocido como el localizador, está en el plano horizontal; ambos están alineados con la línea central de la pista.

Un receptor a bordo del avión recibe las señales y las transmite a dos medidores contenidos dentro del indicador; uno de ellos controla una aguja de senda de planeo, y el otro una aguja de localizador. En la mayoría de los tipos de aviones actuales, la presentación directora del ILS se presenta siempre en dos indicadores que comprenden lo que se llama Sistema de Instrumentos Integrado o Sistema Director de Vuelo (véase el Capítulo 15). En la Fig. 3.11 también puede verse una presentación típica de uno de estos instrumentos (llamado indicador de posición en vuelo). Según puede observarse, combina una presentación directora del horizonte giroscópico y, con esto, elimina la necesidad por parte del piloto de tener que vigilar las indicaciones de dos instrumentos independientes.

Cuando el avión está en la aproximación para aterrizar y está, digamos, debajo del haz de senda de planeo, la aguja de senda de planeo del instrumento se desviará hacia arriba según se muestra en la Fig. 3.11 *c*). Por tanto, el piloto recibe órdenes de "elevar el avión" con el fin de interceptar el haz. Igualmente,

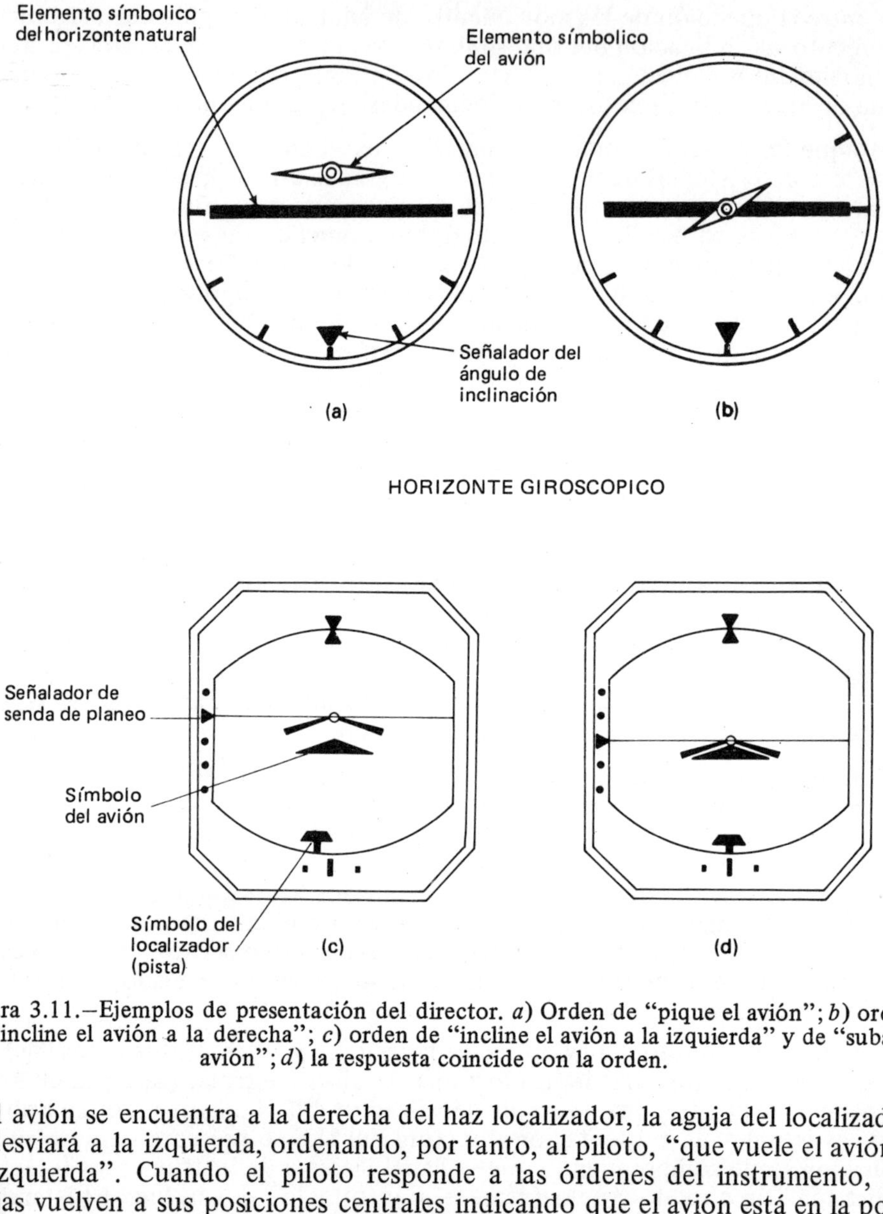

Figura 3.11.–Ejemplos de presentación del director. *a*) Orden de "pique el avión"; *b*) orden de "incline el avión a la derecha"; *c*) orden de "incline el avión a la izquierda" y de "suba el avión"; *d*) la respuesta coincide con la orden.

si el avión se encuentra a la derecha del haz localizador, la aguja del localizador se desviará a la izquierda, ordenando, por tanto, al piloto, "que vuele el avión a la izquierda". Cuando el piloto responde a las órdenes del instrumento, las agujas vuelven a sus posiciones centrales indicando que el avión está en la posición de aproximación correcta para aterrizar (Fig. 3.11 *d*)).

En el diagrama puede verse claramente que cuando se maniobra el avión en respuesta a las órdenes, los movimientos de las agujas son contrarios a las exigencias del sentido "natural"; por ejemplo, al contestar a la orden "vuele a la izquierda" la aguja del localizador se moverá a la derecha. Sin embargo, al girar a la izquierda, la posición de alabeo del avión cambiará en la dirección del viraje, y como esto lo dará a conocer el horizonte giroscópico, las respuestas a las órdenes del ILS pueden volverse a comprobar fácilmente.

PRESENTACIONES AL MISMO NIVEL QUE LA LINEA DE VISION DEL PILOTO

De las descripciones dadas hasta ahora de las diversas presentaciones de los instrumentos, hemos obtenido alguna idea sobre el problema de presentar datos que han de ser asimilados rápida y exactamente. La sencillez u otra forma de asimilación viene dictada por el número de instrumentos de que se trate, y por la cantidad de trabajo y secuencias de vigilancia de instrumentos que el piloto deba efectuar durante las diversas fases del vuelo. En la fase de aproximación crítica y aterrizaje, un piloto debe trasladar la vista con mucha frecuencia de los instrumentos a referencias en el exterior del avión y volver otra vez a los instrumentos; es un proceso de transición que consume tiempo y es fatigoso por la necesidad constante de reenfocar los ojos.

Por consiguiente, se ha desarrollado un método que alivia estos problemas, método en el que se presentan datos de vuelo vitales al mismo nivel de la línea de visión del piloto cuando mira a referencias exteriores, esto es, cuando mantiene una posición "de cabeza levantada". El principio del método es presentar los datos en la superficie de un tubo especial de rayos catódicos y proyectarlos ópticamente como una imagen representativa compuesta en una placa refrectora transparente, o directamente en el parabrisas. En la Fig. 3.12 se facilita una ilustración de los componentes de un sistema típico de presentación con la cabeza levantada. La cantidad de datos requeridos viene regulada por las necesidades de las diversas fases de vuelo y del papel operacional de un avión, esto es, civil o militar, pero los cuatro parámetros que se muestran son básicos. Los datos se transmiten de una unidad computadora de datos al tubo de rayos catódicos, cuya presentación es proyectada al infinito por el sistema óptico. Puede observarse que la presentación de posición en vuelo se asemeja a la de un horizonte giroscópico y también que la velocidad con respecto al aire y la altitud son presentadas por marcadores que indican contra escalas horizontales y verticales lineales. La longitud, gama o capacidad de las escalas está determinada por las necesidades operacionales, pero, normalmente, sólo cubren bandas estrechas de información de velocidad con respecto al aire y altitud. Esto ayuda a reducir

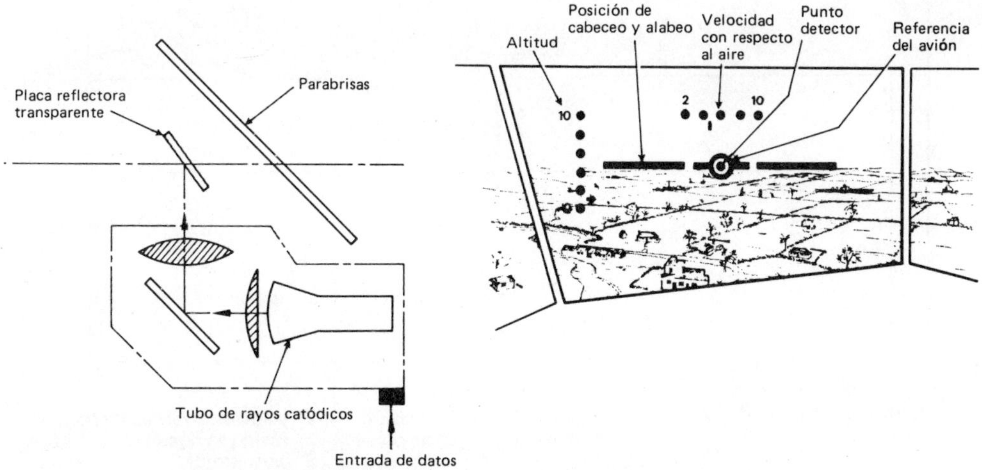

Figura 3.12.—Sistema de presentación a la altura de la cabeza.

las graduaciones improcedentes y el tiempo necesario para leer e interpretar la información presentada.

La Fig. 3.13 muestra la presentación con la cabeza levantada de un sistema conocido como Monitor de Aproximación Visual (VAM). El sistema es un equivalente de a bordo del Indicador de Senda de Aproximación Visual (VASI) y fue creado principalmente como ayuda para los pilotos que se aproximan a campos de aterrizaje que no están provistos de VASI, ILS u otras ayudas para la aproximación.

La unidad de presentación va montada en una bandeja deslizante situada en un panel de la visera delante del piloto; cuando se precisa, se saca la bandeja para levantar automáticamente el objetivo, a través de la cual se proyecta la presentación. La presentación proporciona las siguientes informaciones: ángulo de aproximación vertical, posición horizontal y error de velocidad. El ángulo de aproximación se presenta mediante dos escalas verticales, una a cada lado del objetivo, y graduadas en grados por encima y por debajo de la barra fija que representa al avión. El ángulo requerido se selecciona en un módulo de control para situar las escalas con relación a la barra. Durante una aproximación, el piloto mantiene el símbolo de la barra en su línea de visión y controla el avión de modo que el símbolo esté lineado con el umbral de la pista o zona de toma de contacto con el suelo, asegurando así que la aproximación está en el ángulo de senda de planeo selectado.

La información de error de velocidad se facilita en forma de tres símbolos que están en color para indicar si la velocidad de aproximación del avión es correcta, demasiado rápida o demasiado lenta (véase la Fig. 3.13). El error entre la velocidad real con respecto al aire y la seleccionada en el módulo de control queda indicada por variaciones de la intensidad de luz de los tres símbolos. Por

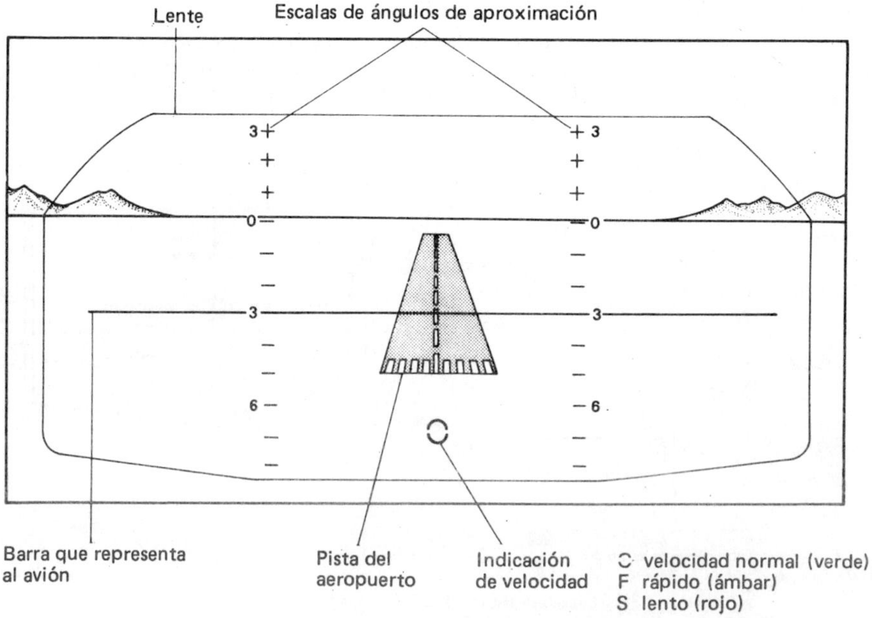

Figura 3.13.–Presentación de monitor de aproximación visual.

ejemplo, si la velocidad de aproximación cae a ocho nudos o más por debajo de la selectada, es presentada por el símbolo rojo "S" que aparece a plena intensidad o intermitentemente.

PRESENTACIONES EMISORAS DE LUZ

Dado el continuo desarrollo de las presentaciones en el avión, se tiende a explotar las técnicas aplicadas en que se confía en estos días, esto es, la calculadora de bolsillo y el reloj digital. Las presentaciones adoptadas en estos dos instrumentos son del tipo de "emisión de luz", cuya base, a su vez, tiene su origen en la bien conocida presentación de rayos catódicos.

Existen varias formas para presentar datos numéricos por medio de emisión de luz, pero nuestro interés se centrará ahora en la presentación de cristal líquido y la presentación de diodo emisor de luz.

Presentación de cristal líquido (LCD)

La estructura básica de un LCD (véase la Fig. 3.14) consiste en dos placas de vidrio, cubiertas en sus superficies interiores por un conductor transparente delgado, por ejemplo, óxido de indio. El conductor de la placa frontal está grabado en un formato de presentación estándar de siete barras o segmentos y cada segmento forma un electrodo. Cada barra es eléctricamente independiente y se selecta mediante un circuito lógico/excitador que hace que la barra se ilumine en dibujos que forman el dígito que se ha de presentar (diagrama *b*)). En la capa de óxido de la placa de vidrio posterior también está grabada una imagen de espejo de los dígitos con su contacto eléctrico, pero ésta no está segmentada, puesto que constituye un retorno común para todos los segmentos.

El espacio entre las placas está lleno de un material de cristal líquido, conocido como material nemático (de la palabra griega "nemator" que significa hilo) en virtud de que sus moléculas en forma de hilo están orientadas con sus ejes largos paralelos. Por tanto, todo el conjunto constituye una forma especial de condensador. Cuando se aplica corriente de bajo voltaje a los segmentos, se altera el orden molecular del material de cristal líquido y esto cambia su aspecto óptico de transparente a reflector. La magnitud del cambio óptico (denominado relación de contraste) es fundamentalmente una medida de la luz reflejada de la zona de segmentos o transmitida a través de ésta a la luz reflejada de la zona del fondo; una relación típica es 15:1. La corriente que se aplica a los segmentos es alterna para evitar efectos electrolíticos indeseables. Los segmentos se excitan aplicando simultáneamente una señal desfasada simétrica al electrodo frontal y al posterior de un segmento, produciendo así una diferencia neta de voltaje. Cuando se aplican dos señales en fase, los segmentos de presentación pasan automáticamente al estado desactivado.

Una LCD puede ser del tipo de dispersión dinámica o del tipo de efecto del campo, y éstos, a su vez, pueden producir una lectura transmisora o una reflectora. La presentación de dispersión dinámica funciona por el principio de dispersión de luz delantera, que es causada por la turbulencia de los iones del material de cristal líquido cuando se aplica corriente a los electrodos de segmentos. Para una lectura transmisora se proporciona una fuente de luz posterior, que es

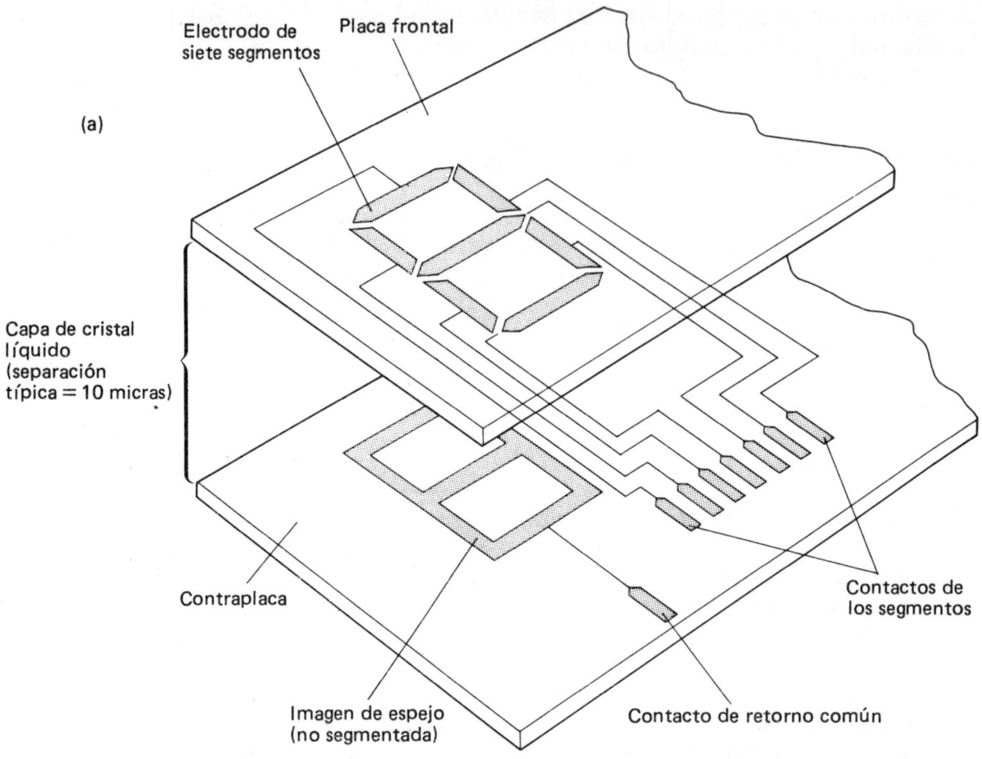

Figura 3.14.—Presentación de cristal líquido (LCD).

dirigida hacia abajo por una película de control de luz de acción análoga a la de una persiana veneciana. En la zona definida por el segmento activado, la luz es dispersada hacia arriba, hacia el observador, para producir un dígito o carácter luminoso sobre un fondo oscuro. Para una lectura reflectora, la película de control de luz se cambia por un espejo. También depende de la dispersión de luz delantera, pero se usa exclusivamente la fuente de luz ambiente normal para producir un dígito luminoso sobre un fondo oscuro.

Una LCD de efecto de campo lleva placas adicionales llamadas polarizadores en las placas anterior y posterior del vidrio del conjunto. También contiene una superficie de vidrio interior preparada especialmente que hace que las moléculas de cristal líquido se orienten ellas mismas en una configuración "torcida" 90° entre las placas de vidrio. Esta configuración molecular hace que el plano de polarización (polarizado después de pasar a través del polarizador delantero) sea reflejado 90° cuando pasa a través de la LCD. Entonces, según la orientación del polarizador detrás de la placa de vidrio posterior, la LCD puede hacerse transmisora u opaca en el estado desactivado.

Dependiendo de la aplicación de una LCD, pueden lograrse efectos de color mediante la correcta colocación de películas en color en la superficie delantera de la presentación, entre la superficie posterior y la fuente de luz artificial, o coloreando las superficies reflectoras.

Diodo emisor de luz (LED)

Un LED es fundamentalmente un transistor y por eso, a diferencia de una LCD, se clasifica como una presentación de estado sólido; su construcción se muestra en la Fig. 3.15. El centro de la presentación es una tira o pedacito de fosfuro de arsienuro de galio (GaAsP) moldeado dentro de una cubierta de plástico transparente que no sólo sirve para proteger el pedacito, sino también como lente difusora. Los cables del diodo están soldados a un cuadro de circuito impreso para formar la presentación numérica requerida, por ejemplo el segmento de dígito al que ya se ha hecho referencia. Cuando la corriente circula a través del pedacito o viruta, produce una luz que es transmitida directamente en proporción al flujo de corriente. Para dar diferentes colores, se varía la proporción de GaP y GaAs durante la fabricación de la viruta, así como la técnica de "barnizado" con otros elementos; por ejemplo, se aplica oxígeno o nitrógeno.

En el formato normal de presentación de 7 barras o segmentos, es corriente emplear un LED por segmento, pero el número depende del tamaño total de dígitos requerido para la presentación y su aspecto. Para aumentar el tamaño y mejorar el aspecto de un solo LED por segmento pueden emplearse dos métodos. En uno se coloca una cavidad reflectora en forma de núcleo, conocida como "tubo de luz", sobre cada LED con su extremo pequeño hacia abajo. Todo el conjunto se funde en el interior de un alojamiento utilizando epoxia con fibra de vidrio en su interior para rellenar las cavidades del tubo de luz. Cuando se enciende cada LED, la luz se refleja desde las partículas de vidrio dentro de la epoxia y de las paredes laterales de la cavidad, y a través de una zona superficial que puede ser hasta 20 veces la del LED en el fondo de la cavidad. El otro método se basa en cubrir varias virutas pequeñas o pedacitos (10-15 mm cuadrados) con un reflector de plástico metalizado que tiene siete cavidades reflectoras en forma de barra, diseñadas de forma que exista un LED en el centro de cada cavidad.

Además de las lecturas digitales anteriormente citadas, también pueden adoptarse LEDs para presentaciones de escala circular o escala vertical, eliminando con ello el uso de agujas convencionales o cintas móviles. En este caso, se coloca en grupo un gran número de diodos individuales (900 sería lo típico) para formar barras iluminadas. En la Fig. 3.16 se muestra un ejemplo de una escala vertical que emplea esta técnica para medir la temperatura. Las señales de los elementos sensores apropiados (termopares en el ejemplo mostrado) se convierten primero en forma digital y se leen en un computador digital que usa microprocesadores. El computador aplica entonces los factores de escala apropiados, establece la forma de iluminación requerida y produce luego una señal de salida a la presentación, como una pequeña columna de barras iluminadas que se mueve hacia arriba o hacia abajo en la escala y lee en ésta. La intensidad de la luz de la columna del LED está graduada, obteniéndose la mayor intensidad en el "borde de lectura" de la columna.

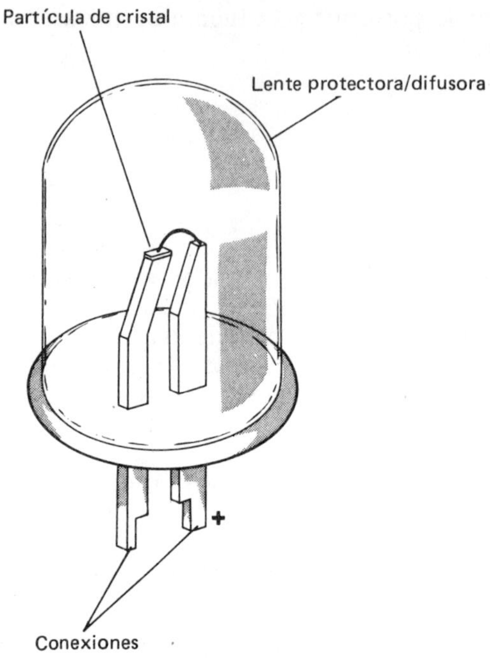

Figura 3.15.–Diodo emisor de luz (LED).

Figura 3.16.–Presentación de escala vertical de LED.

PANELES DE INSTRUMENTOS Y SU DISPOSICION

Todos los instrumentos esenciales para la operación de un avión están acomodados en paneles especiales cuyo número y distribución varían de acuerdo con el número de instrumentos, el tamaño del avión y la disposición de la cabina de vuelo. Todos los tipos de avión tienen una característica común: un panel principal de instrumentos situado delante de los pilotos, puesto que es obligatorio que los instrumentos principales de vuelo estén instalados dentro de la línea normal de visión de los pilotos (véase la Fig. 3.17). Las posiciones típicas de los demás paneles son: sobre la cabeza, en el lateral y en un pedestal de mandos situado entre los pilotos.

Los paneles son invariablemente de aleación ligera, de fuerza y rigidez suficientes para acomodar el número necesario de instrumentos y van fijados a las partes apropiadas de la estructura de la cabina de vuelo. Los métodos de fijación adoptados varían, pero todos deben ajustarse a la exigencia de que un panel o un instrumento individual deben poder instalarse y desmontarse fácilmente.

Los paneles principales de instrumentos, que pueden ser del tipo de una sola unidad o compuestos de dos o tres conjuntos de subpaneles, descansan en monturas antivibratorias, puesto que en ellos están instalados los instrumentos de vuelo y sus mecanismos sensibles. El número, el tamaño y la disposición de las monturas antivibratorias necesarias son dictados por el tamaño del panel y la distribución del peso total.

Figura 3.17.–Situación de los paneles de instrumentos en un avión de línea turborreactor. (Por cortesía de Laker Airways (Services) Ltd).

Todos los paneles están montados normalmente en posición vertical, aunque en algunos aviones actuales los paneles principales de instrumentos se han inclinado hacia adelante unos 15° con respecto a la vertical con el fin de reducir al mínimo los errores de paralaje.

Los paneles de instrumentos y todos los demás de mando que durante muchos años estaban pintados de negro, lo están ahora invariablemente de gris mate, un color que, aparte de sus efectos "suavizadores", proporciona un fondo de contraste mucho mejor para las esferas de los instrumentos, lo que contribuye a una identificación más fácil.

AGRUPAMIENTO DE LOS INSTRUMENTOS

Instrumentos de vuelo

Básicamete hay seis instrumentos de vuelo cuyas indicaciones están coordinadas de forma que proporcionen un "cuadro" de la condición de vuelo del avión y los movimientos de control requeridos; éstos son: el anemómetro, el altímetro, el horizonte giroscópico, el indicador de dirección, el indicador de velocidad vertical o variómetro y el indicador de inclinación lateral y viraje. Por consiguiente, es sumamente importante que estos instrumentos estén correctamente agrupados para mantener la coordinación y para ayudar al piloto a observarlos con el mínimo esfuerzo.

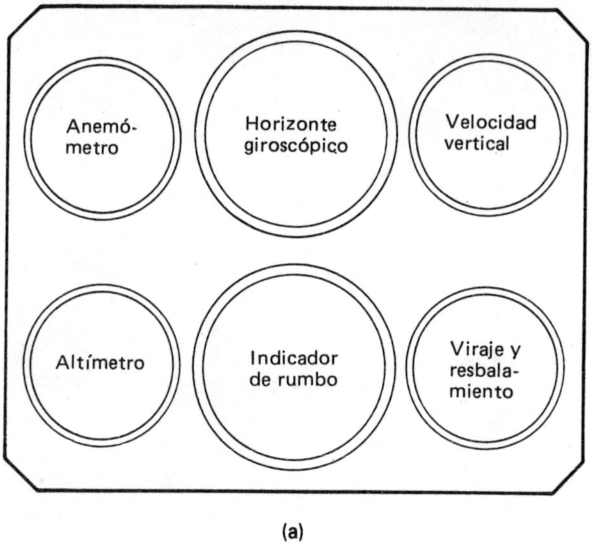

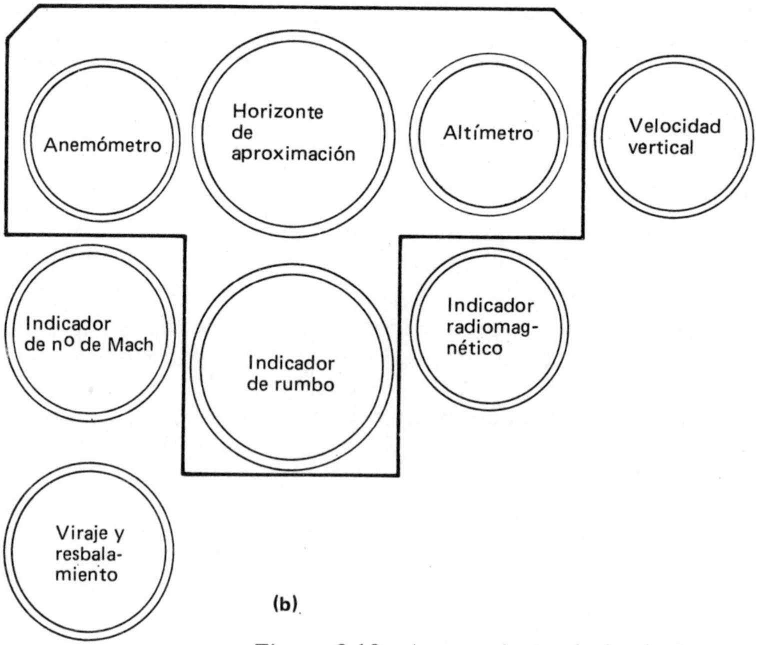

Figura 3.18.–Agrupamiento de los instrumentos de vuelo. *a*) "Seis básicos"; *b*) "T básica".

El primer intento real para establecer un método estándar de agrupamiento fue el "panel de vuelo sin visibilidad" o disposición "seis básicos" que se muestra en la Fig. 3.18 *a*). El horizonte giroscópico ocupa la posición central superior, y puesto que proporciona indicaciones positivas y directas de la posición en vuelo y de los cambios de posición en los planos de cabeceo y alabeo, se utiliza como el instrumento maestro. Como el control de la velocidad con respecto al aire y la altura están relacionados directamente con la posición en vuelo, el anemómetro, el altímetro y el indicador de velocidad vertical rodean el horizonte giroscópico y ayudan a la interpretación de la posición de cabeceo (longitudinal). Los cambios de dirección se inician inclinando el avión; el grado de cambio de rumbo lo facilita el indicador de dirección; por consiguiente, este instrumento ayuda a la interpretación de la posición de alabeo y va situado directamente debajo del horizonte giroscópico. El indicador de inclinación y viraje sirve como instrumento secundario de referencia para los cambios de rumbo, por lo que también ayuda a la interpretación de la posición de alabeo.

Con el desarrollo y la introducción de nuevos tipos de aviones, los instrumentos de vuelo y los sistemas de instrumentos integrados, se hizo necesario revisar las funciones de ciertos instrumentos y sus posiciones relativas dentro del grupo. Como consecuencia de ello se introdujo el agrupamiento conocido como "T básica" (Fig. 3.18 *b*)). La teoría en la que se basa este método es que varios elementos de información de vuelo relacionados pueden colocarse en ciertas posiciones estándar en todos los paneles de instrumentos, sea cual fuere el tipo o fabricación del instrumento utilizado. De esta forma, pueden aprovecharse los instrumentos integrados que facilitan más de una clase de información de vuelo.

Se observará que ahora tenemos cuatro instrumentos "clave": el anemómetro, el indicador de posición de cabeceo y alabeo y un altímetro, que forman la barra horizontal de la "T", y el indicador de dirección, que forma la barra vertical. En cuanto a las posiciones que flanquean el indicador de dirección, son ocupadas por otros instrumentos de vuelo menos esenciales; existe cierto grado de libertad en la elección de función. En la Fig. 3.18 puede verse, por ejemplo, que un indicador de número de Mach y un indicador radiomagnético pueden tener preferencia ante un indicador de inclinación y viraje y un indicador de velocidad vertical.

Suele haber líneas divisorias pintadas en el panel alrededor de los grupos de instrumentos de vuelo. A estas líneas se las denomina "líneas de enfoque mental" y su finalidad es ayudar a los pilotos a enfocar su atención y grabarse mentalmente la posición de los instrumentos dentro de los grupos.

Instrumentos del grupo motopropulsor

El agrupamiento específico de los instrumentos necesarios para la operación de los grupos motopropulsores viene dictado principalmente por el tipo del grupo motopropulsor, el tamaño del avión y, por consiguiente, por el espacio disponible. En un avión monomotor, esto no presenta mucho problema, puesto que el pequeño número de instrumentos puede bordear los instrumentos de vuelo del piloto, manteniéndolos, de este modo, dentro de un pequeño "espacio de observación".

El problema es mayor en los aviones polimotores; la duplicación de los grupos motopropulsores significa la duplicación de sus instrumentos esenciales. En

Figura 3.19.–Agrupamiento de los instrumentos en el puesto de un mecánico de vuelo. (Por cortesía de Laker Airways (Services) Ltd.)

un avión bimotor, y en ciertos cuatrimotores de tamaño medio, lo normal es agrupar los instrumentos en el centro del panel principal y entre los dos grupos de instrumentos de vuelo.

En algunos tipos de aviones grandes de transporte público existe un puesto de mecánico de vuelo en la cabina en cuyos paneles de control se agrupan todos los instrumentos del grupo motopropulsor (Fig. 3.19). Estos instrumentos, que miden los parámetros que los pilotos necesitan conocer durante el despegue, crucero y aterrizaje, por ejemplo, r.p.m. y temperatura de la turbina, están duplicados en el panel principal de instrumentos.

Los instrumentos del grupo de los motores están colocados de modo que los relacionados con cada grupo motopropulsor corresponden a las posiciones de los grupos motopropulsores según se ve en planta. En la Fig. 3.20 puede apreciarse fácilmente que examinando una fila de instrumentos un piloto o un mecánico puede comparar fácilmente las lecturas de un parámetro dado y que analizando una columna de instrumentos puede determinar la forma de actuación general

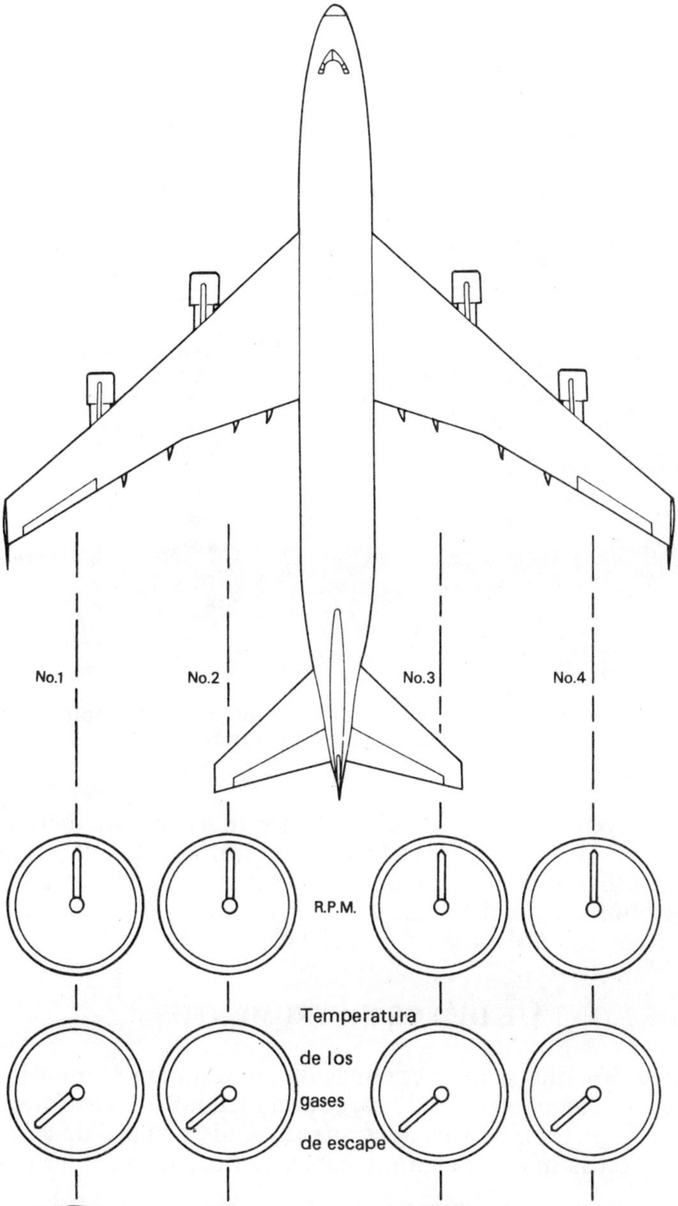

Figura 3.20 *a*) Agrupamiento de los instrumentos de los grupos motopropulsores.

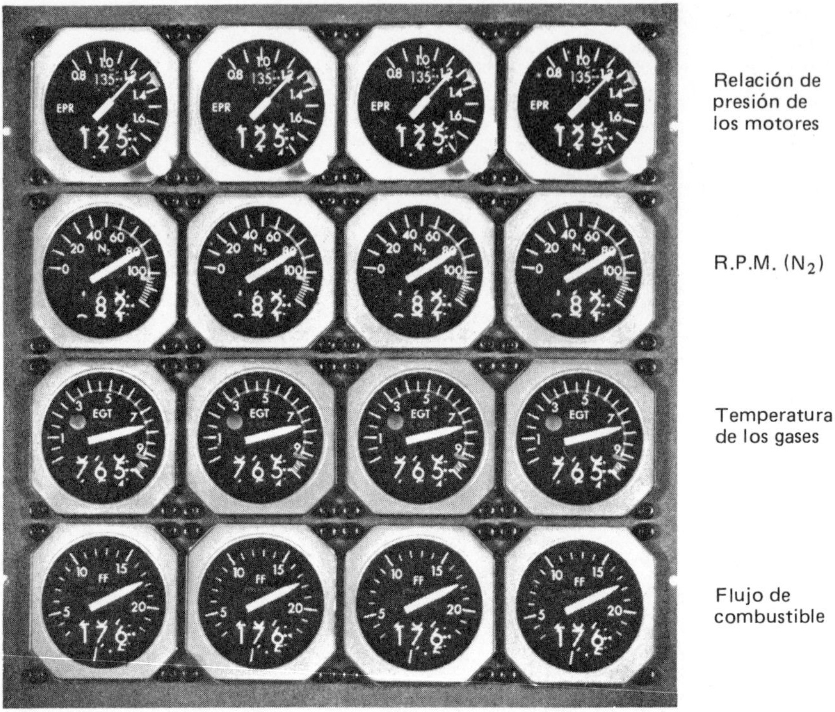

Figura 3.20 *b*) Agrupamiento de los instrumentos de los grupos motopropulsores del Boeing 747. (Por cortesía de Smiths Industries.)

de un grupo motopropulsor particular. Otra ventaja de este método de agrupamiento estriba en que todos los instrumentos correspondientes a un grupo motopropulsor se asocian con mayor facilidad con los mandos o controles de ese grupo motopropulsor. En el Boeing 747 se ha adoptado este método de agrupamiento, como puede verse en la figura 3.20 *b*).

METODOS DE MONTAJE DE LOS INSTRUMENTOS

Los dos métodos que se usan con más frecuencia para montar los instrumentos en los paneles son el método de caja apestañada o con rebordes y el método de abrazadera. El método de caja apestañada requiere el uso de tornillos insertados en contratuercas que, en algunos instrumentos, forman parte integral de la pestaña.

Puesto que los indicadores del tipo apestañado se montan normalmente desde la parte posterior del panel, es evidente que las contratuercas totalmente fijas facilitan un montaje más rápido.

Como consecuencia del desarrollo de la técnica de sellado hermético para instrumentos, ciertas cajas no tienen pestañas o rebordes, por lo que pueden montarse desde la parte frontal del panel de instrumentos. Con el fin de sujetar los instrumentos se colocan abrazaderas especiales en cada zona rebajada. Las abrazaderas están conformadas para adaptarse al tipo de caja, esto es, circular o cuadrada, y van fijadas en la superficie posterior del panel, de forma que cuando un instrumento está en su posición, queda situado dentro de la abrazadera. La sujeción del instrumento se efectúa girando los tornillos de ajuste que aprietan firmemente las bandas de la abrazadera alrededor de la caja.

INDICADORES MAGNETICOS Y "LINEAS DE FLUJO"

En muchos tipos de aviones se utilizan numerosas válvulas, accionadores y dispositivos análogos en muchos de sus sistemas para obtener el control deseado de la operación de las mismas; por ejemplo, en un sistema de combustible, los accionadores sitúan las válvulas de forma que permitan el suministro de combustible desde los tanques principales a los motores, así como la alimentación cruzada de combustible.

En la mayoría de los casos, todos estos dispositivos son accionados eléctricamente y controlados por interruptores situados en el panel de sistemas apropiados; para confirmar la realización del movimiento del dispositivo, se necesita un sistema de indicación.

El sistema de indicación podría tener la forma de instrumento de escala y aguja o una luz indicadora. Ambos métodos, sin embargo, tienen ciertos inconvenientes. El empleo de un instrumento requiere bastante espacio, especialmente cuando hay implicados varios dispositivos de accionamiento y, a no ser que sea fundamental que el piloto o el mecánico de vuelo conozcan exactamente la posición de un dispositivo en cualquier momento, los instrumentos son antieconómicos. Las luces indicadoras son mucho más sencillas, más baratas y consumen menos energía, pero la predisposición de los filamentos a fallar sin aviso constituye un peligro, especialmente cuando la "luz apagada" sirve para indicar que un sistema funciona perfectamente. Además, en los sistemas que precisan una serie de indicaciones constantes de las condiciones predominantes, las lámparas encendidas continuamente pueden conducir a confusión, y mala interpretación por parte del piloto o del mecánico.

Por consiguiente, en los paneles de sistemas de muchos aviones modernos se instalan indicadores que contienen pequeños electroimanes que accionan una persiana u otro elemento móvil parecido para aumentar la fiabilidad.

En su forma más simple (Fig. 3.21 *a*)), un *indicador magnético* se encuadra en el tipo de dos posiciones, que comprende una bola que pivota sobre su eje y es devuelta por muelle a la posición de "inoperatividad". Un inducido ferroso, embebido en la bola, es atraído por el electroimán cuando se le energiza, y gira la bola 150° para presentar un cuadro diferente en la ventanilla. El cuadro puede ser del tipo de diagrama de líneas, representando el flujo de fluido en un sistema (véase la Fig. 3.22), o del tipo instructor, en el que aparecen diversos letreros, como OFF, ON, OPEN, CLOSE.

En la Fig. 3.21 *b*) puede verse el desarrollo del indicador básico. Lleva un segundo electroimán que proporciona tres posiciones de indicación alternativas. El inducido pivota centralmente encima de los dos imanes y puede ser atraído por cualquiera de ellos. Bajo la influencia de la atracción magnética el inducido se inclina y su brazo de accionamiento corre horizontalmente la cremallera para girar los piñones fijos en los extremos de los prismas. Estos girarán entonces a 120° para presentar una indicación nueva en la ventanilla. Cuando la cremallera

Figura 3.21.—Indicadores magnéticos típicos. *a*) Corte en un indicador de dos posiciones: 1.—Inducido. 2.—Muelle de retroceso. 3.—Contrapeso. 4.—Conjunto de imán. 5.—Aro impermeable. 6.—Terminal. 7.—Bobina. 8.—Bola de plástico. 9.—Husillo. *b*) Indicador tipo prisma: 1.—Terminal. 2.—Bobinas. 3.—Inducido. 4.—Prismas. 5.—Cremallera. 6.—Muelle de montaje. 7.—Muelle de control. 8.—Aro de cable.

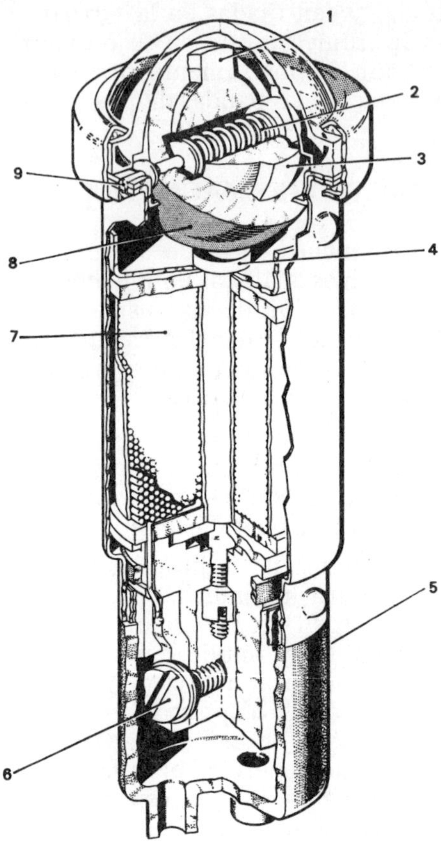

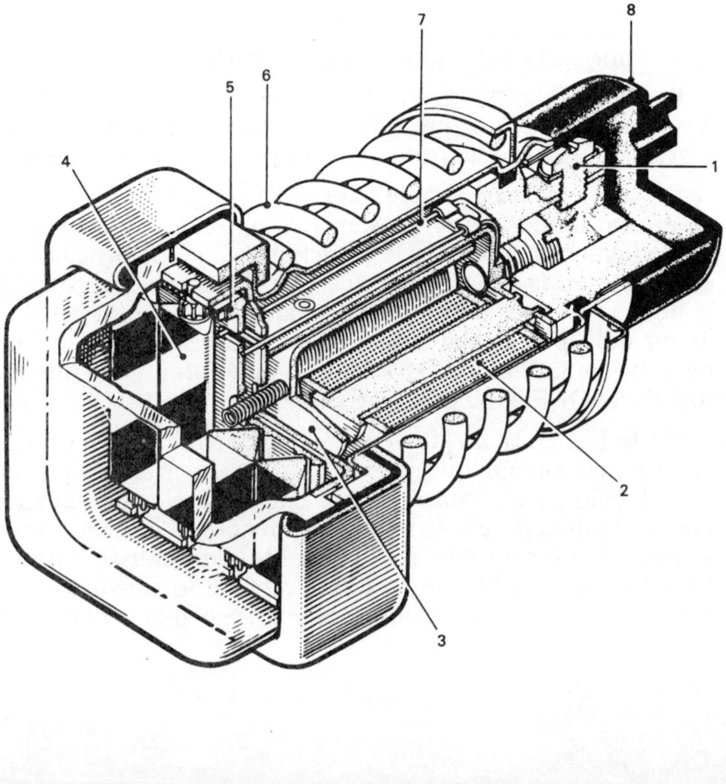

Figura 3.22.–Utilización de los indicadores magnéticos y líneas de flujo.

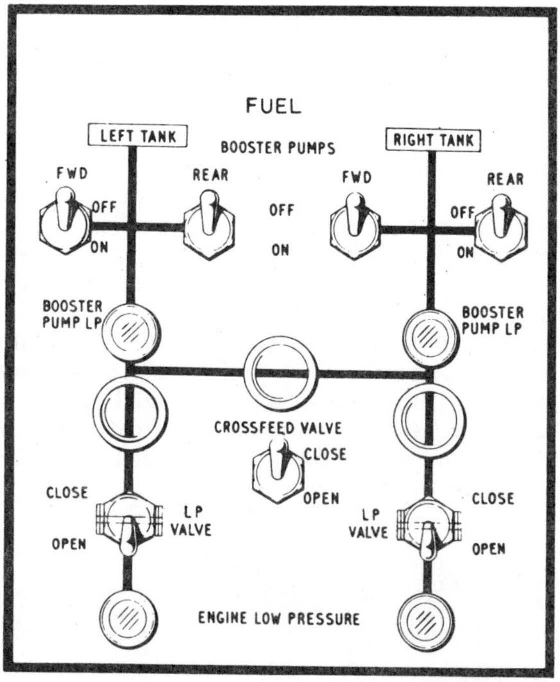

se desplaza de la posición central de "reposo", se cargará un brazo del muelle de centrado tipo horquilla situado en una ranura existente en la cremallera. De este modo, si el electroimán se desenergiza, el muelle volverá a la posición media, girando los piñones y los prismas hacia atrás a la condición "inoperativa" en la ventanilla.

La representación gráfica ofrecida por estos indicadores se mejora pintando "líneas de flujo" en los paneles apropiados, de modo que interconecten los indicadores con los interruptores de control de los sistemas y los instrumentos de indicación fundamentales y las luces de aviso.

En la Fig. 3.22 puede verse una aplicación típica de indicadores magnéticos y líneas de flujo.

ILUMINACION DE INSTRUMENTOS Y PANELES DE INSTRUMENTOS

Cuando se vuela un avión de noche o en condiciones de poca visibilidad, un piloto depende de los instrumentos en mayor medida que cuando vuela a la luz del día en buenas condiciones de visibilidad, y por eso tiene mayor importancia poder leer las lecturas de los instrumentos con precisión. Por ejemplo, de noche, la atención del piloto se divide con más frecuencia entre la observación de los instrumentos y los objetos fuera del avión, y esto, desde luego, da lugar a una fatiga general y ocular. Por consiguiente es fundamental que los instrumentos y los paneles a los que van fijados estén iluminados adecuadamente.

Generalmente el color elegido para iluminar los sistemas ha sido el rojo, puesto que se considera que tiene menos efecto sobre lo que se denomina "característica de adaptación a la oscuridad" de los ojos. Como resultado de las investigaciones y pruebas posteriores se descubrió, sin embargo, que la luz blanca tiene menos efecto, por lo que ésta es la que se está utilizando ahora en algunos aviones modernos.

Iluminación de columna y puente

La iluminación de columnas o pilar, denominada así por el método de construcción y fijación de la lámpara, proporciona iluminación para instrumentos individuales y controles situados en los diversos paneles de la cabina de vuelo. Un conjunto típico, como el mostrado en la Fig. 3.23 *a*), se compone de una lámpara de filamentos de contacto central en miniatura dentro de un alojamiento, que se ajusta a presión en el cuerpo del conjunto. El cuerpo va roscado exteriormente para sujetarlo al panel y tiene un orificio para acomodar un cable que conecta la alimentación positiva al contacto central. El circuito a través de la lámpara se completa mediante un terminal de masa para conectar al cable negativo.

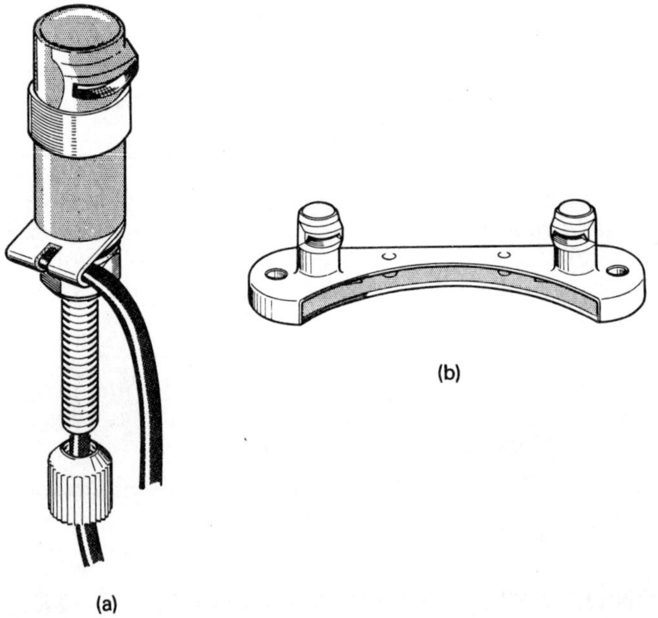

Figura 3.23.—Conjuntos de luces tipo columna.

La luz se distribuye a través de un filtro rojo y una abertura en el alojamiento de la lámpara. La forma de la abertura distribuye un sector de luz que se extiende hacia abajo sobre un arco de unos 90° aproximadamente a una profundidad ligeramente menor de 5 cm del punto de montaje.

La iluminación tipo puente (Fig. 3.23 *b*)) es un desarrollo de varias lámparas de la de tipo columna individual ya descrita. Dos o más lámparas van fijadas a una estructura en puente diseñada para que ajuste en un gran número de cajas de instrumentos normalizadas. El puente se compone de dos piezas de aleación ligera unidas por remaches y espaciadores, en las que van montados los alojamientos de las lámparas. Los cables proporcionan dos alimentaciones independientes de las lámparas, asegurando, por tanto, que no se produzca pérdida de iluminación como consecuencia del fallo de uno de los circuitos.

Iluminación tipo cuña

Este método de iluminación de instrumentos debe su nombre a la forma de las dos partes que, juntas, componen el cristal que tapa el instrumento. Su funcionamiento se basa en la ley física de que el ángulo en el que la luz deja una superficie reflectora es igual al ángulo en que choca con dicha superficie.

Las dos cuñas van montadas una frente a otra, con un estrecho espacio vacío de separación, según puede verse en la Fig. 3.24. La luz es introducida en la cuña A desde dos lámparas de 6 voltios instaladas en cavidades en su extremo más ancho. Cierta cantidad de luz atraviesa directamente esta cuña y entra en la superficie de la esfera, mientras el resto es reflejada de vuelta a la cuña por sus superficies pulidas. El ángulo en el que los rayos de luz chocan con las superficies de la cuña regula la cantidad de luz reflejada; cuanto menor es el ángulo, más luz es reflejada.

La doble cuña cambia mecánicamente el ángulo en el que los rayos de luz chocan contra una de las superficies reflectoras de cada cuña, distribuyendo así por igual la luz a través de la esfera y limitando también la cantidad de luz despedida por el instrumento. Puesto que la fuente de luz es radial, el ángulo inicial de algunos rayos de luz con respecto a las superficies pulidas de la cuña A

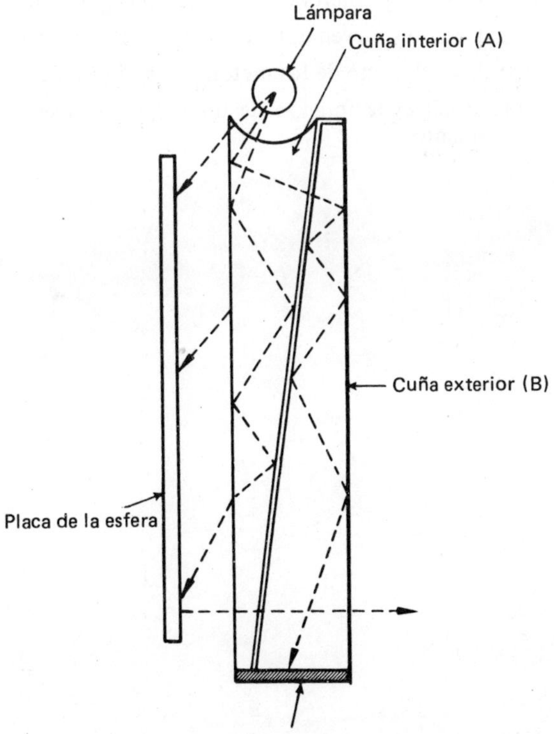

Figura 3.24.–Iluminación tipo cuña.

es menor que el de las otras. Los rayos de luz de escaso ángulo avanzan más hacia la cuña antes de que dejen y extiendan la luz por toda la esfera.

La luz que escapa dentro de la cuña B se enfrenta con ángulos en disminución constante, lo que tiene el efecto de atrapar la luz dentro de la cuña y dirigirla a su extremo ancho. La absorción de luz reflejada dentro del extremo ancho de la cuña B se asegura pintando de negro su parte exterior.

PREGUNTAS

3.1. Describir dos de los métodos adoptados para la presentación de indicaciones relativas a mediciones de gran alcance.

3.2. ¿Cuál es la finalidad de una "escala de plataforma"? Describir su disposición.

3.3. Nombrar algunos de los instrumentos de avión en los que se pueda aplicar una presentación de contador digital.

3.4. ¿Cuál es el significado de las graduaciones en color aplicadas a las esferas de ciertos instrumentos?

3.5. Si es necesario aplicar graduaciones en color a la cubierta de cristal de un instrumento, ¿qué precauciones deben tomarse?

3.6. ¿Qué tipos de presentación se asociarían a los siguientes instrumentos?: *a*) un sincroscopio, *b*) un altímetro, *c*) un horizonte giroscópico.

3.7. ¿Qué entiende por el término "presentación con la cabeza alta"? Describir con la ayuda de diagramas cómo se presentan a un piloto los datos de vuelo básicos que se necesiten.

3.8. Describir el método "T básica" de agrupamiento de instrumentos de vuelo.

3.9. Describir brevemente una forma de presentación de emisión de luz.

3.10. Describir uno de los métodos para iluminar las esferas de los instrumentos.

3.11. ¿Cuál es la función de un indicador magnético? Explicar su principio de funcionamiento.

4. Instrumentos y sistemas pitot-estática

SISTEMAS PITOT-ESTATICA

El *sistema de pitot-estática* de un avión es un sistema en el que la presión total creada por el movimiento hacia adelante del avión y la presión estática de la atmósfera circundante se detectan y miden en términos de velocidad, altitud y régimen de cambio de altitud (velocidad vertical). En otras palabras, se le puede llamar sistema manométrico o de datos de aire.

Básicamente el sistema consta de un tubo pitot-estática, o sonda, los tres instrumentos de vuelo principales –anemómetro, altímetro e indicador de velocidad vertical– y tuberías y drenajes, interconectados según se muestra en el diagrama de la Fig. 4.1.

La complejidad de un sistema de pitot-estática depende principalmente del tipo y tamaño del avión, del número de lugares en los que se precisan datos de

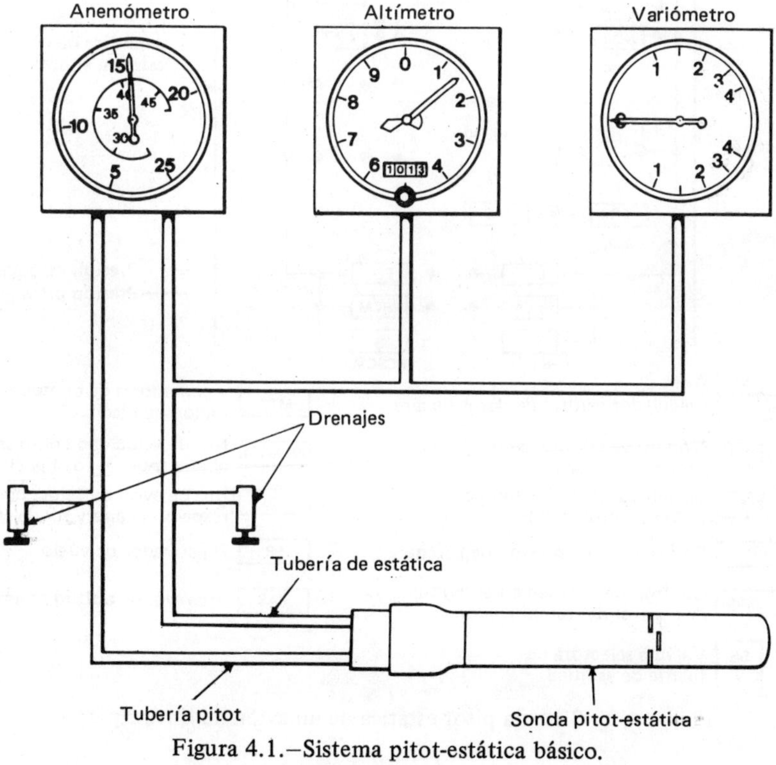

Figura 4.1.–Sistema pitot-estática básico.

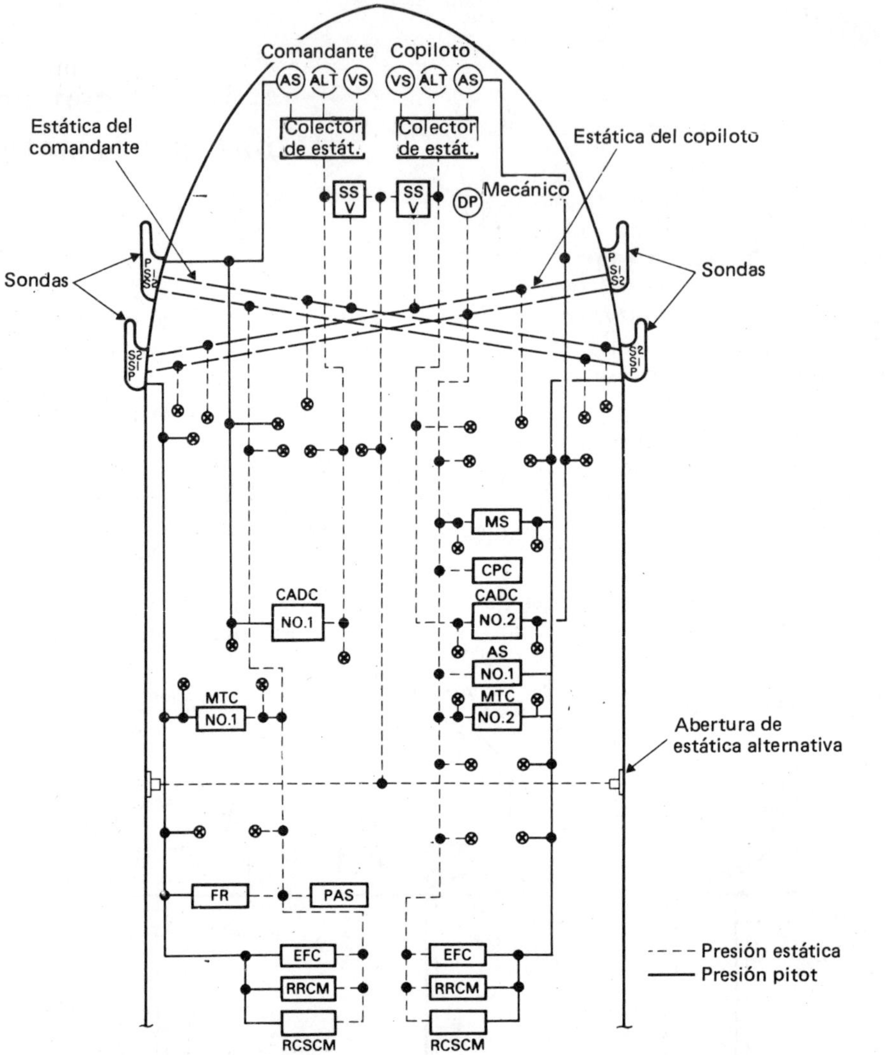

CADC	Calculador central de datos de aire
RRCM	Módulo de control de relación del timón de dirección
EFC	Calculador de sensación del timón de profundidad
CPC	Controlador de presión de cabina
RCSCM	Control de régimen en el módulo de control del estabilizador
SS V	Válvula selectora de fuente de estática
MTC	Acopladores de compensación de Mach
AS NO. 1	Int. de velocidad con resp. al aire (pos. de los flaps)
MS	Int. de aviso de veloc. con respecto al aire y nº de Mach
FR	Registrador de vuelo
PAS	Interrup. de altitud de presión

Figura 4.2.–Sistema pitot-estática de un avión de línea típico.

los instrumentos de vuelo principales y de los tipos de instrumento. El grado de complejidad se aprecia claramente comparando las Figs. 4.1 y 4.2.

La detección de la presión total, o pitot, y de la presión estática la efectúa la sonda, que está adecuadamente situada en la corriente de aire y transmite estas presiones a los instrumentos. La sonda (Fig. 4.3) se muestra en su forma más simple y original para facilitar la comprensión de la medición de la presión pitot y la presión estática.

Consta de dos tubos paralelos y en un plano vertical que miran al frente. Uno de los tubos, el tubo pitot, está abierto en su extremo delantero para recibir la presión total del aire resultante del movimiento de avance del avión, mientras que el otro, el tubo estático, está cerrado en su extremo anterior pero tiene una serie de pequeños orificios circulares taladrados a una distancia calculada del extremo anterior, a través de los cuales se admite el aire sin perturbar a la presión atmosférica predominante. Las presiones se transmiten a los instrumentos a través de tuberías conectadas a cada tubo.

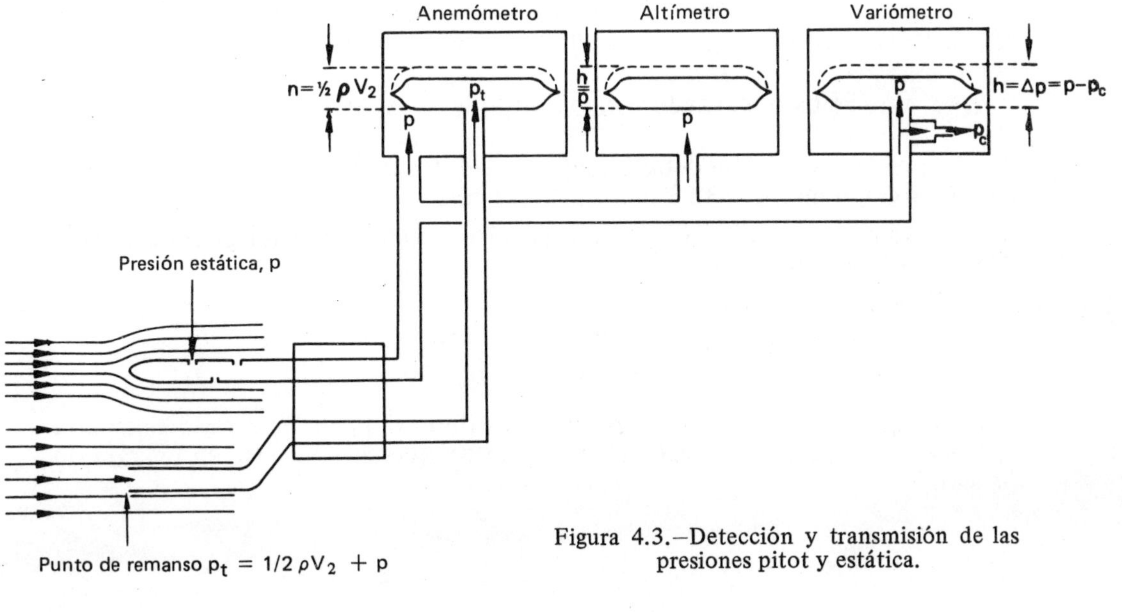

Figura 4.3.–Detección y transmisión de las presiones pitot y estática.

Presión pitot

Esta puede definirse como la presión adicional producida en una superficie cuando se para un fluido en circulación, o queda en remanso, en una superficie.

Consideremos una sonda colocada en un fluido con su extremo abierto cara a la corriente según se muestra en la Fig. 4.4. Cuando el fluido circula a una cierta velocidad V sobre la sonda, quedará en reposo en la punta o morro; a este punto se le conoce como *punto de remanso*. Si se trata de un fluido ideal, esto es, no viscoso, entonces la energía total es igual a la suma de la energía potencial, la energía cinética y la energía de presión, y permanece constante. Ahora bien, al quedar en reposo en el punto de remanso, la energía cinética del fluido se convierte en energía de presión. Esto quiere decir que la masa de líquido debe hacer trabajo y esto eleva un volumen igual del fluido por encima del nivel de la corriente de fluido.

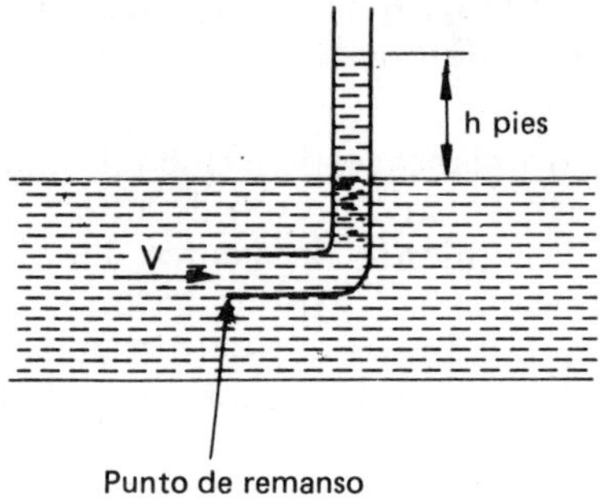

Figura 4.4.–Presión pitot.

Si la masa del fluido por encima de este nivel es m libras, entonces el trabajo realizado al elevarlo a una altura de h pies viene dado por

$$\text{Trabajo realizado} = mgh \text{ libras-pie}$$

donde g es la aceleración debida a la gravedad. En las Islas Británicas, por ejemplo, al nivel del mar, $g = 32{,}3$ pies/s^2 $= 9{,}81$ m/s^2.

El trabajo realizado es también igual al producto de la relación de masa a densidad (ρ) y presión (p):

$$\text{Trabajo realizado} = \frac{m}{\rho} p.$$

La energía cinética de una masa m antes de que quede en reposo es igual a $1/2\ mV^2$, donde V es la velocidad, y puesto que se convierte en energía de presión,

$$\frac{m}{\rho} p = \frac{1}{2} mV^2.$$

Por consiguiente,

$$p = \frac{1}{2} \rho V^2.$$

y es adicional a la presión estática en la región de la corriente de fluido.

El factor $1/2$ supone que el fluido es ideal y no tiene en cuenta el hecho de que la forma de un cuerpo sujeto a circulación de fluido puede no poner en reposo el fluido en el punto de remanso. Sin embargo, este coeficiente ha sido determinado por experimentos y para sondas pitot-estática se ha visto que su valor corresponde casi exactamente al teórico.

La ley 1/2 ρV^2, como se la llama generalmente en conexión con la medición de la velocidad con respecto al aire, no tiene en cuenta los efectos de la compresibilidad del aire; por tanto, deben introducirse otros factores. Estos efectos y la ley modificada se comentarán en la sección de los anemómetros.

Sondas pitot-estática

Como consecuencia de la "limpieza" aerodinámica de los aviones se hizo necesario introducir cambios en el diseño de las sondas pitot-estática con el fin de medir las presiones con más exactitud y sin perturbar seriamente la corriente de aire alrededor de las sondas. Una exigencia más, y que no podría cumplirse satisfactoriamente empleando tubos independientes, fue la facilitación de un sistema calefactor para impedir que los tubos se helasen cuando se volase en condiciones de formación de hielo. Los cambios de diseño requeridos dieron lugar a la disposición mostrada de forma básica en la Fig. 4.5.

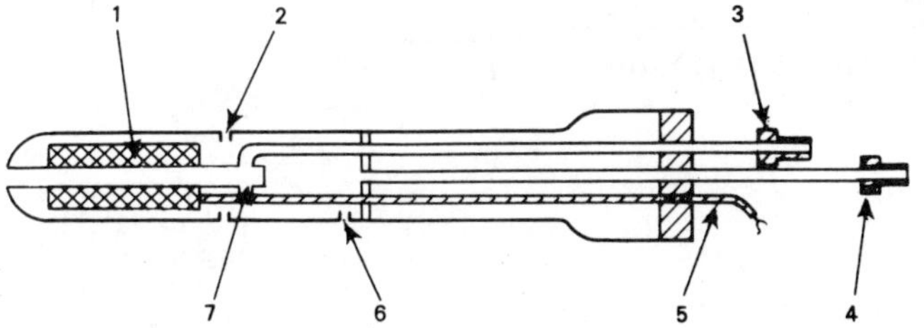

Figura 4.5.–Forma básica de la sonda pitot-estática. 1. Elemento calentador, 2. ranuras de estática, 3. conexión del tubo pitot, 4. conexión del tubo de estática, 5. cable del elemento calentador, 6. orificio de drenaje exterior, 7. orificio de drenaje del tubo pitot.

Los tubos están montados concéntricamente, con el tubo pitot en el interior del tubo estático, que también forma la carcasa. La presión estática entra por ranuras o pequeños orificios alrededor de la carcasa. Las presiones son transmitidas desde sus tubos respectivos por medio de tubos metálicos que pueden extenderse a la parte posterior de la sonda, o en ángulo recto, dependiendo de si se va a montar en el borde de ataque de un ala, debajo de un ala, o en el lateral de un fuselaje. Las posiciones de las sondas se comentarán con más detalle en el apartado "Error de Presión".

Normalmente, se forma una cámara entre las ranuras u orificios de estática y la conexión de los tubos para suavizar cualquier aire turbulento que fluya dentro de las ranuras, lo cual puede ocurrir cuando toda la sonda está oblicua, antes de transmitirlo a los instrumentos.

El elemento calefactor está instalado alrededor del tubo pitot, o en algunos diseños, alrededor de la circunferencia interior de la carcasa exterior, y en una posición tal dentro de la carcasa, que el efecto calefactor máximo se obtiene en los puntos donde es más probable que se forme hielo. Las características de temperatura/resistencia de algunos elementos son tales que el consumo de corriente es regulado automáticamente según las condiciones de temperatura a la que está expuesta la sonda.

En la Fig. 4.6 puede verse un tipo de sonda pitot-estática instalada en un avión de línea actualmente en servicio. La sonda es sostenida por un mástil sujeto al revestimiento del fuselaje por medio de una brida de montaje en ángulo y perfilada adecuadamente. El conjunto lleva dos series de ranuras de estática conectadas separada e independientemente de los tubos de presión estática que terminan en la brida de montaje (véase la página 78). La presión pitot se transmite a la unión de conexión apropiada a través de una cámara hermética formada por el mástil. El tubo de presión pitot dispone de deflectores para evitar que entre agua u otras materias extrañas. Unos orificios de drenaje delante y en la parte posterior de los deflectores impiden que se acumule humedad dentro del conjunto de la sonda. El agua que pudiese condensarse y acumularse en el mástil puede vaciarse quitando el tornillo de drenaje situado en la posición que se muestra. Debe decirse que además del tubo pitot y la carcasa, el mástil también está protegido contra la formación de hielo por su propio elemento calefactor.

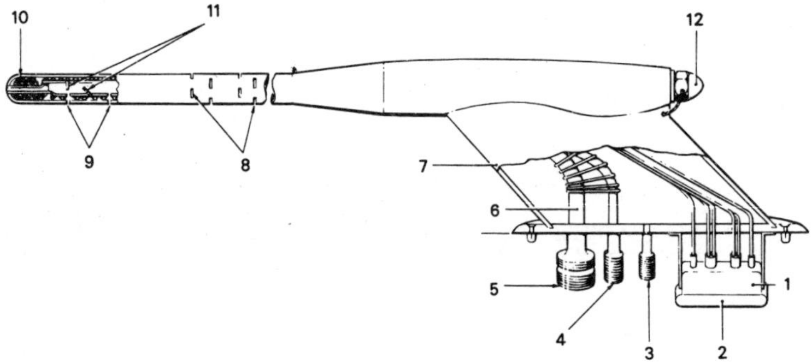

Figura 4.6.—Sonda pitot-estática. 1. Bloque de terminales, 2. tapa, 3. conexión de presión pitot, 4. conexión de estática de la ranura delantera, 5. conexión de estática de la ranura posterior, 6. calentador posterior, 7. mástil, 8. ranuras de estática, 9. orificios de drenaje, 10. calentadores de morro, 11. deflectores, 12. tornillo de drenaje del mástil.

DISPOSICION DE LOS CIRCUITOS CALEFACTORES

La corriente continua necesaria para el calentamiento se controla por medio de un interruptor situado en un panel de control en la cabina de vuelo; alguna forma de indicación señala si el circuito funciona o no correctamente. En la Fig. 4.7 se dan tres disposiciones típicas de circuitos.

En la disposición mostrada en *a*) el interruptor de control, cuando está en la posición de "operación", deja que pase corriente al calentador a través de la bobina de un relé que se activará cuando haya continuidad entre el interruptor y el lado a tierra del calentador. Si se produce un fallo del calentador o una interrupción en otra sección de su circuito, el relé se desactivará y sus contactos completarán entonces el circuito desde el segundo polo del interruptor para encender la luz roja que facilita el aviso del fallo del circuito. Las líneas quebradas muestran una disposición alternativa del circuito de la luz por medio del cual la iluminación de una luz ámbar indica que el circuito del calentador está en funcionamiento.

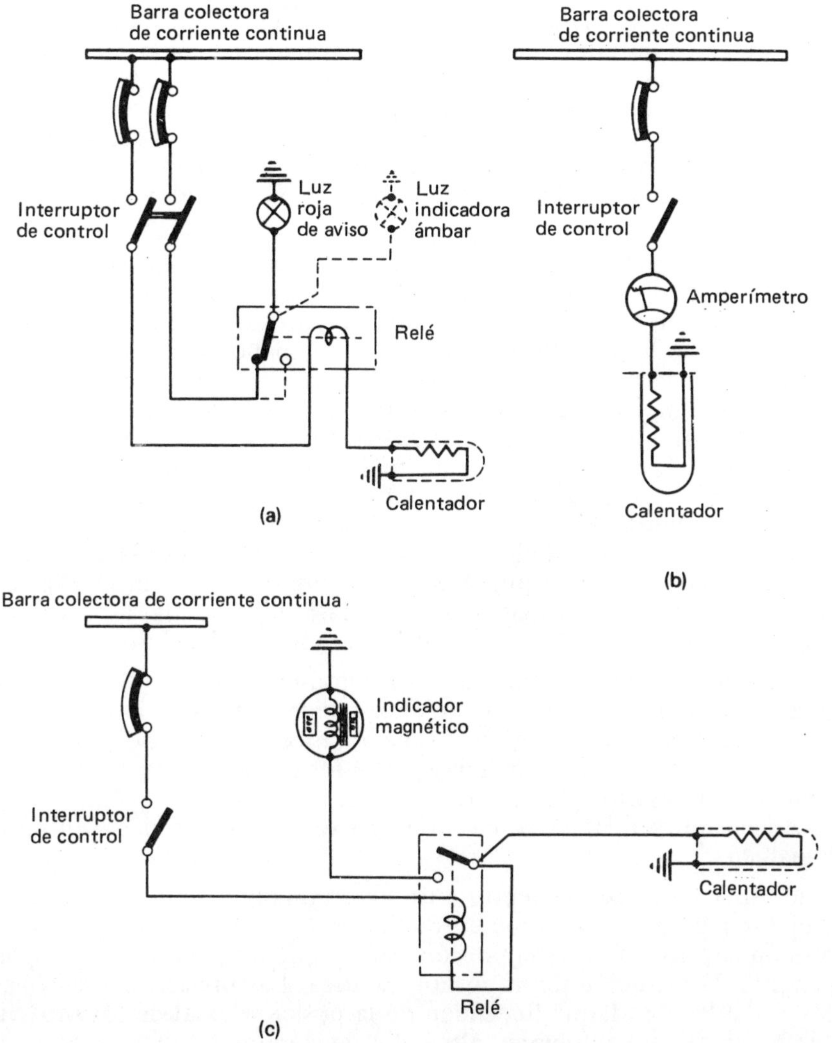

Figura 4.7.–Disposiciones de circuitos de calentamiento típicos. *a*) Luz y relé; *b*) amperímetro; *c*) indicador magnético y relé.

Los dispositivos de indicación empleados en *b*) y *c*) son respectivamente un amperímetro y un indicador magnético de conexión-desconexión. En ambos casos la función es igual que en *a*), esto es, indica que el circuito está funcionando.

ERROR DE PRESION (POSICION)

La medición exacta de la velocidad con respecto al aire y la altitud por medio de una sonda pitot-estática ha presentado siempre dos dificultades principales: una, diseñar una sonda que no produzca ninguna perturbación en el flujo de aire sobre la misma; y la otra, hallar un lugar adecuado en el avión en donde la sonda no se vea afectada por las perturbaciones del aire debidas al mismo avión. Los efectos de tales perturbaciones son mayores en la sección de medición de presión estática, dando origen a un *error de presión* o *posición* (EP) que se define como la cantidad en la que la presión estática local en un punto dado en el campo de flujo difiere de la presión estática de la corriente libre. Como consecuencia del error de presión, un altímetro y un anemómetro pueden dar errores positivos o negativos. El indicador de velocidad vertical no resulta afectado.

En lo que al flujo de aire sobre la sonda se refiere, podemos considerar que la sonda y el avión en el que va instalada son iguales porque algunos de los factores que determinan el flujo o circulación de aire son: la forma, el tamaño, la velocidad y el ángulo de ataque. La forma y el tamaño de la sonda vienen dictados por la velocidad a la que se mueve a través del aire; una carcasa de gran diámetro, por ejemplo, puede presentar una zona frontal demasiado grande que a velocidades muy altas puede iniciar el desarrollo de una onda de choque que romperá el flujo sobre la sonda. Esta onda de choque puede tener un efecto apreciable sobre la presión estática, extendiéndose como lo hace en una distancia igual a un número dado de diámetros desde la punta de la sonda. Una forma de evitar esto es reducir el diámetro de la carcasa y aumentar la distancia de los orificios de estática desde la punta o morro. Además, pueden realizarse varios orificios a lo largo de la longitud de la carcasa de la sonda, espaciados de tal modo que siempre haya uno en una región de flujo de aire sin perturbar.

La sonda ideal desde un punto de vista aerodinámico es aquélla que sea larga y de pequeño diámetro, pero en la práctica puede presentar ciertas dificultades; su rigidez puede que no sea suficiente para impedir la vibración a grandes velocidades; y también puede ser difícil adaptar los elementos de calentamiento de gran amperaje necesarios para evitar la formación de hielo. Por tanto, al establecer las dimensiones relativas finales de una sonda, debe tenerse en cuenta un cierto margen.

Cuando una sonda se encuentra a un determinado ángulo de ataque con respecto al flujo de aire, hace que entre aire en los orificios de estática creando una presión superior a la de la presión estática predominante y un error correspondiente en la medición de la presión estática. Las presiones desarrolladas en ángulos variables de ataque dependen de la posición axial de los orificios a lo largo de la carcasa, sus posiciones alrededor de la circunferencia, su tamaño, y si los orificios tienen forma de agujeros o ranuras.

Ventilaciones estáticas

De lo expuesto podría parecer que si todos estos problemas aparecen por los efectos de presión en los orificios de estática, podrían solamente separarse éstos del tubo de pitot con toma estática y colocarse en cualquier otra parte del avión. Esta es una solución puesta en práctica en muchos tipos de aviones, utilizando una toma de presión que lleva únicamente un tubo pitot y una ventilación de estática en el lateral del fuselaje. En algunos aviones ligeros la ventilación puede consistir simplemente en un orificio practicado en el revestimiento del fuselaje, mientras que en sistemas de aviones más complejos se instalan placas de ventilación de metal contorneado en el revestimiento. En la Fig. 4.8 se muestran una sonda pitot típica y una ventilación de estática.

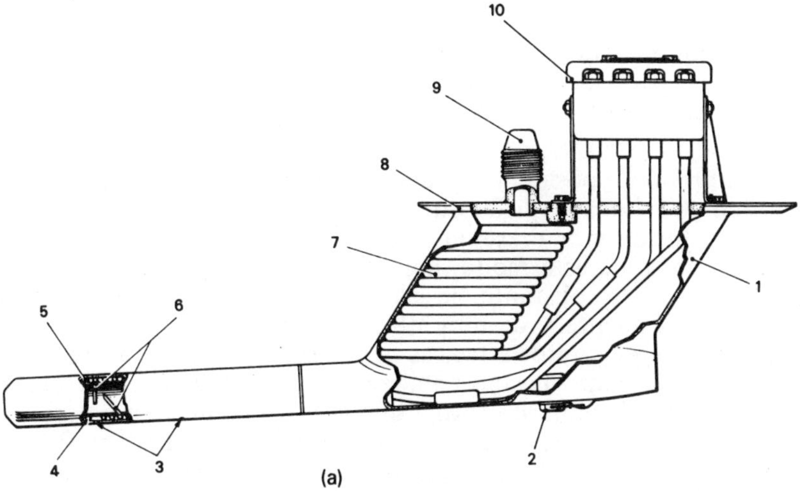

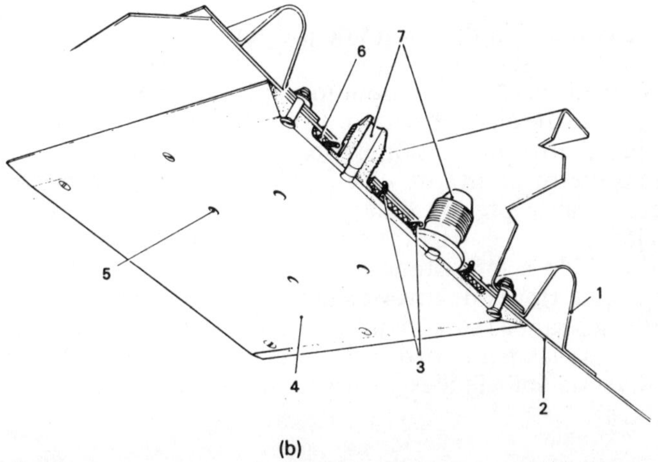

Figura 4.8.–Sonda pitot y ventilación de estática. *a*) Sonda pitot: 1. mástil, 2. tornillo de drenaje, 3. orificios de drenaje, 4. elemento calentador, 5. tubo de presión, 6 deflectores, 7. elemento calentador, 8. pestaña, 9. adaptador de tubería, 10. bloque de terminales; *b*) ventilación estática: 1. intercostal, 2. revestimiento del fuselaje, 3. anillos obturadores, 4. placa de ventilación de estática, 5. ventilaciones de estática, 6. tiocol, 7. saliente adaptador apestañado.

SITUACION DE LOS TUBOS PITOT CON TOMA ESTATICA Y VENTILACIONES ESTATICAS

En los aviones cuyas capacidades de operación estén limitadas a velocidades inferiores a la del sonido, la ubicación típica de los tubos pitot con toma estática se encuentra delante de la punta de un ala, delante de un estabilizador vertical o en el lateral de una sección de morro de fuselaje. A velocidades superiores a la del sonido, generalmente la mejor solución es instalar un tubo pitot con toma estática delante del morro del fuselaje. Las ventilaciones estáticas independientes, cuando las hay, están siempre situadas en el revestimiento del fuselaje, una en cada lado e interconectadas con el fin de reducir al mínimo los efectos de la presión dinámica debidos a una guiñada o un resbalamiento del avión.

El error de presión o posición real debido a la localización elegida se determina para el tipo de avión apropiado durante las pruebas iniciales de maniobras de vuelo de un prototipo y se presenta finalmente en forma tabular o gráfica para que el piloto pueda, de este modo, aplicar correcciones en las distintas condiciones de operación. No obstante, en la mayoría de los casos las correcciones se efectúan automáticamente y de muy diversas formas. Uno de los métodos consiste en emplear sondas pitot-estáticas aerodinámicamente compensadas, esto es, sondas que están contorneadas para crear un campo de presión local que sea igual y opuesto al del avión, de forma que el error de presión o posición resultante sea casi nulo. Otros métodos más generalizados utilizan dispositivos de corrección dentro de transductores separados, que se describen a continuación, o dentro de calculadores centrales de datos de aire (véase la página 123).

Transductores de corrección de errores de presión

En la Fig. 4.9 puede verse un transductor típico diseñado para suministrar señales de corrección a un altímetro tipo servo. El transductor se proyecta para aviones en los que el error de presión es proporcional a una función del número de Mach. El transductor consta de una cápsula detectora de presión estática y una cápsula detectora de presión dinámica, cada una de las cuales está conectada a un potenciómetro de corriente continua. Las correcciones de error de presión se aplican también a los potenciómetros por una red de resistencias preajustadas conectadas a través de diversos puntos de toma en los potenciómetros. Por consiguiente, sus salidas son "conformadas" eléctricamente para proporcionar las señales necesarias para corregir los errores conocidos de un tipo particular de avión a diversas velocidades y altitudes. Las salidas se envían luego a un

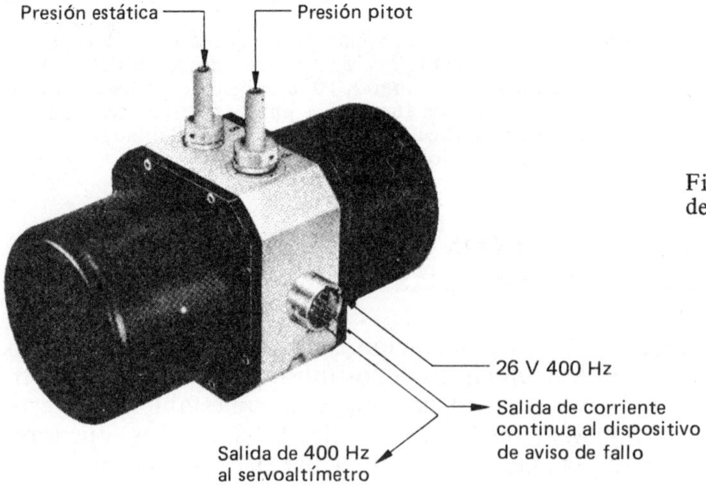

Figura 4.9.–Transductor de corrección de error de presión.

generador de funciones que produce una salida como una función de la relación de presión $(p - s)/s$; en otras palabras, el generador es un equivalente eléctrico al mecanismo divisor mecánico en un medidor de número de Mach convencional (véase la página 107). El generador amplifica también las señales perfiladas que, después de la modulación, son suministradas finalmente al servoaltímetro asociado. El circuito de la fuente de alimentación del transductor se activa desde una fuente de 26 voltios y 400 Hz; el circuito proporciona también una salida de corriente continua para accionar un dispositivo de aviso de fallo de corrección. El dispositivo toma la forma de una bandera accionada por solenoide marcada con una "C" cruzada y que aparece en una abertura en la esfera del altímetro (véase la Fig. 4.17 *d*)). El circuito perfilador está montado en un tablero intercambiable, de forma que un transductor puede intercambiarse entre tipos de avión con sólo cambiar los tableros.

FUENTES DE PRESION ALTERNATIVA

Si se produjese un fallo de la fuente de presión pitot-estática principal debido, por ejemplo, a una congelación total de una sonda por fallo de un circuito de calentamiento, es evidente que se introducirían errores en las indicaciones de los instrumentos y otros componentes que dependen de tal presión. Por consiguiente, como salvaguarda contra un fallo, puede instalarse un sistema de reserva en el avión, que emplee sondas pitot-estática por las que pueden selectarse y conectarse el sistema principal presión atmosférica y/o presión pitot de fuentes alternativas.

La presión requerida se selecciona por medio de válvulas selectoras conectadas entre las fuentes de presión apropiadas y los instrumentos de vuelo, y situadas en la cabina de vuelo en un lugar fácilmente accesible a la tripulación. La Fig. 4.10 ilustra en forma de diagrama el método adoptado en un sistema que utiliza solamente una fuente de presión estática alternativa. Las válvulas aparecen en la posición de operación normal, esto es, las sondas facilitan presiones pitot y estática a los instrumentos en sus lados respectivos del avión. En caso de fallo de presión estática desde una u otra sonda, los instrumentos de vuelo se conectan a la fuente alternativa de presión estática cambiando manualmente la posición de la válvula selectora correspondiente.

La disposición que se muestra en la Fig. 4.11 está basada en un sistema que se está utilizando actualmente, en el que se puede selectar una fuente alternativa de presión pitot y presión estática. Además, es un ejemplo de un sistema que utiliza las ranuras de estática de una sonda pitot-estática como la fuente alternativa de presión estática. Las válvulas se muestran en la posición normal, esto es, las sondas suministran presión pitot a los instrumentos en sus lados respectivos del avión, y la presión estática se suministra desde las placas de ventilación de estática. En caso de fallo de presión estática desde una u otra sonda, debe cambiarse manualmente la posición de la válvula selectora correspondiente para conectar los instrumentos de vuelo a la sonda opuesta. La fuente alternativa de presión estática se selecta por medio de una válvula similar a la empleada en el sistema de presión pitot, y como puede verse en la Fig. 4.11, es una función de cambio clara.

Las sondas empleadas en el sistema que acabamos de describir son del tipo ilustrado en la Fig. 4.6, en la cual puede verse que las dos series de ranuras de

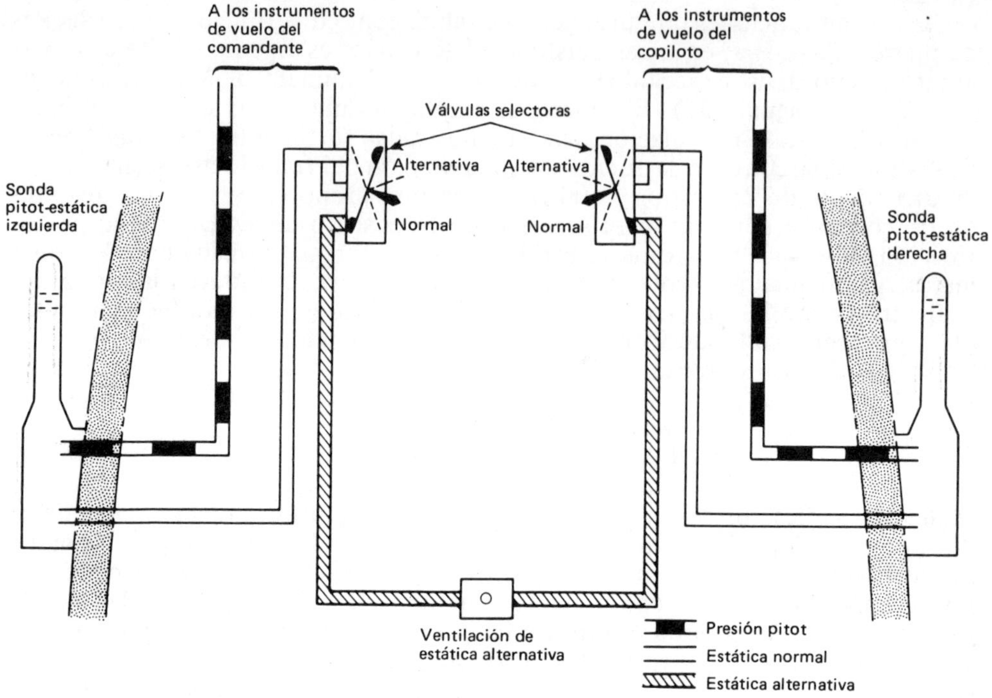

Figura 4.10.—Sistema de presión estática alternativo.

estática (delantera y posterior) están conectadas a tubos separados en la base de montaje. Además de estar conectadas a sus válvulas selectoras respectivas, las sondas están también acopladas entre sí por una conexión transversal de las ranuras de estática y los tubos; por tanto, las ranuras delanteras están conectadas a las posteriores en sondas opuestas. Esto compensa cualquier diferencia de presión causada por la posición de las ranuras de estática a lo largo del eje longitudinal de las sondas.

DRENAJES

Con el fin de que un sistema pitot-estática funcione eficazmente en todas las condiciones de vuelo, hay que facilitar medios para eliminar el agua que pueda entrar en el sistema como consecuencia de la condensación, lluvia, nieve, etc., reduciéndose así la probabilidad de que "golpes" de agua bloqueen los tubos. Tales medios toman la forma de orificios de drenaje en las sondas y colectores de drenaje y válvulas de drenaje en las tuberías del sistema. Los orificios de drenaje están taladrados en los tubos pitot y carcasas de las sondas (Fig. 4.5) y tienen un diámetro tal que no introducen errores en las indicaciones de los instrumentos.

El método para drenar las tuberías de un sistema pitot-estatica varía en los diferentes tipos de aviones, porque un fabricante de aviones puede realizar su propio diseño de colector y válvula de drenaje, mientras que otro puede utilizar

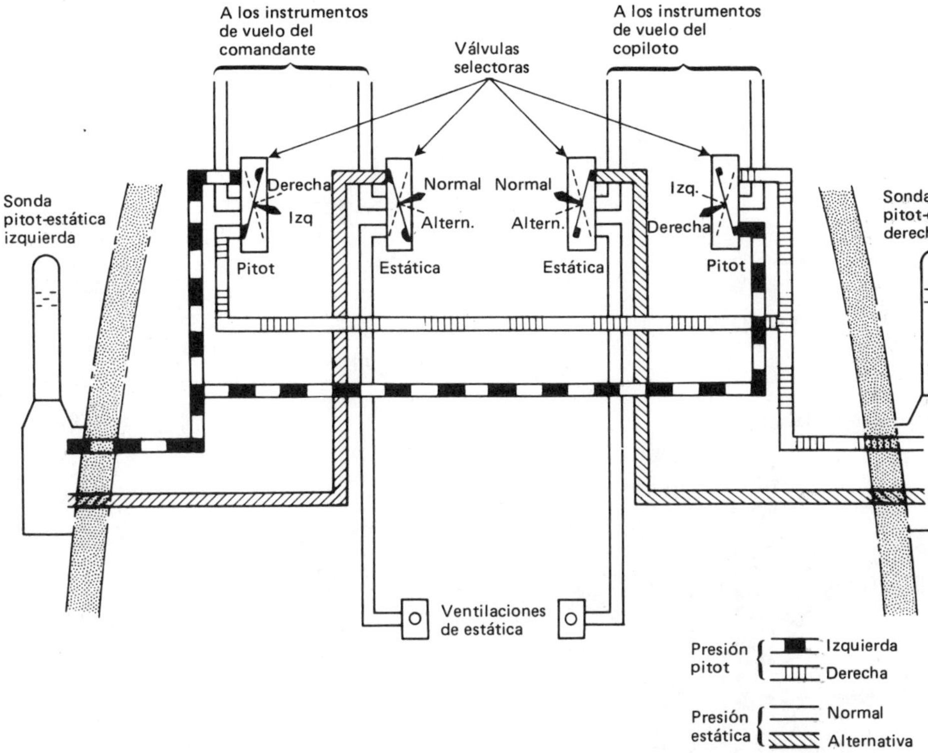

Figura 4.11.—Sistema de presión pitot y presión estática alternativo.

un componente prefabricado por otro constructor especializado.. En la Figura 4.12 pueden verse algunos ejemplos de colectores y válvulas de drenaje.

Los colectores de drenaje tienen una capacidad suficiente para que se pueda acumular la mayor cantidad de agua que pudiera entrar en el sistema entre los períodos de servicio.

Las válvulas de drenaje son del tipo de cierre automático para que no puedan dejarse abiertas inadvertidamente después de vaciar el agua acumulada.

TUBERIAS

Las presiones pitot y estáticas se transmiten a través de tubería metálicas (aleación ligera y/o tungum), sin costura y resistentes a la corrosión, y a través de tubería flexibles, utilizándose estas últimas para la conexión de componentes instalados en monturas antivibratorias.

El diámetro elegido de las tuberías está en relación con la distancia desde las fuentes de presión a los instrumentos (cuanto más largas sean las tuberías, mayor será el diámetro) con el fin de eliminar los factores de caída de presión y retardo de tiempo. No obstante, hay un límite mínimo aceptable en cuanto a diámetro interior, digamos de 6,35 mm (1/4 de pulgada). Un diámetro interior me-

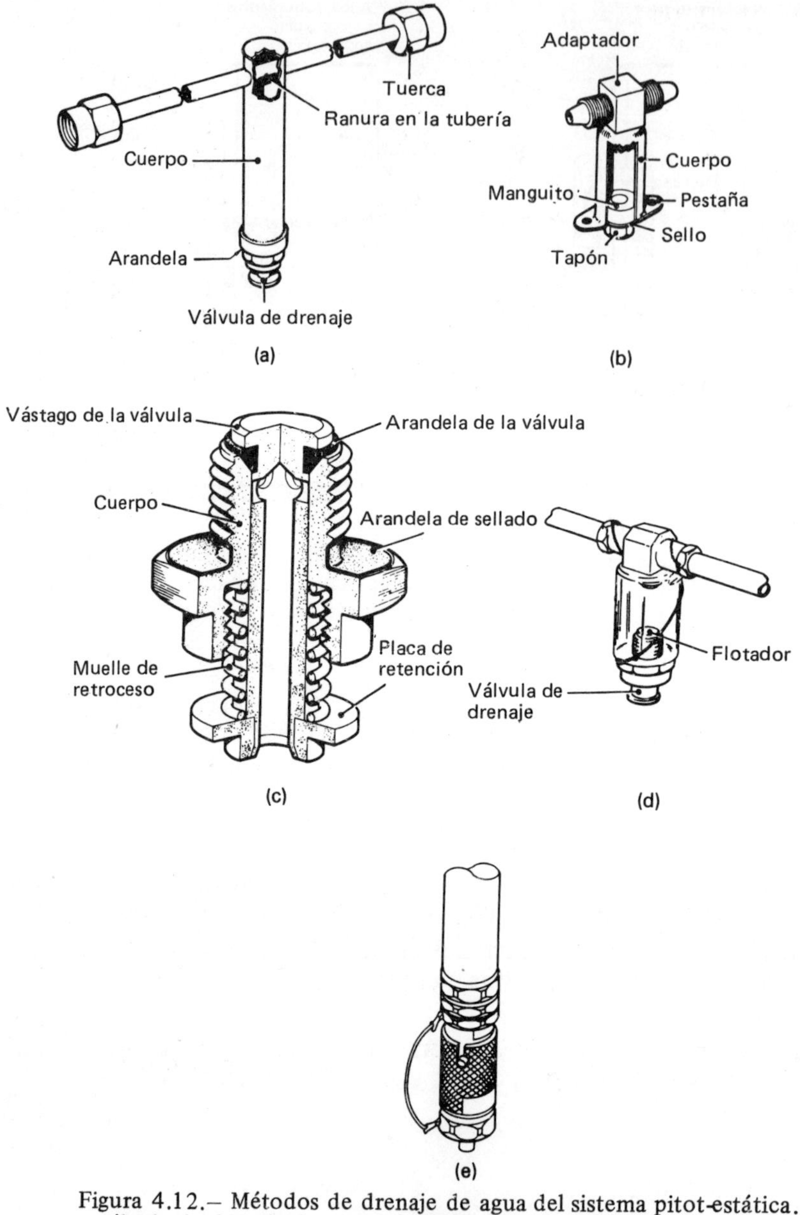

Figura 4.12.– Métodos de drenaje de agua del sistema pitot-estática. *a*) Sifón y válvula de drenaje de agua; *b*) sifón y tapón de drenaje de agua; *c*) construcción de la válvula de drenaje; *d*) sifón y válvula de drenaje de agua transparente; *e*) colector y válvula de drenaje combinados.

nor presentaría el peligro de un bloqueo debido a la posibilidad de que se forme una "masa" de agua que abarcase el diámetro.

Las tuberías se identifican por medio de cintas de código de colores convencionales espaciadas a intervalos frecuentes a lo largo de las mismas. Además de este método, las tuberías de algunos aviones también pueden tener diámetros diferentes.

MEDICION DE LA ALTITUD

La atmósfera de la Tierra y sus características

La atmósfera de la Tierra, como la mayoría de los lectores conocen ya, es la envoltura circundante de aire, que es una mezcla de varios gases de los cuales los principales son el nitrógeno y el oxígeno. Esta envoltura gaseosa está dividida convencionalmente en varias capas concéntricas que se extienden desde la superficie de la Tierra, y que presentan sus propias características distintivas.

La capa más baja, en la que vivimos y en la que vuelan los tipos de aviones convencionales, se denomina *Troposfera,* y se extiende hasta una altura de unos 28.000 pies en el Ecuador. Este límite de altura se denomina *la Tropopausa.*

Encima de la Tropopausa, se sitúa la capa llamada *Estratosfera,* la cual se extiende hasta la *Estratopausa* a una altura media entre 60 y 70 millas.

A mayores alturas la atmósfera se divide en más capas o regiones que, desde la Estratopausa, de inferior a superior, se denominan *Ozonosfera, Ionosfera* y *Exosfera.*

En todas estas capas la atmósfera experimenta una transición gradual desde sus características al nivel del mar a las existentes en los bordes de la Exosfera, en donde se funde con el espacio exterior completamente carente de aire.

Presión atmosférica

La atmósfera se mantiene en contacto con la superficie de la Tierra por la fuerza de la gravedad, la cual produce una presión dentro de la atmósfera. Los efectos gravitacionales disminuyen a medida que aumentan la distancia desde el centro de la tierra, de modo que la presión atmosférica disminuye constantemente en función de la altitud. Las unidades que se emplean para expresar la presión atmosférica son: libras por pulgada cuadrada, pulgadas de mercurio y milibares.

La presión al nivel del mar estándar es 14,7 libras/pulgada^2 y es igual a 29,921 pulgadas de mercurio o 1013,25 milibares. Por tanto, una columna de aire de un pie cuadrado de sección, que se extienda desde la superficie de la Tierra hasta las extremidades de la atmósfera, pesa 14,7 libras y ejerce esta presión sobre una pulgada cuadrada de la superficie de la Tierra. Supongamos ahora que esta misma columna de aire se extiende desde los puntos 5.000, 10.000 y 15.000 pies por encima del nivel del mar; el peso habrá disminuido, por lo que las presiones ejercidas a estos niveles serán respectivamente 12,2, 10,1 y 8,3 libras/pulgada^2. En la Tropopausa, la presión cae alrededor de una cuarta parte de su valor al nivel del mar.

La caída constante de la presión atmosférica a medida que aumenta la altitud tiene un gran efecto sobre la densidad del aire, la cual varía en proporción directa a los cambios de presión.

Temperatura atmosférica

Otro factor importante que afecta a la atmósfera es su temperatura. El aire en contacto con la Tierra es calentado por conducción y radiación y, en consecuencia, su densidad disminuye y el aire comienza a elevarse. Al elevarse, el descenso de presión deja que el aire se expanda, y la expansión, a su vez, ocasiona una caída de la temperatura. En condiciones al nivel del mar estándar la temperatura es 15° C, y desciende constantemente según aumenta la altitud hasta la Tropopausa, en la cual permanece constante a –56,5° C. El régimen al que desciende (véase también más adelante) se denomina *régimen de descenso.* En la Estratosfera la temperatura permanece constante a –56,5° C, después aumenta otra vez hasta un máximo a una altura de unas 40 millas y posteriormente comienza a descender alcanzando el punto de congelación aproximadamente a 50 millas. Desde esta altura hay todavía un aumento más que alcanza un máximo de alrededor de 2200° C a 150 millas aproximadamente.

Atmósfera estandar

Con el fin de obtener indicaciones de altitud, velocidad con respecto al aire y régimen de cambio de altitud, se necesita conocer la relación entre las variables de presión, temperatura y densidad, y la altitud. Ahora bien, para que tales indicaciones tengan absoluta exactitud, tendrían que medirse directamente las tres variables en todas las altitudes e introducirse en los instrumentos apropiados como factores de corrección. Tales medidas, aunque no son imposibles, exigirían, sin embargo, instrumentos bastante complicados. Por consiguiente, siempre se ha acostumbrado a basar todas las medidas y cálculos relacionados con la aeronáutica en lo que se denomina *atmósfera estándar,* o aquélla en la que se supone que los valores de presión, temperatura y densidad a las diferentes altitudes son constantes. Estas suposiciones, a su vez, se han basado en observaciones meteorológicas y físicas establecidas, teorías y mediciones, y por eso la atmósfera estándar se acepta internacionalmente. En lo que se refiere a los altímetros, los anemómetros y los indicadores de velocidad vertical o variómetros, la inclusión de los valores supuestos de las variables correspondientes en las leyes de calibración permite el empleo de mecanismos que funcionan solamente por cambios de presión.

Las suposiciones son las siguientes: (i) la presión atmosférica al nivel del mar medio es igual a 1013,25 mbar o 29,921 pulgadas Hg; (ii) la temperatura al nivel del mar medio es 15° C (59° F); (iii) la temperatura del aire desminuye 1,98° por cada 1.000 pies de aumento de altitud (este es el régimen de descenso citado anteriormente) desde 15° C al nivel del mar medio a –56,6° C (69,7° F) a 36,089 pies. Por encima de esta altitud se supone que la temperatura permanece constante a –56,5° C.

Todos los demás valores correspondientes se han calculado y presentado como la atmósfera estándar basándose en los valores sobre el nivel del mar. Estos valores calculados se definieron originalmente como las condiciones ICAN (International Commision for Aerial Navigation), pero en 1952 la Organización Internacional de Aviación Civil estableció una especificación más detallada, y por eso la definición aceptada actualmente es la *Atmósfera Estándar de la OACI.*

Medición de la presión atmosférica

Existen dos métodos principales para medir la presión de la atmósfera y ambos están estrechamente asociados con los instrumentos de vuelo de pitot-estática. Estos métodos son (i) equilibrado de presión contra el peso de una columna de líquido, y (ii) aumento de la deflexión de un elemento detector elástico producido por la presión que actúa sobre él. Los instrumentos que emplean estos métodos se conocen respectivamente como barómetro de mercurio y barómetro aneroide.

Barómetro de mercurio

Según se muestra en la figura 4.13(a), un *barómetro de mercurio* consiste fundamentalmente en un tubo de vidrio cerrado herméticamente en una punta y montado verticalmente en una cubeta de mercurio de modo que el extremo abierto del tubo quede sumergido por debajo de la superficie del mercurio. Imaginémonos por un momento que el extremo superior del tubo está abierto según se muestra en (*b*) y que se aplica una presión absoluta p_1 al mercurio existente en la cubeta, y una presión absoluta p_2 a la columna de mercurio dentro del tubo. Si p_1 es mayor que p_2 es evidente entonces que el mercurio estará obligado a bajar en la cubeta y se elevará en el tubo hasta que se obtenga un equilibrio entre las dos presiones. Este equilibrio viene dado por:

$$p_1 = p_2 + H_\rho \qquad (1)$$

donde H es la diferencia de niveles entre el mercurio de la cubeta y el tubo, y ρ la densidad del mercurio.

Pero, como puede verse del diagrama, $H = h + d$, donde h es la distancia que el mercurio se ha elevado en el tubo desde el nivel cero, y d la distancia correspondiente que el mercurio ha descendido en la cubeta también desde el nivel cero.

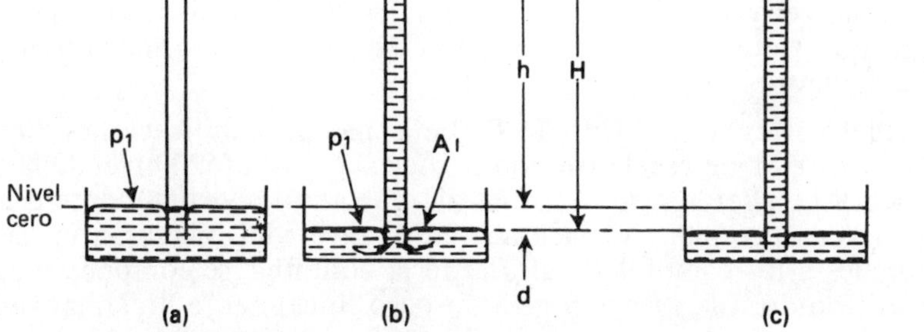

Figura 4.13.–Principio del barómetro de mercurio

La misma cantidad de mercurio ha dejado la cubeta y entrado en el tubo y es tal, que si las superficies de las secciones de la cubeta y el tubo se designan A_1 y A_2, respectivamente, entonces

$$A_1 d = A_2 h \tag{2}$$

de modo que

$$d = \frac{A_2}{A_1} h. \tag{3}$$

Por consiguiente

$$H = h + h\frac{A_2}{A_1}. \tag{4}$$

Sustituyendo H en la ecuación (1) por esta expresión,

$$p_1 = p_2 + h\left(1 + \frac{A_2}{A_1}\right)\rho \tag{5}$$

En la práctica, el extremo superior del tubo está cerrado herméticamente y existe un vacío en el espacio encima de la columna de mercurio (conocido como el *vacío de Torricelli*, en honor al inventor italiano del barómetro), de modo que p_2 es cero y la ecuación (5) queda

$$p_1 = h\left(1 + \frac{A_2}{A_1}\rho\right) \tag{6}$$

que forma la ecuación básica del barómetro, en la que h, la altura que el mercurio sube en el tubo, es una medida de la presión absoluta aplicada al mercurio de la cubeta.

Los barómetros de mercurio quedan comprendidos ampliamente en dos categorías: (i) el Fortin y (ii) el Kew. El Fortin pertenece al tipo en el que los ajustes se hacen en la base y en el nivel de la columna de mercurio. Una característica principal de este barómetro es que antes de tomar una lectura, el nivel de la superficie del mercurio en la cubeta se lleva a la punta de lo que se denomina punto de referencia, fijado con seguridad en la parte superior de la cubeta y que corresponde al cero de la escala del barómetro. Este ajuste se obtiene mediante un tornillo que, actuando sobre una bolsa de cuero que forma la parte inferior de la cubeta, eleva el mercurio.

El barómetro Kew es del tipo de "cubeta fija" y da indicaciones directas por medio de un cursor de escala de nonio que está ajustado al nivel de la columna de mercurio y con referencia a una escala que amplía virtualmente la altura de la columna. Las pequeñas variaciones en el nivel del mercurio en la cubeta, proporcionales a los cambios de altura de la columna, se compensan automáticamente utilizando una escala contraída pero linealmente dividida; la cantidad de contracción es fijada por las superficies transversales efectivas del tubo y la cubeta. La cubeta está provista de un conector que, al ser acoplado a una fuente controlada de vacío, permite que la presión que actúa sobre la superficie del mercurio disminuya al valor más bajo marcado en la escala del barómetro. Por tanto, y en conjunción con una cámara de vacío, un barómetro Kew sirve como norma para la calibración de altímetros.

Con el fin de utilizar el barómetro para calibrar altímetros en cualquier lugar, deben aplicarse correcciones a las lecturas de presión por la razón de que la altura de la columna de mercurio depende de las condiciones de temperatura local, altura sobre el nivel del mar, la latitud y su valor de gravedad correspondiente. Puesto que el material de la graduación de la escala se dilata y contrae con los cambios de temperatura, la lectura del barómetro dependerá también de la temperatura de la escala. Por consiguiente, hay un termómetro de mercurio en cristal instalado adyacente a la escala principal. En la Norma Británica 2520 *–Convenciones y Tablas de Barómetros–* se dan detalles de las correcciones de temperatura y gravedad y la forma en que se derivan.

Barómetro aneroide y altímetro

En la evolución general de los instrumentos para medición de presión atmosférica, ciertas aplicaciones prácticas exigieron instrumentos que fuesen portátiles y capaces de funcionar en diversas posiciones en vuelo. Por ejemplo, para observaciones meteorológicas en el mar era evidente que un barómetro de mercurio sería más bien frágil, y que en condiciones de cabeceo y alabeo, el movimiento errático de la columna de mercurio haría difícil la observación. Por consiguiente, se necesitaba un instrumento más fuerte y tenía que ser uno que no necesitase ningún líquido absolutamente. De este modo, apareció el *barómetro aneroide*, (del griego *"aneros"* no húmedo). El instrumento ha evolucionado hasta alcanzar un nivel muy alto de precisión para muchas aplicaciones especializadas, pero su versión más sencilla, y quizás la más familiar para el lector, es el barómetro doméstico.

El elemento sensible a la presión del instrumento (véase la Fig. 4.14) es una cápsula de metal evacuada. Puesto que en el interior de la cápsula hay aproximadamente presión cero, y suponiendo que el instrumento esté a nivel del mar, 14,7 libras/pulgada^2 en el exterior aproximadamente, la cápsula tenderá a aplastarse. Esto se evita, sin embargo, mediante un muelle fuerte de láminas flexibles instalado de forma que un lado esté unido a la parte superior de la

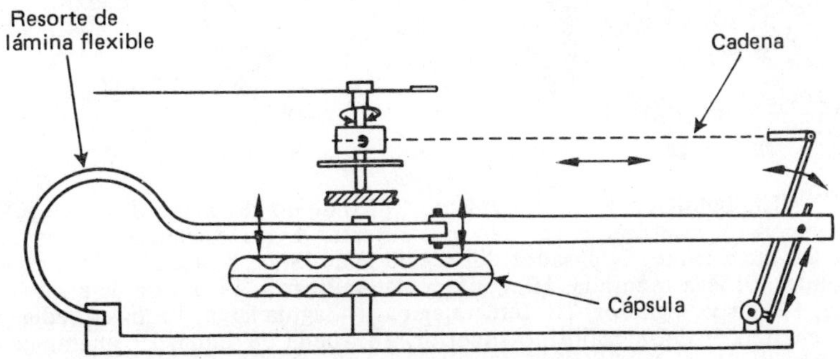

Figura 4.14.–Barómetro aneroide.

cápsula y el otro a la placa base del instrumento. El muelle tiende siempre a abrirse hacia afuera; cuando la tensión del muelle compensa la presión, se alcanza un estado de equilibrio.

Si en este momento la presión atmosférica desciende, la fuerza que tiende a aplastar la cápsula se reduce, pero la tensión del muelle permanece igual y, en consecuencia, es capaz de abrir la cápsula un poco más que antes. Si hay un aumento de presión, ocurre lo contrario, y la presión aplasta la cápsula contra la tensión del muelle hasta que se obtiene el equilibrio.

La dilatación y contracción resultantes de la cápsula, que es sumamente pequeña, se transforma en movimiento giratorio de la aguja por medio de un sistema de palanca de aumento y una cadena de eslabones muy finos.

Por esta descripción, podemos apreciar que cuando se necesitó medir la altura de un avión sobre el suelo, el barómetro aneroide con marcaciones de cambio de escala era como un altímetro normalizado. Los altímetros actuales son desde luego mucho más sofisticados, pero todavía se aplica el principio de barómetro aneroide. En la Fig. 4.15 se muestra el mecanismo de un altímetro sensible típico. El elemento sensible a la presión se compone de tres cápsulas aneroides para aumentar la sensibilidad del instrumento. Las deflexiones de las cápsulas son transmitidas a un sector dentado a través de un conjunto de varilla y eje oscilante. El sector dentado engrana con un mecanismo de engranaje amplificador que acciona un eje que lleva una aguja larga cuya función es indicar cientos de pies. En el eje también va montado un piñón, que acciona un segundo mecanismo de engranaje que lleva la segunda y tercera agujas, que indican millares y decenas de millares de pies respectivamente. En este instrumento particular hay un disco que también va unido al engranaje de la tercera aguja y se mueve con ella. Un lado del disco está pintado de blanco, y a más de 10.000 pies puede

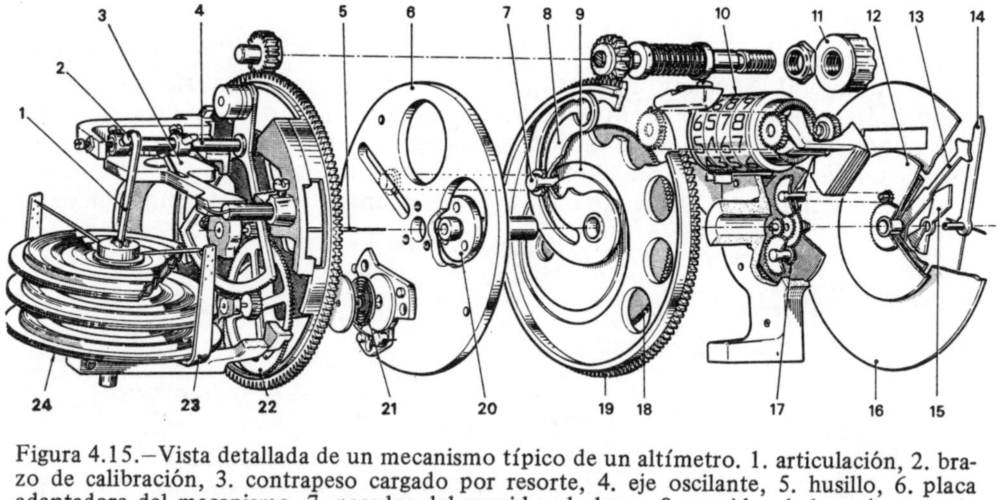

Figura 4.15.–Vista detallada de un mecanismo típico de un altímetro. 1. articulación, 2. brazo de calibración, 3. contrapeso cargado por resorte, 4. eje oscilante, 5. husillo, 6. placa adaptadora del mecanismo, 7. pasador del seguidor de levas, 8. seguidor de levas (arrastra la rueda de salida), 9. leva ranurada, 10. contador de milibares, 11. botón de ajuste de la escala barométrica, 12. disco seguidor, 13. tercera aguja, 14. aguja larga, 15. intermedia, 16. esfera, 17. tren de engranajes del mecanismo superior, 18. rueda de salida, 19. engranaje de la leva, 20. espiga, 21. muelle en espiral, 22. piñón intermedio y rueda dentada, 23. soporte en U de compensación de temperatura, 24. unidad de diafragma.

verse a través de una ranura semicircular cortada en la esfera principal. Por tanto, el movimiento de la aguja es "continuo" para eliminar la ambigüedad de las lecturas de más de 10.000 pies.

Con el fin de sacar una escala lineal de altitud de la relación no lineal presión/altitud, es preciso incorporar alguna forma de conversión dentro del mecanismo del altímetro (véase la Fig. 4.16). La linealidad se obtiene mediante una elección adecuada del material de las cápsulas y la curva de deflexión (2) correspondiente y también de las características de deflexión del sistema de palanca y engranaje de aumento adoptado para transmitir las deflexiones al sistema de agujas (curva 3). La resultante de ambas curvas produce la escala lineal según se indica en 4. Para proveer las variaciones entre las características de flexión de cápsulas individuales, y permitir así la calibración, se realizan siempre ajustes para igualar el aumento del sistema de palanca y engranaje, con el fin de que se adapte a las características de la cápsula.

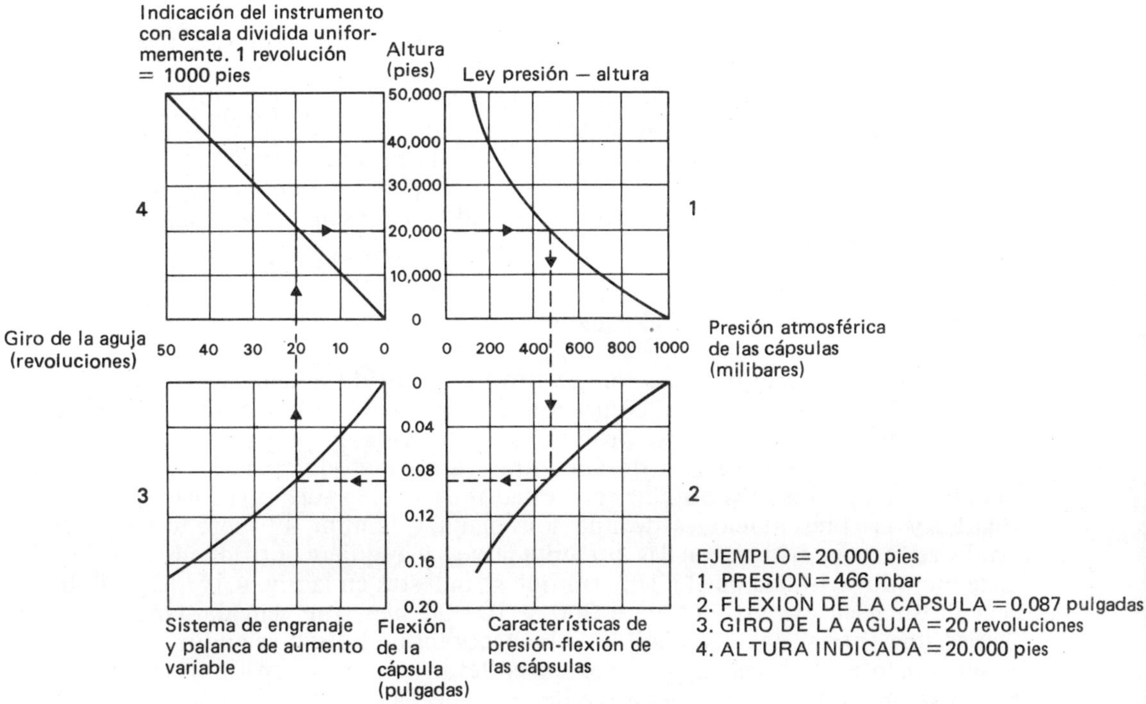

Figura 4.16.–Conversión de la relación presión/altura a una escala lineal.

El elemento sensible a la presión del altímetro que se muestra en la Fig. 4.15 está compensado para cambios de la temperatura ambiente por un soporte bimetálico en forma de "U", cuyos extremos abiertos están conectados mediante varillas de empuje a la cápsula superior. El coeficiente de temperatura del instrumento se debe principalmente al cambio de elasticidad del material de la cápsula en función del cambio de temperatura; esto, a su vez, varía el grado de flexión de la cápsula con relación a la presión que actúa externamente a ella.

Por ejemplo, si al nivel del mar la temperatura debe descender, la elasticidad de la cápsula debe aumentar; en otras palabras, y de la definición de la elasticidad, la cápsula tiene una tendencia mayor "a volver a su tamaño original" y por eso se dilataría y haría que el altímetro marcase de más. A altitudes mayores se producirán los mismos efectos sobre la elasticidad, pero puesto que las presiones que actúan sobre la cápsula habrán disminuido, entonces, por comparación, la dilatación de la cápsula se hace progresivamente mayor. El efecto de una disminución de temperatura en el soporte en forma de "U" es hacer que los limbos se doblen hacia dentro, y en virtud de la posición angular de los pasadores, se ejerza una fuerza hacia abajo correspondiente sobre el conjunto de cápsula que se opone a la dilatación productora de error. Cuando se produzca un aumento de temperatura, se aplicará lo anterior pero en orden inverso.

Delante del mecanismo principal va montado un mecanismo de *ajuste de presión barométrica* cuya finalidad se describe en la página 91. Consiste en un contador engranado al eje de un botón de ajuste. El eje lleva también un piñón que engrana con un engranaje alrededor de la periferia de la pieza fundida del mecanismo principal. Cuando se gira el botón para ajustar la presión barométrica necesaria, también gira el mecanismo principal, y las agujas son ajustadas a la variación de altitud correspondiente. Una leva y un seguidor (véase la página 92) mantienen la linealidad entre el contador de presión y las agujas. La posición de las cápsulas bajo la influencia de la presión atmosférica predenominante en el momento del ajuste no se altera. Para mantener el equilibrio del mecanismo principal, sea cual fuere su altitud, al eje oscilante va unido un contrapeso cargado por resorte.

Presentaciones en la esfera del altímetro

La presentación de información de altitud ha sufrido muchos cambios en los últimos años, principalmente como consecuencia de que la lectura errónea de los altímetros ha sido la causa probada o sospechada de varios accidentes fatales. En consecuencia, se han de encontrar varios métodos para los altímetros actuales, siendo los más notables el contador de triple aguja, una sola aguja y el digital, y las presentaciones de una sola aguja y tambor. El método de aguja triple es la más antigua de las presentaciones y requiere introducir cambios. Este método se utiliza en el altímetro que se muestra en la Fig. 4.15: la posibilidad de una lectura errónea de 1.000 y 10.000 pies, fue vencida dando a las agujas una forma más distinguible, e incorporando el disco seguidor citado ya anteriormente. Además, algunas versiones llevan un disco con franjas amarillas y negras que sirve como dispositivo de aviso de baja altitud cuando se vuela a altitudes inferiores a 16.000 pies.

La aguja del contador (Fig. 4.17 *c*)), y en algunos casos las presentaciones de señalador de tambor, se emplean en los servoaltímetros y altímetros que forman parte de los sistemas de calculadores de datos de aire (véanse las páginas 92 y 123).

Errores debidos a los cambios de presión y temperatura atmosféricas

Como ya sabemos, la base para la calibración de los altímetros es la atmósfera estándar. Cuando la atmósfera se ajusta a los valores estándar, un altímetro

Figura 4.17.–Presentaciones en las esferas de los altímetros. *a*) Aguja triple (aguja de 10.000 pies detrás, aguja de 1.000 pies a la vista); *b*) aguja triple modificada, *c*) y *d*) contador/aguja.

marcará lo que se denomina *altitud de presión*. En una atmósfera no estándar, un altímetro presenta error y marca lo que se llama *altitud indicada*.

Podemos considerar estos errores tomando el caso de un altímetro sencillo situado a diversos niveles. En condiciones estándar y en un aeropuerto al nivel del mar, un altímetro respondería a una presión de 1.013,25 mbar (29,92 pulgadas Hg) e indicaría una altitud de presión de cero pies. Análogamente, en un aeropuerto a 1.000 pies, respondería a una presión estándar de 977,4 mbar

(28,86 pulgadas Hg) e indicaría una altitud de presión de 1.000 pies. Suponiendo que en el aeropuerto al nivel del mar la presión desciende a 1.012,2 mbar (29,89 pulgadas Hg), el altímetro indicará que el aeropuerto se encuentra a 30 pies aproximadamente sobre el nivel del mar; en otras palabras, presentará un error de +30 pies. De nuevo, si la presión aumenta a 1.014,2 mbar (29,95 pulgadas Hg), el altímetro, al responder a la presión, indicará que el aeropuerto está 30 pies aproximadamente por debajo del nivel del mar; un error de –30 pies.

Igualmente este altímetro presentaría errores en las lecturas en vuelo y siempre que la presión atmosférica en cualquier altitud particular se desviase del valor estándar supuesto. Por ejemplo, cuando un avión volando a 5.000 pies entre en una región en la que la presión haya descendido del valor estándar de 842,98 mbar, a digamos, 837 mbar, el altímetro indicará una altitud de 5.190 pies aproximadamente.

La atmósfera estándar también supone ciertos valores de temperatura en todas las altitudes y, en consecuencia, los valores no estándar pueden causar también errores en las lecturas del altímetro. Las variaciones de temperatura producen diferencias de la densidad del aire y, por consiguiente, diferencias de peso y presión del aire. Esto puede verse por las tres columnas que aparecen en la Fig. 4.18. En el punto A, el altímetro mide el peso de la columna de aire encima de él, de altura AC a la parte superior del cinturón atmosférico. En el punto H que está, digamos, a una altitud de 5.000 pies por encima de A, el peso o presión en el altímetro es menor en el peso de la parte AB de la columna debajo de H. Si la temperatura del aire en la parte AB aumenta, la columna se expanderá a A_1B_1, y en H la presión en el altímetro será ahora menor en el

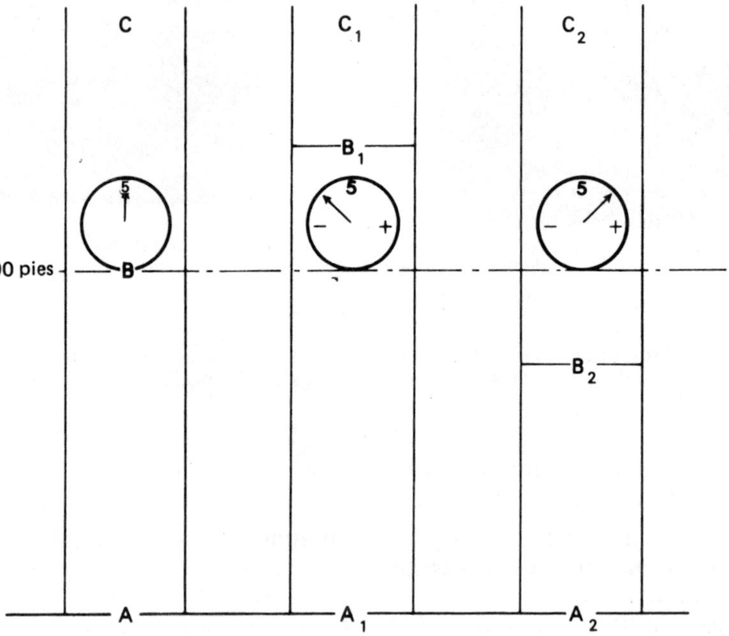

Figura 4.18.–Efecto de la temperatura atmosférica en el altímetro.

peso de A_1H. Pero el peso de A_1B_1 sigue siendo el mismo que el de AB y, por consiguiente, el peso de A_1H debe ser menor que el de AH, y por eso el altímetro, al elevarse de A_1 a 5.000 pies, registrará una reducción de presión menor que cuando se elevó de A a 5.000 pies. En otras palabras, marcará menos de 5.000 pies. Igualmente, cuando la temperatura del aire entre los puntos A y H disminuye, la parte AB de la columna se reduce a A_2B_2 y el cambio de presión en el altímetro, al elevarse de A_2 a 5.000 pies, no será únicamente el peso de A_2B_2 (que es igual a AB) sino también el peso de B_2H. Por tanto, el altímetro medirá una caída de presión mayor e indicará una altitud mayor de 5.000 pies. En la Fig. 4.19 se presenta gráficamente la relación entre las diversas altitudes asociadas a las operaciones de vuelo de los aviones.

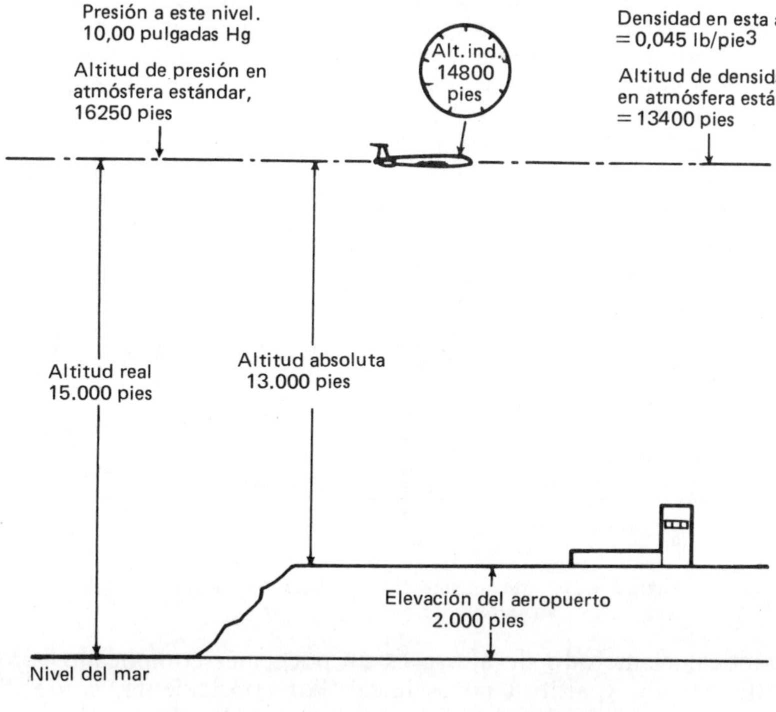

Figura 4.19.—Relación entre las diversas altitudes.

De esto se ve claramente que, aunque la forma simple de altímetro realiza su función básica de medir los cambios de presión atmosférica con bastante precisión, las indicaciones de altitud correspondientes tienen poco valor a no ser que se corrijan con referencia a la presión estándar. Por consiguiente, con el fin de compensar los errores de altitud debidos a los cambios de presión atmosférica, los altímetros disponen de un dispositivo de ajuste accionado manualmente que permite situar las agujas en altura cero para cualquier presión de tierra predominante con el fin de que las indicaciones en vuelo sean alturas en la atmósfera estándar sobre el suelo.

El dispositivo de ajuste consiste básicamente en una escala o contador calibrado en milibares o pulgadas de mercurio que está interconectado entre un botón de ajuste y el mecanismo indicador de altitud, de tal forma que se obtenga la relación correcta presión/altura. El principio fundamental puede comprenderse consultando la Fig. 4.20, la cual muestra un dispositivo tipo escala muy sencillo. La escala está montada en un engranaje que engrana con un piñón en el extremo del eje del botón de control y también con el engranaje de la aguja. Un mecanismo de engranajes diferenciales (que no se muestra) deja que la aguja sea girada sin alterar el ajuste de las cápsulas.

En la Fig. 4.20 *a*) se supone que el altímetro está sujeto a condiciones estándar; de este modo, la escala de milibares, cuando está ajustada a 1.013 milibares, sitúa la aguja en la graduación de 0 pies. Si el ajuste de milibares se cambia de 1.013 a 1.003 como en *b*), la escala girará en el sentido de las agujas del reloj, haciendo que la aguja del altímetro gire en sentido contrario para indicar −270 pies aproximadamente. Si en este momento se eleva el altímetro 270 pies como en *c*), la cápsula medirá una disminución de presión de 10 mbar (1.013-1.003) y la aguja volverá a cero. Por tanto, cualquiera que sea la presión que se ajuste en la escala de milibares, el altímetro indicará cero cuando sea sometido a esa presión. Igualmente, cualquier ajuste de la aguja de altitud ajusta automáticamente la lectura de la escala de milibares para que indique la presión a la que la altura indicada será cero.

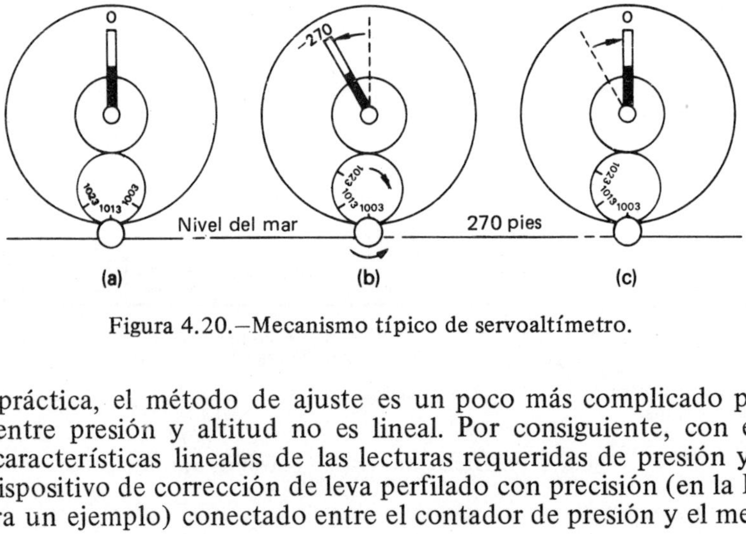

Figura 4.20.—Mecanismo típico de servoaltímetro.

En la práctica, el método de ajuste es un poco más complicado porque la relación entre presión y altitud no es lineal. Por consiguiente, con el fin de obtener características lineales de las lecturas requeridas de presión y altitud, hay un dispositivo de corrección de leva perfilado con precisión (en la Fig. 4.15 se muestra un ejemplo) conectado entre el contador de presión y el mecanismo principal.

Código "Q" para ajuste de altímetros

El ajuste de altímetros a las presiones barométricas predominantes en los diversos niveles de vuelo y aeropuertos es parte de las técnicas de operación de vuelo, y es fundamental para mantener la separación adecuada entre aviones y del terreno durante el despegue y el aterrizaje. Para hacer los ajustes, un piloto depende de los datos meteorológicos observados que solicita y que los centros de control terrestres transmiten. Las peticiones y transmisiones son adoptadas universalmente y forman parte del código "Q" de comunicaciones de OACI.

Normalmente se utilizan grupos de tres letras de código en conexión con los ajustes de los altímetros, y se definen de la forma siguiente:

QFE Ajuste de la presión predominante en un aeropuerto para hacer que el altímetro marque cero en el aterrizaje y en el despegue.

QNE Ajuste de la presión al nivel del mar estándar de 1.013,25 mbar (29,92 pulgadas Hg) para hacer que el altímetro señale la elevación del aeropuerto.

QNH Ajuste de la escala de presión para hacer que el altímetro marque la altura del aeropuerto sobre el nivel del mar en el aterrizaje y en el despegue.

Servoaltímetro

En la Fig. 4.21 se muestra esquemáticamente el mecanismo de un servoaltímetro típico por el cual se observará que el elemento de la cápsula de ajuste de presión está acoplado a un conjunto selector eléctrico en vez de a un sistema de varillaje mecánico como en los altímetros convencionales. El tipo inductor de selector consiste en una barra en "I" laminada pivotada, acoplada a las cápsulas

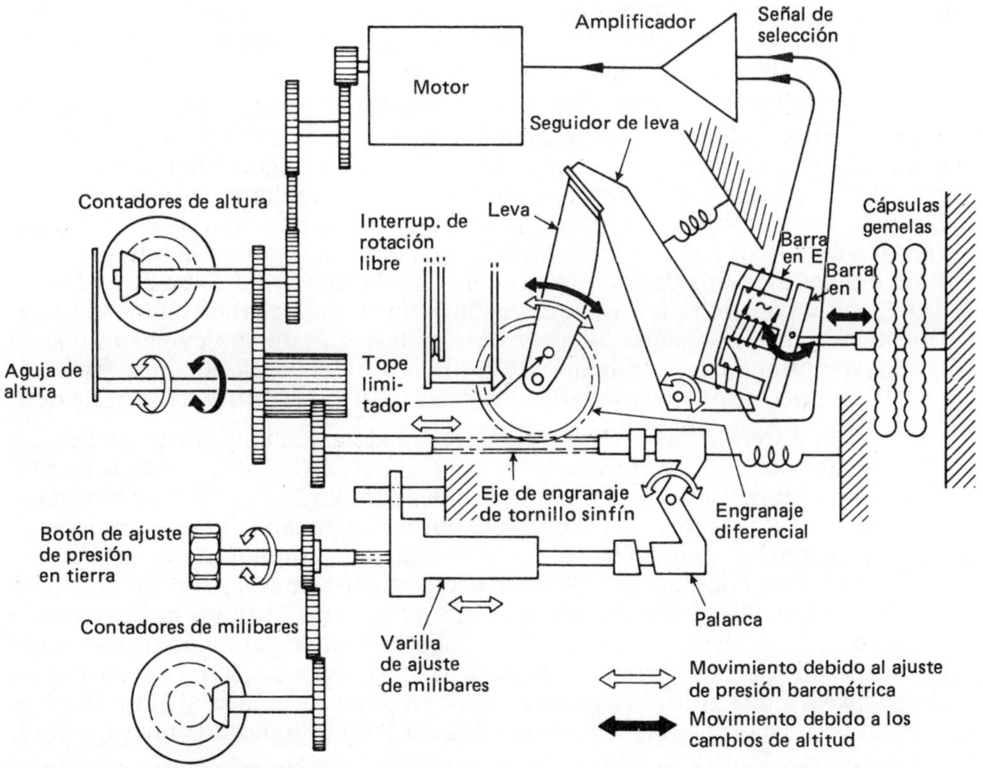

Figura 4.21.–Mecanismo típico de servoaltímetro.

e instalada a una distancia muy pequeña de los brazos de una barra en "E" laminada pivotada en un seguidor de levas. Alrededor del brazo central en la barra en "E" está arrollada una bobina que recibe corriente alterna, mientras que alrededor de los brazos exteriores las bobinas están arrolladas y conectadas en serie para suministrar una señal de salida a una unidad amplificadora externa. Por tanto, el selector es una forma especial de transformador, siendo la bobina del brazo central el devanado primario y las bobinas de los brazos exteriores el devanado secundario.

Un tipo de motor bifásico de poca inercia y gran entrehierro va acoplado por un tren de engranajes al conjunto de aguja y contador, y también a un engranaje diferencial que acciona una leva. La leva se apoya contra un seguidor de levas de forma que cuando se cambia la posición de la leva se altera la posición de la barra en "E" con relación a la barra en "I". La fase de referencia del motor recibe un voltaje alterno constante de la fuente principal; la fase de control está conectada al canal de salida del amplificador.

El ajuste de la presión barométrica se hace por medio de un botón de ajuste engranado a un contador digital y al engranaje diferencial y la leva a través de un mecanismo especial de varilla y palanca. Por tanto, el giro del botón de ajuste también puede alterar las posiciones relativas de la barra en "E" y la barra en "I".

Dentro de la caja hay un interruptor de dos contactos que va conectado en el circuito de la fuente de alimentación para interrumpirlo en caso de sobremarcha del servomotor. Siempre que se produce una sobremarcha y en cualquier otra condición que cause una interrupción de la fuente de alimentación, aparece una bandera de aviso accionada por solenoide.

Cuando la altitud del avión varía, las cápsulas responden a los cambios de presión estática de la forma convencional. El desplazamiento de las cápsulas es transmitido a la barra en "I", cambiando su posición angular con respecto a la barra en "E" y, por consiguiente, cambiando los entrehierros en los extremos exteriores. Esto da lugar a un aumento del flujo magnético en uno de los brazos exteriores de la barra en "E" y a una disminución en el otro. De este modo, el voltaje inducido en una de las bobinas del secundario aumenta, mientras que en la otra disminuye. De esta forma, se produce una señal de salida en los terminales de las bobinas del secundario, que estará en fase o desfasada con el voltaje de la bobina del primario, dependiendo de la dirección del desplazamiento de la barra en "I". La magnitud de la señal será regulada por la magnitud de la deflexión.

La señal es introducida en el amplificador, en el cual se amplifica y se detecta su fase, y luego se envía al devanado de control del servomotor. El motor gira y acciona el mecanismo de aguja y contador de altura en la dirección apropiada al cambio de altitud. Al mismo tiempo, el tren de engranajes del servomotor gira un eje de engranaje de tornillo sin fin y el engranaje diferencial que está engranado con él. Por consiguiente, la leva y el seguidor de levas son girados para situar la barra en "E" en una dirección que producirá los flujos magnéticos en los núcleos y los voltajes de las bobinas del secundario, para empezar a equilibrarlos. Cuando la barra en "E" alcanza la posición nula, esto es, cuando el avión se nivela a una altitud requerida, no se envían más señales al amplificador, el servomotor deja de girar, y la aguja y los contadores indican la nueva altitud.

Cuando se gira el botón de ajuste de presión barométrica, se giran los contadores de presión, y la palanca del mecanismo de ajuste mueve lateralmente el eje de engranaje del tornillo sin fin. Este movimiento del eje hace girar el engranaje diferencial, la leva y el seguidor de levas, ocasionando un desplazamiento relativo entre la barra en "E" y la barra en "I". Por consiguiente, se produce una señal de error que, después de la amplificación y detección de fase, acciona los mecanismos de engranaje y servomotor en una secuencia similar a la resultante de un cambio de altitud normal. Sin embargo, cuando se alcanza la posición nula de la barra en "E", la aguja y los contadores indicarán la altitud del avión con respecto al ajuste de presión barométrica. En la Fig. 4.22 se muestra una presentación típica de los datos de altitud y presión.

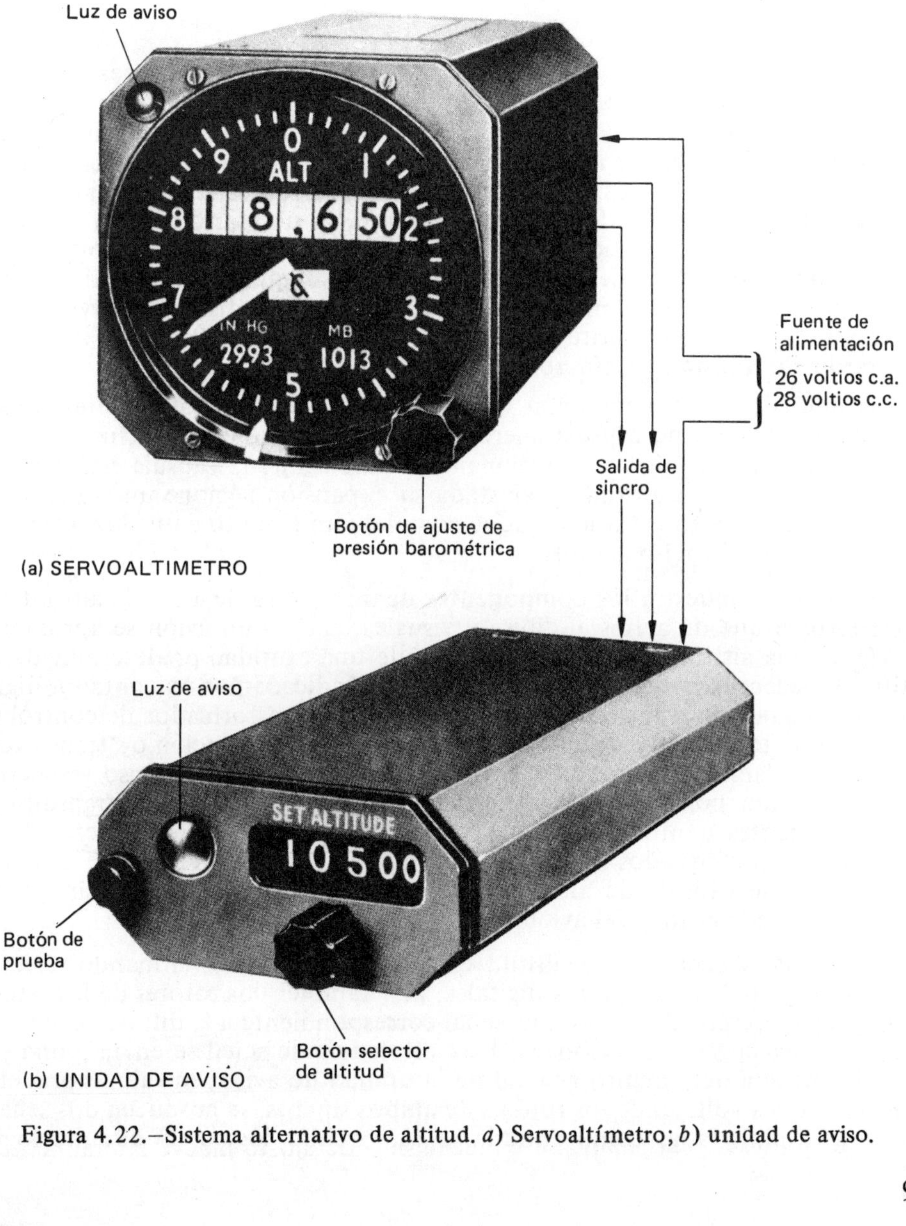

Figura 4.22.–Sistema alternativo de altitud. *a*) Servoaltímetro; *b*) unidad de aviso.

Altímetros de cabina

En los aviones con cabina presurizada, es importante que el piloto y la tripulación tengan una indicación de que se está manteniendo la altitud de cabina correspondiente a las condiciones de diferencia de presión máxima. Para cumplir este requisito, existen altímetros simples, calibrados a la misma ley de presión/altitud que los altímetros normales. Estos altímetros van en el panel principal de instrumentos o en panel de control del sistema de presurización, y sus elementos de medida responden directamente a la presión de aire de cabina predominante.

Sistemas de aviso de altitud

En ciertos sistemas del avión, las condiciones de control y operación están relacionadas con una altitud específica; por ejemplo, en un sistema de presurización de cabina surge la necesidad de una indicación de un posible aumento de altitud de cabina sobre el nivel deseado mientras el avión está a su altitud normal de operación. Además, y especialmente como consecuencia de la introducción de los sistemas de información de altitud, es necesario que un piloto sea avisado de una aproximación a, y/o una desviación de, una altitud operacional seleccionada. Por consiguiente, para satisfacer los requisitos apropiados, se suelen emplear unidades de conmutación de altitud o altímetros tipo servo capaces de transmitir señales de altitud a una unidad de aviso independiente a través de una varilla de transmisión síncrona.

Las unidades de conmutación de altitud consisten normalmente en un elemento de medición de cápsula aneroide similar al usado en los altímetros, pero en lugar de un mecanismo de accionamiento de aguja, la cápsula está diseñada de forma que a una altitud preajustada su expansión accione un conjunto de contactos eléctricos de manera que se complete un circuito a una luz de aviso o a un dispositivo de aviso audible.

La Fig. 4.22 muestra los componentes de un sistema de aviso de altitud proyectado para que dé avisos audibles y visuales cuando un avión se aproxima o desvía de una altitud preseleccionada más de una cantidad predeterminada. La altitud se selecciona en la unidad de aviso y es indicada por un contador digital que está engranado a los rotores de un sincro de transformador de control y a un sincro de transformador de control/dispositivo de resolución o "transolver", como se le llama. Los sincros se denominan aproximado o preciso respectivamente, y están conectados eléctricamente a los sincros de los transmisores correspondientes dentro del servoaltímetro. Los rotores de los sincros de los transmisores son situados mecánicamente por un sistema de varillaje acoplado al conjunto de cápsula de altímetro de modo que la salida de los sincros sea proporcional a la altitud del avión.

Cuando se selecciona una altitud en la unidad de aviso, el mando selector, además de girar los contadores digitales, gira también los rotores de los sincros de la unidad, desarrollando así una señal correspondiente a la diferencia entre la altitud indicada y la seleccionada. Esta diferencia de señal se envía a una sección de entrada del circuito general de la unidad de aviso; en valores predeterminados de los voltajes de los rotores de ambos sincros, se producen dos señales que son suministradas como entradas a un circuito lógico. El circuito lógico consta de una red de temporización que controla un dispositivo de aviso audible remoto y el funcionamiento de las luces de aviso en el servoaltímetro y en la unidad de aviso de altitud.

En la Fig. 4.23 puede verse el orden en el que se produce el aviso. Cuando el avión desciende o sube a la altitud preseleccionada, la señal de referencia citada anteriormente se reduce y el circuito lógico procesa, de este modo, las dos señales que le son suministradas, hasta que, a un límite exterior preajustado H1 (900 pies típicamente) superior o inferior a la altitud preseleccionada, una de las señales acciona el dispositivo de aviso audible, que dura unos dos segundos, y enciende las luces de aviso. Las luces permanecen encendidas hasta que a un límite interior preajustado adicional H2 (normalmente 300 pies) superior o inferior a la altitud preseleccionada, la segunda señal hace que el circuito a las luces de aviso quede interrumpido, apagándolas. Cuando el avión se aproxima a la altitud preseleccionada, los voltajes de los rotores de los sincros se acercan a su nulo y no se producen más avisos. Si el avión debe desviarse en consecuencia de la altitud preseleccionada más del límite interior H2, el circuito lógico cambia el orden de aviso, de forma que los avisos corresponden a los dados durante la aproximación a través del límite exterior H1, esto es, audible durante dos segundos e iluminación de las luces de aviso.

La unidad de aviso lleva un circuito de "reajuste", cuya función es reajustar el circuito lógico siempre que se accione el mando selector para cambiar la altitud selectada más de 100 pies y a una velocidad mayor de 8.000 pies por minuto. El circuito utiliza una célula fotoeléctrica que produce una señal de la

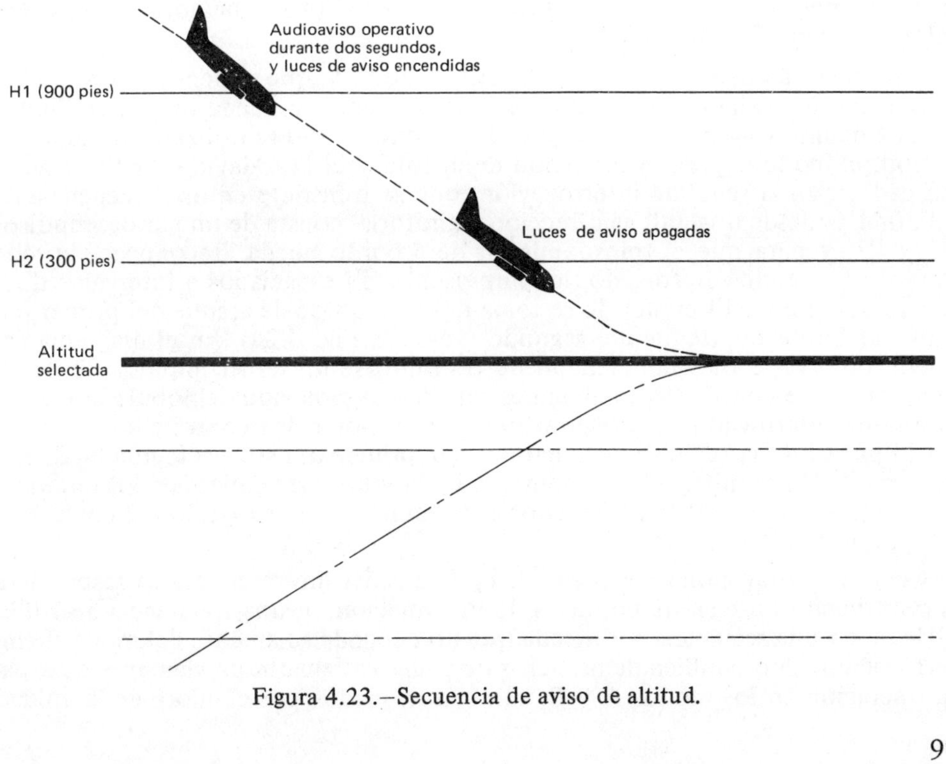

Figura 4.23.–Secuencia de aviso de altitud.

suficiente magnitud para anular cualquier otra presente en la salida del circuito lógico.

La prueba funcional del sistema de aviso audible y visual se realiza accionando un interruptor de prueba situado en la unidad de aviso mientras se gira el mando selector de altitud. En caso de fallo de la alimentación de energía al sistema (26 V C.A. 400 Hz y 28 V c.c.) y también de señales de altitud, se desactiva un solenoide para accionar una bandera de aviso que oscurece los contadores de altitud de la unidad de aviso.

Sistema de información de altitud

El control de tráfico aéreo a lo largo de muchas rutas aéreas en las proximidades de aeropuertos importantes depende de procedimientos estrictos de comunicación entre el avión y las estaciones de control terrestre con el fin de poder identificar el tráfico y asignarlo a los niveles de separación necesarios. Además de las transmisiones de voz normales, el procedimiento de comunicación supone el uso de un transpondedor de a bordo que, en respuesta a las señales de interrogación de un transmisor/receptor de radar en el centro de control de tráfico aéreo, transmite automáticamente al centro señales de respuesta codificadas. Las señales son entonces procesadas por computador, decodificadas y presentadas luego alfanuméricamente al controlador de tráfico aéreo en su pantalla de radar principal.

La altitud del avión es uno de los parámetros importantes que es preciso conocer; para reducir más las transmisiones de voz consumidoras de tiempo, se ideó un método para transmitir automáticamente tales datos desde un altímetro; este método llegó a ser también una característica obligatoria del procedimiento de comunicaciones de aire a tierra.

El sistema de interrogación forma en conjunto lo que se denomina Radar de Vigilancia Secundario de Control de Tráfico Aéreo, y puede operar en cuatro modos de interrogación: A, B, C y D. Los modos A y B se utilizan para identificación, el modo C para información de altitud y el D todavía está sin asignar. En cada caso, la señal de interrogación, que se transmite en una frecuencia de 1.030 MHz desde una antena direccional giratoria, consta de un par de impulsos P1 y P3, y para que el transpondedor de a bordo pueda "reconocer" en qué modo está siendo interrogado, los impulsos están espaciados a intervalos diferentes de tiempo. El espaciado se toma desde el borde de ataque del primer impulso al borde de ataque del segundo (véase la Fig. 4.24). En el diagrama (a) puede observarse que también puede transmitirse un tercer impulso P2 desde una antena de control; su finalidad es suprimir la radiación del lóbulo lateral de la antena interrogadora y asegurar que el transpondedor conteste solamente a los impulsos de la señal direccional del haz principal. Esto se efectúa mediante un circuito "intermitente" que compara las amplitudes relativas de los impulsos y hace posible que el transpondedor determine si la interrogación es correcta o se debe a un lóbulo lateral.

Cuando el transpondedor descodifique la señal interrogadora se responderá transmitiendo un tren de impulsos de información en una frecuencia de 1.090 MHz, y en una secuencia codificada que no depende solamente del modo de interrogación, sino también de números de código asignados previamente que, para operación en los modos A y B, son seleccionados por el piloto en la unidad

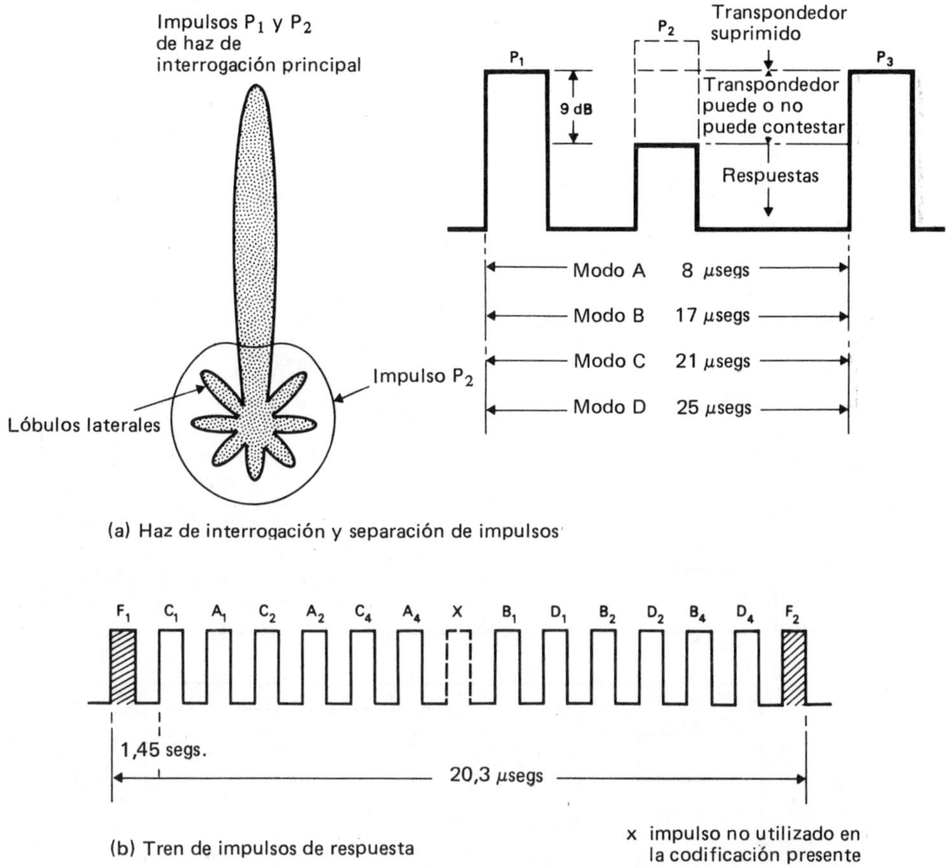

Figura 4.24.—Estructura de impulsos; operación del transpondedor.

de control del transpondedor. En operación en el modo C, los números de código son transmitidos automáticamente por el transpondedor, que recibe también señales correspondientes a altitudes específicas de un altímetro y en una forma que describiremos más adelante.

El tren de impulsos de información desde el transpondedor puede constar de hasta doce impulsos espaciados 1,45 μs, dependiendo del código de respuesta seleccionado en la unidad de control (diagrama (*b*) de la figura 4.24). Los impulsos se producen entre dos impulsos de encuadre adicionales F1 y F2, que son fijos en un espaciado de 20,3 μs y que se transmiten siempre en la respuesta. En un tren de doce impulsos, el número de códigos disponibles es 2^{12} = = 4.096; los códigos están numerados del 0000 a 7777, dando el último los doce impulsos cuando los cuatro mandos selectores de la unidad de control (figura 4.25 (*a*)) están ajustados en concordancia. Como puede apreciarse, cada mando de control controla un grupo de tres impulsos; en este caso, las letras designan grupos dc impulsos y no modos de interrogación. El primer mando de control controla el grupo A, el segundo mando el grupo B, y así sucesivamente. Los

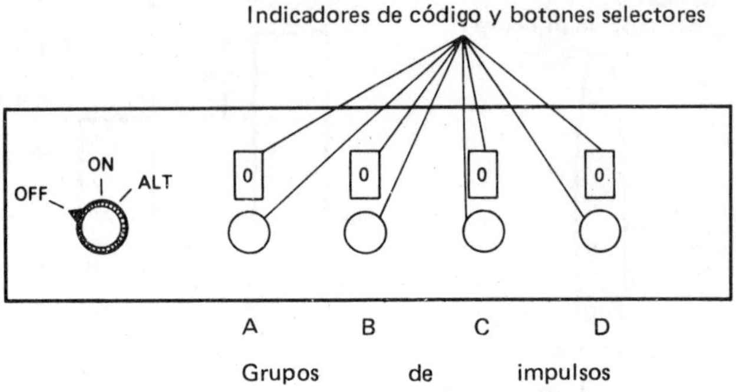

(a)

Número de código selectado	A B C D 0 0 0 0	A B C D 0 0 3 2	A B C D 3 4 0 0	A B C D 0 3 6 7	A B C D 7 7 7 7
Impulsos de respuesta	Impulsos de encuadre solamente	C_1 D_2 C_2	A_1 B_4 A_2	B_1 C_2 D_1 B_2 C_4 D_2 D_4	A_1 B_1 C_1 D_1 A_2 B_2 C_2 D_2 A_4 B_4 C_4 D_4

Dígito de código	Asignación de impulsos A	B	C	D
0	Ninguno	Ninguno	Ninguno	Ninguno
1	A_1	B_1	C_1	D_1
2	A_2	B_2	C_2	D_2
3	A_1 A_2	B_1 B_2	C_1 C_2	D_1 D_2
4	A_4	B_4	C_4	D_4
5	A_1 A_4	B_1 B_4	C_1 C_4	D_1 D_4
6	A_2 A_4	B_2 B_4	C_2 C_4	D_2 D_4
7	A_1 A_2 A_4	B_1 B_2 B_4	C_1 C_2 C_4	D_1 D_2 D_4

(b)

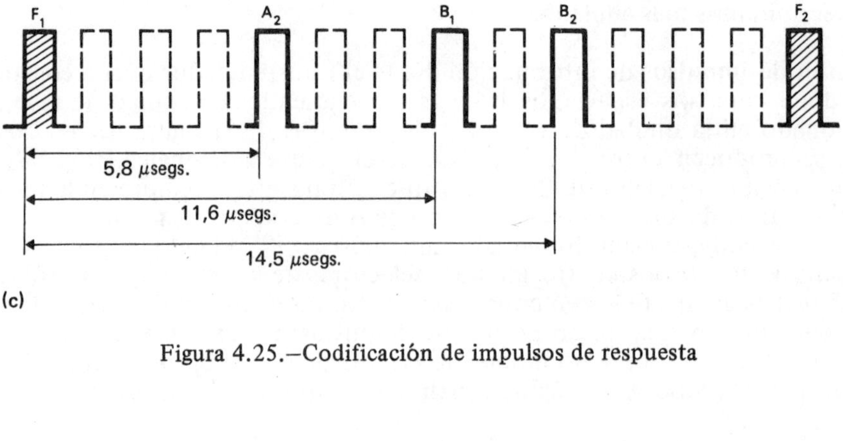

(c)

Figura 4.25.–Codificación de impulsos de respuesta

subíndices a cada letra de un grupo son importantes, puesto que su suma es igual al dígito selectado en la unidad de control; esto puede verse en la tabla de códigos básica y los ejemplos dados en la figura 4.25(*b*). Puesto que todo el sistema se basa en un proceso calculador digital, la codificación y decodificación de las señales de interrogación y respuesta dependen de variables lógicas y de los dígitos binarios correspondientes, o "bits" como se les denomina. En el ejemplo que se muestra en (*c*) se ha selectado el código 2300 en el modo A en la unidad de control y esto produce los binarios equivalentes 0 1 0, 1 1 0 y 0 0 0 respectivamente. Puesto que en las redes lógicas 0 significa la ausencia de una señal y 1 la presencia de una señal, la selección del dígito 2 sólo produce la transmisión del impulso 2 del grupo A, mientras que la selección del dígito 3 produce la transmisión del impulso 1 más el impulso 2 del grupo B. Por tanto, el tren de impulsos de respuesta en este ejemplo constaría únicamente de tres impulsos espaciados entre los impulsos de encuadre a los intervalos indicados en el diagrama.

La información de altitud, como ya se citó, es una operación en modo C; cuando se selecta la posición "ALT" en la unidad de control del transponder, este último responderá a la señal de interrogación correspondiente así como a la señal de interrogación del modo A. Sin embargo, mientras que en la operación en el modo A los trenes de impulsos de las señales de respuesta están asociados con códigos selectados manualmente, en el modo de información de altitud, los trenes de impulsos se producen automáticamente y se suministran al transpondedor mediante un altímetro codificador o, en algunos casos, por la sección de medición de altitud de un calculador de datos de aire. En la figura 4.26 se muestra la disposición de un altímetro codificador y en ella se observará, además del mecanismo convencional de presentación de aguja y contador digital, cómo un conjunto codificador es accionado mecánicamente por el conjunto de cápsula aneroide.

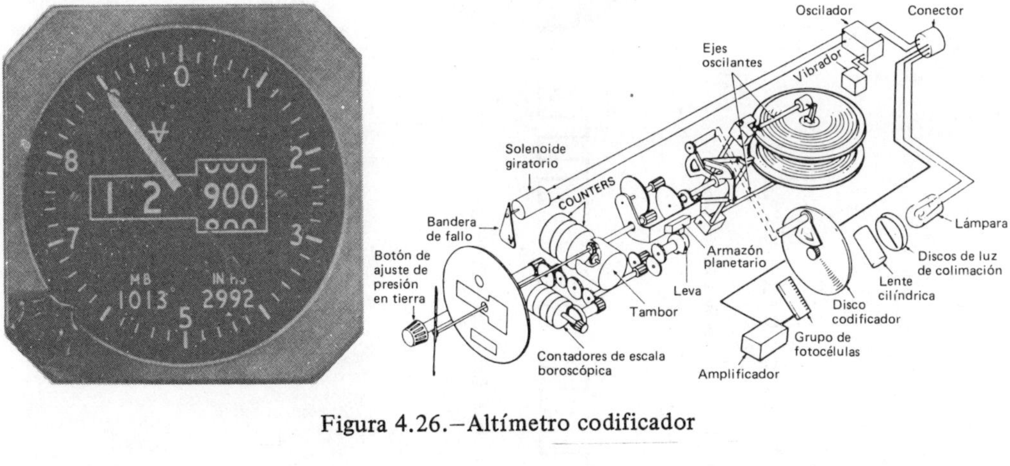

Figura 4.26.–Altímetro codificador

El conjunto codificador es del tipo óptico y consta de una fuente de luz, discos colimadores de luz, una lente de enfoque cilíndrica, un disco codificador, un grupo de células fotoeléctricas y un amplificador. El disco codificador (véase la figura 4.27) es de cristal y está grabado con segmentos transmisores y no

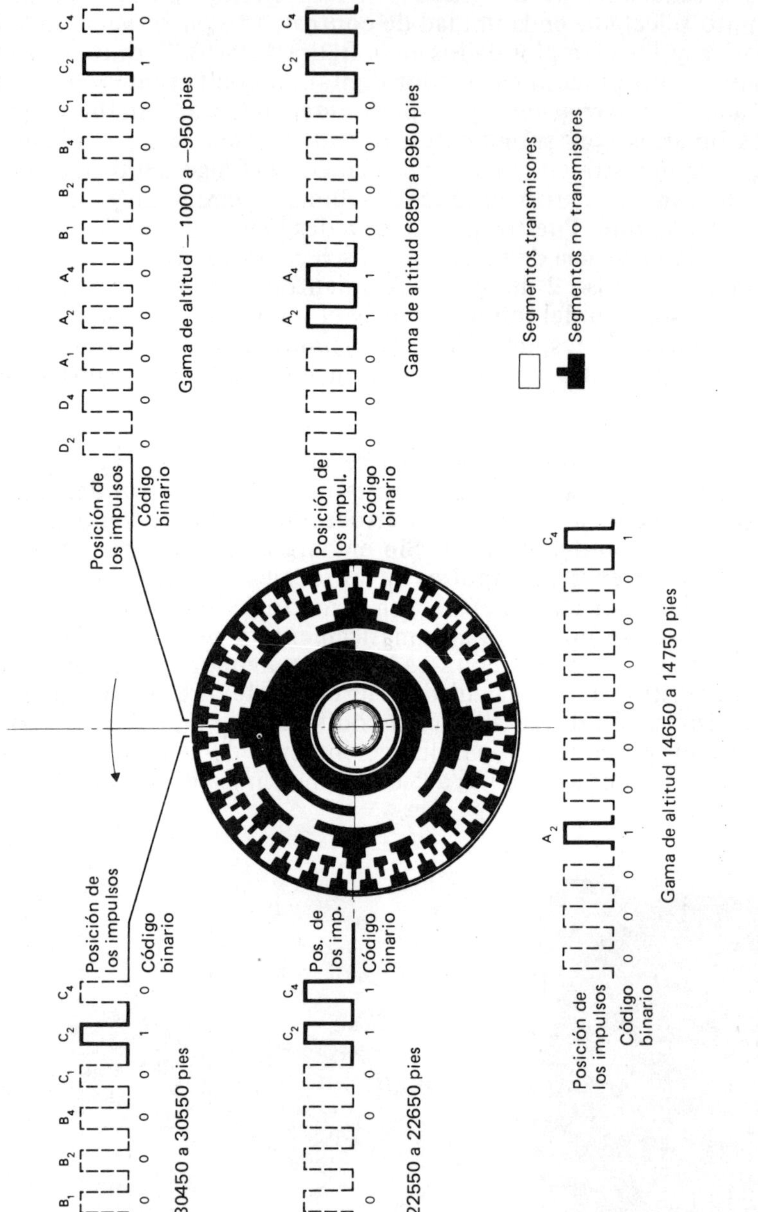

Figura 4.27.—Disco codificador.

transmisores dispuestos en once anillos concéntricos y espaciados de forma que produzcan impulsos en código binario correspondientes a aumentos de 100 pies de altitud. La codificación se ajusta a la establecida por OACI y expuesta en el Anexo 10 - Telecomunicaciones Aeronáuticas. El disco sólo da una vuelta para producir el número necesario de impulsos registrados compatible con la gama de altitud para la que se proyectó el instrumento.

Durante la operación, a través de lo discos colimadores pasa luz procedente de la lámpara de 14 voltios que produce rayos paralelos que se enfocan entonces a través de la lente cilíndrica en el disco codificador, en forma de una línea de luz penetrante. Según la altitud del avión en un momento dado, los discos y los segmentos a lo largo de un radial particular estarán en alguna posición correspondiente con respecto al grupo de células fotoeléctricas. Las células responderán en concordancia con la posición de los segmentos transmisores y no transmisores y producirán salidas que se amplifican entonces y se envían al transpondedor. En la figura 4.27 se facilitan ejemplos de las codificaciones de los impulsos producidos.

ANEMOMETROS

Los anemómetros son en realidad manómetros muy sensibles que miden la diferencia entre las presiones pitot y estática detectadas por la sonda de presión, en términos de la fórmula $1/2\rho\ V^2$ dada en la página 71.

Originalmente esta fórmula servía como base para la calibración de indicadores, pero cuando las velocidades con respecto al aire comenzaron a aumentar, las indicaciones presentaron un notable error. La razón de esto fue que, cuando el aire a gran velocidad era dejado en "remanso" en el tubo de pitot, se comprimía y su densidad aumentaba. Por consiguiente, con el fin de reducir al mínimo el "error de compresibilidad" se modificó la fórmula de forma que tuviese en cuenta los factores adicionales. Por tanto, los anemómetros actuales se calibran según la ley

$$p = \frac{1}{2}\rho V^2 \left(1 + \frac{1}{4}\frac{V^2}{a_0{}^2}\right)$$

donde p = diferencia de presión (mmH_2O)
ρ = densidad del aire al nivel del mar
V = velocidad del avión (millas por hora o nudos)
a_0 = velocidad del sonido al nivel del mar (m.p.h.)

Los valores numéricos que se han de insertar en la fórmula dependen de si V se expresa en m.p.h. o nudos*:

$$p = 0{,}012504V^2\ (1 + 0{,}43V^2 \times 10^{-6}) \text{ con } V \text{ en m.p.h.}$$
$$= 0{,}016580V^2\ (1 + 0{,}57V^2 \times 10^{-6}) \text{ con } V \text{ en nudos.}$$

Ambas fórmulas tienen en cuenta las densidades relativas del aire y el agua.

* El nudo es la unidad que se usa comúnmente para expresar las velocidades de los aviones:

1 nudo = 1 milla náutica por hora
= 1,15 m.p.h.
= 6.080 pies/hora

En la figura 4.28 se muestra el mecanismo de un típico anemómetro simple. El elemento detector de presión es una cápsula metálica cuyo interior está conectado a la presión pitot a través de un trozo corto de tubo capilar que amortigua los aumentos bruscos de presión. En el exterior de la cápsula se ejerce presión estática, que es introducida en la caja del instrumento a través del segundo conector. La caja está cerrada herméticamente excepto por este conector.

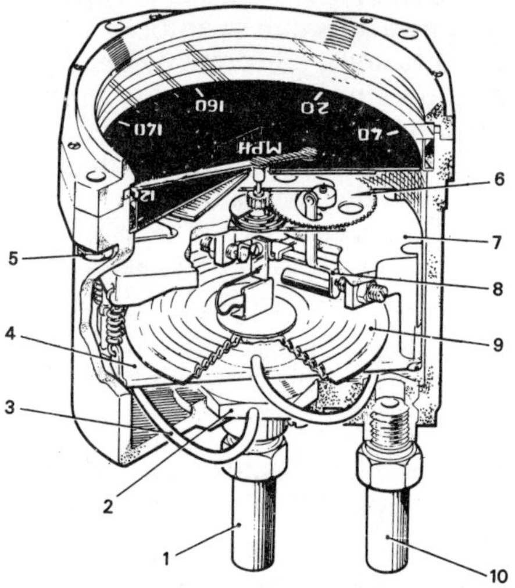

Figura 4.28.–Anemómetro simple.

Los desplazamientos de la cápsula de acuerdo con lo que se llama la "ley cuadrática" se transmiten a través de un sistema de palanca de aumento, engranaje y un dispositivo compensador de ley cuadrática a la aguja, que se mueve en una escala calibrada en nudos. La finalidad del compensador es proporcionar una escala lineal; en la página 105 se describen los principios de tres métodos normalmente empleados. La compensación de temperatura se logra mediante una tira bimetálica dispuesta para que la multiplicación del sistema de palanca varíe en oposición a los efectos de la temperatura en la sensibilidad de la cápsula y el sistema.

Compensación según la ley cuadrática

Puesto que los anemómetros miden una diferencia de presión que varía con el cuadrado de la velocidad, ocurre que si las deflexiones de las cápsulas respondiesen linealmente a la presión, la característica de la respuesta con relación a la velocidad sería análoga a la que se muestra en la figura 4.29(*a*). Si la cápsula también estuviese acoplada al mecanismo de la aguja de forma que sus deflexiones fuesen aumentadas directamente, la escala del instrumento sería del tipo indicado en (*b*).

La no linealidad de tal escala hace que sea difícil leerla con exactitud, particularmente en el extremo bajo de la gama de velocidad; además, la longitud de la escala para una gama amplia de velocidad sería demasiado grande para los tamaños estándar de cajas.

Por consiguiente, para obtener la linealidad deseada se necesita un método para controlar la característica de la cápsula o la dimensión del elemento de

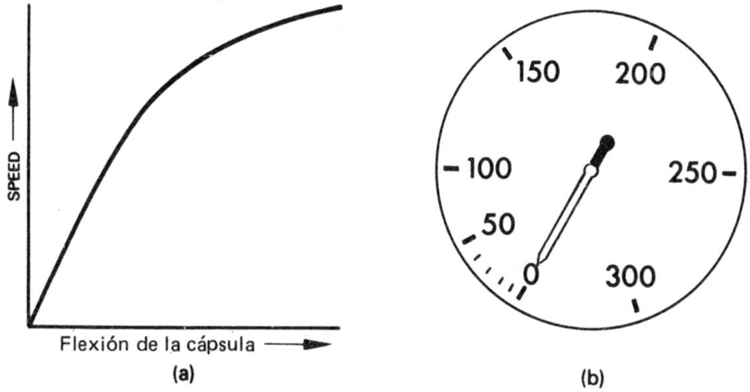

Figura 4.29.–Características de la ley cuadrática. (*a*) Efecto de la respuesta de flexión lineal/presión; (*b*) efecto del aumento directo.

acoplamiento que las flexiones de la cápsula transmiten a la aguja. De los dos métodos, el más práctico es el último, porque puede ajustarse para vencer los efectos de la "desviación" de la cápsula u otras irregularidades mecánicas según se determine durante la calibración.

Hay dos versiones de este método, pero el principio es el mismo en ambos casos, esto es, la longitud de una palanca se altera cuando se producen flexiones progresivas de la cápsula, haciendo que el mecanismo y el movimiento de la aguja sean aumentados para pequeñas flexiones y disminuidos para grandes. En otras palabras, se basa en un principio de aumento variable.

La longitud de la palanca citada es la distancia entre el eje del engranaje principal del mecanismo y el punto de contacto entre su palanca oscilante y el engranaje; esta distancia se indica como d_1 y d_2 en las Figs. 4.30 *a*) y *b*).

El método que se muestra en *a*) puede considerarse como básico y sirve como ilustración muy útil del principio de su funcionamiento. En la posición de arranque del mecanismo, la palanca oscilante y el brazo del sector están en contacto en un ángulo preajustado para la capacidad del instrumento, ajustando, por consiguiente, la distancia d_1. Cuando se aplica presión pitot a la cápsula, esta última flexiona haciendo que gire el eje oscilante y que la palanca oscilante se mueva en línea recta en la dirección indicada. Como puede verse en el diagrama, la palanca oscilante empuja el brazo del sector alrededor y la distancia d_1 empieza a aumentar. La flexión inicial de la cápsula es, desde luego, pequeña, pero es aumentada cuando la palanca oscilante entra en contacto con el brazo del sector en la distancia *e* desde el centro del eje oscilante. De este modo, se obtiene un movimiento aumentado del brazo del sector, y el engranaje del sector y el piñón, a su vez, proporcionan más aumento a la aguja para que recorra una distancia grande debido a la pequeña relación de presión/flexión de la cápsula. Por consiguiente, la escala está "abierta" en el extremo inferior de la gama de velocidad.

Suponiendo que la presión pitot siguiese aumentando, la cápsula se flexaría a un régimen creciente y el movimiento de la palanca oscilante seguiría las flexiones según la ley cuadrática; pero como su punto de contacto se mueve en la distancia d_2, su fuerza actúa más y más a lo largo del brazo del sector y redu-

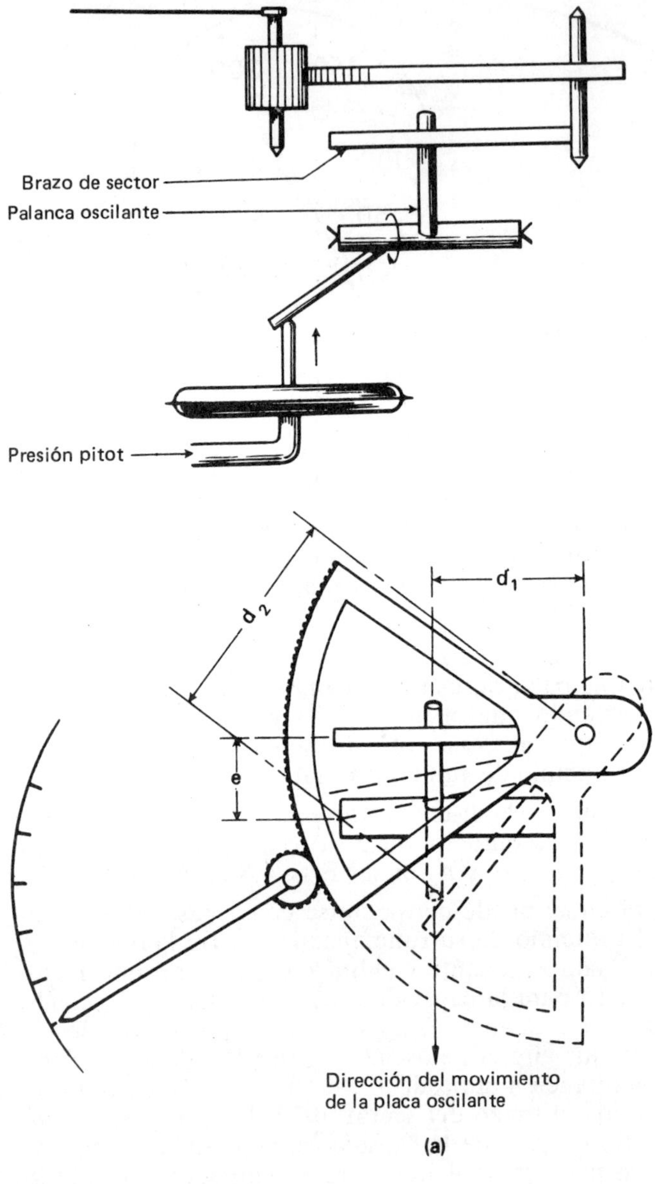

Figura 4.30.–Métodos de compensación de ley cuadrática. *a*) Mecanismo de palanca oscilante/brazo de sector.

ce el movimiento de rotación del último y también la multiplicación del mecanismo de la aguja.

Por consiguiente, aumentando la velocidad con respecto al aire, se obtiene un "cierre" de la escala; los ajustes iniciales de toda la instalación son tales que, al seguir lo que puede denominarse una "ley de raíz cuadrada", se produce una escala lineal en toda la gama de velocidad para la que se calibró el instrumento.

En el mecanismo mostrado en la Fig. 4.30 *b*), el engranaje y el brazo del sector son sustituidos por un engranaje circular grande y una ranura radial cortada

Figura 4.30.–Métodos de compensación de ley cuadrática. *b*) Ranura en forma de "banana".

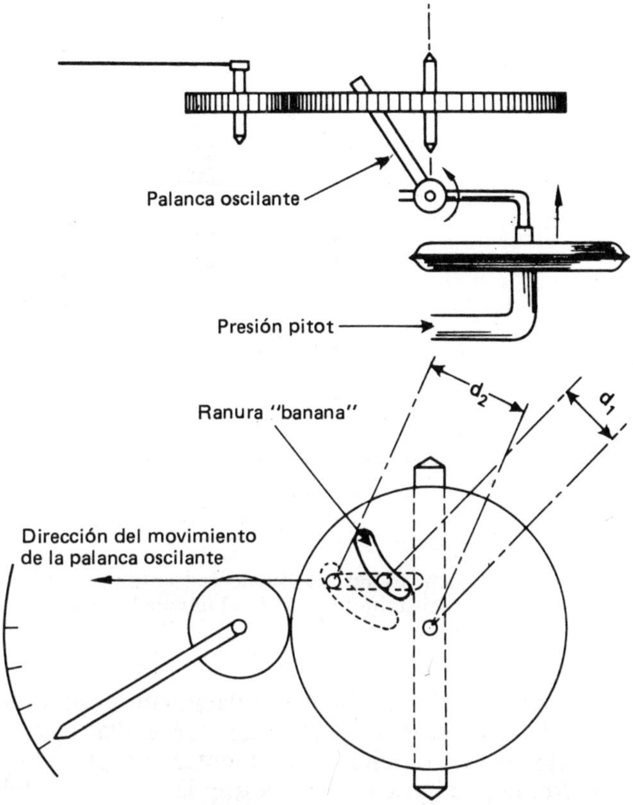

integralmente que, por razones obvias, se denomina una "ranura banana". La palanca oscilante engrana con esta ranura para que, cuando la palanca se mueva, gire el engranaje y cambie la posición de la ranura, lo cual reduce la multiplicación exactamente igual que en el método *a*).

En la Fig. 4.31 se muestra un tercer dispositivo de compensación de ley cuadrática. Consta de un muelle de reglaje o "sintonizador" especial que se apoya contra la cápsula y aplica una fuerza retardadora controlada a la expansión de la cápsula. La fuerza retardadora está regulada por series de tornillos de reglaje que están preajustados para que hagan contacto con el muelle en los puntos apropiados cuando es levantado por la cápsula de expansión. Cuando la velocidad y la presión diferencial aumentan, también lo hace el régimen del muelle y su longitud eficaz se acorta; de este modo, se obtiene linealidad directamente en la cápsula y no en el sistema de palanca de multiplicación como en la Figura 4.30.

MEDIDORES DE NUMERO DE MACH

Con la llegada de la turbina de gas, la potencia propulsora disponible hizo posible conseguir mayores velocidades de vuelo pero, al mismo tiempo, apare-

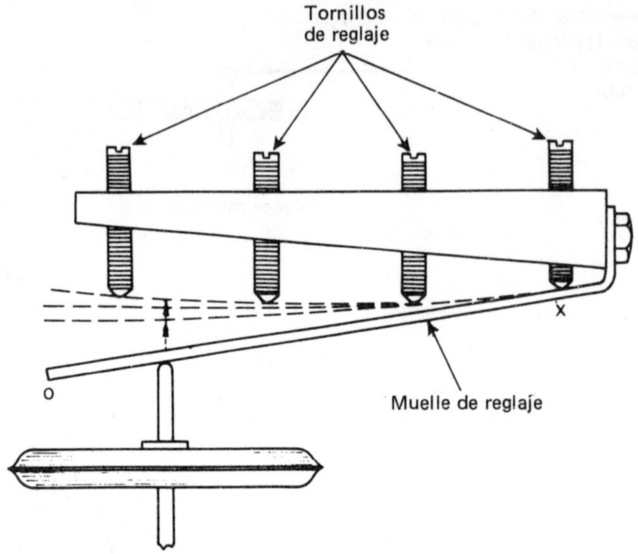

Figura 4.31.–Compensador del muelle de "sintonización". OX = longitud efectiva del muelle que disminuye cuando el muelle hace contacto con los tornillos.

cieron pronto ciertos factores relacionados con la resistencia de la estructura de la célula y las fuerzas que actúan sobre ella. Las fuerzas que toda la estructura, o ciertas partes de ella, experimentan a gran velocidad debidas a la resistencia del aire, dependen de lo cerca que la velocidad del avión esté de la del sonido. Puesto que la velocidad del sonido depende de la presión y la densidad atmosféricas, variará en función de la altitud; esto sugiere que para volar un avión dentro de límites de velocidad seguros habría que mantener una velocidad con respecto al aire diferente para cada altitud. Esto no es aceptable de ninguna forma y, por consiguiente, fue necesario tener un medio para calcular la relación de la velocidad del avión, V, y la velocidad del sonido, a, a partir de la medición de presión e indicarla de una forma convencional. Esta relación V/a, se denomina *número de Mach (M)*, un parámetro que tiene gran importancia actualmente en la aerodinámica práctica; el instrumento que mide la relación $M = V/a$ se denomina medidor o *indicador de número de Mach*. Antes de hablar de la construcción y funcionamiento del instrumento, revisaremos brevemente algunos de los efectos que sufre un avión que vuela a gran velocidad.

El paso del avión a través del aire establece perturbaciones vibratorias del aire que irradian del avión en forma de ondas de presión o sonido. A velocidades inferiores a la del sonido, llamadas velocidades *subsónicas*, estas ondas se irradian fuera del avión de forma parecida al movimiento hacia afuera de las ondas del agua desde el punto en que se arroja una piedra. Sin embargo, cuando las velocidades se aproximan a la del sonido, hay un cambio drástico en la forma de irradiación de las ondas de sonido. El avión vuela ahora casi tan rápido como sus propias ondas de sonido, las cuales empiezan a apilarse una encima de otra delante del avión, aumentando, de este modo, la resistencia del aire y estableciendo vibraciones del aire que producen turbulencia y bataneo del avión, imponiendo, por tanto, grandes esfuerzos. También se desarrollan ondas de choque que producen una interrupción en la corriente de aire sobre las alas, fuselaje y cola y, de este modo, llevan a entrada en pérdida y dificultades de movimiento de las superficies de mando. El vuelo normal en esta gama *transónica*, y a velocidades *supersónicas*, obliga a diseñar el avión de acuerdo con ello; por ejemplo, observando algunos de los aviones modernos de gran velocidad, vemos que las alas y el estabilizador horizontal están en flecha; esto retrasa la iniciación de las ondas de choque y permite, por tanto, la obtención de mayores velocidades con respecto al aire o número de Mach.

Cuando un avión vuela a velocidades inferiores a la del sonido, es posible que se produzca bataneo, porque la situación, la forma aerodinámica y el perfil de las partes de la estructura pueden permitir que la corriente de aire sobre ellas alcance o supere la velocidad sónica. El número de Mach en el que se produce este hecho se denomina número de Mach *crítico* (M_{crit}) de este avión particular, que al ser una relación de velocidad con respecto al aire y velocidad sónica, será igual para cualquier altitud.

Un medidor de número de Mach es un instrumento de vuelo compuesto que acepta dos variables y las utiliza para calcular la relación requerida. En la Figura 4.32 se muestra su construcción.

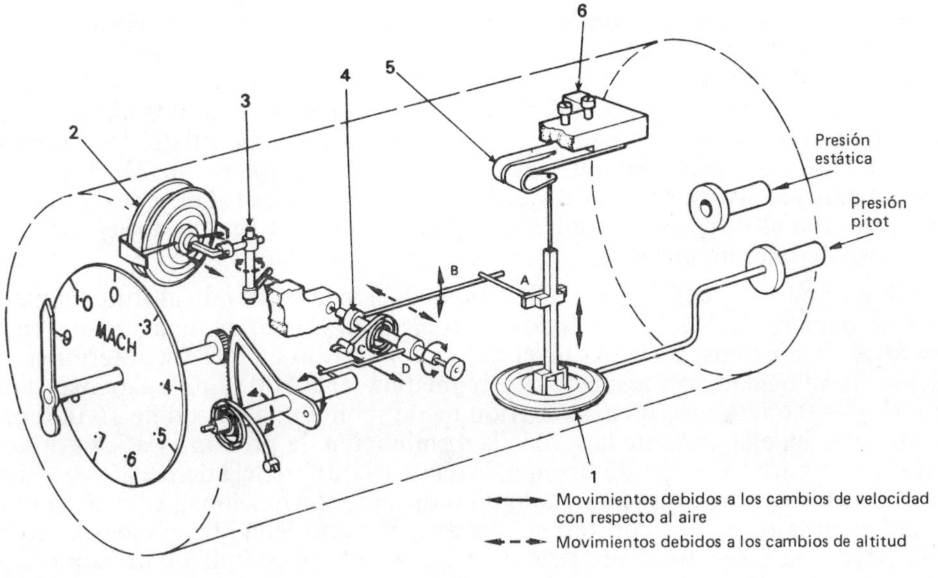

Figura 4.32.–Indicador de número de Mach. 1. Cápsula de velocidad con respecto al aire, 2. cápsula de altitud, 3. eje oscilante de altitud, 4. eje oscilante de resbalamiento, 5. muelle de calibración (compensación de ley cuadrática), 6. tornillos de calibración (compensación de ley cuadrática).

La primera variable es la *velocidad con respecto al aire* y, por consiguiente, se adopta un mecanismo basado en el indicador de velocidad con respecto al aire convencional para medir ésta en términos de diferencia de presión $p - s$, donde p es la presión total o pitot y s la presión estática. La segunda variable es la *alti-*

tud, y ésta se mide también de la forma convencional, esto es, por medio de una cápsula aneroide sensible a la presión estática *s*. Las deflexiones de las cápsulas de ambos mecanismos son transmitidas a la aguja del indicador por ejes y palancas oscilantes; la función divisora de la unidad de altitud la realiza un eje oscilante deslizante intermedio.

Supongamos que el avión está volando en condiciones de nivel del mar estándar a una velocidad V de 500 m.p.h. La velocidad del sonido al nivel del mar es 760 m.p.h. aproximadamente; por consiguiente, el número de Mach es 500/760 = 0,65. Ahora bien, la velocidad medida por el mecanismo de velocidad con respecto al aire es, como ya hemos visto, igual a la diferencia de presión $p - s$, y, por eso, el eje oscilante deslizante y las palancas A, B, C y D se ajustarán en posiciones angulares determinadas por esta diferencia. La velocidad del sonido no puede medirla el instrumento, pero, puesto que es regulado por las condiciones de presión estática, el mecanismo del altímetro puede medir *s* y enviarla al sistema de indicación, ajustando así una posición de referencia para el punto de contacto entre las palancas C y D. Por tanto, un medidor de número de Mach indica este V/a en términos de relación de presión $(p - s)/s$; para las condiciones de velocidad y altitud supuestas la aguja indicará 0,65.

¿Qué ocurre en altitudes sobre el nivel del mar? Como ya se indicó, la velocidad del sonido disminuye en función de la altitud; si un avión vuela a la misma velocidad en todas las altitudes, se aproxima más a la velocidad del sonido e incluso puede rebasarla. Por ejemplo, la velocidad del sonido a 10.000 pies disminuye a aproximadamente 650 m.p.h.; si un avión vuela a 500 m.p.h. a esta altitud, el número de Mach será 500/650 = 0,75, un aumento del 10% sobre su valor al nivel del mar. Debido a esto, se establecen números de Mach críticos (M_{crit}) para los diversos tipos de aviones de gran velocidad; al ser constantes con respecto a la altitud, es conveniente expresar todos los límites de velocidad en términos de tales números.

Ahora podemos considerar cómo funciona el mecanismo de altitud del medidor de número de Mach, tomando como ejemplo el caso de un avión que tiene un M_{crit} de digamos, 0,65. Al nivel del mar y basado en nuestra anterior suposición, la velocidad con respecto al aire medida sería 500 m.p.h. para mantener un M_{crit} = 0,65. Ahora bien, si el avión ha de subir a una altitud de 10.000 pies y nivelarse en ella, durante la subida la disminución de presión estática *s* origina un cambio en la relación de presión. Afecta a la diferencia de presión $p - s$ de la misma forma que resulta afectado un indicador convencional, esto es, la velocidad medida se reduce con respecto al aire. Por consiguiente, el mecanismo de velocidad con respecto al aire tiende a hacer que la aguja indique un número de Mach inferior. Sin embargo, el mecanismo de altitud responde simultáneamente a la disminución de *s*, y su cápsula se expande y hace que el eje oscilante deslizante lleve la palanca C hacia el punto de giro de la palanca D.

La relación de multiplicación entre las dos palancas es alterada, por consiguiente, cuando el mecanismo de altitud divide $p - s$ por *s*, y la palanca D es obligada a bajar para que la aguja mantenga un número de Mach constante de 0,65.

El número de Mach crítico para un tipo particular de avión se señala mediante una marca de referencia preajustada situada sobre la esfera del medidor de número de Mach.

INDICADOR DE NUMERO DE MACH/VELOCIDAD CON RESPECTO AL AIRE

Este indicador combina las funciones del anemómetro convencional y un medidor de número de Mach y presenta la información necesaria según se muestra en la Fig. 4.33. El mecanismo consta de dos elementos de medida que accionan sus propios elementos de indicación, esto es, una aguja y una escala fija para indicar la velocidad con respecto al aire, y una esfera y escala giratorias para indicar el número de Mach. También hay una segunda aguja conocida como la aguja de *operación de máxima velocidad* (V_{mo}) cuya finalidad es indicar la velocidad máxima segura de un avión en su gama de altitud de operación, en otras palabras, es un indicador de número de Mach crítico (véase la página 107). La aguja tiene franjas rojas y blancas y se puede ajustar previamente al valor de la velocidad limitadora deseada tirando hacia afuera y girando el botón de ajuste situado en la esquina inferior derecha del bisel del indicador. El ajuste se hace en tierra según la información registrada en la carta apropiada de acuerdo con los requisitos operacionales del tipo particular de avión. La finalidad del mando de ajuste en la esquina inferior izquierda del bisel es capacitar al piloto para situar un "señalador" (en este caso un triángulo) con respecto a la escala de velocidad con respecto al aire, ajustando así un valor de dicha velocidad que puede usarse como referencia para un sistema de mando automático de gases, o como un indicador rápido/lento de velocidad. Dos indicadores de referencia exteriores alrededor del bisel pueden ajustarse manualmente a cualquier velocidad de referencia deseada, por ejemplo, las velocidades de despegue V_1 y V_R.

En operación, los elementos de medida e indicación de velocidad con respecto al aire responden a la diferencia entre las presiones pitot y estática de la forma convencional; los cambios de presión estática en función de los cambios de

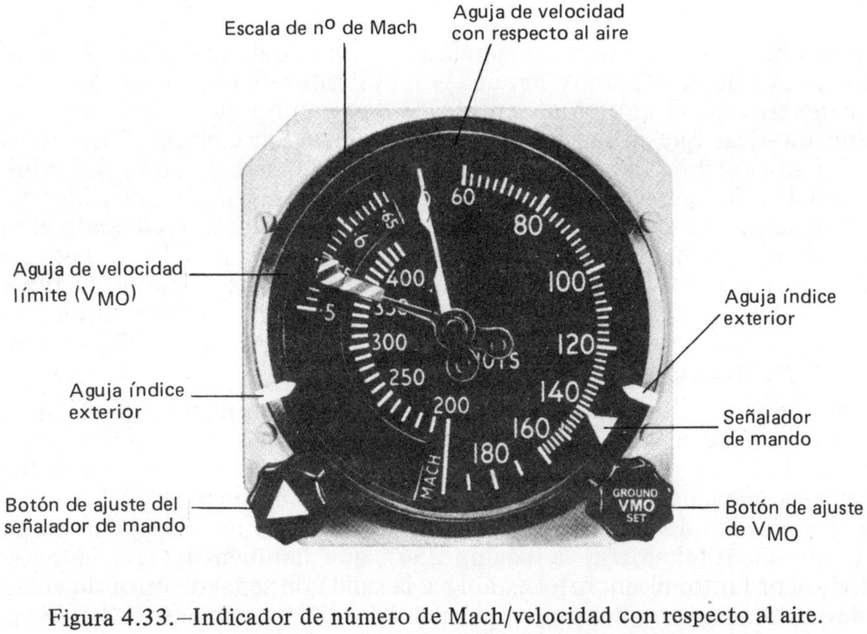

Figura 4.33.–Indicador de número de Mach/velocidad con respecto al aire.

altitud hacen que la escala de número de Mach gire (en sentido contrario al giro de las agujas del reloj cuando aumenta la altitud) con relación a la aguja de V_{mo}. Cuando se alcanza la velocidad limitadora y la graduación correspondiente de número de Mach coincide con el ajuste de la aguja de V_{mo}, se produce un contacto metálico entre los conjuntos de accionamiento de escala y aguja, de forma que el giro continuado de la escala hará también que la aguja gire al unísono. La aguja gira contra la tensión de un muelle en espiral que la devuelve a su posición originalmente selectada cuando la velocidad de Mach disminuye por debajo de la velocidad limitadora. En la Fig. 4.33 puede verse que en el extremo alto de la gama de velocidad, la aguja de velocidad con respecto al aire puede registrar también contra la escala de Mach, dando así una lectura de velocidad en unidades equivalentes. El cálculo necesario se efectúa calibrando las escalas a funciones logarítmicas de presiones pitot y estática. Además de su función indicadora básica, los indicadores de número de Mach/velocidad con respecto al aire pueden diseñarse también para accionar unas unidades de conmutación acopladas a dispositivos audibles o visuales que dan aviso cuando se alcanzan velocidades tales como la limitadora de Mach o la de extensión del tren de aterrizaje. En los aviones que tengan un sistema de mando automático de gases, hay ciertos tipos de indicador de Mach/velocidad con respecto al aire para dar una salida de error de velocidad que es proporcional a la diferencia entre la lectura indicada por la aguja de velocidad con respecto al aire y el ajuste del "señalador" de mando. Esto se realiza por medio de una combinación de sincros CT/CX que detecta las posiciones de la aguja de velocidad con respecto al aire y el señalador o triángulo de mando, y produce una señal de error de salida que, después de su amplificación, se suministra al sistema de mando automático de gases.

INDICADOR DE VELOCIDAD INDICADA/CALCULADA

En la Fig. 4.34 se muestra un ejemplo de este tipo de indicador. Su construcción y presentación son muy parecidas al indicador de número de Mach/velocidad con respecto al aire en el sentido de que emplea elementos sensibles a la presión estática, que sitúan las agujas apropiadas. Sin embargo, tiene la característica adicional de indicar la velocidad calculada mediante un calculador central de datos de aire (véase la página 123). El elemento indicador para este propósito es un contador digital accionado por servomotores, recibiendo el motor señales de un sistema de transmisión síncrono. En caso de fallo de tales señales una bandera de aviso amarilla oscurece los tambores del contador. El funcionamiento de los circuitos de supervisión de fallos y de la bandera pueden comprobarse moviendo el interruptor de velocidad calculada (CAS) de su posición normal "ON" (operativo) a "OFF" (inoperativo).

Como en el caso de ciertos tipos de indicadores de número de Mach/velocidad con respecto al aire, hay medios para ajustar una señal de velocidad con respecto al aire de mando y para transmitirla a un sistema de mando automático de gases que ajustará la potencia del motor para obtener una velocidad ordenada. En el ejemplo facilitado, el botón de ajuste de mando ajusta mecánicamente un sincrotel (véase la página 254) que también detecta la velocidad indicada. Por tanto, el sincrotel establece la salida de señal de error de velocidad con respecto al aire requerida por el calculador del mando automático de gases.

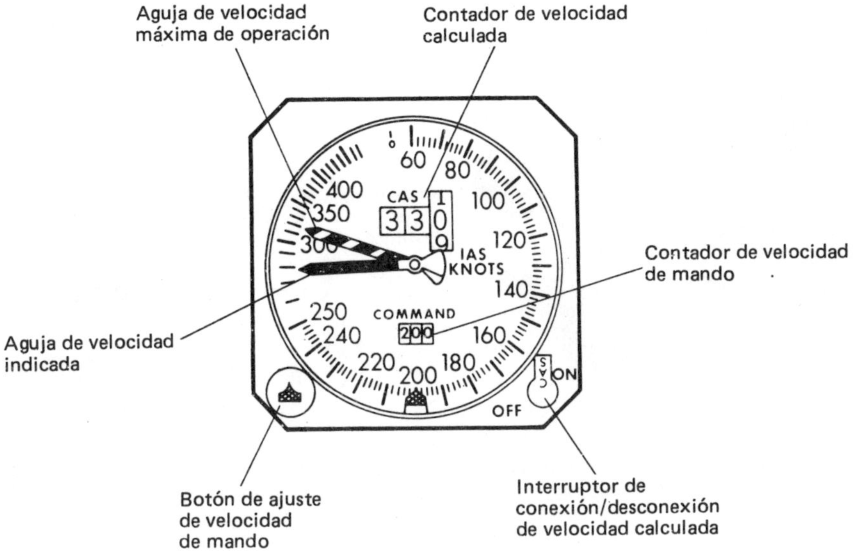

Figura 4.34.–Indicador de velocidad indicada/calculada.

Un contador digital que se ajusta también mecánicamente mediante el botón de velocidad de mando, da la lectura de la velocidad de mando.

UNIDADES DE CONMUTACION DE VELOCIDAD CON RESPECTO AL AIRE

Las unidades de conmutación de velocidad con respecto al aire, como sus contrapartidas de altitud, pueden utilizarse para varias aplicaciones de aviso; por ejemplo, en los aviones provistos de un medidor de fatiga, se emplea una unidad de conmutación para conectar y desconectar el medidor a velocidades con respecto al aire predeterminadas; una unidad también puede utilizarse para operar un dispositivo de señal audible y dar así un aviso de sobrevelocidad. Cualquiera que sea su aplicación, las unidades conmutadoras son adaptaciones especiales de mecanismos de indicación de velocidad con respecto al aire convencionales.

En la Fig. 4.35 se muestran dos ejemplos. El mecanismo de conmutación de la unidad en (*a*) va alojado en una caja estándar de indicador de velocidad con respecto al aire y consta de una cápsula, un juego de contactos de baja y alta velocidad y un relé. El circuito es alimentado, a través de un enchufe situado en la parte posterior de la caja, con corriente continua de 28 voltios.

Cuando la diferencia de presión a través de la cápsula aumenta, ésta se expande hasta que, a una presión predeterminada, cierra los contactos de baja velocidad. A una diferencia de presión predeterminada ligeramente mayor, los contactos de gran velocidad se cierran y completan el circuito a la bobina del relé, activándolo. El funcionamiento del relé completa entonces el circuito exterior al medidor de fatiga u otro dispositivo conectado a la unidad conmutadora. En

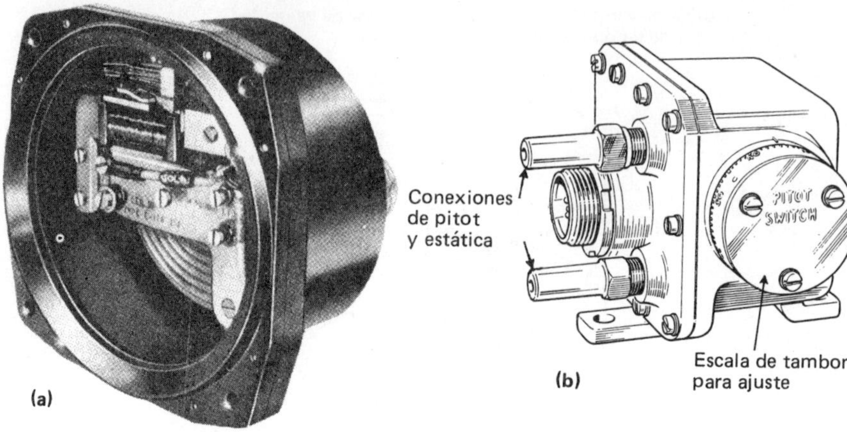

Figura 4.35.–Interruptores típicos de velocidad con respecto al aire. *a*) Tipo contacto de baja velocidad y alta velocidad; *b*) de un solo contacto.

algunos casos, particularmente los que implican dispositivos de aviso audibles, sólo se necesita una velocidad predeterminada; en tales casos, el circuito está dispuesto de forma que únicamente el contacto de baja velocidad o el de gran velocidad completa el circuito exterior.

La unidad conmutadora mostrada en (*b*) emplea básicamente el mismo número de componentes que la descrita en el ejemplo anterior. Las diferencias fundamentales son la construcción de la carcasa, contactos simples en vez de dobles, conjunto de contacto de émbolo en lugar de contactos de lámina flexible, y una escala exterior para ajuste del reglaje del contacto.

Anemómetro e interruptor de aviso combinados

La Fig. 4.36 es un esquema de un anemómetro que lleva un sistema de aviso de posición de tren de aterrizaje. El sistema entra en operación cuando se alcanza la velocidad de aproximación y el tren de aterrizaje no está extendido y blocado en su posición. Si ocurriese esto, comenzaría a oscilar una bandera de aviso visible a través de una abertura en la esfera, adyacente a las graduaciones de velocidad de aproximación.

El sistema consta de un par de contactos accionados por la cápsula y conectados a una bobina de accionamiento y un relé. El relé, que recibe corriente continua de 28 voltios a través del sistema de blocaje "abajo" del tren de aterrizaje del avión, controla la bobina de accionamiento, que, a su vez, acciona la bandera de aviso por medio del conjunto de eje oscilante.

Cuando el tren de aterrizaje esté retraído, la alimentación de corriente continua es aplicada al indicador, pero mientras las velocidades con respecto al aire estén por encima del valor preajustado, la cápsula mantiene los contactos abiertos. Cuando la velocidad disminuye, la cápsula se contrae hasta que al valor preajustado los contactos se cierran y completan dos circuitos en paralelo. Uno de los circuitos activa el relé y el otro carga un condensador. La activación del

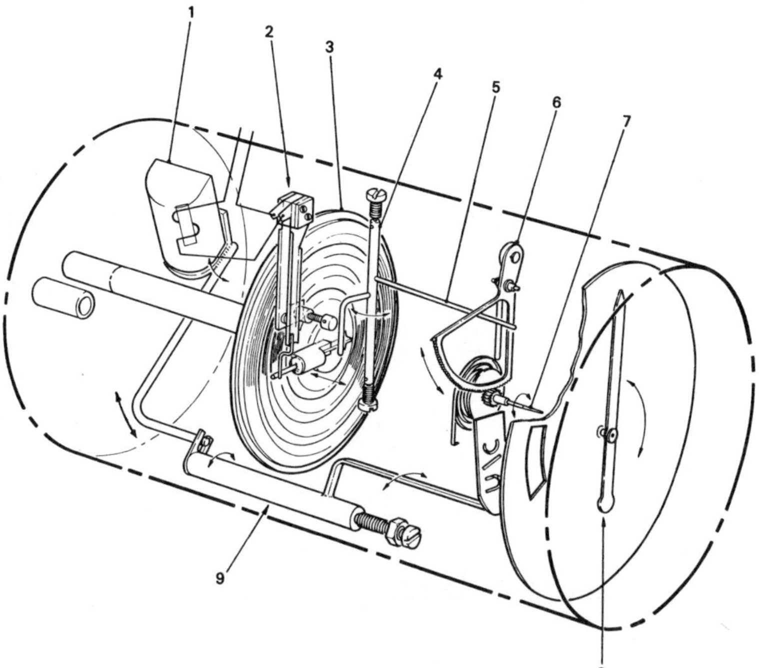

Figura 4.36.–Sistema combinado de aviso y anemómetro combinados. 1. Bobina de accionamiento de bandera, 2. conjunto de contacto, 3. cápsula, 4. eje oscilante, 5. brazo bimetálico, 6. sector, 7. husillo, 8. aguja, 9. conjunto de bandera de eje oscilante.

relé hace que sus contactos se inviertan, interrumpiendo de este modo la alimentación a la bobina del relé y conectando también una alimentación a la bobina de accionamiento de la bandera, haciendo que ésta aparezca en la abertura de la esfera. Al mismo tiempo, el condensador recibe corriente continua y comienza a cargar. Cuando se descarga lo hace a través de la bobina del relé y mantiene los contactos en posición hasta que el voltaje de descarga alcanza un punto que sea suficiente para mantener el relé activado. Los contactos se invierten otra vez y desactivan la bobina de accionamiento de la bandera, haciendo que ésta desaparezca de la abertura de la esfera. El ciclo se repite entonces con una frecuencia tal que la bandera aparece en la abertura a intervalos de medio segundo aproximadamente.

Sistema de aviso de Mach

Muchos tipos de aviones de gran actuación tienen una unidad de conmutación que utiliza el principio del medidor de número de Mach; su finalidad es dar un aviso audible en la cabina siempre que se rebase la velocidad límite máxima de operación. En la Fig. 4.37 se muestra la disposición mecánica y eléctrica de una unidad conmutadora empleada en el Boeing 747.

Los contactos del interruptor son accionados por los conjuntos de cápsulas de velocidad con respecto al aire y altitud, y permanecen cerrados siempre que

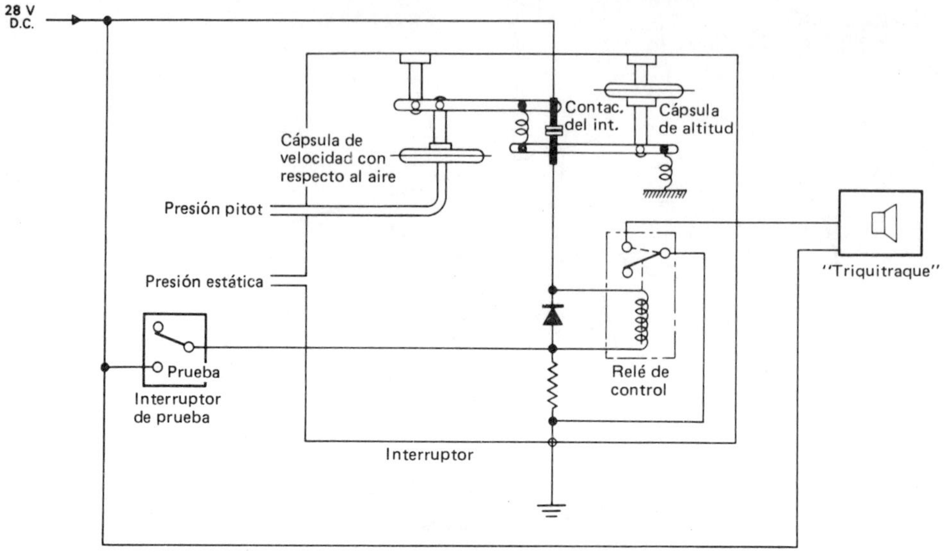

Figura 4.37.–Sistema de aviso de número de Mach.

la velocidad sea inferior al valor limitador. La alimentación de corriente continua de 28 voltios que pasa a través de los contactos activa el relé de control, que interrumpe la conexión a tierra del dispositivo de aviso audible, o "triquitraque", como se le llama por el sonido que emite. Cuando se rebase la velocidad limitadora, los contactos del interruptor se abren, desactivando así el relé de control para permitir que pase corriente continua a través de sus contactos para activar el "triquitraque" a través de la conexión a tierra, completada ahora. El sonido es emitido a una frecuencia de 7 Hz.

Para la comprobación funcional del sistema, se cuenta con un interruptor de palanca cargado por resorte. Cuando se coloca éste en la posición "Test" (prueba) deja que circule corriente continua al lado de masa del relé de control, proporcionando así una polarización suficiente para desactivar el relé de control y hacer con eso que se active el "triquitraque".

INDICADORES DE VELOCIDAD VERTICAL O VARIOMETROS

Estos indicadores, conocidos también como variómetros, son los terceros del grupo principal de instrumentos de vuelo pitot-estática; son indicadores de diferencia de presión muy sensibles, proyectados para indicar el régimen de cambio de altitud únicamente por el cambio de presión estática.

Ahora bien, puede preguntarse ¿por qué se emplea un indicador de presión diferencial que necesita dos presiones para que funcione cuando realmente sólo hay una presión implicada? ¿Por qué no utilizar un altímetro, puesto que también mide los cambios de presión estática? Estas son preguntas bastante acertadas, pero la cláusula operativa es "el régimen al que cambia la presión estática", y como esto implica un factor de tiempo, tenemos que introducir éste en el sistema de medida como función de presión. Esto se realiza utilizando una unidad de medida de aire especial, y es ésta la que establece la segunda presión requerida.

Un indicador consta básicamente de tres componentes principales: una cápsula, un elemento de indicación y una unidad de medida, que van alojados en una caja herméticamente cerrada provista de una conexión de presión estática en la parte posterior. La presentación de la esfera es tal que el cero está en la posición de las 9 del reloj; por tanto, la aguja está horizontal durante un vuelo recto y nivelado y se desplaza de esta posición para indicar o una subida o un descenso. Ciertos tipos de indicadores emplean una escala lineal, pero en la mayoría de los casos se prefieren indicadores provistos de un mecanismo y de una escala calibrados para indicar el logaritmo del régimen de cambio de presión. La razón de esto es que una escala logarítmica está más abierta cerca de la marca cero y proporciona así una mejor legibilidad y una observación más exacta de las variaciones con respecto a las condiciones de vuelo horizontal.

El mecanismo del indicador se muestra de forma esquemática en la Fig. 4.38, en la cual se observará que la unidad medidora forma parte de la conexión de presión estática y está conectada al interior de la cápsula por un trozo de tubo capilar. Este tubo tiene la misma finalidad que el empleado en un indicador de velocidad con respecto al aire, esto es, impide que los aumentos bruscos de presión afecten a la cápsula. Sin embargo, tiene mayor longitud, dado que la cápsula de un indicador de velocidad vertical es mucho más flexible y sensible a la presión. El otro extremo de la unidad medidora está abierto al interior de la caja para aplicar presión estática al exterior de la cápsula.

Veamos ahora cómo funciona el instrumento en las tres condiciones de vuelo: *a*) vuelo horizontal, *b*) descenso y *c*) subida.

En vuelo horizontal entra aire a la presión estática predominante al interior de la cápsula, y también a la caja del instrumento a través de la unidad medidora. Por tanto, hay una diferencia cero a través de la cápsula y la aguja indica cero.

Consideremos ahora el funcionamiento durante un descenso. En el momento de comenzar el descenso, la diferencia de presión será todavía cero, pero cuando el avión descienda dentro de la presión estática más alta, ésta se aplicará a la conexión de la misma del instrumento haciendo que entre aire a la cápsula y a la caja.

Como la cápsula está directamente conectada a la conexión de presión estática, el flujo de aire creará la misma presión en el interior de la cápsula que la que exista en los niveles a través de los cuales desciende el avión. No obstante, la presión en el interior de la caja no va a ser la misma porque la unidad medidora es un conjunto de pérdida especialmente calibrado para limitar el flujo de aire dentro o fuera de la caja del instrumento. Por consiguiente, en lo que a la presión de la caja se refiere, sigue teniendo todavía el mismo valor que se obtuvo en la altitud de vuelo horizontal original, y no puede aumentar al mismo régimen que lo hace la presión existente en la cápsula. La limitación de la unidad medidora proporciona, de este modo, la segunda presión desde una de las fuentes y establece una diferencia de presión a través de la cápsula, lo que hace que ésta se distienda y que la aguja indique un descenso. Sin embargo, durante el descenso la presión de la caja debe mantenerse más baja que la de la cápsula y

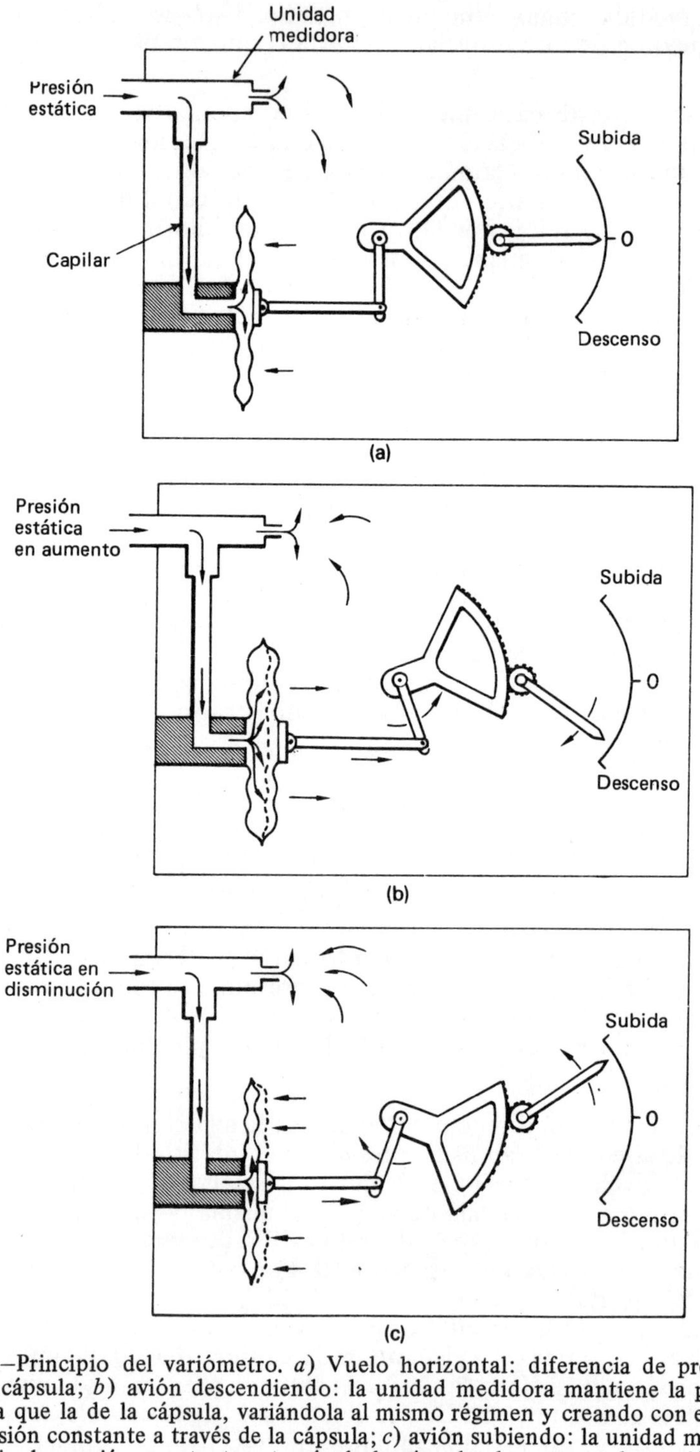

Figura 4.38.–Principio del variómetro. *a*) Vuelo horizontal: diferencia de presión cero a través de la cápsula; *b*) avión descendiendo: la unidad medidora mantiene la presión de la caja más baja que la de la cápsula, variándola al mismo régimen y creando con ello una diferencia de presión constante a través de la cápsula; *c*) avión subiendo: la unidad medidora crea una diferencia de presión constante a través de la cápsula al mantener la presión de la caja más alta que la de la cápsula.

hacer que cambie al mismo régimen con el fin de obtener una diferencia de presión constante.

La unidad medidora, al ser un limitador, aumenta la velocidad del aire que entra en la conexión de presión estática, y como sucede con dispositivos de esta naturaleza, el aumento de la velocidad trae consigo una reducción de presión. Además, el volumen de la caja del instrumento es mucho mayor que el de la cápsula; en consecuencia, el flujo de aire dentro de la caja va a tardar algo en desarrollar una presión igual a la que entra en la conexión de presión estática. Sin embargo, en el momento en que se alcance, el avión habrá descendido a una nueva altitud y la presión estática habrá vuelto a variar. De este modo, la unidad medidora introduce los factores de régimen y retardo de tiempo requeridos y la diferencia de presión a través de la cápsula que posiciona la aguja para que indique el cambio de altitud en pies por minuto. El diseño de un sistema es tal que se tarda cuatro segundos aproximadamente para que la presión de la caja aumente hasta ser igual que la de la cápsula; pero como la cápsula tiene siempre un flujo de aire sin restringir, irá siempre cuatro segundos por delante de la caja y habrá una diferencia constante de presión entre las mismas que corresponde a cuatro segundos de tiempo. Las diferencias de presión producidas no son muy grandes, pudiéndose considerar 20 mm H_2O como valor típico en una deflexión máxima de la aguja.

Durante una subida, la unidad medidora establecerá la diferencia de presión y los factores requeridos, pero como la presión estática en esta condición es decreciente, y porque la unidad medidora limita el flujo fuera de la caja, la presión de la caja va por delante de la de la cápsula.

Aparte de los cambios de presión estática en función de las variaciones de altitud, que como sabemos no son constantes, las variaciones de temperatura, densidad y viscosidad del aire son otras variables muy importantes que deben tenerse en cuenta, particularmente cuando el instrumento depende de los regímenes de flujo de aire. Por consiguiente, desde el punto de vista teórico y de diseño, un indicador de velocidad vertical o variómetro es muy complicado, pero las unidades medidoras están diseñadas para que compensen los efectos de las variables en las gamas normalmente encontradas.

En el apartado siguiente se describen la construcción y el funcionamiento de dos unidades típicas.

Unidades medidoras

La unidad que se muestra en la Fig. 4.39 *a*) es conocida como el tipo de "tubo capilar y orificio", dos dispositivos que, combinados, proporcionan compensación de los efectos de las variables de presión y temperatura atmosféricas, según se muestra en *b*).

La diferencia de presión a través de un tubo capilar, para un régimen constante de subida, aumenta con la altitud creciente y a una temperatura constante. Por tanto, si se usase sólo un tubo capilar se introduciría un error positivo en las indicaciones del instrumento en altitudes sobre el nivel del mar. Con un orificio, el efecto es exactamente el opuesto. Las razones principales de la diferencia son que el flujo de aire a través de un tubo capilar es laminar, mientras

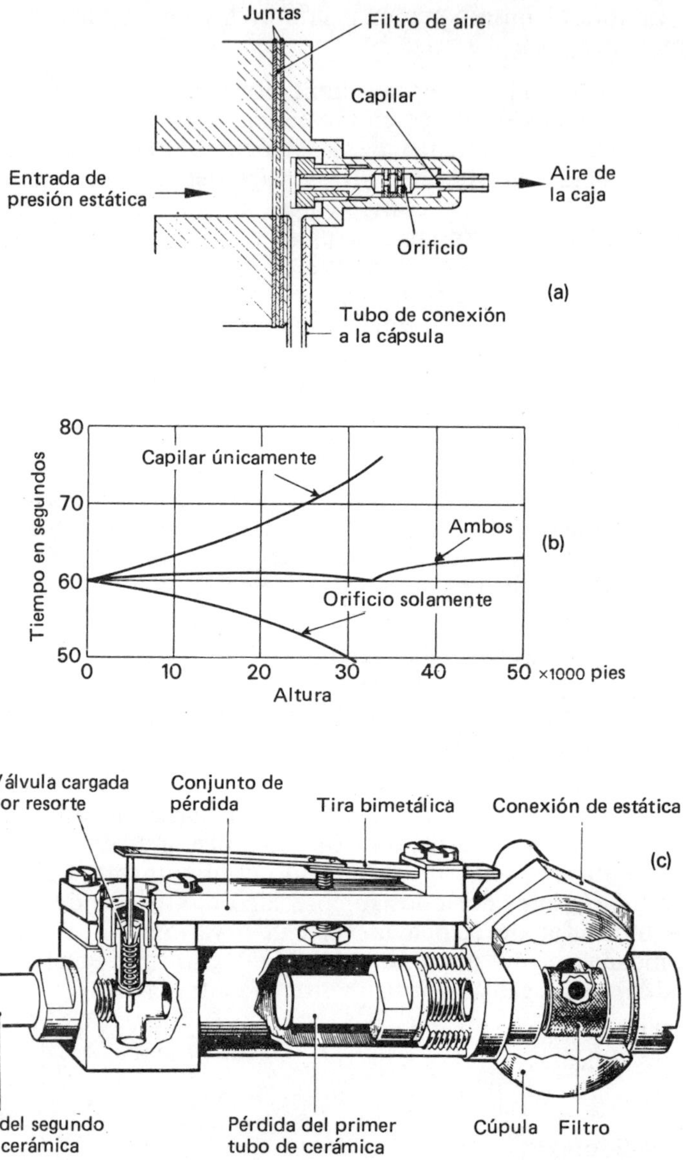

Figura 4.39.–Unidades medidoras del variómetro. *a*) Tipo capilar y orificio; *b*) características del capilar y orificio; *c*) tipo cerámica.

que a través de un orificio es turbulente; además, el régimen de flujo a través de un tubo capilar varía directamente con la diferencia de presión, mientras que a través de un orificio varía como la raíz cuadrada de dicha presión. Por consiguiente, al combinar los dos dispositivos podemos obtener una compensación de presión satisfactoria a una temperatura dada.

La diferencia de presión a través de un tubo capilar depende también de la viscosidad del aire, y como ésta es proporcional a la temperatura absoluta, disminuye, por consiguiente, al decrecer la temperatura. La diferencia de presión a través de un orificio varía inversamente a la temperatura y, por consiguiente, aumenta cuando la temperatura desciende. Por tanto, combinando los dos dispositivos puede obtenerse una compensación satisfactoria de la temperatura. Las dimensiones del orificio y el tubo capilar se eligen de modo que las lecturas del indicador sean correctas en una gama de condiciones de temperatura y altitud lo más amplia posible.

La segunda unidad, ilustrada en la Fig. 4.39 *c*), se conoce indistintamente bajo la denominación "tipo cerámica" o "tipo barro poroso", y su construcción es un poco más complicada, porque lleva un compensador mecánico de temperatura/viscosidad.

Se observará que el aire procedente de la conexión de estática entra por un tubo capilar a la cápsula y a través de dos tubos porosos de cerámica y también a través de la válvula del compensador de viscosidad a la caja. La apertura de la válvula es controlada por los efectos de la temperatura en una tira bimetálica.

A baja altitud, el efecto de la temperatura sobre la tira bimetálica es tal que la válvula se abre en cierta medida, para que después de circular por el primer tubo de cerámica el aire penetre en la caja vía la válvula abierta. A altitudes más elevadas, el aire estático que alimenta al instrumento tiene una temperatura inferior y, debido a que su viscosidad disminuye con el descenso de temperatura, reduce la diferencia de presión y puede dar origen a errores. Sin embargo, la temperatura menor también tiene su efecto sobre la tira bimetálica, haciendo que se doble y que se cierre su válvula. El aire debe circular ahora también por el segundo tubo de cerámica con el fin de que entre en la caja, y como están en serie y son de porosidad calibrada, la diferencia de presión aumenta y se mantiene. En la práctica, la válvula se sitúa entre la posición abierta y la cerrada, pero la calibración de la unidad medidora como un conjunto da una diferencia de presión constante para un régimen fijo de subida o descenso a cualquier altitud.

Indicador típico

En la Fig. 4.40 se muestra la construcción de un indicador de velocidad vertical o variómetro que emplea una unidad medidora tipo orificio y tubo capilar. Consta de un cuerpo de aleación de aluminio fundido que forma el soporte para todos los componentes principales con la excepción de la unidad medidora, que está sujeta a la parte posterior de la caja del indicador. Los desplazamientos de la cápsula en respuesta a los cambios de diferencia de presión son transmitidos a la aguja a través de un sistema de aumento de articulación y eje oscilante, un cuadrante y un piñón. El sistema de aumento y el elemento de indicación están equilibrados por medio de un contrapeso ajustable fijado al eje oscilante. La brida de la unidad medidora conecta con la conexión de presión estática de la caja del indicador y actúa también como conexión para el tubo capilar.

El ajuste del alcance del instrumento durante la calibración inicial y las siguientes se logra mediante dos muelles de calibración que se apoyan en un vástago conectado a la pieza central de la cápsula. La finalidad de estos muelles es ejercer fuerzas sobre la cápsula y obtener así la relación correcta entre las características de presión/flexión de la misma y la posición de la aguja en todos los

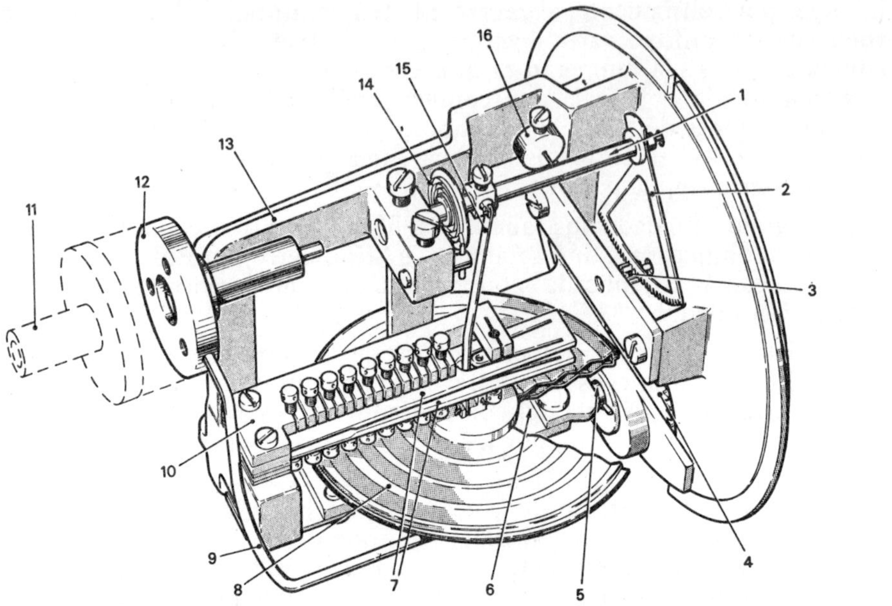

Figura 4.40.–Mecanismo típico del variómetro. 1. Conjunto de eje oscilante, 2. sector, 3. piñón del husillo, 4. rueda dentada, 5. conjunto de eje excéntrico, 6. conjunto de placa de la cápsula, 7. muelles de calibración, 8. cápsula, 9. tubo capilar, 10. soporte de calibración, 11. conexión de estática, 12. unidad medidora, 13. cuerpo del mecanismo, 14. muelle en espiral, 15. articulación, 16. contrapeso.

puntos de la escala. Las fuerzas se controlan mediante dos filas de tornillos, situados en el soporte de calibración, que varían la longitud efectiva de sus muelles respectivos. La fila superior de tornillos y el muelle superior controlan la calibración del régimen de descenso, mientras que la fila inferior de tornillos y el muelle inferior controlan el régimen de subida.

Una característica que satisface un requisito común en todos los tipos de variómetro es el ajuste de la aguja en la graduación cero. La forma del dispositivo de ajuste depende del diseño del instrumento, pero en el mecanismo que hemos estado considerando consiste en un eje de levas acoplado por una rueda dentada a un piñón en un segundo eje, que se extiende hacia el centro de la parte inferior del bisel. La zona al descubierto del eje está provista de una ranura para el destornillador. Cuando se gira el eje, el eje de levas es accionado para desplazar una placa que se apoya contra la excéntrica. La placa está en contacto también con el lado inferior de la cápsula, y en consecuencia, la cápsula sube o baja; el movimiento es transferido a la aguja a través del sistema de aumento y el engranaje de la aguja. La gama de ajuste de la aguja alrededor de cero depende de la gama de subida y descenso del instrumento, pero se pueden considerar como típicos valores de ±200 y ±400 pies/minuto.

Indicadores de velocidad vertical o variómetros instantáneos

Estos indicadores constan de los mismos elementos básicos que los convencionales, pero, además, emplean un acelerómetro que está diseñado para crear un efecto más rápido de diferencia de presión, principalmente en la iniciación de una subida o descenso.

El acelerómetro consta de dos cilindros pequeños o amortiguadores que contienen émbolos que son mantenidos en equilibrio por muelles y por su propia masa. Los cilindros están conectados en el tubo capilar que conduce a la cápsula y, por tanto, están abiertos directamente a la fuente de presión estática. Cuando se produce inicialmente un cambio de velocidad vertical, los émbolos son desplazados bajo la influencia de una fuerza de aceleración vertical, lo que crea un cambio de presión inmediato en el interior de la cápsula y una indicación instantánea de la aguja del indicador. La respuesta del acelerómetro decae después de unos cuantos segundos, pero para entonces el cambio de presión estática real es efectivo para que la unidad medidora produzca una diferencia de presión de la forma convencional.

CALCULADORES CENTRALES DE DATOS DE AIRE

Como ya sabemos, las presiones de las que depende el funcionamiento de los instrumentos de vuelo principales son transmitidas a través de un sistema de tuberías. Por consiguiente, es evidente que la longitud y la cantidad de tuberías variarán de acuerdo con el tamaño del avión y también del número de lugares en los que se necesiten indicaciones de los datos pertinentes. Con el fin de minimizar las instalaciones de "tuberías", se desarrolló la idea de suministrar las presiones a una unidad especial en alguna posición centralizada y transmitir luego eléctricamente los datos de aire a donde fuera preciso. Esto dio lugar al diseño de unidades denominadas *calculadores centrales de datos de aire* (CADC). La disposición modular de un calculador y los métodos mediante los que se procesa la señal, pueden variar según el número de parámetros que se han de vigilar y de las técnicas adoptadas por cualquier fabricante. No obstante, un calculador es básicamente un dispositivo analógico que produce equivalentes de señales eléctricas de presiones pitot y estática mediante la operación combinada de dispositivos mecánicos y síncronos de transmisión. Las señales de salida finales calculadas se suministran entonces a los indicadores apropiados que, a diferencia de sus contrapartidas convencionales, no contienen elementos detectores de presión. En la Fig. 4.41 se muestra esquemáticamente la disposición modular basada en un CADC representativo.

La detección de presión la realizan dos transductores de presión, uno que detecta la presión estática dentro del módulo de altitud, y otro que detecta las presiones pitot y estática dentro del módulo de velocidad calculada (CAS). El módulo de velocidad de Mach y el de velocidad verdadera (TAS) son dispositivos generadores de señales puras que reciben de los módulos respectivos datos de señales de altitud y velocidad con respecto al aire. Los datos de temperatura del aire estático necesarios para el cálculo de la TAS son detectados por una sonda (véase la página 284) situada fuera del avión en alguna posición predeterminada y dirigidos a través del módulo de velocidad de Mach.

En la Fig. 4.42 se muestra un ejemplo de un transductor de presión pitot-estática que utiliza una unidad selectora inductora de barra en "E" y en "I". El transductor funciona por el principio denominado de equilibrio de fuerzas y consta de dos cápsulas; el interior de una está conectado a la fuente de presión pitot, y la otra a la fuente de presión estática. Ambas cápsulas están conectadas

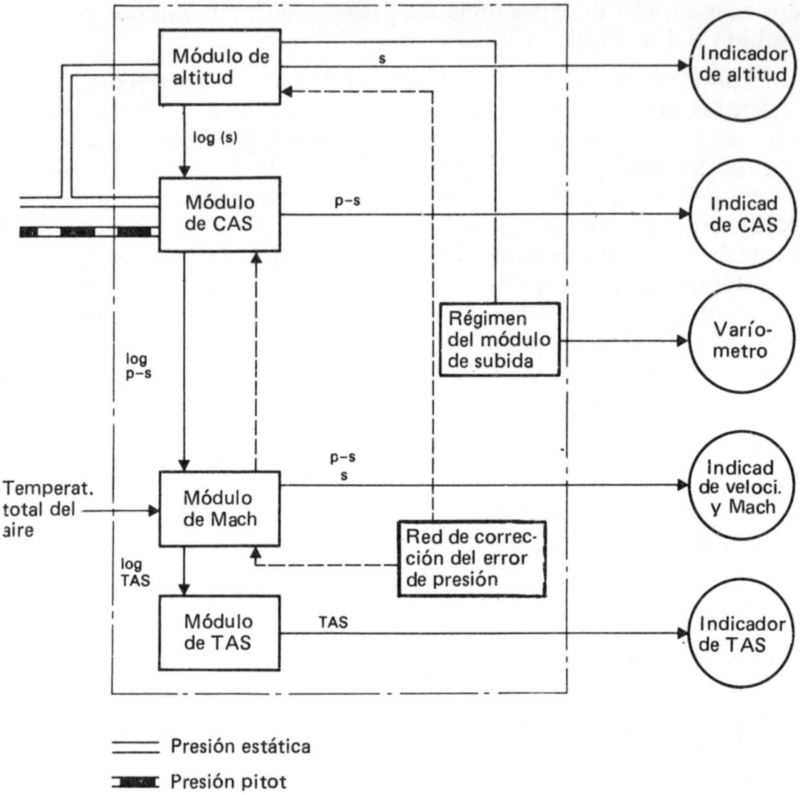

Figura 4.41.–Disposición modular de un sistema CADC.

a un balancín que, a su vez, está conectado a la barra en "I" de la unidad selectora.

Cuando se produce un cambio de la velocidad con respecto al aire, las cápsulas responden al cambio correspondiente de diferencia de presión y la fuerza que producen desvía el balancín desplazando con ello la barra en "I" con respecto a los brazos de la barra en "E". Por tanto, se modifican los entrehierros para que se induzcan señales de desequilibrio en las bobinas de los brazos exteriores, de la misma forma que las inducidas en el selector del radioaltímetro descrito anteriormente (véase la página 94). Las señales se amplifican y aplica a la fase de control del servomotor que acciona un eje de salida y un tornillo regulador. Este tornillo está acoplado al balancín a través de un muelle de control de precisión, de modo que cuando gire el tornillo varíe la tensión para equilibrar la fuerza ejercida sobre el balancín y, por consiguiente, comenzar a "rebajar" la señal inducida en la bobina del brazo exterior correspondiente. Cuando se alcanza una condición de velocidad constante, se establece el equilibrio entre la fuerza de la cápsula y la tensión del muelle, no se envían más señales al amplificador y el servomotor deja de girar. Puesto que el servomotor también hace girar el eje de salida, entonces, mediante el acoplamiento del eje a un sincro CX (transformador) (véase también el Capítulo 9), puede medirse su posición angu-

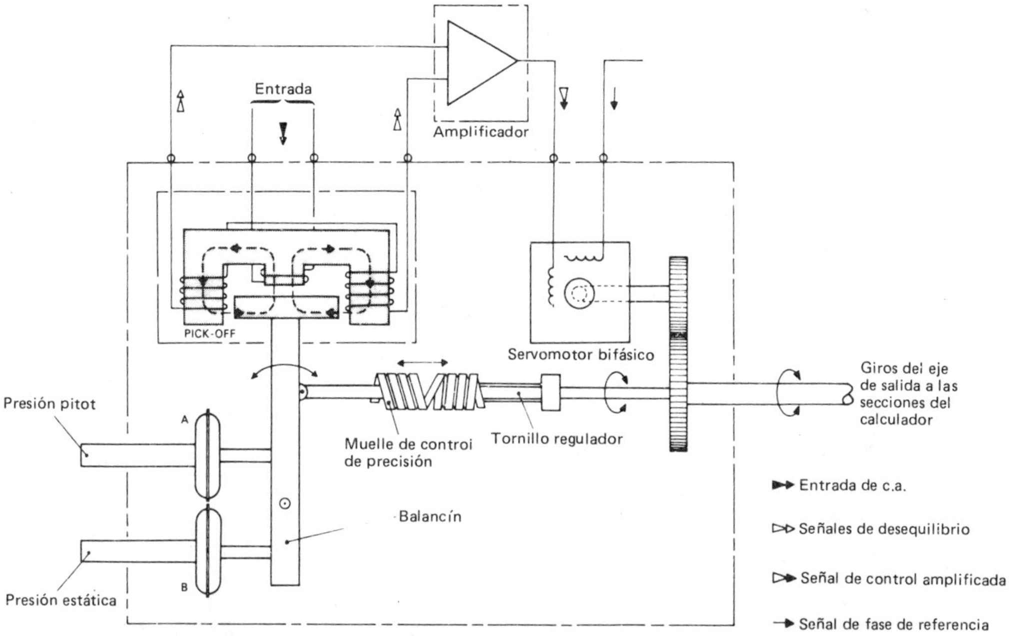

Figura 4.42.–Ejemplo de un transductor de presión de equilibrio de fuerzas.

lar en términos de la diferencia de presión $p - s$ aplicada al transductor y, por tanto, en términos de velocidad con respecto al aire.

En el caso de un módulo de altitud que emplee un transductor de equilibrio de fuerza, la construcción es igual que la de un módulo de velocidad con respecto al aire, excepto que en lugar de la cápsula de presión pitot, se emplea una cápsula evacuada y cerrada herméticamente.

En algunos tipos de transductores de altitud y velocidad con respecto al aire de calculador central de datos de aire, la detección de presión y la transmisión de las señales correspondientes se realiza por medio de un diafragma de silicio que contiene elementos piezoeléctricos. Los elementos funcionan de forma análoga a un extensímetro de resistencia eléctrica, en el que su resistencia cambia en función del esfuerzo impuesto sobre el diafragma bajo la influencia de la presión. Las salidas de señales de voltaje resultantes se envían a los indicadores asociados a través de circuitos integrados.

Transmisión de datos de altitud y velocidad con respecto al aire

Las señales analógicas de los sincros de CX accionados por los transductores de velocidad con respecto al aire y altitud (véase la Fig. 4.43) son transmitidas a los sincros de CT (transformador de control) dentro de los indicadores apropiados; las agujas son accionadas por motor a sus posiciones de indicación respectivas en respuesta a las señales de error producidas en estos últimos sincros. Al mismo tiempo, los rotores de los sincros son accionados a sus posiciones de "nulo" correspondientes.

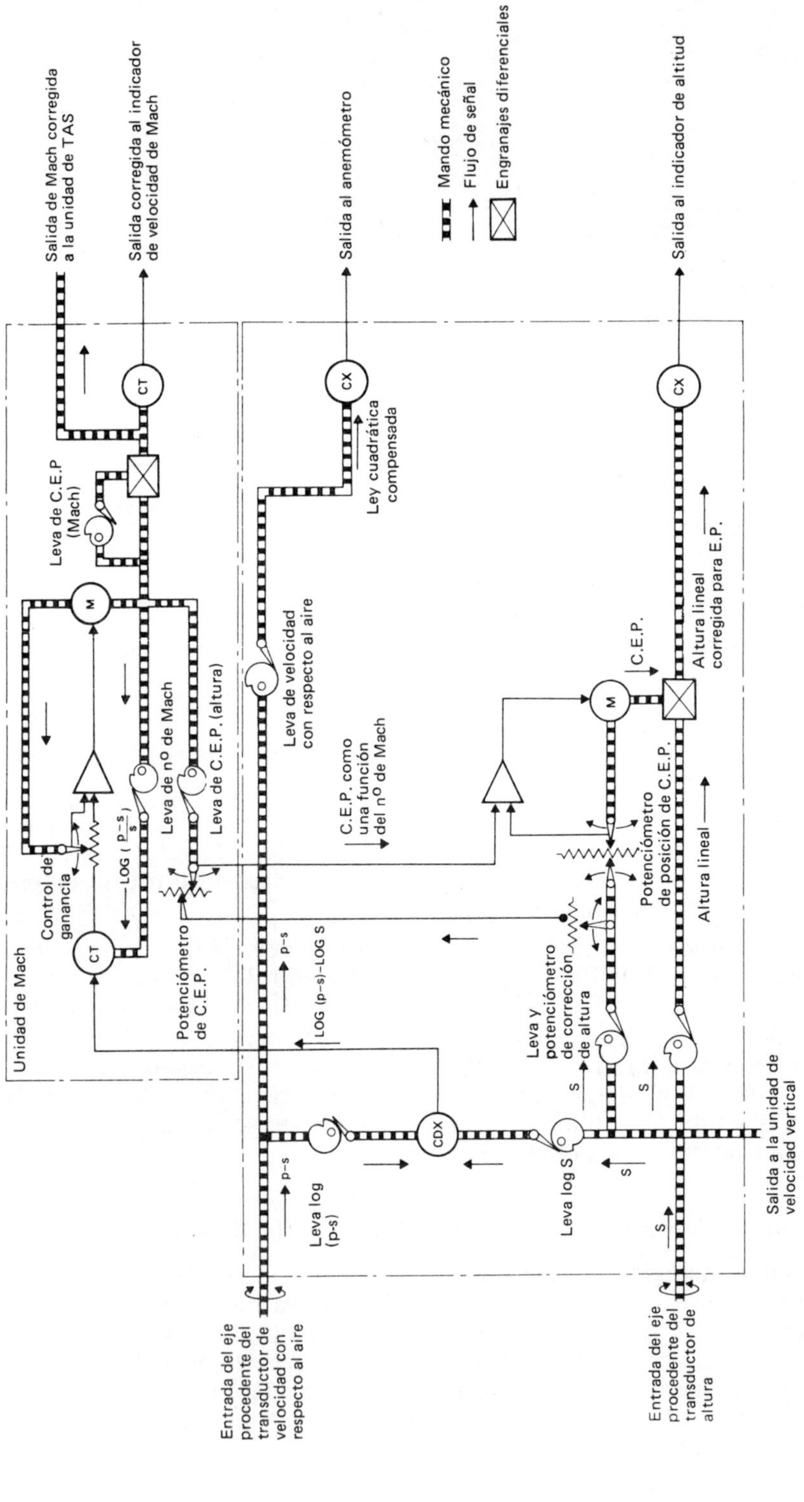

Figura 4.43.–Transmisión de datos de aire.

Como en el caso de los indicadores de velocidad con respecto al aire y altímetros convencionales, se necesita una compensación de las características de ley cuadrática y de la relación no lineal de presión/altura. El principio de compensación es básicamente el mismo que se describe en la página 104, pero en lugar de un sistema de calculador central de datos de aire se realiza normalmente por medio de levas y seguidores de levas. Las levas son accionadas por los ejes de salida de sus transductores respectivos, y tienen un perfil que cuando gira, hace que los seguidores de levas sean levantados a un régimen controlado. Puesto que en los ejes los seguidores están acoplados mecánicamente a los rotores de los sincros de los transformadores (CX), los rotores son girados en ángulos controlados en concordancia, de forma que se transmitan señales "de forma lineal" a los sincros de los transformadores de control (CT) dentro de los indicadores asociados. La leva de corrección de altura que se muestra en la Fig. 4.43 tiene la función de corregir cualquier error del perfil de la leva de altura.

Transmisión de datos de número de Mach

En un sistema de calculador central de datos de aire, el número de Mach se calcula convirtiendo los valores de la relación de presión $p - s/s$ en valores logarítmicos; tal conversión se efectúa por medio de levas y un sincro diferencial (CDX). En la Fig. 4.43 se muestra también la disposición mecánica. El eje de salida del transductor de velocidad con respecto al aire gira la leva de logaritmo $(p - s)$, y los movimientos angulares del seguidor de levas giran el rotor del sincro diferencial. El eje de salida del transductor de altitud gira la leva de logaritmo s, y su seguidor de levas gira el estator del sincro diferencial. Por consiguiente, la salida de señal del sincro corresponde a un ángulo proporcional al $\log (p - s) - \log s$ o, en otras palabras, la salida de señal es el logaritmo equivalente de la relación de presión $(p - s)/s$.

Las señales se transmiten a un sincro de transformador de control cuya salida se amplifica para accionar un servomotor y una leva que está perfilada para mover su seguidor en función del $\log [(p - s)/s]$. Al mismo tiempo, el seguidor de levas acciona el rotor del transmisor de control a una posición en la que "anulará" la señal procedente del sincro diferencial. El motor también acciona un engranaje diferencial, y una leva de corrección de error de posición, cuyo seguidor proporciona también una entrada del eje al engranaje diferencial. Por tanto, la rotación del eje de salida del engranaje diferencial es proporcional al número de Mach corregido en error de presión, lo que se transmite al indicador apropiado vía las señales generadas por una articulación de transmisión del sincro de transformador de control.

Transmisión de datos de velocidad vertical

En algunos sistemas de calculador central de datos de aire, la velocidad vertical se transmite a través de una articulación de transmisión síncrona. Esto se realiza, generalmente, por medio de un tacogenerador que se acciona vía el eje de salida del transductor de altura; el tacogenerador produce así señales iguales al régimen de cambio de altitud. Con el fin de asegurar que las señales relacionen la salida de altura lineal con el indicador de altitud, las señales son modificadas por un potenciómetro conectado en la salida del tacogenerador. Las señales modificadas se transmiten entonces a un amplificador y un servomotor que posiciona el rotor de un sincro de transmisor (TX). Las señales de error resultantes producidas en el estator de este sincro se suministran al estator de su sincro de receptor (TR) correspondiente dentro del indicador de velocidad vertical o variómetro para producir un servomando a la aguja.

Corrección de error de presión

La corrección de error de presión (véase la página 73) se efectúa por medio de levas perfiladas de forma que se ajusten a las condiciones particulares de los diferentes tipos de aviones. La corrección va en función del número de Mach, corrigiendo con esto las indicaciones del indicador de velocidad de Mach; como se observará en la Fig. 4.43, el servomotor de la unidad de Mach acciona una segunda leva que, en conjunción con potenciómetros, corrige también la salida del indicador de altitud en lo que respecta a error de presión o posición.

Cálculo de la velocidad verdadera

La velocidad verdadera (TAS) puede calcularse de acuerdo con la fórmula:

$$\mathrm{TAS} = aM \tag{1}$$

donde

a = velocidad del sonido en el aire
M = número de Mach

La velocidad del sonido, que no puede medirse directamente, es proporcional al producto de la raíz cuadrada de la temperatura absoluta del aire libre T y una constante C; por tanto, $a = C\sqrt{T}$ y por combinación, la ecuación (1) se transforma en:

$$\mathrm{TAS} = CM\sqrt{T}. \tag{2}$$

Puesto que tampoco se puede medir directamente T, es preciso obtener valores de la fórmula de temperatura adiabática:

$$T = T_i/(1 + 0{,}2\, KM^2) \tag{3}$$

donde

T_i = temperatura de remanso indicada absoluta
K = una constante (el factor de recuperación del elemento detector de temperatura).

Combinando las ecuaciones (2) y (3):

$$\text{TAS} = C\sqrt{\frac{M^2\, T_i}{1 + 0{,}2\, KM^2}}. \qquad (4)$$

Esto puede expresarse así:

$$\text{TAS} = C \cdot f(M) \cdot \sqrt{T_i} \qquad (5)$$

donde $f(M)$ es la función de número de Mach y es igual a $\sqrt{M^2/1 + 0{,}2\, KM^2}$. Por consiguiente, la ecuación (5) se utiliza como base para el cálculo de la TAS.

En la Fig. 4.44 se muestra un ejemplo de un método práctico para calcular la TAS. La temperatura total la detecta una sonda tipo elemento de resistencia (véase la Fig. 11.7) que está conectada para formar parte de un circuito de puente. Los otros brazos del puente están formados por un potenciómetro accionado por motor y dos resistencias de valor óhmico fijo. Las variaciones de temperatura hacen que se desequilibre el puente y la señal resultante se amplifica y suministra al devanado de control del servomotor. El eje de salida del motor está engranado para accionar el potenciómetro en una dirección que devuelva al circuito de puente a su estado de equilibrio. La calibración del circuito de puente es tal que el motor es obligado a girar en un ángulo proporcional a $\log \sqrt{T_i}$, y esta función de temperatura se introduce como rotación del eje en un engranaje diferencial. La función de Mach se introduce también en el engranaje diferencial como un valor logarítmico, y junto con el $\log \sqrt{T_i}$ produce una salida de engranaje diferencial proporcional al log TAS. Esta salida se convierte luego en TAS por una leva que acciona un seguidor acoplado a un elemento transmisor que produce señales eléctricas equivalentes a TAS. En el ejemplo ilustrado, el elemento tiene la forma de una resistencia variable que suministra voltajes variables a un indicador contador digital tipo servo que utiliza un motor de torsión de corriente continua (véase también la página 266).

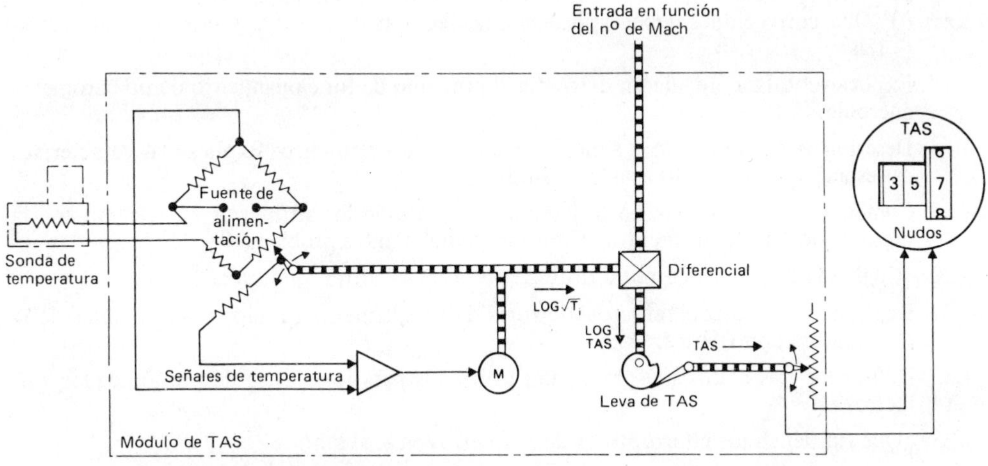

Figura 4.44.–Cálculo de velocidad verdadera (TAS).

PREGUNTAS

4.1. ¿Cuáles son los componentes e instrumentos principales que incluyen un sistema pitot-estática del avión?

4.2. Dibujar un diagrama de un sistema pitot y estática doble para paneles de instrumentos de la izquierda y derecha en un avión.

4.3. *a*) Explicar el principio de medida de presión pitot y cómo se deriva la ley $1/2\ \rho V^2$.
b) Definir la ley a la que se calibran los tipos actuales de anemómetros.

4.4. Dibujar y describir la construcción de un tubo pitot con toma estática.

4.5. ¿Cómo se neutralizan los efectos del aire turbulente que pasa por las ranuras de estática de una sonda pitot-estática?

4.6. Dibujar el diagrama del circuito de un sistema de calefacción típico de tubo de pitot con toma estática y explicar su funcionamiento.

4.7. ¿Cuáles son los efectos de los orificios de drenaje de un tubo pitot con toma estática en las indicaciones de los instrumentos conectados al mismo?

4.8. *a*) ¿Qué se quiere decir por error de presión de un sistema pitot-estática?
b) ¿Cómo se minimizan sus efectos?
c) Explicar por qué un indicador de velocidad vertical o variómetro no es afectado por el error de presión.

4.9. Definir: (i) Troposfera, (ii) Tropopausa, (iii) Estratosfera.

4.10. Citar dos unidades de medida de presión atmosférica de uso común.

4.11. ¿Cuál será el efecto sobre la densidad de una masa de aire si la temperatura desciende pero la presión permanece constante?

4.12. *a*) ¿Qué se entiende por "atmósfera estándar"?
b) Citar las suposiciones hechas por la Norma de OACI.

4.13. Describir cómo un barómetro de mercurio mide la presión atmosférica.

4.14. ¿Cuáles son las diferencias principales entre un barómetro Fortin y un barómetro Kew?

4.15. ¿Qué se quiere decir por una escala de "pulgada contraída"?

4.16. *a*) ¿Qué tipo de barómetro se usa para la calibración de un altímetro?
b) ¿Qué correcciones deben aplicarse a las lecturas de presión, y por qué son necesarias?

4.17. Explicar con la ayuda de un diagrama el principio de funcionamiento de un barómetro aneroide.

4.18. Describir la construcción y funcionamiento de un altímetro. Explicar las características especiales que mejoran su exactitud.

4.19. Comentar los problemas de la lectura deficiente de los altímetros en relación con la presentación del instrumento. ¿Cómo se solucionan los problemas?

4.20. ¿Cuál es la diferencia entre "altitud de presión" y "altitud indicada"?

4.21. Explicar cómo se compensan los errores de un altímetro debidos a los cambios de la temperatura atmosférica.

4.22. Definir los tres códigos Q principales utilizados para los ajustes de presión de los altímetros.

4.23. ¿Qué fin tienen los interruptores de altímetros en el avión?

4.24. Con la ayuda de un boceto, describir la construcción y explicar el funcionamiento de un servoaltímetro. Citar sus ventajas sobre un altímetro sensible.

4.25. Explicar la secuencia en que funciona una unidad de aviso de altitud cuando un avión desciende a una altitud preseleccionada.

4.26. ¿Qué modos de operación de un sistema ATC SSR se usan para identificación e información de altitud?

4.27. ¿Cómo "reconoce" un transpondedor de a bordo el modo en que está siendo interrogado?

4.28. Suponiendo que para fines de identificación se haya seleccionado el código 4510, ¿qué impulsos de respuesta compondrían el tren de impulsos?

4.29. Describir cómo se transmiten los impulsos de respuesta por un codificador de altitud.

4.30. Citar la ley de calibración de un anemómetro.

4.31. Describir la construcción y el funcionamiento de un anemómetro.

4.32. *a*) ¿Qué significa "compensación según ley cuadrática" de un anemómetro?
b) Explicar con la ayuda de un diagrama el funcionamiento de un método de compensación típico.

4.33. Definir: (i) el número de Mach, (ii) el número de Mach crítico.

4.34. Describir cómo se indica el número de Mach en términos de la relación $(p - ps)/ps$.

4.35. Describir cómo puede combinarse la función de un medidor de número de Mach y un anemómetro para que den una indicación de velocidad con respecto al aire máxima segura.

4.36. Describir un método eléctrico para corregir los errores de posición.

4.37. Describir con la ayuda de un boceto la construcción de un indicador de velocidad vertical o variómetro.

4.38. Explicar la operación de un variómetro cuando el avión en el que está instalado pasa de una posición de vuelo horizontal a una posición de subida.

4.39. Explicar con la ayuda de un diagrama la construcción y funcionamiento de una unidad medidora que lleve una válvula compensadora de viscosidad.

4.40. Explicar el funcionamiento de un variómetro instantáneo.

4.41. Explicar algunas de las razones por las que se usan sistemas de calculadores centrales de datos de aire en los aviones.

4.42. Describir un médo típico para detectar presiones pitot y estáticas en un sistema de calculador central de datos de aire.

4.43. Explicar cómo es compensada en la "ley cuadrática" la salida de señal a un anemómetro de calculador central de datos de aire.

4.44. Describir cómo se deriva la equivalencia logarítmica de la relación de presión $(p - s)/s$.

4.45. ¿Para qué tipo de medida se utilizaría un tacogenerador en un calculador central de datos de aire?

4.46. ¿Cómo se aplican las correcciones para error de posición?

4.47. ¿Qué fórmula se usa para la base del cálculo de velocidad verdadera?

4.48. ¿Qué tipos de sincros se usan en un calculador central de datos de aire y a qué parámetros se aplican?

4.49. ¿Cómo se detectan las señales de temperatura total del aire y se aplican a la medición de velocidad verdadera?

4.50. ¿Cuál es la finalidad de la leva en un módulo de velocidad verdadera?

5. Instrumentos principales de vuelo (indicadores de posición en vuelo)

EL GIROSCOPO Y SUS PROPIEDADES

Este capítulo trata de los dos instrumentos de vuelo que proporcionan al piloto las indicaciones necesarias de las posiciones de cabeceo, inclinación lateral y viraje de su avión. Como estos dos instrumentos y los que se describen en los capítulos 6, 7 y 15 dependen de las propiedades giroscópicas, iniciaremos el presente capítulo con este tema.

Como dispositivo mecánico, el *giróscopo* puede definirse como un sistema que contiene una rueda de metal pesado, o rotor, montada universalmente de modo que tenga tres grados de libertad: (i) *libertad de giro* alrededor de un eje perpendicular a través de su centro (eje de giro XX_1); (ii) *libertad de inclinación* alrededor de un eje horizontal en ángulo recto al eje de giro (eje de inclinación YY_1); y (iii) *libertad de giro* alrededor de un eje vertical perpendicular a los ejes de giro e inclinación (eje vertical de giro ZZ_1).

Los tres grados de libertad se obtienen montando el rotor en dos anillos pivotados concéntricamente, denominados cunas interior y exterior. Al conjunto completo se le conoce como *sistema cardánico de un giróscopo libre o espacial.* El sistema cardánico está montado en un armazón según se muestra en la Figura 5.1, de forma que en su posición de funcionamiento normal, todos los ejes están en ángulo recto y se intersectan en el centro de gravedad del rotor.

El sistema no presentará propiedades giroscópicas a no ser que el rotor gire; por ejemplo, si se cuelga un peso en la cuna interior, desplazará los anillos solamente alrededor del eje YY_1 porque no hay resistencia al peso. Cuando al rotor

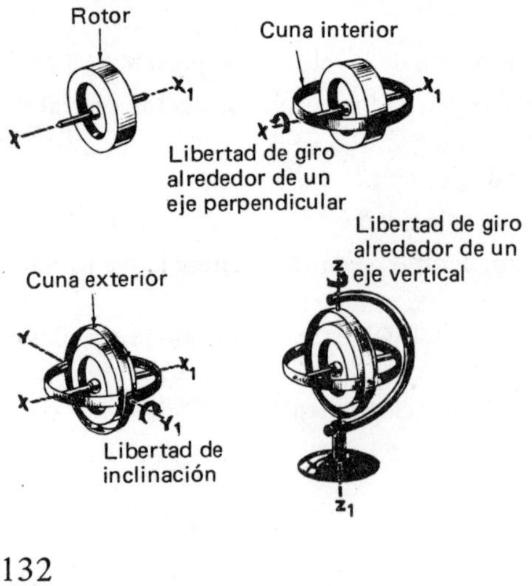

Figura 5.1.–Elementos de un giróscopo.

se le hace girar a gran velocidad, el dispositivo se transforma entonces en un verdadero giróscopo que posee dos propiedades fundamentales e importantes: *inercia o rigidez giroscópica* y *precesión.* Estas dos propiedades dependen del principio de conservación de *cantidad de movimiento angular,* lo que significa que la cantidad de movimiento angular de un cuerpo alrededor de un punto dado permanece constante a no ser que se aplique alguna fuerza para cambiarla. La *cantidad de movimiento angular* es el producto del momento de inercia (I) y la velocidad angular (ω) de un cuerpo con referencia a un punto dado –el centro de gravedad en el caso del giróscopo.

Si colgamos ahora un peso en la cuna interior con el rotor girando, se verá que la cuna citada soportará el peso, demostrando, de este modo, la primera propiedad fundamental de rigidez. Sin embargo, también se encontrará que todo el sistema cardánico comenzará a girar alrededor del eje ZZ_1, demostrando tal rotación la segunda propiedad de precesión. En la Fig. 5.2 se ilustra la comprobación de la rigidez giroscópica. Si el armazón y la cuna exterior se inclinan alrededor del eje YY_1, el giróscopo mantiene su eje de giro en la posición original. Si el armazón gira alrededor del eje ZZ_1 o se le hace girar en un arco, el eje de giro permanecerá en la misma dirección.

Estas propiedades especiales las presenta cualquier sistema en el que esté implicada una masa giratoria. Aunque ha sido el hombre el que ha desarrollado los giróscopos y dispositivos asociados, hay que decir en honor a la verdad que las propiedades giroscópicas son tan viejas como la Tierra misma: ésta también gira a gran velocidad y también posee rigidez, y aunque no tiene ningún sistema cardánico o armazón sobre el que puedan actuar fuerzas externas, tiene también movimiento de precesión. Hay, sin embargo, muchos ejemplos mecánicos a nuestro alrededor y uno de ellos, la bicicleta, facilita un medio muy sencillo de demostración. Si levantamos del suelo la rueda delantera, la hacemos girar a

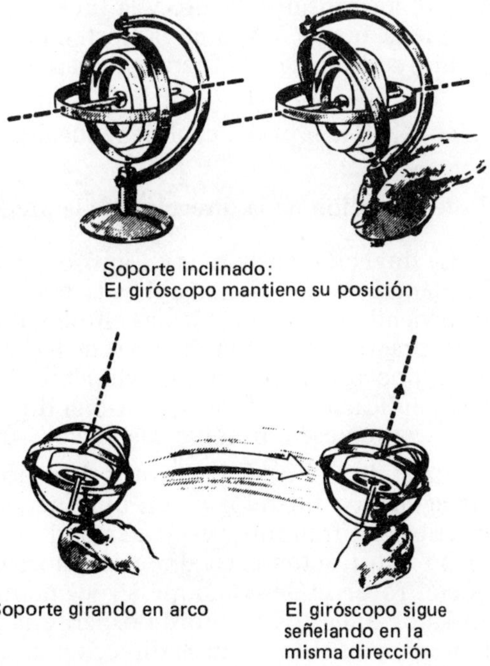

Figura 5.2.–Rigidez giroscópica.

gran velocidad, y entonces giramos el manillar, sentimos rigidez y resistencia y también la precesión que trata de torcer el manillar. El volante de un motor de automóvil es otro ejemplo. Su eje de giro está en la dirección del movimiento del coche, pero cuando se da la vuelta a una esquina su rigidez resiste las fuerzas de giro establecidas, y como esta resistencia resulta siempre en precesión, hay una tendencia de la parte delantera del coche a subir o bajar según la dirección del viraje. Otros ejemplos familiares son las hélices de los aviones y los conjuntos de compresor y turbina de los motores de reacción; todos ellos presentan propiedades giroscópicas.

Las dos propiedades de un giróscopo real pueden definirse con más precisión de la forma siguiente:

Rigidez. Es la propiedad que resiste cualquier fuerza que tiende a cambiar el plano de rotación de su rotor. Esta propiedad depende de tres factores: (i) la masa del rotor, (ii) la velocidad de rotación, y (iii) la distancia en la que la masa actúa desde el centro, esto es, el radio de giro.

Precesión. Es el cambio angular de dirección del plano de rotación bajo la influencia de una fuerza aplicada. El cambio de dirección se produce, no en línea con la fuerza aplicada, sino siempre en un punto separado 90° en la dirección de rotación. El régimen de precesión depende también de tres factores: (i) la fuerza y dirección de la fuerza aplicada, (ii) el momento de inercia del rotor, y (iii) la velocidad angular del rotor. Cuanto mayor es la fuerza, mayor es el régimen de precesión, mientras que cuanto mayor es el momento de inercia y mayor es la velocidad angular, menor es el régimen de precesión.

La precesión de un rotor continuará, mientras se aplica la fuerza, hasta que el plano de rotación esté en línea con el plano de fuerza aplicada y hasta que los sentidos de giro y la fuerza aplicada coincidan. En este punto, puesto que la fuerza aplicada ya no tenderá a alterar el plano de rotación, no habrá más resistencia a la fuerza y cesará la precesión.

El eje sobre el que se aplica un par torsor se denomina *eje de entrada*, y aquél alrededor del cual tiene lugar la precesión, *eje de salida.*

Determinación de la dirección de la precesión

La dirección en la que un giróscopo tendrá movimiento de precesión bajo la influencia de una fuerza aplicada puede determinarse por medio de vectores y resolviendo ciertos problemas girodinámicos. Pero como ilustración y demostración práctica, hay una forma sencilla para determinar la dirección en la que un giróscopo progresará con movimiento de precesión y para hallar también dónde debe aplicarse una fuerza para una dirección requerida de precesión. Esta consiste en representar todas las fuerzas que actúan directamente sobre el rotor.

En *a*) de la Fig. 5.3, el rotor del rigóscopo aparece girando en el sentido de las agujas de un reloj y con una fuerza *F*, aplicada hacia arriba sobre la cuna interior. Al transmitir esta fuerza al borde del rotor, como puede verse en *b*), dicho rotor actuará en dirección horizontal. Imaginémonos por un momento que el rotor se descompone en segmentos y nos concentramos en dos de ellos en lados opuestos del borde o periferia según se muestra en *c*). Cada segmento tiene movimiento *m* en la dirección de giro del rotor, y además, cuando se apli-

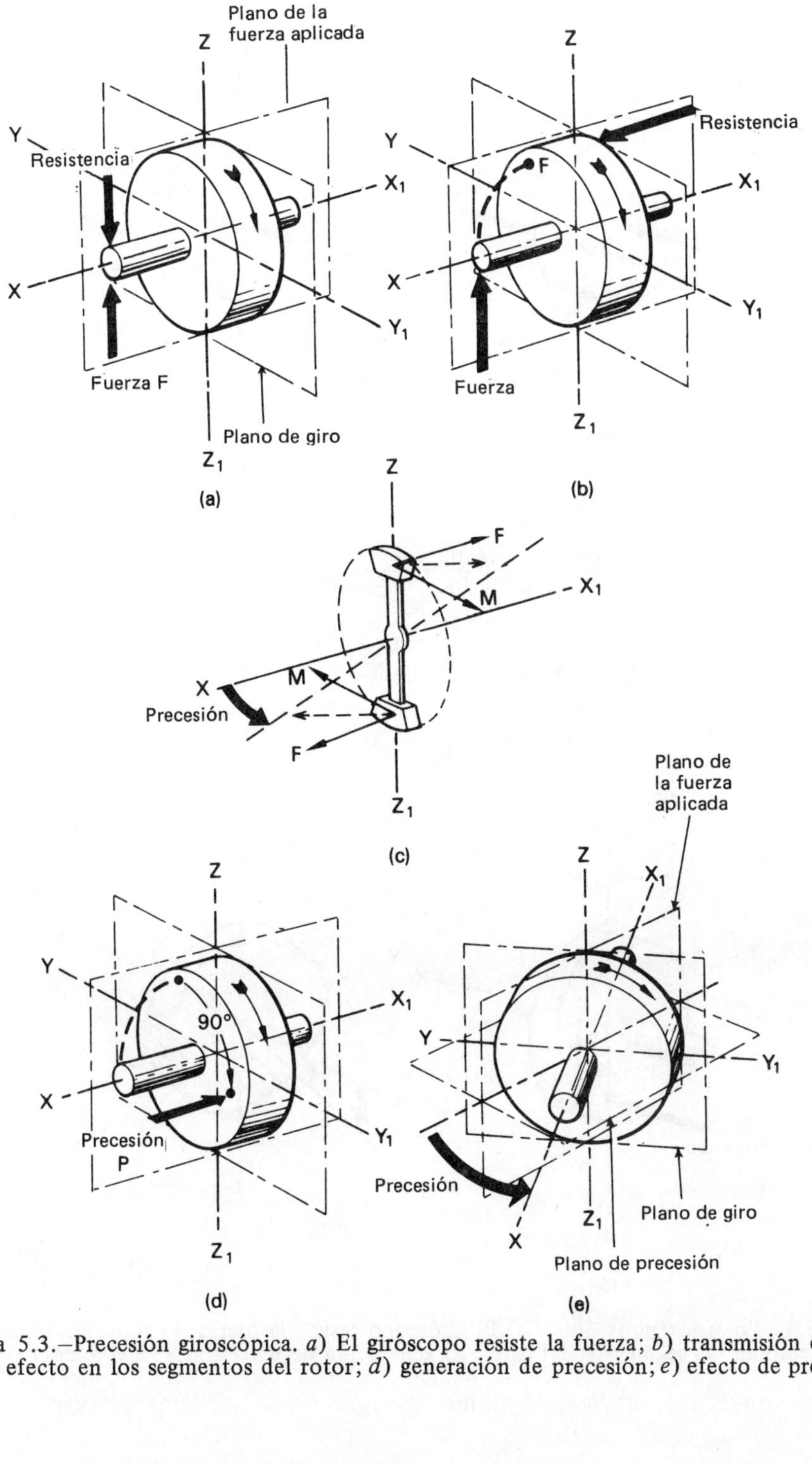

Figura 5.3.–Precesión giroscópica. *a*) El giróscopo resiste la fuerza; *b*) transmisión de fuerza; *c*) efecto en los segmentos del rotor; *d*) generación de precesión; *e*) efecto de precesión.

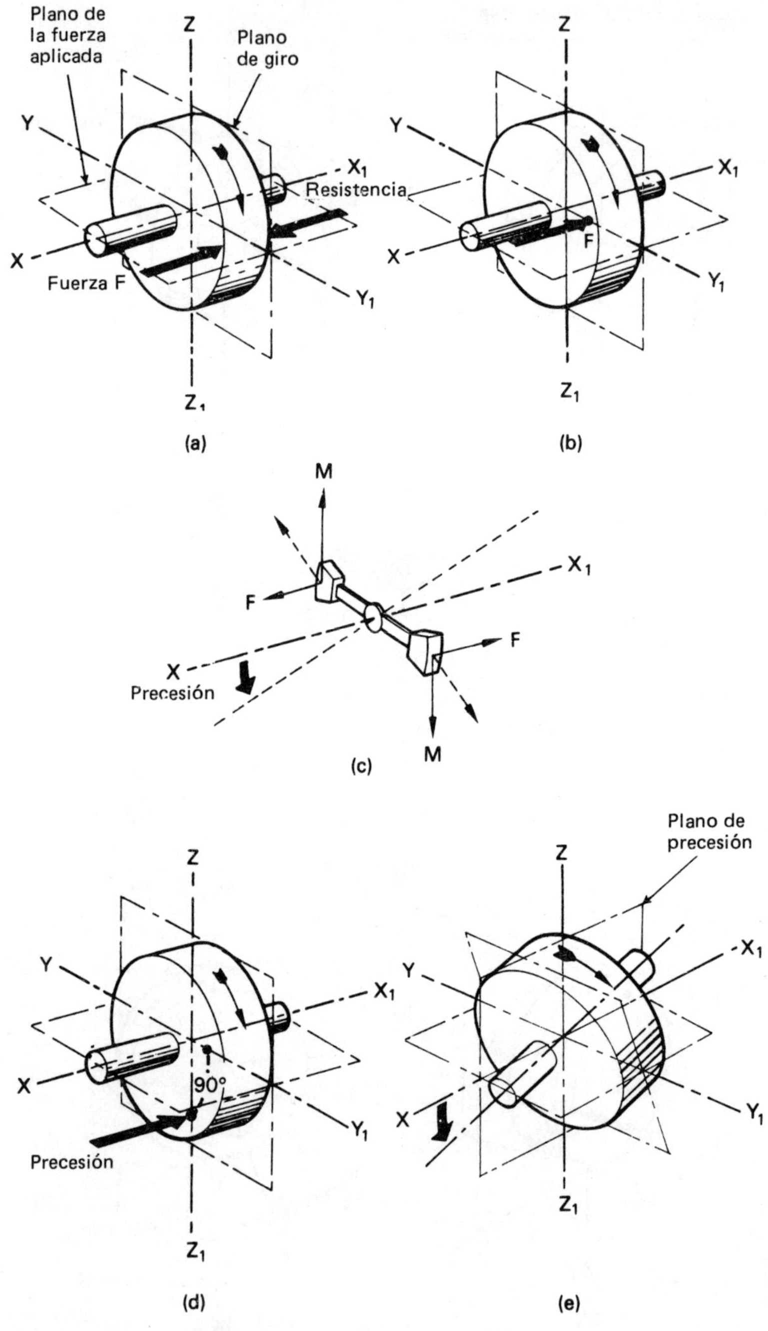

Figura 5.4.–Precesión giroscópica. *a*) El giróscopo resiste la fuerza; *b*) transmisión de fuerza; *c*) efecto en los segmentos del rotor; *d*) generación de precesión; *e*) efecto de precesión.

ca la fuerza F hay una tendencia por parte de cada segmento a moverse en la dirección de la misma. Como el giróscopo posee rigidez hay resistencia a este movimiento, pero los segmentos girarán alrededor del eje ZZ_1, de modo que su dirección de movimiento es a lo largo de la resultante del movimiento m y la fuerza F. Los otros segmentos se verán afectados de la misma forma; por consiguiente, cuando se junten todos para formar la masa sólida del rotor, aparecerá el movimiento de precesión a una velocidad angular proporcional a la fuerza aplicada (véanse los diagramas *d*) y *e*)).

En el ejemplo de la Fig. 5.4 *a*), se muestra una fuerza, F, aplicada a la cuna exterior; esto es igual que transmitir la fuerza sobre el borde o periferia del rotor en el punto mostrado en el diagrama *b*). Como en el ejemplo anterior, esto hace que la dirección de movimiento cambie a la resultante del movimiento m y la fuerza F_1. En este caso, sin embargo, el rotor precesa alrededor del eje YY_1, según se indica en *d*) y *e*).

REFERENCIAS ESTABLECIDAS POR LOS GIROSCOPOS

Para su empleo en aviación, los giróscopos deben proporcionar dos referencias esenciales: una para detección de cambios de posición de cabeceo y alabeo, y una referencia direccional por la que puedan detectarse los cambios alrededor del eje vertical. Estas referencias las proporcionan giróscopos que tienen sus ejes de giro dispuestos vertical y horizontalmente respectivamente, según se muestra en la Fig. 5.5.

Ambos tipos de giróscopos utilizan las propiedades fundamentales de la siguiente manera: la rigidez establece una referencia estabilizada que no es afecta-

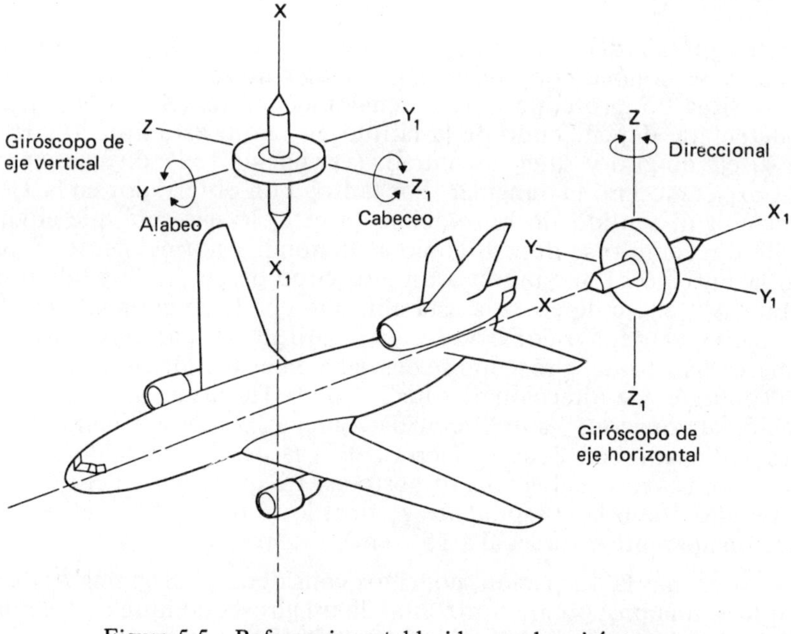

Figura 5.5.–Referencias establecidas por los giróscopos.

da por el movimiento del cuerpo sustentador, y la precesión controla los efectos de la desviación aparente y real, manteniendo, de este modo, datos de referencia estabilizados.

En la Fig. 5.5 puede observarse también que las posiciones de cabeceo, alabeo y direccional del avión se determinan por su desplazamiento con respecto a cada giróscopo apropiado. Es por ello que a este tipo de giróscopos se les conoce como *"giróscopos de desplazamiento"*. Cada uno tiene los tres grados de libertad descritos en la página 132, y por tanto, tres ejes mutuos. Pero a fines de detección de posición, no se tiene en cuenta el eje de giro, puesto que no proporciona ninguna referencia de posición útil cuando los desplazamientos tienen lugar a su alrededor solamente. Por tanto, en la práctica, los giróscopos de eje vertical y eje horizontal se clasifican además como giróscopos de *desplazamiento de dos ejes.*

LIMITACIONES DE UN GIROSCOPO LIBRE

Los aviones en vuelo continúan siendo una parte de la Tierra, esto es, todas las referencias deben ser con respecto a la superficie terrestre. Sin embargo, el giróscopo libre o espacial que hemos considerado hasta ahora no serviría a ninguna finalidad útil y debe corregirse en cuanto a desviación con respecto a la rotación de la Tierra, llamada desviación o deriva aparente, y en cuanto al cambio de dirección del eje del giróscopo como consecuencia del transporte del giróscopo de un punto a otro de la Tierra, denominado cambio de dirección del eje del giróscopo por transporte.

Desviación aparente

La Tierra gira alrededor de su eje a una velocidad de 15° por hora, lo que en girodinámica se conoce como *velocidad angular de rotación de la tierra* (ω_e). Cuando se sitúa un giróscopo libre en cualquier punto sobre la superficie de la Tierra, detectará, dependiendo de la latitud en la que esté situado y la orientación de su eje de giro y su eje de entrada (ver página 134), diversos componentes de la ω_e como entrada angular. Por tanto, a un observador en la Tierra que no tenga ningún sentido de la rotación de ésta, le parecerá que el giróscopo cambia de dirección o se desvía, como se denomina normalmente. Esto puede verse en la Fig. 5.6 *a*) que muestra un giróscopo de eje horizontal en una latitud λ. En "A", el eje de entrada está alineado con la componente local N-S de ω_e; por consiguiente, a un observador en la latitud λ le parecería que el rotor y el sistema cardánico del giróscopo se desviaba en el sentido de giro de las agujas del reloj (opuesto a la dirección de rotación de la Tierra) en un plano horizontal con relación al armazón, y a una velocidad igual a $15° \cos \lambda$. Cuando el eje horizontal está alineado con el de la Tierra ("B") la desviación también sería aparente, pero a una velocidad igual a ω_e, esto es, 15° por hora. Si el eje de entrada se alinease ahora con la componente vertical local de ω_e ("C" en el diagrama) la desviación aparente sería igual a $15° \operatorname{sen} \lambda$.

Para ilustrar más la desviación, podemos considerar el diagrama *b*) de la Figura 5.6, que es una proyección horizontal de un giróscopo libre de eje horizontal situado en el Polo Norte con su eje de entrada (ZZ_1) alineado con el de la Tie-

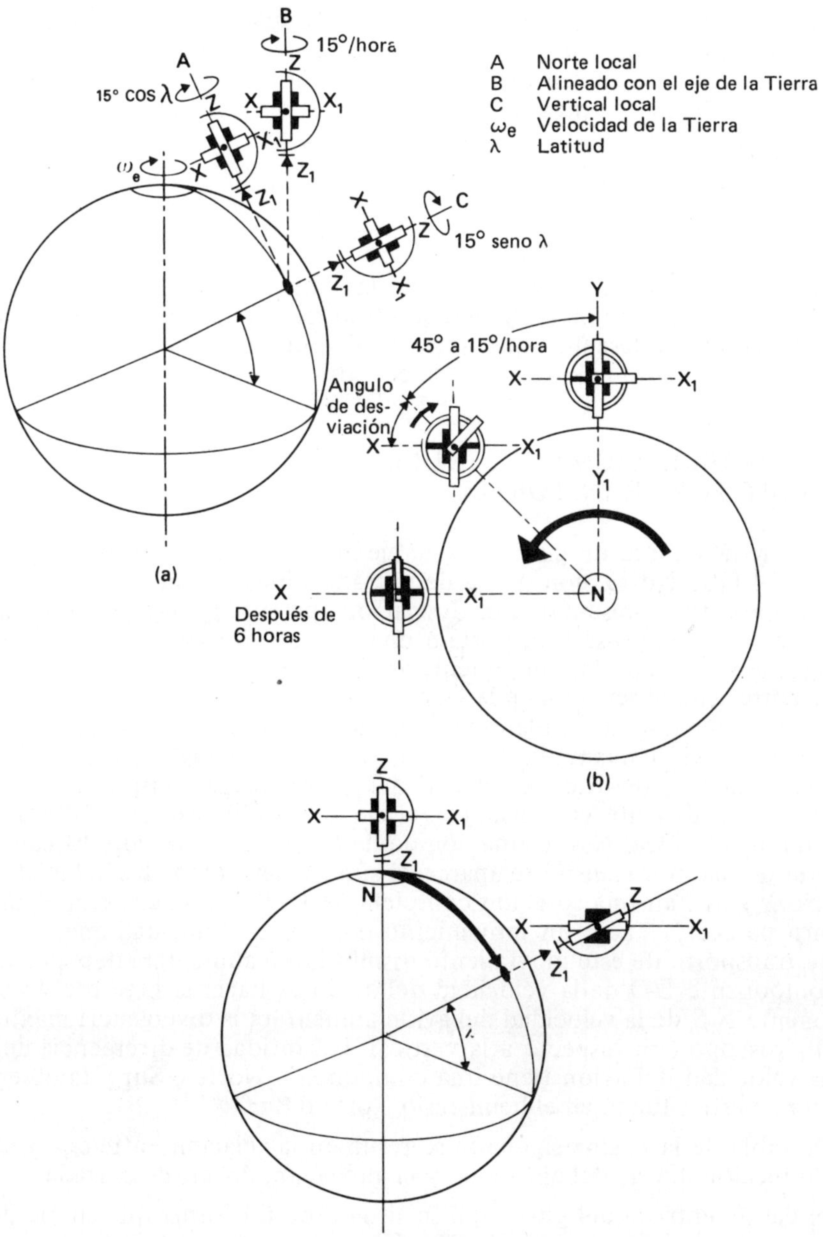

Figura 5.6.–Desviación y cambio de dirección del eje por transporte.

rra. En tres horas la Tierra habrá girado 45°, y parecerá que el giróscopo ha girado la misma cantidad pero en sentido opuesto. Después de seis horas, la rotación de la Tierra y la desviación aparente serán de 90°, y así sucesivamente, hasta un período completo de 24 horas.

Si el mismo giróscopo se situara de forma que su eje de entrada ZZ_1 estuviese alineado con la componente E-W de ω_e en cualquier punto, su eje de giro estaría entonces vertical; en otras palabras, sería un giróscopo de eje vertical. Puesto que el plano de rotación coincide con el de la Tierra, no habrá desviación aparente.

Desviación real

La desviación real es consecuencia de las imperfecciones de un giróscopo, como fricción de los cojinetes y desequilibrio de la cuna. Tales imperfecciones causan precesión indeseable que sólo puede minimizarse aplicando técnicas industriales de precisión al diseño y a la construcción.

CAMBIO DE DIRECCION DEL EJE DEL GIROSCOPO POR TRANSPORTE

Consideremos ahora un giróscopo de eje horizontal que está ajustado inicialmente en el Polo Norte, con su eje de entrada alineado con el de la Tierra. Como ya hemos visto, presentará una desviación aparente igual a ω_e. Supongamos ahora que el giróscopo se transporta a una latitud inferior, y que su eje de entrada está alineado con la componente vertical local de ω_e. Durante el período de transporte, a un observador en la Tierra le parecerá que el eje de giro del giróscopo se ha inclinado en un plano vertical, hasta que en la nueva latitud parece estar en la posición mostrada en el diagrama *c*) de la Fig. 5.6. La inclinación aparente, o cambio de dirección del eje del giróscopo de transporte, se observaría también si, durante el transporte, el eje de entrada estuviese alineado con una componente local N-S, o una componente local E-O de ω_e. El cambio de dirección del eje por transporte aparecerá simultáneamente, desde luego, con la desviación, y así, en una rotación completa de la Tierra, el giróscopo como un conjunto parecería hacer un movimiento cónico. La velocidad angular o régimen de transporte de este movimiento disminuirá o aumentará dependiendo de si la componente E-O de la velocidad del avión es hacia el Este o el Oeste. La componente N-S de la velocidad del avión aumentará la divergencia máxima del eje del giróscopo con respecto a la vertical; la cantidad de divergencia depende de si la velocidad del avión tiene una componente Norte o Sur y también de si el giróscopo está situado en el hemisferio Norte o Sur.

En la tabla de la página siguiente se resumen la relación entre ω_e, y el cambio de dirección del eje del giróscopo y la alineación del eje de entrada.

Si el eje de entrada del giróscopo se situase de tal forma que su eje de giro estuviese vertical, durante el transporte sólo presentaría cambio de dirección del eje por transporte.

Control de desviación y desplazamiento del eje por transporte

Antes de que un giróscopo libre pueda tener un uso práctico como referencia de posición en vuelo en los instrumentos de vuelo del avión y otros equipos de navegación asociados, deben controlarse la desviación y el cambio de dirección

	Alineación del eje de entrada		
	Norte local	Este local	Vertical local
Velocidad de la Tierra	$\omega_e \cos \lambda$	nula	ω_e sen λ
Cambio de dirección del eje del giróscopo por transporte	$\frac{U}{R}$	$\frac{V}{R}$	$\frac{U}{R}$ tag λ

ω_e = velocidad angular de la Tierra; λ = latitud; R = radio de la Tierra; V = componente N-S de velocidad de transporte; U = componente E-O de velocidad de transporte.

del eje por transporte, de modo que se mantenga el plano de giro del giróscopo con relación a la Tierra; en otras palabras, necesita la conversión a lo que se denomina *giróscopo terrestre.*

El control de desviación que, como ya se indicó, se relaciona solamente con los giróscopos de eje horizontal, puede lograrse (i) calculando correcciones utilizando la fórmula de velocidad de la Tierra dada en la tabla precedente y aplicándolas según corresponda; por ejemplo, a las lecturas de un indicador de dirección: (ii) aplicando pares fijos que desequilibren el giróscopo y le hagan precesar a una velocidad igual y opuesta a la de la Tierra ω_e (en la página 193 se da un ejemplo práctico): (iii) aplicando pares que tengan un efecto similar al citado en (ii) pero que se puedan variar de acuerdo con la latitud (ver la página 218).

El control del cambio de dirección del eje por transporte se logra normalmente utilizando dispositivos sensibles a la gravedad para detectar automáticamente la inclinación del eje de giro del giróscopo y aplicar los pares correctores requeridos. Más adelante se describen ejemplos de estos dipositivos.

LIMITACIONES DE LOS GIROSCOPOS DE DESPLAZAMIENTO

Según la orientación de su sistema cardánico, un giróscopo de desplazamiento puede estar sujeto a ciertas limitaciones de funcionamiento; una se denomina bloqueo cardánico y la otra error cardánico.

Bloqueo cardánico

Se produce cuando la orientación cardánica es tal que el eje de giro llega a coincidir con uno u otro de los ejes de libertad que sirven como referencias de desplazamiento de posición en vuelo. Consideremos ahora, por ejemplo, el caso del eje de giro del giróscopo de eje vertical que se muestra en la Fig. 5.5, que llega a coincidir con el eje ZZ_1 de la cuna exterior. Esto significa que el giróscopo "perdería" su eje de giro, y puesto que el plano de giro del rotor estaría a 90° con respecto al eje ZZ_1 pero en el mismo plano que los desplazamientos en alabeo, se perdería también la referencia de posición de alabeo estable. Si en esta condición "blocada" del sistema cardánico se hace girar el giróscopo como un conjunto, las fuerzas que actúan sobre el sistema cardánico harían que éste precesase o basculase continuamente.

Error cardánico

Es un error que está también relacionado con la orientación del sistema cardánico, y se produce siempre que el giróscopo se desplaza como un conjunto sin que sus cunas estén en ángulo recto. Puesto que el error corresponde particularmente a los giróscopos de eje horizontal cuando se usan en instrumentos indicadores de dirección, en el Capítulo 6 (página 195) se da una descripción más detallada de las causas del mismo.

METODOS PARA ACCIONAR INSTRUMENTOS DE VUELO GIROSCOPICOS

Para accionar los rotores de los instrumentos de vuelo giroscópicos hay dos métodos principales: neumático y eléctrico. En el método neumático la caja de un instrumento está conectada a una bomba de vacío accionada por el motor, o un venturi situado exteriormente y en el torbellino de una hélice. La bomba, o el venturi, crea un vacío que es regulado por una válvula de alivio a entre 3,5 y 4,5 pulgadas Hg. Ciertos tipos de indicadores de inclinación lateral y viraje funcionan en un valor más bajo, y éste se obtiene mediante una válvula reguladora adicional en la tubería de alimentación del indicador.

Cada instrumento tiene dos conexiones: una se hace a la bomba o tubería de venturi, y la otra internamente a un sistema de chorro giratorio y está abierta a la atmósfera circundante. Cuando se aplica vacío a los instrumentos, la presión dentro de sus cajas se reduce, para dejar que entre el aire circundante y salga por los chorros giratorios. Los chorros están adyacentes a "cubetas" cortadas en la periferia del rotor de cada instrumento de modo que la corriente de chorro lo gire a gran velocidad.

A grandes altitudes, los instrumentos giroscópicos accionados por vacío sufren los efectos de una disminución de vacío debida a la presión atmosférica menor; la reducción resultante de las velocidades del rotor afecta la estabilidad giroscópica. Otros inconvenientes de la operación en vacío son el peso debido a las tuberías, las instalaciones especiales para controlar el vacío en aviones de cabina presurizada y, puesto que el aire debe pasar por cojinetes, la posibilidad de contaminación por corrosión y partículas de suciedad.

Para superar estos inconvenientes y para satisfacer las demandas de instrumentación para aviones de elevadas características, los instrumentos giroscópicos se diseñaron para su funcionamiento con los sistemas eléctricos del avión. Esto se aplica particularmente a los horizontes giroscópicos y a los indicadores de inclinación lateral y viraje; los giróscopos direccionales accionados eléctricamente forman parte de los sistemas de brújula de indicación a distancia. En el Capítulo 7 se comentan sus principios.

Las fuentes de alimentación que se usan generalmente son corriente trifásica de 115 voltios y 400 ciclos derivada de un inversor o un alternador accionado por motor, y corriente continua de 28 voltios, siendo esta última necesaria para el funcionamiento de algunos tipos de indicador de inclinación lateral y viraje. Los giróscopos de instrumentos de corriente alterna utilizan el principio del motor de inducción en jaula de ardilla, y debido a que la frecuencia de la fuente de alimentación es alta, se alcanzan velocidades mayores del rotor (del orden de

24.000 r.p.m.), dando así mayor rigidez y estabilidad a las indicaciones. El diseño de los giróscopos accionados por corriente continua se basa en el principio del motor convencional del tipo de imán permanente.

EL HORIZONTE GIROSCOPICO

El *horizonte giroscópico*, también denominado *horizonte artificial*, indica la posición de cabeceo y alabeo de un avión con relación a la vertical. Para ello emplea un giróscopo de desplazamiento cuyo eje de giro se mantiene en posición vertical gracias a un dispositivo sensible a la gravedad, de forma que sirve eficazmente el mismo propósito que un péndulo, pero con la ventaja de que los cambios de posición del avión no lo hacen oscilar.

Las indicaciones de posición de cabeceo y alabeo son presentadas por las posiciones relativas de dos elementos, uno que representa al mismo avión y otro en forma de una barra estabilizada por el giróscopo y que representa el horizonte natural. Mediante la posición de una aguja, también estabilizada por giróscopo, y una escala fija de ángulo de inclinación, se presentan indicaciones suplementarias de alabeo. En la Fig. 5.7 se muestran dos métodos de presentación.

El principio de funcionamiento puede entenderse consultando la Fig. 5.8. El sistema cardánico está dispuesto de forma que la cuna interior forme la caja del rotor, y está pivotada paralela al eje lateral del avión YY_1; la cuna exterior está pivotada paralela al eje longitudinal ZZ_1 del avión. Los pivotes de la cuna exte-

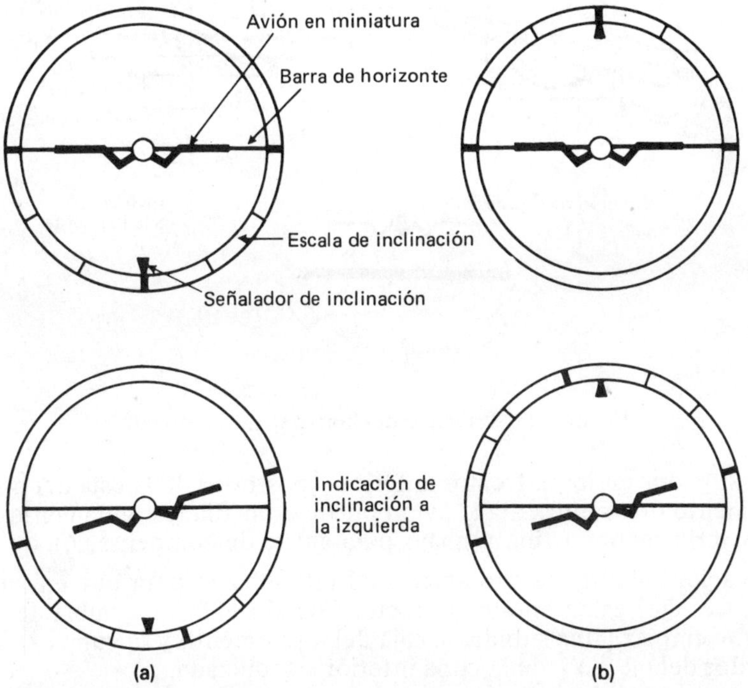

Figura 5.7.–Presentaciones del horizonte giroscópico. *a*) Escala de inclinación inferior; *b*) escala de inclinación superior.

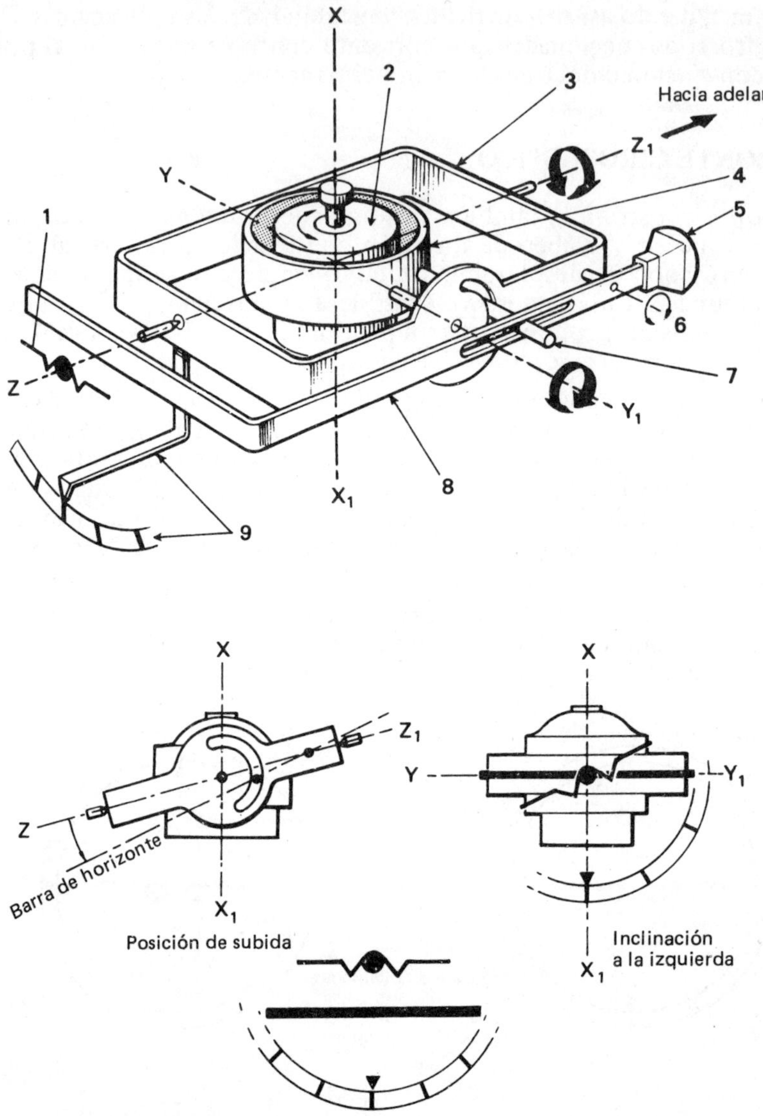

Figura 5.8.–Principio del horizonte giroscópico.

rior están situados en los extremos anterior y posterior de la caja del instrumento. El elemento que representa al avión puede estar fijado rígidamente a la caja, o fijado exteriormente arriba y abajo para ajuste de compensación de cabeceo.

En operación, el sistema cardánico está estabilizado para que en vuelo horizontal los tres ejes estén en ángulo recto. Cuando el avión cambia de posición, digamos que empieza una subida, la caja del instrumento y la cuna exterior girarán alrededor del eje YY_1 de la cuna interior estabilizada.

La barra de horizonte está pivotada en el lateral y a la parte posterior de la cuna exterior, y engrana un pasador de accionamiento fijado a la cuna interior, formando de este modo un sistema de palanca de aumento. En una posición de subida, el pivote de la barra lleva el extremo posterior de ésta hacia arriba haciéndolo pivotar alrededor del pasador de accionamiento estabilizado. Por consiguiente, el extremo anterior de la barra y la aguja se mueven hacia abajo en un ángulo mayor que el de la cuna exterior, y puesto que el movimiento es relativo al elemento representativo del avión, se indica una posición de subida.

Los cambios de posición lateral del avión, esto es, la inclinación lateral o alabeo, desplazan la caja del instrumento alrededor del eje ZZ_1 y el sistema cardánico estabilizado íntegramente. Por lo tanto, el movimiento del elemento representativo del avión con relación a la barra de horizonte, y también el movimiento relativo entre la escala de ángulo de inclinación lateral y la aguja, indican los cambios de posición lateral.

La libertad de movimiento del sistema cardánico alrededor de los ejes de alabeo y cabeceo es de 360° y 85° respectivamente, estando el último limitado por medio de un "tope elástico". El motivo de limitar el movimiento de cabeceo del horizonte giroscópico a 85° es evitar el "bloqueo cardánico" (véase la página 141).

Horizonte giroscópico accionado por vacío

En la Fig. 5.9 se muestra una versión típica de un horizonte giroscópico vacuoaccionado. El rotor está pivotado en cojinetes de bolas dentro de una caja que forma la cuna interior, la cual, a su vez, está pivotada en una cuna exterior de forma rectangular. El cojinete inferior del rotor va metido en un rebaje en la parte inferior de la carcasa del rotor, mientras que el cojinete superior va en un alojamiento cargado por resorte dentro del casquete superior para compensar los efectos de la expansión diferencial entre el eje del rotor y la caja, producida por las variaciones de temperatura.

Al extremo delantero de la cuna exterior va fijada una placa de fondo que representa el cielo y que lleva la aguja de inclinación lateral que marca contra la escala de ángulo de inclinación lateral o alabeo.

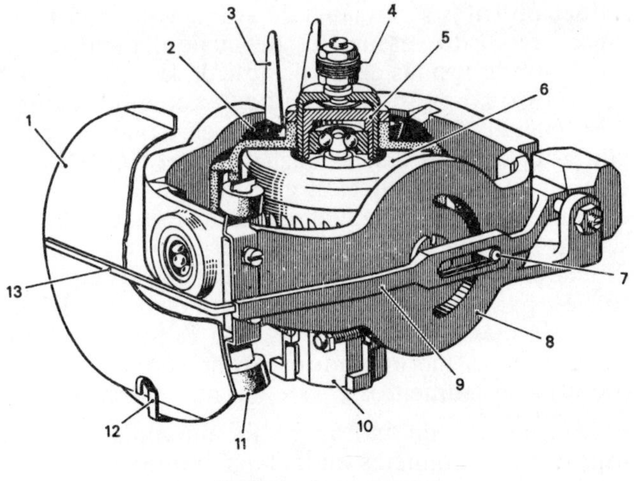

Conjunto de cuna y rotor

Figura 5.9.–Horizonte giroscópico accionado por vacío. 1.–Plataforma celeste. 2.–Cuna interior. 3. Tope elástico. 4.–Tuerca de equilibrado. 5.–Compensador de temperatura. 6.–Rotor. 7.–Pasador de accionamiento. 8.–Cuna exterior. 9.–Brazo accionador. 10.–Unidad de paleta oscilante. 11.–Topes de parada. 12.–Señalador de inclinación. 13.–Barra horizontal.

La cuna exterior tiene libertad completa de 360° alrededor del eje de alabeo. En la parte superior de la carcasa del rotor va instalado un tope elástico que limita el movimiento de cabeceo en ±85°.

La barra de horizonte y la aguja forman un conjunto equilibrado con precisión pivotado en cojinetes lisos en el lateral de la cuna exterior y ranurado para engranar el pasador de accionamiento que sobresale de la caja del rotor. La aguja puesta en ángulo recto con la barra y posicionada delante de la "placa representativa del cielo" indica los cambios de posición de cabeceo.

En la tapa del extremo posterior de la caja del instrumento hay una conexión para el acoplamiento de la alimentación de vacío. También hay en la tapa una entrada de aire filtrado que está situada sobre el soporte y pivote del cojinete posterior de la cuna exterior, que está taladrado para comunicar con un canal en la cuna citada. Este canal termina en boquillas giratorias diametralmente opuestas dentro de la caja del rotor, cuyo lado inferior tiene varios agujeros.

Con el sistema de vacío en funcionamiento, se crea una depresión para que la atmósfera circundante entre en la entrada filtrada y pase a través de los canales a las boquillas. El aire emitido por las boquillas golpea en las cubetas del rotor, impartiendo de este modo fuerzas de accionamiento iguales para girar el rotor a 15.000 r.p.m. aproximadamente en dirección contraria al giro de las agujas del reloj según se mire desde arriba. Después de girar el rotor, el aire pasa a través de una unidad de paleta oscilante fijada en el lado inferior de la carcasa del rotor, y es extraído finalmente por la fuente de vacío.

La finalidad y el funcionamiento de la unidad de paleta oscilante se describe en el apartado "Sistemas de erección para horizontes giroscópicos" en la página 149.

Horizonte giroscópico eléctrico

En la Fig. 5.10 se muestra un ejemplo de un horizonte giroscópico eléctrico; como se observará, se compone de los mismos elementos básicos que el tipo accionado por vacío, con la excepción de que el giróscopo vertical es un motor de inducción trifásico en jaula de ardilla (que consta de un rotor y un estator). Uno de los requisitos esenciales de cualquier giróscopo es tener la masa del rotor concentrada lo más cerca posible de la periferia, asegurando así una inercia máxima. Esto no presenta dificultad en lo que a rotores de metal macizo se refiere, pero cuando se adoptan motores eléctricos como giróscopos hay que hacer algún arreglo en su diseño básico con el fin de lograr el efecto deseado. El rotor de un motor de inducción gira normalmente en el interior del estator, pero hacer uno lo bastante pequeño para que se acomode dentro del espacio disponible significaría una masa e inercia del rotor demasiado pequeña. Sin embargo, si se diseña el rotor y sus cojinetes de modo que gire en el exterior del estator, entonces, para el mismo tamaño de motor requerido, la masa de éste queda concentrada más lejos del centro, con lo que se aumenta el radio de giro y la inercia. Este es el método adoptado no sólo en los horizontes giroscópicos, sino en todos los instrumentos y sistemas que emplean giróscopos eléctricos.

El conjunto de motor va en un alojamiento que forma la cuna interior, soportada en cojinetes en la cuna exterior, que, a su vez, es sostenida por un pivote de apoyo en la tapa de cristal frontal y en la pieza fundida posterior. El

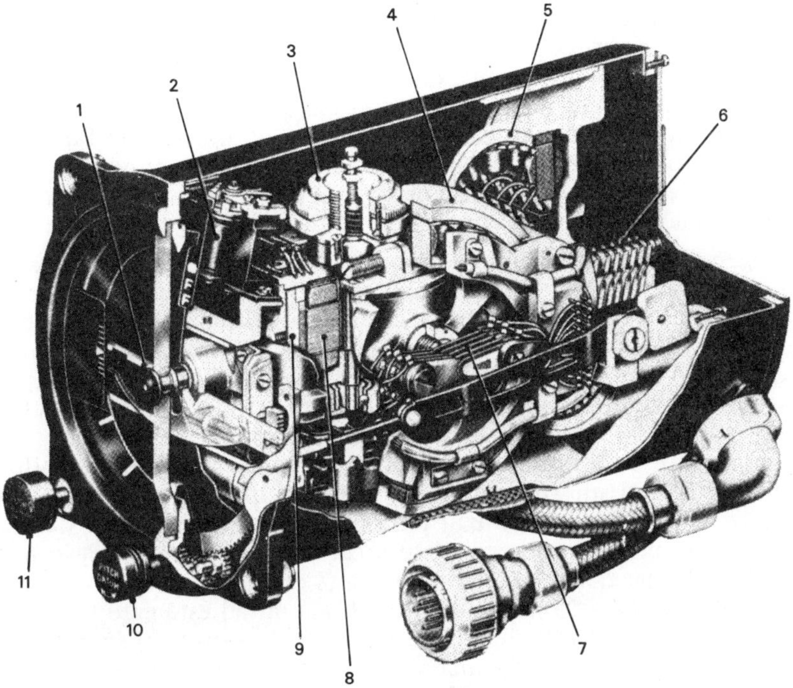

Figura 5.10.–Horizonte giroscópico eléctrico. 1.–Avión en miniatura. 2.–Conjunto indicador de fallo de energía. 3.–Conjunto de giróscopo. 4.–Motor de par de alabeo. 5.–Motor de par de cabeceo. 6.–Conjunto de anillo deslizante. 7.–Conjunto de contacto de la cuna del giróscopo. 8.–Estator. 9.–Rotor. 10.–Botón de ajuste de compensación de cabeceo. 11.–Pulsador de erección rápida.

conjunto de barra de horizonte se encuentra en dos mitades pivotadas en la parte posterior de la cuna exterior y es accionado de forma similar a la ya descrita en la página 142.

La alimentación trifásica de 115 voltios y 400 ciclos es suministrada al estator del giróscopo a través de anillos deslizantes, escobillas y conjuntos de contactos suaves. El instrumento emplea un sistema de erección de motor de torsión, cuya operación se describe en la página 152.

Cuando se conecta energía se establece un campo magnético giratorio en el estator del giróscopo que corta las barras que forman la jaula de ardilla en el rotor, e induce una corriente en ellas. El efecto de esta corriente es producir campos magnéticos alrededor de las barras y actúa recíprocamente con el campo giratorio del estator, haciendo que el motor gire a una velocidad de 20.000-23.000 r.p.m. aproximadamente. El fallo de la fuente de alimentación lo indica una bandera marcada OFF y accionada por un solenoide.

Indicadores de reserva de posición en vuelo

Muchos de los aviones actualmente en servicio emplean sistemas de vuelo integrados o sistemas directores de vuelo (véase el Capítulo 15) que constan de indicadores que pueden presentar no sólo datos de posición de cabeceo y alabeo desde unidades giroscópicas verticales situadas a distancia, sino también datos de señales asociadas procedentes de sistemas de radionavegación. Por lo tanto, podría decirse que ya no se necesita el giróscopo horizontal. No obstante, existe un requisito de aeronavegabilidad en caso de un posible fallo de los circuitos que controlan la presentación de posición del avión, y por eso el horizonte giroscópico tiene todavía un sitio en el panel de instrumentos, pero como indicador de posición en vuelo secundario o de reserva.

En la Fig. 5.11 se muestra un ejemplo de tal indicador que se utiliza como reserva en el Douglas DC-10. El giróscopo es del tipo accionado eléctricamente y alimentado por corriente alterna trifásica de 115 voltios suministrada por un inversor estático que, a su vez, es alimentado por 28 voltios corriente continua desde la barra colectora de batería. La energía de tal fuente está siempre disponible, asegurando con eso que habrá indicaciones de posición en vuelo. En lugar del método más convencional de presentar posición de cabeceo y alabeo de barra de horizonte estabilizada, se adopta un elemento esférico estabilizado como referencia contra un símbolo representativo del avión. La mitad superior del elemento está coloreada en azul para presentar posiciones de subida, mientras que la mitad inferior es negra para presentar posiciones de descenso. La línea divisoria entre las dos mitades está grabada con un círculo en el centro de la línea y representa el horizonte verdadero. Cada mitad está graduada en aumentos de diez grados hasta 80° de subida y 60° de descenso. El ángulo de inclinación lateral lo indica una aguja y una escala de la forma normal.

El indicador tiene un ajuste de compensación de cabeceo y una instalación de erección rápida, siendo ambos controlados por el mando existente en la esquina inferior derecha del bisel del indicador. Cuando se gira el mando en su posición normalmente "metida", el símbolo representativo del avión puede moverse ±5°, estableciendo con esto una referencia variable de compensación de cabeceo. Tirando del mando hacia afuera y sujetándolo, se energiza un circuito de erección rápida (véase también la página 154). Al igual que con cualquier instalación de esta naturaleza, se imponen limitaciones de tiempo en su operación.

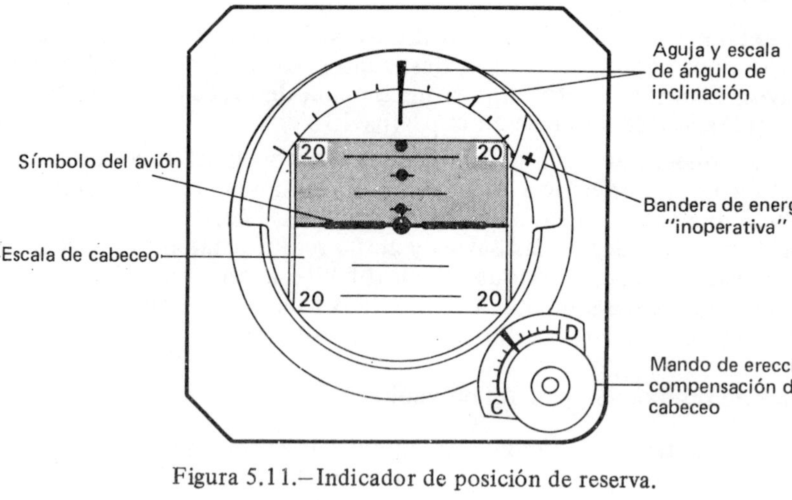

Figura 5.11.–Indicador de posición de reserva.

SISTEMAS DE ERECCION PARA HORIZONTES GIROSCOPICOS

La función de estos sistemas es enderezar el giróscopo a su posición vertical, y mantenerlo en esa posición durante el funcionamiento. El sistema adoptado depende del diseño particular del horizonte giroscópico, pero todos son del tipo sensible a la gravedad y en general se clasifican en dos categorías principales: mecánicos y eléctricos. En las páginas siguientes se describe la construcción y el funcionamiento de algunos sistemas típicos que se usan actualmente.

Sistemas mecánicos

Unidad de paletas oscilantes

Esta unidad, empleada con el instrumento accionado por aire descrito en la página 134, se muestra detalladamente en la Fig. 5.12. Va sujeta al lado inferior del alojamiento del rotor y consta de cuatro paletas suspendidas pendularmente, sujetas por parejas en dos ejes de intersección sostenidos en el cuerpo de la unidad. Uno de los ejes es paralelo al eje YY_1 y el otro paralelo al eje ZZ_1 del giróscopo. En los lados del cuerpo hay cuatro aberturas pequeñas alargadas, una debajo de cada paleta.

El aire, después de haber hecho girar el rotor del giróscopo, es expulsado a través de las aberturas, saliendo cuatro corrientes: una hacia adelante, una hacia atrás y dos laterales. La reacción del aire cuando fluye a través de las aberturas

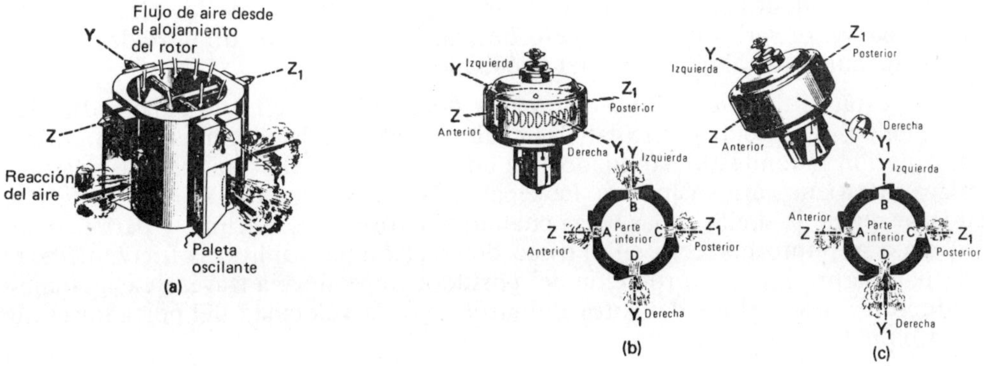

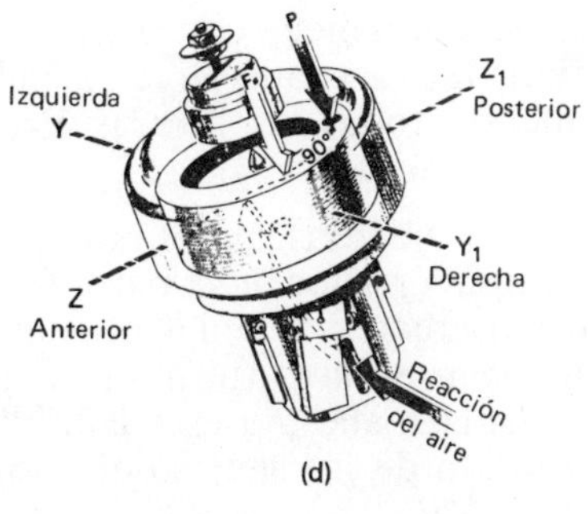

Figura 5.12.–Unidad de erección de paleta oscilante. *a*) Construcción. *b*) Precesión debida a la reacción del aire. *c*) Giróscopo en posición vertical. *d*) Giróscopo inclinado.

aplica una fuerza al cuerpo de la unidad. Las paletas, bajo la influencia de la gravedad, cuelgan siempre en la posición vertical; esta característica es la que se utiliza para regular el flujo de aire por las aberturas y controlar las fuerzas aplicadas al giróscopo por la reacción del aire.

Cuando el giróscopo se encuentra en su posición vertical normal según se muestra en la figura 5.12(*b*), los bordes cortantes de las paletas bisectan cada una de las aberturas (A, B, C y D), haciendo que las cuatro aberturas se abran por igual. Esto significa que las cuatro reacciones del aire son iguales y que las fuerzas resultantes alrededor de cada eje están equilibradas.

Si ahora se desplaza el giróscopo de su posición vertical normal, por ejemplo, su parte superior se inclina hacia el frente del instrumento como en (*c*), el par de paletas en el eje YY_1 permanece vertical, abriendo, por tanto, la abertura (D) en el lado derecho y cerrando la (B) en el izquierdo. La reacción aumentada del aire desde la abertura abierta da como resultado la aplicación de una torsión al cuerpo en la dirección de la flecha, alrededor del eje XX_1.

Esta teoría es equivalente a la aplicada en el lado inferior del rotor y a la izquierda, o en la parte superior del rotor en el punto F según se muestra en (*d*). Como el motor de un giróscopo siempre se mueve en un punto separado 90° del punto en que se ha aplicado una torsión, el rotor sufre en este caso una precesión en el punto P de vuelta a la vertical cuando las paletas bisectan otra vez las aberturas para igualar las reacciones del aire.

Unidad de erección del tipo de bolas

Esta unidad utiliza las fuerzas de precesión resultantes de los efectos de la gravedad sobre varias bolas de acero desplazadas dentro de un portador giratorio suspendido del alojamiento del giróscopo.

El portador del *mecanismo erector de bolas* lleva de cinco a ocho bolas, dependiendo del diseño particular, las cuales pueden rodar libremente a un disco de erección redondeado. Alrededor del borde interior del portador va fijada una placa que tiene varios ganchos. La separación de los ganchos se elige de forma que se regule la suelta de las bolas cuando el giróscopo se incline, y para desviar su masa al punto correcto en el disco de erección para aplicar la fuerza necesaria para la precesión. La rotación del portador se produce a través de engranajes reductores desde el eje del rotor del giróscopo; la velocidad del portador es de 25 r.p.m.

Cuando el giróscopo está en su posición normal de operación, según se muestra en la Fig. 5.13(*a*), las bolas cambian de posición cuando el portador gira, pero su masa permanece concentrada en el centro del disco de erección. En esta condición, la gravedad ejerce su mayor tracción en el centro de la masa y, por consiguiente, todas las fuerzas alrededor de los ejes principales del giróscopo están equilibradas.

En (*b*) el eje vertical del giróscopo se muestra desplazado alrededor del eje de cabeceo YY_1 lejos de la parte frontal del instrumento. El desplazamiento del mecanismo erector de bolas hace que éstas rueden hacia los ganchos, que en ese instante están en la parte inferior; por consiguiente, la fuerza debida a la gravedad se desplaza ahora a este lado. Puesto que la placa con ganchos está girando (en el sentido de las agujas del reloj visto desde arriba), las bolas y el punto en

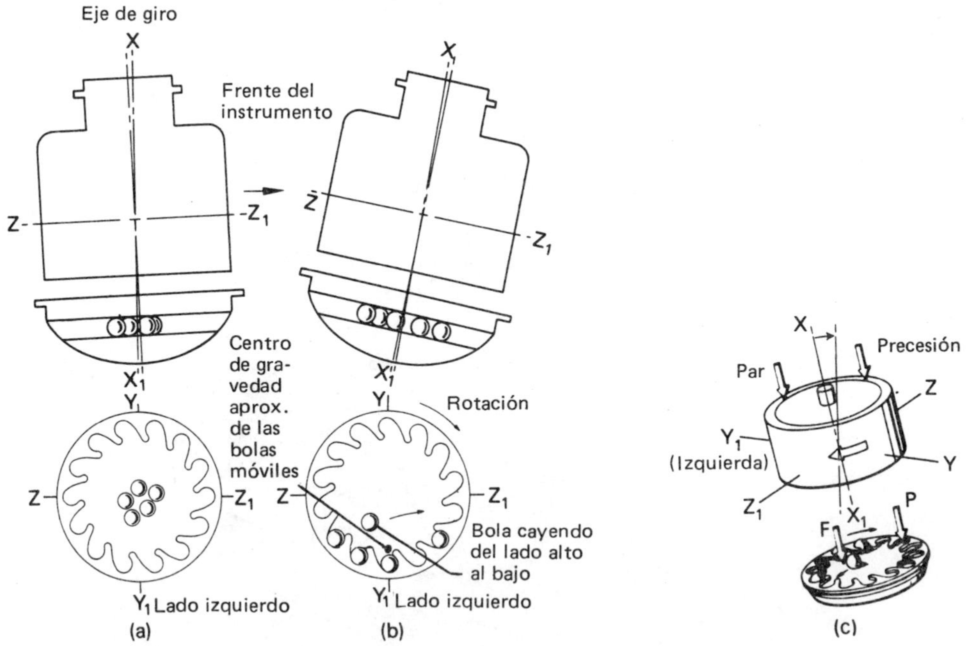

Figura 5.13.–Unidad de erección tipo bola. *a*) Vertical del giróscopo. *b*) Giróscopo inclinado separado de la parte frontal del instrumento. *c*) Precesión a la vertical.

el que está actuando la fuerza serán llevados alrededor al lado izquierdo del portabolas. En esta posición las bolas permanecen enganchadas y su masa concentrada para permitir que se ejerza una torsión en el lado izquierdo del portabolas, según se indica en (*c*). Se puede considerar también que esta torsión actúa directamente sobre el cojinete izquierdo del alojamiento del giróscopo y la cuna exterior. La transferencia de este punto de torsión aplicada al borde o periferia del rotor hará que la precesión se produzca en un punto 90° delante en la dirección de rotación. Como puede verse en el diagrama, el alojamiento del giróscopo comenzará ahora a tener un movimiento de precesión alrededor del eje YY_1 para contrarrestar el desplazamiento.

Como el mecanismo erector sigue girando, las bolas serán llevadas a la parte superior del portabolas, pero rodarán una por una dentro de los ganchos en la parte inferior. Por tanto, su masa está una vez más concentrada en este lado, permitiendo que la torsión y la presión se mantengan cuando sean llevadas al lado izquierdo. Esta acción continua con un movimieno decreciente de las bolas cuando el giróscopo se endereza a su posición normal de operación, en la que las bolas están en el centro del disco y la fuerza debida a la gravedad vuelve a estar concentrada en el centro de la masa.

El desplazamiento de un giróscopo en otras direcciones alrededor de su eje lateral o longitudinal dará lugar a acciones análogas a las descritas; se deja al lector como ejercicio útil determinar las fuerzas, las torsiones y la precesión producida por ambos tipos de sistemas de erección y para un desplazamiento elegido.

Sistema de motor de torsión e interruptores de nivelación

Este sistema se utiliza en varios horizontes giroscópicos accionados eléctricamente y consta de dos motores de control de torsión accionados independientemente por interruptores de nivelación de mercurio que están montados uno paralelo al eje lateral y el otro paralelo al eje longitudinal. La disposición de estos motores de torsión y los interruptores se muestra en el diagrama de la Fig. 5.14.

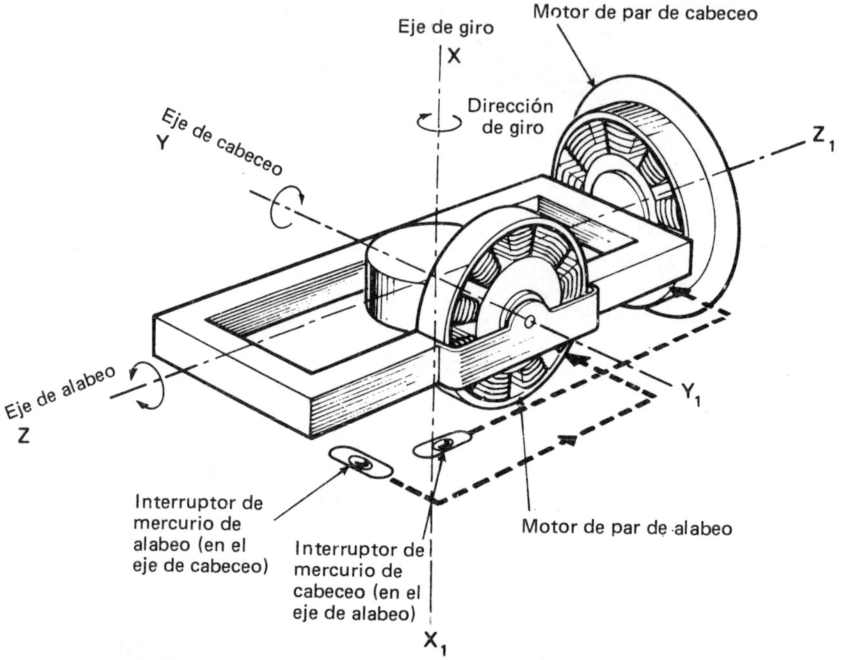

Figura 5.14.—Disposición de un sistema de erección de interruptor de nivelación y motor de torsión. Motor de par de cabeceo: rotor fijo a la parte posterior de la caja; estator fijo a la cuna exterior. Motor de par de alabeo: rotor fijo a la cuna exterior; estator fijo al alojamiento del giróscopo.

El interruptor montado lateralmente detecta el desplazamiento del giróscopo en alabeo y está conectado a su motor de torsión de modo que se aplique una torsión correctora alrededor del eje de cabeceo. El desplazamiento del giróscopo en cabeceo lo detecta el interruptor de nivelación montado longitudinalmente, que está conectado a su motor de torsión de modo que las torsiones correctoras se produzcan alrededor del eje de alabeo.

Cada interruptor de nivelación tiene la forma de un tubo de cristal cerrado herméticamente que contiene tres electrodos y una pequeña cantidad de mercurio. Están montados en cunas ajustables colocadas en ángulo recto en un bloque de interruptores situado debajo del alojamiento del giróscopo. Los tubos están llenos de un gas inerte para impedir la formación de arcos en los electrodos cuando el mercurio hace contacto y para aumentar también la capacidad de ruptura.

Los motores de torsión constan de un rotor de hierro laminado tipo jaula de ardilla montado concéntricamente alrededor de un estator, cuyo núcleo de hierro tiene dos devanados, uno que proporciona un campo constante y que se llama "devanado de referencia", y el otro, en dos partes, de forma que proporcione un campo reversible, y que se denomina "devanado de control". Ambos devanados son activados desde un autotransformador reductor conectado entre las fases A y B de la alimentación de 115 voltios al horizonte giroscópico.

En la Fig. 5.15 se indica la interconexión eléctrica de todos los componentes de que consta el sistema.

Cuando el giróscopo está funcionando y en su posición normal de operación, el mercurio en los interruptores de nivelación yace en el centro de los tubos y está en contacto con el electrodo central. Los dos electrodos exteriores, que están conectados a través de los devanados de control de los estatores del motor de torsión, permanecen abiertos. El autotransformador reduce el voltaje a un valor seleccionado (por lo general 20 voltios) que se envía entonces al electrodo central de los interruptores y los devanados de referencia de los motores de torsión. Por tanto, en la posición de operación normal del giróscopo, la corriente fluye solamente a través de los devanados de referencia.

Consideremos lo que ocurre cuando el giróscopo se desplaza alrededor de uno de sus ejes, por ejemplo a la parte frontal del instrumento y alrededor del eje de cabeceo YY_1. El interruptor de nivelación de cabeceo también se desplazará y el mercurio rodará al extremo delantero del tubo para hacer contacto con el electrodo exterior. Esto completa un circuito a una parte del devanado de control del motor de par torsor de cabeceo, haciendo que circule corriente a través de él en la dirección indicada en la Fig. 5.15. El estator del motor de torsión de alabeo también se desplazará en el interior de su rotor fijo, pero no recibirá ninguna corriente en su devanado de control, puesto que el interruptor de nivelación de alabeo no es afectado por el desplazamiento alrededor del eje de cabeceo.

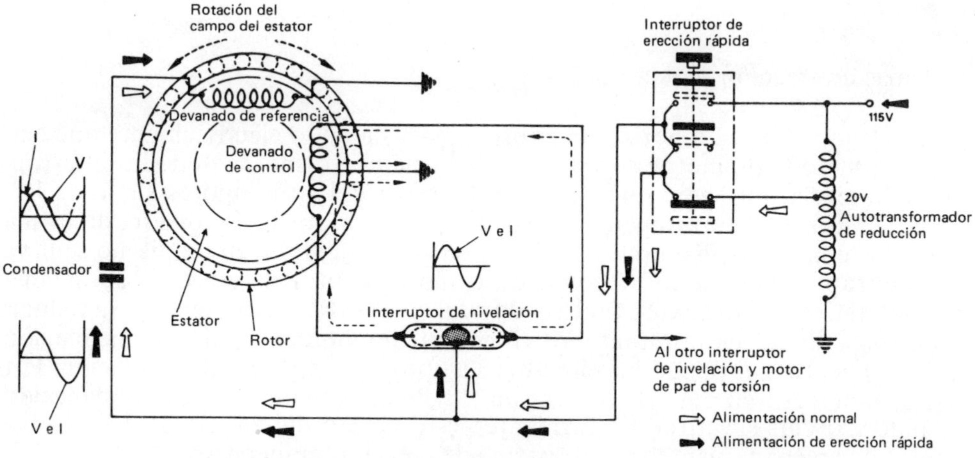

Figura 5.15.–Diagrama del circuito del sistema de erección de interruptor de nivelación y motor de torsión.

La torsión correctora necesaria al sistema cardánico debe aplicarse al motor de par torsor de cabeceo; para ello, debe hacerse girar el campo magnético de su estator. El voltaje aplicado al devanado de referencia se alimenta vía un condensador, y en cualquier circuito de corriente alterna que contenga capacitancia, la fase de la corriente es desplazada de forma que precede al voltaje 90°. En el circuito al devanado de control no hay capacitancia; por consiguiente, el voltaje y la corriente en este devanado están en fase, y puesto que los devanados de referencia y control son alimentados por la misma fuente, la corriente del devanado de referencia debe estar en avance 90° con respecto a la del devanado de control. Esta disposición de desfasado, o cuadratura de fase, se aplica también al campo magnético establecido por cada devanado.

Por tanto, con corriente y flujo circulando a través del devanado de control en la dirección resultante del desplazamiento del giróscopo considerado, se produce un campo magnético que gira en el estator en dirección contraria al giro de las agujas del reloj.

Cuando el campo gira, corta los conductores tipo barra de circuito cerrado del rotor en jaula de ardilla, haciendo que se induzca una corriente en ellos. El efecto de la corriente inducida es producir campos magnéticos alrededor de las barras que actúan recíprocamente con el campo giratorio en el estator, creando una tendencia a que el rotor siga al campo del estator.

Esta tendencia tiene oposición inmediata, porque el rotor está fijado a la caja del instrumento; en consecuencia, se establece una torsión reactiva en el motor de torsión que es ejercida en el cojinete posterior de la cuna exterior. Podemos considerar que esta torsión es ejercida en un punto en el rotor del giróscopo de forma que se produzca precesión en un punto 90° delante en la dirección de rotación. Esta precesión continuará hasta que el giróscopo y el interruptor de mercurio estén una vez más en la posición de operación normal.

En la Fig. 5.15 se ve claramente que el desplazamiento del giróscopo en la dirección opuesta hará que circule corriente en la otra parte del devanado de control de interruptor de nivelación, invirtiendo así la dirección del campo magnético del estator y la precesión resultante.

Sistemas de erección rápida

En algunos tipos de horizonte giroscópico accionado eléctricamente que emplean el método de motor de torsión de erección, la disposición de los interruptores de nivelación es tal que, si el eje del rotor del giróscopo está más de 10° de la vertical, se interrumpen los circuitos de los motores de torsión, de forma que el sistema cardánico nunca se enderezará. Por ejemplo, en un diseño se lleva un interruptor conmutador, conocido como disyuntor de erección de inclinación lateral, en la cuna exterior alrededor del eje de alabeo, que sirve para reducir los errores de erección durante los virajes que impliquen ángulos de inclinación mayores de 10°, abriendo los circuitos a ambos interruptores de nivelación. Por tanto, si al reasumir el vuelo horizontal el sistema cardánico no ha permanecido estabilizado con exactitud de forma que esté dentro del ángulo de 10°, el disyuntor de erección mantendrá el sistema de erección inoperativo.

Además, es posible que el giróscopo de un horizonte giroscópico haya "basculado", o esté fuera de la vertical en un ángulo demasiado grande antes de poner en marcha el instrumento; entonces, debido al bajo régimen de erección del sistema adoptado normalmente, se tardaría demasiado antes de que se obtuviera la exactitud de indicación requerida.

Por consiguiente, para superar estos efectos y llevar el giróscopo a su posición de operación normal lo más rápidamente posible, puede incorporarse un sistema de erección rápida. En los párrafos siguientes se describen dos sistemas típicos empleados actualmente.

Interruptor de erección rápida

La operación de este sistema es muy sencilla. El interruptor (Fig. 5.15) consta de varios contactos conectados en la línea de alimentación de energía a los motores de torsión del sistema de erección e interruptores de nivelación.

En condiciones de operación normal del horizonte giroscópico, el interruptor permanece cargado por resorte en la posición de inoperatividad y la alimentación de bajo voltaje procedente del autotransformador pasa sobre un contacto cerrado del interruptor al sistema de erección, mientras que los otros contactos permanecen abiertos.

Siempre que el giróscopo vaya más allá de los límites angulares apropiados, debe restablecerse el circuito del sistema de erección y hacer lo más rápidamente posible que la posición del giróscopo vuelva a ser normal. Esto se logra apretando el interruptor, de modo que el contacto de la línea de alimentación de bajo voltaje se abra para aislar el sistema de erección del autotransformador y los contactos superiores se cierren. El cierre de estos contactos completa el circuito a los motores de torsión e interruptores de nivelación, pero su alimentación de energía se cambia ahora del valor de bajo voltaje al voltaje máximo de línea de 115 voltios desde una de las fases. Esto produce un aumento de corriente a través de los devanados de los estatores de los motores de torsión, y la mayor torsión aplicada así aumenta el régimen de erección desde el valor normal de 5° por minuto a entre 120 y 180° por minuto, dependiendo de los diferentes diseños.

Cuando se use este interruptor deben tomarse dos precauciones importantes. En primer lugar, no se debe apretar el interruptor durante más de 15 segundos para evitar que las bobinas del estator se recalienten al existir mayor corriente. La segunda precaución se ha de observar en condiciones de vuelo; el interruptor sólo debe apretarse durante el vuelo uniforme recto y horizontal y/o en ángulos pequeños de subida o descenso. Si hay fuerzas de aceleración o deceleración, el giróscopo tendrá movimiento de precesión y producirá indicaciones falsas de posición de cabeceo y alabeo.

Método electromagnético de erección rápida

En este método, un electroimán de forma circular va sujeto al interior de la caja del instrumento encima de un inducido en forma de sombrilla montado en el alojamiento del rotor del giróscopo. El inducido tiene aproximadamente el mismo diámetro que el imán.

El control del electroimán y el tiempo de erección se logran con una unidad de control de energía auxiliar que contiene un transformador trifásico, un rec-

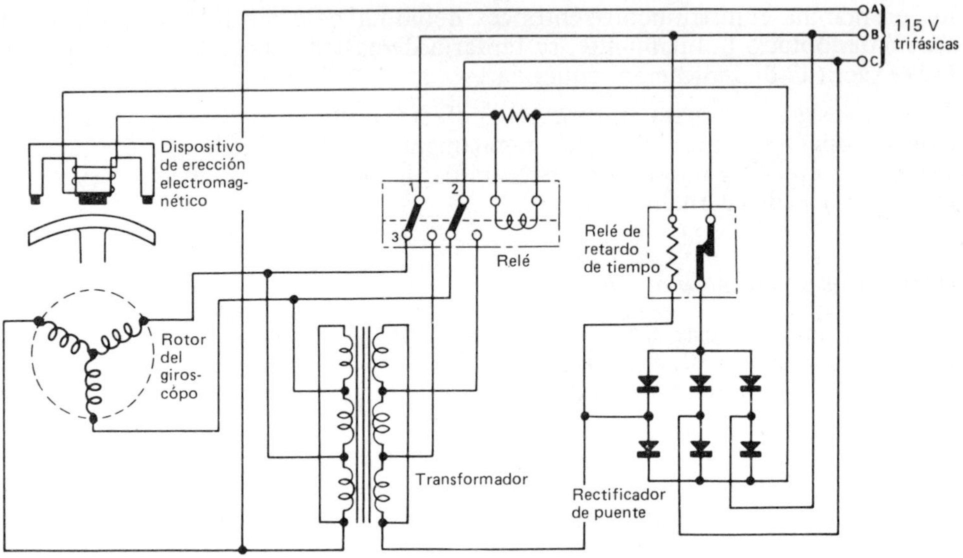

Figura 5.16.—Diagrama del circuito del método electromagnético de erección rápida.

tificador de puente, un relé de retardo de tiempo accionado térmicamente y un relé estándar de corriente continua, todos interconectados según se muestra en el diagrama del circuito de la Fig. 5.16.

Cuando se conecta inicialmente la alimentación de corriente alterna normal de 115 voltios, se alimenta a los contactos 1 y 2 del relé estándar, y desde una fase pasa al rectificador de puente a través del relé de retardo de tiempo. La corriente continua obtenida del rectificador se suministra entonces a la bobina del electroimán, que, al ser energizado, produce un campo magnético que irradia simétricamente desde un polo central pequeño a un polo exterior circular.

Si en el momento de conectar la fuente de alimentación el alojamiento del rotor del giróscopo y, por lo tanto, el inducido, están inclinados lejos del centro del imán, el campo magnético ya no es simétrico con respecto al centro del inducido. Por consiguiente, en estas condiciones, se ejerce una fuerza mayor en un lado del inducido que en el otro, y la torsión aplicada lo es en dirección tal que hace que el alojamiento del giróscopo se enderece a la vertical y ponga la parte superior del inducido en línea con el centro del imán antes de que el rotor alcance la máxima velocidad.

La corriente continua procedente del rectificador, además de pasar a través del electroimán, lo hace también a través de la bobina del relé estándar que, de este modo, es energizado al mismo tiempo que el electroimán. El cambio resultante de los contactos del relé hace que la alimentación de 115 voltios sea suministrada a los puntos de toma de corriente 2 y 3 en el devanado primario del transformador. Esto tiene el efecto de reducir el número de vueltas del devanado; en otras palabras, el transformador es del tipo elevador de voltaje, y en esta aplicación particular el voltaje del devanado primario se aumenta a 185 voltios.

Después de 20 segundos aproximadamente, el relé de retardo de tiempo se abre y desconecta del electroimán la corriente continua. Entonces, el relé estándar se desenergiza y conecta el circuito del rotor del giróscopo del transformador a la alimentación normal de 115 voltios; el rotor funciona a su máxima velocidad algunos segundos después.

Régimen de erección

Este es el término que se usa para definir el tiempo que tarda, en grados por minuto, el eje del rotor de un giróscopo vertical en tomar su posición vertical bajo la acción de su sistema de erección sensible a la gravedad.

Para el horizonte giroscópico ideal, el régimen de erección debe ser lo más rápido posible en todas las condiciones, pero en la práctica factores tales como la velocidad, el viraje, la aceleración del avión y la rotación de la tierra, tienen su efecto y deben tenerse en cuenta. Durante los virajes, el sistema de erección es influido por las fuerzas centrífugas y desplazado para hacer que el giróscopo lo siga por precesión. Por consiguiente, el régimen de erección máximo que se puede usar está limitado por el error máximo que pueda tolerarse durante los virajes. El régimen mínimo lo regulan la rotación de la tierra, la velocidad del avión y los cambios casuales de precesión debidos a fricción de los cojinetes, variaciones de la velocidad del rotor y el desequilibrio del sistema cardánico.

Por tanto, los sistemas de erección deben diseñarse de modo que, para pequeños desplazamientos angulares del eje rotor de la vertical, el par de erección sea proporcional al desplazamiento, mientras que para desplazamientos más grandes sea constante. También está dispuesto para que el par dé iguales regímenes de erección para cualquier desplazamiento del rotor en cualquier dirección y con el fin de reducir la posibilidad de un error lento acumulativo durante las maniobras.

Los regímenes de erección normal facilitados para algunos sistemas de erección típicos son 8° por minuto para horizontes giroscópicos accionados por vacío y de 3° a 5° por minuto para los accionados eléctricamente.

Errores debidos a la aceleración y al viraje

Como ya sabemos, los dispositivos de erección empleados en los horizontes giroscópicos son todos del tipo pendular controlados por gravedad. Siendo así, es posible que sean desplazados por las fuerzas que actúan durante la aceleración y viraje de un avión, y a no ser que se busquen medios para contrarrestar las torsiones resultantes, preceserán el eje del giróscopo a una posición vertical falsa y presentarán así una indicación errónea de la posición en vuelo de un avión. Por ejemplo, consideremos los efectos de una aceleración rápida en la dirección de vuelo, primeramente en el dispositivo de erección de paletas y después en el tipo de interruptor de nivelación y motor de torsión (véase la figura 5.17).

La fuerza establecida por la aceleración deflectará las dos paletas montadas en sentido transversal a la parte posterior, abriendo así la abertura derecha. La mayor reacción del aire que fluye a través de la abertura aplica una fuerza al lado inferior del rotor y la torsión le imprime un movimiento de precesión hacia

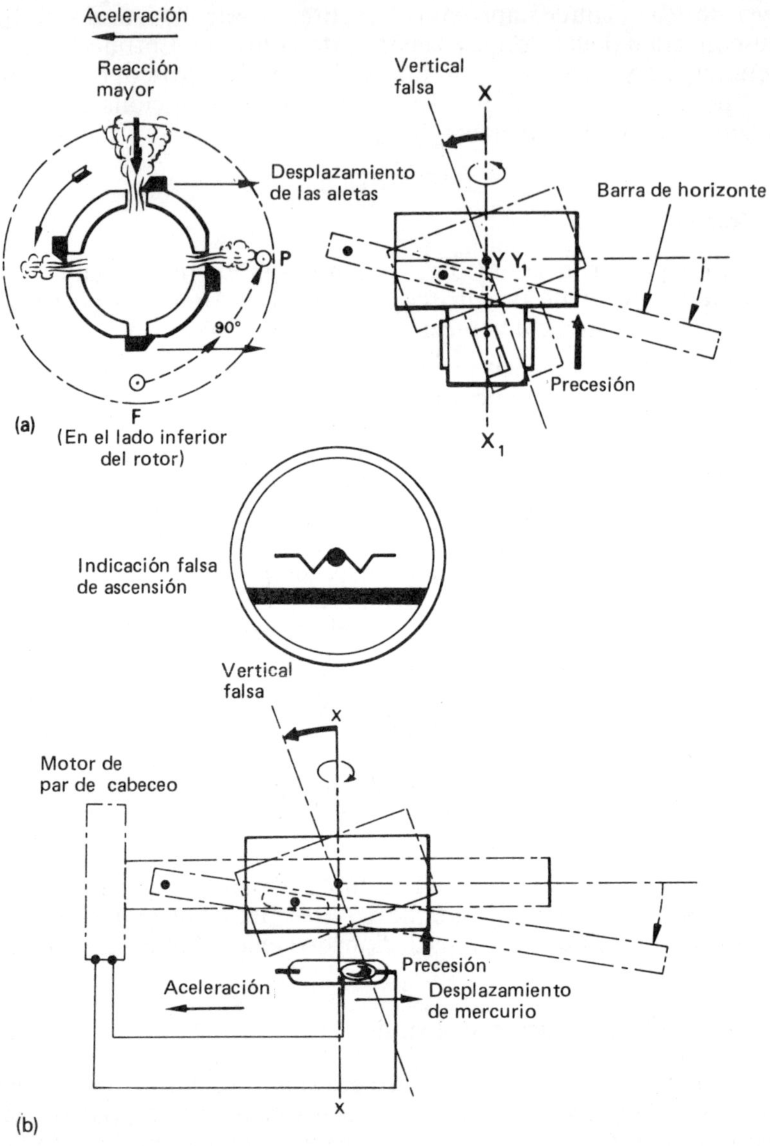

Figura 5.17.–Error de aceleración. *a*) Sistema de erección tipo paleta. *b*) Sistema de erección de motor de torsión e interruptor de nivelación.

adelante alrededor del eje YY_1. Por tanto, la barra de horizonte resulta desplazada hacia abajo, presentando una indicación falsa de subida.

Con el dispositivo de erección de tipo de interruptor de nivelación y motor de torsión, la fuerza de la aceleración desviará el mercurio en el interruptor de nivelación de cabeceo a la parte posterior del tubo de cristal. De este modo se completa un circuito al motor de torsión de cabeceo que también imprime al giróscopo un movimiento de precesión hacia adelante y desplaza la barra de horizonte para indicar una subida.

En ambos casos la precesión se debe a una respuesta natural del giróscopo, y las paletas pendulares y el mercurio vuelven siempre a sus posiciones neutrales. Pero durante tanto tiempo como permanezcan las fuerzas perturbadoras, tales posiciones se aplican únicamente a una vertical falsa. Cuando se retiren las fuerzas, la indicación falsa de subida permanecerá inicialmente y luego disminuirá gradualmente bajo la influencia de la precesión, devolviendo el eje del giróscopo a su vertical verdadera.

De lo anteriormente dicho se deduce que, durante los períodos de deceleración, un horizonte giroscópico presentará una indicación falsa de un descenso.

Cuando un avión vira, pueden producirse indicaciones falsas alrededor de los ejes de cabeceo e inclinación lateral o alabeo debido a lo que se denomina "efectos cardánicos" introducidos por las fuerzas que actúan sobre ambos conjuntos de paletas oscilantes y ambos interruptores de nivelación. Hay, en efecto, dos errores debidos al viraje: los errores de erección y los errores de pendulación.

Errores de erección

Cuando un avión entra en un viraje con inclinación correcta, el eje del giróscopo permanecerá inicialmente en la posición vertical y se dará una indicación exacta de inclinación. Sin embargo, en esta posición, las paletas oscilantes montadas longitudinalmente, o el interruptor de nivelación de alabeo, son accionados por fuerza centrífuga. Por consiguiente, el giróscopo estará sujeto a una torsión aplicada a una dirección tal que tiende a impartir un movimiento de precesión al eje del giróscopo hacia la perpendicular del avión a lo largo de la cual actúan la resultante de las fuerzas centrífugas y de la gravedad. Por tanto, el giróscopo es enderezado a una vertical falsa e introduce un error en la indicación de inclinación.

Con la ayuda de la Fig. 5.18, que presenta el caso de un avión que gira a estribor 360° con respecto a un punto de iniciación A, puede hacerse un análisis del error. La fuerza centrífuga experimentada por el eje del giróscopo en la posición vertical falsa durante el viraje es constante y en ángulo recto al rumbo instantáneo. Esto quiere decir que cuando el avión cambia su rumbo a un régimen constante durante un viraje de 360°, la parte superior del eje del giróscopo trazará una trayectoria circular que está 90° en avance del rumbo del avión. El círculo en la izquierda de la Fig. 5.18 representa la trayectoria del eje del giróscopo, y cualquier cuerda de este círculo indicará la inclinación del eje con relación a la vertical verdadera. La cuerda AB′, por ejemplo, representa la dirección de inclinación después de que el avión haya virado 90°. Al relacionar esta inclinación con el giróscopo y la respuesta de sus dispositivos de erección controlados por gravedad con el viraje, puede resolverse en dos componentes, una hacia adelante y otra a estribor. Por tanto, cuando el avión está en el punto B de su viraje, se presenta un error en cabeceo además de un error en inclinación. La cuerda AC′ indica, de forma análoga, la dirección de inclinación después de 180°; en este punto la inclinación es máxima y el error de inclinación lateral se ha reducido a cero, dejando un error máximo en la indicación de cabeceo. La

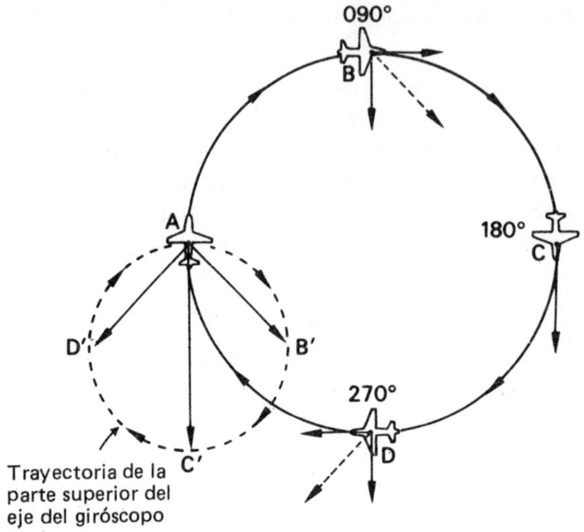

Figura 5.18.–Error de erección.

dirección de inclinación después de 270° se indica por la cuerda AD'; en el punto D, vemos que el error de cabeceo es el mismo que en B, pero el error de inclinación lateral se produce en la dirección opuesta. Al volver al punto A la inclinación del eje del giróscopo sería cero.

Compensación de errores de erección

Los errores de erección pueden compensarse por uno de los tres métodos siguientes: (i) inclinación del eje de giro del giróscopo, (ii) corte de erección, y (iii) compensación de cabeceo-inclinación lateral.

Eje de giro inclinado

El método para inclinar el eje de giro se basa en la idea de que, si la parte superior del eje puede describir un círculo alrededor de sí mismo durante un viraje, entonces resultará únicamente un solo error constante. En su aplicación, el método es mecánico y varía con el tipo de horizonte giroscópico, pero en todos los casos el resultado es impartir al eje del giróscopo desde la vertical verdadera una inclinación constante hacia adelante (hacia atrás en algunos instrumentos). El ángulo de inclinación varía, pero suele ser 1,6° ó 2,5°. En los tipos accionados por vacío, las paletas oscilantes montadas transversalmente están equilibradas de modo que el giróscopo reciba un movimiento de precesión a la posición inclinada; en ciertos horizontes giroscópicos eléctricos, el interruptor de mercurio de cabeceo está fijo en una posición inclinada, para que el giróscopo sufra una precesión que le separe de la vertical verdadera con el fin de vencer lo que detecta como un error de cabeceo. Las varillas entre el giróscopo y la barra del horizonte están dispuestas de modo que durante el vuelo horizontal la barra citada indique esta condición.

En la Fig. 5.19 se muestra el efecto de la inclinación, donde el punto A representa el final de la vertical verdadera a través del centro del rotor, y AA' la dirección de inclinación (en este caso hacia adelante). Durante un viraje a estri-

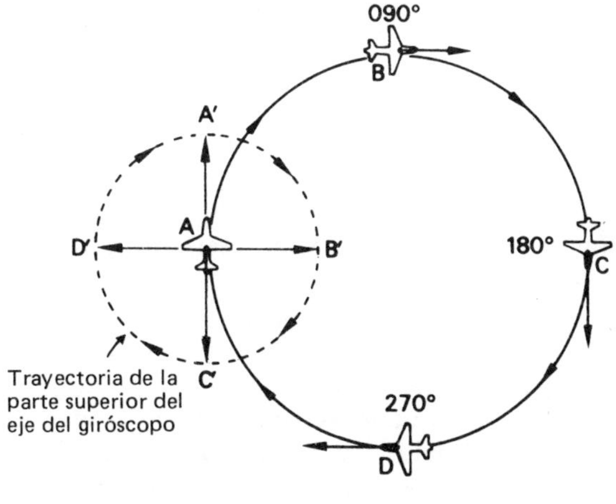

Figura 5.19.–Error de erección compensado.

bor, la parte superior del eje del giróscopo describe un círculo alrededor del punto A al mismo régimen que el avión cambia de rumbo. Por consiguiente, la cantidad de inclinación y su dirección con relación al avión durante el viraje son constantes.

Corte de erección

El método de corte de erección se emplea en ciertos tipos de horizonte giroscópico eléctrico y opera automáticamente siempre que el avión se incline más de 10° en una u otra dirección. Consta básicamente de un conmutador compuesto de un segmento conductor y un segmento aislado, y dos contactos o escobillas conectados en serie con el interruptor de nivelación de inclinación lateral. El conmutador está situado en el eje de inclinación lateral en la parte posterior de la cuna exterior; en el vuelo recto y horizontal las dos escobillas se apoyan contra el segmento conductor, completando de este modo el circuito de alimentación de energía al interruptor de nivelación.

Durante un viraje hay un movimiento relativo entre el conmutador y las escobillas debido a la inclinación; cuando el ángulo de inclinación o alabeo pasa de 10°, el segmento aislado queda debajo de una u otra de las escobillas e interrumpe así la alimentación al interruptor de nivelación de inclinación. Por consiguiente, el desplazamiento del mercurio por la fuerza centrífuga no puede energizar el motor de torsión pertinente y ocasionar precesión a una vertical falsa.

Debido a la función del corte, no puede haber ninguna erección alrededor del eje de alabeo si la alimentación de energía está conectada al instrumento cuando su sistema cardánico está inclinado más de 10° alrededor de este eje. Sin embargo, la alimentación puede conectarse por medio de un circuito de "erección rápida" que deriva, es decir, salva el corte de la forma descrita en la página 154.

Erección de cabeceo-alabeo (inclinación lateral)

El tercer método, conocido generalmente como "erección de cabeceo-alabeo", es uno combinado en el que el interruptor de nivelación de inclinación lateral o alabeo está desconectado durante un viraje y su sistema de erección es controlado por el interruptor de nivelación de cabeceo. Tiene la misión de intentar corregir los errores variables de cabeceo y alabeo y sólo opera cuando el régimen de viraje produce una aceleración centrífuga superior a 0,18 g, lo cual equivale a una inclinación de 10° del interruptor de erección de alabeo. El sistema se muestra esquemáticamente en la Fig. 5.20, en la que observamos que existen dos interruptores de mercurio adicionales, conectados como un conmutador bipolar, y que están interconectados con los sistemas de erección de cabeceo y alabeo normales.

Consideremos primero un viraje a la izquierda, que cree una aceleración centrífuga menor de 0,18 g. En tal viraje, el mercurio del interruptor de nivelación de alabeo se desplazará a la derecha y puenteará la separación entre el electrodo de alimentación y el electrodo de la derecha, completando así un circuito al motor de torsión de alabeo. Esto equivale a una inclinación a la derecha del eje del giróscopo al comienzo del viraje; por consiguiente, el motor de torsión de alabeo imprimirá una precesión del giróscopo a una vertical falsa, a la izquierda de la verdadera. Al mismo tiempo, el eje del giróscopo se inclina hacia adelante debido al efecto cardánico, y el mercurio del interruptor de nivelación de cabeceo, al no ser afectado por la aceleración centrífuga, se mueve hacia adelante y completa un circuito al motor de torsión de cabeceo, que imprime una precesión del giróscopo hacia atrás. Los dos conmutadores curvos, que están también montados alrededor del eje de alabeo, no entran en funcionamiento, puesto que el mercurio de cada interruptor no es desplazado lo suficientemente lejos para hacer contacto con los electrodos de la derecha. Por tanto, con una aceleración centrífuga menor de 0,18 g, no hay compensación alguna.

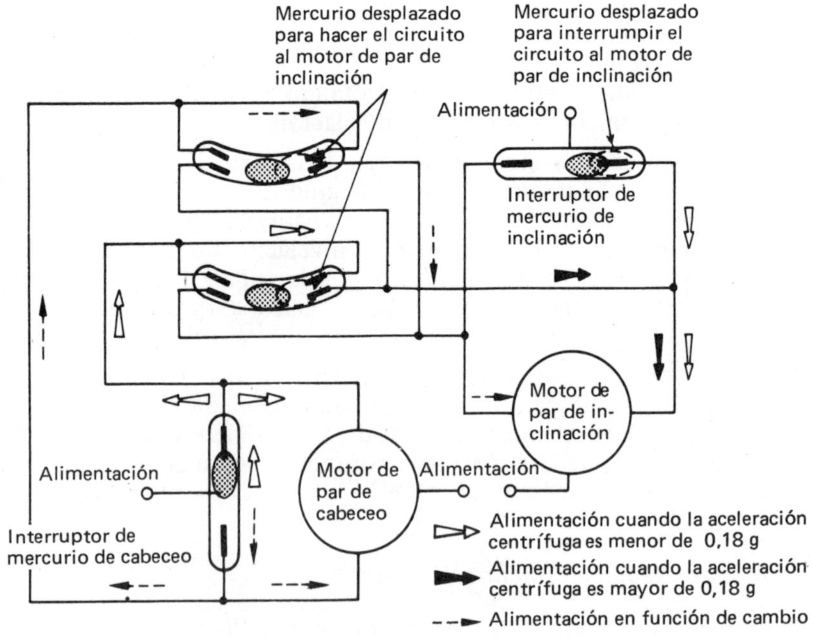

Figura 5.20.–Erección de "cabeceo-inclinación".

Consideremos ahora un viraje en el que la aceleración centrífuga sea superior a 0,18 g. El mercurio del interruptor de nivelación de alabeo es desplazado al final del tubo y, de este modo, desconecta la alimentación normal al motor de torsión de alabeo, esto es, ahora actúa como un disyuntor de erección. Sin embargo, el interruptor de nivelación de cabeceo todavía responde a una inclinación hacia adelante y permanece conectado a su motor de torsión, y, como se observará por el diagrama, también conecta una alimentación al más bajo de los dos conmutadores. Puesto que el mercurio de estos interruptores es también desplazado por la aceleración centrífuga, se completa un circuito desde el interruptor inferior al motor de torsión de alabeo, que imprime una precesión a la derecha del eje del giróscopo para reducir el error de alabeo o inclinación lateral. Al mismo tiempo, el interruptor de nivelación de cabeceo completa un circuito al motor de torsión de cabeceo, el cual imprime entonces una precesión hacia atrás al eje del giróscopo, produciendo así el error de cabeceo. De este modo, durante los virajes, el interruptor de nivelación de cabeceo aplica un control constante alrededor de los ejes de cabeceo y alabeo; de aquí el término "erección de cabeceo-alabeo".

La función de conmutación de los interruptores de mercurio curvos depende de la dirección de inclinación del eje del giróscopo en cabeceo, que está representada por las flechas a trazos de la Fig. 5.20; al estar el giróscopo y el interruptor de nivelación de cabeceo inclinados ahora hacia atrás, el último conecta una alimentación al conmutador superior y cambia su dirección al motor de torsión de alabeo, haciéndole que imprima una precesión del giróscopo a la izquierda.

El cambio de dirección de la alimentación al motor de torsión depende también de la dirección del viraje, como puede verse estudiando la Fig. 5.20.

Este sistema, como el método de compensación de corte de erección, necesita una instalación de "erección rápida" para llevar el giróscopo a la vertical verdadera cuando está inclinado más de 10° en alabeo o cabeceo.

Puesto que las fuerzas y los pares de torsión que actúan sobre el giróscopo dependen de la velocidad del avión y del régimen de viraje, es evidente entonces que todos los errores de erección variarán en consecuencia, y esto hace que sea bastante difícil conseguir una compensación que los elimine completamente. Por consiguiente, suele ser usual, particularmente con instrumentos que empleen el método de compensación de eje inclinado y corte de inclinación, basar la compensación en un régimen de viraje estándar de 180° por minuto a una velocidad de 200 m.p.h. En otros regímenes de viraje y velocidades con respecto al aire, los errores son pequeños.

Errores de pendulación

La pendulación, o "pesadez del fondo" como se la llama algunas veces, se introduce a menudo deliberadamente en los horizontes giroscópicos para que el giróscopo descanse siempre aproximadamente en su posición vertical. Esto ayuda a reducir el tiempo de erección cuando se arranca y también impide que el sistema cardánico gire alrededor de los ejes de alabeo y cabeceo durante la parada del rotor. Sin embargo, puede ser influido por fuerzas de aceleración y deceleración en vuelo recto y horizontal, y fuerzas centrífugas durante los virajes; en consecuencia, es una fuente de error adicional, esto es, error de pendulacion.

Cuando se produce aceleración, la base del conjunto del rotor tiende a retrasarse debido a la inercia, es decir, tiende a oscilar directamente hacia atrás. Al seguir la fuerza con la ayuda de la regla de precesión de 90°, se verá, sin embargo, que el conjunto de rotor precesará alrededor del eje de alabeo a babor o estribor según la dirección de rotación del rotor. Una deceleración tiene el efecto opuesto.

El error de pendulación resultante de un viraje puede analizarse de forma análoga a la de los errores de erección. En la Fig. 5.21 se considera de nuevo que un avión gira a estribor 360° desde el punto A. Cuando se entra en el viraje, la aceleración centrífuga tiende a hacer oscilar la base del conjunto de rotor a babor, produciendo precesión de giróscopo alrededor del eje de cabeceo, lo cual depende otra vez de la rotación del rotor. En ese momento, el eje del giróscopo se inclina hacia adelante a una vertical falsa y el instrumento indica una subida aparente. En todo el viraje, la parte superior del eje del giróscopo traza una trayectoria circular que, a diferencia de la resultante de los efectos de viraje en los sistemas de erección, está sincronizada con el cambio de rumbo del avión. Como antes, cualquier cuerda del círculo desde el punto en que comenzó el viraje indica la inclinación del eje del giróscopo en relación con la vertical verdadera, y se presentarán errores variables en las indicaciones de alabeo y cabeceo.

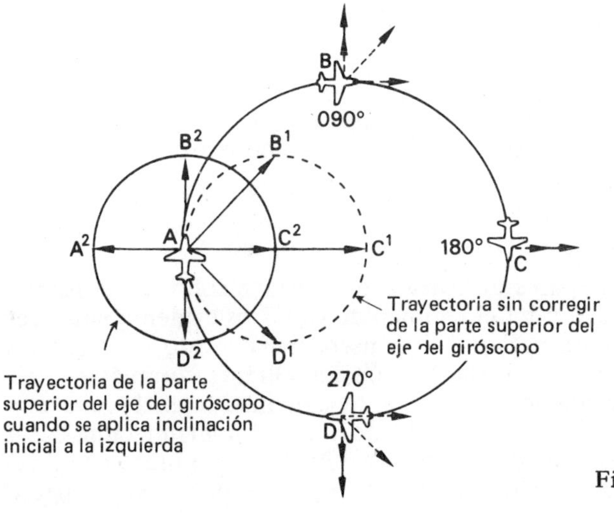

Figura 5.21.—Error de pendulación.

Compensación de errores de pendulación

La compensación se suele efectuar adoptando el método de eje inclinado, siendo la inclinación en este caso alrededor del eje de alabeo y dependiendo la dirección de la de rotación del rotor. La cantidad de inclinación está regulada por el tipo de instrumento, considerándose 0,5° y 1,75° dos valores típicos.

El efecto de la compensación, mostrado por el círculo máximo en la figura 5.21, es exactamente el mismo que el producido cuando el eje del giróscopo se inclina en cabeceo, esto es, la parte superior del eje traza una trayectoria circular alrededor de sí mismo para producir un solo error constante.

INDICADORES DE INCLINACION LATERAL Y VIRAJE

El indicador de inclinación lateral y viraje fue el primero de los instrumentos de vuelo del avión que usó un giróscopo como elemento detector, y, en conjunción con una brújula magnética, contribuyó de forma valiosa al arte de volar sin referencias exteriores. Fue considerado, por tanto, un instrumento fundamental y principal del "vuelo sin visibilidad" para todos los tipos de aviones. No obstante, con la evolución continua de los aviones, los cambios de requisitos operacionales y la introducción de instrumentos y sistemas de vuelo más avanzados, el lugar que debía ocupar el indicador de inclinación lateral y viraje en el grupo de instrumentos de vuelo fue objeto de mucha discusión. En los aviones más pequeños todavía se le considera el instrumento principal, pero en muchos tipos de aviones grandes y más sofisticados, su utilización tiene un papel secundario, e incluso se prescinde de él.

Un indicador de inclinación lateral y viraje consta de dos mecanismos independientes: un mecanismo de aguja controlado giroscópicamente para la detección e indicación del régimen al que vira el avión, y un mecanismo para la detección e indicación de la inclinación lateral y/o resbalamiento. En la Fig. 5.22 se muestran las presentaciones en las esferas de dos indicadores típicos.

Figura 5.22.–Presentación típica en la esfera de los indicadores de inclinación y viraje.

Giróscopo de régimen

Para detectar los regímenes de viraje se hace uso directo de la precesión giroscópica, para lo que el giróscopo se dispone de la forma que se muestra en la figura 5.23. Tal arreglo o disposición se conoce bajo la denominación de *giróscopo de régimen*.

Se observará que el giróscopo difiere en dos aspectos de los empleados en los giróscopos direccionales y en los horizontes giroscópicos; sólo tiene una cuna y tiene un muelle conectado entre ésta y la carcasa para restringir el movimiento alrededor del eje longitudinal YY_1; por tanto, se le denomina giróscopo de un

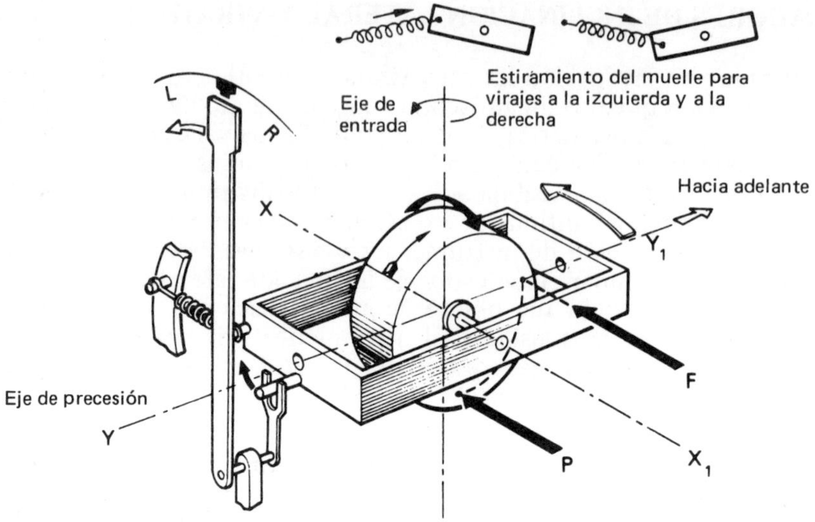

Figura 5.23.–Giróscopo de régimen.

solo eje. Examinemos la Fig. 5.23 con un poco más de atención con el fin de comprender cómo puede hacerse que tal disposición o arreglo indique regímenes de viraje.

Cuando el instrumento esté en su posición de operación normal, el eje de giro del rotor estará siempre horizontal debido a la restricción del muelle, y la aguja de viraje estará en la marca de referencia cero. Cuando el rotor está girando, su rigidez asegurará el mantenimiento de la condición cero.

Supongamos por un momento que el giróscopo no tiene ningún muelle restrictor y que el instrumento es girado a la izquierda alrededor de un eje de entrada vertical. La cuna girará también, pero como la rigidez del giróscopo resiste este movimiento de giro, precesará alrededor del eje YY_1. La dirección de precesión puede determinarse mediante la regla sencilla ya dada. Un viraje a la izquierda hace que se aplique una fuerza en el pivote anterior de la cuna, lo que es igual que tratar de empujar el rotor en el punto F alrededor de su periferia. Al seguir esto en 90° en la dirección de rotación, habrá precesión en el punto P, haciendo así que la cuna y el rotor se inclinen alrededor del eje longitudinal. Si hubiese una aguja fijada a la cuna, también se inclinaría el mismo ángulo e indicaría un viraje y también su dirección. Sin embargo, nos interesa más el régimen al que se realiza el viraje; para obtener una indicación de éste, controlamos la deflexión angular de la cuna conectándola a la caja del instrumento a través de un muelle.

Considerando una vez más el viraje a la izquierda indicado, el giróscopo tendrá ahora precesión y estirará el muelle hasta que la fuerza que ejerza impida una mayor deflexión del giróscopo. Puesto que la precesión de este tipo de giróscopo es igual al producto de la cantidad de movimiento angular del giróscopoco y el régimen de viraje, la fuerza del muelle es una medida del régimen de viraje. Si el muelle es lineal, esto es, su fuerza es proporcional a la deflexión de la cuna, y la deflexión es pequeña, el movimiento real de la cuna desde la posición cero o de reposo puede tomarse como la medida requerida del régimen de viraje.

En la práctica, la deflexión de la cuna no pasa generalmente de 6°. El motivo de esto es reducir el error debido a que la componente de régimen de viraje no está en ángulo recto al eje de giro durante la deflexión de la cuna.

La aguja de régimen de viraje es accionada por la cuna y un sistema de aumento cuyo diseño varía según los fabricantes. Las escalas están graduadas en lo que se denominan regímenes "estándar", y aunque éstos no siempre están marcados en la escala, están clasificados por los números 1 al 4 y corresponden a regímenes de viraje de 180, 360, 540 y 720° por minuto respectivamente. Las graduaciones mostradas en uno y otro lado del cero de la escala en la esquina superior derecha de la Fig. 5.22 corresponden a un régimen de viraje 1.

También hay un sistema para amortiguar las oscilaciones del giróscopo, el cual está ajustado de forma que la aguja de viraje responda a cambios rápidos de régimen de viraje y, al mismo tiempo, lo haga instantáneamente a un régimen de viraje determinado.

Hay que decir que un giróscopo de régimen no necesita dispositivo de erección o corrección de precesión casual, por la sencilla razón de que siempre es centrado por el sistema de muelle de control. Por esta razón resulta innecesario que el rotor gire a gran velocidad; una velocidad de 4.000 a 4.500 r.p.m. se considera típica. El factor más importante en conexión con la velocidad es que debe mantenerse constante, puesto que la precesión del rotor es directamente proporcional a su velocidad.

Indicación de inclinación lateral o alabeo

Además de la indicación principal de régimen de viraje, también es necesario tener una indicación de que el avión está correctamente inclinado para un viraje en particular. Por consiguiente, se facilita un mecanismo de indicación secundario cuya operación depende del efecto de las fuerzas de gravitación y centrífugas. Pueden emplearse dos métodos mecánicos principales: uno que utiliza un contrapeso de gravedad y una aguja y el otro una bola en un tubo curvo de cristal lleno de líquido (véase la Fig. 5.22).

El método de contrapeso-gravedad se ilustra esquemáticamente en la figura 5.24. En vuelo normal, diagrama (*a*), la gravedad mantiene el peso en tal posición que la aguja indica cero. En (*b*) se muestra el avión girando a la izquierda a cierta velocidad con respecto al aire y ángulo de alabeo. La caja y la escala del indicador se mueven desde luego con el avión y, debido al viraje, la fuerza centrífuga, además de la de la gravedad, actúa sobre el peso y hacen que la aguja permanezca en la posición cero, pero esta vez a lo largo de la resultante de las dos fuerzas. Si la velocidad con respecto al aire aumentara durante el viraje, también aumentarían el ángulo de inclinación y la fuerza centrífuga; pero mientras el ángulo citado sea correcto, el peso y la aguja permanecerán en la posición cero a lo largo de la nueva resultante de fuerzas.

Si el ángulo de inclinación para un régimen de viraje particular no es correcto, digamos inferior a la inclinación normal como en el diagrama (*c*), entonces el avión tenderá a derrapar, esto es, resbalar fuera del viraje. En estas condiciones predominará la fuerza centrífuga y desplazará el peso y la aguja de su posi-

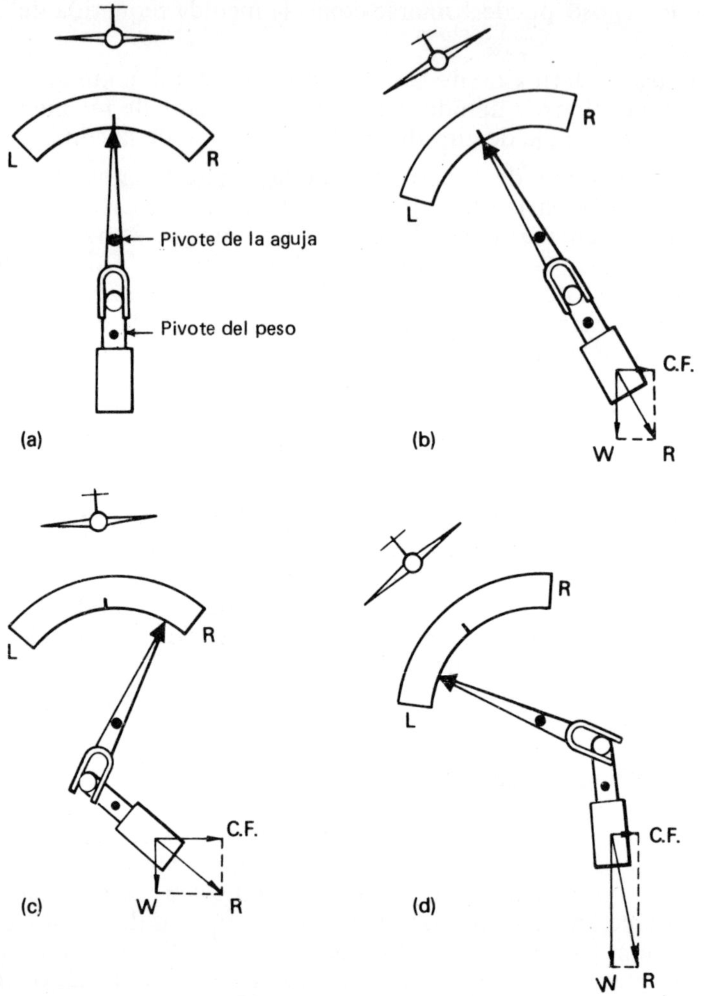

Figura 5.24.–Método de gravedad-peso de indicación de inclinación. *a*) Vuelo horizontal. *b*) Correctamente inclinado. *c*) Inclinado menos de lo normal (derrape fuera del viraje). *d*) Inclinación mayor de la normal (resbalamiento dentro del viraje).

ción cero. Cuando el viraje tenga una inclinación superior a la normal, como en (*d*), el avión tenderá a resbalar hacia el interior del viraje y, por tanto, será la fuerza de la gravedad la que tendrá efecto predominante sobre el peso. Por tanto, la aguja se desplazará de cero en sentido opuesto al de un viraje con inclinación inferior a la normal.

Los efectos de virajes correcta e incorrectamente inclinados sobre el elemento de indicación tipo bola son análogos a los descritos en los párrafos precedentes. Las diferencias mayores residen en que las direcciones de desplazamiento de la bola son opuestas a las del elemento tipo aguja porque las fuerzas actúan directamente sobre la bola. Esto se ve claramente en la serie de diagramas de la figura 5.25.

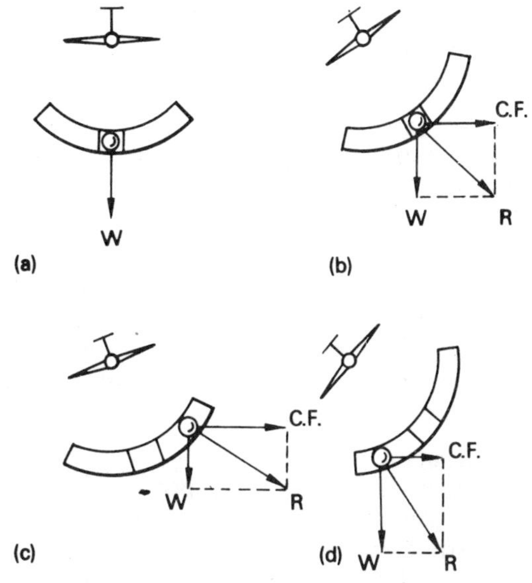

Figura 5.25.—Elemento de indicación de inclinación tipo bola. *a*) Vuelo horizontal. *b*) Correctamente inclinado. *c*) Inclinado menos de lo normal (derrape fuera del viraje). *d*) Inclinado más de lo normal (resbalamiento dentro del viraje).

Indicadores típicos

En la Fig. 5.26 se muestra el mecanismo de un indicador típico accionado por aire. El aire entra en el instrumento a través de un filtro situado en la parte posterior de la caja y es conducido a un bloque de surtidor o boquilla por el tubo de conexión de entrada. El surtidor está ajustado en ángulo para que el aire sea dirigido a las cubetas del rotor. La dirección de rotación es tal que, con el indicador instalado, un punto en la parte superior del rotor se mueve en la dirección del vuelo. La aguja se mueve sobre la escala, la cual tiene una graduación central cero y una graduación en cada extremo. La sensibilidad del giróscopo se ajusta mediante un tornillo fijado a uno de los extremos del muelle de control de régimen, tornillo que sobresale a través de un soporte montado en la placa frontal del mecanismo.

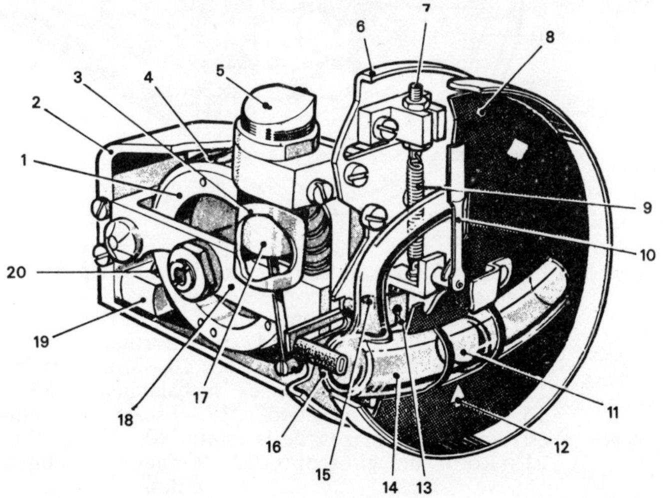

Figura 5.26.—Mecanismo de un indicador de inclinación y viraje accionado por aire. 1.—Rotor. 2.—Armadura del instrumento. 3.—Cilindro amortiguador. 4. Cubetas. 5.—Sangrado de aire. 6.—Placa frontal. 7.—Tornillo de ajuste del muelle de régimen. 8.—Esfera. 9.—Muelle de régimen. 10. Aguja. 11.—Bola de ágata. 12.—Flecha de referencia. 13.—Pivote delantero de la cuna. 14.—Indicador de resbalamiento. 15.—Cámara de expansión. 16.—Carta fluorescente. 17.—Pistón. 18.—Cuna. 19.—Bloque de chorro. 20.—Chorro.

Hay un tope para limitar el movimiento de la cuna a un ángulo que cause un movimiento (izquierda o derecha) de la aguja ligeramente mayor que toda la escala.

Una característica común de todos los indicadores es la amortiguación del movimiento de la cuna para proporcionar indicaciones "sin retroceso". En este tipo particular, el dispositivo de amortiguación es un émbolo, articulado a la cuna, y que se mueve en un cilindro o amortiguador. Cuando el émbolo se mueve en el cilindro, el aire pasa por un orificio pequeño de sangrado cuyo tamaño puede ajustarse para proporcionar el grado necesario de amortiguación.

El indicador de resbalamiento es del tipo de bola y tubo lleno de líquido, con el tubo y su cámara de expansión ocultos detrás de la esfera y sujetos en su posición contra una carta tratada con pintura fluorescente. El líquido que se usa es trementina mineral.

En la Fig. 5.27 se ilustra el mecanismo de un indicador típico de inclinación lateral y viraje accionado por corriente continua. El sistema cardánico sigue la pauta general adoptada para giróscopos de régimen, variando únicamente en la construcción atendiendo a la operación eléctrica.

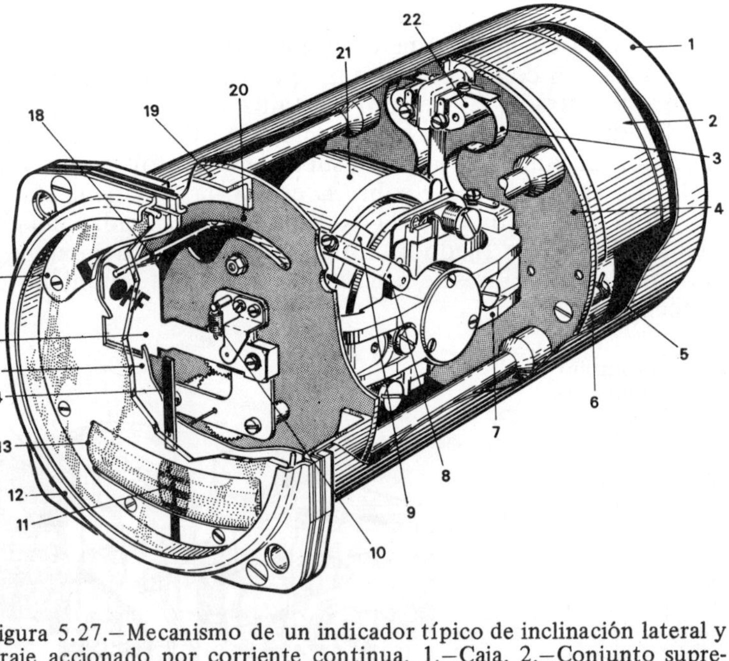

Figura 5.27.—Mecanismo de un indicador típico de inclinación lateral y viraje accionado por corriente continua. 1.—Caja. 2.—Conjunto supresor. 3.—Muelle de alimentación. 4.—Placa del extremo posterior. 5.—Conector aislado. 6.—Unidad de amortiguación magnética. 7.—Cuna. 8.—Estribo. 9.—Imán del estribo. 10.—Muelle de la bandera. 11.—Bola. 12.—Bisel. 13.—Indicador de resbalamiento. 14.—Aguja. 15.—Esfera. 16.—Bandera "inoperativo". 17.—Escala de régimen. 18.—Brazo del estribo. 19.—Armazón de la esfera. 20.—Placa del armazón de la esfera. 21.—Rotor del giróscopo. 22.—Aislador de alimentación de las escobillas.

El rotor consta de un inducido de devanado de lazo y un cerco exterior dispuesto concéntricamente, cuya finalidad es aumentar la masa del rotor y el radio de giro. El inducido gira en el interior de un estator cilíndrico de imán permanente bipolar sujeto a la cuna.

Las escobillas y el conmutador reciben corriente continua vía un supresor de radiointerferencias y muelles flexibles que permiten el movimiento del anillo interior. La velocidad del rotor la controlan dos disyuntores centrífugos idénticos simétricamente opuestos. Cada disyuntor consta de un par de contactos de regulador con punta de platino, uno fijo y otro móvil, que se mantienen cerrados normalmente por un muelle de ajuste del regulador. Cada disyuntor tiene una resistencia a través de sus contactos, que están en serie con la mitad del devanado del rotor. Cuando se obtiene la velocidad máxima del rotor, la fuerza centrífuga que actúa sobre los contactos vence la restricción del muelle haciendo que se abran los contactos. Por consiguiente, la corriente del inducido pasa a través de las resistencias, siendo así reducida y reduciendo la velocidad del rotor. Ambos disyuntores funcionan a la misma velocidad crítica.

El movimiento angular de la cuna se transmite a la aguja a través de un tren de engranajes; la amortiguación la realiza un sistema de arrastre de corrientes parásitas montado en la parte posterior del conjunto de giróscopo. El sistema consta de una copa de arrastre, que está rodeada por la cuna, entre un imán de campo y un anillo de campo.

Un brazo de estribo pivotado en la cuna acciona una bandera de aviso de fallo de energía. Cuando el rotor está estacionario, el brazo del estribo es accionado hacia adelante por la atracción entre un imán montado en él y una extensión (desviador de flujo) del estator de imán permanente. En este estado, la bandera, que está cargada por resorte en la posición replegada, es empujada por el brazo del estribo de modo que aparezca la palabra OFF en una abertura de la esfera. Cuando la velocidad del rotor aumenta, el imán del estribo induce corrientes parásitas en el cerco del rotor y, a una velocidad predeterminada, la reacción entre el imán y la corriente inducida hace que el brazo del estribo se levante y que la palabra OFF desaparezca de la vista.

COORDINADORES DE VIRAJES

Un coordinador de viraje (véase la Fig. 5.28) es una evolución interesante de los indicadores de inclinación lateral y viraje que acabamos de describir, y se adopta en lugar de tales instrumentos en algunos tipos pequeños de aviones de aviación general. La diferencia principal, aparte de la presentación de información, está en el ajuste del eje de precesión del giróscopo de régimen. El giróscopo está restringido por muelle y va montado de forma que el eje esté a unos 30° con respecto al eje longitudinal del avión, haciendo de esta forma al giróscopo sensible a la inclinación del avión así como al viraje. Puesto que un viraje se inicia normalmente inclinando lateralmente un avión, el giróscopo tendrá movimiento de precesión, y con ello moverá el símbolo representativo del avión para que indique la dirección de la inclinación y el piloto pueda anticipar el viraje resultante. El piloto controla entonces el viraje al régimen requerido según lo indica la alineación del símbolo del avión con las graduaciones de la escala exterior. En el ejemplo que se facilita, las graduaciones corresponden a un viraje de régimen 2 (2-minuto). La coordinación del viraje la indica el elemento indi-

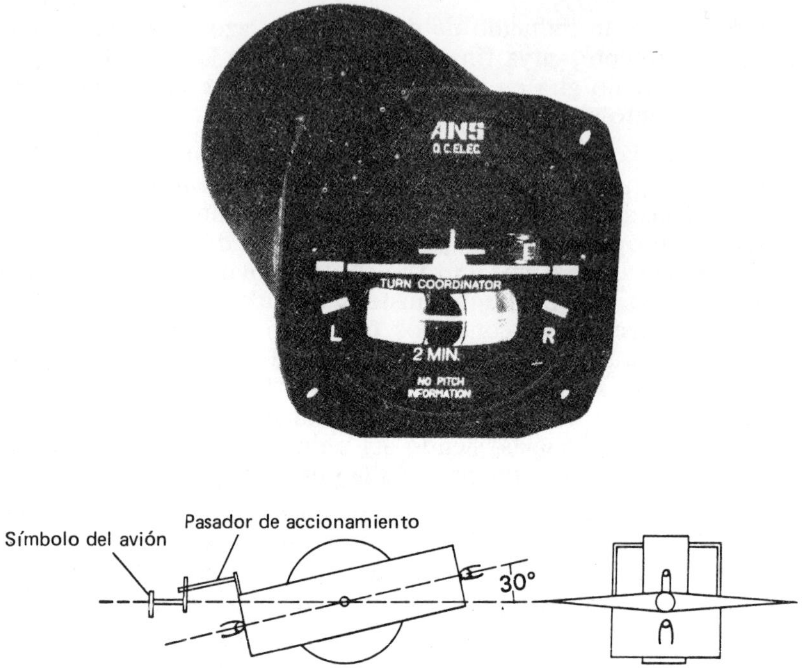

Figura 5.28.–Coordinador de viraje.

cador tipo bola que permanece centrado en la forma normal (véase la página 167). En algunos coordinadores de viraje, puede adoptarse para este fin un indicador tipo péndulo.

El giróscopo es un motor de corriente continua que funciona a aproximadamente 6.000 r.p.m. En algunos tipos de coordinador de viraje el giróscopo puede ser un motor sin escobillas de corriente alterna que funciona a frecuencia constante y que recibe alimentación de un inversor de estado sólido alojado dentro de la caja del instrumento. La anotación "no información de cabeceo" en la escala del indicador se da con objeto de evitar confusión en el control de cabeceo como resultado de la similitud de la presentación con un horizonte giroscópico.

El giróscopo se puede amortiguar utilizando un fluido de silicona o, como en el instrumento que se muestra, mediante un émbolo de grafito que se desliza en un tubo de vidrio. Una pequeña tubería de aire sale del extremo del tubo a una válvula que puede ajustarse para limitar el movimiento del aire en el interior del tubo. Su funcionamiento es similar al dispositivo de amortiguación utilizado en el indicador de inclinación lateral y viraje que se muestra en la Fig. 5.26.

PREGUNTAS

5.1. *a*) Definir las dos propiedades fundamentales de un giróscopo.
b) ¿De qué factores dependen estas propiedades?

5.2. ¿Cómo se utilizan las propiedades giroscópicas en los instrumentos de vuelo?

5.3. ¿Cuáles son los ejes de entrada y salida de un giróscopo?

5.4. ¿Por qué se llaman así los giróscopos de desplazamiento?

5.5. ¿Qué se quiere decir con "velocidad de la Tierra", y cómo tendría que haber sido alineado el eje de entrada de un giróscopo para presentar una desviación aparente igual a esta velocidad?

5.6. ¿Qué se quiere decir con "cambio de dirección del eje del giróscopo por transporte" y tiene los mismos efectos sobre los giróscopos de eje horizontal y eje vertical?

5.7. Describir brevemente algunos métodos para controlar la desviación y el cambio de dirección del eje del giróscopo por transporte.

5.8. ¡Qué se entiende por "bloqueo cardánico" y "error cardánico"?

5.9. Expliquen con la ayuda de diagramas cómo es la precesión de un giróscopo bajo la influencia de una torsión aplicada.

5.10. ¿Qué métodos se adoptan para accionar los rotores de los instrumentos de vuelo giroscópicos?

5.11. ¿Cómo se aplica el principio giroscópico a un horizonte giroscópico?

5.12. Describir la construcción y funcionamiento de un horizonte giroscópico accionado eléctricamente que tenga alguna característica de diseño especial.

5.13. ¿Cómo se enderezan los giróscopos del horizonte giroscópico y se mantienen en su posición de operación normal?

5.14. Explicar cómo se hace girar el campo magnético establecido en el estator de un motor de torsión.

5.15. ¿Cuáles son las funciones de un sistema de "erección rápida"?

5.16. ¿Qué precauciones deben tomarse cuando se utiliza el método de erección rápida de interruptor de nivelación?

5.17. *a*) ¿Qué efectos tiene la aceleración de un avión sobre las indicaciones de un horizonte giroscópico?
b) ¿Qué se entiende por los términos "error de erección" y "error de pendulación"?

5.18. ¿Qué métodos se adoptan para la compensación de "error de erección"?
Describir la operación de un método con el que estén familiarizados.

5.19. ¿Cómo se efectúa usualmente la compensación de "error de pendulación"?

5.20. Describir cómo se aplica el principio del giróscopo de régimen a un indicador de inclinación lateral y viraje.

5.21. *a*) ¿Por qué no es necesario incorporar un dispositivo de erección adicional en un indicador de inclinación lateral y viraje?
b) ¿Por qué es importante que un giróscopo de régimen gire a una velocidad constante?
c) Describir cómo se mantiene una velocidad constante en un indicador de inclinación lateral y viraje accionado por corriente continua.

5.22. Describir, con la ayuda de diagramas, el modo en que un indicador de inclinación lateral tipo bola indica *a*) un viraje con inclinación correcta, *b*) un viraje a estribor en el que el avión tenga una inclinación superior a la normal.

5.23. Describir cómo puede utilizarse un giróscopo de régimen para detectar la inclinación lateral y el régimen de viraje.

6. Instrumentos de indicación de rumbo

BRUJULAS MAGNETICAS DE LECTURA DIRECTA

Las brújulas magnéticas de lectura directa fueron las primeras de las muchas ayudas a la navegación y vuelo de a bordo introducidas en un avión. Su principal función es mostrar la dirección que está llevando el avión con respecto al meridiano magnético de la Tierra.

Sin embargo, respecto a los aviones y a las ayudas a la navegación actuales, tal referencia de dirección la proporcionan con más exactitud los sistemas de brújulas de lectura remota (véanse los Capítulos 7 y 15) por lo que las brújulas de lectura directa han sido relegadas a un papel de reserva.

El principio de operación de estas brújulas, y de hecho de los sistemas a los que nos acabamos de referir, se basa en los fundamentos establecidos del magnetismo, y en la reacción entre el campo magnético de un elemento magnético suspendido adecuadamente y el campo circundante de la Tierra. Por consiguiente, es conveniente estudiar brevemente estos fundamentos.

Propiedades magnéticas (Fig. 6.1)

Consideremos primero las tres propiedades principales de un imán permanente: (i) atrae otras piezas de hierro y acero, (ii) su poder de atracción está concentrado en cada extremo, (iii) cuando está suspendido de forma que se mueve horizontalmente, siempre descansará en una dirección Norte-Sur aproximadamente. La segunda y tercera propiedades están relacionadas con lo que se denominan los *polos* de un imán; al extremo del imán que busca el Norte se le llama *polo Norte* y al extremo que busca el Sur el *polo Sur.*

Cuando a dos de tales imanes se les junta de forma que ambos polos norte o ambos polos sur estén uno enfrente de otro, se crea una fuerza que los mantiene separados. Cuando a uno cualquiera de los imanes se le da la vuelta de forma que su polo norte esté enfrente de un polo sur, se vuelve a crear de nuevo una fuerza, pero ahora ésta hace que se acerquen los imanes. Por tanto, *polos iguales se repelen y polos diferentes se atraen.* Esta es una de las leyes fundamentales del magnetismo. La fuerza de atracción o repulsión entre los dos polos *varía inversamente con el cuadrado de la distancia que los separa.*

La región en la que puede detectarse la fuerza ejercida por un imán se conoce con el nombre de *campo magnético*. Tal campo contiene *flujo magnético*, cuya dirección y densidad puede representarse por *líneas de flujo*. La dirección convencional de las líneas de flujo fuera de un imán es de polo norte a polo sur. Las líneas son continuas e ininterrumpidas, de modo que en el interior del imán

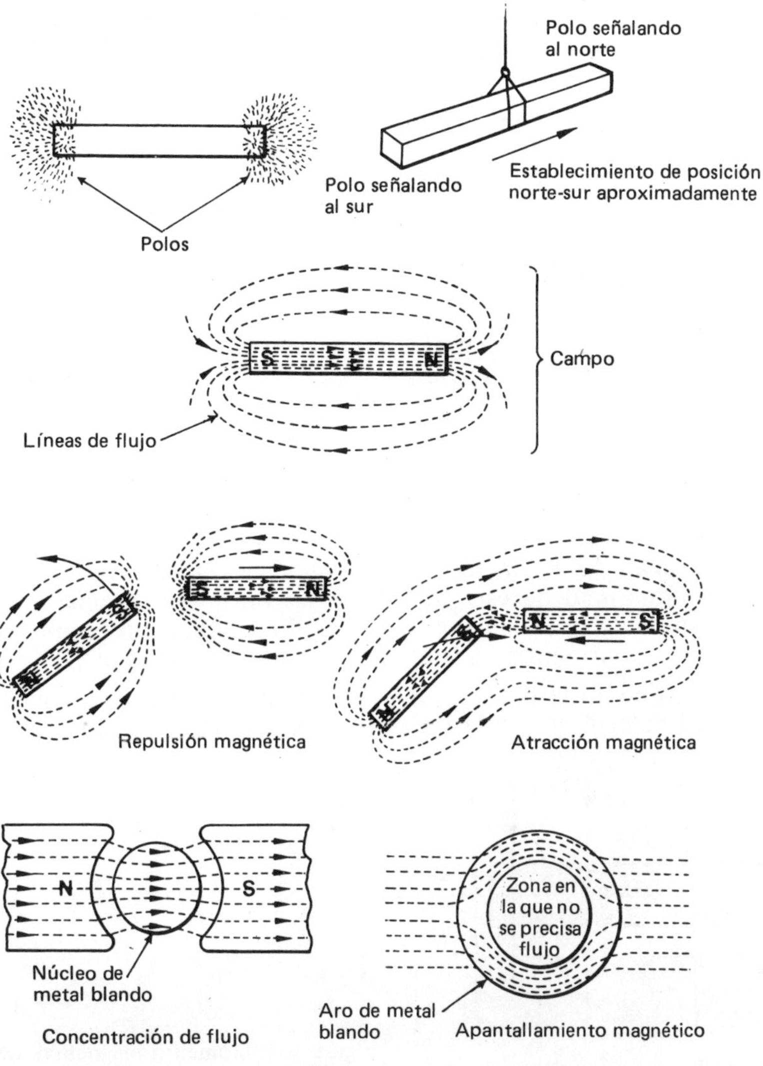

Figura 6.1.–Propiedades magnéticas fundamentales.

su dirección es de polo sur a polo norte. Si se juntan dos campos magnéticos, sus líneas de flujo no se cruzan sino que forman una imagen distorsionada, aunque consistente en lazos cerrados.

El símbolo del flujo magnético es Φ, y su unidad es el *weberio* (Wb). A la cantidad de flujo a través del área de una unidad, indicada por la separación de las líneas de flujo, se la conoce como *densidad de flujo magnético* (*B*); su unidad es el weberio por metro cuadrado, o *tesla* (T).

El flujo magnético se establece con más facilidad en unos materiales que en otros: en particular se establece con más facilidad en materiales magnéticos que en el aire. Todos los materiales, sean o no magnéticos, tienen una propiedad llamada *reluctancia* que resiste el establecimiento de campo magnético y es equivalente a la resistencia de un circuito. Si se coloca un material de baja reluctancia en un campo magnético, la densidad de flujo en el material será mayor que la existente en el aire circundante.

La intensidad del campo magnético, H, o la fuerza de un campo magnético en cualquier punto, se mide por la fuerza, F, ejercida sobre un polo magnético en ese punto. La fuerza depende de la *intensidad del polo*, esto es, del flujo Φ que "emana" del polo*, así como de la intensidad del campo. En símbolos,

$$H = \frac{F}{\Phi} \text{ newtons por weberio.}$$

Por tanto, la unidad de H es el *newton por weberio* (N/Wb). Una unidad que es más familiar a los técnicos electricistas es el *amperio por metro* (A/m). Puede demostrarse que 1 N/Wb = 1 A/m.

Momento magnético

El *momento magnético* de un imán es la tendencia que tiene a girar o ser girado por otro imán. Es requisito imprescindible en el diseño de la brújula de un avión que la intensidad de este momento sea tal que el sistema de detección magnético responda rápidamente a la fuerza directora de un campo magnético; al calcularla debe considerarse la longitud y la intensidad del polo.

Supongamos que en la Fig. 6.2 el imán pivotado que se muestra en (a) es de una intensidad polar Φ y que la longitud de su eje magnético es l; entonces su

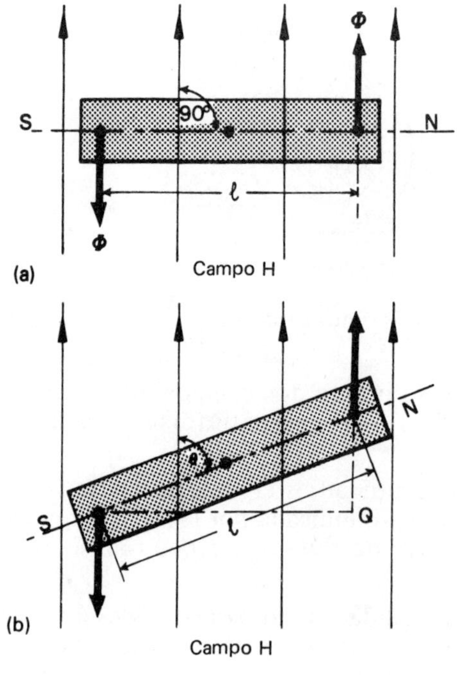

Figura 6.2. Momento magnético. (a) Imán en ángulo recto a un campo uniforme. (b) Imán en ángulo θ a un campo magnético.

* "Emanando del polo si es un polo norte; "volviendo" al polo si es un polo sur.

momento magnético es igual al producto de la intensidad polar y la longitud magnética, por tanto: $m = l\Phi$.

Si ahora se sitúa el imán en ángulo recto a un campo magnético uniforme H, el campo se distorsionará para "atravesar" el imán. Al resistir esta deformación, el campo tratará de atraer el imán para que quede alineado con él. Cada polo experimentará una fuerza de ΦH newtons, y como las fuerzas actúan en direcciones opuestas, constituyen un par. Ahora bien, la torsión, M, de un par es el producto de una de las fuerzas iguales y la distancia perpendicular que las separa, esto es, $M = l\Phi H$; pero $l\Phi = m$, de modo que $M = mH$.

De lo expuesto es evidente que cuanto mayor es la intensidad polar y más largo es el imán, mayor será su tendencia a alinearse con un campo magnético circundante. Inversamente, mayor será la fuerza que ejerce en el campo circundante, o con cualquier material magnético en sus proximidades.

En la Fig. 6.2(*b*), la aguja imanada se muestra inclinada en un ángulo θ al campo H. La fuerza en cada polo es todavía ΦH, pero la distancia perpendicular entre las fuerzas es ahora SQ = l sen θ. Por tanto, la torsión que actúa sobre el imán en un ángulo θ es $l\Phi H$ sen θ, o mH sen θ.

Imán en un campo deflector

En la Fig. 6.3 hay un imán situado en un campo magnético uniforme H_1; en ángulo recto a H_1 se aplica un campo deflector uniforme H_2. Cuando el imán está en un ángulo θ al campo H_1, como ya se mostró, el par debido a H_1, es mH_1 sen θ. El par debido a H_2 es mH_2 cos θ. Por tanto, para que el imán esté en equilibrio, esto es, sujeto a pares iguales y opuestos, mH_1 sen $\theta = mH_2$ cos θ, de modo que la intensidad del campo deflector es $H_2 = H_1$ tg θ.

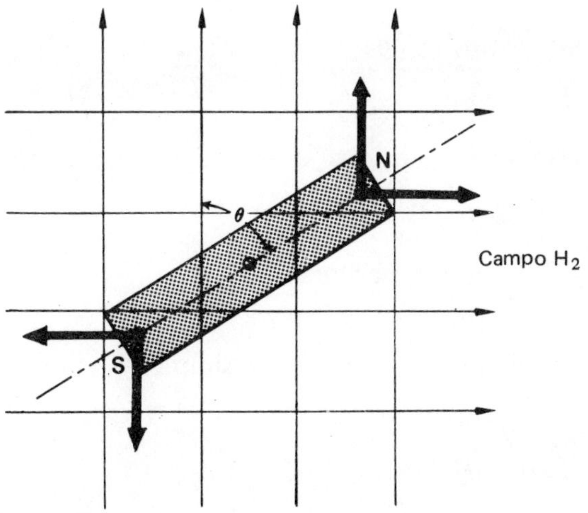

Figura 6.3.–Imán en un campo deflector.

Período de un imán suspendido

Si un imán suspendido es desviado de su posición de descanso en el campo magnético bajo cuya influencia está actuando, experimenta enseguida un par que le urge a volver a esta posición; cuando la fuerza desviadora se retira del imán, si persiste, oscilará hacia atrás y hacia adelante alrededor de su posición de equilibrio antes de quedar finalmente en reposo. El tiempo que invierte el imán en oscilar de un extremo a otro y volver otra vez, esto es, el tiempo invertido en una vibración completa, se conoce como *período* del imán.

Cuando el imán vuelve gradualmente a la posición de reposo, la amplitud de la vibración se hace paulatinamente menor, pero el período sigue siendo el mismo y no puede ser alterado ajustando la amplitud. El período de un imán depende de su forma, tamaño o masa (factores que afectan al momento de inercia), de su momento magnético y de la intensidad del campo en el que vibra. El período varía con estos factores de la forma siguiente: (i) se hace más largo cuando aumenta la masa; (ii) se hace más corto cuando la intensidad del campo aumenta.

Las vibraciones de un imán que actúa bajo la influencia de un campo magnético son muy parecidas a las de un péndulo ordinario que se balancea bajo la influencia de la gravedad; el período T de un péndulo viene dado por

$$T = 2\pi \sqrt{\frac{l}{g}}$$

donde l es la longitud del péndulo y g la aceleración debida a la gravedad.

Cuando un imán de momento magnético m es desplazado en un ángulo θ entonces, como ya se mostró, el par torsor, T, que lo devuelve a la posición de equilibrio, es mH sen θ. Si I es el momento de inercia* del imán vibratorio de un eje a través de su centro de gravedad perpendicular a su longitud, entonces su aceleración angular es

$$\alpha = \frac{M}{I} = \frac{mH \operatorname{sen} \theta}{I}$$

Si el desplazamiento es pequeño, el seno θ y θ no se diferencia apreciablemente, de modo que

$$\frac{mH \operatorname{sen} \theta}{I} \text{ puede escribirse } \frac{mH}{I}$$

y es constante. El movimiento es armónico simple, y tiene un período dado por

$$T = 2\pi \sqrt{\frac{I}{mH}}$$

---

* Otros símbolos para el momento de inercia son K y J.

Metal duro y metal blando

"Duro" y "blando" son términos que se usan para calificar variedades de materiales magnéticos de acuerdo con la facilidad con que pueden magnetizarse. Los aceros al cobalto y al tungsteno son metales del tipo duro, puesto que son difíciles de magnetizar; pero una vez magnetizados retienen la propiedad durante mucho tiempo, de aquí el término *magnetismo permanente.* Los metales que son fáciles de magnetizar (ferrosilicio, por ejemplo), y que pierden generalmente su estado magnético una vez que se retira la fuerza magnetizadora, se clasifican como blandos.

Estos términos se usan también para clasificar los efectos magnéticos que se producen en el avión, un tema que se estudia con detalle en el Capítulo 8.

MAGNETISMO TERRESTRE

La superficie de la tierra está rodeada por un campo magnético débil que culmina en dos *polos magnéticos* internos, situados cerca de los *polos* Norte y Sur *verdaderos o geográficos.* Que esto es así, es evidente por el hecho de que un imán suspendido libremente en varias partes de la superficie de la Tierra se fijará en una dirección determinada, dirección que varía con la localidad. Un plano que pase a través del imán y el centro de la Tierra recorrería sobre la superficie de la misma una línea imaginaria llamada *meridiano magnético,* según se muestra en la Fig. 6.4.

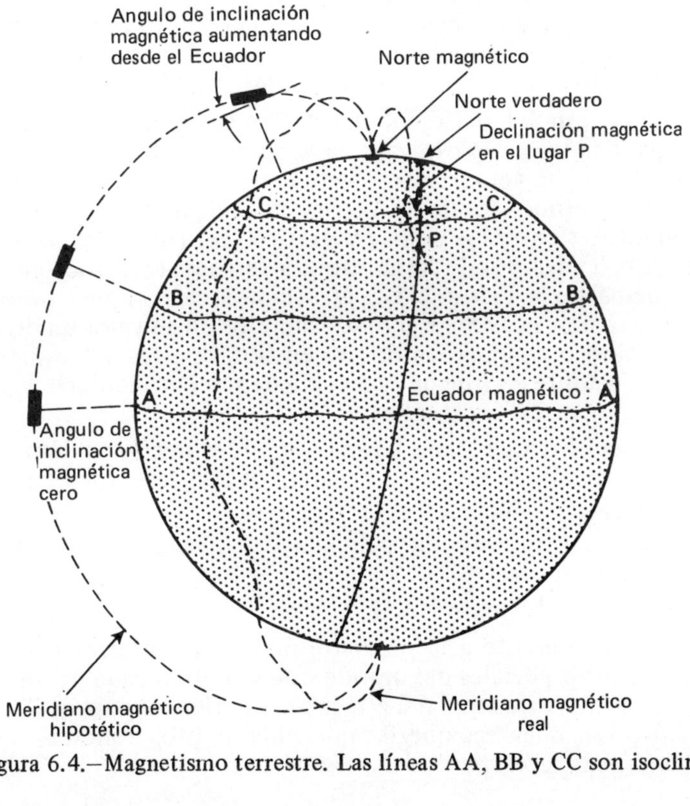

Figura 6.4.–Magnetismo terrestre. Las líneas AA, BB y CC son isoclinas.

Así, parecería que el campo magnético de la Tierra es similar al que podría esperarse en la superficie si una barra corta pero muy magnetizada estuviese situada en el centro. Esto explica en parte el hecho que los polos magnéticos sean áreas relativamente grandes, debido a la difusión de las líneas de fuerza, y también da una razón del porqué la dirección del campo es horizontal en las proximidades del Ecuador. Sin embargo, el origen del campo no se conoce todavía, pero para fines de explicación, la suposición de un imán recto en el centro de la tierra es útil al considerar la forma general del campo magnético como se supone que es.

El campo magnético de la Tierra se diferencia del de un imán ordinario en varios aspectos. Sus puntos de máxima intensidad, o fuerza, no están en los polos magnéticos (teóricamente debía ser así) sino que se dan en otras cuatro posiciones, dos cerca de cada polo, conocidas como *focos magnéticos.* Además, los mismos polos están cambiando continuamente sus posiciones; en cualquier punto sobre la superficie de la Tierra el campo no es simétrico y está sujeto a cambios periódicos e irregulares.

Variación magnética o declinación

Igual que los meridianos y paralelos están trazados con referencia a los polos norte y sur geográficos, así pueden trazarse los meridianos y paralelos magnéticos con referencia a los polos magnéticos. Si se preparase un mapa que mostrase los meridianos verdaderos y los magnéticos, se observaría que se intersectan en ángulos que varían de 0 a 180° en diferentes partes de la Tierra, divergiendo unas veces en una dirección y otras en la otra. El ángulo horizontal contenido entre el meridiano verdadero (geográficc) y el magnético en cualquier lugar se conoce como la *variación magnética o declinación.*

Cuando la dirección del meridiano magnético se inclina a la izquierda del verdadero en cualquier lugar, se dice que la variación es hacia el oeste. Cuando la variación es a la derecha del meridiano verdadero se dice que es al este. Varía de 0° a lo largo de las líneas donde los meridianos magnético y verdadero van juntos, a 180° en lugares entre los polos geográfico (verdadero) y magnético. En algunos sitios de la Tierra donde la naturaleza ferrosa de la roca altera el campo magnético principal de la Tierra, existe atracción local y se producen variaciones anormales que pueden ocasionar grandes cambios en su valor en distancias muy cortas. La variación o declinación difiere en todas partes del mundo y no mantiene un valor constante en ningún lugar; pueden experimentarse los cambios siguientes que tampoco son constantes:

(i) *Cambio secular,* que tiene lugar en grandes períodos debido a los cambios de posición de los polos magnéticos con relación a los verdaderos o geográficos.

(ii) *Cambio anual,* que es una pequeña fluctuación estacional superpuesta en el cambio secular.

(iii) *Cambio diurno* (diario).

La información referente a la variación magnética o declinación y sus cambios se da en cartas especiales del mundo que se editan cada pocos años. Las líneas dibujadas en las cartas que unen lugares que tienen igual declinación se llaman *líneas isógonas,* mientras que las que unen puntos donde la declinación es cero, se llaman *líneas agónicas.*

Inclinación magnética

Según se manifestó anteriormente, una aguja imanada suspendida libremente se fijará en una dirección determinada en cualquier punto sobre la superficie de la Tierra y yacerá paralela al meridiano magnético en ese punto. Sin embargo, no estará paralela a la superficie de la Tierra en todos los puntos por la sencilla razón de que, como puede verse en la Fig. 6.4, las líneas de fuerza no son horizontales. Estas líneas emergen verticalmente del polo norte magnético, se curvan y descienden verticalmente dentro del polo sur magnético, y sólo pasan horizontalmente a lo largo de la superficie de la Tierra en lo que se conoce como *Ecuador magnético.* Por consiguiente, si se lleva una aguja magnética a lo largo de un meridiano de norte a sur, estará de pie, extremo rojo hacia abajo, al comienzo, horizontal cerca del ecuador, y acabará otra vez de pie con el extremo azul hacia abajo.

El ángulo que las líneas de fuerza forman con la superficie de la tierra en cualquier lugar dado se llama *ángulo de inclinación o inclinación magnética,* y varía de 0° en el ecuador magnético a 90° en los polos magnéticos. La inclinación es convencional y se considera positiva cuando el extremo rojo de una aguja imanada suspendida libremente se inclina por debajo de la horizontal, y negativa cuando es el extremo azul el que se inclina así. Por tanto, todos los ángulos de inclinación al norte del ecuador magnético serán positivos y todos los ángulos de inclinación hacia el sur de dicho ecuador magnético serán negativos.

El ángulo de inclinación en todos los lugares sufre cambios similares a los descritos para la declinación y también se muestra en las cartas del mundo. En estas cartas los lugares que tienen la misma inclinación magnética están unidos por líneas conocidas como *isoclinas,* mientras que aquellos en los que el ángulo es cero están unidos por una línea denominada *línea aclínica* o *ecuador magnético,* que ya hemos mencionado.

Fuerza total o intensidad magnética de la Tierra

Cuando una aguja imanada suspendida libremente en el campo de la Tierra queda en reposo, lo hace bajo la influencia de la fuerza total del magnetismo de la Tierra. El valor de esta fuerza total en un lugar dado es difícil de medir, pero raras veces es necesario conocerlo. Por consiguiente, se suele transformar esta fuerza total en sus componentes horizontal y vertical, denominadas H y Z respectivamente; si se conoce el ángulo de inclinación θ, puede calcularse la fuerza total.

Tiene gran valor práctico conocer los valores de las componentes horizontal y vertical, particularmente en relación con la desviación y el ajuste de la brújula. Ambas componentes son responsables de la magnetización de cualquier pieza o parte magnética del avión que se encuentre en sus planos respectivos, y, por consiguiente, pueden fluctuar en cualquier lugar en aviones diferentes o en diferentes posiciones de las brújulas en el mismo avión. En la Fig. 6.5 se muestra la relación entre inclinación, fuerza horizontal, fuerza vertical y fuerza total.

Como en el caso de la declinación y la inclinación, las cartas del mundo se publican mostrando los valores H y Z para todos los lugares de la superficie de la tierra, junto con la variación anual media. Las líneas de fuerza horizontal y vertical igual se conocen como *líneas isodinámicas.*

La fuerza magnética de la Tierra puede manifestarse como un valor relativo o un valor absoluto. Si se cita como un valor relativo en conexión con las brújulas del avión se da con relación a la fuerza horizontal en Greenwich.

Figura 6.5.– Relación entre la inclinación magnética, Z, H y la fuerza total. $a - c$ = componente Vertical Z; $c - b$ = = componente horizontal H; $a - b$ = = fuerza total T. Angulo dado de inclinación magnética θ y H, $Z/H = \text{tg}\ \theta$ y $Z = H\ \text{tg}\ \theta$; $H/T = \cos\theta$ y $T = H \cos\theta$; $T^2 = H^2 + Z^2$.

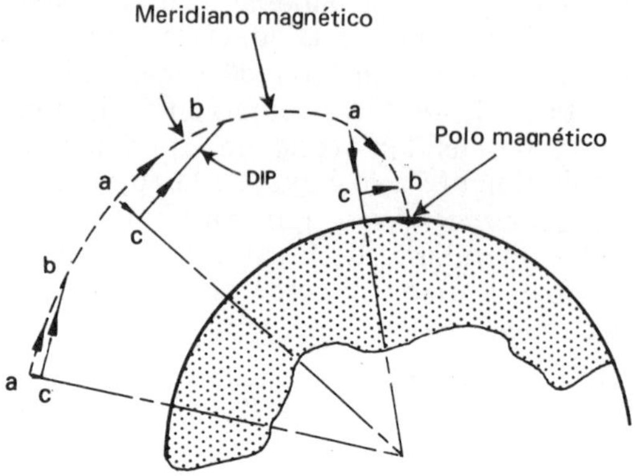

TIPOS DE BRUJULAS DE LECTURA DIRECTA

Las brújulas tienen las características comunes principales siguientes: un sistema magnético alojado en una taza; amortiguación de líquido; y compensación de expansión de líquido. La mayoría de las brújulas que se usan hoy son del tipo de graduación vertical, que se muestra en la Fig. 6.6.

Figura 6.6.– Brújulas de lectura vertical. *a*) Montura suspendida. *b*) Montura en panel.

Sistema magnético

En la Fig. 6.7 se facilita un ejemplo de un sistema magnético. Consta únicamente de un solo imán anular de acero al cobalto, al cual va fijada una rosa de brújula. La suspensión consiste en un pivote de punta de iridio sujeto al centro

Figura 6.7.–Sistema típico de imán de brújula.

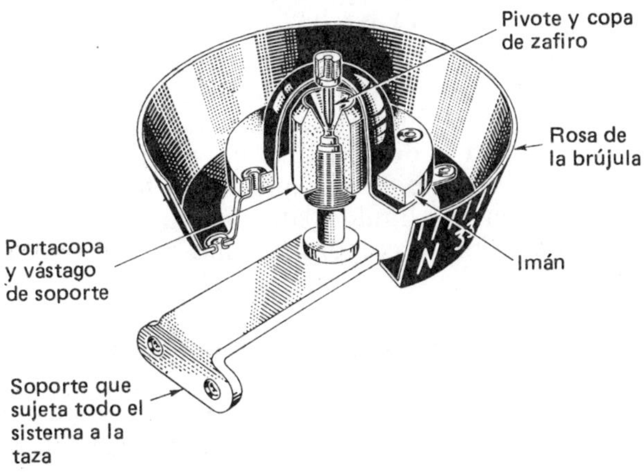

del sistema magnético y descansa en un recipiente de zafiro en forma de copa sostenida en un portador o vástago. La combinación de iridio y zafiro proporciona resistencia al desgaste y reduce la fricción del pivote al mínimo. La rosa o carta se consulta contra una línea de referencia fijada al interior de la taza y que se encuentra sobre o paralela al eje longitudinal cuando la brújula está instalada en un avión.

Amortiguación de líquido

La principal razón para llenar las tazas de las brújulas de líquido es hacer la brújula *aperiódica.* Este es un término que se aplica a una brújula cuyo sistema magnético, después de ser desviado, vuelve a su posición de equilibrio directamente sin oscilar o rebasar. Otra razón para utilizar un líquido es que estabiliza el sistema magnético y le da cierta flotación, reduciendo así el peso sobre el pivote y disminuyendo, por tanto, los efectos de fricción y desgaste.

Los líquidos, que pueden ser del tipo mineral o alcohol, deben reunir requisitos tales como bajo punto de congelación, baja viscosidad, gran resistencia a la corrosión y no descolorarse.

Compensación de expansión del líquido

Los líquidos de las brújulas están sujetos a expansión y contracción en función de las variaciones de temperatura; los cambios resultantes en su volumen pueden tener efectos indeseables. Por ejemplo, con la reducción de temperatura del líquido se contraería y dejaría un espacio de aire en la taza, reduciendo, por tanto, el efecto amortiguador. Por el contrario, cuando las temperaturas fuesen altas, el líquido se expandería hacia afuera dando lugar a fugas alrededor de las juntas de la taza. Por consiguiente, es preciso incorporar un dispositivo dentro de la taza que absorba los cambios volumétricos y, de este modo, compense sus efectos.

El compensador toma la forma de un elemento flexible, como un fuelle o un diafragma ondulado que forma la parte posterior de la taza. Cuando la taza está llena, el elemento flexible se comprime una cantidad específica por medio de una herramienta especial; el efecto de esta compresión es aumentar el volumen de la taza. Si en este momento la taza compensada es sometida a una temperatura baja, el líquido se contraerá, pero al mismo tiempo el elemento flexible responderá a la disminución de volumen expandiéndose y llenando de líquido cualquier espacio de aire que pueda formarse. Con un aumento de temperatura, el volumen del líquido aumenta más debido a la expansión y, por eso, el elemento flexible se comprimirá más para absorber el aumento de volumen.

El efecto de la inclinación en un sistema magnético de brújula

La inclinación, como ya sabemos, es el ángulo que una aguja imanada suspendida forma con la horizontal en cualquier lugar particular debido a la influencia de la componente vertical *Z* del campo de la Tierra. Por otra parte, se sabe que, para lograr una indicación exacta del rumbo magnético, dependemos solamente del efecto de la componente horizontal *H*. Al ser así, la exactitud direccional máxima sólo puede obtenerse en sitios donde la inclinación esté en, o se aproxima a cero, y puesto que esto sólo es posible en el Ecuador y sus latitudes próximas, su aplicación como indicador de rumbo de una brújula que utilice un sistema magnético sin compensar en lo que respecta a los efectos de la inclinación, es muy limitada.

Por consiguiente, una brújula debe diseñarse de forma que neutralice los efectos de la componente vertical *Z* en una gama de latitudes mucho mayor, haciendo posible que su sistema magnético permanezca horizontal o casi horizontal. Existen varias formas de hacer esto, pero el método que ha demostrado ser más eficaz es hacer pendular el sistema magnético, esto es, pivotarlo en un punto encima del centro de gravedad, según se muestra en la Fig. 6.8.

Cuando la componente vertical *Z* actúa sobre el sistema magnético, este último es obligado a inclinarse, sacando el centro de gravedad del sistema de su posición debajo del punto de giro. En este momento actúa una fuerza hacia arriba a través del pivote y otra hacia abajo a través del centro de gravedad; como ambas fuerzas no actúan a lo largo de la misma línea, se introduce un par de enderezamiento. El par tiende a llevar una vez más el sistema magnético a la posi-

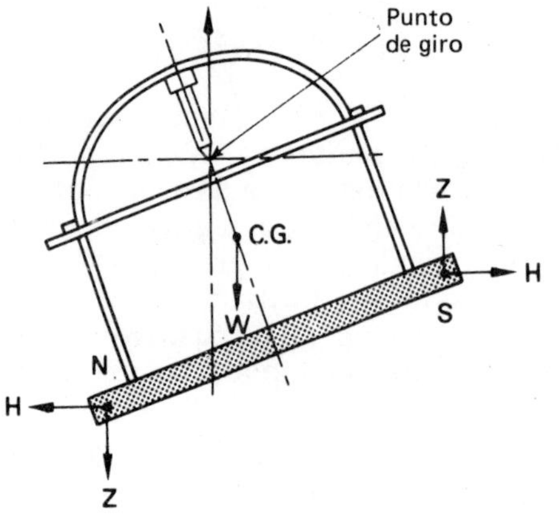

Figura 6.8.–Compensación de la inclinación magnética.

ción horizontal. Sin embargo, la componente vertical Z se sigue ejerciendo aún sobre el sistema magnético, de forma que no volverá a la posición horizontal exactamente, excepto, desde luego, en el Ecuador magnético, donde el valor de Z es cero.

Las brújulas están diseñadas con una pendulación tal que el sistema magnético está dentro de 2° aproximadamente de la horizontal verdadera (cuando las únicas fuerzas que actúan sobre él son la componente vertical Z y la gravedad) entre las latitudes 60° norte y 40° sur.

CONSTRUCCION DE LA BRUJULA

En la Fig. 6.9 se muestra un ejemplo de la construcción de una brújula de un tipo de graduación vertical. El sistema magnético consta de un imán anular de acero al cobalto y una carta de graduación de aleación de aluminio montada de modo que esté cerca de la cara interior de la taza, reduciendo así al mínimo los errores de observación debidos al paralaje. La carta está graduada en aumentos de 10°; las indicaciones intermedias se calculan por interpolación. Las observaciones se hacen con referencia a una línea moldeada en la cara interior de la taza.

El sistema está suspendido por medio del pivote usual de punta de iridio y la copa de zafiro, estando esta última sostenida por un portacopas montado en un conjunto de soporte y vástago, sujeto a la parte posterior de la taza. Para impe-

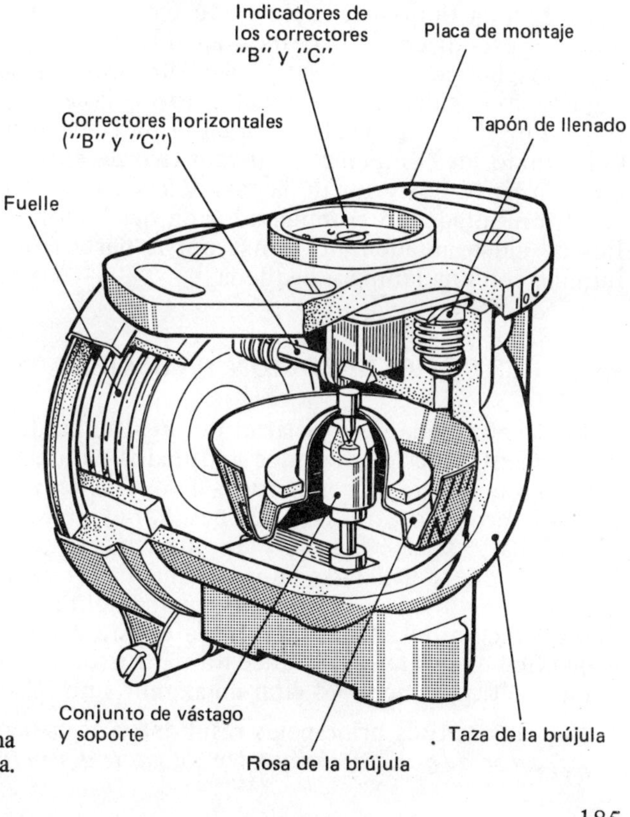

Figura 6.9.—Vista en corte de una brújula de lectura vertical típica.

dir que el conjunto magnético se desprenda del vástago, en caso de inversión de la brújula, la separación entre la parte superior de la tuerca del pivote y el techo de la taza es menor que la distancia entre la copa de zafiro y la parte superior del portacopas. Cuando se devuelve la brújula a su posición normal, el portacopas guía al pivote de vuelta a la copa de zafiro, que tiene los lados en pendiente y pulidos.

El equilibrio del sistema magnético es tal que el extremo que apunta al norte está 2° hacia abajo para compensar el ángulo de inclinación (véase la pág. 184).

La taza está moldeada en Diakon y pintada en el exterior con esmalte negro mate, excepto por una pequeña zona en el frente a través de la cual se observa la carta. Esta parte de la taza está moldeada de forma que tiene un efecto de aumento sobre la carta y sus graduaciones. El líquido amortiguador es un fluido silicónico (dimetilsiloxano-polímero); la taza se llena con 1 1/2 onzas (42,63 mililitros). Los cambios en el volumen del líquido debidos a las variaciones de temperatura se compensan con un dispositivo de expansión tipo fuelle, sujeto a la parte posterior de la taza.

Los efectos de desviación debidos a las componentes longitudinal y lateral del magnetismo del avión (véase el Capítulo 8) se compensan por medio de conjuntos correctores de imán permanente sujetos a la placa de montaje de la brújula. En algunas versiones de esta brújula se facilita un conjunto corrector adicional para su uso en aviones que necesiten compensación de una componente magnética vertical.

La brújula tipo carta o de graduación vertical que se muestra en (*b*) de la figura 6.6 está diseñada para montaje directo en un panel de instrumentos. El sistema magnético es análogo al descrito anteriormente excepto en que se usan imanes tipo aguja. La caja de latón forma la taza y está cerrada herméticamente por un bisel frontal y una tapa en la parte posterior. Los cambios de volumen del líquido los compensa un dispositivo de expansión tipo diafragma encajado entre la parte posterior de la taza y la tapa posterior. En la parte superior de la taza va montado un compensador de desviación de imán permanente; los husillos de ajuste pueden alcanzarse por la parte frontal de la brújula. La carta se ilumina con una lámpara pequeña.

ERRORES DE ACELERACION Y VIRAJE

En la búsqueda de exactitud de un sistema de indicación, se encuentra frecuentemente que los métodos adoptados para contrarrestar los errores indeseables bajo una serie de condiciones de operación son ellos mismos fuentes potenciales de error en otras condiciones. Por ejemplo, cuando un sistema magnético de brújula se hace pendular para que contrarreste los efectos de la inclinación, la brújula puede utilizarse en una gama mayor de latitudes sin error importante; pero desafortunadamente, cualquier maniobra que introduce una componente de aceleración del avión, bien hacia el este o bien hacia el oeste del meridiano magnético de la Tierra, produce un par torsor alrededor del eje vertical del sistema magnético haciéndolo girar en azimut a un falso meridiano.

Hay dos errores principales resultantes de los componentes de aceleración, a saber, *error de aceleración* y *error de viraje al norte*, pero antes de considerarlos detalladamente es conveniente analizar primero el efecto que produciría si se fuese a suspender un péndulo sencillo en un avión.

En tanto en cuanto se mantengan un rumbo y una velocidad constantes, el péndulo permanecerá para todos los fines prácticos en la vertical verdadera con su centro de gravedad directamente debajo del punto de suspensión. Sin embargo, si el avión gira, acelera o decelera, el péndulo dejará de estar vertical. Esto se debe a que, por causa de la inercia, el centro de gravedad se retrasará con respecto al pivote y se desplazará de la posición normal verticalmente debajo de él. En un viraje con inclinación lateral correcta, las fuerzas que actúan sobre el centro de gravedad harán que el péndulo permanezca vertical al plano del avión y que adopte un ángulo respecto a la vertical igual al ángulo de inclinación.

Puesto que los virajes son, en efecto, aceleración hacia sus centros y lo mismo si su inclinación es correcta o incorrecta siempre hacen que un péndulo adopte una falsa vertical, puede decirse en términos generales que cualquier aceleración o deceleración del avión hará que el centro de gravedad de un péndulo se desvíe de su posición normal verticalmente debajo del punto de suspensión.

Es evidente, por tanto, que un sistema magnético suspendido para contrarrestar los efectos de la inclinación, se comportará de forma análoga a un péndulo; cualquier aceleración o deceleración en vuelo tiene como consecuencia un desplazamiento del centro de gravedad del sistema de su posición normal.

Error de aceleración

El error de aceleración puede definirse, en términos generales, como el error causado por el efecto de la componente vertical del campo de la tierra en las propiedades direccionales de un sistema magnético suspendido cuando el centro de gravedad del sistema es desplazado de su posición normal; tales errores son regulados por el rumbo en el que tiene lugar la aceleración o deceleración.

La fuerza aplicada por un avión, cuando acelera o decelera en cualquier rumbo fijo, se aplica al sistema magnético en el punto de suspensión, que es, desde luego, su única conexión. La reacción a esta fuerza será igual y opuesta y debe actuar a través del centro de gravedad debajo del punto de suspensión y desviado de él debido a la ligera inclinación del sistema magnético. Las dos fuerzas constituyen un par que, según sea el rumbo volado por el avión, hace que el sistema magnético cambie su ángulo de inclinación o gire en azimut.

Consideraremos primero un avión que vuela en el hemisferio septentrional y que acelera en un rumbo al norte. Las fuerzas que entran en juego por la aceleración serán las que se muestran en la Fig. 6.10(*a*). Puesto que el punto de suspensión P y el centro de gravedad están en el plano del meridiano magnético, la reacción R hace que el extremo N del sistema magnético se incline hacia abajo, aumentando de este modo el ángulo de inclinación sin ninguna rotación azimutal. Inversamente, cuando el avión decelera, la reacción en el centro de gravedad inclina la aguja hacia abajo en el extremo S, según se muestra en (*b*).

Cuando un avión vuela en el hemisferio norte o en el sur y cambie la velocidad en rumbos que no sean el meridiano N-S, tales cambios producirán rotación azimutal del sistema magnético y errores en la indicación.

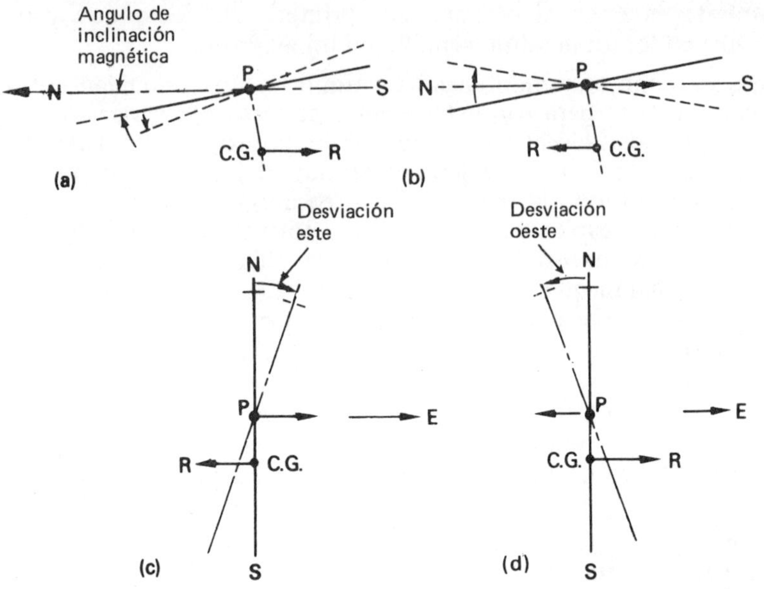

Figura 6.10.–Errores de aceleración. *a*) Aceleración en rumbo norte en el hemisferio norte. *b*) Deceleración en rumbo norte en el hemisferio norte. *c*) Aceleración en rumbo este en el hemisferio norte. *d*) Deceleración en rumbo este en el hemisferio norte.

Consideremos ahora los efectos sobre el sistema magnético de la brújula cuando un avión que vuela en el hemisferio norte acelera en un rumbo al este (Fig. 6.10(*c*)). La fuerza de aceleración actuará otra vez a través del punto de suspensión *P* y la reacción *R* a través del centro de gravedad, pero esta vez actúan lejos una de otra en ángulo recto al plano del meridiano magnético. El par tenderá ahora a girar el sistema magnético en el sentido de las agujas del reloj, indicando de este modo un viraje aparente al norte, o lo que se denomina desviación al este. Cuando el avión decelera como en (*d*) se producirá el efecto inverso; el par tiende ahora a girar el sistema magnético en sentido contrario a las agujas del reloj, indicando un viraje aparente al sur, o desviación al oeste.

Por consiguiente, en el hemisferio norte, la aceleración produce desviación al este en rumbos este, y desviación al oeste en rumbos oeste, mientras que la deceleración tiene el efecto inverso. En el hemisferio sur el resultado será al contrario.

Cuando el avión se aproxima a rumbos norte o sur, la magnitud de la desviación aparente disminuye, y el error de aceleración varía como el seno del rumbo de brújula.

En conexión con los errores introducidos por las aceleraciones y deceleraciones puede mencionarse otro punto, que es el efecto de los cambios de posición en vuelo del avión. Si un avión que vuela horizontal realiza un ascenso a la misma velocidad, el efecto sobre el sistema magnético de la brújula será el mismo que si el avión hubiese decelerado, porque ha cambiado la velocidad horizontal. Si el cambio de posición va acompañado también por una variación de la velocidad, la desviación aparente puede ser muy considerable.

Errores de viraje

Cuando un avión ejecuta un viraje, se lleva con él el punto de suspensión del sistema magnético a lo largo de la trayectoria curva del viraje, mientras que el centro de gravedad, al estar desviado, queda sujeto a la fuerza de la aceleración centrífuga producida por el viraje, lo que hace que el sistema oscile hacia atrás y gire de modo que se observen las desviaciones aparentes o errores de viraje. Además, durante el viraje, el sistema magnético tiende a mantener una posición paralela al plano transversal del avión, dándole de este modo una inclinación lateral cuyo ángulo está regulado por el ángulo de inclinación del avión. En un viraje con la inclinación correcta, el ángulo de inclinación se mantendría igual al ángulo de alabeo del avión, porque la resultante de la fuerza centrífuga y la gravedad será normal con respecto al plano transversal del avión y también al plano a través del punto de suspensión del sistema magnético y el centro de gravedad.

Sin embargo, en cuanto se inclina el sistema magnético, y sin tener en cuenta para nada si el avión está o no correctamente inclinado, el sistema está libre para moverse bajo la influencia de la componente vertical *Z* de la tierra, que tendrá una componente en el plano lateral del sistema que lo hará girar, aumentando más el error de viraje.

La amplitud y la dirección del error de viraje depende del rumbo del avión, el ángulo de inclinación del sistema magnético y la inclinación de la aguja imanada. Con el fin de tener una idea clara de sus efectos sobre las propiedades indicadoras de dirección de la brújula, podemos considerar algunos ejemplos de los cambios de rumbo del avión con respecto al meridiano magnético y en los dos hemisferios, el norte y el sur.

Viraje de un rumbo norte hacia el este u oeste

La Fig. 6.11(*a*) muestra el sistema magnético de una brújula en un avión que vuela en el hemisferio septentrional y en rumbo norte; el extremo del sistema que apunta al norte coincide con la línea de referencia. Supongamos ahora que el piloto quiere hacer un cambio de rumbo hacia el este. En cuanto comienza el viraje, la aceleración centrífuga actúa sobre el centro de gravedad haciendo que el sistema gire en la misma dirección del viraje, y puesto que el sistema está inclinado, la componente vertical *Z* de la Tierra ejerce una tracción sobre el extremo N produciendo más rotación del sistema. Ahora bien, la magnitud de rotación del sistema magnético depende del régimen en el que se efectúa el viraje y la inclinación del avión; la resultante de estas tres posibles indicaciones la puede registrar la brújula: (i) un giro en el sentido correcto, pero más pequeño que el realizado realmente cuando el sistema magnético gira a un régimen más lento que el avión; (ii) ningún giro absolutamente cuando el sistema magnético y el avión están girando al mismo régimen; (iii) un giro en el sentido opuesto cuando el sistema magnético gira a un régimen más rápido que el avión. Se producirán los mismos efectos si el rumbo cambia de N a O mientras se vuela en el hemisferio norte.

En el hemisferio sur o meridional (Fig. 6.11(*b*)) los efectos son algo diferentes. El polo sur magnético es el que domina ahora y por eso el ángulo de incli-

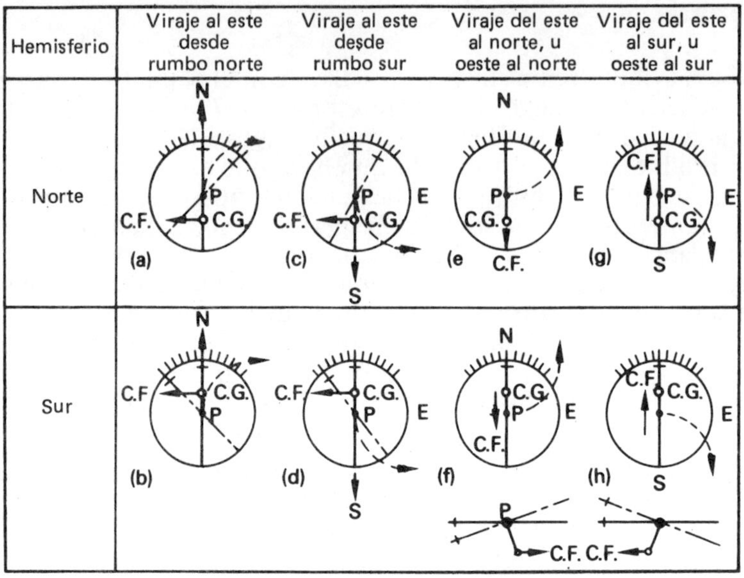

Figura 6.11.–Errores de viraje.

nación lateral varía para desplazar el centro de gravedad al norte del punto de suspensión.

Podemos volver a considerar el caso de un avión que vira de un rumbo norte al este. Puesto que el centro de gravedad está ahora al norte del punto de suspensión, la aceleración centrífuga que actúa sobre él hace que el sistema magnético gire con mayor rapidez en la dirección opuesta al viraje, esto es, indicando un viraje en el sentido correcto pero de mayor magnitud que el realizado realmente.

Viraje de un rumbo sur hacia el este u oeste

Si los virajes se realizan en el hemisferio norte (Fig. 6.11(*c*)), entonces, debido a que el centro de gravedad del sistema magnético está todavía al sur del punto de suspensión, la rotación del sistema y las indicaciones registradas por la brújula serán las mismas que cuando se hace un viraje desde un rumbo norte en el hemisferio septentrional.

Al girar desde un rumbo sur en el hemisferio meridional (Fig. 6.11(*d*)) el centro de gravedad del sistema magnético está al norte del punto de suspensión y produce los mismos efectos que al virar de un rumbo norte en el hemisferio meridional.

En todos los casos citados, el mayor efecto sobre las propiedades de indicación de la brújula se producirá cuando los virajes comiencen cerca de los rumbos norte o sur, y el más pronunciado, cuando se vira en el norte. Por esta razón se usa con mucha frecuencia el término error de viraje norte cuando se describen los efectos de la aceleración centrífuga sobre los sistemas magnéticos de brújulas.

Viraje en el este u oeste

Cuando se vira de un rumbo este u oeste en el hemisferio norte o en el sur (Fig. 6.11(*e*)–(*h*)) no se produce ningún error de inclinación porque la aceleración centrífuga actúa en un plano vertical a través del punto de suspensión y del centro de gravedad del sistema magnético. Como se observará, el centro de gravedad está simplemente desviado al N o S del punto de suspensión, aumentado o disminuyendo así la resistencia pendular a la inclinación del sistema magnético.

Un punto que puede citarse en conexión con virajes del este u oeste es que cuando el extremo N o S del sistema magnético se inclina hacia arriba, la línea del sistema está más cerca de la dirección donde la fuerza directora es cero, es decir, en ángulo recto a la línea de inclinación; si la brújula no se ha corregido con exactitud durante una "oscilación" de la misma, cualquier fuerza de desviación no corregida dominará y producirá indicaciones de virajes aparentes.

EL GIROSCOPO DIRECCIONAL

El giróscopo direccional fue el primer instrumento giroscópico que se introdujo como indicador de rumbo, y aunque en la mayoría de los aviones actualmente en servicio ha sido sustituido por sistemas de brújulas de lectura remota y sistemas directores de vuelo, todavía se siguen usando algunos en su forma accionada por vacío. El instrumento emplea un giróscopo de eje horizontal, que al ser amagnético, se usa en conjunción con la brújula magnética; precisa los cambios de rumbo a corto plazo durante los virajes, mientras que la brújula magnética proporciona una referencia de rumbo a largo plazo fiable como en vuelo recto y horizontal sostenido. Además, desde luego, el giróscopo direccional vence los efectos de la inclinación magnética, y del error de viraje y aceleración de la brújula magnética.

En su forma básica el instrumento consta de una cuna exterior pivotada alrededor del eje vertical ZZ_1 que lleva una carta circular graduada en grados. La carta se lee contra una línea de referencia fija al armazón del giróscopo. Cuando gira el rotor, el sistema cardánico y la carta están estabilizados, de forma que, al girar el armazón, pueda leerse en la carta contra la línea de referencia el número de grados que gira.

La forma en que este sencillo principio se aplica a los instrumentos queda regulada por el diseño del fabricante, pero podemos considerar la versión ilustrada en la figura 6.12 y que se usa en algunos aviones ligeros que no están provistos de brújulas de indicación remota.

El rotor va metido en una caja y soportado en una cuna interior que puede girar libremente alrededor de un eje horizontal YY_1. La cuna interior va montada en la cuna exterior vertical que lleva la carta de la brújula y está pivotada en un eje vertical ZZ_1. Los cojinetes de esta cuna están situados en la parte superior e inferior de la caja del instrumento, formando, de este modo, el armazón del giróscopo.

La parte delantera de la caja contiene un corte por el que se ve la carta, y una línea de referencia, contra la que se lee la carta.

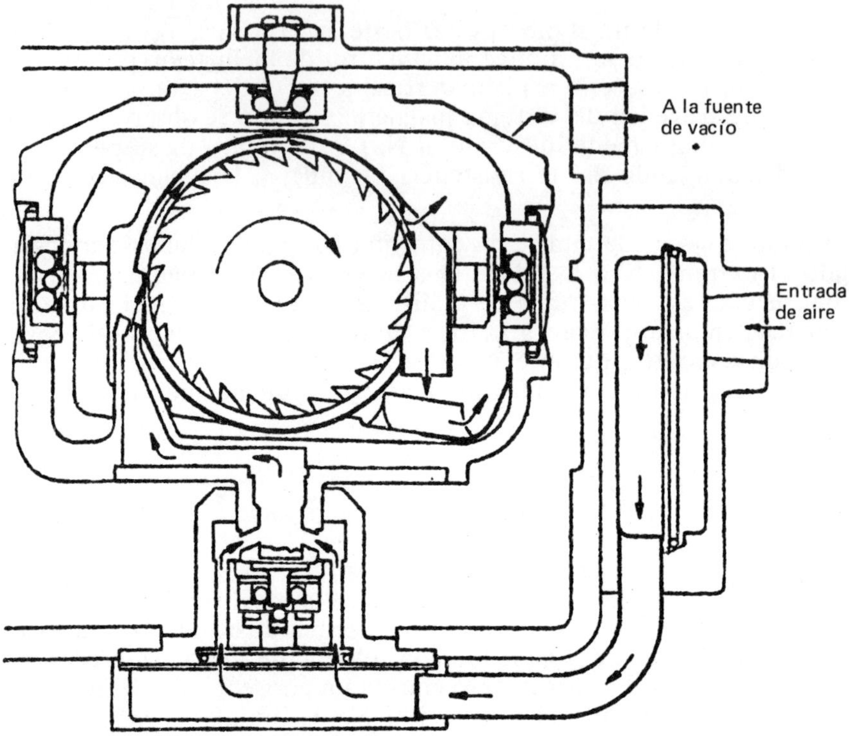

(a)

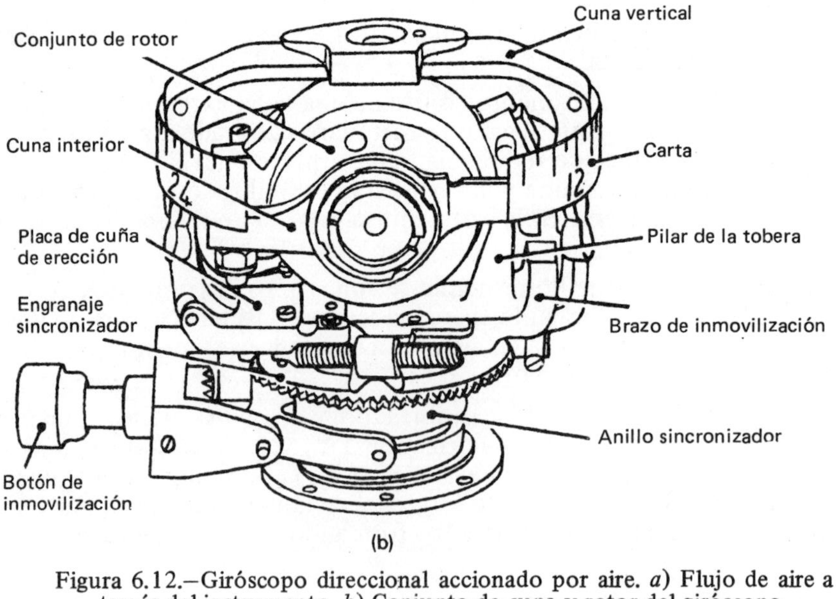

(b)

Figura 6.12.–Giróscopo direccional accionado por aire. *a*) Flujo de aire a través del instrumento. *b*) Conjunto de cuna y rotor del giróscopo.

Cuando el sistema de vacío funciona, se crea un vacío parcial en el interior de la caja para que el aire circundante pueda entrar por la entrada con filtro, pasar por canales en las cunas y salir finalmente por surtidores o boquillas. Los chorros de aire golpean en las "cubetas" del rotor haciéndolo girar a velocidades entre 12.000 y 18.000 r.p.m.

Para ajustar el instrumento de modo que indique el mismo rumbo que la brújula magnética, se cuenta con un mando de inmovilización y ajuste en la parte frontal de la caja. Cuando se aprieta este botón, se levanta un brazo que bloca la cuna interior en ángulo recto con la exterior y, al mismo tiempo, engrana un engranaje cónico en el extremo del eje del botón de inmovilización con otro engranaje cónico que forma parte integral de la cuna exterior. Por tanto, puede ajustarse un rumbo girando el mando de inmovilización y todo el sistema cardánico. Una vez hecho el ajuste correcto, se deja libre el giróscopo tirando hacia afuera, esto es, sacando el botón de inmovilización. El motivo de inmovilizar la cuna interior es impedir que tenga precesión cuando se gire la cuna exterior, y asegurar que, al desinmovilizarla, su eje está en ángulo recto al eje de la cuna exterior.

Control de desviación

Como ya hemos visto (véase la página 138, Capítulo 5) la desviación es una característica fundamental de los giróscopos, particularmente de los de eje horizontal, y por eso debe controlarse para fines prácticos de indicación de dirección, error de velocidad de la tierra, cambio de dirección del eje del giróscopo por transporte y desviación real (según se determinó antes). En el instrumento que se muestra en la Fig. 6.12 el control se realiza equilibrando la cuna y por medio de dispositivos de erección.

Equilibrado de cuna

El método para controlar el error de velocidad de la Tierra consite en desequilibrar deliberadamente la cuna interior de modo que se aplique un par torsor y una precesión contantes al sistema cardánico. El desequilibrado se realiza mediante una tuerca sujeta al alojamiento del rotor y ajustada durante la calibración inicial para aplicar la suficiente torsión y precesión de la cuna exterior para anular la desviación en la latitud en que esté calibrada. Para todos los fines prácticos este ajuste es muy eficaz hasta 60° de latitud en la superficie de la Tierra. En latitudes superiores hay que reajustar la tuerca de equilibrado.

Dispositivos de erección

Los dispositivos de erección forman parte del sistema de accionamiento por aire de rotor y están dispuestos de forma que detectan desalineación del eje del rotor en términos de reacción del aire desigual. En el instrumento ya descrito, el aire, después de hacer girar el rotor, sale por una salida existente en la periferia de la caja del rotor y va a una placa en forma de cuña sujeta a la cuna exterior.

En la Fig. 6.13(*a*), el eje del rotor se muestra horizontal, y por eso, la salida del aire de escape está vertical y directamente sobre el punto alto de la cuña situado en la línea central de la cuna exterior. Por consiguiente, la cuña divide por igual el aire que fluye por la salida, y la reacción de éste aplica fuerzas horizontales R_1 y R_2 a las caras de la cuña. Puesto que estas fuerzas son iguales y opuestas, no se aplica ninguna torsión a la cuna exterior y el eje del rotor permanece horizontal.

Cuando el eje del rotor se inclina con respecto a la posición horizontal, la salida del aire ya no está dividida por la placa de cuña, por lo que una cantidad mayor de aire golpea una de las caras de la cuña. En la Fig. 6.13(*b*) puede verse que la fuerza horizontal R_1 es ahora mayor que R_2 y, por consiguiente, se aplicará un par torsor en la dirección R_1 alrededor del eje vertical ZZ_1. Este par torsor se aplicaría a la periferia del rotor en el punto F, dando a éste un movimiento de precesión desde este punto alrededor del eje YY_1 hasta que su eje esté horizontal y las fuerzas R_1 y R_2 vuelvan a ser iguales.

Si el rotor se inclina en un ángulo tal que el aire de salida esté enteramente fuera de la placa de cuña, la corriente de aire emitida por el surtidor de giro del rotor producirá un par torsor de erección secundario. En la posición horizontal normal del rotor la corriente de aire pega en el centro de las cubetas según se

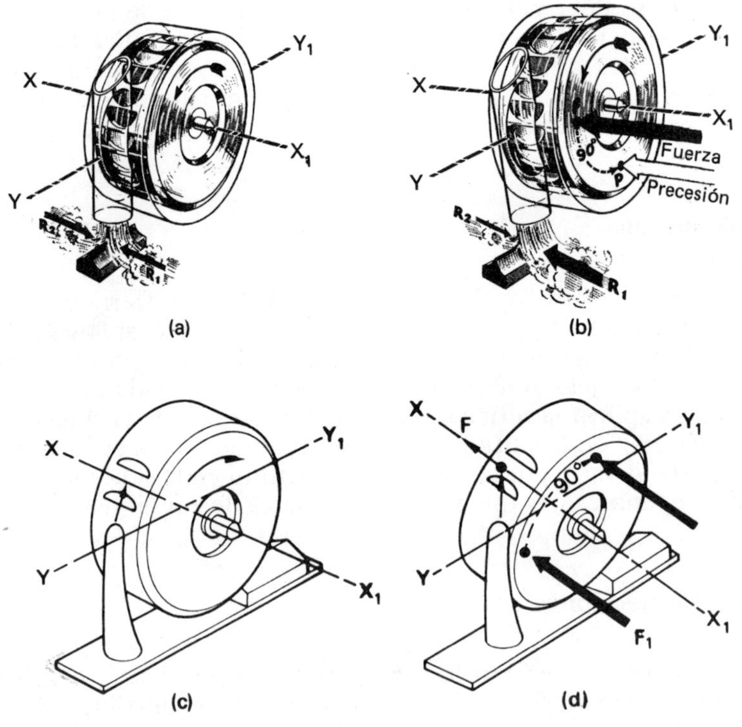

Figura 6.13.—Dispositivo de erección. *a*) Eje del rotor horizontal; *b*) eje del rotor inclinado; *c*) Par de erección secundario; *d*) Precesión desde una posición excesivamente inclinada.

muestra en la Fig. 6.13(*c*). Sin embargo, cuando la inclinación es excesiva, la corriente de aire golpea más cerca de uno de los lados de las cubetas y produce una fuerza F que puede contemplarse como la fuerza F_1 que actúa en el punto mostrado en (*d*). Esta fuerza produce la precesión correspondiente en el punto P_1 para devolver el rotor a su posición horizontal normal. La fuerza F disminuirá cuando el rotor vuelva, pero para entonces la corriente de escape estará otra vez en contacto con la placa de cuña para que la erección final se logre en la forma indicada en (*b*).

Errores cardánicos

La definición del error cardánico ya se dio anteriormente (véase la pág. 142). En el caso práctico de un giróscopo direccional, los errores en las indicaciones dependen de: (i) el ángulo de subida, descenso o inclinación, y (ii) el ángulo entre el eje del rotor y el eje longitudinal del avión.

En la Fig. 6.14 se dan una serie de diagramas que muestran la geometría del sistema cardánico cuando un avión se encuentra en posiciones especiales. En (*a*) el avión figura como si estuviese en vuelo recto y horizontal en rumbo este, y como el diseño de la geometría del sistema cardánico es tal que el rotor yace a lo largo del eje N-S, los tres ejes del sistema cardánico están en ángulo recto, y el giróscopo direccional indicará el rumbo del avión sin error cardánico. Esto mismo ocurriría también, desde luego, si el avión estuviese volando en rumbo oeste.

Si el avión se inclina a la izquierda o a la derecha en un rumbo este u oeste, o realiza un viraje a la izquierda o a la derecha, la cuna exterior se moverá con el avión alrededor del eje de la cuna interior estabilizada (diagrama (*b*)). En esta condición, el instrumento indicará también, sin error cardánico, el rumbo cardinal o cambio de rumbo durante un viraje.

En (*c*) se supone que el avión está descendiendo de forma que, además de que la cuna exterior está inclinada hacia adelante a lo largo del eje del rotor, la cuna interior también gira, y ambas cunas mantienen la misma relación entre sí. De nuevo no hay error cardánico. Esto se aplicaría también en el caso de un avión en posición de subida.

Cuando un avión realiza una maniobra que combina cambios de posición de alabeo y cabeceo, por ejemplo, el descenso inclinado que se muestra en (*d*), la cuna exterior es obligada a girar alrededor de su propio eje, introduciendo así un error cardánico que hace que el giróscopo direccional indique un cambio de rumbo.

Si un avión está volando en un rumbo intercardinal, el eje del rotor estará en algún ángulo con respecto al eje longitudinal del avión, como en (*c*), y habrá errores cardánicos durante los virajes, inclinación en vuelo recto y horizontal, cambios de posición de cabeceo o combinaciones de éstos.

Cuando el rumbo de un avión es tal que su eje longitudinal está alineado con el eje del rotor del giróscopo, la inclinación lateral de un avión en un rumbo constante no producirá un error cardánico, porque la rotación del sistema cardánico tiene lugar alrededor del eje del rotor. Sin embargo, si la inclinación va acompañada de un cambio de posición de cabeceo, el efecto es el mismo que la maniobra combinada considerada anteriormente y según se muestra en (*d*).

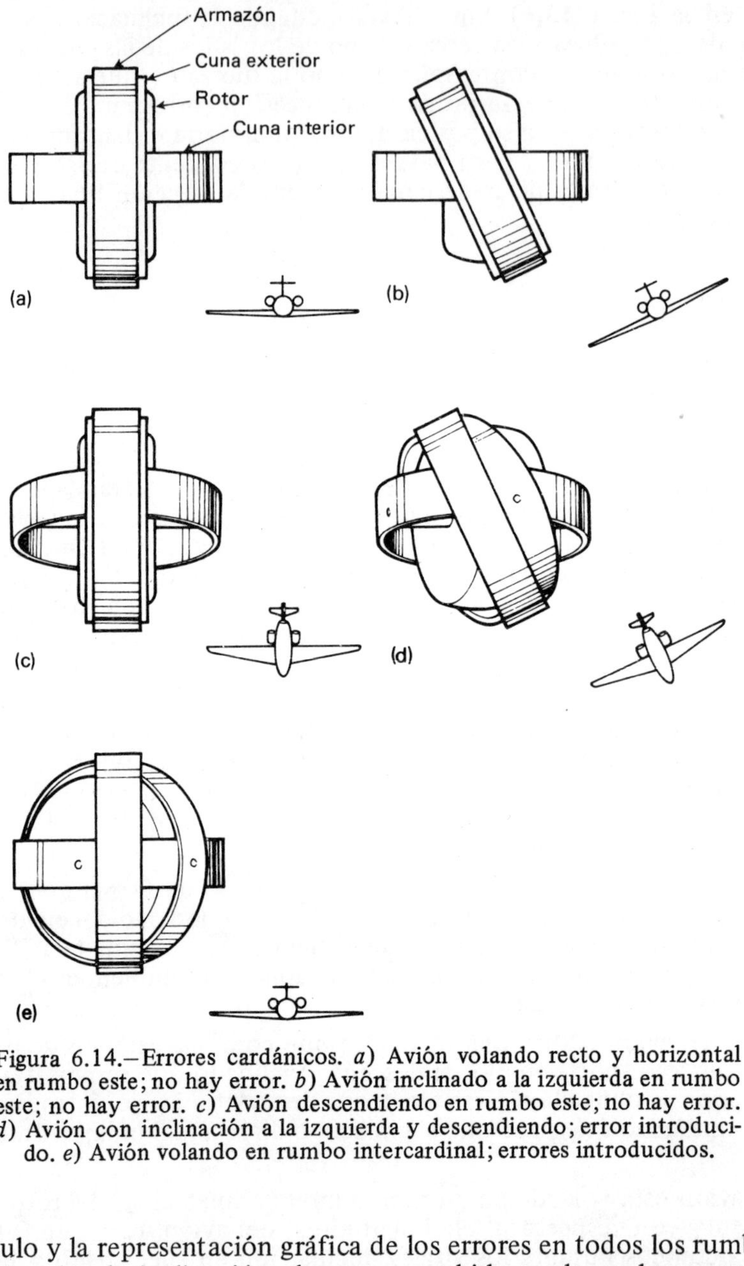

Figura 6.14.–Errores cardánicos. *a*) Avión volando recto y horizontal en rumbo este; no hay error. *b*) Avión inclinado a la izquierda en rumbo este; no hay error. *c*) Avión descendiendo en rumbo este; no hay error. *d*) Avión con inclinación a la izquierda y descendiendo; error introducido. *e*) Avión volando en rumbo intercardinal; errores introducidos.

El cálculo y la representación gráfica de los errores en todos los rumbos y para varios ángulos de inclinación, descenso y subida producen las curvas sinusoidales de la Fig. 6.15. Puede verse que en los cuatro cuadrantes hay errores alternos positivos y negativos que, cuando se aplican, producen la aceleración y deceleración características de la cuna exterior bajo el efecto del montaje cardánico. Debe citarse también que los errores se representan gráficamente con relación a giróscopos direccionales, que al estar ajustados para indicar N o S, tienen sus rotores alineados con el eje longitudinal del avión. Esto no puede aplicarse a todos los tipos de instrumentos; sin embargo, con cualquier otro ajuste del eje

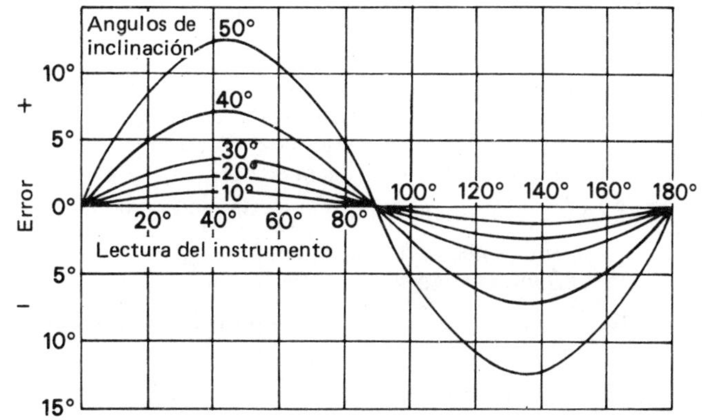

Figura 6.15.–Errores cardánicos en diversos ángulos de inclinación.

del rotor las curvas de errores se desplazarán simplemente con relación a la escala de rumbo del avión, esto es, a la izquierda o derecha en una cantidad equivalente al ángulo entre el eje del rotor y el eje N-S. En desplazamientos angulares pequeños del eje de la cuna exterior, los errores son pequeños y disminuirán a cero cuando el avión vuelva al vuelo recto y horizontal después de ejecutar una maniobra.

Hay un último punto que debe considerarse y que es el efecto del dispositivo de erección siempre que se altera la relación angular entre las cunas. Este dispositivo intentará en todo momento reenderezar el rotor a un nuevo plano de rotación y producirá erección falsa, cuya magnitud depende del tiempo que se permita que haya fuerza de erección, esto es, mientras dure la maniobra. La misma magnitud de la fuerza de erección dependerá del ángulo del rotor con respecto al dispositivo de erección. Por tanto, vemos que al terminar una maniobra se puede tener un error en la indicación debido a una falsa erección, y que durante una maniobra, puede producirse un error que es una combinación de efecto cardánico y falsa erección.

PREGUNTAS

6.1. Definir los siguientes términos: (i) densidad de flujo, (ii) ley cuadrática inversa, (iii) reluctancia, (iv) momento magnético, (v) período de un imán.

6.2. El par torsor que actúa sobre un imán un ángulo θ con respecto a un campo magnético viene dado por *a*) mH sen θ, *b*) mH, *c*) $FM \cos \theta$. ¿Cuál de estas afirmaciones es correcta?

6.3. ¿Qué se entiende por los términos de magnetismo de "metal duro" y "metal blando"?

6.4. Definir: (i) el meridiano magnético, (ii) la variación magnética o declinación, (iii) las líneas isógenas, (iv) las líneas agónicas.

6.5. Dibujar diagramas que muestren la relación entre las componentes magnéticas de la tierra y la inclinación magnética en el Ecuador y en los polos magnéticos.

6.6. Definir la unidad en la que se dan los valores de las componentes magnéticas.

6.7. *a*) ¿Qué es una brújula "aperiódica"?
b) ¿Cómo se obtienen en una brújula de avión los efectos que ha descrito?

6.8. Explicar cómo se compensan los efectos del cambio de temperatura en una brújula de avión.

6.9. *a*) Describir el sistema magnético de una brújula típica de avión.
b) ¿Cómo se vence el efecto de la inclinación magnética?

6.10. *a*) Definir el error de aceleración y el error de viraje al norte.
b) Suponiendo que un avión vuela en el hemisferio sur, ¿qué errores en las lecturas de la brújula se introducirán cuando (i) el avión acelere en un rumbo este, (ii) el avión vire de un rumbo sur hacia el este?

6.11. Explicar brevemente el principio de operación de un giróscopo direccional.

6.12. ¿Por qué es necesario que el conjunto de giróscopo de un giróscopo direccional esté inmovilizado cuando se ajusta un rumbo?

6.13. Explicar cómo se enderezan a la posición horizontal el rotor y la cuna interior de un giróscopo direccional.

6.14. ¿Cómo se controla el error de velocidad de la tierra en un giróscopo direccional?

6.15. *a*) ¿Cómo se producen los errores cardánicos?
b) ¿Bajo qué condiciones de vuelo no es afectado el sistema cardánico?

7. Brújula de indicación remota

En su forma básica las brújulas de indicación remota que se usan actualmente son sistemas en los que un elemento de detección magnética vigila un elemento de indicación giroscópico. Esta combinación virtual de las funciones de la brújula magnética y el giróscopo direccional fue un paso lógico en la evolución de la instrumentación para indicación de rumbo y llevó al uso a gran escala de sistemas tales como la *brújula de lectura remota* y la *brújula magnesym* en la aviación militar Aliada de la Segunda Guerra Mundial. Aunque contribuyeron con éxito a la navegación de estos aviones, estos sistemas no estaban totalmente libres de ciertos errores asociados con las brújulas magnéticas y los giróscopos direccionales y, además, había ciertas dificultades prácticas con los métodos de sincronización adoptados. Por consiguiente, con el fin de reducir todas las fuentes posibles de error y proporcionar diseños posteriores de sistemas de brújulas con propiedades autosíncronas, se tuvieron que adoptar técnicas nuevas. Las más notables fueron: el cambio de un tipo de imán permanente de elemento detector a uno que utiliza inducción electromagnética como parte de un sistema de transmisión síncrona de corriente alterna; la aplicación de la electrónica; y la utilización de elementos giroscópicos mejorados y métodos de control de precesión.

El grado en que se aplican estas técnicas a los sistemas que se usan actualmente depende del fabricante particular y, por la misma razón, el número de componentes que comprende un sistema puede variar. Sin embargo, los principios fundamentales de funcionamiento de los componentes principales, que se muestran en el diagrama de bloques de la Fig. 7.1 y que analizaremos en este capítulo, no varían.

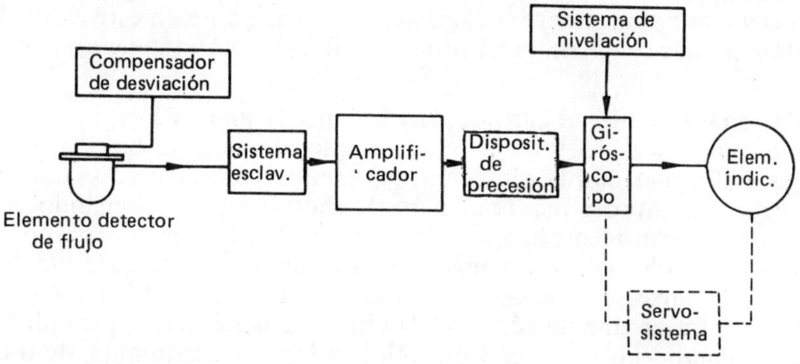

Figura 7.1.–Componentes fundamentales de un sistema de brújula de indicación a distancia.

ELEMENTOS DETECTORES DE FLUJO

A diferencia del elemento detector de la brújula magnética simple, el elemento utilizado en todas las brújulas de indicación remota es del tipo fijo que detecta el efecto del campo magnético de la tierra como un voltaje inducido electromagnéticamente y contrasta un indicador de rumbo por medio de una señal variable de voltaje de salida secundario. En otras palabras, el detector actúa como un sincrotransmisor de corriente alterna y es, por consiguiente, otra utilización especial del principio del transformador (véase la página 245).

En general, el elemento está construido según puede verse en la Fig. 7.2. Tiene la forma de una rueda metálica de tres radios; la llanta está dividida por los radios de forma que éstos y su sección de llanta actúan como tres colectores de flujo individuales.

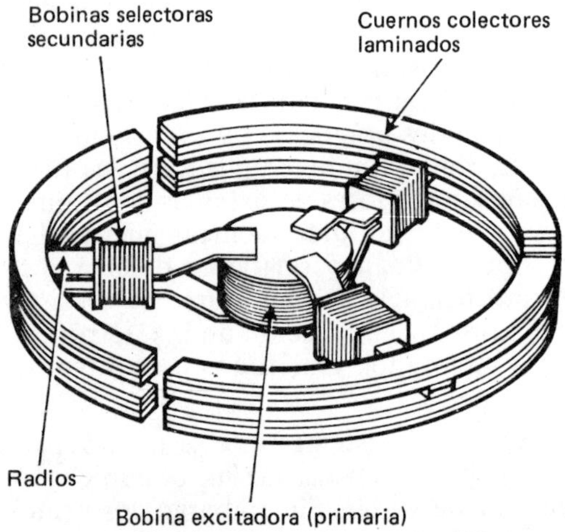

Figura 7.2.–Construcción general de un elemento detector de flujo.

Alrededor del cubo de la rueda hay una bobina que corresponde al devanado primario de un transformador, mientras que las bobinas alrededor de los radios corresponden a los devanados secundarios. La razón para adoptar un sistema de tres radios y tres bobinas se verá claramente más adelante en este capítulo, pero en esta fase se puede entender el principio de operación siguiendo la evolución de uno de ellos solamente.

Primero analizaremos el caso de una bobina de una sola espira colocada en un campo magnético. El flujo magnético que atraviesa la bobina es máximo cuando está alineada con la dirección del campo, cero cuando se encuentra en ángulo recto al campo, y máximo, pero de sentido opuesto, cuando la bobina está girada 180° con respecto a su posición original. La Fig. 7.3(*a*) muestra que para una bobina colocada en un ángulo θ a un campo de intensidad H, el campo puede transformarse en dos componentes, una a lo largo de la bobina igual a $H \cos \theta$ y la otra en ángulo recto a la bobina igual a H sen θ. Esta última componente del campo no produce flujo eficaz a través de la bobina, de forma que el flujo total que atraviesa es proporcional al coseno del ángulo entre el eje de la bobina y la dirección del campo. De forma gráfica puede representarse como en (*b*).

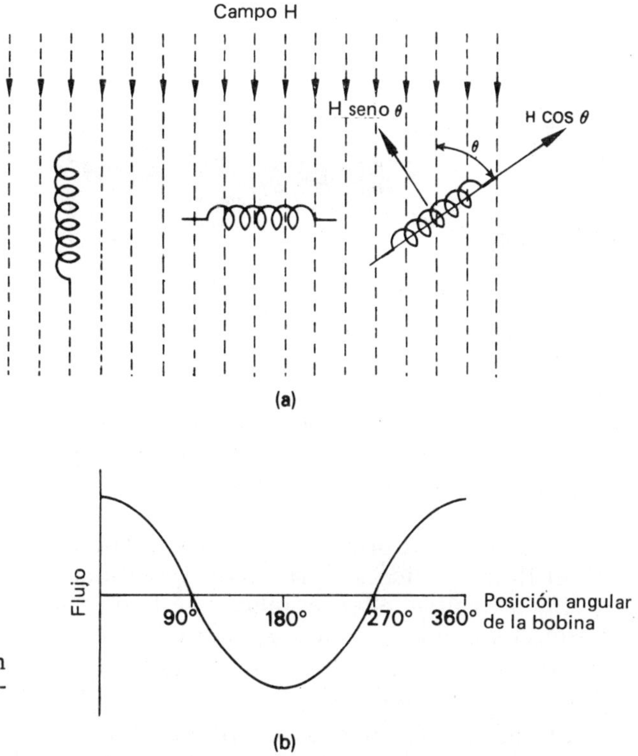

Figura 7.3.–Bobina única en un campo magnético. *a*) Componentes. *b*) Flujo total.

Si la bobina se colocase en un avión de forma que se encontrase en el plano horizontal con su eje fijo o en paralelo al eje longitudinal del avión, sería afectada por la componente horizontal de la Tierra y el flujo que atraviesa la bobina sería proporcional al rumbo magnético del avión. Por consiguiente, parece ser que tenemos la base de un sistema de brújula capaz de detectar el campo magnético de la Tierra sin el uso de un imán permanente. Desgraciadamente, un sistema sencillo de este tipo no puede servir en la práctica porque, con el fin de determinar el rumbo magnético, sería necesario medir el flujo magnético y no hay ningún medio sencillo y directo para hacerlo. Sin embargo, si se pudiese producir un flujo que cambie con la componente del campo de la Tierra acoplado con la bobina, podríamos medir el voltaje inducido por el flujo variable, e interpretar los cambios de voltaje obtenidos así en términos de cambios de rumbo. Esto se consigue adoptando el médoto de construcción mostrado en la Fig. 7.4.

Cada radio consta de una pata superior y otra inferior aisladas adecuadamente y perfiladas de forma que encierren el núcleo del cubo central alrededor del cual va arrollada la bobina primaria. La bobina secundaria está arrollada alrededor de ambas patas.

El material de las patas de los radios es Permalloy, una aleación elegida especialmente por su propiedad característica de ser fácilmente magnetizada, pero de perder casi todo su magnetismo una vez que se retira la fuerza magnetizadora exterior. Con este arreglo hay que considerar dos fuentes de flujo: (i) el flujo alterno en las patas debido a la corriente que circula en la bobina primaria; este

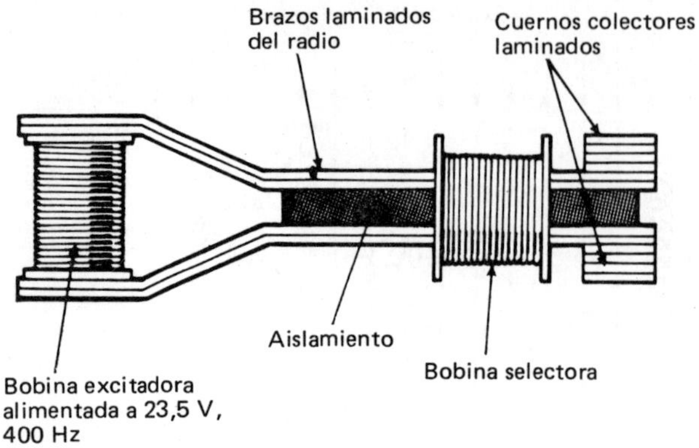

Figura 7.4.–Sección vertical de un radio de un elemento detector.

flujo tiene la misma frecuencia que la corriente y es proporcional a su amplitud; (ii) el flujo estático debido a la componente *H* de la Tierra, cuyo valor máximo depende de la magnitud de *H* y el coseno del ángulo entre *H* y el eje del detector.

Si consideramos primero que el eje del detector se encuentra en ángulo recto a *H*, el flujo estático acoplado con las bobinas será, desde luego, cero. Por tanto, con un voltaje alterno aplicado a la bobina primaria, el flujo total acoplado con el secundario será la suma de los flujos alternos solamente en las patas superior e inferior y debe, por consiguiente, ser cero según se muestra gráficamente en la Fig. 7.5.

La transición de flujo de la bobina primaria a flujo en las patas del detector está regulada por las características magnéticas del material, y tales característi-

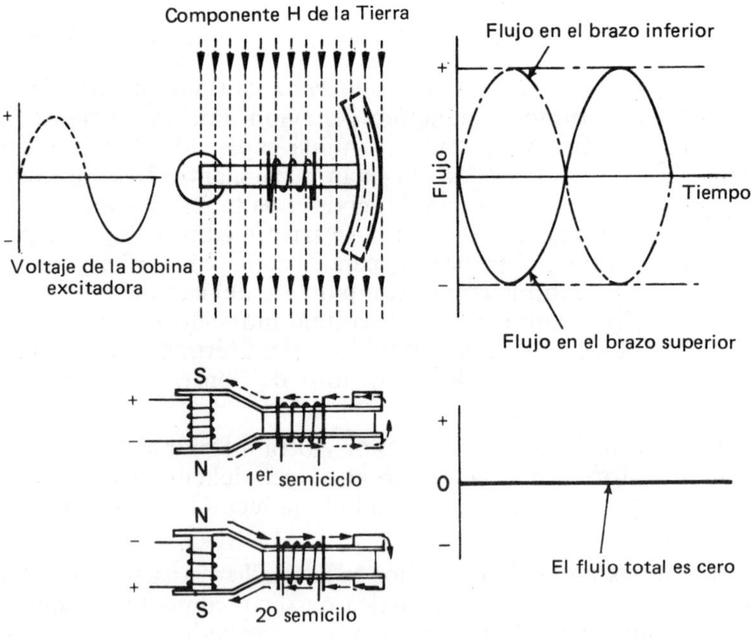

Figura 7.5.–Flujo total cuando el radio del detector está en ángulo recto con el campo de la Tierra.

Figura 7.6.–Curva B/H y lazos de histéresis.

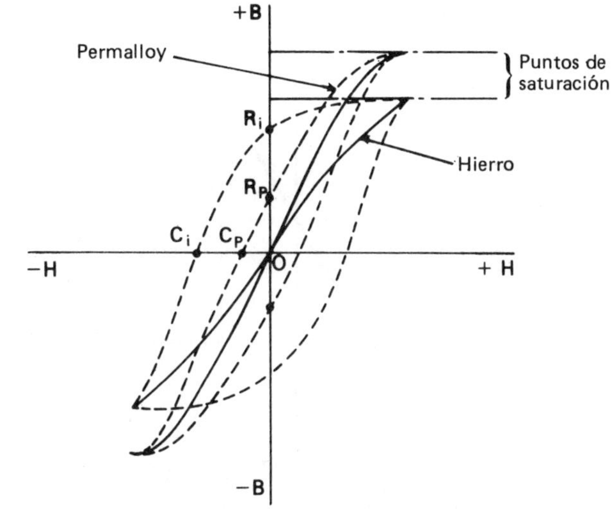

cas se determinan por la *curva de magnetización* o *B/H*. En la Fig. 7.6, la curva correspondiente al Permalloy se compara con la correspondiente al hierro para demostrar lo fácilmente que puede magnetizarse. Existen unos cuantos puntos más sobre la Fig. 7.6 que deben citarse porque aclaran las definiciones de ciertos términos que se utilizan en conexión con la magnetización de materiales y, al mismo tiempo, muestran otras ventajas del Permalloy. Son:

1. *Permeabilidad*: que es la relación entre la densidad *B* del flujo magnético y la intensidad del campo o *fuerza magnetizadora H*; la pendiente de la curva muestra que el Permalloy tiene elevada permeabilidad.

2. *Punto de saturación*: el punto en el que la curva de magnetización comienza a nivelarse, indicando que el material está completamente magnetizado. Observen también que el Permalloy es más susceptible a la inducción magnética que el hierro, según lo muestra su punto de saturación más alto.

3. *Curva y lazo de histéresis**: se trazan para indicar el retardo detrás del magnetismo inducido cuando, después de alcanzar la saturación, la fuerza magnetizadora es reducida a cero desde las direcciones positiva y negativa, y también para determinar la capacidad de un material para retener el magnetismo. Al magnetismo que queda se le conoce como *remanencia magnética* o densidad de flujo remanente; se observará que para el hierro es muy alta (distancia OR_1) contribuyendo a crear unas buenas propiedades magnéticas permanentes. Para los elementos detectores se necesita un material que tenga la menor remanencia magnética posible, y como la distancia OR_1 indica, el Permalloy cumple este requisito admirablemente.

4. *Coercividad*: se refiere a la cantidad de fuerza magnetizadora negativa (*fuerza coercitiva*) necesaria para desmagnetizar completamente un material y se representa por las distancias OC_i y OC_P. La coercividad y no la remanencia magnética determina la capacidad para retener magnetismo.

* El retraso de un efecto detrás de su causa (del griego *husteresis*, "que viene detrás").

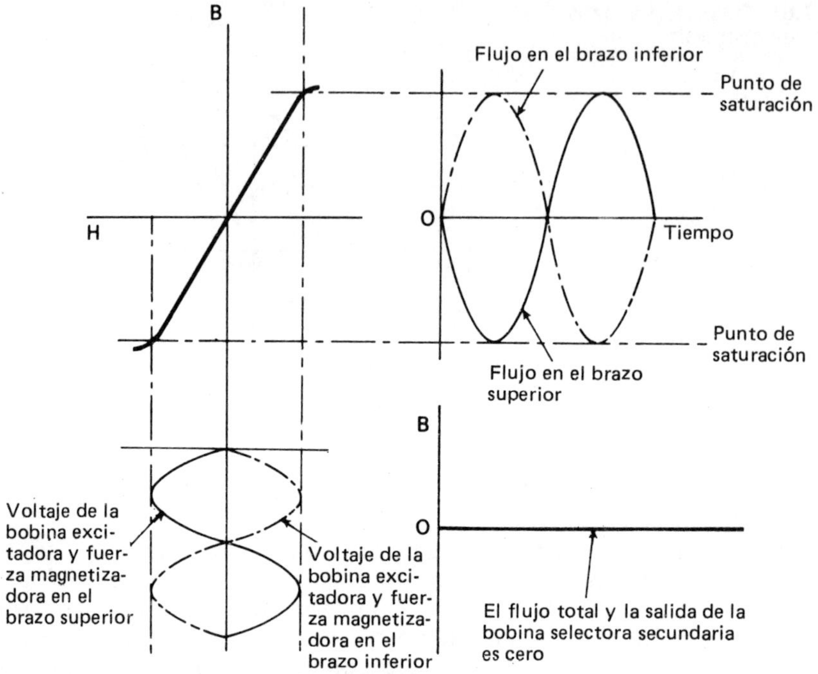

Figura 7.7.–Características de la onda de flujo.

Con el fin de mostrar el carácter de las ondas de flujo producidas en las patas del detector, se adopta una representación gráfica que es análoga a la que se usa para indicar las características del tubo electrónico. Como puede verse en la Fig. 7.7, las formas de las ondas de los campos primarios alternativos se dibujan a través del eje B de densidad de flujo de la curva B/H, y las de las densidades de flujo correspondientes en las patas se deducen de ellas por proyección a lo largo del eje H. La densidad de flujo total producida en las patas es la suma de las curvas individuales, y entonces, con el detector en ángulo recto a la componente horizontal de la tierra H, al igual que el flujo estático acoplado con la bobina secundaria, será cero. Puesto que la densidad total del flujo no cambia, el voltaje de salida en la bobina secundaria debe ser también cero.

Consideremos ahora los efectos de la saturación cuando el detector de flujo se encuentra en un ángulo que no sea recto con respecto a la componente horizontal H según se indica en la Fig. 7.8(*a*). El flujo alternativo debido a la bobina primaria cambia la reluctancia del material, permitiendo así que el flujo estático debido a la componente H entre y salga del radio en proporción a los cambios de reluctancia. Durante aquellas partes del ciclo de flujo primario en las que la reluctancia es la mayor, el flujo estático enlaza con la bobina secundaria y su efecto es desplazar el eje, o punto de referencia, alrededor del cual alterna la fuerza magnetizadora. La cantidad de este desplazamiento depende del ángulo entre la componente H del campo de la Tierra y el eje del detector de flujo. Esto se muestra gráficamente en (*b*).

Si aplicamos ahora una representación gráfica similar a la Fig. 7.7 e incluimos el flujo estático debido a la componente H, el resultado será el que se muestra

Figura 7.8.–Efecto de la componente *H* de la Tierra. *a*) Detector en ángulo con la componente *H*. *b*) Desplazamiento del eje debido al flujo estático.

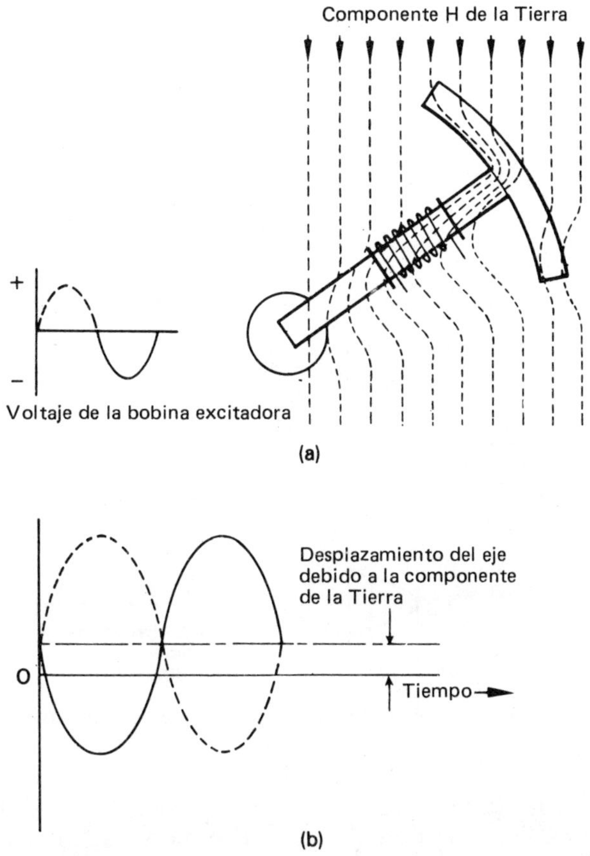

en la Fig. 7.9. Debe citarse especialmente que se ha producido un aplanamiento de los picos de las ondas de flujo en cada pata de un radio. La razón de esto es que la amplitud de la corriente de excitación de la bobina primaria se ajusta de forma que siempre que se desplaza el punto de referencia, el material del detector de flujo es excitado hasta la saturación. Por tanto, un desplazamiento positivo del punto de referencia excita el material hasta la saturación en la dirección que se muestra, y produce un aplanamiento de los picos positivos de los flujos en un radio. Análogamente, los picos negativos se aplanarán como consecuencia de un desplazamiento negativo, excitando el material hasta la saturación en el otro extremo de la curva B/H. El flujo total enlazado con la bobina secundaria es igual que antes, la suma de los flujos en cada pata, y tiene la forma de onda indicada también en la Fig. 7.9. Cuando se gira el detector de flujo a otras posiciones con relación al campo de la Tierra, las depresiones del valor del flujo total llegan a ser más profundas y menos profundas según sea su rumbo. Por tanto, se obtienen los cambios de flujo deseados y se induce un voltaje en la bobina secundaria. La magnitud de este voltaje inducido depende del cambio de flujo debido al flujo estático enlazado con la bobina secundaria, el cual, a su vez, depende del valor del flujo estático eficaz. Como se indicó anteriormente, el valor del flujo estático para cualquier posición del detector de flujo es función del coseno del rumbo magnético; por tanto, la magnitud del voltaje inducido debe ser también una medida del rumbo.

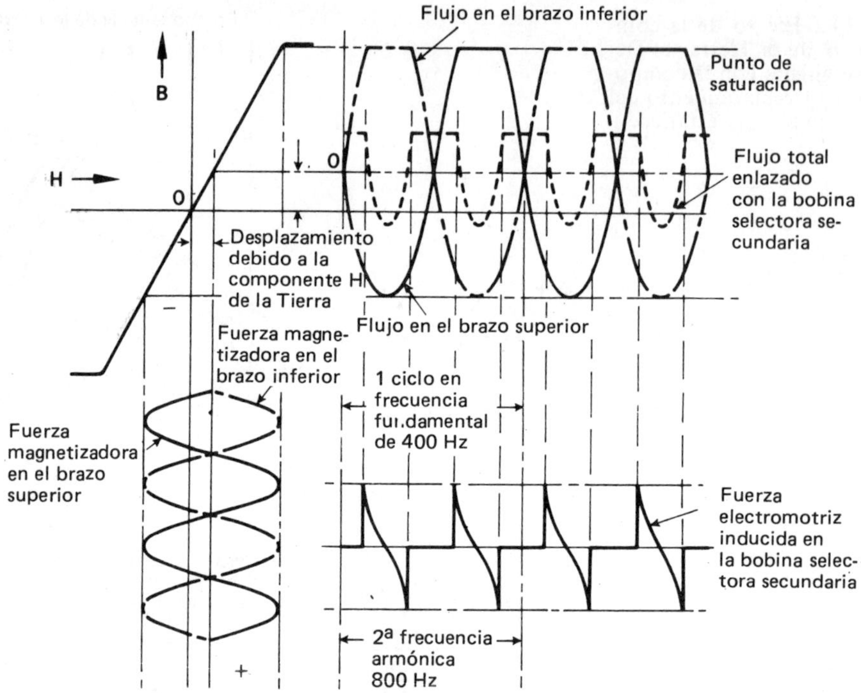

Figura 7.9.–Flujo total y fuerza electromotriz debidos a la componente H de la Tierra.

Un último punto que se ha de considerar se refiere a la frecuencia del voltaje de salida y la corriente procedente de la bobina selectora secundaria y su relación con la de la bobina de excitación primaria. Durante cada semiciclo del voltaje primario, la reluctancia del material del detector de flujo va de mínima a máxima y de nuevo a mínima, y al fluir a través del material, el flujo estático corta la bobina selectora dos veces. Por consiguiente, en cada semiciclo de voltaje primario, se inducen dos aumentos de corriente en la bobina selectora, o para cada ciclo completo del primario, se inducen dos ciclos completos en la bobina selectora.

La alimentación para la excitación primaria tiene una frecuencia de 400 Hz; por consiguiente, la fuerza electromotriz resultante inducida en la bobina selectora secundaria tiene una frecuencia de 800 Hz, según se muestra en la Fig. 7.9, y una amplitud directamente proporcional a la componente magnética de la Tierra en línea con el radio particular del elemento detector.

Habiendo estudiado la operación de un detector de flujo sencillo se pueden examinar ahora con un poco más de detalle las razones por las que tiene tres. Si volvemos a consultar de nuevo la Fig. 7.3, y tenemos también presente el hecho de que la densidad del flujo es proporcional al coseno del rumbo magnético, se verá que para un detector de flujo habrá dos rumbos que correspondan a flujo cero y dos que correspondan a un máximo. Suponiendo por un momento que tenemos que conectar un voltímetro de corriente alterna al detector, se obtendrá la misma lectura de voltaje en el instrumento para ambos valores máximos, porque el instrumento no puede tener en cuenta la dirección del voltaje. Para cualquier otro valor de flujo habrá cuatro rumbos correspondientes a una sola lectura del voltímetro. Sin embargo, empleando tres detectores de flujo sencillo situados entre sí a ángulos de 120°, las trayectorias tomadas por el campo de la Tierra a través de ellos, y para rotación 360°, serán según se muestra en la Fig. 7.10. Por tanto, pueden obtenerse magnitudes variables y voltaje inducido y con relación a todos los rumbos del elemento detector sin ambigüedad de referencia direccional. El voltaje resultante de los tres detectores en cualquier momento puede representarse por un solo vector que es paralelo a la componente *H* de la Tierra.

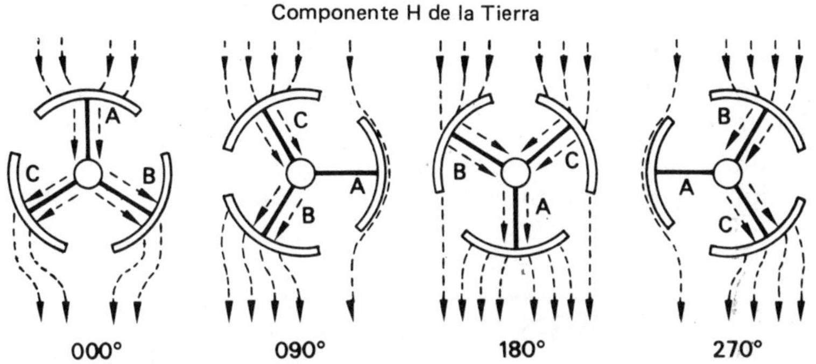

Figura 7.10.–Trayectoria del campo de la Tierra a través de un detector y señales inducidas en las bobinas selectoras.

La Fig. 7.11 es una vista en corte de un elemento detector práctico típico. Los radios y los conjuntos de bobinas están suspendidos pendularmente de una unión universal que permite una cantidad limitada de libertad en cabeceo y alabeo para que el elemento pueda detectar el efecto máximo de la componente *H* de la Tierra. No tiene libertad en azimut. La caja en la que va montado el elemento está cerrada herméticamente y parcialmente llena de fluido para amortiguar las oscilaciones excesivas del elemento. La unidad completa está sujeta a la estructura del avión (en un ala o en la punta del estabilizador verti-

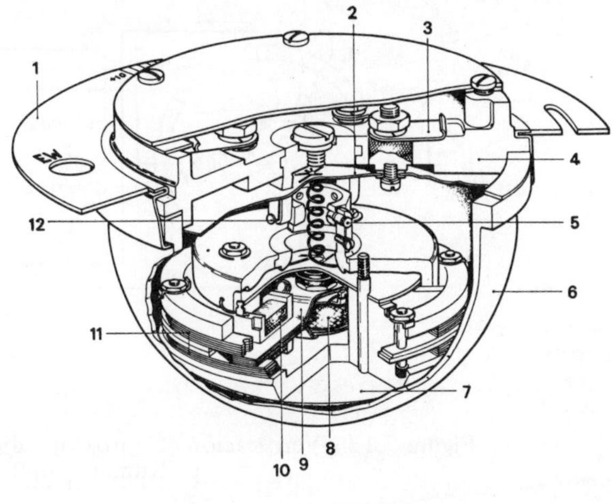

Figura 7.11.–Elemento detector de flujo típico. 1.–Pestaña de montaje (conjunto de sello circular). 2.–Conjunto de contacto. 3.–Terminal. 4.–Tapa. 5.–Pivote. 6.–Taza, 7.–Peso pendular. 8.–Bobina primaria (excitación). 9.–Brazo. 10.–Bobina secundaria. 11.–Cuernos colectores. 12.–Pivote.

cal) por medio de una pestaña de montaje que tiene tres ranuras para los tornillos de montaje. Una de las ranuras está a un número limitado de grados en cada lado de una posición cero que corresponde a un punto de referencia de instalación del avión para ajuste del coeficiente *A* (véase el Capítulo 8). En la tapa superior de la caja se han previsto los medios para las conexiones eléctricas y la fijación de un dispositivo de compensación de desviación.

VERIFICACION DE GIROSCOPO E INDICADOR

La verificación se refiere al proceso de reproducir las referencias direccionales establecidas por el elemento detector de flujo como indicaciones cuantitativas en el indicador de rumbo. El principio de la verificación es básicamente el mismo para todos los tipos de sistemas de brújulas y puede comprenderse fácilmente analizando la Fig. 7.12.

Cuando el detector de flujo se posiciona firmemente en un rumbo, digamos 000°, se inducirá entonces una señal de voltaje máximo en la bobina selecto-

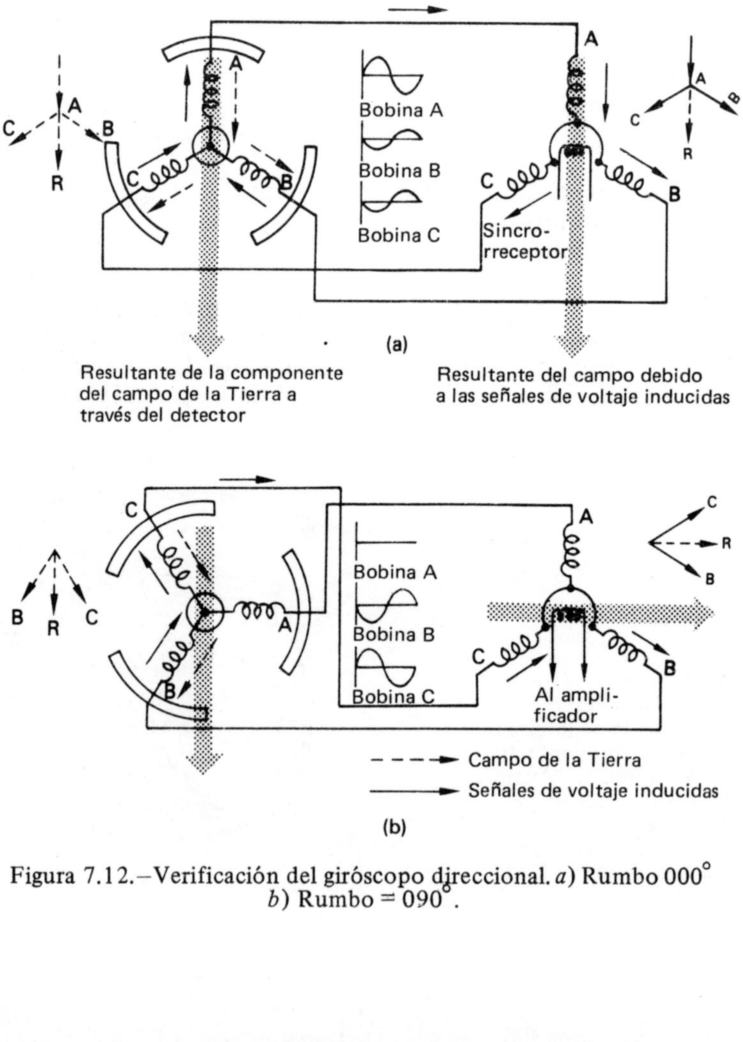

Figura 7.12.—Verificación del giróscopo direccional. *a*) Rumbo 000° *b*) Rumbo = 090°.

ra A, mientras que en las bobinas B y C se inducirán señales de la mitad de la amplitud y fase opuesta. Estas señales se envían a las tomas correspondientes del estator del sincrorreceptor, y los flujos producidos se combinan para establecer un campo resultante a través del centro del estator. Esta resultante está alineada exactamente con la resultante del campo de la Tierra que atraviesa el detector. Si, según se muestra en la Fig. 7.12(*a*), el rotor del sincrorreceptor está en ángulo recto al flujo resultante, no se puede inducir ningún voltaje en los devanados. En esta posición, el sincro está en "nulo" y el giróscopo direccional se alineará también con el vector del campo resultante de la Tierra; de este modo, el elemento indicador de rumbo indicará 000°. Ahora bien, consideremos lo que ocurre cuando el elemento detector de flujo gira 90°; la disposición de las bobinas selectoras del detector será la que se muestra en (*b*). No se inducirá voltaje de señal en la bobina A, pero las bobinas B y C tienen señales de voltaje aumentadas, teniendo la señal en C fase opuesta a la que tenía en la posición "nula". El flujo resultante a través del estator del sincro del receptor habrá girado 90°, y suponiendo por un momento que el giróscopo y el sincro siguen en su posición original, el flujo estará ahora alineado con el rotor del sincro y, por consiguiente, inducirá voltaje máximo en el rotor. Esta señal de voltaje de error se envía a un amplificador esclavizador en el que se detecta su fase, y después de su amplificación, a un motor de torsión esclavizador, el cual imprime precesión al giróscopo y al rotor del sincro en la dirección apropiada hasta que el rotor alcanza la posición "nula", de nuevo en ángulo recto al campo resultante. En otras palabras, las condiciones serán iguales a las que se muestran en el diagrama (*a*) pero en el nuevo rumbo de 090°. Con la ayuda de las Figs. 7.10 y 7.12 el lector no debe tener ninguna dificultad en encontrar las direcciones de las señales de voltaje y los flujos resultantes para otras posiciones del elemento detector.

En la práctica, desde luego, la rotación del campo en el sincro del receptor, y la esclavización del giróscopo, se producen simultáneamente con el giro del detector de flujo de modo que se mantenga continuamente un sincronismo entre el detector y el giróscopo.

En la Fig. 7.13 se muestra el enlace de transmisión síncrona entre los tres componentes principales de un sistema de giróscopo maestro. El principio fundamental de la verificación ya descrito se aplica también a este sistema, pero debido a que el indicador es una unidad independiente, se necesita también incorporar sincros adicionales en el sistema, para formar un servolazo. El rotor del sincro del transmisor (CX) del lazo gira siempre que el giróscopo tenga movimiento de precesión, o sea esclavizado, a la referencia direccional, y las señales inducidas con ello en el estator del CX se aplican al del sincro CT en el indicador. Durante el esclavizamiento, los rotores de ambos sincros no estarán alineados y, por consiguiente, se induce un voltaje de error del servolazo en el rotor del sincro CT y luego se aplica a un servoamplificador. Por tanto, el rotor y la esfera son girados, indicando el último la dirección del cambio de rumbo que tiene lugar. Al cesar el giro, el rotor alcanza la posición "nula", y como ya no habrá una entrada al servoamplificador, el servomotor dejará de girar y la esfera del indicador señalará el nuevo rumbo. El servomotor también acciona un tacogenerador que suministra señales de realimentación al amplificador para amortiguar las oscilaciones del servosistema.

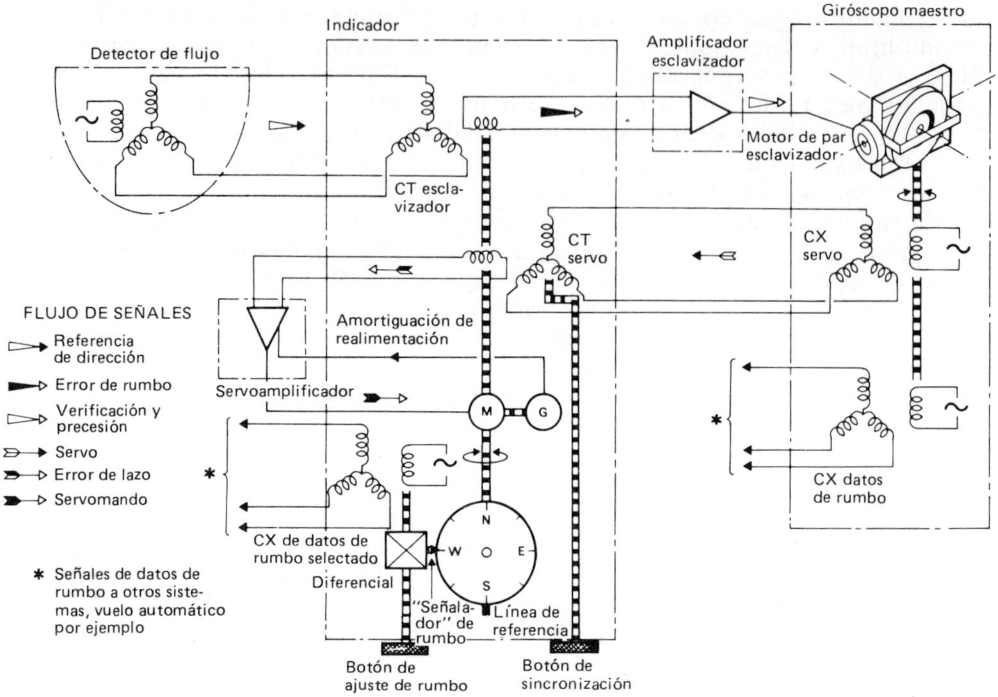

Figura 7.13.–Verificación del indicador y giróscopo maestro.

ELEMENTOS DEL GIROSCOPO DIRECCIONAL

El elemento del giróscopo direccional puede ir dentro de un indicador montado en el panel, o puede formar una unidad maestra independiente situada en un punto remoto y transmitir la información a un indicador esclavo, según el tipo de sistema de brújula y la aplicación de la información de rumbo sincronizada. Los sistemas que adoptan la técnica de *referencia de giróscopo maestro* son, sin embargo, los más empleados, porque al servir como fuente de datos de rumbo centralizada, proporcionan una transmisión más eficaz de los datos, particularmente a los sistemas directores de vuelo (véase el Capítulo 15) y sistemas de control de vuelo automático con los que están ahora estrechamente relacionados.

En la Fig. 7.14 se muestra un ejemplo de una unidad de giróscopo maestro. El rotor del giróscopo tiene forma esférica y está sostenido en la cuna interior, que está provista de tapas hemisféricas que encierran el motor del giróscopo. En la parte superior de la cuna exterior van montados los rotores del sincro de rumbo esclavo principal y un sincro de datos adicional. El estator de un motor de par de nivelación va fijado a la parte inferior de la cuna exterior y su rotor va unido a la caja del giróscopo. Un interruptor de nivel de líquido sujeto al eje de la cuna interior controla el motor. Una esfera de rumbo va también fijada a la cuna exterior y se lee contra una escala vernier fija. Ambas escalas se ven a través de una ventanilla de inspección existente en la cara exterior del giróscopo, y su finalidad es proporcionar una indicación de rumbo arbitraria cuando se prueba el sistema en un avión. Todo el conjunto va montado en monturas

Figura 7.14.–Ejemplo de elemento de giróscopo direccional maestro.

antivibratorias contenidas en una base que proporciona la fijación en la posición requerida, y también la conexión de los circuitos eléctricos necesarios.

También hay un sistema de freno de "parada de giro" para impedir el efecto oscilador del giróscopo (llamado nutación) sujetando la cuna exterior durante un corto período de tiempo después de aplicar la energía. El freno se aplica también 30 segundos aproximadamente después de que se haya desconectado la alimentación de energía para impedir que el giróscopo gire alrededor de su eje durante la parada.

INDICADOR DE RUMBO

En la Fig. 7.15 se muestra un ejemplo de la presentación en la esfera de un indicador utilizado con un elemento de giróscopo direccional maestro. Además de presentar los datos de rumbo magnético, también presenta la mar-

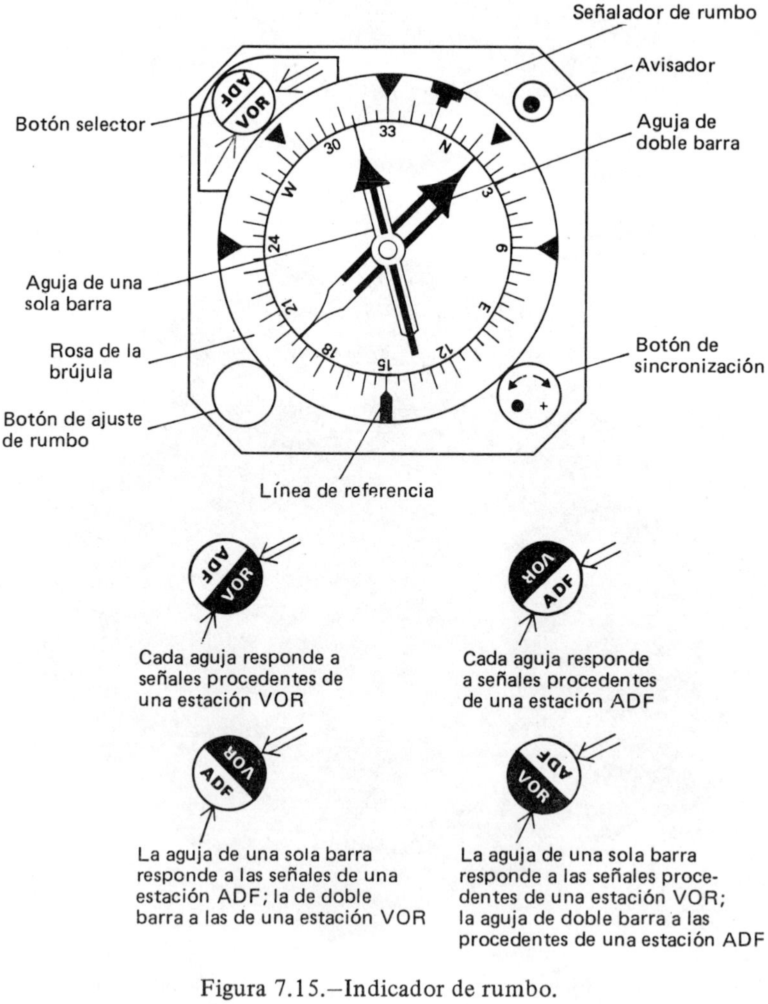

Figura 7.15.—Indicador de rumbo.

cación de un avión con respecto a las estaciones terrestres de los sistemas de radionavegación ADF (Automatic Direction Finding o radiogoniómetro automático) y VOR (Radiofaro Omnidireccional de muy alta frecuencia). Por esta razón, al indicador se le conoce generalmente como indicador radiomagnético (RMI).

Las indicaciones de marcación las proporcionan dos agujas montadas concéntricamente, una denominada aguja de "doble barra" y la otra aguja de "una sola barra". Ambas señalan contra la carta de brújula principal, y son situadas por sincros conectados a los receptores ADF y VOR a bordo del avión. La presentación se controla mediante ajuste manual de un mando selector en las posiciones mostradas en el diagrama. Las señales transmitidas a los sistemas de sincros son tales que las agujas siempre señalan a las estaciones de las que se reciben las señales. Esto puede verse en la Fig. 7.16, que es una representación de cómo puede determinarse la posición de un avión por las tres fuentes de información de navegación.

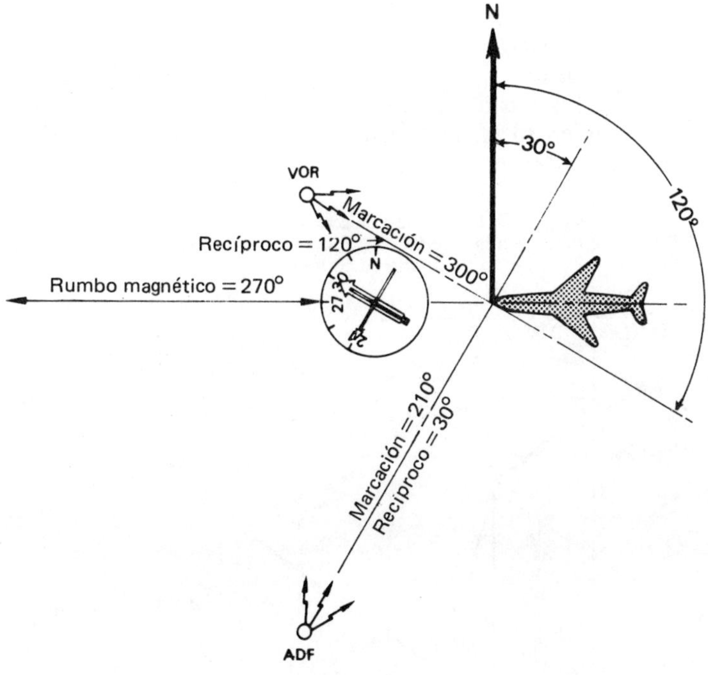

Figura 7.16.—Ejemplos de indicaciones del RMI.

El piloto, mediante un botón de "rumbo ajustado", puede ajustar el rumbo en el que desea volar el avión. Este botón está acoplado mecánicamente a un "señalador" de rumbo, de forma que cuando se gira el botón el señalador, también gira con respecto a la carta de la brújula. Entonces se hace que el avión vire hasta que se registre contra el "señalador" el nuevo rumbo deseado. Para virar en condiciones de vuelo controlado automáticamente, el giro del botón de rumbo ajustado sitúa también el rotor de un sincro CX (véase la Fig. 7.13) que suministra entonces al sistema de piloto automático señales de orden de viraje.

NIVELACION DEL GIROSCOPO

Además de utilizar sistemas de transmisión síncronos es también fundamental emplear un sistema que mantenga el eje de giro del giróscopo en una posición horizontal todo el tiempo. Esto es un requisito para que todos los giróscopos direccionales venzan la desviación casual (véase también la pág. 193) del alojamiento del rotor del giróscopo debido a la fricción de los cojinetes.

El diseño y principio de operación de los sistemas de nivelación o erección utilizados en los giróscopos de brújulas de indicación remota son similares y constan de un interruptor y un motor de torsión. El interruptor suele ser del tipo de nivel de líquido y es montado en el alojamiento del rotor del giróscopo de modo que se mueva con él. El motor de torsión es un motor bifásico de inducción situado de forma que un estator esté unido a la cuna exterior, y su rotor a la caja del giróscopo. La Fig. 7.17 muestra esquemáticamente la disposición del sistema. Uno de los electrodos del interruptor está conectado a una fuente de bajo voltaje alterno y el otro a uno de los extremos del devanado de control de motor de torsión. Se observará en el diagrama que el devanado de control consta de dos partes; una de ellas está energizada continuamente y la otra sólo a través del interruptor de nivel de líquido. Los campos establecidos por las corrientes en los dos devanados producen torsiones, pero puesto que los campos son opuestos entre sí, la precesión a la posición de nivel horizontal se debe a una torsión resultante.

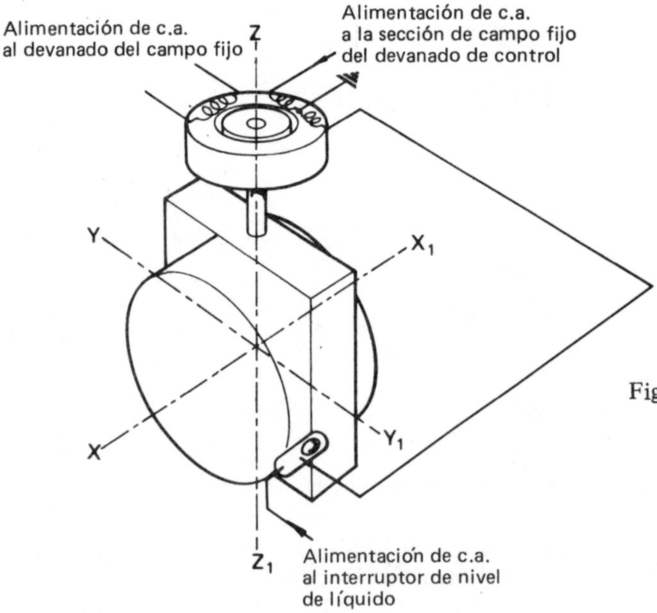

Figura 7.17.–Sistema de nivelación.

En la Fig. 7.18 puede verse un método utilizado en un tipo actual de unidad de giróscopo maestro para contrarrestar la desviación del sistema cardánico debida a las torsiones de fricción de los cojinetes. La cuna interior va sostenida dentro de la exterior por dos cojinetes especiales, conocidos como cojinetes Rotorace. Cada cojinete consta de una pista de rodadura interior, una interme-

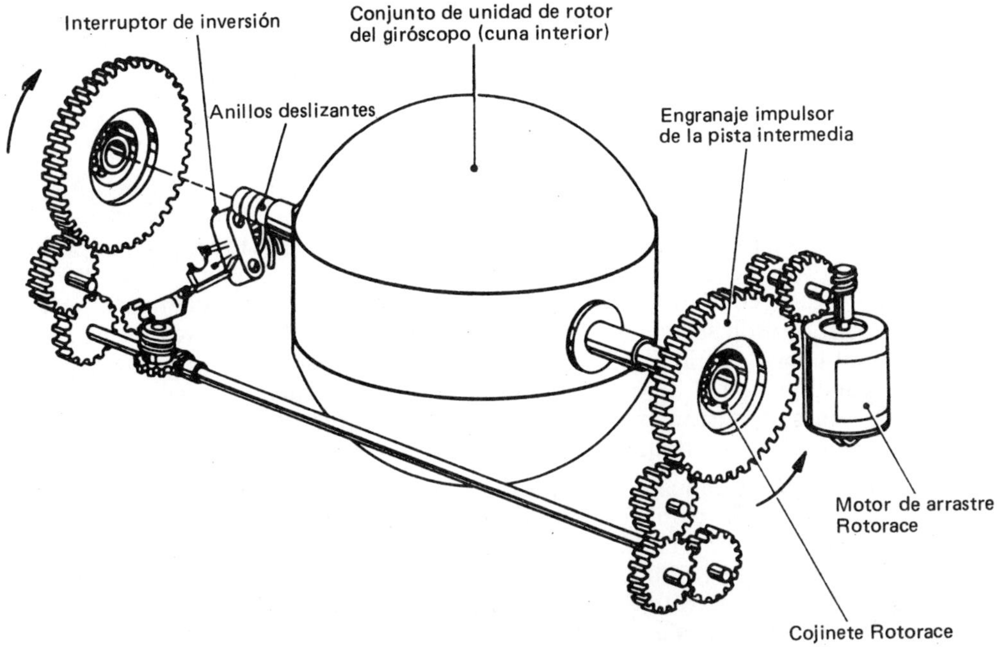

Figura 7.18.–Sistema de cojinete Rotorace.

dia y otra exterior, y dos juegos de cojinetes de bolas; la pista de rodadura intermedia gira constantemente por la acción de un motor de arrastre que funciona a través de un tren de engranajes.

El giro de pista de rodadura intermedia distribuye uniformemente alrededor del eje del rotación cualquier torsión friccional presente en el cojinete. El engrane a las pistas intermedias de los dos cojinetes es tal que las pistas giran en direcciones opuestas; de este modo, las torsiones de fricción de los dos cojinetes se oponen entre sí. La desviación que se pudiese introducir por desalineación de los cojinetes se anula cambiando periódicamente la dirección de rotación de las pistas de rodadura intermedias. Esto se logra invirtiendo la rotación del motor de arrastre a través de un interruptor que es accionado por una leva. La leva es, a su vez, accionada por un engranaje helicoidal desde el eje de arrastre entre los dos cojinetes. Unos condensadores conectados a través del interruptor suprimen cualquier tendencia a que se produzca la formación de arco de los contactos.

MODOS DE OPERACION DE LOS SISTEMAS DE BRUJULAS

Todos los sistemas de brújulas proporcionan la selección de dos categorías o modos de operación: *esclavizado*, en el que el giróscopo es supervisado por el elemento detector de flujo, y *giróscopo libre*, o giróscopo direccional, en el que el giróscopo está aislado del detector para que funcione como un giróscopo direccional recto. Este último modo de operación se selecta siempre que se produzca un mal funcionamiento de los circuitos de señales de referencia direccionales o cuando se vuela un avión en latitudes en las que la componente horizontal del campo magnético de la Tierra no sea una referencia fiable.

Indicadores de sincronización

La función de los indicadores de sincronización, o avisadores como se los denomina algunas veces, es indicar si el giróscopo de un sistema de brújula está o no sincronizado con la referencia direccional detectada por el elemento detector de flujo. Los indicadores pueden formar parte integral del indicador de rumbo principal (véase la Fig. 7.15) o pueden ser una unidad independiente montada en el panel principal de instrumentos. Estos indicadores son accionados por las señales de supervisión o contratación procedentes del detector de flujo y están conectados en el circuito esclavizador del giróscopo.

En la Fig. 7.19 se muestra un avisador integral típico que sirve, generalmente, para enseñar la función de los indicadores. Consta de una banderita, marcada con un punto y una cruz, que se ve por una ventanilla en una esquina del bisel del indicador de rumbo. La bandera va en uno de los extremos de un eje pivotado. En el otro extremo del eje va montado un pequeño imán permanente que, al mismo tiempo, está situado adyacente a dos bobinas de núcleo de metal blando conectadas en serie con el circuito de precesión.

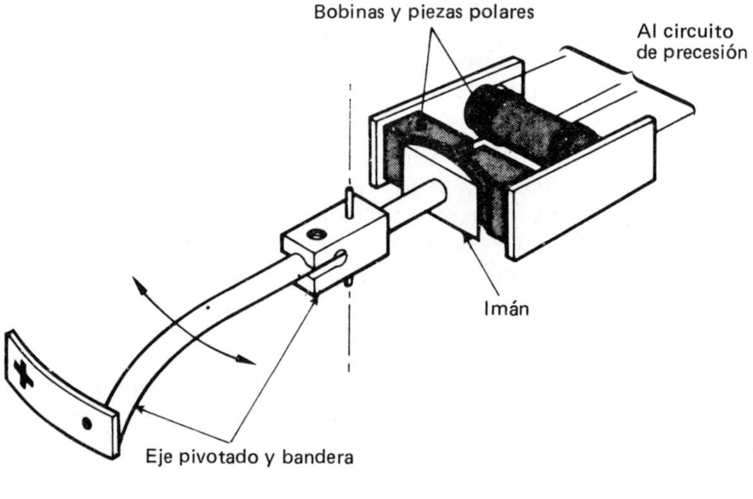

Figura 7.19.–Avisador integral típico.

Cuando el giróscopo está desincronizado, las señales de supervisión y precesión fluyen a través de las bobinas del avisador e inducen un campo magnético en ellas. El campo reacciona con el imán permanente haciendo que gire el eje a un lado, de modo que aparezca en la ventanilla el punto o la cruz de la bandera. La indicación particular que se muestre depende de la dirección de la precesión del giróscopo y se mantendrá hasta que vuelva a haber sincronismo.

En condiciones sincronizadas no debe haber ninguna imagen en la ventanilla del avisador. Durante el vuelo, sin embargo, la bandera oscila lentamente entre una indicación de un punto y una cruz. Esto se debe a los efectos de la pendulación sobre el elemento detector de flujo y sirve, en realidad, como indicación útil de que está habiendo supervisión.

Sincronización manual

Cuando se aplica inicialmente energía eléctrica a un sistema de brújula que opera en el modo "esclavizado", el giróscopo puede estar muy desalineado. Desde luego, comenzará a sincronizarse, pero como los giróscopos normalmente tienen bajos regímenes de precesión (1.° a 2.° por minuto), puede transcurrir mucho tiempo antes de que se realice la sincronización. Con el fin de acelerar el proceso, los sistemas llevan siempre una instalación de sincronización rápida que se puede seleccionar manualmente.

Analizando la Fig. 7.13 puede comprenderse el principio de un método aplicado a un sistema que utiliza un giróscopo maestro. El indicador emplea un mando de sincronización, marcado con un punto y una cruz y acoplado al estator del sincro CT de servo. Si se empuja y gira el mando en la dirección indicada por el avisador, el giro del estator del sincro CT induce una señal de voltaje de error en el rotor. Esta se envía al servoamplificador y al motor, que sincroniza el rotor del sincro de rumbo esclavo o satélite y el giróscopo, a través del amplificador escalvizador, al sincronismo con el detector de flujo. Al mismo tiempo, el rotor del sincro CT es accionado a la posición "nula" y se suprimen todas las señales de error.

INDICACION DE RUMBO MAGNETICO EN LAS REGIONES POLARES

Con la introducción de operaciones de vuelo regulares en las proximidades y sobre las regiones polares por la aviación militar y muchas compañías aéreas privadas, la necesidad de crear nuevos métodos y equipos de navegación adquirió gran importancia. Las principales dificultades de la navegación en estas regiones están relacionadas con los siguientes problemas: la convergencia de los meridianos y las isógonas, los largos períodos crepusculares que limitan el uso de la astronavegación, las tormentas magnéticas, las interrupciones de la radiopropagación que reducen el empleo de las radioayudas a la navegación, y las limitaciones en las referencias direccionales establecidas por las brújulas magnéticas y algunos sistemas de brújulas de indicación remota.

Recordarán que en el Capítulo 6 se decía que el norte magnético no se puede definir como un punto exacto, pero puede describirse como la zona dentro de la cual la componente horizontal H del campo magnético de la Tierra es cero, siendo todo el campo vertical. Por consiguiente, está claro que el empleo de una brújula de lectura directa o una de indicación a distancia en esta zona no puede proporcionar la referencia direccional exacta requerida. Otra circunstancia que hace la dirección magnética poco práctica en las regiones polares es el hecho de que la desviación del sistema magnético del norte magnético es muy grande y varía rápidamente con la distancia.

Los giróscopos de los sistemas de brújulas actuales están diseñados para que no tengan apenas desviación por causa de la fricción de los cojinetes de las cunas y el desequilibrio, y por eso su empleo en el modo de operación de "giróscopo libre" ofrece una solución evidente al problema. Sin embargo, un giróscopo tiene todavía un error de velocidad de la Tierra que varía con la latitud en la que opera y que es mayor en las regiones polares. Por consiguiente, para obtener una información de rumbo exacta deben eliminarse los errores, calculando las correcciones necesarias y aplicándolas directamente a los rumbos indicados, o bien incorporando un dispositivo de corrección automática en el giróscopo. En los sistemas de brújulas diseñados para vuelos polares se utiliza el método citado en último lugar, el cual toma la forma de un circuito de precesión controlada.

Un circuito típico consta esencialmente de tres partes principales, a saber: (i) un interruptor para seleccionar el hemisferio en el que se vuela, esto es, Norte o Sur, (ii) un mando selector, potenciómetro y esfera calibrada en grados de latitud, proporcionando así el ajuste de la latitud en la que el avión vuela, y (iii) dos electroimanes pequeños de corriente continua integrados en la cuna exterior, uno a cada lado de la interior. En la Fig. 7.20 puede verse el circuito controlador.

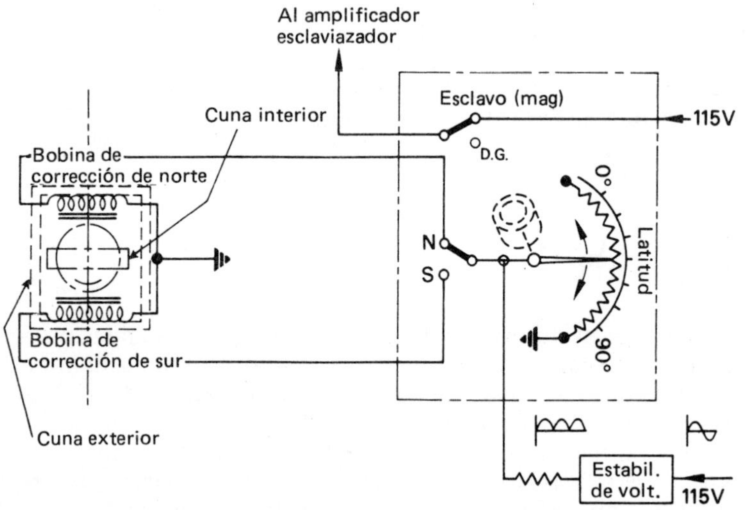

Figura 7.20.—Circuito controlador de latitud.

Cuando se pone el interruptor selector de hemisferio en la posición apropiada deja que un alto voltaje directo, que procede de una unidad de energía especial, fluya a la bobina del electroimán selectado. La corriente también atraviesa el potenciómetro del compensador de latitud para que pueda ajustarse de forma que dé el control requerido en la latitud selectada. Cuando el giróscopo se desvía, el rotor gira a través del campo magnético de la bobina energizada, y se induce corrientes parásitas en el rotor con el resultado de que se aplica una torsión a la cuna interior, la cual imprime un movimiento de precesión a todo el sistema cardánico alrededor de su eje vertical, al mismo régimen, pero en sentido opuesto a su desviación. Cuando se energiza el imán del hemisferio norte, la precesión es en sentido contrario al giro de las agujas del reloj, y en el sentido de las agujas del reloj cuando se energiza el imán del hemisferio sur. Un circuito estabilizador de voltaje da la seguridad de que la corriente a través de una bobina energizada no será afectada por las variaciones del voltaje directo procedente de la unidad de alimentación de energía.

COMPENSACION DE LAS DESVIACIONES

La compensación de las desviaciones resultantes de los efectos del magnetismo de metal duro y metal blando se realiza aplicando uno de los métodos descritos en el Capítulo 8 (pág. 236).

ERRORES EN LOS SISTEMAS DE BRUJULAS

Además de los errores estáticos resultantes de los efectos magnéticos de metal blando y metal duro (véase el Capítulo 8) los sistemas de brújulas de indicación remota están también sujetos a otros dos errores principales; uno es estático y se conoce como *error de transmisión*; el otro es dinámico y se conoce como *error de Coriolis.*

Error de transmisión

Este error puede producirse por varias causas; por ejemplo, si la impedancia de los devanados de los sincros conectados al elemento detector de flujo no están equilibradas exactamente, la señal de salida se verá afectada, de forma que producirá un error que varía a través de dos picos positivos y dos negativos en un viraje de 360° del avión. Otras fuentes de error de transmisión son el desequilibrio de voltaje en el mismo elemento detector de flujo, y la forma elíptica de los estatores de los sincros. El error de transmisión se compensa normalmente durante la fabricación mediante la introducción de impedancias entre el elemento detector de flujo y su sincro de datos de rumbo asociado.

Error de Coriolis

Este error lo causa una fuerza desviadora ejercida por la rotación de la Tierra sobre cualquier objeto en movimiento. Por consiguiente, cuando un avión esté volando, estará sujeto a lo que se denomina aceleración Coriolis al seguir una trayectoria curva desde un punto a otro de la superficie de la Tierra. Esta aceleración hace que el elemento pendular del detector de flujo se incline de la horizontal de tal forma que interceptará una parte de la componente Z del campo de la Tierra. Esta componente, detectada en el detector de flujo, girará con el avión durante un viraje, y generará un error que tendrá su valor máximo en los rumbos norte y sur. La amplitud del error queda regulada por la velocidad sobre el suelo y la ruta del avión, la latitud y la inclinación magnética (véase la pág. 408).

El método corriente para corregir el error es situar en un controlador, una resistencia variable por medio de un mando de "ajuste de latitud", de modo que divida una entrada desde una resistencia variable de velocidad sobre el suelo preajustada. La señal de corriente continua resultante se envía al detector de flujo, donde produce un campo que anula la posición de la componente Z detectada como consecuencia de la inclinación.

PREGUNTAS

7.1. Esbozar y describir la construcción de una unidad detectora de rumbo adecuada para su uso en un sistema de brújula de indicación remota.

7.2. Esbozar los lazos de histéresis de muestras de metal blando y Mumetal y explicar la forma de los lazos.

7.3. Describir, por medio de diagramas, cómo se inducen flujos y voltajes en un elemento detector.

7.4. Explicar cómo se obtienen referencias direccionales inequívocas.

7.5. ¿Qué efecto tiene la corriente alterna suministrada a la bobina excitadora de un elemento detector sobre el campo de la Tierra que pasa por el elemento?

7.6. Explicar los efectos que tendrá el montaje pendular de un elemento detector sobre los rumbos indicados durante los virajes y las aceleraciones.

7.7. Describir la construcción general de un elemento de giróscopo direccional de brújula de indicación remota.

7.8. Explicar cómo el detector de flujo supervisa el elemento de giróscopo direccional.

7.9. Describir cómo se aplica a un sistema de brújula el principio de un servolazo de sincro.

7.10. *a*) ¿En qué componentes de un elemento de giróscopo direccional están instalados el rotor y el estator de un motor de torsión de nivelación?
b) Explicar la operación de un sistema de nivelación típico.

7.11. *a*) ¿Bajo qué condiciones se selecta el modo de operación de giróscopo direccional?
b) Describir cómo se obtienen indicaciones de sincronismo entre los elementos de giróscopo direccional y detector de flujo.

7.12. Describir cómo se corrige automáticamente el "error de velocidad de la Tierra" en un sistema de brújula polar.

7.13. ¿Qué entienden por los términos "error de transmisión" y "error de Coriolis"?

8. Magnetismo del avión y sus efectos sobre las brújulas

Un hecho que ha sido siempre un desafío para los proyectistas de brújulas de aviación es que todos los aviones tienen de por sí magnetismo en cantidades variables. Tal magnetismo es, desde luego, una fuente potencial de error en las indicaciones de las brújulas instaladas en cualquier tipo de avión y es inevitable. Sin embargo, puede analizarse y puede dividirse para cualquier avión en dos tipos principales y transformarlo también en componentes que actúen en direcciones determinadas, de modo que puedan tomarse medidas para minimizar los errores, o desviaciones como se los llama propiamente, resultantes de tales componentes.

Los dos tipos de magnetismo de los aviones pueden dividirse siguiendo la misma clasificación de los materiales magnéticos según la capacidad que tienen para ser magnetizados, a saber, metal duro y metal blando (véase también la pág. 179).

El *magnetismo de poca permeabilidad* o metal duro es de naturaleza permanente y lo causa, por ejemplo, la presencia de piezas de hierro o acero utilizadas en la estructura del avión, en los grupos motopropulsores y otros equipos, la misma "integración" del campo de la Tierra en las partes ferrosas de la estructura durante su construcción y cuando el avión vuela durante largos períodos en un rumbo.

El *magnetismo de gran permeabilidad* o metal blando tiene naturaleza temporal y lo ocasionan las partes metálicas del avión que son magnéticamente blandas y que se magnetizan debido a la inducción del campo magnético de la Tierra. El efecto de este tipo de magnetismo depende del rumbo y la posición en vuelo del avión y de su situación geográfica.

Hay también un tercer tipo de magnetismo debido al magnetismo subpermanente del metal "intermedio" que puede ser retenido durante períodos variables. Tal magnetismo depende no sólo del rumbo, la posición en vuelo del avión y la situación geográfica del mismo, sino también de la naturaleza de su movimiento anterior, las vibraciones, las descargas eléctricas y otros agentes externos.

Las diversas componentes que producen desviación se indican con letras mayúsculas cuando se trata de magnetismo permanente, de metal duro o poca permeabilidad, y con minúsculas cuando se refiere a magnetismo inducido, de metal blando o gran permeabilidad. También es importante citar en este momento que las desviaciones positivas se denominan al este y las negativas al oeste.

EFECTOS DE LAS COMPONENTES MAGNETICAS SOBRE LAS BRUJULAS

Componentes del magnetismo de poca permeabilidad o metal duro

El efecto total de este tipo de magnetismo en la posición de la brújula se puede considerar originado por imanes rectos que se encuentren longitudinal, lateral y verticalmente. Estos imanes se muestran esquemáticamente en la Fig. 8.1. Para analizar sus efectos se denominan respectivamente *componentes P, Q* y *R*. La intensidad de estas componentes no varían con el rumbo o el cambio de latitud pero puede variar con el tiempo debido a una debilitación del magnetismo en el avión. Volviendo a la Fig. 8.1, debemos citar especialmente que cuando los polos de los imanes están delante, a la derecha y debajo de la brújula respectivamente, las componentes son positivas, y cuando los polos están en las direcciones opuestas, son negativas. Los campos siempre van del polo azul (sur) al polo rojo (norte).

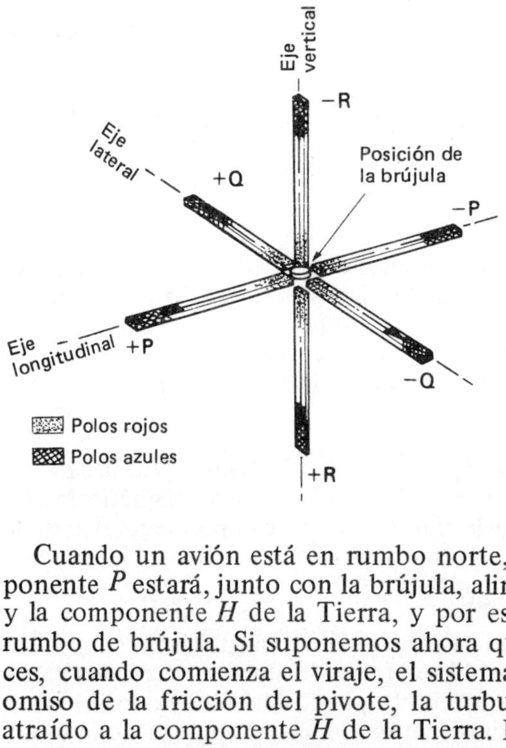

Figura 8.1.–Componentes del magnetismo de poca permeabilidad (metal duro).

Cuando un avión está en rumbo norte, el imán equivalente debido a la componente *P* estará, junto con la brújula, alineado con el eje longitudinal del avión y la componente *H* de la Tierra, y por eso no causará ninguna desviación en el rumbo de brújula. Si suponemos ahora que se ha de girar el avión 360°, entonces, cuando comienza el viraje, el sistema magnético del avión (haciendo caso omiso de la fricción del pivote, la turbulencia del líquido, etc.) permanecerá atraído a la componente *H* de la Tierra. La componente *H*, sin embargo, se alineará en la posición resultante y producirá una desviación en la lectura del norte magnético de la brújula, haciéndola que marque tantos grados este y oeste del norte, dependiendo de la polaridad de la componente. Esta desviación aumentará durante el viraje, será máxima en el oeste, y luego disminuirá a cero en el sur, aumentando de nuevo a un máximo pero en la dirección opuesta en el oeste, y disminuyendo luego a cero cuando se gira al norte otra vez. Una representación de las desviaciones causadas por una componente *P* positiva y una negativa en todos los rumbos resulta en las curvas sinusoidales mostradas en la Fig. 8.2.

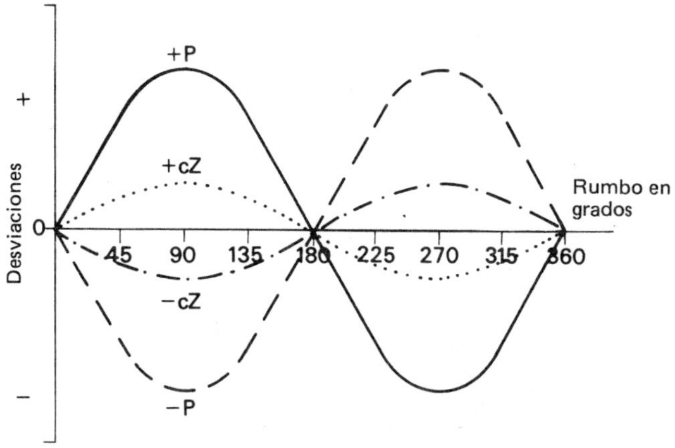

Figura 8.2.—Curvas de desviación debidas a las componentes *P* y *cZ*.

La componente *Q* produce efectos análogos, pero puesto que actúa a lo largo del eje lateral, la desviación es máxima en los rumbos norte y sur y cero en los este y oeste. La representación gráfica de estas desviaciones para las componentes positiva y negativa resulta en las curvas cosenusoides mostradas en la figura 8.3; por tanto, las desviaciones debidas a *Q* varían como el coseno del rumbo del avión.

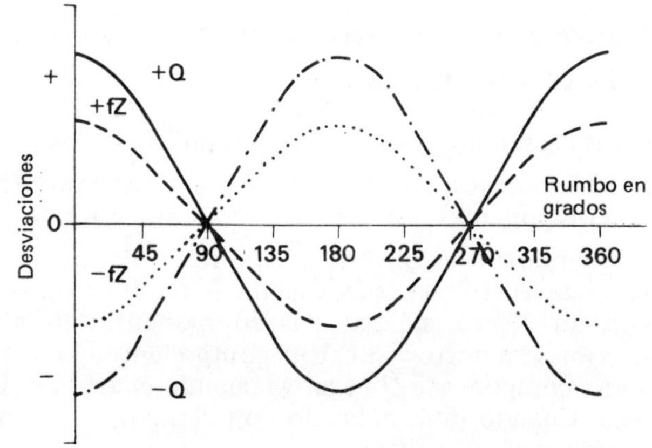

Figura 8.3.—Curvas de desviación debidas a las componentes *Q* y *Z*.

La componente *R* actúa en la dirección vertical, y cuando el avión está en su posición normal de vuelo horizontal, no tiene ningún efecto sobre el sistema magnético de la brújula. Sin embargo, si el avión vuela con su eje longitudinal o lateral en otras posiciones que no sean la horizontal, entonces la componente *R* no estará en la vertical y tendrá una componente horizontal, afectando al sistema magnético de la brújula.

En la Fig. 8.4(*a*) pueden verse las componentes horizontales de la componente *R* cuando un avión está en posición de encabritado y picado. Cuando el avión está en posición de encabritado, la componente horizontal de una componente *R* positiva actúa en dirección hacia adelante, esto es, en el mismo sentido que una componente *P* positiva; cuando el avión se encuentra en posición de pi-

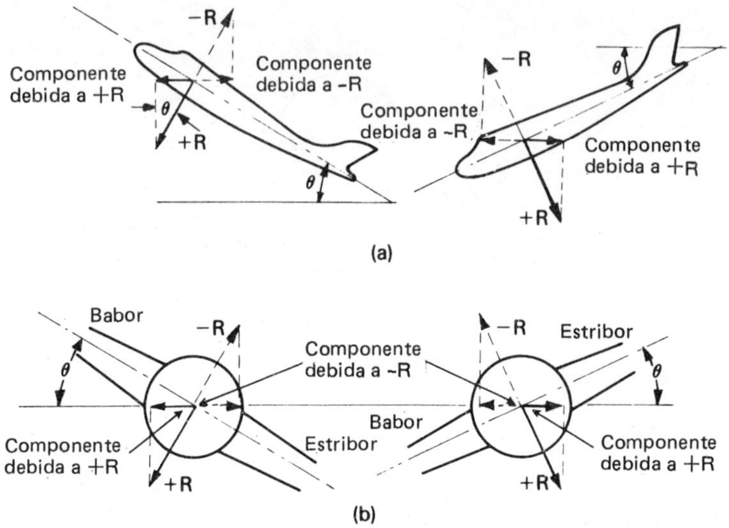

Figura 8.4.–Componente *R* y efectos. *a*) Efectos en la posición de encabritado y picado. *b*) Efectos en posiciones inclinadas.

cado, la componente horizontal actúa hacia atrás en el mismo sentido que una componente *P* negativa. Por tanto, en cualquiera de estas posiciones, la componente *R* producirá desviación máxima en rumbos este y oeste.

La cantidad real de desviación depende del valor de *R* y del ángulo entre el eje longitudinal del avión y la horizontal. Las curvas resultantes de las desviaciones serán curvas sinusoidales similares a las producidas por la componente *P*.

Si la componente *R* es negativa, como también puede verse en la Fig. 8.4(*a*), las componentes horizontales actuarán en las direcciones opuestas.

Cuando un avión está en posición de inclinación lateral o alabeo, según se muestra en (*b*), la componente *R* tendrá otra vez una componente horizontal con un efecto análogo a la componente lateral *Q*, ocasionando desviaciones máximas en norte y sur. Una componente *R* positiva produce un efecto análogo a una componente *Q* negativa cuando el avión es inclinado con el ala de estribor baja. Cuando está inclinado con el ala de babor baja, el efecto es análogo a una componente *Q* positiva.

Si la componente *R* es negativa, las componentes horizontales tendrán los efectos opuestos. Como anteriormente, las cantidades reales de desviación dependen de la magnitud de *R* y del ángulo entre el eje apropiado del avión y la horizontal.

Una cuestión que se plantea a menudo en conexión con la componente *R* es ¿son los efectos lo bastante importantes realmente para que nos preocupemos? Según se manifestó anteriormente, dependen de la magnitud de la componente y de los ángulos en que se cambie la posición de cabeceo y alabeo del avión. Normalmente, el ángulo de subida y descenso de la mayoría de los aviones es razonablemente poco pronunciado, y por eso las desviaciones suelen ser pequeñas. En algunos aviones con una gran componente *R* se experimenta un gran efecto en la desviación en la posición de encabritado. Durante los virajes un avión se inclina lateralmente, pero aquí otra vez los ángulos y las desviaciones suelen ser pequeños. Si se usan brújulas de lectura directa, son más propensas a errores debidos a los virajes, de modo que cualquier error adicional que sea consecuencia de los efectos de la componente R tiene poco o ningún interés práctico. La disposición de los elementos detectores de las brújulas de indicación a distancia es tal que se eliminan los errores de viraje y la componente R es despreciable.

Componentes de magnetismo de gran permeabilidad o metal blando

El magnetismo de gran permeabilidad, o de material magnéticamente blando, que es eficaz en la posición de la brújula, puede considerarse que proviene de una pieza de metal blando en la que el campo magnético de la Tierra ha inducido magnetismo. Este campo tiene dos componentes H y Z principales, pero con el fin de analizar el magnetismo de gran permeabilidad, es preciso transformar H en dos componentes X e Y horizontales y relacionarlas en unión de la componente vertical Z con los tres ejes principales del avión. Esta relación y las polaridades se dan en la Tabla 8.1.

Tabla 8.1

Componentes magnéticos de la Tierra		*Ejes del avión con los que están relacionadas*	*Polaridad*
H	X	Longitudinal	+Anterior–Posterior
	Y	Lateral	+Derecha–Izquierda
Z		Vertical	+Abajo–Abajo

Las polaridades y las intensidades de las componentes X e Y varían con los cambios de rumbo del avión porque éste gira con relación a la dirección fija de la componente H. En la Fig. 8.5 se indican los cambios que se producen a través de los puntos cardinales y cuadrantales.

La componente Z actúa verticalmente a través de la brújula y, por consiguiente, no afecta a las propiedades direccionales del sistema magnético de la brújula.

Si se mueve un avión a una posición geográficamente diferente, entonces las tres componentes variarán debido al cambio en la intensidad y dirección del campo de la Tierra. El signo de la componente Z sólo variará con un cambio de hemisferio magnético cuando se invierta la dirección vertical del campo de la Tierra.

Cada una de las tres componentes del campo de la Tierra produce tres componentes de magnetismo de gran permeabilidad que se consideran resultado de la inducción en varias varillas de metal blando dispuestas a lo largo de los tres ejes del avión, y alrededor de la posición de la brújula, de tal forma que su efecto combinado es el mismo que el magnetismo de gran permeabilidad real que influye en las propiedades direccionales de la brújula. Por consiguiente, hay nueve varillas de metal blando marcadas convencionalmente con las letras *a, b, c, d, e,*

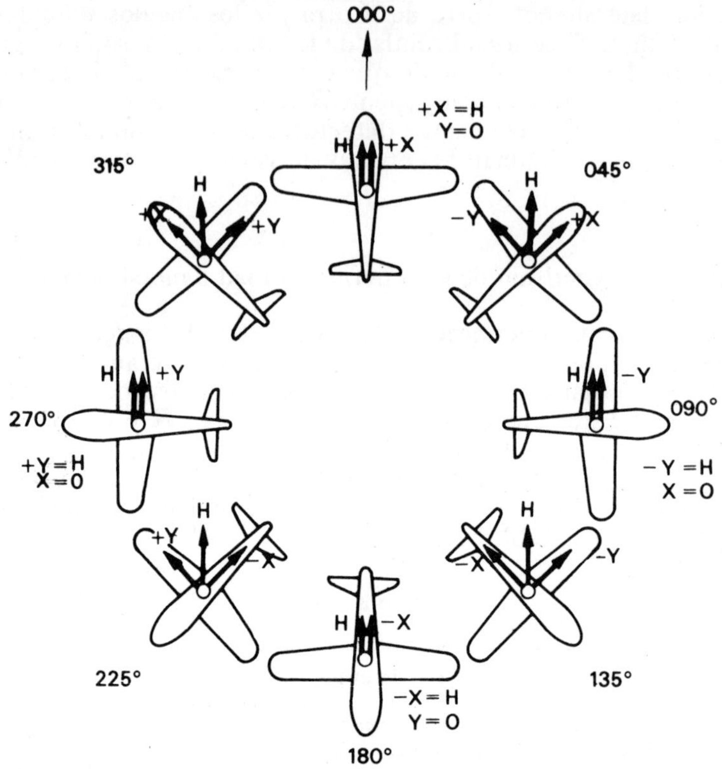

Figura 8.5.—Cambios de las componentes *X, Y* y *Z* con los cambios de rumbo del avión.

f, g, h y *k*; cuando se relacionan con las componentes *X, Y* y *Z* del campo, sus componentes de gran permeabilidad o metal blando se designan *aX, bY, cZ*; *dX, eY, fZ*; *gX, hY* y *kZ*. De las nueve varillas hay seis que afectarán siempre a las propiedades direccionales de una brújula, puesto que las componentes de sus campos inducidos están siempre horizontales: tres longitudinales debidas a las varillas *a, b* y *c*, y tres laterales debidas a las varillas *d, e* y *f*. Estas se muestran en forma gráfica y tabular en la Fig. 8.6. Al pasar podemos observar que los campos inducidos verticalmente de las varillas *g, h* y *k* podrían producir ligeras desviaciones de forma análoga a las resultantes de la componente *R* de magnetismo de poca permeabilidad o permanente.

Con referencia a la Fig. 8.6 hay dos puntos principales que deben citarse. En primer lugar, cada varilla tiene posiciones alternativas, llamadas positiva y negativa. La razón de esto es que cada componente del magnetismo del avión puede actuar en una de dos direcciones recíprocas. La designación de polaridad depende únicamente de la posición de las varillas con relación a la brújula, y no resulta afectada por cualquier polaridad que puedan adquirir las varillas como consecuencia de ser magnetizadas por el campo de la Tierra.

El segundo punto a citar es que, con excepción de las varillas *–a* y *–e*, hay dos posiciones con relación a la brújula en las que cada varilla es positiva y dos

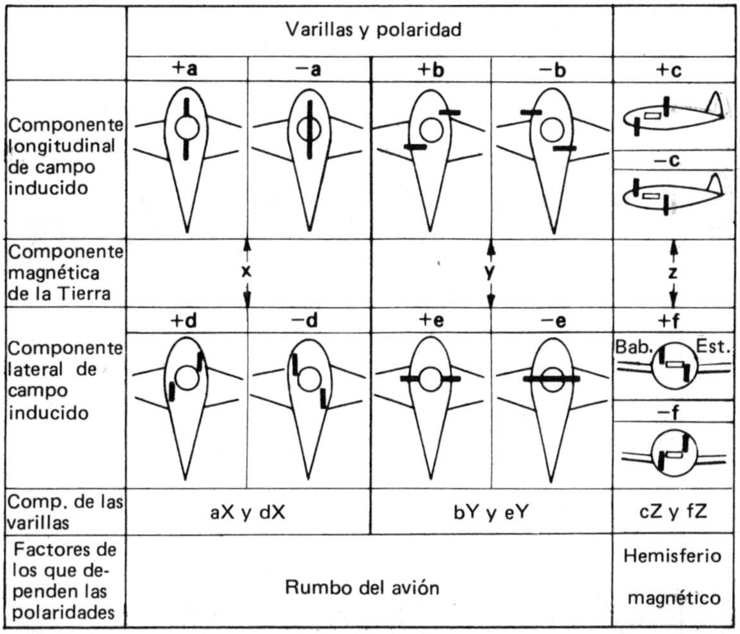

Figura 8.6.–Varillas que afectan a las propiedades direccionales de una brújula.

en las que cada una es negativa; por tanto, los campos vienen de los polos más cercanos a la brújula. Decimos a menudo que estos campos se deben a metal blando horizontal asimétrico.

En la Fig. 8.7 pueden verse las curvas de desviación debidas a las componentes aX, eY, bY y dX de las varillas. Las componentes cZ y fZ de las varillas tienen los mismos efectos que las componentes P y Q de metal duro o poca permeabilidad respectivamente. Otro punto que hay que citar en conexión con cZ y fZ es que sus polaridades y dirección dependen de si el avión está en el hemisferio norte o en el sur.

Efectos magnéticos totales

Los efectos magnéticos totales de aX y eY son cuadrantales y pueden sumar las curvas individuales de desviación mostradas en la Fig. 8.7. La combinación de las curvas de desviación debidas a las componentes bY y dX produce los efectos totales que se muestran en la Fig. 8.8; según esto puede verse que, además de producir desviación que varía como el coseno de dos veces el rumbo, las componentes bY y dX pueden producir también desviación constante o una combinación de ambas.

El efecto magnético total en la posición de una brújula es la suma de las componentes X, Y y Z del campo de la Tierra, las componentes P, Q y R de metal duro o poca permeabilidad, y las componentes respectivas de metal blando o gran permeabilidad que actúan a lo largo de los tres ejes del avión. Los efectos se muestran esquemáticamente en la Fig. 8.9, junto con las expresiones para

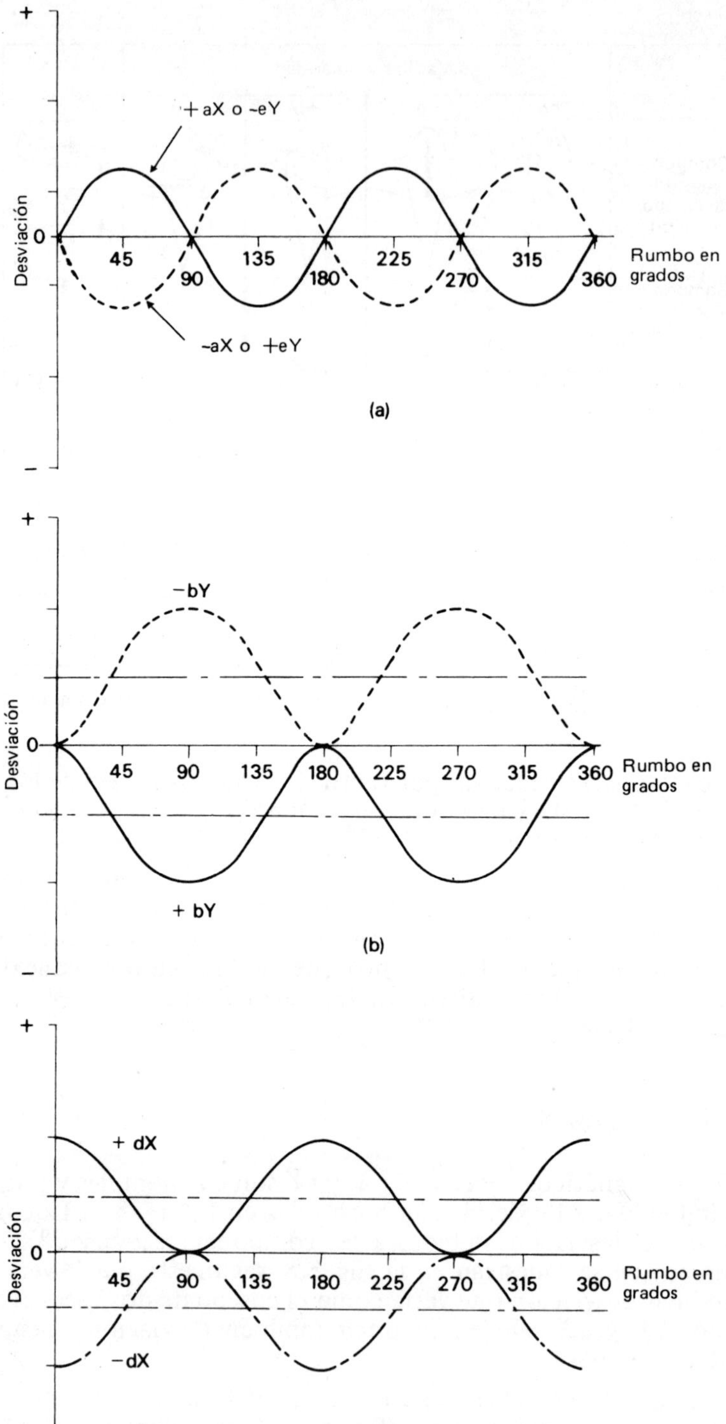

Figura 8.7.—Curvas de desviación debidas a las componentes de las varillas. *a*) Componentes aX y eY. *b*) Componente bY. *c*) Componente dX.

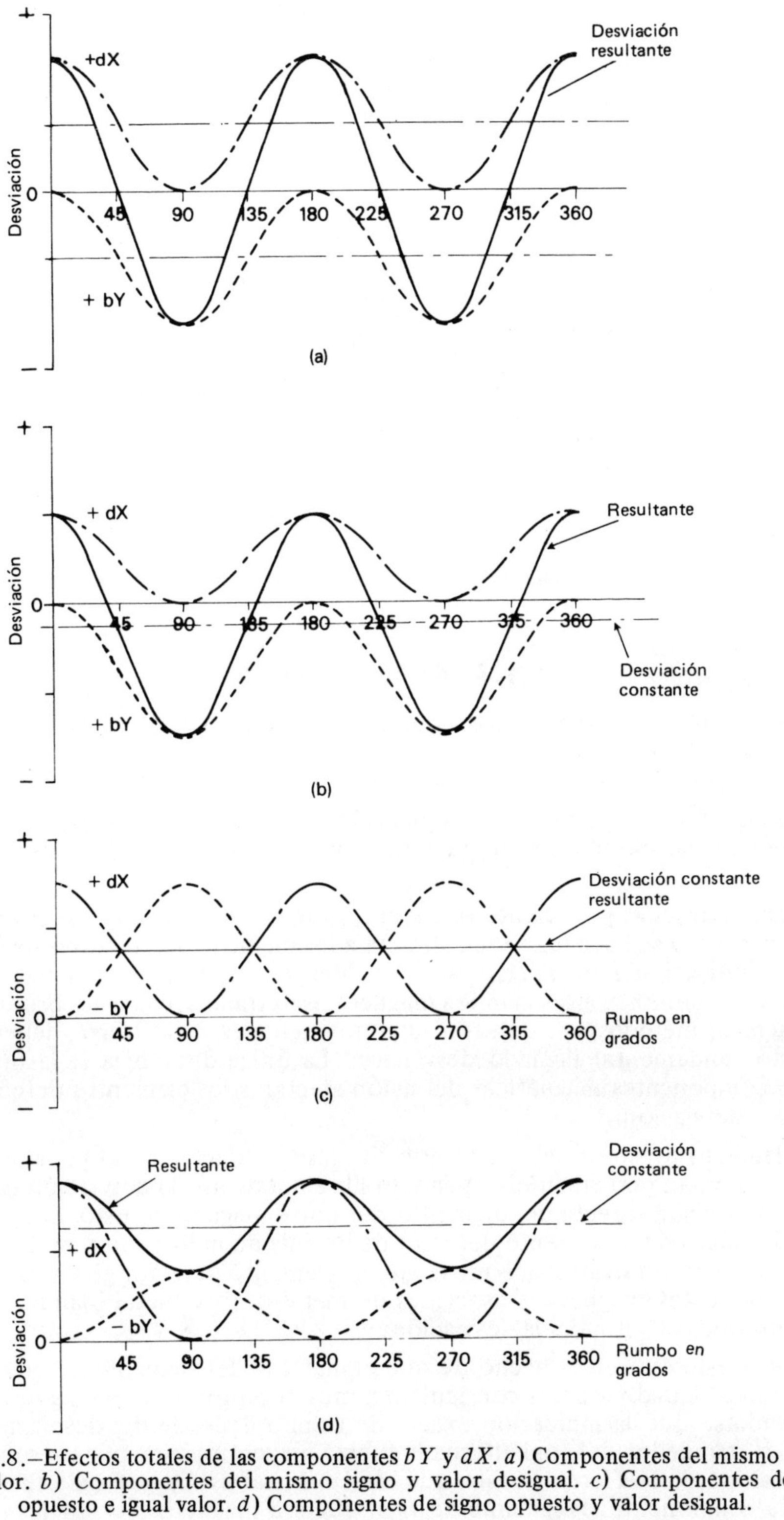

Figura 8.8.–Efectos totales de las componentes bY y dX. *a*) Componentes del mismo signo e igual valor. *b*) Componentes del mismo signo y valor desigual. *c*) Componentes de signo opuesto e igual valor. *d*) Componentes de signo opuesto y valor desigual.

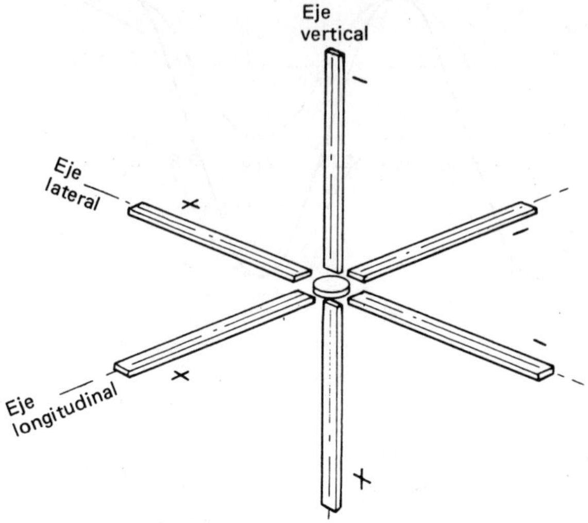

$$\text{TOTAL } X' = X + P + aX + bY + cZ \qquad \text{TOTAL } Y' = Y + Q + dX + eY + fZ$$

$$\text{TOTAL } Z' = Z + R + gX + hY + kZ$$

Figura 8.9.—Efecto magnético total en la posición de la brújula.

calcular las fuerzas combinadas representadas como X', Y' y Z'. Los signos utilizados en las expresiones indican que las sumas de las cantidades son algebraicas.

En la explicación precedente sobre el magnetismo del avión, sus componentes y efectos, no se hace referencia directa a los elementos detectores de las brújulas de indicación a distancia. No debe interpretarse que tales elementos son enteramente inmunes a los campos magnéticos extraños. Todas las brújulas, sea cual fuere su método para detectar la componente H de la Tierra, deben sufrir el efecto fundamental llamado desviación. La única diferencia es la forma en que las componentes magnéticas del avión afectan a los elementos detectores y producen desviación.

El elemento detector de una brújula de lectura directa, como ya sabemos, es del tipo de imán permanente suspendido libremente; así, la desviación es causada por desviación directa del elemento del norte magnético. Esto, desde luego, no se produce en un elemento detector de brújula de indicación remota, de forma que cuando un avión hace un viraje, el elemento detector gira con él y con sus componentes magnéticas asociadas de metal duro y metal blando. ¿Cómo puede producirse entonces la desviación?

La respuesta está en el hecho de que el material del elemento detector tiene gran permeabilidad y es, por consiguiente, muy receptor al flujo magnético. Debe recordarse que la indicación exacta de rumbo depende del desplazamiento del eje H, alrededor del cual alterna la fuerza magnetizadora, por la componente del campo de la Tierra. Puesto que este material es magnetizado fácilmente por esta componente, es igualmente fácil que sea magnetizado por las componentes del magnetismo del avión. En consecuencia, el eje *H* es desplazado a un punto de referencia falso en la dirección positiva o negativa. Esto, a su vez, cambia el flujo total que enlaza las bobinas selectoras secundarias del detector, produciendo así un error en el voltaje inducido. La corriente resultante de este voltaje produce una señal de error correspondiente en el sincro de rumbo o esclavizador y, de este modo, el giróscopo direccional y la carta de rumbo son desviados del rumbo correcto.

COEFICIENTES DE DESVIACION

Antes de que se puedan tomar medidas para minimizar las desviaciones causadas por las componentes de metal duro o poca permeabilidad y metal blanco o gran permeabilidad, deben obtenerse sus valores en cada rumbo y analizarlos cuantitativamente en *coeficientes de desviación.* Hay cinco coeficientes, designados *A, B, C, D* y *E,* denominados positivos o negativos según el caso, y expresados en grados.

En la Fig. 8.10 se muestra la relación entre el magnetismo del avión y los coeficientes.

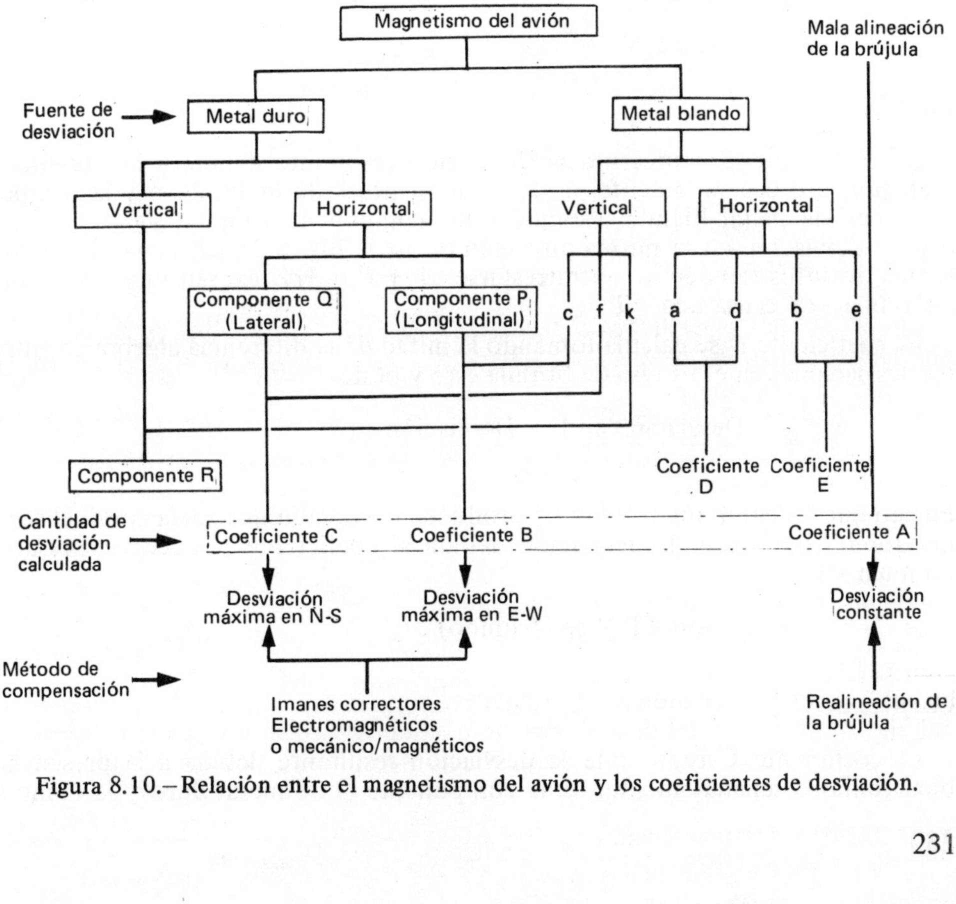

Figura 8.10.– Relación entre el magnetismo del avión y los coeficientes de desviación.

Coeficiente A

Este coeficiente representa una desviación constante debido a los efectos combinados de las componentes bY y dX de signos distintos.

Volviendo otra vez a la Fig. 8.7 observamos que las componentes $-bY$ y $+dX$ causan desviación este; una combinación de estas dos producirá un coeficiente $+A$, mientras que las componentes $+bY$ y $-dX$ causan desviación oeste y en combinación producen un coeficiente $-A$. En cada caso, las dos componentes, en lo que respecta a sus efectos máximos sobre la brújula, deben ser iguales. El coeficiente de desviación A puede denominarse *real* o *aparente.*

El coeficiente A real lo producen las componentes magnéticas inducidas bY y dX y lo representa la cantidad de desplazamiento del eje de la curva de desviación total (véase la Fig. 8.8). El coeficiente aparente A, por otra parte, es una desviación producida por causas amagnéticas tales como mala alineación de la brújula o de la unidad detectora con respecto al eje longitudinal del avión, descentramiento del sistema magnético, etc. No es posible o práctico separar los coeficientes A real y aparente.

El coeficiente A se calcula tomando la suma algebraica de las desviaciones de unos cuantos rumbos de brújulas equidistantes y dividiendo esta suma por el número de observaciones hechas. La media se suele tomar en los cuatro rumbos cardinales y los cuatro rumbos cuadrantales. De este modo,

$$A = \frac{\text{Desviación en N + NE + E + SE + S + SW + W + NW}}{8}$$

Coeficiente B

El coeficiente B representa la desviación resultante debida a la presencia, bien juntas o separadamente, de la componente P de metal duro y la componente cZ de metal blando. Cuando estas componentes tienen signos iguales, causan desviación en la misma dirección (véase la Fig. 8.2), pero cuando son de signos distintos tienden a contrarrestarse. $A + P$ ó $+cZ$ causan una $+B$, y una $-P$ ó una $-cZ$ causa una $-B$.

El coeficiente B se calcula tomando la mitad de la diferencia algebraica entre las desviaciones en el rumbo de brújula este y oeste:

$$B = \frac{\text{Desviación en E} - \text{Desviación en W}}{2}$$

Puesto que las componentes P y cZ producen desviación que varía como el seno del rumbo del avión, la desviación debida al coeficiente B puede expresarse también así:

$$\text{Desviación} = B \times \text{sen (rumbo)}$$

Coeficiente C

El coeficiente C representa la desviación resultante debida a la presencia, bien juntas o separadamente, de la componente Q de metal duro y la componente fZ de metal blando (véase la Fig. 8.3). Estas componentes, cuando tienen signos iguales y distintos, causan desviaciones cuyas direcciones son las mismas que las de las causadas por las componentes P y cZ. Por consiguiente, una $+Q$ o una $+fZ$ causa una $+C$, y una $-Q$ o una $-fZ$ causa una $-C$.

El coeficiente C se calcula tomando la mitad de la diferencia algebraica entre las desviaciones en los rumbos de brújula norte y sur:

$$C = \frac{\text{Desviación en N} - \text{Desviación en S}}{2}.$$

Puesto que las componentes Q y Z causan desviación, que varía como el coseno del rumbo del avión, la desviación debida al coeficiente C puede expresarse también así

$$\text{Desviación} = C \times \cos(\text{rumbo})$$

Coeficiente D

El coeficiente D representa la desviación debida a la presencia, juntas o separadamente, de las componentes aX y eY. Por la Fig. 8.7(a) se verá que estas componentes causan desviaciones del mismo tipo cuando tienen signos distintos y se contrarrestan cuando los tienen iguales. Cuando predomina una $+aX$ o $-eY$, o cuando se presentan ambas, se dice que el coeficiente D es positivo, mientras que cuando predomina $-aX$ o $+eY$ o están juntas el coeficiente D es negativo.

El coeficiente D es la cuarta parte de la diferencia algebraica entre la suma de las desviaciones en los rumbos de brújula norte-este y sur-este y la suma de las desviaciones en los rumbos sur-este y norte-oeste, esto es

$$D = \frac{(\text{Desviación en NE} + \text{Desviación SW}) - \\ - (\text{Desviación en SE} + \text{Desviación en NW})}{4}$$

Las desviaciones causadas por las componentes aX y eY varían como el seno de dos veces el rumbo del avión; por consiguiente, la desviación puede expresarse también como

$$\text{Desviación} = D \times \text{sen}(\text{dos veces el rumbo})$$

Coeficiente E

El coeficiente E representa la desviación debida a la presencia de las componentes bY y dX de signos iguales. Cuando se combina una $+bY$ y una $+dX$, se dice que el coeficiente E es positivo, mientras que una combinación de una $-bY$ y una $-dX$ dan un coeficiente negativo; las dos componentes deben ser iguales en cada caso.

El coeficiente E se calcula tomando la cuarta parte de la diferencia algebraica entre la suma de las desviaciones en los rumbos norte y sur y la suma de las desviaciones en los rumbos este y oeste:

$$E = \frac{(\text{Desviación en N} + \text{Desviación en S}) - (\text{Desviación en E} + \text{Desviación en W})}{4}$$

Las desviaciones causadas por las componentes bY y dX varían como el coseno de dos veces el rumbo del avión; por consiguiente, la desviación puede expresarse también como

$$\text{Desviación} = E \times \cos\,(\text{dos veces el rumbo})$$

La desviación total en una brújula no corregida para cualquier dirección dada del rumbo del avión por la brújula, puede expresarse por la ecuación

$$\text{Desviación total} = A + B \operatorname{sen} \theta + C \cos \theta + D \operatorname{sen} 2\theta + E \cos 2\theta .$$

AJUSTE Y COMPENSACION DE DESVIACION DE LAS BRUJULAS

Con el fin de determinar en qué cantidad son afectadas las lecturas de las brújulas por el magnetismo de poca y gran permeabilidad, o de metal duro y blando respectivamente, se lleva a cabo un procedimiento especial de calibración conocido como *oscilación*, que posibilita el ajuste y la compensación de la desviación.

DISPOSITIVOS DE COMPENSACION DE DESVIACION

Estos dispositivos quedan catalogados en dos grupos distintos, mecánicos y electromagnéticos, empleándose el primero con brújulas de lectura directa simples y elementos detectores de ciertas brújulas de indicación remota, y estando el segundo solamente con elementos detectores de brújulas de indicación a distancia.

En ambos casos, la función es la misma, esto es, neutralizar los efectos de las componentes del magnetismo de metal duro y blando de un avión estableciendo campos magnéticos opuestos.

Dispositivos mecánicos de compensación

Uno de los primeros dispositivos mecánicos es el microajustador mostrado en las Figs. 8.11 y 8.12. Consta de dos pares de imanes (una característica común de todos los tipos de compensador mecánico); cada par está instalado en engranajes cónicos hechos de material amagnético. Los engranajes están montados uno encima del otro de modo que, en la condición neutral, un par de imanes yace longitudinalmente para la corrección del coeficiente C, y el otro par late-

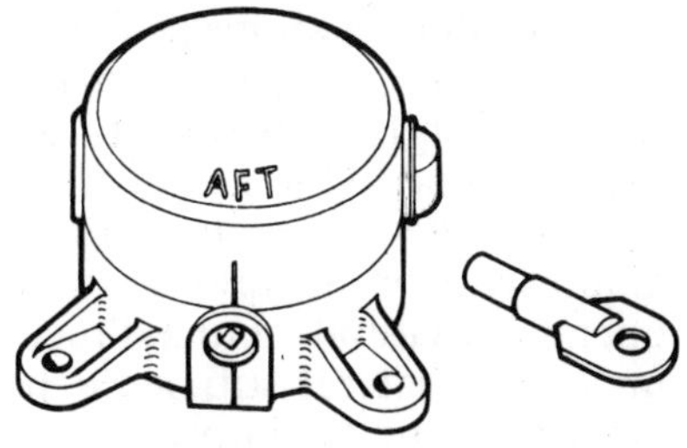

Figura 8.11.–Compensador de desviación tipo microajustador.

ralmente para la corrección del coeficiente *B*. La producción de los campos magnéticos necesarios para la corrección se obtiene girando los piñones cónicos pequeños que engranan con los engranajes en direcciones opuestas. De este modo, como puede verse por la Fig. 8.12, se hace que los imanes se abran como un par de tijeras; los campos se producen entre los polos y en una dirección que depende de aquélla en que se gira la cabeza de operación.

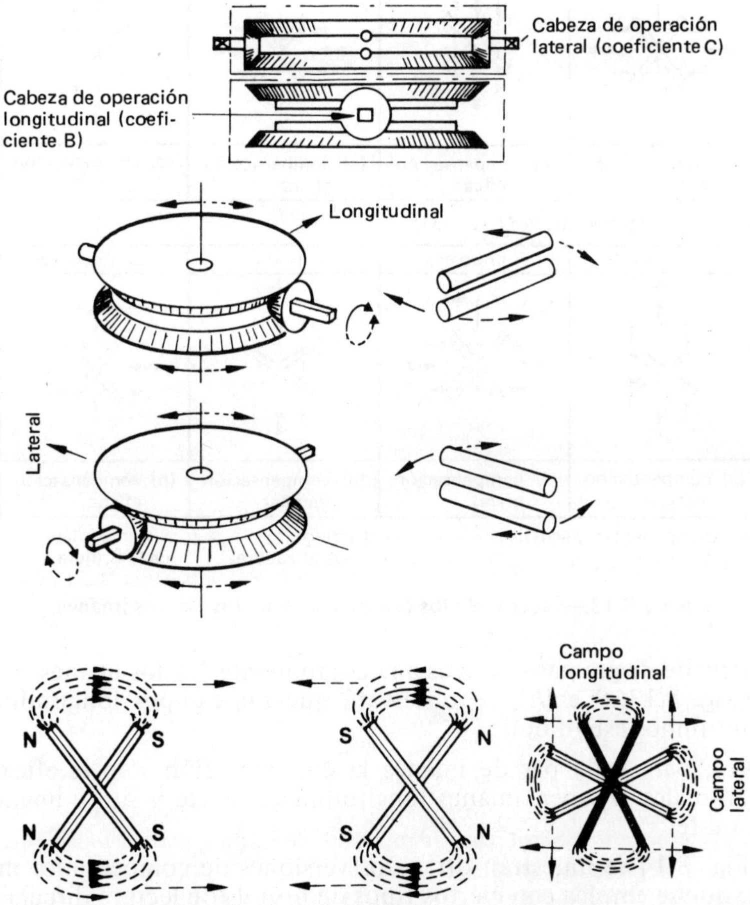

Figura 8.12.–Operación del microajustador.

Consultemos ahora la Fig. 8.13 para ver qué efectos tienen los campos producidos por cada par de imanes sobre un sistema magnético de brújula. En (*a*) se supone que el avión está situado en un rumbo norte, y debido a una componente lateral (*Q* y su metal blando relacionado) de magnetismo del avión, el sistema detector es desviado cierto número de grados del norte, en una dirección este, por ejemplo. Para eliminar esta desviación hay que girar la cabeza de operación lateral en una dirección que abra longitudinalmente los imanes y cree un campo lateral suficiente para desviar el sistema magnético de la brújula al oeste y de vuelta al norte.

Una compensación análoga para la desviación que se produzca en un rumbo sur sería la que se muestra en (*c*). Sin embargo, en rumbos este u oeste los imanes longitudinales son ineficaces porque sus campos están entonces alineados con el sistema magnético de la brújula y de esta forma no pueden causar desviación (Fig. 8.13(*b*) y (*c*)).

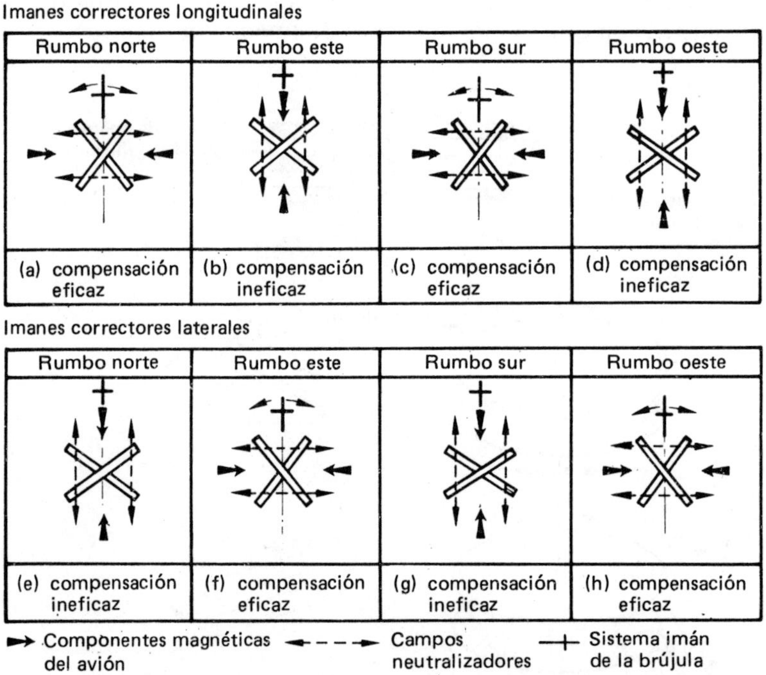

Figura 8.13.–Efectos de los campos producidos por los imanes.

Por la serie de diagramas relativos a la componente ***P*** y los imanes correctores laterales (Fig. 8.13(*e*) a (*h*)) se observará que sus campos longitudinales son eficaces en rumbos este u oeste.

Por tanto, para cada par de imanes la compensación sólo es eficaz en dos rumbos cardinales, a saber, imanes longitudinales, norte y sur, e imanes laterales, este y oeste.

En la Fig. 8.14 se muestran otras dos versiones de compensador mecánico, una en (*a*) que se emplea con ciertos tipos de brújula de lectura directa (véase la pág. 186), y la otra en (*b*) con ciertas unidades detectoras de flujo. Aunque son

Figura 8.14.–Dispositivos mecánicos de compensación. *a*) Brújula de lectura directa. *b*) Elemento detector de flujo.

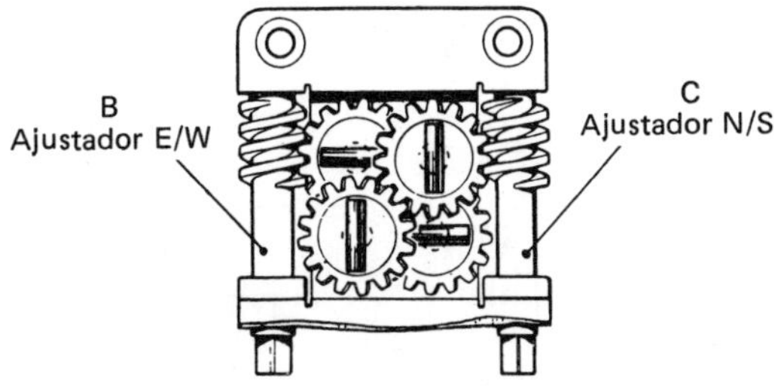

(a)

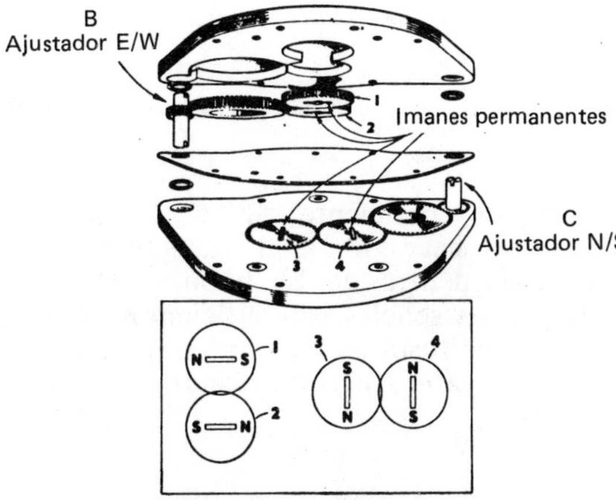

Diagrama mostrando los polos N/S de imanes permanentes en engranajes (b)

de tamaño y construcción diferentes, ambas versiones emplean disposiciones de imanes correctores accionados por engranajes, estando los imanes adosados y no uno encima de otro como en el microajustador.

Los imanes están montados en engranajes planos que engranan entre sí y conectados a cabezas de accionamiento, que en el compensador mostrado en (*a*) son accionadas por una llave y en el de (*b*) por medio de un destornillador.

Cuando se giran los imanes, sus campos se combinan para establecer componentes neutralizadoras exactamente de igual forma que los del microajustador. La compensación máxima de desviación a cada lado de un rumbo cuadrantal se obtiene cuando los imanes están alineados completamente. La indicación de la posición neutral de los imanes se da alineando las marcas de referencia en los extremos de los ejes de accionamiento de los imanes y en la caja.

Dispositivos electromagnéticos de compensación

El diseño y la construcción de estos dispositivos varían según el tipo de brújula de indicación remota, pero en general se componen de dos potenciómetros variables que están conectados eléctricamente a las bobinas del detector de flujo según se muestra en la Fig. 8.15. Los potenciómetros corresponden a los

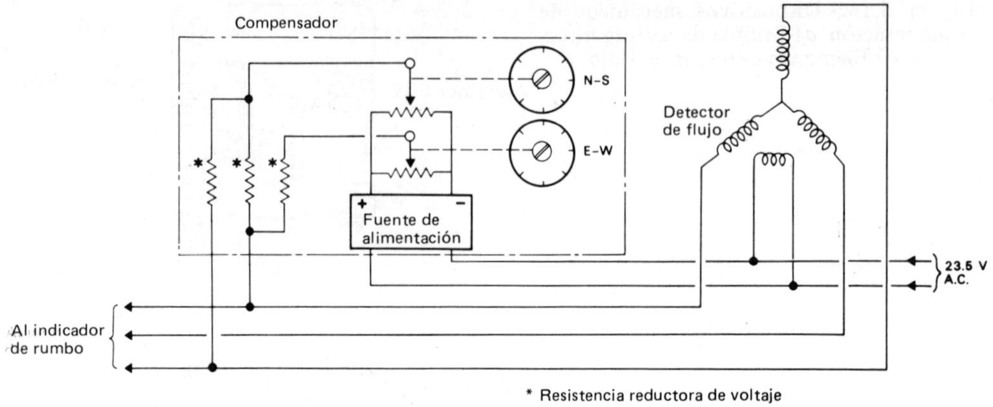

Figura 8.15.–Compensación electromagnética.

imanes de coeficiente "B" y "C" de un compensador mecánico, que, cuando se les hace girar con respecto a esferas calibradas, inyectan señales muy pequeñas dentro de las bobinas del detector de flujo. Los campos producidos por las señales son suficientes para oponerse a los que causan desviaciones, y modifican en concordancia la salida del detector, que vía la articulación de transmisión síncrona, accionará el indicador de la brújula a las lecturas corregidas.

PREGUNTAS

8.1. En conexión con los efectos de la componente Q ¿cuál de las siguientes afirmaciones es verdadera?
   a) Corresponden a los de un imán que yace longitudinalmente y producen desviación máxima en norte y sur.
   b) Corresponden a un imán magnético que yace lateralmente y producen desviación máxima en norte y sur.
   c) Corresponden a un imán que yace lateralmente y produce desviación máxima en este y oeste.

8.2. ¿Bajo qué condiciones de posición en vuelo de un avión la componente R producirá los mismos efectos que las componentes positiva y negativa P y Q?

8.3. *a*) ¿Cómo se designan las nueve componentes de magnetismo de metal blando o gran permeabilidad, y en qué ejes yacen sus campos inducidos?
   b) ¿Qué componentes de metal blando tienen los mismos efectos que las componentes P y Q?

8.4. Explicar cómo el elemento detector de flujo de un sistema de brújula de indicación remota puede ser afectado por las componentes del magnetismo del avión.

8.5. *a*) ¿Cuáles son los coeficientes A, B, C, D y E?
   b) Nombrar las componentes de magnetismo asociadas con cada coeficiente.
   c) ¿Cuál es la diferencia entre los coeficientes A real y A aparente?

8.6. *a*) Expresar las fórmulas utilizadas para el cálculo de los coeficientes A, B y C.
   b) Dada la información siguiente, hallar los valores para cada uno de los tres coeficientes:

Rumbo magnético	*Desviación de la brújula*	*Rumbo magnético*	*Desviación de la brújula*
000°	+4°	180°	−1°
045°	+2°	225°	−2°
090°	+4°	270°	−2°
135°	+3°	315°	0°

8.7. Un avión tiene una componente $-P$ y una componente $+Q$.
a) Dibujar las curvas separadas de la desviación causada por ellas.
b) ¿Qué efecto tendría la $-P$ sobre la brújula cuando el rumbo fuese 360° y la $+Q$ cuando el rumbo fuese 270°?

8.8. ¿Qué se entiende por "oscilación" de la brújula?

8.9. Explicar con la ayuda de diagramas cómo un dispositivo compensador de desviación neutraliza los campos debidos a las componentes magnéticas del avión.

9. Sistemas síncronos de transmisión de datos

Con la llegada de los grandes aviones polimotores se presentó el problema de cómo medir diversas cantidades, como la presión, temperatura, velocidad de los motores y contenido de los depósitos de combustible en puntos situados a mayores distancias de la cabina de vuelo. Muchos de los instrumentos disponibles por entonces funcionaban basándose en principios mecánicos que podrían adaptarse para transmitir adecuadamente la información requerida. Por ejemplo, en un avión bimotor muy antiguo, los indicadores de velocidad de los motores accionados mecánicamente estaban diseñados con esferas de gran diámetro, de modo que montando los indicadores en las góndolas de los motores se podían leer desde la cabina de vuelo.

Sin embargo, a medida que los aviones aumentaron de tamaño y en complejidad, la adaptación de instrumentos accionados mecánicamente quedó notablemente limitada. Por consiguiente, surgió una demanda de métodos mejorados para medir en puntos distantes. Esto se solucionó mediante el uso de sistemas eléctricos en los que un elemento detecta las variaciones en la cantidad medida y transmite la información eléctricamente a un elemento indicador.

Por consiguiente, puede considerarse que la mayoría de los instrumentos utilizados en un avión moderno son del tipo de indicación remota, pero muchos de ellos tienen un diseño en el que la transmisión de datos se efectúa a través de un sistema síncrono especial.

Los sistemas síncronos se agrupan en dos clases: corriente continua y corriente alterna. El contenido de este capítulo se centra en los principios de algunos de los sistemas síncronos de uso más corriente. Aunque varían en lo que respecta al método de transmisión de datos, todos los sistemas tienen una característica común: constan de un transmisor situado en la fuente de medición y de un receptor que se emplea para situar el elemento indicador.

SISTEMAS SINCRONOS DE CORRIENTE CONTINUA

El sistema Desynn

Este sistema, uno de los primeros que se empleó en los aviones, puede tomar una de estas tres formas, a saber: *movimiento giratorio* o *resistencia toroidal* para indicaciones de posición y contenido de líquido; *movimiento lineal* o *micro-Desynn* para indicación de presión, y *Desynn en plancha* también para indicación de presión. El principio de funcionamiento es el mismo en todos los casos, pero la disposición de movimiento giratorio puede considerarse el sistema básico del cual han evolucionado los otros.

El sistema básico

El elemento eléctrico del transmisor consta de una resistencia arrollada en un conformador circular (llamada "resistencia toroidal") y derivada en tres puntos separados 120°. Dos brazos de contacto de fricción diametralmente opuestos, uno positivo y el otro negativo, están aislados entre sí por un brazo ranurado que engrana en un pasador accionado por el elemento mecánico apropiado del transmisor.

Los brazos de contacto de fricción están montados en forma de barra y tienen libertad de rotación alrededor de un pivote que lleva corriente al brazo positivo. La corriente al lado negativo va vía un resalto de fricción cuyo lado inferior está en contacto con un anillo instalado en el lado interior de la moldura de terminales. Un resorte circular, instalado en el extremo del pivote, mantiene todo el conjunto en su lugar contra un muelle que da la presión de contacto requerida en la resistencia toroidal.

El elemento receptor consta de un rotor de imán permanente bipolar cilíndrico pivotado para que gire dentro del campo de un estator de metal blando laminado, que lleva un devanado distribuido en tres fases, conectado en estrella y alimentado desde las derivaciones de la resistencia toroidal. En el interior del estator va instalado un alojamiento tubular de latón que, junto con su tapa, proporciona un soporte de pivote de rubí para el eje del rotor. El extremo delantero del eje sobresale a través de la tapa y de una placa de montaje de la esfera para llevar la aguja. La conexión eléctrica entre los elementos de transmisión y recepción puede hacerse mediante tornillos terminales o conectores tipo enchufe.

Los elementos eléctricos de los receptores son comunes a las tres disposiciones de circuito del sistema Desynn.

Operación

Cuando se aplica corriente continua a los brazos de contacto del transmisor, que están en contacto con la resistencia toroidal, circulan corrientes en la resistencia que hacen que los tres puntos de derivación o toma tengan potenciales diferentes. Por ejemplo, con los brazos de contacto en la posición mostrada en la Fig. 9.1 el potencial en la derivación n.° 2 es mayor que en la n.° 1 porque hay resistencia en el circuito entre el brazo positivo y la derivación n.° 2. Por tanto, se hace que circulen corrientes en las líneas entre el transmisor y el receptor, cuya magnitud y dirección dependen de la posición de los brazos de contacto en la resistencia toroidal.

Estas corrientes, a su vez, circulan a través de las bobinas del estator del receptor y producen un campo magnético alrededor de cada bobina similar al de un imán recto; por tanto, cualquier extremo de una bobina puede designarse como polo norte o polo sur, dependiendo de la dirección de la corriente a través de la bobina. Los campos combinados se extienden a través del entrehierro del estator y hacen que el rotor de imán permanente se alinee con su resultante.

En la placa final va instalado un imán desviador, cuya finalidad es actuar como un dispositivo de fallo de energía ejerciendo una fuerza de atracción sobre

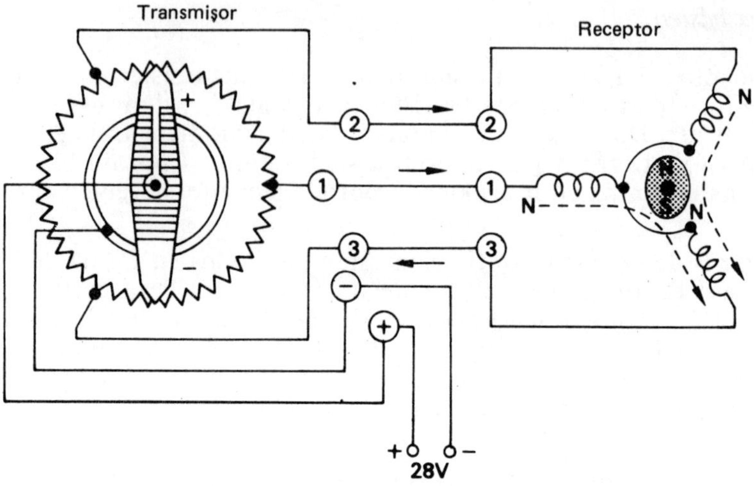

Figura 9.1.–Diagrama del circuito del sistema Desynn básico.

el rotor de imán permanente atrayéndolo a él y a la aguja a una posición fuera de escala cuando se interrumpe la corriente al estator. La fuerza de este imán es tal que, cuando funciona, no distorsiona el campo de control principal.

El sistema micro-Desynn

Cuando el movimiento de un motor o fuerza motriz es pequeño y lineal, el empleo de un elemento de transmisión de sistema básico está estrictamente limitado. Por consiguiente, se creó el transmisor micro-Desynn para que pudiera aumentar estos pequeños movimientos y producir, por movimiento lineal de los contactos, los mismos resultados eléctricos que la rotación completa de los brazos de contacto del transmisor básico.

Para comprender el desarrollo de este elemento de transmisión, imaginémonos que se ha cortado en dos una resistencia toroidal, se ha puesto plana con sus extremos unidos, y se han hecho tres derivaciones como antes junto con los brazos positivo y negativo en contacto con ella. El movimiento de los brazos de contacto producirá potenciales variantes en la derivación, pero como se verá claramente de la Fig. 9.2(*a*), no se cubrirá toda la gama, porque uno u otro brazo derivará la resistencia.

Si cogemos ahora dos resistencias toroidales y las unimos en paralelo, y luego las cortamos en dos y las colocamos planas, obtenemos la disposición de circuito mostrada en (*b*). Enlazando los brazos de contacto y aislándolos, podrán moverse en toda la longitud de cada resistencia para producir combinaciones de voltaje y corriente que hagan girar el receptor 360°. Puesto que los brazos de contacto tienen que recorrer una trayectoria mucho más corta, su movimiento angular puede seguir siendo pequeño (generalmente 45°), característica que ayuda a reducir la energía requerida para accionar el transmisor.

Las resistencias van arrolladas en bobinas que pueden ser de sección redonda o cuadrada; las de último tipo están diseñadas para ayudar a reducir los errores cíclicos y de fricción.

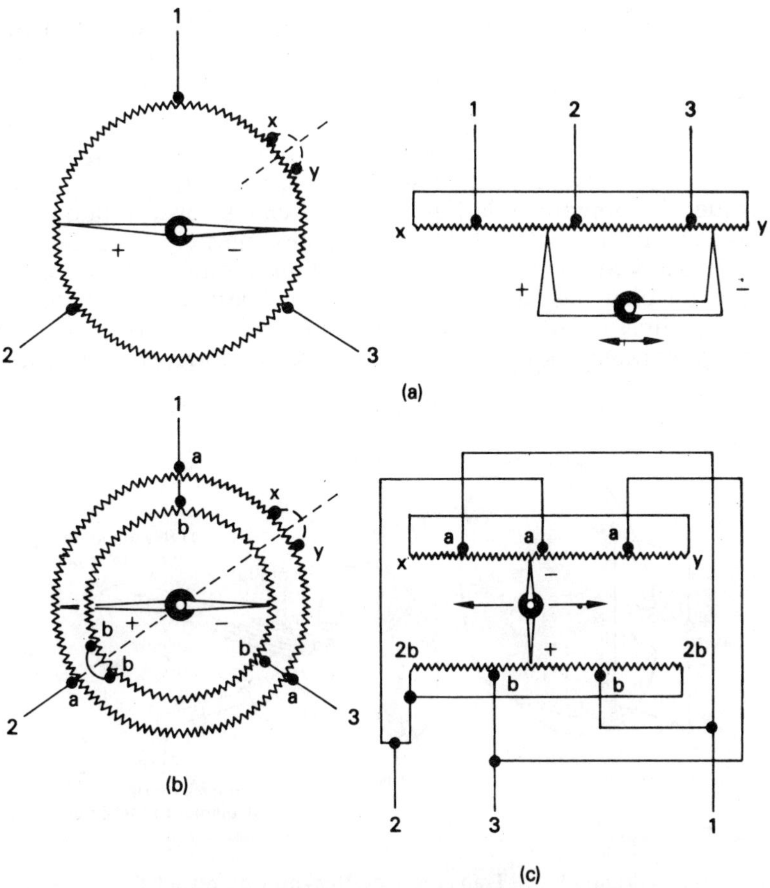

Figura 9.2.–Diagrama del circuito del sistema micro-Desynn.

Cada bobina de resistencia está sujeta en su lugar contra un conjunto de cursores de contacto de muelle minúsculos situados de forma que proporcionen los puntos de derivación necesarios.

Los brazos de contacto están montados en un eje de balancín sostenido entre las partes verticales de un soporte en forma de "U", y el movimiento del elemento mecánico del transmisor se transmite a los brazos a través de un pasador de accionamiento cargado por resorte y un brazo de manivela conectado al eje del balancín. Dos muelles en espiral de cobre de berilio conducen corriente a los brazos del contacto y también actúan para devolver el eje del balancín y los brazos de contacto a su posición inicial.

Sistema Desynn tipo plancha

Además del error cíclico presente en los sistemas básico y micro, también aparecen errores pequeños debidos a la fricción establecida por los brazos de contacto que tienen que moverse en una superficie considerable de resistencia de alambre. Aunque tales errores pueden reducirse empleando un buen material de contacto y pulimentando la superficie de hilo de resistencia, el error cíclico sigue siendo, en cierta medida, indeseable.

Para solucionar este problema se recurrió a modificar el sistema básico de forma que cambiase sus tres formas de ondas en diente de sierra en ondas sinusoidales, cuya suma instantánea es siempre cero. El transmisor creado así se muestra esquemáticamente en la Fig. 9.3, en la cual se observará que la resistencia y los brazos de contacto, en lo que a conexiones eléctricas se refiere, han cambiado virtualmente sus lugares. La resistencia está arrollada ahora en un conformador de planchas, de aquí el término "Desynn tipo plancha", y está conectada a la alimentación de corriente continua, mientras que los brazos de contacto proporcionan los tres puntos de toma de corriente para el estator del indicador.

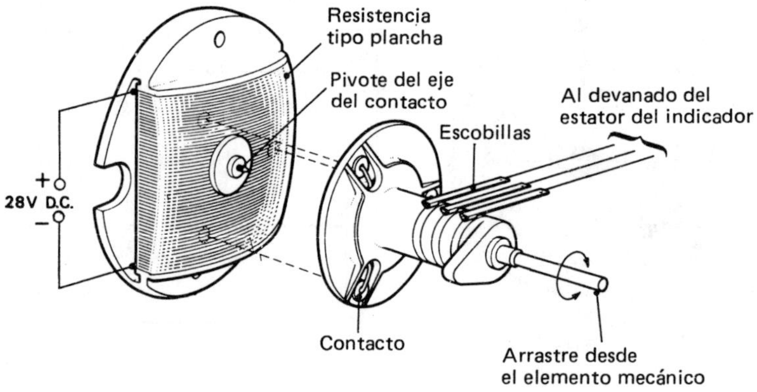

Figura 9.3.–Transmisor de Desynn tipo plancha.

Los tres brazos de contacto están aislados y pivotados sobre el centro de la plancha y están conectados a un anillo de deslizamiento. Las escobillas se apoyan contra estos anillos de deslizamiento y llevan las corrientes de salida a las bobinas del estator. El movimiento del elemento mecánico se transmite a las escobillas a través de un sistema de engranajes.

SISTEMAS SINCRONOS DE CORRIENTE ALTERNA

Los sistemas que funcionan con corriente alterna se clasifican generalmente bajo el término genérico *sincro* y se fabrican con varios nombres comerciales, Autosyn y Selsyn, por ejemplo. Todos estos sistemas funcionan bajo el mismo principio y se dividen en cuatro grupos principales según su función: (i) sincros de torsión, (ii) sincros de control, (iii) sincros diferenciales y (iv) sincros de resolución.

Antes de entrar en los principios de operación de los sincros, es necesario comprender claramente primero el proceso de la inducción electromagnética y luego su aplicación a un tipo de transformador estándar.

Inducción electromagnética

La inducción electromagnética se refiere en términos generales a la producción de una fuerza electromotriz dentro de un conductor cuando hay movimiento relativo entre él y un campo magnético.

Si un conductor se mueve en un campo magnético, las líneas de fuerza se cortarán y se inducirá una fuerza electromotriz en el conducto de una magnitud proporcional al régimen en el que se corten las líneas. Si los extremos del conductor están conectados, formando así un circuito cerrado, circulará una corriente resultante de la fuerza electromotriz en tanto en cuanto el conductor se mueva.

El efecto sería el mismo si el conductor estuviese quieto y fuese el campo el que se moviese. Cuando se pasa corriente a través de un conductor y se aumenta o disminuye, el campo aumentará o disminuirá proporcionalmente, haciendo que las líneas de flujo alrededor de cada vuelta de la bobina se expandan y contraigan, cortando, de este modo, las vueltas adyacentes e induciendo una fuerza electromotriz en la bobina. Si la corriente es constante, no se inducirá fuerza electromotriz.

La propiedad que se describe en los párrafos siguientes se conoce como autoinductancia y es el principio fundamental en base al cual funcionan los motores y los generadores.

Otro efecto inductor que podemos considerar ahora se produce cuando dos bobinas portadoras de corriente se colocan muy próximas y quedan enlazadas por los flujos que producen, de modo que, cuando se cambia la corriente a través de una bobina, se inducirá una fuerza electromotriz no sólo en esa bobina sino también en la adyacente. Esta propiedad es conocida como *inductancia mútua* y se utiliza en el transformador.

Principio del transformador

Un transformador, como el mostrado en la figura 9.4, emplea dos bobinas eléctricamente separadas en un núcleo de hierro. Una de las bobinas, el primario, está conectada a una alimentación de corriente alterna y la otra, conocida

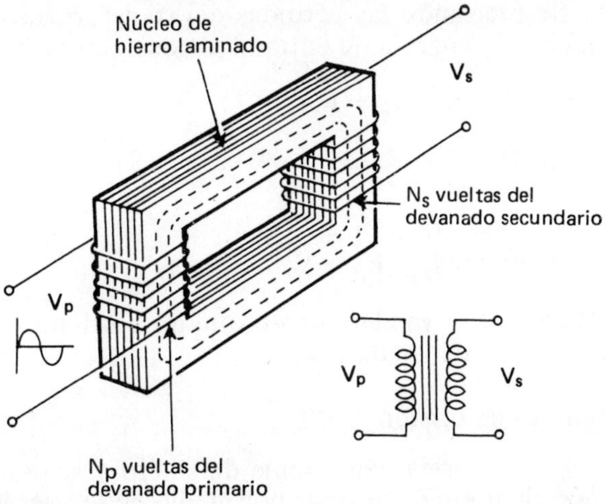

Figura 9.4.—Principio del transformador.

como secundario, está provista de terminales de los cuales se toma un voltaje de salida. El voltaje alterno aplicado al primario hace que circule una corriente alterna en este devanado, dependiendo la corriente de la inductancia del devanado. El efecto de la corriente alterna es establecer un flujo magnético alterno en el núcleo, y puesto que la mayor parte de este flujo enlaza con el devanado secundario, se produce una fuerza electromotriz en el secundario por inducción mútua. Si los terminales del secundario se conectan a un circuito cerrado, fluirá una corriente y toda la energía consumida en el circuito se transferirá magnéticamente a través del núcleo desde la fuente de alimentación conectada a los terminales del primario. Por tanto, se establece una fuerza electromotriz en el devanado primario que, despreciando la resistencia, puede considerarse para fines prácticos como igual y opuesta al voltaje aplicado al primario. Si el devanado primario tiene las vueltas N_p, el voltaje por vuelta es V_p/N_p. Puesto que el mismo flujo corta el secundario, inducirá en él el mismo voltaje por vuelta; por tanto, el voltaje del secundario será,

$$V_s = \frac{V_p}{N_p} N_s$$

de modo que

$$\frac{\text{Voltaje del primario}}{\text{Voltaje del secundario}} = \frac{V_p}{V_s} = \frac{N_p}{N_s}$$

La relación de los voltajes en los dos devanados es proporcional, por consiguiente, a la relación de las vueltas, conocida como la relación de vueltas del transformador.

Hay otro efecto que afecta a la corriente del secundario y que debe considerarse. Cuando la corriente fluye, establece también un flujo que se opone al flujo del núcleo principal. Una reducción del flujo del núcleo reduce la fuerza electromotriz del primario que se opone al voltaje aplicado, y así deja que circule corriente aumentada en el devanado primario. Esta corriente aumentada restablece entonces el flujo del núcleo a un valor que es sólo ligeramente menor que su valor sin carga.

Despreciando las pérdidas del transformador, que generalmente son muy pequeñas, la energía de entrada puede compararse a la de salida:

$$V_p I_p = V_s I_s$$

de modo que

$$\frac{I_p}{I_s} = \frac{V_s}{V_p} = \frac{N_s}{N_p}$$

de lo sual se ve claramente que las corrientes son inversamente proporcionales al número de vueltas.

Sincros de torsión

Son la forma más simple de sincro y se usan para la transmisión de información de posición angular por medio de señales inducidas, y para la reproducción de esta información por la posición de un eje en un elemento de salida o receptor. Estos sincros de torsión suelen encontrarse en los sistemas de instrumentos de vuelo.

Un sistema de sincros de torsión comprende dos unidades eléctricamente similares, como se muestra en la figura 9.5; por conveniencia a una de las unidades se la denomina transmisor (TX) y a la otra receptor (TR). Cada unidad consta de un rotor que lleva un devanado o arrollamiento, y está montada concéntricamente en un estator que lleva tres devanados cuyos ejes están separados 120°. Las principales diferencias físicas entre el TR y el TX son que el rotor del TX está acoplado mecánicamente a un eje de salida, mientras que el rotor del TR puede girar libremente. Los devanados del rotor están conectados a una fuente de alimentación de corriente alterna monofásica, y las conexiones correspondientes del estator están unidas por líneas de transmisión. Puede observarse también la similitud entre estas disposiciones de conexiones y un trans-

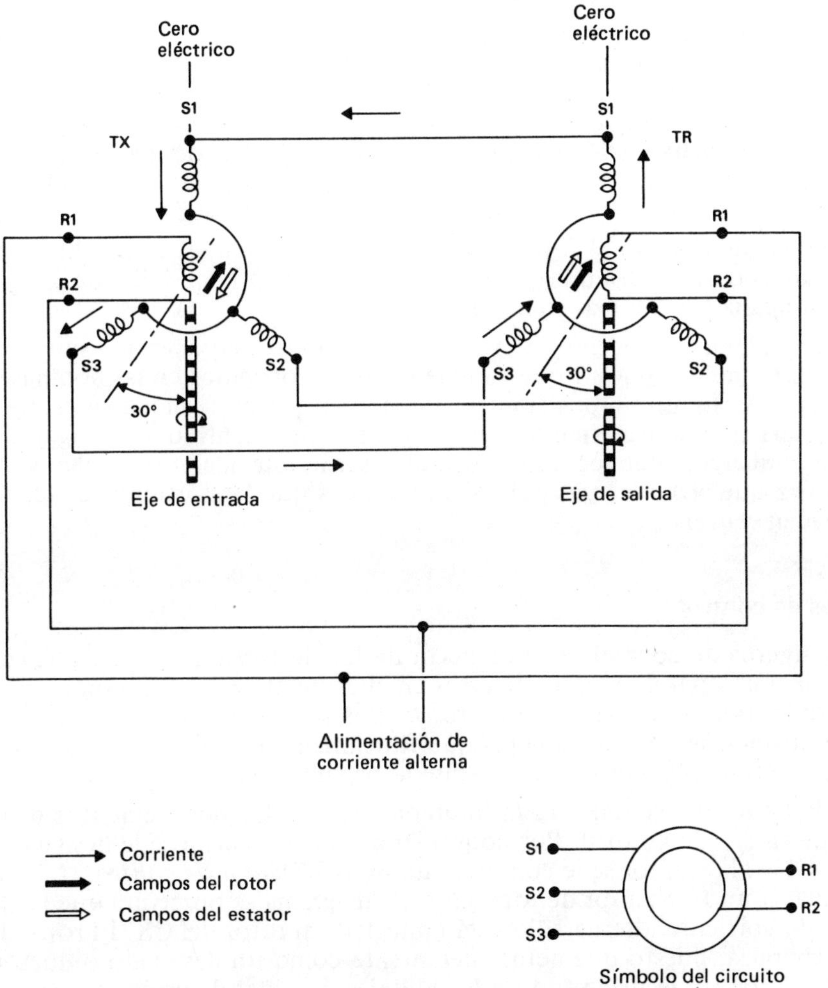

Figura 9.5.—Sistema de sincros de torsión

formador convencional; los rotores corresponden a los devanados primarios y los estatores a los secundarios.

Cuando los rotores están alineados con sus estatores respectivos en la posición indicada, se dice que están "cero eléctrico"; esto se refiere al ángulo de referencia normalizado para sincros al que se producirá un ajuste dado de voltajes de los estatores; por este acuerdo se pueden emparejar los sincros de sustitución.

Con energía aplicada a los rotores, se inducirá por acción del transformador cierto voltaje en las bobinas de los estatores, cuyo valor será regulado, como en cualquier transformador, por la relación del número de vueltas de las bobinas del rotor (primario) y estator (secundario).

Cuando los rotores del TX y TR ocupan las mismas posiciones angulares, y se aplica potencia, se producirán voltajes iguales y opuestos y, por consiguiente, no puede circular ninguna corriente en las bobinas de los estatores. Se dice entonces que el sistema (y cualquier otro tipo de sincro) está en "nulo".

Cuando los rotores ocupan posiciones angulares diferentes, por ejemplo cuando el rotor TX está en la posición de 30° y el rotor del TR está en el cero eléctrico, se produce un desequilibrio entre los voltajes de las bobinas de los estatores que hace que circule corriente en las líneas y las bobinas de los estatores. Las corrientes son más grandes en los circuitos donde el desequilibrio de voltaje es mayor y su efecto produce campos magnéticos que ejercen torsiones para girar el rotor del TR a la misma posición que tiene el del TX.

Según sigue girando el rotor del TR, la desalineación, el desequilibrio de voltaje y las corrientes disminuyen hasta que se alcanza la posición de 30° y no se ejerce ninguna torsión más sobre el rotor.

Al considerar esta acción sincronizadora se podría suponer que su rotor sería devuelto a "nulo", puesto que también fluyen corrientes en las bobinas del estator de TX. Es una suposición razonable, porque en realidad se está estableciendo una torsión que tiende a girar el rotor en el sentido de las agujas del reloj. Sin embargo, debe recordarse que al rotor lo está accionando alguna máquina motriz que ejerce cargas demasiado grandes que las torsiones de los rotores no pueden vencer.

Sincros de control

Los sincros de control se diferencian de los de torsión en que su función es producir una señal de voltaje de error en el elemento receptor, como oposición a la producción de una torsión de rotor. Los sincros de control se suelen utilizar en altímetros servoaccionados que funcionan en conjunción con los calculadores centrales de datos de aire (véase la página 123).

En la figura 9.6 se muestra la interconexión de los dos elementos de un sistema de sincro de control. Por conveniencia, al transmisor se le designa con las siglas XX y al receptor se le considera un *transformador de control* (CT). El CX es similar a un transmisor de torsión; en el diagrama se observará que la alimentación de corriente alterna sólo está conectada al rotor del CX. El rotor del CT no se energiza, puesto que actúa meramente como un devanado inductor para detactar la fase y la magnitud de los voltajes de señal de error que se suministran a un amplificador. Las señales amplicadas se envían entonces a un motor

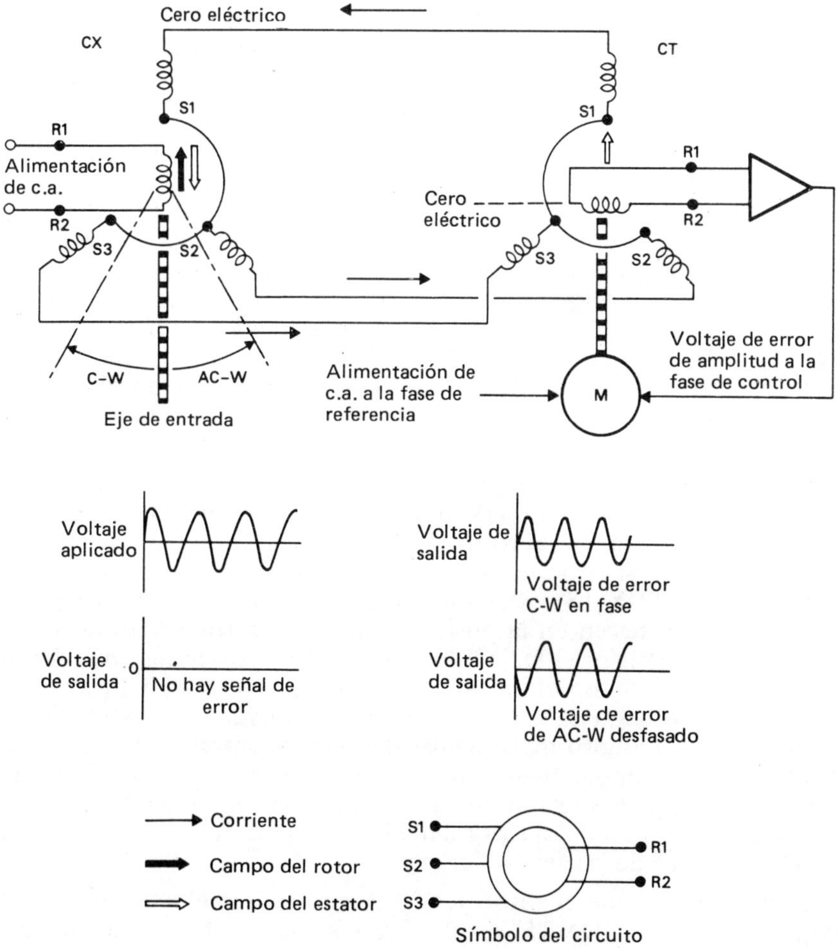

Fig. 9.6.—Sistema de sincros de control.

bifásico que está acoplado mecánicamente al rotor del CT. Otra diferencia que se debe citar es que un sistema de sincro de control está en un cero eléctrico cuando el rotor del CT está a 90° con respecto al rotor del CX.

Si se gira el rotor del CX en cierto ángulo, el flujo resultante en el estator del CT será desplazado de su punto de referencia en el mismo ángulo, y con relación a la posición del rotor del CT en ese instante. Por consiguiente, se induce un voltaje de error en el rotor, dependiendo la fase y la magnitud del voltaje de la dirección de rotación del rotor y del grado de desalineación entre este rotor y el del CT. El voltaje de error se amplifica entonces y se envía a la fase de control del motor; la otra fase (fase de referencia) es alimentada continuamente con corriente alterna. Puesto que el voltaje de la fase de control de un motor bifásico puede avanzar o retrasar el voltaje de la fase de referencia, la fase del voltaje de error determinará la dirección en la que girará el motor, y su magnitud determinará su velocidad de rotación. Cuando el motor gira hace que gire el rotor del CT en la dirección apropiada, reduciendo con ello su desplazamiento con respecto al rotor del CX. La rotación continúa hasta que ambos rotores están alineados (teniendo presente, desde luego, que los puntos del cero eléctrico están a 90° uno del otro) en cuya posición ya no se induce más voltaje de error.

Sincros diferenciales

En algunos casos, es necesario detectar y transmitir señales de error representativas de dos posiciones angulares, y de tal forma que el elemento receptor de un sistema de sincros indique la diferencia de la suma de los dos ángulos. Esto se logra introduciendo un tercer sincro en un sistema de torsión o control, y utilizándolo como transmisor diferencial. A diferencia de los sincros del TX o CX, un transmisor diferencial (designado TDX o CDX) tiene un rotor y un estator devanados idénticamente, que, cuando se trata de un sistema de sincro de torsión, están interconectados según se muestra en la figura 9.7.

En (*a*) se muestra el rotor del TX girado 60° en el sentido de las agujas del reloj mientras que el rotor del TDX permanece en el cero eléctrico; todos los campos magnéticos giran, y el rotor del TR adopta la misma posición angular que el rotor del TX. Si ahora el rotor del TX permanece en el cero eléctrico, y se gira el rotor del TDX 15° en el sentido de las agujas del reloj, los campos de ambos sincros permanecen en la posición de cero eléctrico porque su posición está determinada por la orientación del rotor del TX (diagrama (*b*)). Sin embargo, una rotación de 15° en el sentido de las agujas del reloj del rotor del TDX sin cambio en la posición de su campo equivale a mover el campo del rotor 15° en sentido contrario al giro de las agujas del reloj mientras se deja el rotor en el cero eléctrico. Este cambio angular relativo se duplica en el estator del TR y así su rotor se alineará con el campo, es decir, para una rotación de 15° en el sentido de las agujas del reloj del rotor del TDX, el rotor del TR girará 15° en sentido contrario al giro de las agujas del reloj.

Supongamos ahora que el rotor del TX se gira 60° en el sentido de las agujas del reloj, y el rotor del TDX 15° en el mismo sentido; entonces, debido a que el rotor del TR girará 15° en sentido contrario al de las agujas del reloj, su movimiento angular final será igual a la diferencia entre los dos ángulos de entrada, es decir, girará 45° (diagrama (*c*)). El efecto diferencial se invierte, desde luego, cuando se gira el rotor del TDX en dirección opuesta al rotor del TX, de modo que el rotor del TR gira en un ángulo igual a la suma de los dos ángulos de entrada. Invirtiendo parejas de cables bien entre TX y TDX, o bien entre TDX y TR, se puede hacer que uno cualquiera de los rotores asuma una posición igual a la suma o diferencia de las posiciones angulares de los otros rotores.

Los sincros de transmisor diferencial se pueden usar en sistemas que utilicen sincros de control para transmitir información de señales de control sobre la suma o diferencia de dos ángulos, de la misma forma que se usan en los sistemas de sincros de torsión. En la Fig. 9.8 se muestra la instalación básica.

Servosincronizadores

La función de los servosincronizadores (RS) es convertir los voltajes alternos, que representan las *coordenadas cartesianas* de un punto, en una posición de un

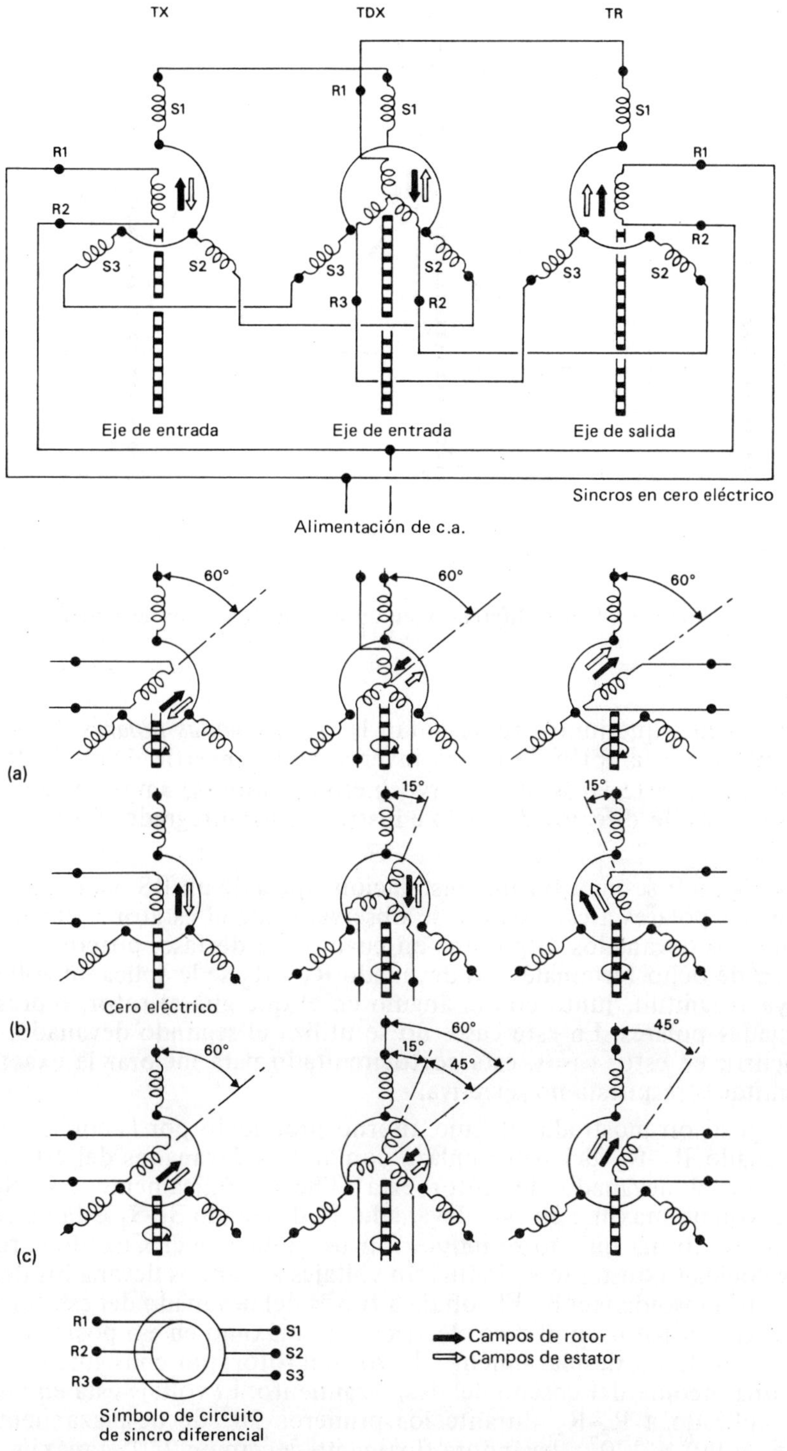

Fig. 9.7.–Sincro diferencial en un sistema de sincros de torsión.

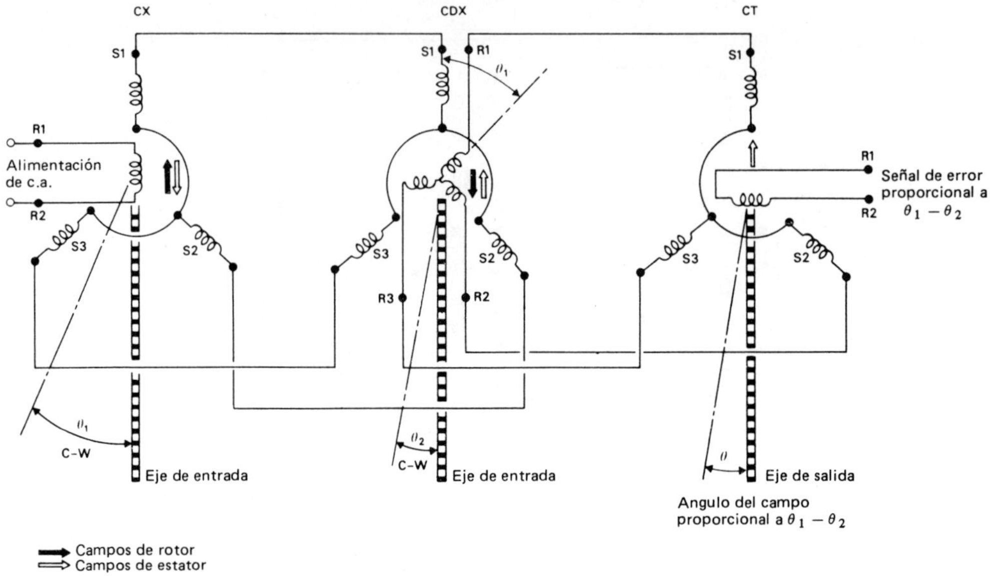

Figura 9.8.—Sincro diferencial en un sistema de sincros de control.

eje y un voltaje, que juntos representan las *coordenadas polares* de ese punto. Pueden utilizarse también de forma inversa para convertir el voltaje de coordenadas polares a cartesianas. Estos servosincronizadores se emplean generalmente en los sistemas de director de vuelo e instrumentos integrados (véase el Capítulo 15).

En la Fig. 9.9 se muestra una instalación típica de un RS para conversión de coordenadas polares a cartesianas; se observará que el estator y el rotor tienen cada uno dos devanados dispuestos en cuadratura de fase, proporcionando así un sincro de ocho terminales. Al devanado R_1 - R_2 se le aplica un voltaje alterno, cuya magnitud, junto con el ángulo en el que gira el rotor, representa las coordenadas polares. En este caso, no se utiliza el segundo devanado, y como suele ocurrir en estos casos, está cortocircuitado para mejorar la exactitud del RS y limitar la respuesta no selectiva.

En la posición mostrada, el flujo alterno producido por la corriente a través del devanado R_1-R_2 del rotor enlaza con ambos devanados del estator, pero, puesto que el devanado del rotor está alineado únicamente con S_1-S_2, se inducirá voltaje máximo en este devanado. El devanado S_3-S_4 está en cuadraturade fase, de forma que no se induce ningún voltaje en él. Cuando el rotor está a una velocidad constante se inducirán voltajes en ambos devanados del estator que varían sinusoidalmente. El voltaje a través del devanado del estator que esté alineado con el rotor en el cero eléctrico será máximo en esa posición y caerá a cero después de un desplazamiento de 90° del rotor; por consiguiente, este voltaje es una medida del coseno del desplazamiento. El voltaje está en fase con el voltaje aplicado a R_1-R_2 durante los primeros 90° de desplazamiento, y en antifase de 90° a 270°, elevándose finalmente a cero en 270° a máximo en fase en 360°. Cualquier desplazamiento angular puede identificarse, por consiguien-

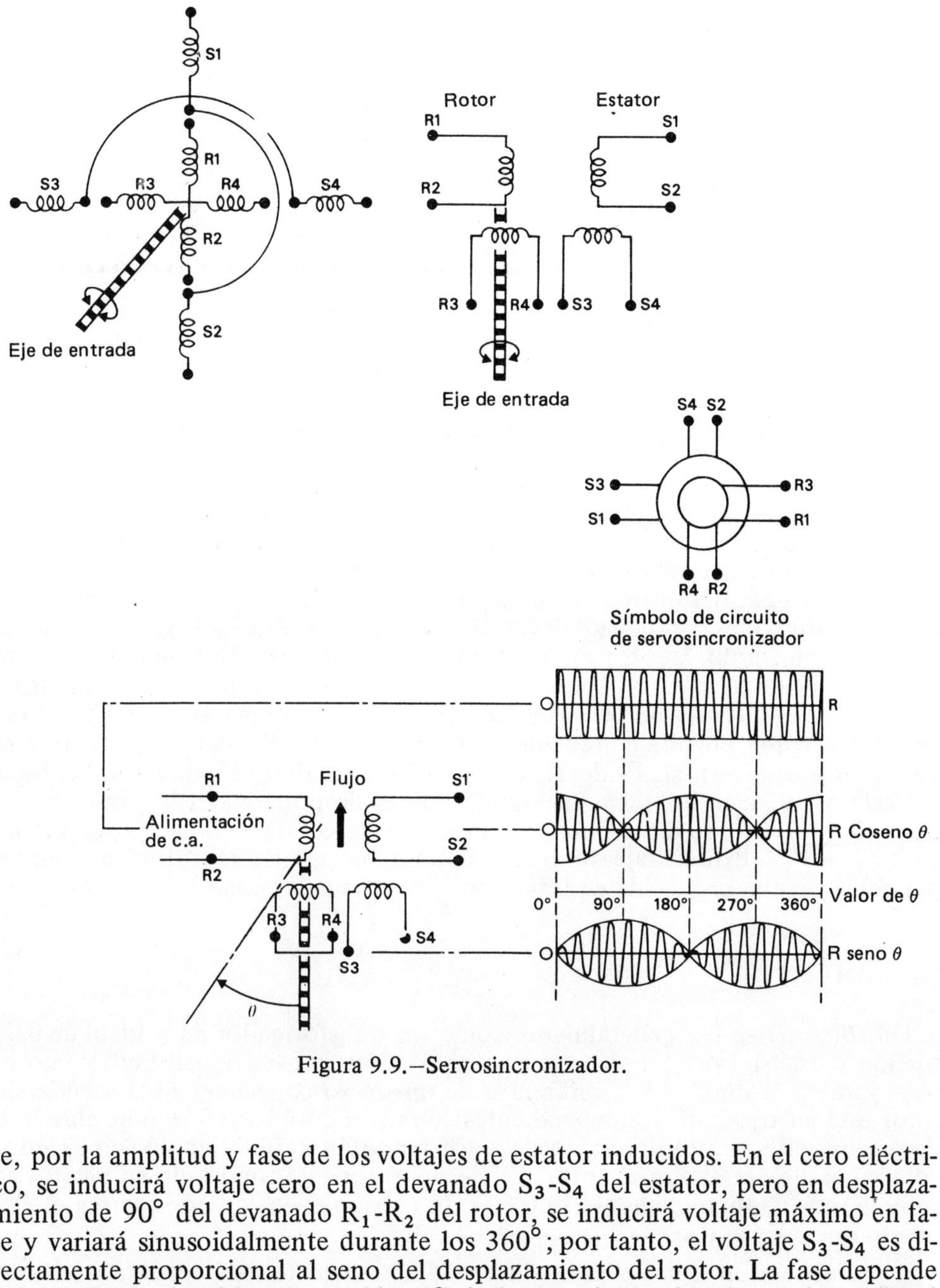

Figura 9.9.–Servosincronizador.

te, por la amplitud y fase de los voltajes de estator inducidos. En el cero eléctrico, se inducirá voltaje cero en el devanado S_3-S_4 del estator, pero en desplazamiento de 90° del devanado R_1-R_2 del rotor, se inducirá voltaje máximo en fase y variará sinusoidalmente durante los 360°; por tanto, el voltaje S_3-S_4 es directamente proporcional al seno del desplazamiento del rotor. La fase depende del ángulo de desplazamiento, identificándose cualquier ángulo por la amplitud y la fase de los voltajes inducidos en el devanado S_3-S_4 del estator. La suma de las salidas de ambos estatores, esto es, r cos θ más r seno θ, define, por consiguiente, el voltaje de entrada y la rotación del rotor en coordenadas cartesianas.

En la Fig. 9.10 puede verse una instlación por la cual las coordenadas cartesianas pueden convertirse en coordenadas polares. Al devanado S_1-S_2 cosenoi-

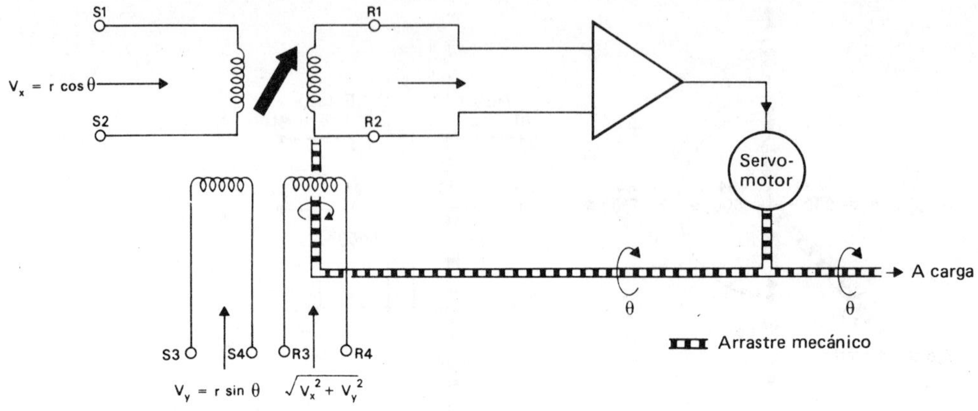

Figura 9.10.–Conversión de coordenadas cartesianas en coordenadas polares.

dal del estator se aplica un voltaje alterno $V_x \cdot r \cos\theta$, mientras que al devanado S_3-S_4 senosoidal del estator se aplica un voltaje $V_y = r$ seno θ. Por lo tanto, se produce en el interior de todo el estator un flujo alterno que representa coordenadas cartesianas. Uno de los devanados del rotor, en este caso R_1-R_2, está conectado a un amplificador, y en la posición que se muestra se le inducirá voltaje máximo, el cual se aplicará al amplificador. La salida del amplificador se aplica a un servomotor que está acoplado mecánicamente a una carga y al rotor. Cuando se gira 90° el rotor, el voltaje inducido en el devanado R_1-R_2 se reduce a cero y el servomotor se detendrá. El devanado R_3-R_4 estará alineado ahora con el flujo del estator, y se le inducirá un voltaje que es proporcional a la amplitud del flujo alterno según se representa por el vector *r*, esto es, un voltaje proporcional a $\sqrt{(V_x^2 + V_y^2)}$. Este voltaje, junto con la posición angular del rotor, representa, por consiguiente, una salida en términos de coordenadas polares.

Sincrotel

Un *sincrotel* se usa generalmente como un transformador de control de baja torsión o transmisor. Emplea un estator trifásico convencional, pero como se observará en la Fig. 9.11, a diferencia de un sincro convencional la sección de rotor está en tres partes independientes: un rotor cilíndrico hueco de aluminio de sección oblicua, un devanado de rotor monofásico fijo y un núcleo cilíndrico a cuyo alrededor gira el rotor. El eje del rotor está soportado en pivotes de rubí y conectado al elemento detector de presión o cualquiera que sea el elemento que exija el uso.

En su aplicación típica para medir presión, el sincrotel está conectado eléctricamente a un sincrotransmisor de control cuyo rotor se ve obligado a seguir la posición del rotor del sincrotel; en otras palabras, actúa como un sistema de servocircuito.

El rotor del sincrotransmisor es activado por una alimentación monofásica de 26 voltios y 400 Hz que induce voltajes en el estator del transmisor. Como este estator está conectado al estator del sincrotel, se establece a través de él un

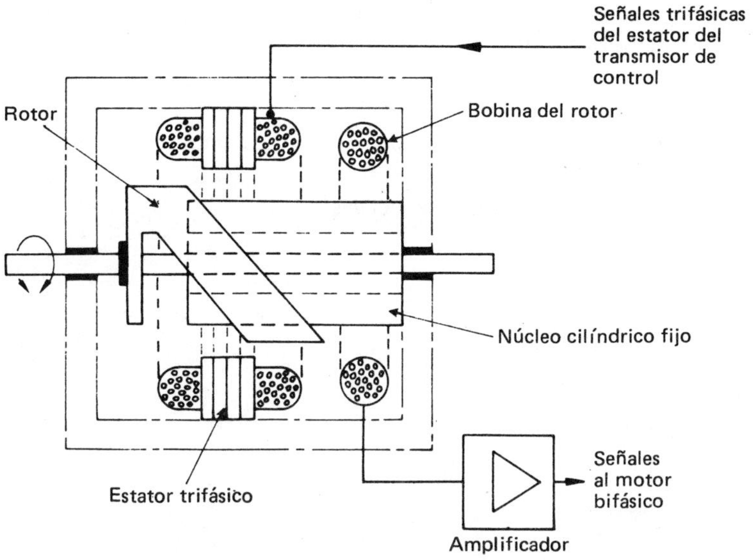

Figura 9.11.–Sincrotel.

flujo alterno radial resultante. Para cualquier presión especial aplicada al elemento detector, habrá una posición correspondiente del rotor del sincrotel y, debido a su forma oblicua, el flujo radial del estator cortará sus secciones. Por tanto, se producen corrientes en el rotor, y puesto que pivota alrededor del núcleo cilíndrico, se creará una componente del flujo axial en el núcleo. El devanado del rotor está también fijo alrededor del núcleo y, por consiguiente, el flujo del núcleo inducirá un voltaje alterno en el devanado; la amplitud de este voltaje será función sinusoidal de las posiciones relativas del flujo del rotor y estator. Este voltaje se envía, a través de un amplificador, a la fase de control de un servomotor bifásico que acciona el rotor del sincrotransmisor alrededor en su estator, produciendo con ello un cambio en el flujo del estator del sincrotel, hasta el punto en que no se induce ningún voltaje en el devanado del rotor; es decir, el sincrotransmisor es accionado a la posición nula. Esta posición corresponde a la presión medida por la unidad detectora en ese instante.

PREGUNTAS

9.1. Dibujar un diagrama del circuito del sistema Desynn básico y explicar su principio de funcionamiento.

9.2. Explicar cómo se desarrolla el sistema básico, por ejemplo, para medición de presión.

9.3. ¿Cómo vuelve la aguja de un indicador Desynn a la posición “fuera de escala”?

9.4. Explicar la diferencia entre los sistemas Desynn básico y el de tipo plancha.

9.5. ¿Qué diferencia hay entre autoinducción e inducción mutua?

9.6. Explicar por medio de un diagrama esquemático el funcionamiento de un sistema sincro de torsión.

9.7. ¿En qué tipo de sistema síncrono se utiliza un transformador de control? Explicar el principio de funcionamiento.

9.8. ¿En qué se diferencia la construcción y el funcionamiento de un Sincrotel de la mayoría de los sistemas síncronos convencionales?

9.9. Explicar cómo se aplica un sincro a los sistemas que implican la medición de las componentes de seno y coseno de los ángulos.

9.10. ¿Para qué se utilizan los sincros diferenciales?

10. Medición de la velocidad del motor

La medición de la velocidad del motor tiene gran importancia, puesto que junto con parámetros tales como la presión de admisión, la presión de torsión y la temperatura de los gases de escape, permite mantener un control exacto sobre la actuación del motor.

En los motores alternativos, la velocidad medida es la del cigüeñal, mientras que en motores turbohélices y turborreactores se mide la velocidad de rotación del eje del compresor, y tal medida sirve de indicación útil del empuje que se produce. Los instrumentos indicadores reciben el nombre de tacómetros.

El método que se usa con más frecuencia para medir estas velocidades es el eléctrico, aunque en varios tipos de aviones de aviación general, se emplean tacómetros accionados mecánicamente.

TACOMETROS MECANICOS

Los tacómetros de este tipo constan de un imán que gira continuamente por la acción de un eje flexible acoplado a una salida de arrastre del motor. Alrededor del imán va instalado un elemento de aleación en forma de copa (conocido como copa de arrastre) de tal forma que quede una pequeña separación entre los dos. La copa de arrastre va soportada en un eje al que va unida una aguja y un muelle de mando. Cuando el imán gira, induce corrientes parásitas en la copa de arrastre o mando, que tiende a girar a la misma velocidad que el imán. Sin embargo, está limitado por el muelle de mando o control, de tal forma que para cualquier velocidad, el arrastre de las corrientes parásitas y la tensión del muelle están equilibradas y la aguja indica entonces la velocidad correspondiente en la esfera del tacómetro.

SISTEMAS DE TACOMETROS ELECTRICOS

Los sistemas de este tipo se clasifican en dos categorías principales: (i) generador e indicador, y (ii) sonda de tacómetro e indicador.

Sistemas de generador e indicador

Un generador consta de un rotor de imán permanente que gira dentro de un estator ranurado que lleva un devanado trifásico conectado en estrella. El rotor puede ser bipolar o tetrapolar, según se muestra en la Fig. 10.1; en algunos casos puede utilizarse un rotor dodecapolar. Se observará que los polos del rotor tetrapolar están sesgados, de forma que cuando un extremo de un polo deja un

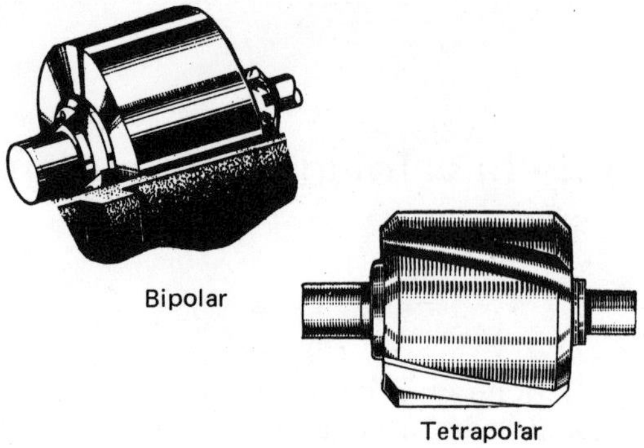

Figura 10.1.—Tipos de rotor de generador.

diente del estator, el otro extremo entra en el diente siguiente. Esto produce la mejor forma de onda y permite una torsión de accionamiento constante. Con el rotor bipolar se obtiene el mismo efecto, sesgando los dientes del estator y las bobinas individuales que componen una fase.

El método que se usa con más frecuencia para accionar un rotor se basa en un acoplamiento de eje estriado; el generador como un conjunto, está sujeto directamente por pernos a un soporte de montaje apropiado del motor en la salida del eje de arrastre de accesorios.

Con el fin de limitar las cargas mecánicas en los generadores, la velocidad de operación de lor rotores se reduce por medio de engranajes de relación cuatro-a-uno y dos-a-uno en el sistema de arrastre del motor. En la Fig. 10.2 se muestra una vista en corte de un generador de arrastre por estrías.

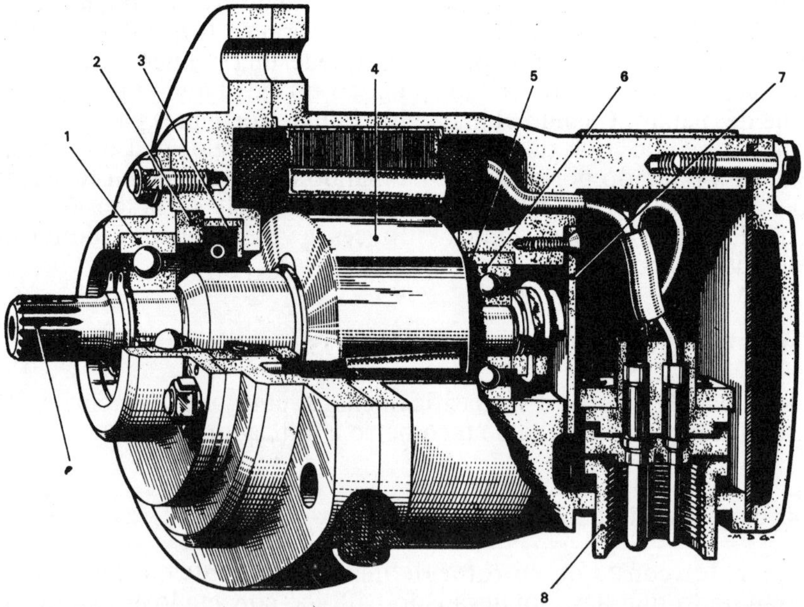

Figura 10.2.—Vista en corte del generador accionado por estrías. 1.—Cojinete de bolas. 2.—Anillo de retención del retén de aceite. 3.—Retén de aceite. 4.—Rotor de imán permanente bipolar. 5.—Retén de grasa. 6.—Cojinetes de bolas. 7.—Tapa obturadora. 8.—Enchufe. 9.—Estría de accionamiento.

Figura 10.3.–Generador ligero.

En la Fig. 10.3 se muestra otro ejemplo de un generador de corriente alterna de arrastre directo. Es más pequeño, el rotor es bipolar o dodecapolar, y es accionado por un eje de extremo cuadrado. El generador bipolar se utiliza en conjunción con un tipo de indicador de motor síncrono trifásico, mientras que el dodecapolar, que produce una salida monofásica a una frecuencia y sensibilidad mucho más altas, se utiliza en conjunción con indicadores servoaccionados de contador y aguja y para suministrar señales a las unidades de control del motor.

El indicador típico que se muestra en la Fig. 10.4 consta de dos elementos interconectados: un elemento de accionamiento y un elemento indicador de velocidad de arrastre por corriente parásita.

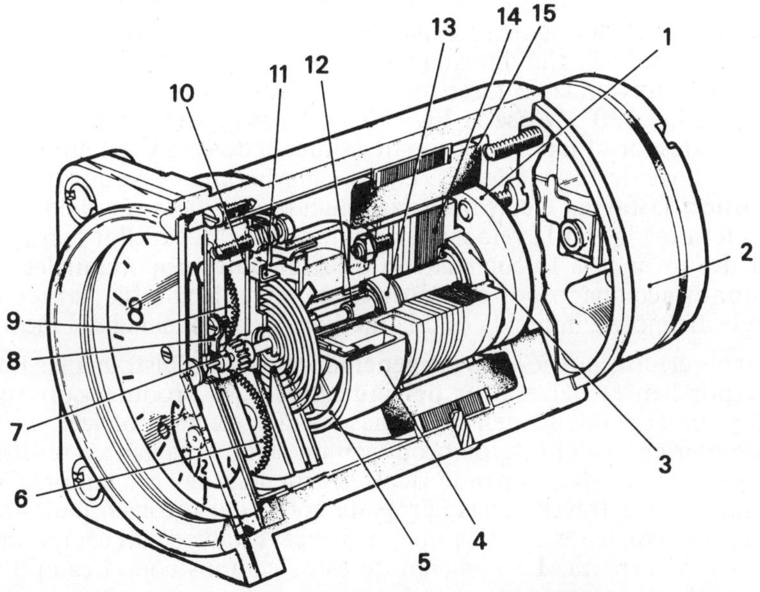

Figura 10.4.–Vista en corte de un indicador de tacómetro típico tipo motor síncrono. 1.–Eje en voladizo. 2.–Conjunto de bloque de terminales. 3.–Cojinete de bolas posterior. 4.–Conjunto de taza magnética. 5.–Conjunto de elemento de resistencia al arrastre. 6.–Husillo y engranaje de la aguja pequeña. 7.–Cojinete exterior del husillo. 8.–Orejeta de blocaje del cojinete. 9.–Engranaje intermedio. 10.–Placa de apoyo. 11.–Orejeta de sujeción del muelle en espiral. 12.–Cojinete interior del husillo. 13.–Cojinete de bolas delantero. 14.–Rotor. 15.–Estator.

Consideremos primero el *elemento de accionamiento*. Se trata, en realidad, de un motor síncrono que tiene un devanado trifásico de estator conectado en serie y un rotor que gira en dos cojinetes de bolas. La construcción del rotor es compuesta, en una parte chapas estampadas de metal blando, y en la otra un imán permanente bipolar laminado. Un disco de aluminio separa las dos partes, y una serie de barras de cobre longitudinales atraviesan el rotor formando una jaula de ardilla. El motivo de que se construya el rotor de esta forma es combinar las propiedades de arranque automático y alta torsión de un motor en jaula de ardilla con las propiedades autosíncronas asociadas con un tipo de motor de imán permanente.

El *elemento indicador de velocidad* consta de un rotor de imán permanente cilíndrico insertado en un tambor de modo que quede un pequeño entrehierro entre la periferia del imán y el tambor. Una copa metálica, denominada *copa de arrastre*, va montada en un eje y soportada en pivotes de rubí de modo que se reduzcan las fuerzas de fricción, de tal forma que ajusta en el rotor de imán para reducir al mínimo el entrehierro. En un extremo al eje de la copa de arrastre va unido un muelle en espiral calibrado, y en el otro, al armazón del mecanismo. En el extremo del eje de la copa de arrastre hay un engranaje acoplado a dos agujas montadas concéntricamente; la pequeña indica centenas y la grande miles de r.p.m.

Funcionamiento del sistema

Cuando el rotor del generador gira en el interior de su estator, los polos pasan rápidamente más allá de cada devanado de estator en sucesión, de modo que se generan tres ondas o fases de fuerza electromotriz alterna; estas ondas estarán separadas 120° (véase la Fig. 10.5). La magnitud de la fuerza electromotriz inducida por el imán depende de la fuerza de éste y del número de vueltas en las bobinas de fase. Además, como cada bobina es pasada por un par de polos de rotor, la fuerza electromotriz inducida completa un ciclo en una frecuencia determinada por la velocidad de rotación del rotor. Por consiguiente, la velocidad del rotor y la frecuencia son directamente proporcionales, y puesto que el rotor es accionado por el motor en alguna relación fija, la frecuencia de la fuerza electromotriz inducida es una medida de la velocidad del motor.

Las fuerzas electromotrices de los generadores se suministran a las bobinas de fase correspondientes del estator del indicador para producir corrientes cuya magnitud y dirección dependen de dichas fuerzas electromotrices. La distribución de las corrientes del estator producen un campo magnético resultante que gira a una velocidad que depende de la frecuencia del generador. Cuando el campo gira, corta a través de las barras de cobre del rotor en jaula de ardilla, induciendo una corriente en ellas que, a su vez, establece un campo magnético alrededor de cada barra. La reacción de estos campos con el campo giratorio principal produce una torsión en el rotor que le hace girar en la misma dirección que el campo principal y a la misma velocidad.

Cuando el rotor gira, acciona el imán permanente de la unidad indicadora de velocidad, y debido al movimiento relativo entre el imán y la copa de arrastre, se inducen corrientes parásitas en esta última. Estas corrientes crean un campo magnético que reacciona con el campo magnético permanente, y puesto que siempre hay una tendencia a oponerse a la creación de corrientes inducidas (ley

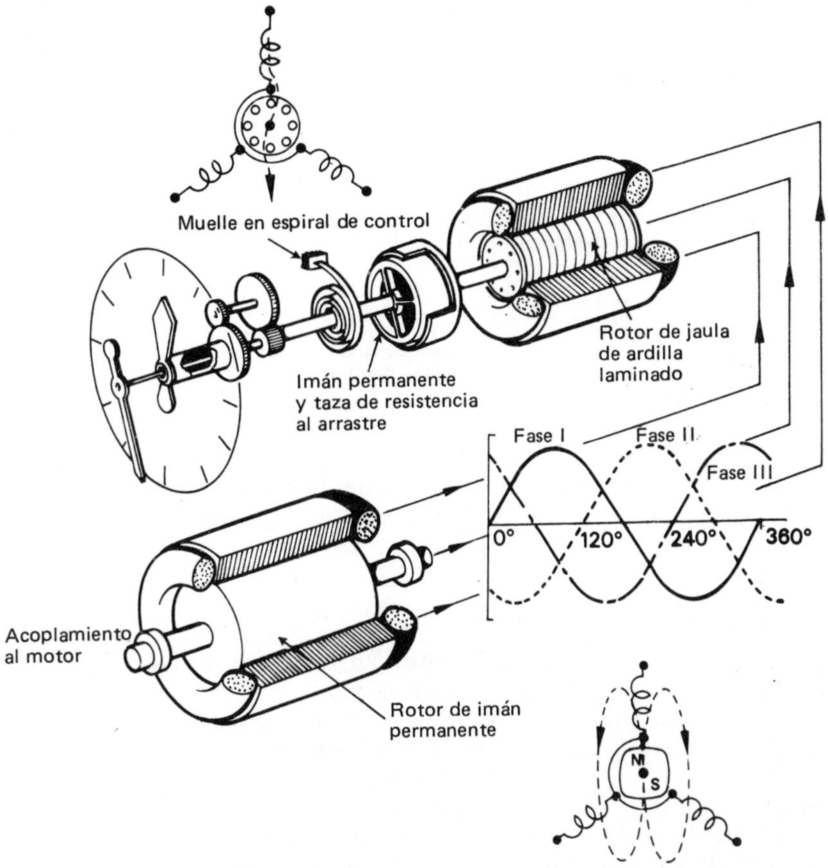

Figura 10.5.–Principio de un sistema de generador e indicador.

de Lenz), la reacción de torsión de los campos hace que la copa de arrastre gire continuamente en la misma dirección que el imán. Sin embargo, esta rotación de la copa de arrastre está limitada por el muelle en espiral calibrado, de tal forma que dicha copa se moverá a una posición en la que la torsión de arrastre de corrientes parásitas está equilibrada por la tensión del muelle. De este modo, el movimiento resultante del eje de la copa de arrastre y el tren de engranajes sitúa las agujas en la esfera para que indiquen la velocidad del motor predominante en ese instante.

Los indicadores se compensan en lo que se refiere a los efectos de la temperatura en el imán permanente del elemento indicador de velocidad instalando un dispositivo de derivación termomagnético adyacente al imán. Funciona de forma análoga al compensador descrito en la página 34.

La Fig. 10.6 muestra otra versión de elemento indicador de velocidad que se usa en algunos tipos de indicador. Consta de seis pares de pequeños imanes permanentes montados en placas sujetas por pernos, de tal forma que los imanes están directamente opuestos con un pequeño entrehierro entre las superfi-

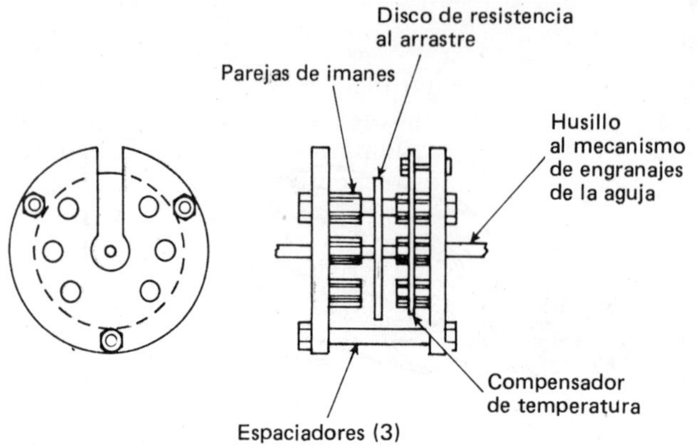

Figura 10.6.–Elemento de resistencia al arrastre tipo disco.

cies de los polos para acomodar un disco de arrastre. La rotación del disco se transmite a las agujas de forma análoga al método de copa de arrastre.

Tacómetros de porcentaje de r.p.m.

La medida de la velocidad del motor en términos de porcentaje se adopta para la operación de los motores turborreactores, y se introdujo para que varios tipos de motor pudieran ser operados sobre la misma base de comparación. En la Fig. 10.7 se muestran las presentaciones de tres tacómetros de porcentaje utilizados actualmente. Las escalas principales están graduadas de 0 a 100% en aumentos del 10%; el 100% corresponde a la velocidad óptima de la turbina. Con el fin de realizar esta presentación, el fabricante del motor elige una relación entre la velocidad real de la turbina y el arrastre del generador, de forma que la velocidad óptima produzca 4.200 r.p.m. en el arrastre del generador. Una segunda aguja o contador digital presenta la velocidad en aumentos del 1%.

Figura 10.7.–Presentaciones en la esfera de tacómetros de porcentaje. *a*) Tipo motor síncrono. *b*) Indicador de motor de torsión de c.c. *c*) Indicador servoaccionado de contador y aguja.

Indicador de tacómetro servoaccionado

En diversos tipos de aviones de transporte público se utilizan actualmente indicadores de este tipo en conjunción con generadores de corriente alterna. En las Figs. 10.8 y 10.9 se muestra un diagrama esquemático de la disposición del circuito interno y la construcción de un indicador respectivamente.

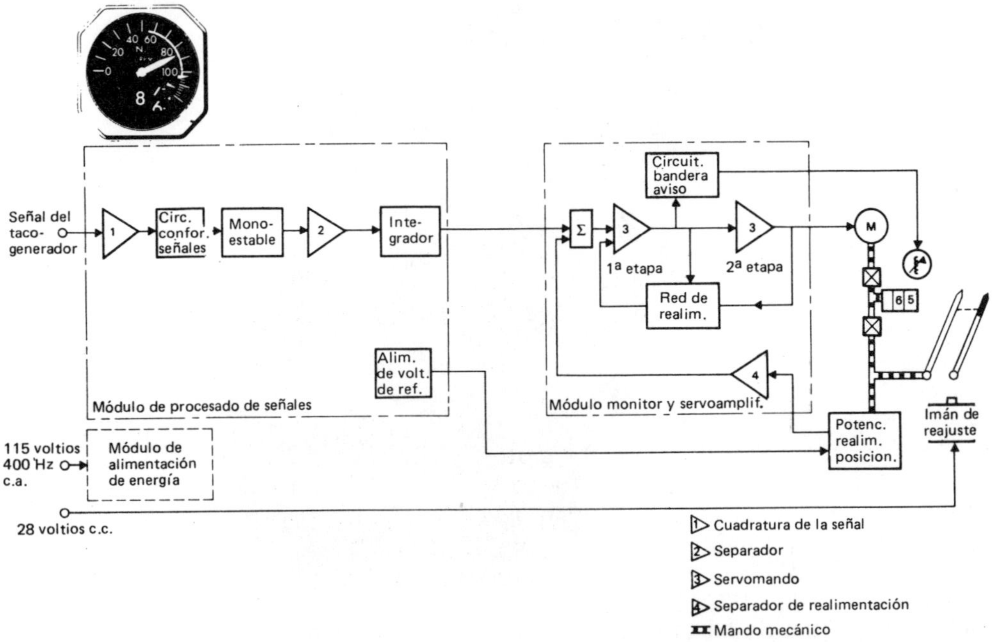

Figura 10.8.–Indicador de tacómetro servoaccionado.

Las señales del generador se convierten primeramente en una forma de onda rectangular por un amplificador de cuadratura dentro del módulo de proceso de señales, y con el fin de obtener impulsos activadores positivos y negativos para cada semiciclo de la forma de onda, es diferenciada por un circuito conformador de señales. Los impulsos pasan por un monostable que produce entonces un tren de impulsos de amplitud y anchura constantes, y al doble de la frecuencia de la señal del generador. Para derivar la señal de frecuencia para poner en funcionamiento el motor de corriente continua a lo que se denomina la condición de velocidad de demanda, la salida del monostable se suministra a un integrador vía un amplificador separador. La señal de demanda se aplica entonces a una red detectora en un módulo servoamplificador y monitor, donde se la compara con una salida de corriente continua procedente del cursor de un potenciómetro de realimentación posicional. Puesto que el cursor está engranado a la aguja principal del indicador, su salida representa, por consiguiente, la velocidad indicada. Cualquier diferencia entre la velocidad de demanda y la indicada resulta en una señal de error que se suministra a las etapas de entrada y salida del servoamplificador, y luego al devanado del inducido del motor; la aguja del indicador y el contador digital son accionados entonces a la posición de velocidad de demanda. Al mismo tiempo, el cursor del potenciómetro de realimentación es reposicionado también para que proporcione voltaje para rebajar la señal de

Figura 10.9.–Construcción del indicador de tacómetro servoaccionado.

velocidad requerida hasta que la señal de error sea cero; en este punto, el indicador presentará entonces la velocidad requerida.

El voltaje de salida de la etapa de entrada del servoamplificador se envía también a un monitor de servocircuito, cuya finalidad es detectar cualquier fallo del servocircuito para rebajar el voltaje de la señal de error. Si se produce tal fallo, el monitor funciona como un interruptor de "conexión-desconexión"; en la posición de "desconexión" desactiva una bandera de aviso controlada por solenoide que aparece a través de la presentación del contador digital.

También hay una aguja de sobrevelocidad que está instalada concéntricamente con la aguja principal; dicha aguja está situada inicialmente en la graduación de la escala apropiada. Si la aguja principal sobrepasa esta posición, la aguja de límite también lo hace. Cuando se reduce la velocidad, la aguja principal se moverá en consecuencia, pero la aguja de límite permanecerá en la velocidad máxima alcanzada puesto que está controlada por un mecanismo de trinquete. Puede devolverse a su posición inicial aplicando una alimentación de 28 voltios de corriente continua conectada separadamente a un solenoide de reposición dentro del indicador.

Sistema de indicador y sonda de tacómetro

Este sistema se utiliza en diversos tipos de grandes aviones de transporte público, y tiene la ventaja de proporcionar salidas eléctricas independientes adicionales a las que se necesitan para la indicación de velocidad, por ejemplo, registro de datos de vuelo y control del motor. Además, tiene la ventaja de que una sonda (véase la Fig. 10.10) no tiene piezas móviles.

La sonda de acero inoxidable herméticamente cerrada comprende un imán permanente, una pieza polar y varias bobinas de cuproníquel o níquel/cromo alrededor de un núcleo ferromagnético. Unos devanados independientes (entre cinco y siete según el tipo de sonda) proporcionan salidas al indicador y otros equipos que precisen datos de la velocidad del motor. La sonda está montada por pestaña en la sección del compresor de alta presión del motor, de forma que penetre en esta sección. En algunos motores turbofán, también se puede montar una sonda en la sección del fan para medir la velocidad de éste. Las piezas polares, cuando están en su sitio, se encuentran muy cerca de los dientes de una rueda dentada (llamada a veces rueda fónica) que gira a la misma velocidad que el eje del compresor o del fan, según corresponda. Para asegurar la orientación correcta de la sonda, existe una clavija de localización en la pestaña de montaje.

El imán permanente produce un campo magnético alrededor de las bobinas detectoras, y cuando los dientes de la rueda dentada pasan las piezas polares, la

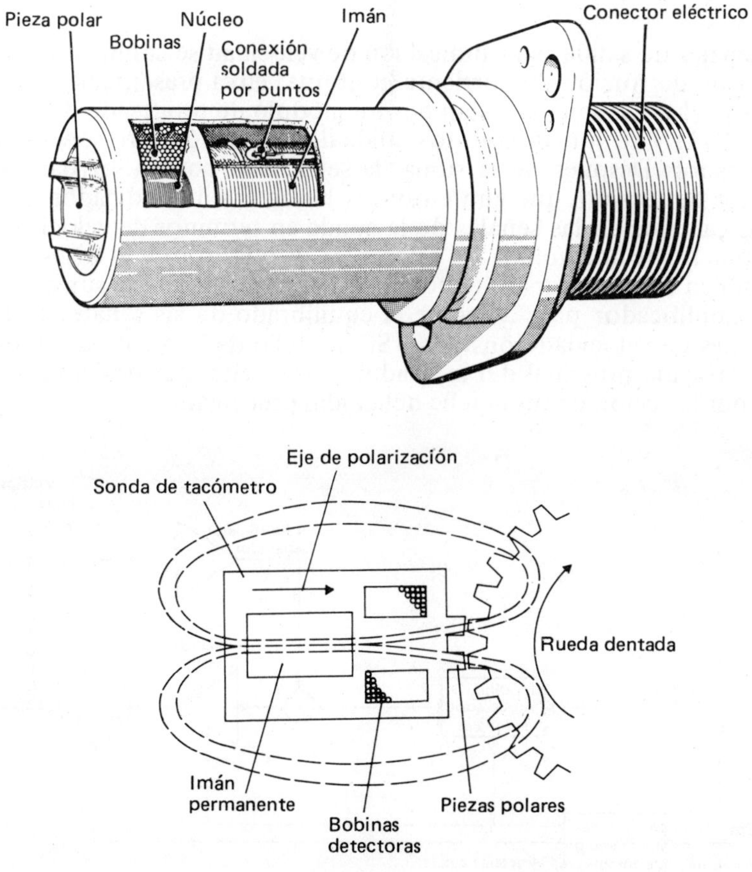

Figura 10.10.–Sonda de tacómetro.

intensidad del flujo a través de cada polo varía inversamente con la anchura del entrehierro entre los polos y los dientes de la rueda. Cuando la densidad del flujo cambia, se induce una fuerza electromotriz en las bobinas detectoras, cuya amplitud varía con el régimen de cambio de densidad del flujo. Por tanto, al tomar la posición mostrada en la Fig. 10.10 como la posición inicial, habría intensidad máxima, pero el régimen de cambio de densidad sería cero y, de este modo, la amplitud de la fuerza electromotriz inducida será cero. Cuando los dientes del engranaje se desplazan de esta posición, la densidad del flujo empieza primeramente a disminuir alcanzando un régimen máximo de cambio e induciendo con ello una fuerza electromotriz de máxima amplitud. En la posición en la que las piezas polares se alinean con los "valles" entre los dientes de engranaje, la densidad del flujo estará en el máximo, y como el régimen de cambio es cero, la amplitud de la fuerza electromotriz es cero. La densidad del flujo aumentará otra vez cuando los dientes próximos del engranaje se alineen con las piezas polares, y la amplitud de la fuerza electromotriz inducida alcanza un máximo coincidente con el mayor régimen de cambio de densidad de flujo. Por consiguiente, la sonda y los dientes de engranaje pueden considerarse como un interruptor de flujo magnético que induce fuerzas electromotrices directamente proporcionales a la velocidad de la rueda dentada y eje del compresor o fan.

Las señales de salida para indicación de velocidad se suministran a un indicador del tipo de torsión de corriente continua, cuya presentación se muestra en la Fig. 10.7(*b*). Las señales pasan por un módulo de procesado de señales (véase la Fig. 10.11) y se suman con una salida del potenciómetro servo y un amplificador separador. Después de la suma, la señal pasa por un servoamplificador al dispositivo de torsión, que gira entonces las agujas del indicador para que indiquen los cambios en las señales de la sonda en términos de velocidad. El servopotenciómetro recibe voltaje de referencia, y puesto que el dispositivo de torsión también sitúa su cursor, el potenciómetro controlará la suma de las señales al servoamplificador para asegurar el equilibrado de las señales en las diversas condiciones de velocidad constante. Si hay fallo de la fuente de alimentación o señales, la aguja principal del indicador es devuelta a la posición de "fuera de escala" por la acción de un muelle helicoidal precargado.

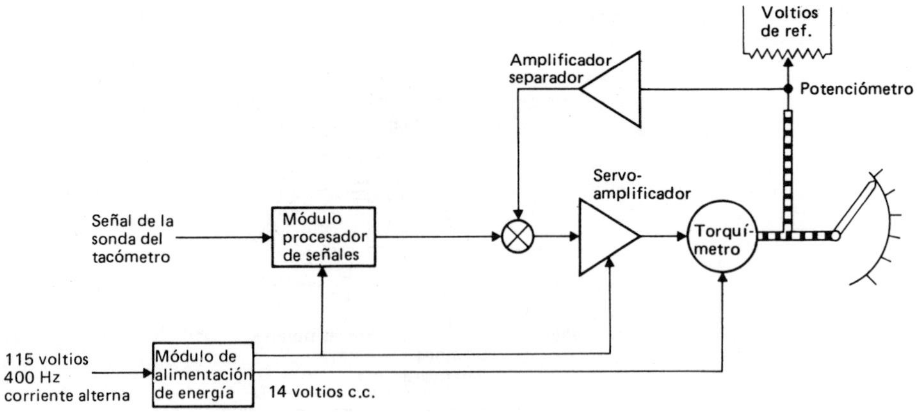

Figura 10.11.–Esquema simplificado de un tacómetro de motor de torsión de c.s.

SINCROSCOPIOS

En aviones impulsados por varios motores de émbolo, o turbohélices, se presenta el problema de mantener sincronizadas las velocidades de los motores en condiciones "en velocidad" y minimizar así los efectos de la vibración estructural y el ruido.

El método más sencillo para mantener sincronizados los motores sería ajustar manualmente los sistemas de control de gases y velocidad de los motores hasta que los indicadores tacómetros pertinentes indiquen lo mismo. Esto, sin embargo, no es muy práctico, por la sencilla razón de que los instrumentos individuales pueden tener errores y dar indicaciones diferentes; por consiguiente, aun señalando las mismas velocidades de funcionamiento, los motores estarían en realidad funcionando a velocidades que difieren por los errores de indicación. Además, la sincronización de los motores por comparación directa de las lecturas de los indicadores tacómetros se hace algo difícil por la sensibilidad de los instrumentos, que hace que un piloto o un mecánico se exceda o no llegue a una condición de velocidad por tener que "perseguir las agujas".

Con el fin de facilitar el ajuste manual de velocidad se introdujo un instrumento adicional conocido como *sincroscopio*. Este instrumento proporciona una indicación cualitativa de las diferencias de velocidades entre dos o más motores; al utilizar la técnica de establecer las condiciones de velocidad requeridas en un motor principal seleccionado, el instrumento también proporciona una indicación clara e inconfundible de si el motor subordinado funciona más rápido o más lento que el principal.

El instrumento fue diseñado al principio para que funcionase con corriente alterna generada por el sistema de tacómetro y, por consiguiente, como una parte eléctrica de este sistema. Las presentaciones en las esferas de los sincroscopios diseñados para su empleo en bimotores y cuatrimotores pueden verse en las figuras 10.12 (*a*) y (*b*) respectivamente, mientras que en (*c*) se muestra una combinación de presentación doble de r.p.m. y sincroscopio.

El funcionamiento se basa en el principio del motor de inducción, que, para este uso, consta de un estator laminado de devanado en estrella trifásico y un rotor laminado de devanado en estrella trifásico pivotado en pivotes de rubí dentro del estator. Las fases del estator están conectadas al generador de tacómetro del motor subordinado, mientras que las fases del rotor lo están al generador del motor principal a través de anillos colectores y escobillas de hilos metálicos. Un disco en el extremo anterior del eje del rotor proporciona el equilibrado de éste. La aguja, que tiene dos extremos representando una hélice, va fijada al extremo anterior del eje del rotor y puede girar sobre una esfera marcada INCREASE (aumento) en su lado izquierdo y DECREASE (disminución) en el derecho.

En algunos sincroscopios, los lados izquierdo y derecho pueden estar marcados SLOW (lento) y FAST (rápido) respectivamente. Los sincroscopios diseñados para su empleo en cuatrimotores utilizan tres motores de inducción independientes; el rotor de cada uno está conectado al generador de tacómetro del motor principal, mientras que cada estator está conectado a uno de los otros tres generadores.

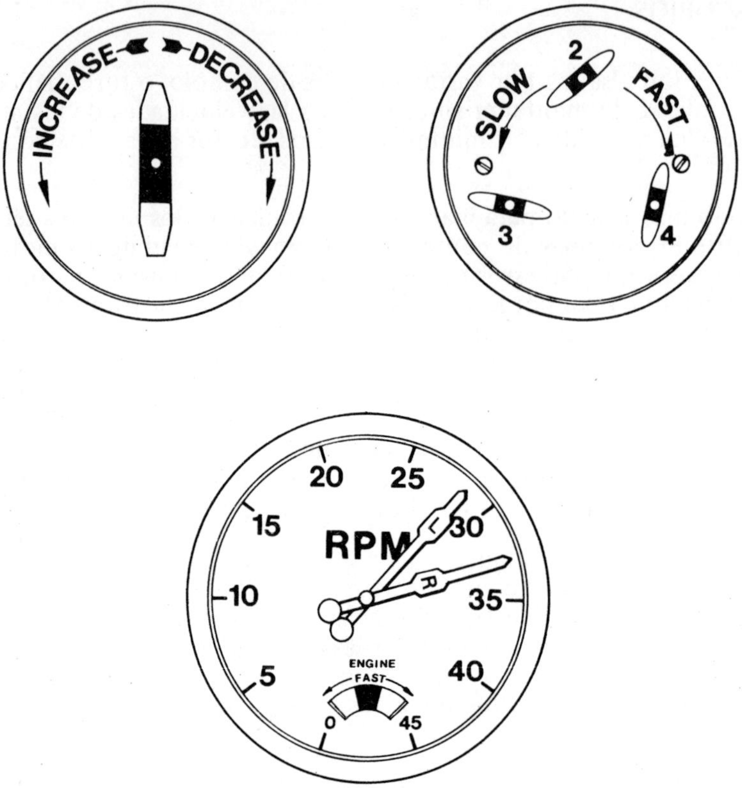

Figura 10.12.–Presentaciones en esferas de sincroscopios. *a*) Bimotor. *b*) Cuatrimotor. *c*) Tacómetro doble y sincroscopio combinados.

Funcionamiento

Para comprender el funcionamiento de un sincroscopio, consideremos la instalación de un sistema típico de tacómetro de bimotor, cuyo circuito se da en la Fig. 10.13. Además, supongamos que el motor principal, que generalmente es el número 1, se ha ajustado a la condición "en velocidad" requerida y que el motor subordinado se ha sincronizado con él.

En este momento, ambos generadores están produciendo una corriente alterna trifásica para el funcionamiento de sus indicadores respectivos y están alimentando también al sincroscopio, el generador número 1 alimentando al rotor y el número 2 al estator. De este modo, se establece un campo magnético en el rotor y el estator; cada campo gira a una frecuencia proporcional a la de su generador correspondiente, y durante la fase de rotación del sistema, gira en la misma dirección. Para las condiciones supuestas, y porque las frecuencias de los generadores son proporcionales a la velocidad, está claro que la frecuencia del campo del estator del sincroscopio es igual que la del campo del rotor. Esto quiere decir que ambos campos alcanzan su intensidad máxima en el mismo instante; las torsiones debidas a estos campos están equilibradas, y la atracción entre los polos opuestos mantiene al rotor "inmovilizado" en alguna posición fija, indicando, así, sincronismo entre las velocidades de los motores.

Consideremos ahora el efecto que se produce cuando el motor subordinado funciona más lento que el principal. La frecuencia del generador del motor subordinado será más lenta que la del generador del motor principal y, en consecuencia, el campo del estator estará retrasado con respecto al campo del rotor; en otras palabras, alcanzando su intensidad máxima un instante más tarde en, digamos, el punto *a* en la Fig. 10.13. El rotor, al ser magnetizado más rápido que el estator, trata de girar el estator y alinear el campo de éste, pero el estator es una unidad fija; por consiguiente, se establece una torsión reactiva por la interacción de la torsión mayor del rotor con el estator. Esta torsión hace que el rotor gire en dirección opuesta a la de su campo, de modo que es obligado a realinearse continuamente con el campo retardado del estator. El giro continuo del rotor acciona la aguja en forma de hélice para que indique que el motor subordinado funciona LENTO (SLOW) y que se necesita un AUMENTO (INCREASE) de velocidad para sincronizarlo con el principal.

Si el motor subordinado funcionase más rápido que el principal, entonces el campo del estator del sincroscopio iría delante del campo del rotor, alcanzando la intensidad máxima en, digamos, el punto *b*. El campo del estator produciría entonces la torsión mayor, la cual llevaría al rotor a realinearse con el campo adelantado del estator, indicando la aguja que el motor subordinado funciona

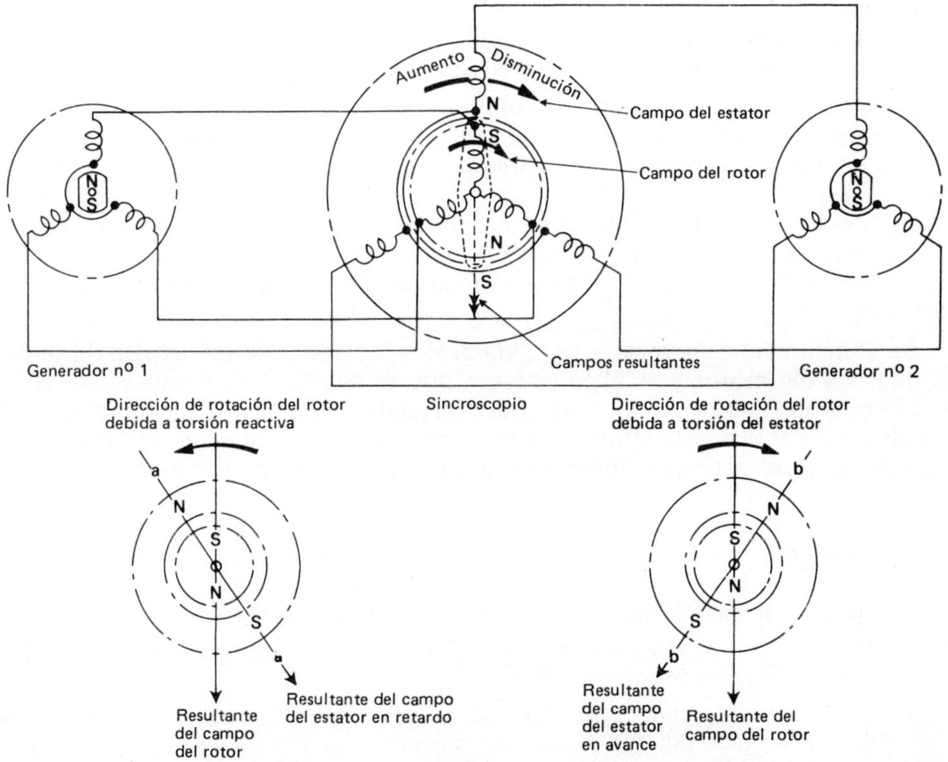

Figura 10.13.–Funcionamiento de un sincroscopio.

RAPIDO (FAST) y que se necesita una DISMINUCION (DECREASE) de velocidad para sincronizarlo.

Cuando la velocidad del motor subordinado se sincroniza otra vez, la frecuencia del generador se cambia de modo que se restablezca una vez más un equilibrio entre los campos y las torsiones y que el rotor del sincroscopio y la aguja adopten una posición fija.

Por la descripción anterior vemos que un sincroscopio es, en realidad, un frecuencímetro, y su actuación se debe únicamente a las frecuencias relativas de dos o más generadores. Los voltajes de los generadores no representan ningún papel en el funcionamiento del sincroscopio excepto para determinar la gama de operación por encima y por debajo del sincronismo.

INDICADORES DE ROTACION

En algunos aviones que utilizan motores de derivación de turbina, existen indicadores que dan a conocer que el eje de los compresores de baja presión comienza a girar durante el ciclo de puesta en marcha, y que es seguro que continúe el ciclo.

La base de este indicador es un amplificador magnético de dos etapas que opera con una alimentación de 115 voltios 400 Hz y que está conectado a una fase de un generador de tacómetro normal. Las señales del generador se alimentan al amplificador como entrada de referencia en revoluciones por minuto. En el panel de instrumentos principal, o panel del mecánico de vuelo, va montada una lámpara indicadora conectada a la etapa de salida del amplificador.

Cuando la señal de entrada de voltaje de velocidad alcanza un nivel crítico, por lo general 6 mV, que corresponden a una velocidad de rotación de una fracción de 1 r.p.m., se produce corriente de salida suficiente para encender la lámpara indicadora. La velocidad se alcanza en los primeros grados de rotación; por consiguiente, la lámpara proporciona una indicación inmediata de que el eje de baja presión ha girado. Las señales que pasan del nivel crítico hacen que el amplificador se sature y que la lámpara permanezca encendida pero sin ser sobrecargada.

La alimentación de energía se envía al amplificador vía un circuito de puesta en marcha del motor y se aísla una vez que se concluye de forma satisfactoria el circuito de puesta en marcha. En las instalaciones de polimotores, un solo amplificador y una sola lámpara sirven para indicar la rotación de cada motor, seleccionándose automáticamente durante cada ciclo de puesta en marcha.

PREGUNTAS

10.1. Describir un método mecánico para indicar la velocidad del motor.

10.2. Explicar cómo se transmite al elemento indicador la rotación de un motor de indicador de tacómetro de corriente alterna.

10.3. Explicar, con la ayuda de un diagrama de circuito, el funcionamiento de un sistema de sincroscopios instalado en un avión polimotor.

10.4. *a*) ¿Cómo se obtiene la reducción de velocidad necesaria entre el motor y el generador de tacómetro cuando se emplean generadores de arrastre directo?

b) ¿Por qué son fundamentales los generadores de arrastre directo para medir las velocidades de los motores de turbina?

10.5. Describir un método para compensar los efectos de la temperatura en un tipo de indicador de tacómetro de motor síncrono.

10.6. ¿Cuál es el objeto de una sonda de tacómetro?

10.7. Describir brevemente la construcción y el funcionamiento de una sonda de tacómetro.

10.8. Explicar, con la ayuda de un diagrama, el funcionamiento del indicador utilizado en conjunción con una sonda de tacómetro.

10.9. ¿Cómo se presenta el fallo de las señales de la sonda de tacómetro en un indicador?

10.10. Describir el funcionamiento de un tipo de indicador de tacómetro servoaccionado.

11. Medición de la temperatura

METODOS Y USOS

En la mayor parte de los métodos de medición de temperatura, se utiliza la variación de alguna propiedad de una sustancia con la temperatura. Estas variaciones pueden resumirse de la forma siguiente:

1. La mayoría de las sustancias se dilatan cuando aumenta su temperatura; por tanto, se puede obtener una medida de temperatura tomando iguales cantidades de dilatación para indicar aumentos iguales de temperatura.
2. Muchos líquidos, cuando son sometidos a un aumento de temperatura, experimentan tal movimiento de sus moléculas que se produce un cambio de estado de líquido a vapor. Por consiguiente, pueden indicarse aumentos iguales de temperatura midiendo aumentos iguales de la presión del vapor.
3. Las sustancias cambian su resistencia eléctrica cuando son sometidas a temperaturas variantes, de modo que se puede obtener una medida de las temperaturas tomando aumentos iguales de resistencia para indicar aumentos iguales de temperatura.
4. Cuando se unen metales diferentes en sus extremos, producen una fuerza electromotriz (*fuerza termoelectromotriz*) que depende de la diferencia de temperatura entre las uniones. Puesto que sólo se precisan aumentos iguales de temperatura en una unión, una medida de la fuerza electromotriz producida será una medida de la temperatura de la unión.
5. La radiación emitida por cualquier cuerpo en cualquier longitud de onda es función de la temperatura del cuerpo, y se denomina emisividad. Por consiguiente, si se mide la radiación y se conoce la emisividad, puede determinarse la temperatura del cuerpo; a esta técnica de medición se la conoce como pirometría de radiación.

La utilización de estos métodos nos proporciona un medio muy conveniente para clasificar los instrumentos medidores de temperatura: *a*) *tipo de expansión* (líquida o sólida), *b*) *tipo de presión de vapor, c*) *tipo eléctrico* (resistencia o termoeléctrico) y *d*) *tipo de radiación.*

Sin embargo, la mayoría de los instrumentos que se utilizan en la actualidad son del tipo de resistencia y termoeléctricos y se emplean para medir la temperatura de líquidos y gases tales como combustible, aceite de lubricación del motor, aire exterior, aire del carburador y gas de escape de la turbina. En ciertos tipos de motor turborreactor, también se usa la técnica de pirometría de radiación para medir la temperatura real de los álabes de la turbina.

CALOR Y TEMPERATURA

Calor

El calor es una forma de energía que posee una sustancia, y está asociado con el movimiento de las moléculas de esa sustancia. Cuanto más caliente sea la sustancia más fuerte será la vibración y el movimiento de sus moléculas. Por consiguiente, podemos considerar al calor como energía molecular.

La cantidad de calor que contiene una sustancia depende de su temperatura, de la masa y de la naturaleza del material del que está hecho el cuerpo. Un cubo de agua templada derretirá más hielo que una taza de agua hirviendo; el cubo contiene, por consiguiente, mayor cantidad de calor aunque su temperatura sea inferior.

La transferencia de calor de una sustancia a otra puede realizarse por conducción, convección y radiación. La *conducción* requiere un medio material, que puede ser sólido, líquido o gaseoso. Las sustancias calientes y frías en contacto intercambian calor por conducción. La *convección* es la transmisión de calor de un lugar a otro por corrientes circulantes y puede darse únicamente en líquidos y gases. La *radiación* es la energía emitida por todas las sustancias, ya sean líquidas, sólidas o gaseosas.

Temperatura

La temperatura es una medida del "calor" o la "frialdad" de una sustancia, o la calidad de calor. Por consiguiente, en el sentido más estricto de la palabra, la temperatura no se puede medir. Las temperaturas de las sustancias pueden únicamente compararse y observar las diferencias; la medición práctica de la temperatura es realmente la comparación de las diferencias de temperatura. Para hacer tal comparación, se necesita la selección de una diferencia de temperatura estándar, un intervalo fundamental y un instrumento para comparar con ésta otras diferencias de temperatura.

Punto de fusión y punto de ebullición

Para sustancias puras, el cambio de estado de sólido a líquido y de líquido a vapor tiene lugar a temperaturas que, bajo las mismas condiciones de presión, pueden reproducirse siempre. Por lo tanto, hay dos temperaturas de equilibrio conocidas como (i) *punto de fusión,* la temperatura a la que el sólido y el líquido pueden estar en equilibrio, y (ii) *punto de ebullición*, la temperatura a la que el líquido y el vapor pueden estar en equilibrio.

Intervalo fundamental y puntos fijos

El intervalo fundamental es el intervalo o gama de temperatura entre dos puntos fijos: *punto de fusión del hielo* (0 °C) en el que existe equilibrio entre el hielo y el aire saturado de vapor a una presión de 760 mm Hg, y el *punto de vaporización* (100 °C), en el que existe equilibrio entre el agua líquida y su vapor; el agua hierve también a una presión de 760 mm Hg.

El término *intervalo fundamental* se usa en la termometría de resistencia; se refiere al aumento de resistencia del elemento detector de temperatura entre los puntos fijos.

Escalas de temperatura

El intervalo fundamental se divide en varias partes iguales o grados; la división se realiza de acuerdo con dos notaciones de escalas: Celsius (centígrado) y Fahrenheit.

En la escala Celsius, el intervalo fundamental se divide en 100 grados, como punto de fusión del hielo se toma 0 °C y como punto de vaporización 100 °C. Por lo tanto, un grado Celsius es 1/100 del intervalo fundamental.

En la escala Fahrenheit, el intervalo fundamental se divide en 180 grados, y en este caso el punto de fusión del hielo y el de vaporización se encuentran en 32 °F y 212 °F respectivamente. Por lo tanto, un grado Fahrenheit es 1/180 del intervalo fundamental.

Si se extrajera todo el calor de un cuerpo, su temperatura sería lo más baja posible. Esta temperatura es –273,15 °C ó 273,15 °C por debajo del punto de congelación, y se conoce como *cero absoluto* ó 0 en la escala Kelvin*:

$$0\ \mathrm{K} = -273{,}15\ ^\circ\mathrm{C}, \qquad 0\ ^\circ\mathrm{C} = 273{,}15\ \mathrm{K}.$$

En la escala Fahrenheit, el cero absoluto es –459,67 °F, ó 0 °R en la escala Rankine:

$$0\ ^\circ\mathrm{R} = -459{,}67\ ^\circ\mathrm{F} = 0\ \mathrm{K} = 273{,}15\ ^\circ\mathrm{C}$$

$$32\ ^\circ\mathrm{F} = 491{,}67\ ^\circ\mathrm{R} = 273{,}15\ \mathrm{K} = 0\ ^\circ\mathrm{C}.$$

Factores de conversión

Puesto que 100 divisiones de la escala Celsius corresponden a 180 de la escala Fahrenheit,

$$1\ ^\circ\mathrm{C} = 180/100 = 1{,}8\ ^\circ\mathrm{F} \quad \text{y} \quad 1\ ^\circ\mathrm{F} = 1/1{,}8 = 0{,}55\ ^\circ\mathrm{C}.$$

Expresado como fracciones,

$$1\ ^\circ\mathrm{C} = 9/5\ ^\circ\mathrm{F} \quad \text{y} \quad 1\ ^\circ\mathrm{F} = 5/9\ ^\circ\mathrm{C}.$$

El hecho de que los puntos cero de las dos escalas no coincidan hace que la conversión de una escala a otra sea más difícil que dividir por los factores de conversión 1,8 y 0,55. Por ejemplo, si deseamos convertir 10 °C a °F y lo multiplicamos simplemente por 1,8 ó su equivalente 9/5, obtendremos 18°, pero esto es solamente 18° por encima del punto de congelación y el valor requerido debe ser con referencia al cero de la escala Fahrenheit. Por consiguiente, aña-

---

* El nombre de "grado Kelvin" (°K) fue sustituido por "kelvin" (K) en 1967.

diremos 32° y obtendremos +50 °F. Por tanto, la fórmula para convertir °C a °F es

$$°F = (°C \times 1{,}8) + 32 \quad ó \quad °F = (°C \times 9/5) + 32.$$

La conversión de °F en °C se realiza simplemente por el procedimiento inverso. De 50 °F restamos 32 para determinar el número de grados por encima del punto de congelación (18°) y dividimos por 1,8 ó 9/5. Por tanto, la fórmula de conversión de °F a °C es

$$°C = (°F - 32)/1{,}8 \quad ó \quad °C = (°F - 32) \times 5/9.$$

Cuando se convierten valores en el lado menos de la escala deben observarse los signos con cuidado. Por ejemplo, al convertir −10 °C a °F obtenemos (−18) + (+32) lo que nos da una diferencia de +14, el equivalente de −10 °C en °F.

Para convertir °C y °F en grados absolutos añadimos simplemente 273 ó 460 respectivamente.

SISTEMAS ELECTRICOS DE INDICACION DE TEMPERATURA

Como ya hemos citado, estos sistemas entran dentro de dos categorías principales: resistencia variable y termoeléctrica; los métodos se denominan *termometría* y *pirometría de la resistencia.* En ambos casos, la comprensión de los principios implicados precisa un conocimiento de ciertas leyes eléctricas fundamentales y sus aplicaciones.

Ley de Ohm

Esta ley puede definirse del modo siguiente: *Cuando una corriente circula en un conductor, la diferencia de potencial entre los extremos del mismo, dividida por la corriente que circula por él, es una constante con tal que su condición física no cambie.*

La constante se llama la resistencia (R) del conductor y se mide en ohmios (Ω). En símbolos,

$$V/I = R \tag{1}$$

donde V es la diferencia de potencial en voltios (V), e I la corriente en amperios (A).

Los cálculos relacionados con la mayoría de los conductores pueden resolverse fácilmente con esta ley, porque si de las tres cantidades (V, I y R) se conocen dos cualesquiera, la tercera puede hallarse siempre. Por tanto, de la ecuación (1),

$$IR = V \tag{2}$$

$$V/R = I. \tag{3}$$

Una característica de la mayoría de los conductores metálicos es que su resistencia aumenta cuando está sujeta a aumentos de temperatura.

Resistencias en serie

En todos los instrumentos eléctricos y los circuitos asociados, encontramos siempre ciertas secciones en las que los conductores están unidos extremo con extremo. Por ejemplo, en un sistema termoeléctrico de indicación de temperatura, algunos de los conductores esenciales van unidos según se muestra en la Fig. 11.1. A este circuito se le denomina *circuito en serie* y su resistencia combinada o total (R_T) es igual a la suma de las resistencias individuales. Por lo tanto

$$R_T = R_{th} + R_l + R_v + R_i.$$

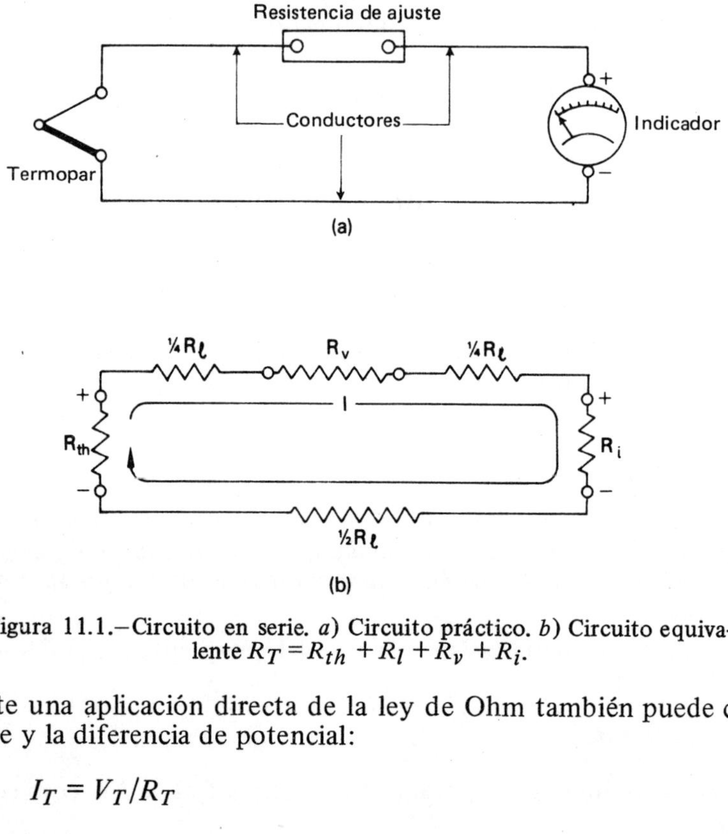

Figura 11.1.–Circuito en serie. *a*) Circuito práctico. *b*) Circuito equivalente $R_T = R_{th} + R_l + R_v + R_i$.

Mediante una aplicación directa de la ley de Ohm también puede conocerse la corriente y la diferencia de potencial:

$$I_T = V_T / R_T$$

siendo ésta la corriente en cualquier punto del circuito. El voltaje total (V_T) es igual a la suma de las caídas de voltaje a través de los conductores individuales y es siempre igual al voltaje aplicado, que en este caso es la fuerza termoelectromotriz. Por tanto

$$V_T = IR_{th} + IR_l + IR_v + IR_i = IR_T.$$

Ejemplo. En un circuito típico termoeléctrico de indicación de temperatura se aplican los valores de resistencia siguientes: R_{th} = 0,79 Ω, R_l = 24,87 Ω, R_v = 7 Ω, y R_i = 23 Ω, de modo que

$$R_T = 0{,}79 + 24{,}87 + 7 + 23 = 55{,}66\ \Omega.$$

El voltaje total V_T está regulado por la temperatura en el termopar; por consiguiente, V_T y la corriente total I_T que circula por el indicador son variables. Suponiendo que la temperatura sea 500 °C, el voltaje generado por un termopar típico será 20.64 mV. Por tanto,

$$I_T = \frac{V_T}{R_T} = \frac{20{,}64}{55{,}66} = 0{,}37 \text{ mA muy aproximadamente.}$$

Resistencias en paralelo

Cuando dos o más conductores están conectados de forma que se aplica el mismo voltaje a través de cada uno de ellos, se dice que forman un *circuito en paralelo*. La resistencia total de tal circuito puede obtenerse mediante la regla siguiente. La recíproca de la resistencia total (R_T) es igual a la suma de las recíprocas de las resistencias individuales de los conductores.

En la Fig. 11.2 puede verse un circuito en paralelo compuesto por seis termopares, una instalación que se emplea para medir los gases de escape del motor de turbina.

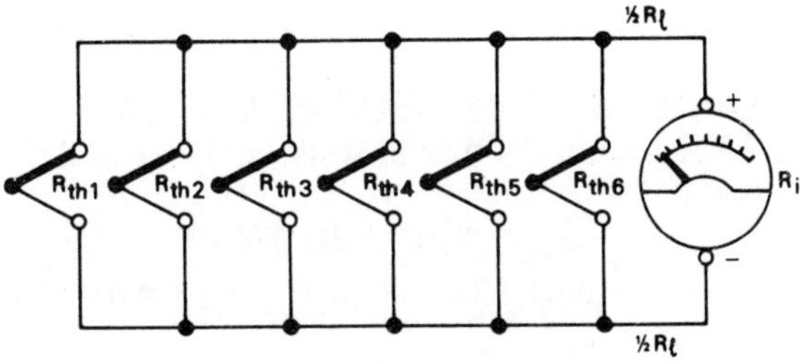

Figura 11.2.—Circuito en paralelo.

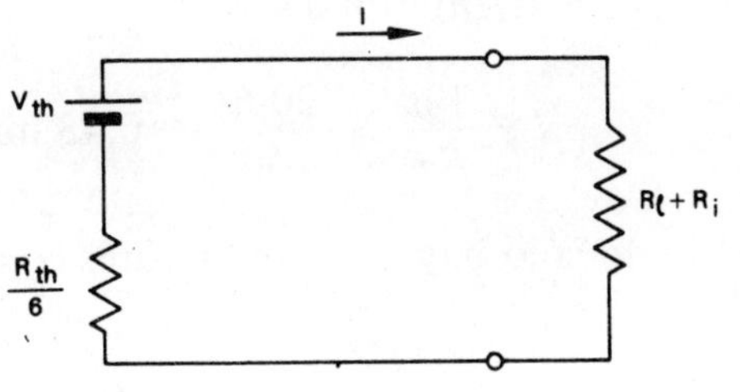

Si la resistencia total de la sección de termopares del circuito se representa por R_{TH}, entonces

$$\frac{1}{R_{TH}} = \frac{1}{R_{th\,1}} + \frac{1}{R_{th\,2}} + \ldots + \frac{1}{R_{th\,6}}.$$

Las resistencias de los cables que van desde la caja de conexiones de termopares a los terminales del instrumento y la resistencia de éste se representan por R_l y R_i respectivamente, y el circuito se reduce al circuito en serie simple que se muestra. Por consiguiente, la resistencia total R_T del circuito completo puede calcularse de

$$R_T = R_{TH} + R_l + R_i.$$

Suponiendo que todas las fuerzas termoelectromotrices sean iguales, el voltaje que actúa en el circuito será igual a la fuerza termoelectromotriz, V_{th} de un solo termopar, de modo que la corriente vendrá dada por

$$I = \frac{V_{th}}{R_T}.$$

Ejemplo. La resistencia de cada uno de los termopares y sus cables, mostrada en la Fig. 11.2, es 0,79 Ω; por consiguiente, la resistencia total R_{TH} de esta parte del circuito se calcula de la forma siguiente:

$$\frac{1}{R_{TH}} = \frac{1}{R_{th}} \times 6$$

de modo que

$$R_{TH} = \frac{R_{th}}{6} = \frac{0{,}79}{6} = 0{,}1317\ \Omega.$$

La resistencia de los cables R_l es 24,87 Ω y la resistencia del instrumento R_i es 23 Ω, de modo que la resistencia total del circuito es

$$R_T = R_{TH} + R_l + R_i =$$
$$= 0{,}1317 + 24{,}87 + 23 = 48\ \Omega \text{ muy aproximadamente.}$$

Suponiendo que los termopares generen un voltaje V_{th} de 20,64 mV (a 500 °C) la corriente total será

$$I = \frac{V_{th}}{R_T} = \frac{20{,}64}{48} = 0{,}43 \text{ mA}.$$

Cuando sólo hay dos conductores conectados en paralelo, la resistencia viene dada por

$$\frac{1}{R_T} = \frac{1}{R_1} + \frac{1}{R_2} = \frac{R_1 + R_2}{R_1 R_2}$$

de modo que

$$R_T = \frac{R_1 R_2}{R_1 + R_2}.$$

Ejemplo. Dos conductores que tienen resistencias de 14 Ω y 10 Ω están unidos en paralelo. Por consiguiente, su resistencia combinada es

$$R_T = \frac{14 \times 10}{14 + 10} = \frac{140}{24} = 5{,}833\ \Omega.$$

Un punto importante que hay que citar sobre los circuitos en paralelo es que la resistencia total es menor que la resistencia de cualquier conductor individual.

Resistencias en serie-paralelo

En la Fig. 11.3 se muestra un circuito compuesto de resistencias en serie-paralelo y que se basa en un indicador utilizado en conjunción con el circuito de termopares de la Fig. 11.2. La resolución de tal circuito en serie-paralelo se hace por medio de los métodos ya ilustrados y (i) reduciendo cada grupo en paralelo a una resistencia única equivalente, (ii) hallando el circuito en serie resultante para resistencia total (R_T) y la corriente total (I_T), (iii) obteniendo la caída de voltaje a través de cada grupo en paralelo, (iv) hallando todas las demás cantidades.

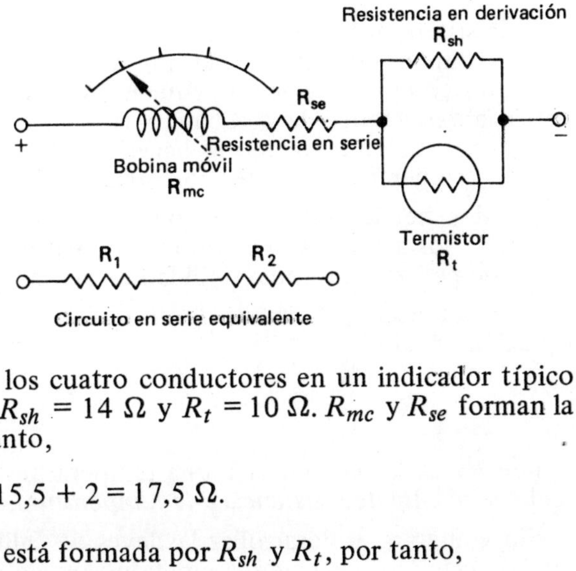

Figura 11.3.–Circuito serie-paralelo.

Ejemplo. Las resistencias de los cuatro conductores en un indicador típico son $R_{mc} = 15{,}5\ \Omega$; $R_{se} = 2\ \Omega$; $R_{sh} = 14\ \Omega$ y $R_t = 10\ \Omega$. R_{mc} y R_{se} forman la parte en serie del circuito, por tanto,

$$R_1 = R_{mc} + R_{se} = 15{,}5 + 2 = 17{,}5\ \Omega.$$

La parte en paralelo del circuito está formada por R_{sh} y R_t, por tanto,

$$R_2 = \frac{R_{sh} R_t}{R_{sh} + R_t} = \frac{14 \times 10}{14 + 10} = \frac{140}{24} = 5{,}833\ \Omega.$$

Reduciendo el circuito a un circuito en serie equivalente, la resistencia total R_T es

$$R_T = R_1 + R_2 = 17{,}5 + 5{,}833 = 23{,}332\ \Omega.$$

Factores que regulan la resistencia

La resistencia de un solo conductor es regulada por tres factores principales: (i) el material del que está compuesto, (ii) sus dimensiones (longitud y área de sección transversal), y (iii) su estado físico, particularmente su temperatura.

La *resistividad* ρ de un conductor es la resistencia de una muestra del material que tenga longitud unitaria y área de sección transversal unitaria. A una temperatura dada, es, por consiguiente, una constante para un material dado y se suele expresar en microhmios por centímetro cúbico.

A una temperatura dada, la resistencia R de un material es directamente proporcional a la longitud l en centímetros e inversamente proporcional al área de sección transversal a en centímetros cuadrados. Por tanto,

$$R = \rho \frac{l}{a}.$$

Resistencia y temperatura

La resistencia de un conductor depende de la temperatura, ya que ésta cambia las dimensiones por expansión térmica y varía la resistividad. El primer efecto es comparativamente pequeño, los cambios principales de resistencia se deben a variaciones de ρ. Cuando se trata de conductores metálicos puros, la resistencia aumenta cuando lo hace la temperatura; ésta es la base de la medición de temperatura en la termometría de la resistencia.

Los dos metales que se usan con más frecuencia en la termometría de la resistencia de los aviones son el níquel y el platino, fabricándose ambos con un alto grado de pureza y reproductibilidad de las características de resistencia.

La resistencia aproximada de un metal a un temperatura t viene dada por la ecuación lineal

$$R_t = R_o\ (1 + \alpha t) \qquad (1)$$

donde R_t es la resistencia a una temperatura t °C, R_o la resistencia a 0 °C y α el *coeficiente de resistencia a la temperatura.*

Sin embargo, al desarrollar las leyes de calibración de temperatura/resistencia, la relación lineal simple citada no puede aplicarse porque los coeficientes del níquel y el platino sólo pueden considerarse como constantes en la gama de temperatura de 0 a 100 °C. Por consiguiente, para obtener mayor exactitud y una amplificación de la gama de temperatura que se ha de medir, es preciso introducir otra constante (β) en la ecuación (1), de modo que la resistencia sea representada por la ecuación cuadrática

$$R_t = R_o\ (1 + \alpha t + \beta t^2). \qquad (2)$$

El número de constantes implicadas depende de la gama de temperatura, pero en general, son suficiente dos hasta unos 600 °C.

Los valores de las constantes que se ajustan a los requisitos típicos de especificación estándar para la calibración de elementos de resistencia y los indicadores asociados, son los siguientes:

Ley del níquel: $\alpha = 0{,}438$ $\beta = 0{,}006$

Ley del platino: $\alpha = 0{,}0039583$ $\beta = 0{,}000000583$.

En la página 412 se dan los valores de resistencia para diferentes gamas de temperatura.

PUENTE DE WHEATSTONE

El método más común para medir la resistencia se basa en la red bien conocida de *puente de Wheatstone* mostrada en la Fig. 11.4(*a*).

El circuito se compone de cuatro brazos de resistencia, R_1, R_2, R_3 y R_x. El galvanómetro de bobina móvil o señalador móvil está conectado a través de los puntos B y C, y una fuente de bajo voltaje va conectada a través de los puntos A y C. La corriente circula en las direcciones indicadas por las flechas, dividiéndose en el punto A y circulando por R_3 y R_x, en intensidades que podemos designar como I_1 e I_2 respectivamente. En el punto C se reúnen las corrientes y vuelven a la fuente de voltaje.

Supongamos que la resistencia de los cuatro brazos del puente están ajustadas de modo que B y C tengan el mismo potencial; entonces no circulará ninguna corriente a través del galvanómetro y por eso señalará cero. En estas condiciones se dice que el puente está "equilibrado". Esto puede demostrarse aplicando la ley de Ohm; si la diferencia de potencial entre A y B ó A y D es, digamos, V_1, y la diferencia de potencial entre B y C ó D y C es V_2, entonces

$$V_1 = I_1 R_3 = I_2 R_x \tag{3}$$

y

$$V_2 = I_1 R_2 = I_2 R_1. \tag{4}$$

Si ahora se divide la ecuación (3) por la (4), tenemos

$$\frac{V_1}{V_2} = \frac{R_3}{R_2} = \frac{R_x}{R_1}$$

de lo cual

$$R_x = \frac{R_1 R_3}{R_2}.$$

Por consiguiente, una resistencia desconocida puede calcularse ajustando los valores de las otras tres hasta que no circule ninguna corriente a través del galvanómetro, según queda indicado al no moverse su aguja o señalador.

Se verá claramente que, si la resistencia R_x está sujeta a temperaturas variantes y se determinan sus resistencias correspondientes, es factible que la red sirva de sistema de termómetro de resistencia eléctrica.

Es evidente que habrá que hacer algún arreglo del circuito para obtener respuesta automática a las variaciones en la relación temperatura/resistencia; en la

Figura 11.4.—Red de puente de Wheatstone. *a*) Circuito básico. *b*) Utilización en la medición de temperatura.

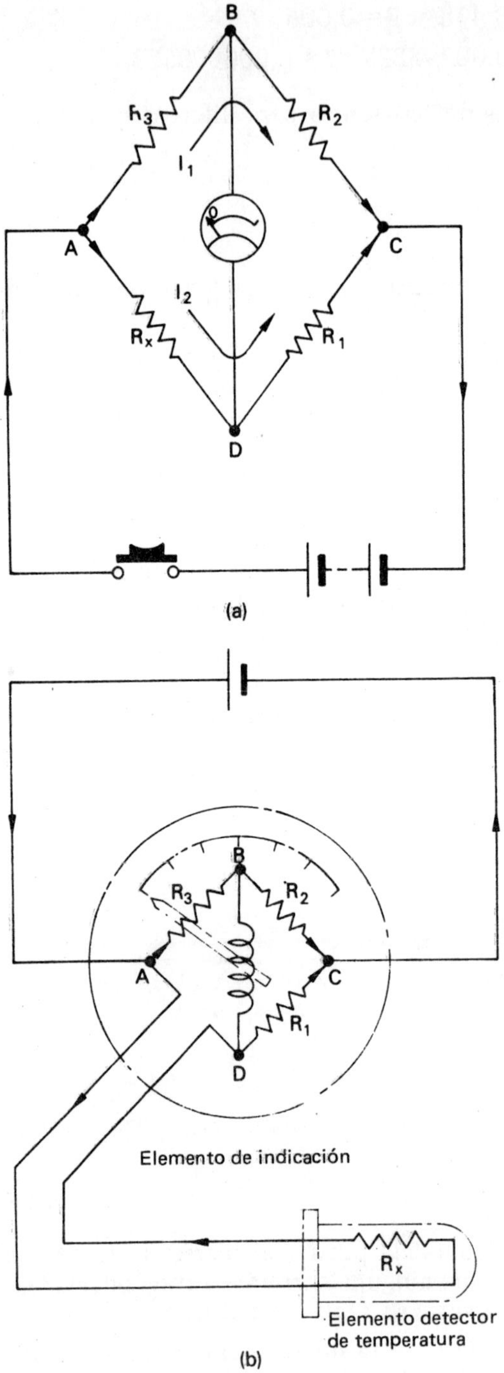

Fig. 11.4(*b*) se muestra la forma de hacerlo. La resistencia desconocida R_x forma el elemento detector de temperatura y va metida en una funda protectora metálica; al conjunto se le llama bulbo. Las otras tres resistencias, en vez de ser

ajustables, son fijas y van dentro de la caja de un elemento de indicación de bobina móvil calibrado en unidades de temperatura. Ambos componentes están interconectados adecuadamente y alimentados con corriente continua..

Cuando el bulbo es sometido a variaciones de temperatura, habrá una variación correspondiente en R_x. Esto altera el equilibrio del circuito del indicador; el valor de R_x a cualquier temperatura particular regulará la cantidad de corriente que circula a través de la bobina móvil. Por tanto, para un valor dado de R_x, la corriente de desequilibrio es una medida de la temperatura predominante.

Se observará que hay una importante diferencia entre los dos usos de esta red de puente. En uno la medición de una resistencia depende de que la corriente del circuito esté equilibrada, mientras que en el otro se mide en términos de corriente de desequilibrio.

En realidad, sólo hay un punto en un indicador de temperatura tipo puente en el que el circuito está equilibrado y en el que no circulará ninguna corriente a través de la bobina móvil; éste se conoce como el punto nulo. Generalmente se indica en la escala del instrumento por medio de una pequeña marca de referencia; la aguja adopta esta posición cuando se desconecta la fuente de alimentación.

Sin embargo, cuando se requiere una medida exacta de la temperatura, esta forma de circuito de indicación tiene el inconveniente de que la corriente desequilibrada también depende del voltaje de la fuente de alimentación. Por consiguiente, habrá errores en las lecturas indicadas si el voltaje difiere de aquél para el que se calibró inicialmente el instrumento. Por esta razón, los termómetros tipo puente se han suprimido en gran parte por los que funcionan basándose en el llamado principio del medidor de relación descrito en la página 290.

ELEMENTOS DETECTORES DE TEMPERATURA

En la Fig. 11.5 se muestra la disposición general de un elemento detector de temperatura utilizado corrientemente para medir las temperaturas de los líquidos. La bobina de resistencia está devanada en un conformador aislado y sus extremos están conectados a un enchufe de dos patillas a través de tiras de contacto. El bulbo, que sirve para proteger y guardar herméticamente el elemento, puede ser un tubo de latón o acero inoxidable cerrado en un extremo y soldado a una tuerca de unión en el otro. La tuerca de unión se utiliza para sujetar todo

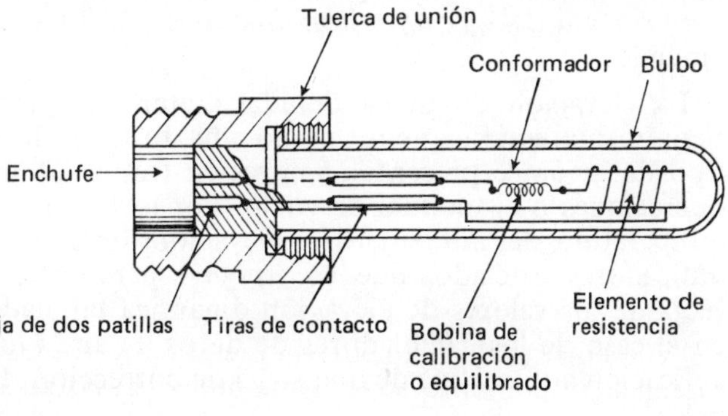

Figura 11.5.–Esquema de un elemento típico de detección de temperatura.

el elemento en el conducto o componente del sistema donde se requiera la temperatura del líquido. El enchufe de dos patillas ajusta herméticamente en la parte macho de la tuerca de unión cuyo receptáculo asegura la colocación correcta de la clavija coincidente del enchufe.

Se observará en el diagrama que la bobina está devanada en el extremo inferior de su conformador y no a lo largo de toda su longitud. Esto asegura que la bobina quede bien sumergida en la parte más caliente del líquido, minimizando así los errores debidos a las pérdidas de radiación y conducción en el bulbo.

Normalmente hay una bobina calibradora o equilibradora para que pueda obtenerse una característica constante estándar de temperatura/resistencia, permitiendo, de este modo, el intercambio de los elementos detectores. Además, la bobina compensa cualquier cambio ligero de las características físicas del elemento. La bobina, que puede ser de Manganin o Eureka, está conectada en serie con el elemento detector y la ajusta el fabricante durante la calibración inicial.

SENSORES DE LA TEMPERATURA DEL AIRE

La temperatura del aire es uno de los parámetros básicos utilizados para establecer datos vitales para la supervisión de la actuación del avión y los motores, por ejemplo, la medición de la velocidad verdadera, el control de temperatura, los ajustes de empuje, los ajustes de relación combustible/aire, etc. de los motores de turbina: Por consiguiente, es necesario proporcionar un medio para medirla en vuelo. La temperatura que en conjunto sería la más ideal es la del aire en condiciones estáticas puras en los diversos niveles de vuelo, de acuerdo con las características operacionales del avión de que se trate. Sin embargo, la *temperatura del aire estático* (SAT) no se puede medir por medios directos para todos los tipos de aviones o, en muchos casos, para un tipo de avión, por la sencilla razón de que las mediciones pueden ser afectadas por la compresión adiabática del aire resultante de los aumentos de la velocidad. En general, la capa límite en las superficies exteriores de un avión que vuele a velocidades por debajo de un número de Mach de 0,2 está muy próxima a la SAT. Sin embargo, a número de Mach más altos, la capa límite puede hacerse más lenta o pararse con relación al avión, y producir con ello compresión adiabática que elevará la temperatura del aire a un valor apreciablemente más alto que la SAT. La fricción del flujo de gran velocidad a lo largo de las superficies del avión elevará también la temperatura del aire. Este aumento se denomina comúnmente "elevación dinámica"; la temperatura indicada en tales condiciones se conoce como *temperatura del aire a presión dinámica* (RAT), esto es, la SAT más la elevación dinámica.

La elevación dinámica debida a gran compresión adiabática se precalcula siempre matemáticamente como una función del número de Mach; para cada tipo de avión se presentan valores en forma tabular o gráfica en el manual de operaciones o el manual de vuelo. Por lo tanto, cuando se trata de sensores de temperatura del aire sujetos a elevación dinámica, la lectura de la RAT de los indicadores asociados puede corregirse para obtener la SAT, bien por resta directa de los valores de elevación dinámica tabulados, cuadros de conversión, o, en el caso de los calculadores de datos de aire (véase la pág. 123), mediante la aplicación automática de una señal de corrección. La proporción de la elevación dinámica depende de la capacidad del sensor para detectar o recuperar la elevación de temperatura, expresándose en este caso la sensibilidad como un porcentaje y denominándolo *factor de recuperación*. Por ejemplo, si un sensor tiene un factor de recuperación de 0,80 se medirá la SAT más el 80% de la elevación dinámica.

Se pueden adoptar varios tipos de sensores de temperatura del aire, dependiendo de las indicaciones que se necesiten, SAT o RAT. El tipo más sencillo, y que se emplea en algunos pequeños aviones privados para indicar la SAT, es un termómetro de lectura directa que funciona por el principio de dilatación y cotracción de un elemento bimetálico cuando se le somete a variaciones de temperatura. El elemento tiene la forma de una espiral sujeta en un extremo de una funda de metal o sonda; el extremo libre de la espiral va unido al eje de la aguja. Cuando la espiral se expande o contrae, se enrolla o se desenrolla haciendo que la aguja gire en la escala de una esfera fijada a la funda opuesta al extremo fijo de la espiral. El termómetro va sujeto a través de un orificio de fijación en una de las ventanillas laterales de la cabina de vuelo, o en la parte exterior de un parabrisas, de modo que la sonda penetre en la corriente de aire.

Sin embargo, la mayoría de los sensores son del tipo de resistencia de alambre de platino, y el elemento va en una sonda similar a la adoptada para medir la temperatura de líquidos, o montados en lo que se denomina una configuración de "bulbo embutido". Para medir la SAT se usa generalmente un elemento de sonda en el que ésta penetra en la corriente de aire a través de un orificio de fijación en el lateral del fuselaje. Un "bulbo embutido" (véase la Fig. 11.6) va montado al ras con el revestimiento del avión y detecta la RAT. El factor de recuperación varía de 0,75 a 0,90 según la geometría del avión y el lugar en que va colocado el bulbo.

Cuando se ha de utilizar a números de Mach altos, es costumbre detectar y medir la temperatura máxima que se puede alcanzar. Esta recibe el nombre de *temperatura total del aire* (TAT) y se obtiene cuando el aire es puesto en reposo (o casi) sin añadir o quitar calor. Para este fin, se introdujeron sondas del tipo mostrado en la Fig. 11.7, las cuales se pueden encontrar en varios aviones actuales de transporte público. Tienen varias ventajas sobre los "bulbos embutidos", entre las que se puede destacar un retardo de tiempo casi insignificante y un elevado factor de recuperación (1.00 aproximadamente). La sonda suele ir conectada a un indicador situado en el panel de instrumentos de la cabina de vuelo y a un módulo de número de Mach de un calculador central de datos de aire (véase la pág. 129).

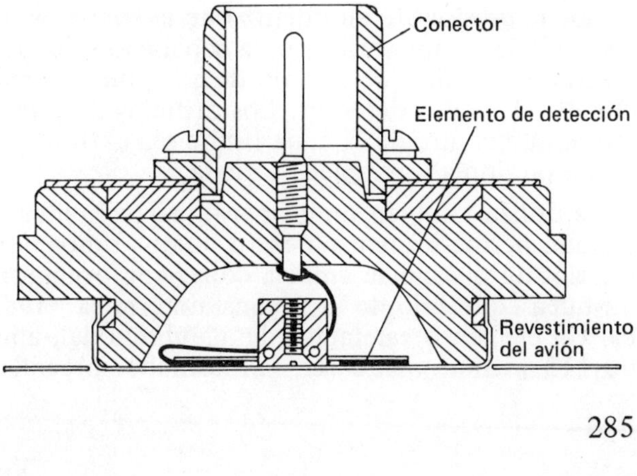

Figura 11.6.—Sensor ("bulbo embutido") de temperatura del aire a presión dinámica (RAT).

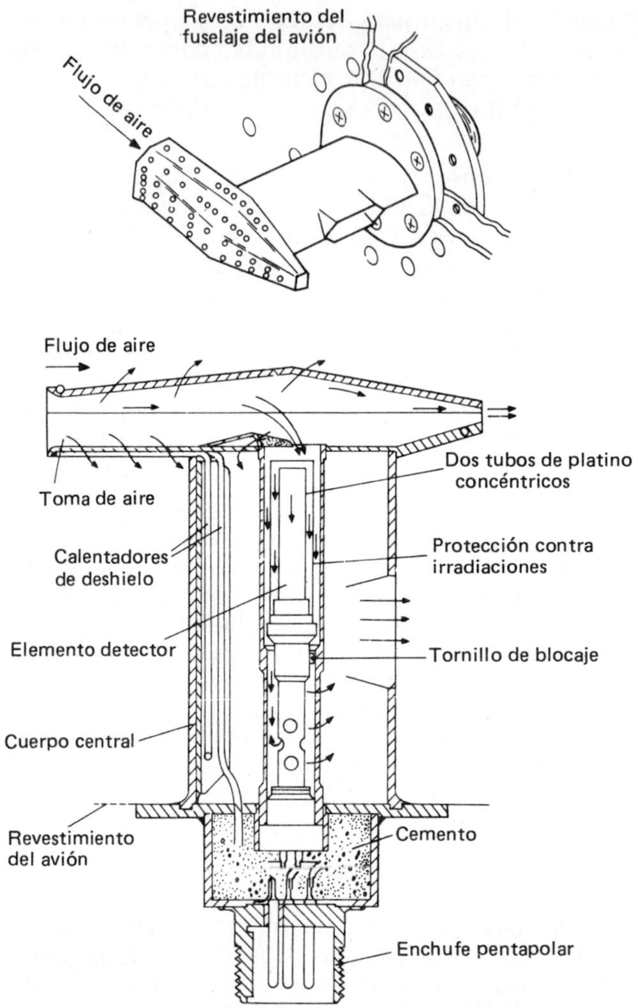

Figura 11.7.–Sonda de temperatura total del aire.

La sonda tiene la forma de un pequeño montaje y su entrada de aire es de cobre de berilio niquelado, que da buena conductividad y resistencia térmica. Va sujeta al revestimiento del avión, en un sitio predeterminado en la sección de morro del fuselaje, y fuera de cualquier capa límite que pueda existir. En vuelo, la presión de aire dentro de la sonda es mayor que la del exterior, y el aire circula según se indica; la separación de las partículas de agua del aire se efectúa haciendo que el flujo de aire gire en ángulo recto antes de pasar alrededor del elemento detector. Los orificios de purga en la carcasa de entrada permiten que el aire de la capa límite sea extraído bajo la influencia de la diferencia de presión a través de la carcasa.

Se utiliza también un elemento de resistencia de hilo de platino puro que va cerrado herméticamente dentro de dos tubos concéntricos de platino. El tubo inferior de platino se emplea como conformador del elemento, asegurando así un buen equilibrio de la expansión térmica y reduciendo la deformación térmica. Un elemento calefactor de alambre axial, alimentado con corriente alterna de 115 voltios y 400 Hz, va montado integral con la sonda para impedir la formación de hielo, y es del tipo autocompensador en el que cuando la temperatura aumenta también lo hace la resistencia del elemento, reduciendo con ello la corriente del filamento. El filamento disipa un nominal de 260 W en condiciones de formación de hielo en vuelo, y puede afectar a las lecturas indicadas de temperatura del aire. No obstante, los errores son pequeños; algunos valores típicos obtenidos experimentalmente son 0,9 °C a Mach 0,1 disminuyendo a 0,15 a Mach 1,0.

INDICADORES ELECTRICOS DE TEMPERATURA

Los elementos de medición empleados en los indicadores de tipo resistencia y en la mayoría de los sistemas termoeléctricos de indicación de temperatura, dependen para su funcionamiento del hecho de que la corriente eléctrica que circula por un conductor produce un campo magnético en y alrededor del mismo.

Para utilizar este efecto como método de medición, es preciso tener un conductor de movimiento libre en un campo magnético que sea permanente y de intensidad uniforme. De esta forma, según se mostrará, puede aprovecharse la interacción entre los dos campos magnéticos y las fuerzas resultantes para mover el conductor y su elemento de indicación para determinar las posiciones.

Conductor portador de corriente en un campo magnético

Cuando se coloca un conductor portador de corriente en un campo magnético, la interacción del campo producida por la corriente y el campo en el que se coloca el conductor ejerce una fuerza sobre el conductor. Esta fuerza está en proporción directa a la densidad del flujo, la corriente y la longitud del conductor.

En la Fig. 11.8 el campo establecido alrededor del conductor se muestra en la misma dirección que el campo principal encima del conductor y en dirección inversa al campo principal debajo del conductor. Por tanto, la interacción o acción recíproca es similar a la de polos iguales o desiguales de dos imanes rectos, esto es, líneas de fuerza magnética que fluyen en la misma dirección se atraen mientras que las que fluyen en direcciones opuestas se repelen.

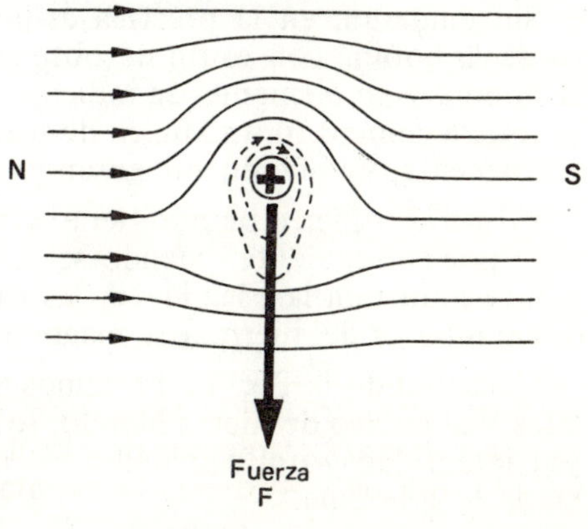

Figura 11.8.–Campo magnético alrededor del conductor.

Por tanto, las líneas de fuerza del campo principal se distorsionan de forma que es más fuerte en un lado del conductor que en el otro; el efecto neto es que el conductor es sometido a una fuerza en la dirección del campo más débil. Si el conductor tiene libertad para moverse en el campo principal, como ocurre con los motores eléctricos y los instrumentos de bobina móvil, entonces no hay duda que el movimiento se producirá en la misma dirección que la fuerza. La fuerza depende también del ángulo entre el conductor y el campo magnético principal, siendo máxima cuando el ángulo es recto.

Indicador de bobina móvil

Hasta ahora se ha considerado un conductor recto portador de corriente fijado en un campo magnético permanente. Si el conductor está formado en una sola bobina y pivotado en un punto P según se muestra en la Fig. 11.9, entonces, para la dirección de corriente indicada, las fuerzas *F*, *F* se ejercerán en cada lado de la bobina, produciendo ambas una torsión *Fr*, de modo que la torsión total será 2*Fr* y hará que la bobina gire en el sentido de las agujas del reloj. Esta es la base de cualquier indicador de bobina móvil.

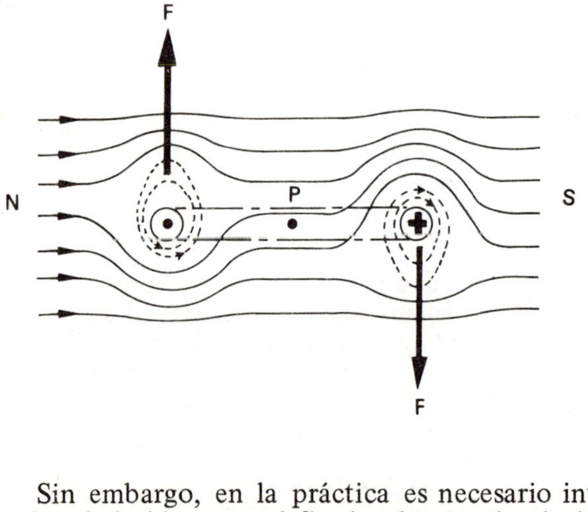

Figura 11.9.–Campo magnético alrededor de un conductor arrollado.

Sin embargo, en la práctica es necesario intensificar las fuerzas que actúan sobre la bobina con el fin de obtener desviaciones razonablemente grandes de la bobina y su elemento de indicación para valores pequeños de corriente. Esto se realiza colocando un núcleo de metal blando entre las piezas polares del imán permanente, y también aumentando el número de vueltas de la bobina.

El metal o hierro blando tiene menos reluctancia a las líneas de fuerza que el aire; por consiguiente, cuando se coloca en un campo magnético uniforme según se indica en la Fig. 11.10, las líneas de fuerza de sus alrededores son atraídas al interior del hierro y se magnetizan por inducción.

Consultando la Fig. 11.11 vemos que, dando forma cilíndrica a las piezas polares y al núcleo de hierro blando, se obtiene un campo magnético radial de mayor intensidad y uniformidad aún en el entrehierro estrecho en el que giran los lados de la bobina.

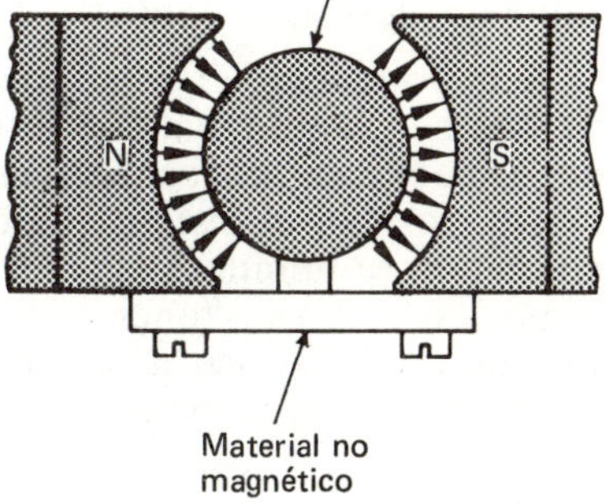

Fig. 11.11.–Efecto de un núcleo cilíndrico de metal blando.

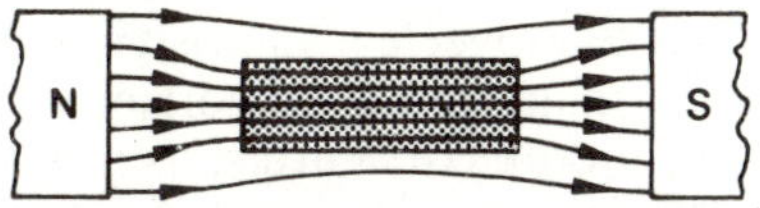

Figura 11.10.–Efecto del metal blando en un campo magnético.

En la Fig. 11.12 se muestran los de la construcción de un indicador típico de bobina móvil. El imán permanente es de una aleación especial que posee gran remanencia magnética y fuerza coercitiva, y puede tener forma circular o rectangular, y un tamaño dentro de unas tolerancias muy estrechas. A través de las piezas polares se sujeta una derivación ajustable para variar el campo en el entrehierro durante la calibración del indicador.

El núcleo de hierro blando cilíndrico y el conjunto de bobina móvil forman generalmente una sola unidad que se puede situar en el entrehierro del imán. En el ejemplo que se muestra, la unidad se sujeta atornillando una pieza de puente a las piezas polares del imán.

La bobina consta de varias vueltas de alambre fino de cobre arrollado en un conformador de aluminio rectangular, pivotado en pivotes de rubí de modo

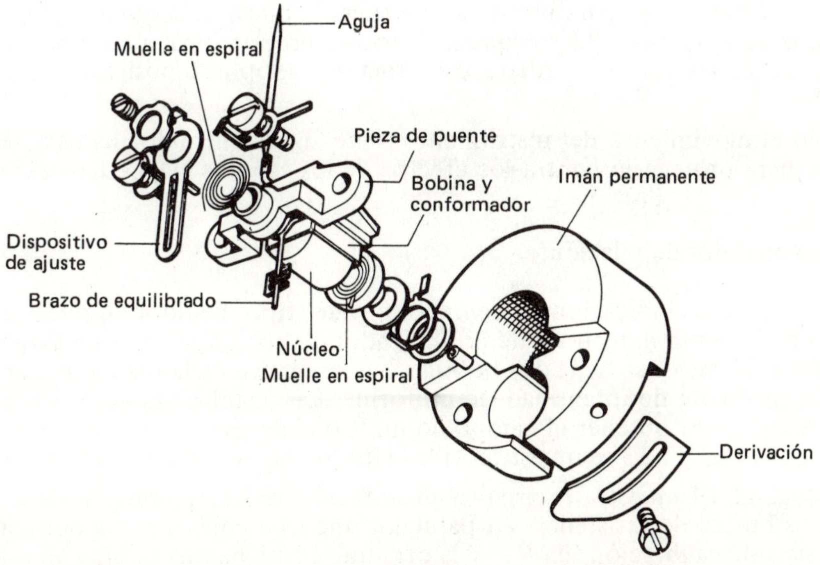

Figura 11.12.–Construcción de un indicador típico de bobina móvil.

que cuando fluya corriente a través de la bobina, la combinación de campos magnéticos establecidos alrededor de cada vuelta aumentará la fuerza requerida para desviar la bobina.

A la bobina móvil se la suministra corriente a través de dos muelles en espiral de bobina plana, cuya función principal es asegurar que corrientes de magnitudes variables produzcan desviaciones proporcionales de la bobina. En otras palabras, forman el sistema de control, una parte fundamental de cualquier instrumento de bobina móvil sin el cual la bobina se movería a su posición de máxima desviación sin tener en cuenta para nada la magnitud de la corriente, y además no volvería a su posición cero al cesar el flujo de corriente. Los muelles en espiral son de materiales que tienen bajos coeficientes de resistencia y temperatura, siendo los más comunes el bronce fosforoso y el bronce de berilio. Los efectos de las variaciones extremas de la temperatura se reducen al mínimo enrollando los muelles en direcciones opuestas de modo que actúen uno contra el otro.

El ajuste de la bobina móvil y la aguja en cero se realiza por medio de un dispositivo de ajuste similar al que se describe en el Capítulo 2 (página 31).

Como en todos los instrumentos de indicación, se necesita equilibrado mecánico del sistema móvil para asegurar un desgaste uniforme y simétrico en los pivotes y puntos de apoyo, evitando así que fuerzas desequilibradas causen errores de indicación. Esto se efectúa generalmente fijando brazos de equilibrado en el eje de soporte y proporcionándoles contrapesos ajustables o enrollando alambre alrededor y soldado a los brazos.

Un requisito fundamental en cualquier instrumento de bobina móvil es que la bobina debe adoptar su posición desviada sin oscilación y exceso de recorrido, esto es, debe ser amortiguada y *sin retroceso* en sus indicaciones. En este tipo de instrumento la amortiguación la efectúa automáticamente el conformador de aluminio en el que va arrollada la bobina. Cuando el conformador se mueve en el entrehierro, corta el flujo magnético, estableciendo así corrientes parásitas dentro de él para producir una fuerza opuesta a la que produce el movimiento de la bobina. Puesto que la fuerza es proporcional a la velocidad de la bobina móvil, ésta será retardada, de forma que adopte su posición desviada sin rebase.

Todo el movimiento del instrumento tiene lugar dentro de una caja de metal blando para protegerlo contra los efectos de los campos magnéticos exteriores.

Sistema medidor de relación

Un sistema de indicación de temperatura del tipo medidor de relación consta de un elemento detector y de un indicador de bobina móvil, que a diferencia del tipo convencional tiene dos bobinas que se mueven a la vez en un campo de imán permanente de intensidad no uniforme. Las instalaciones de las bobinas y los métodos para obtener el campo no uniforme dependen del diseño del fabricante; en la Fig. 11.13 se muestran tres métodos que se usan actualmente.

La Fig. 11.14 muestra el circuito en su forma básica; se observará que se forman dos brazos de resistencia en paralelo; uno que contiene una bobina y una resistencia de calibración fija R_1, y la otra que contiene una bobina en serie con una resistencia de calibración R_2 y el elemento detector de temperatura R_x.

Ambos brazos reciben corriente continua de la fuente de alimentación principal del avión, pero las bobinas están arrolladas de forma que la corriente circule por ellas en direcciones opuestas (véase la Fig. 11.13). Igual que en cualquier indicador de bobina móvil, la rotación del elemento medidor la producen fuerzas que son proporcionales al producto de la corriente y la intensidad del campo; la dirección de rotación depende de la dirección de la corriente con relación al campo magnético. Por consiguiente, en un medidor de relación se da la circunstancia de que la fuerza producida por una bobina tenderá siempre a girar el elemento medidor en la dirección opuesta a la fuerza producida por la segunda bobina y, además, como la intensidad del campo magnético no es uniforme, la bobina que lleve la corriente mayor se moverá siempre hacia la zona del campo más débil, y viceversa.

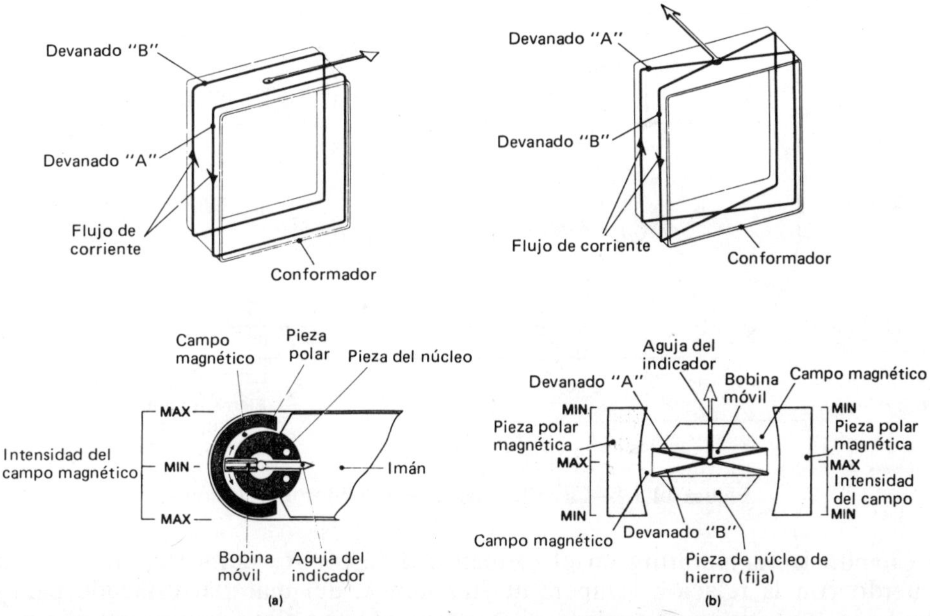

Figura 11.13.–Métodos para obtener un campo magnético no uniforme. *a*) Bobina en paralelo. *b*) Bobina transversal. *c*) Conformador doble.

Como explicación, supongamos que el circuito básico de la Fig. 11.14 emplea un instrumento que utiliza el método de devanado de bobina cruzada mostrado en la Fig. 11.13 (*b*), y que el devanado B está en el brazo de resistencia variable y el devanado A en el brazo de resistencia fija. Las resistencias de los brazos se eligen de forma que en la posición cero del instrumento las fuerzas producidas por las corrientes que circulan en cada devanado estén equilibradas. Aunque las corrientes son desiguales en este punto, y realmente en todos los demás puntos excepto la escala media, la intensidad del campo en el que están situados los devanados produce siempre el equilibrado de los pares.

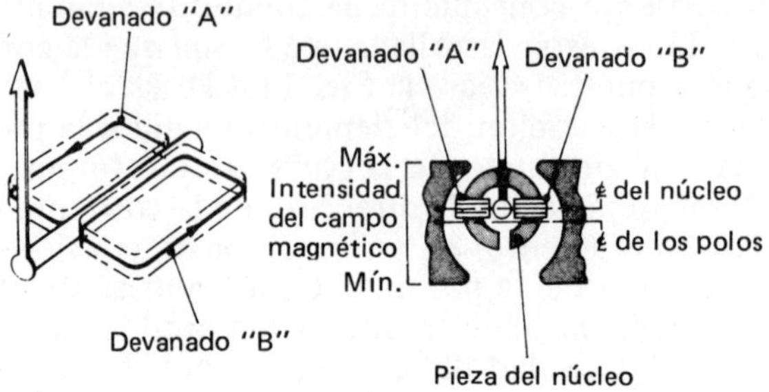

(c)

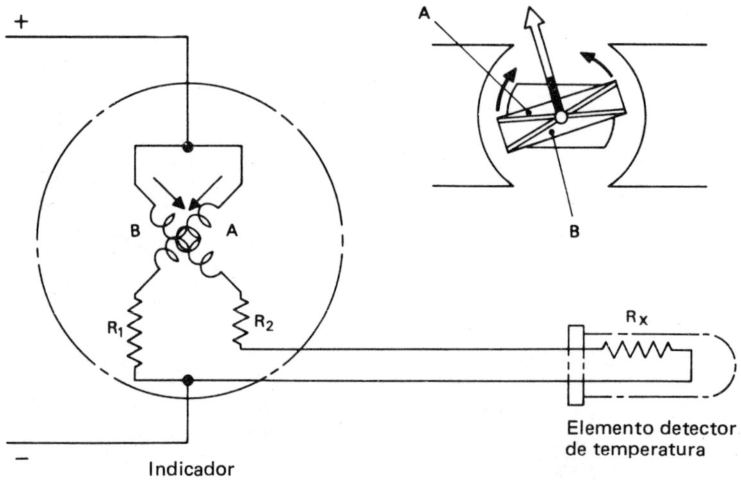

Figura 11.14.–Circuito básico del medidor de relación.

Cuando la temperatura en el elemento detector R_x aumenta, entonces, de acuerdo con la relación temperatura/resistencia del material utilizado para el elemento, su resistencia aumentará y ocasionará con ello una disminución en la corriente que circula en el devanado B y una reducción correspondiente en la fuerza creada por ella. Por consiguiente, se altera la relación de corriente y la fuerza en el devanado A hará girar el elemento medidor de forma que ambos devanados sean llevados alrededor del entrehierro; el devanado B se avanza más dentro de la parte más fuerte del campo magnético mientras el devanado A se avanza a un punto más débil. Cuando la temperatura en el elemento detector se estabiliza en su nuevo valor, las fuerzas producidas por ambos devanados se equilibrarán una vez más, en una nueva relación de corriente, y la desviación angular del elemento medidor será proporcional al cambio de temperatura.

Cuando el elemento medidor está en la posición media de su rotación, las corrientes en ambos devanados son iguales, puesto que es la única posición en la que los dos devanados pueden estar simultáneamente en la misma intensidad del campo.

En un indicador convencional de bobina móvil, el sistema de control se compone de muelles en espiral que ejercen una torsión de control proporcional a la corriente que circula por la bobina. Por consiguiente, si la corriente disminuye por un cambio de la alimentación de energía aplicada al indicador, la torsión de desviación será menor que la torsión de control de los muelles y por eso la bobina retrocederá a una posición en la que se establezca otra vez el equilibrio entre las torsiones. Por lo tanto, la aguja indicará una lectura inferior.

Sin embargo, un sistema medidor de relación no necesita muelles en espiral para ejercer una torsión de control, que es proporcionado únicamente por el devanado apropiado de la bobina y las instalaciones de campos no uniformes. Si se producen variaciones en la alimentación de energía, éstas afectarán a ambas bobinas igualmente, de forma que la relación de las corrientes que circulan en las bobinas sigue siendo la misma y sus tendencias a moverse a posiciones de intensidad de campo diferente se equilibran.

En las utilizaciones prácticas del sistema medidor de relación se emplea en realidad un muelle, y por eso a primera vista esto puede parecer que anula todo el objeto del principio del medidor de relación. Sin embargo, es esencial que el conformador de bobina móvil y la aguja adopten una posición fuera de escala cuando se desconecta la alimentación de energía; ésta es la única función del muelle. Puesto que ejerce una torsión muchísimo menor que un muelle de control de indicador de bobina móvil convencional, sus efectos sobre el sistema de control del medidor de relación y la exactitud de indicación, en los cambios de alimentación de energía encontrados normalmente, son muy poco importantes.

La energía de las señales de salida de los elementos detectores de temperatura tipo resistencia es muy limitada, por lo que es necesario que la construcción de los mecanismos de bobina móvil de los indicadores sea delicada, con el fin de proporcionar la exactitud y respuesta necesarias. No obstante, para algunos usos, puede ser necesario que los indicadores funcionen en condiciones ambientales extremas, lo que puede exigir un mecanismo más fuerte. Por consiguiente, se han introducido indicadores que emplean una bobina móvil activada; la indicación de uno de éstos servía una doble función, según puede verse en la figura 11.15. La señal de baja salida de energía del elemento detector de temperatura se suministra a circuitos procesadores de señales discretas dentro del indicador, los cuales amplifican la salida para situar la bobina móvil del indicador inferior en la forma convencional.

Figura 11.15.–Indicador de bobina móvil activado.

TERMOMETROS TERMOELECTRICOS

Los termómetros termoeléctricos juegan un papel importante en la supervisión de la integridad estructural de los componentes vitales de los motores de émbolo enfriados por aire y de los motores de turbina cuando funcionan a altas temperaturas. En los primeros, los componentes a que nos referimos son los cilindros, mientras que en los segundos son los rotores de la turbina y los álabes. Los sistemas constan básicamente de un elemento detector de termopar que, según el uso, está sujeto a la culata de cilindros de un motor o expuesto a los gases de escape de la turbina, y a un indicador de bobina móvil conectado al elemento detector por cables especiales.

Principio de termopar

Los instrumentos termoeléctricos medidores de temperatura dependen para su funcionamiento de la energía eléctrica producida por la conversión directa de la energía térmica en la fuente medidora. Por consiguiente, a diferencia de los termómetros de resistencia, son independientes de cualquier alimentación eléctrica exterior.

Esta forma de conversión de energía, conocida como el *efecto Seebeck*, fue demostrada primero por Seebeck en 1971, cuando descubrió que cogiendo dos alambres de metales diferentes y uniéndolos en sus extremos, de modo que se formasen dos uniones independientes, A y B como en la Fig. 11.16, se producía una fuerza termoelectromotriz cuando las uniones se mantenían a temperaturas diferentes, haciendo que circulara corriente alrededor del circuito.

La instalación de dos hilos de metal diferente unidos a esta forma se llamó *termopar*; la unión a la temperatura más alta se denomina convencionalmente unión caliente o de medición, y a la de temperatura más baja unión fría o de referencia. (En la práctica, la unión caliente es una unidad independiente para detectar la temperatura, y se considera generalmente como el propio termopar.)

Los experimentos que siguieron al descubrimiento de Seebeck demostraron la existencia de otros dos efectos.

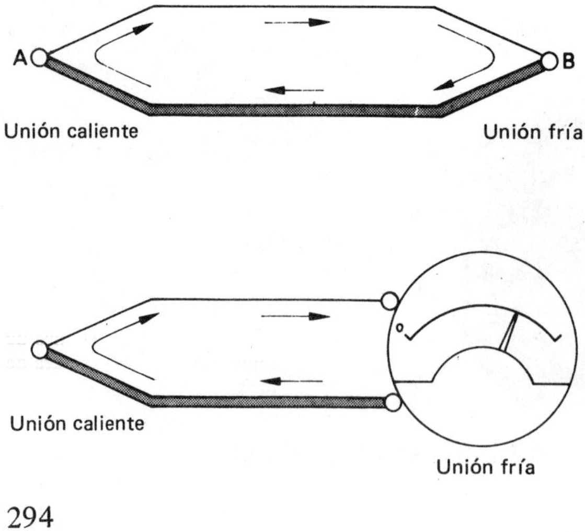

Figura 11.16.–Principio del termopar.

Cuando circula una corriente eléctrica por la unión de dos sustancias diferentes, el calor es absorbido o liberado en la unión, dependiendo de la dirección de la corriente. A esto se le conoce como *efecto Peltier*. En un circuito en el que el único voltaje generado es una fuerza termoelectromotriz, la corriente circula por una unión calentada en cierta dirección. Si, en vez de suministrar calor al sistema, se introduce una pila eléctrica en el circuito, de tal polaridad que se arrastre una corriente en la misma dirección que la termocorriente, la unión que se calentó anteriormente se enfriará, y la unión que se mantuvo anteriormente a una temperatura constante, se calentará.

Lord Kelvin (cuando era Sir William Thomson) descubrió que en un monoconductor homogéneo se producían efectos similares a los efectos Seebeck y Peltier: si dos partes de un conductor están a temperaturas diferentes, se genera una fuerza electromotriz; cuando fluye corriente de una parte del conductor a otra que esté a una temperatura diferente, se puede absorber o liberar calor. Estos fenómenos son aspectos diferentes de un *efecto Thomson* simple.

Materiales y combinaciones de termopares

Los materiales seleccionados para su uso como elementos detectores termoeléctricos se clasifican en dos grupos principales, *metal no noble* y *metal noble*, y se enumeran en la Tabla 11.1. La elección de un termopar particular viene dictada por la temperatura máxima que es probable encontrar durante el servicio. Los termopares que se han de utilizar en los aviones quedan limitados a los del grupo de metales comunes o no nobles.

Tabla 11.1.–Combinaciones de termopares.

Grupo	*Metales y composición*		*Temperatura máxima*	*Utilización*
	Hilo positivo	*Hilo negativo*	*°C (continua)*	
Metal base	Cobre (Cu)	Constantan Ni, 40%; Cu, 60%)	400	Medición de la temperatura de la culata de cilindros
	Hierro (Fe)	Constantan Ni, 40%; Cu, 60%)	850	
	Cromel (Ni, 90%; Cr, 10%)	Alumel (Ni, 90%; Al, 2% + Si + Mn)	1.100	Medición de la temperatura de los gases de escape
Metal raro	Platino (Pt)	Rodio-Platino (Rh, 13%; Pt, 87%)	1.400	No se utilizan los sistemas de indicación de temperatura de los aviones

Cr, cromo; Ni, níquel; Al, aluminio; Si, silicio; Mn, manganeso.

Para utilizar el principio termoeléctrico para medir la temperatura, se necesita evidentemente medir las fuerzas electromotrices generadas a las diversas temperaturas. Esto se hace conectando un milivoltímetro de bobina móvil, calibrado en grados Celsius, en serie con los circuitos, de modo que forme la unión fría. La introducción del instrumento en el circuito implica la presencia de uniones adicionales que producen sus propias fuerzas electromotrices e introducen errores en la medición. Sin embargo, cuando se diseñan circuitos prácticos de termopares, se tienen en cuenta estos efectos, con el fin de eliminar cualquier error que resulte de las "fuerzas electromotrices parásitas", como se las denomina.

En la Fig. 11.17 pueden verse las presentaciones en esferas de indicadores típicos. La marca SET (ajuste) en la esfera del indicador de temperatura de los gases de escape indica la temperatura a la que se sitúa la aguja durante el procedimiento de ajuste realizado después de la instalación.

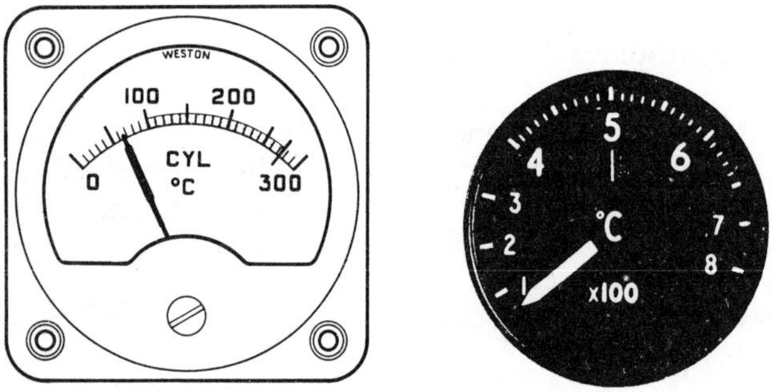

(a) (b)

Figura 11.17.–Presentaciones dobles de los indicadores de temperatura termoeléctricos (bobina móvil). *a*) Indicador de temperatura de la culata de cilindros del motor. *b*) Indicador de temperatura de los gases del motor de turbina.

Tipos de termopar

Los termopares empleados en los sistemas termoeléctricos de indicación de los aviones son de dos tipos básicos: (i) *contacto superficial* y (ii) *inmersión*. En las Figs. 11.18(*a*) y (*b*) se muestran ejemplos típicos.

El tipo de contacto superficial está diseñado para medir la temperatura de un componente sólido y se usa como el elemento detector de temperatura de los sistemas de indicación de temperatura de la culata de cilindros del motor enfriado por aire. El elemento de cobre/constantan o hierro/constantan puede tener la forma de un "zapato" sujeto por pernos en buen contacto térmico con una culata de cilindros representante de la más alta temperatura, o la forma de una arandela sujeta por pernos entre la culata de cilindros y una bujía.

El termopar tipo inmersión está diseñado para medir gases y, por consiguiente, se utiliza como el elemento detector de los sistemas de indicación de temperatura de los gases de los motores de turbina. La unión caliente de cromel/alumel y los hilos suelen estar encerrados en aislamiento de cerámica dentro de una funda protectora metálica (casi siempre Inconel), formando el conjunto completo una sonda que se puede sumergir en la corriente de gases en los puntos seleccionados para medir.

Entre las técnicas para montar los elementos de termopares se encuentra la cobresoldadura por vacío, la cobresoldadura por corriente inducida y argón y la técnica de soldadura por electrohaz.

Los termopares tipo inmersión se clasifican además como de *remanso* y como de *respuesta rápida*, dependiendo su uso de la velocidad de los gases de escape del motor. En los motores reactores puros, las velocidades de los gases son altas, y por eso se utilizan en ellos los termopares de remanso. La razón de su empleo se verá clara consultando la Fig. 11.18(*c*), que muestra que los orificios de entrada y salida de gases, llamados generalmente orificios de muestreo, están escalonados y son de tamaño desigual, reduciendo así la velocidad de los gases y haciéndolos detenerse en la unión caliente, dando así tiempo a que respondan a los cambios de temperatura de los gases.

Los termopares de respuesta rápida se emplean en los motores turborreactores, puesto que las velocidades de sus gases de escape son menores que las de los

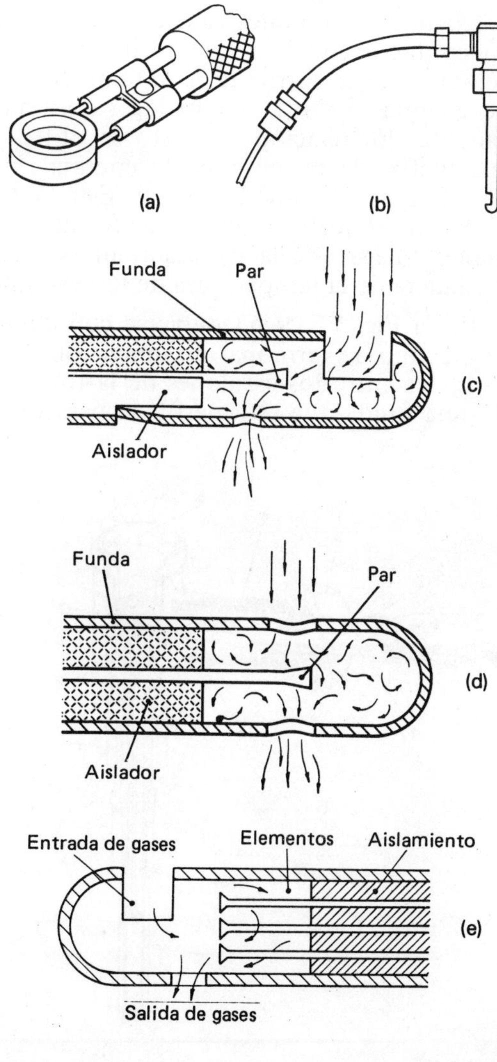

Figura 11.18.–Tipos de sondas de termopares. *a*) Contacto superficial. *b*) Inmersión. *c*) Remanso. *d*) Respuesta rápida. *e*) sonda de elemento triple.

reactores puros. Como puede verse en la Fig. 11.18(*d*), los orificios de muestreo están diametralmente opuestos y son del mismo tamaño; por consiguiente, los gases pueden circular directamente sobre la unión caliente, por lo que ésta puede responder con mayor rapidez. Los tiempos normales de respuesta para los termopares de remanso y respuesta rápida con 1 a 2 segundos y 0,5 a 1 segundo, respectivamente.

Las sondas de termopares están también diseñadas para contener doble, triple y en algunos casos, hasta ocho elementos de termopar dentro de una sola sonda. En la Fig. 11.18(*e*) se muestra una instalación de elemento triple. El objeto de tal variedad de instalaciones es proporcionar señales adicionales de temperatura para los sistemas de motores que utilicen instalaciones separadas, tales como control de la temperatura de los gases de escape (véase la pág 363) y análisis de combustión del motor. El aislamiento de los elementos de termopar se realiza con óxido de magnesio compactado (MgO), que también sirve para mantener los elementos en su posición.

Cuando las uniones calientes de los termopares del tipo de inmersión están en contacto con la corriente de gases, es evidente que no sólo se reducirá la velocidad de la corriente, sino también que el gas se comprimirá por el consumo de energía cinética, dando lugar a un aumento de la temperatura de la unión caliente. En relación con esto se utiliza el término *factor de recuperación*, el cual define la proporción de energía cinética del gas recuperada cuando hace contacto con la unión caliente. Este factor, por supuesto, se tiene en cuenta en el diseño de los termopares, de forma que la "termotransferencia", como la llamamos, haga que la lectura final esté lo más cerca posible de una indicación verdadera de la temperatura de los gases de escape.

En la Fig. 11.19 puede verse con detalle la forma en que está construido un tercer tipo de termopar de inmersión diseñado para medir las temperaturas de los gases entre los escalones de la turbina. La unión caliente va alojada dentro de una funda que está perfilada para que forme el borde de ataque de un álabe

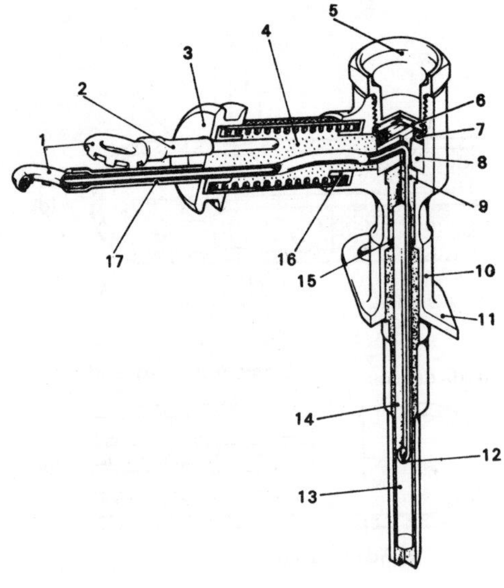

Figura 11.19.–Sonda de termopar de los álabes guía de tobera. 1.–Terminales. 2.–Conductor de níquel-aluminio. 3.–Casquete. 4.–Filtro de silicona. 5.–Tapón. 6.–Arandelas de mica. 7.–Abrazadera superior de cerámica. 8.–Abrazadera inferior de cerámica. 9.–Junta de cristal. 10.–Cuerpo. 11.–Pestaña de montaje. 12.–Unión del par. 13.–Sonda. 14.–Aislador de cerámica. 15.–Arandela. 16.–Casquillo. 17.–Conductor de níquel-cromo.

guía de estator, y por esta razón el conjunto recibe generalmente el nombre de termopar de *álabe guía de tobera.*

Los gases circulan sobre la unión caliente que está situada entre los orificios de muestreo, de igual diámetro que en un termopar de respuesta rápida. Sin embargo, a diferencia del último, los termopares de álabes guía de tobera no presentan las mismas características, porque los orificios de muestreo tienen un diámetro mucho más pequeño y, además, la masa de la funda y su proximidad el álabe guía hacen que la respuesta del par sea más lenta.

En algunos tipos de motor de turbina se necesita detectar la temperatura del aire que circula internamente para enfriar el motor. El sensor de temperatura en este caso es también un elemento de termopar de cromel/alumel, pero dispuesto de forma que se le pueda situar sobre un orificio de ventilación, y entre un resalto de montaje en el motor y un interruptor detector de sobrecalor. En la Fig. 11.20 se facilita un ejemplo de un sensor.

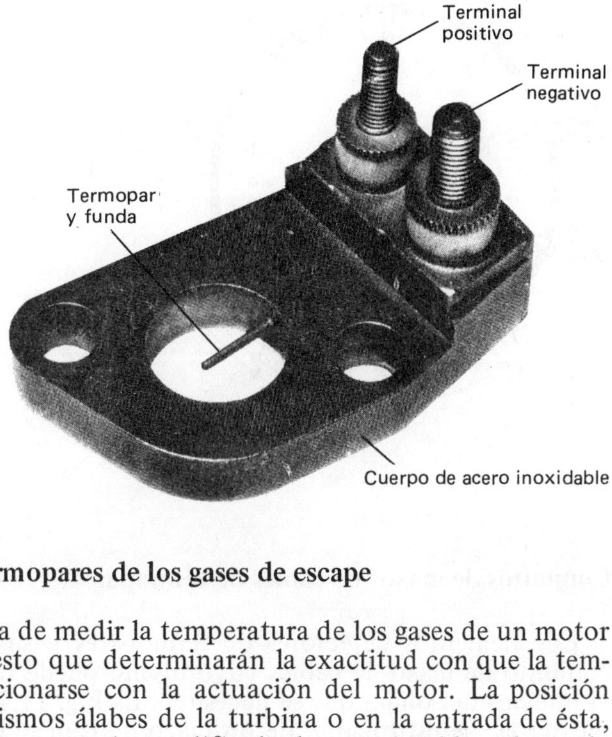

Figura 11.20.–Sonda de detección de temperatura del aire de refrigeración.

Situación de las sondas de termopares de los gases de escape

Los puntos en los que se ha de medir la temperatura de los gases de un motor tienen gran importancia, puesto que determinarán la exactitud con que la temperatura medida puede relacionarse con la actuación del motor. La posición ideal para medir es en los mismos álabes de la turbina o en la entrada de ésta, pero en la práctica se tropieza con ciertas dificultades que impiden el uso de termopares en tales lugares (véase también la pág. 308). En consecuencia, las sondas de termopares están situadas generalmente en el escape, o tubo de chorro, y entre los escalones de la turbina en una de las posiciones de los estatores. En estos lugares las temperaturas son mucho más bajas, pero están relacionadas muy estrechamente con las de la entrada de la turbina.

Para obtener una medición exacta es necesario muestrear las temperaturas en varios puntos distribuidos de forma equidistante en una sección transversal del flujo de gases. Esto se debe a que pueden existir diferencias de temperatura en varias zonas o capas del flujo a través de la turbina y la unidad de escape y por eso la medición en un punto solamente no reflejaría verdaderamente las condiciones predominantes.

Por consiguiente, el sistema de medición consta siempre de un grupo de cinco o más sondas de termopares dispuestas adecuadamente en el flujo de gases, y conectadas en paralelo de forma que midan una buena condición de temperatura media (véase la Fig. 11.21). Los termopares de álabes guía de la tobera están instalados en pares de sondas de largo y corto alcance, denominadas de acuerdo con la extensión que alcanzan las uniones calientes y los orificios de muestreo de gases en la corriente de éstos.

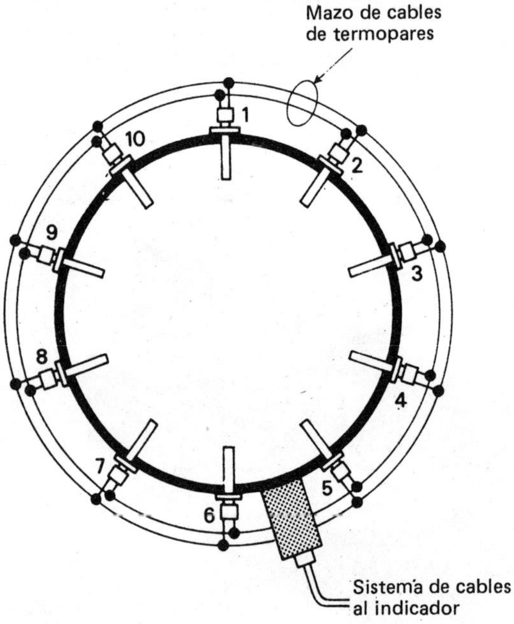

Figura 11.21.–Disposición de las sondas de termopares de los gases de escape.

Conjuntos de mazos de cables de termopares

Los elementos detectores de termopares y sus cables están reunidos en un conjunto de mazo de cables cuyo diseño puede variar según el tipo de motor y el número de sondas que se necesiten. La Fig. 11.22 sólo intenta servir de ejemplo de la "constitución" de un mazo de cables. En este caso, cada una de las cinco sondas contiene dos elementos de termopar; uno para indicación de temperatura y el otro para un circuito de control de temperatura. Aunque en algunos motores, las sondas y las cajas de conexiones de los cables de los termopares pueden diseñarse como elementos separados, las sondas del ejemplo que se comenta están soldadas a cajas de conexiones de acero inoxidable, formando así elementos únicos. Los cables de los termopares conectados en paralelo pasan por conductos de Inconel que están soldados también a manguitos de empalme en las cajas de conexiones. Los cables terminan en una conexión principal, o caja de "toma", a la que van conectados los cables del resto de los circuitos. La forma dada a los conductos proporciona la flexibilidad suficiente

Figura 11.22.–Mazo de cables de termopares.

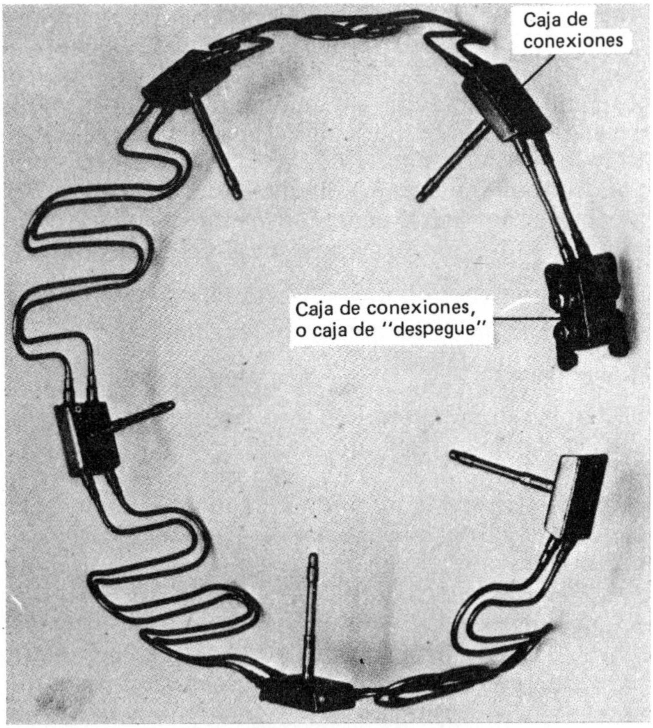

para que puedan hacerse un gran número de desmontajes y reposiciones de mazos de cables.

En la Fig. 11.23 se muestra otro tipo de mazo de cables, conocido como conjunto de cubo, diseñado para medir la temperatura de los gases de escape. Las sondas de termopares salen del cubo, y puesto que los cuerpos de cada sonda

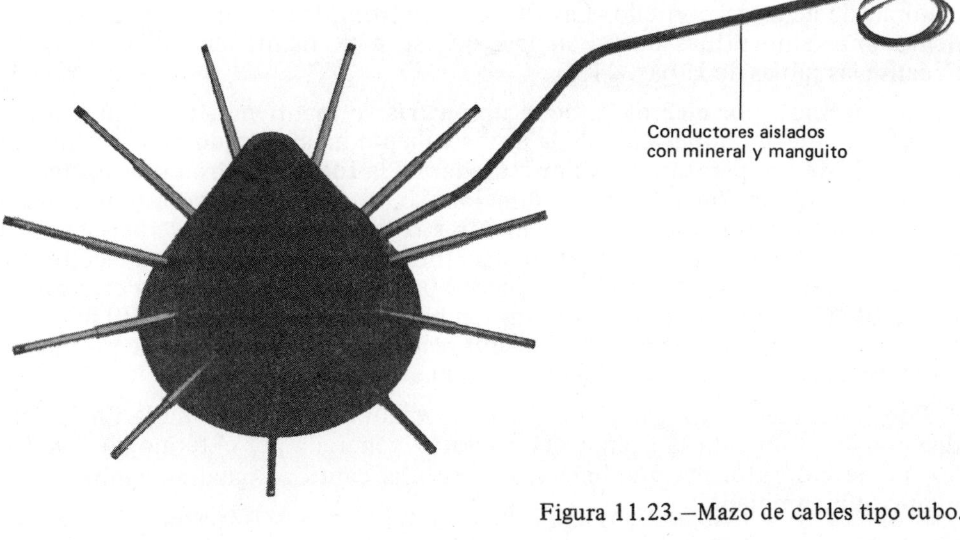

Figura 11.23.–Mazo de cables tipo cubo.

están cobresoldados a alta temperatura a la periferia del cubo, el conjunto es sólido. Los cables de los termopares están conectados a anillos del mismo material que los termopares, esto es, cables de cromel a un anillo de cromel, y cables de alumel a un anillo de alumel. Los anillos están situados dentro del cubo y aislados entre sí, y del cubo, por molduras de cerámica. El cubo está empaquetado también con polvo de óxido de magnesio para dar apoyo a los cables, y para proporcionar más aislamiento eléctrico. La conexión del mazo de cables al resto del circuito se hace por medio de hilos conductores aislados con material mineral y una caja de "toma" montada independientemente.

Compensación de temperatura de la unión fría

Como ya hemos visto, el indicador de un sistema termoeléctrico medidor de temperatura forma la unión fría del sistema, y la fuerza electromotriz producida depende de la diferencia entre la temperatura de esta unión y la de la caliente. Por tanto, es evidente que si la temperatura ambiente del indicador cambia mientras la de la unión caliente permanece constante, se producirá un cambio en la fuerza electromotriz que hace que el indicador marque una temperatura diferente.

Al aplicar este principio a la medición de temperaturas de los motores de aviación, tales diferencias de temperatura constituyen errores de indicación que no pueden tolerarse, puesto que es fundamental que las lecturas indicadas representen únicamente las condiciones de temperatura en la unión caliente. Para obtener tales lecturas es necesario disponer de indicadores con un dispositivo que detecte los cambios de la temperatura ambiente y compensen los posibles errores; tal disposición recibe el nombre de *compensador de unión fría*. Antes de entrar en los detalles mecánicos y de funcionamiento de un compensador, es conveniente considerar primero cómo se originan realmente los cambios en la fuerza electromotriz.

Las diversas combinaciones de materiales de termopares especificadas para su uso en los aviones se ajustan a las relaciones estándar temperatura/fuerza electromotriz; los indicadores empleados en conjunción con estas combinaciones se calibran de acuerdo con ello. Las fuerzas electromotrices obtenidas corresponden a una temperatura de unión fría que se suele mantener a 0 °C ó 20 °C. (Véanse las tablas de la pág. 413.)

Supongamos, por ejemplo, que la unión fría se mantiene a una temperatura de 0 °C y que la temperatura de la unión caliente ha alcanzado 500 °C. En esta diferencia de temperatura un valor estándar de la fuerza electromotriz generada por una combinación de cromo/alumel es 20,64 mV. Si ahora la temperatura en la unión fría aumenta a 20 °C mientras la de la unión caliente permanece a 500 °C, la diferencia de temperatura disminuye a 480 °C y la fuerza electromotriz equivalente a esta diferencia es ahora 20,64 mV menos la fuerza electromotriz a 20 °C; como valor estándar esta temperatura corresponde a 0,79 mV. Por lo tanto, el elemento móvil del indicador responderá a una fuerza electromotriz de 19,85 mV y "desciende en la escala" a una lectura de 480 °C.

Por consiguiente, un cambio de la temperatura ambiente y de la unión fría disminuye o aumenta la fuerza electromotriz generada por el termopar, haciendo que el indicador marque bajo o alto en una cantidad igual al cambio de la temperatura ambiente.

El método que se suele adoptar para compensar estos efectos en los indicadores de bobina móvil es muy simple y es, en realidad, una adaptación del principio de tira bimetálica descrito en la pág. 33. Sin embargo, para este fin, las tiras de metales diferentes están sujetas juntas y enrolladas en forma de un muelle en espiral plano. Uno de los extremos del muelle va sujeto a un soporte que forma parte del soporte del elemento móvil, mientras que el otro extremo (el libre) está conectado por un herrete de sujeción al extremo exterior de uno de los muelles en espiral de control, formando así el punto fijo para dicho muelle. En la Fig. 11.24 se muestra una instalación típica.

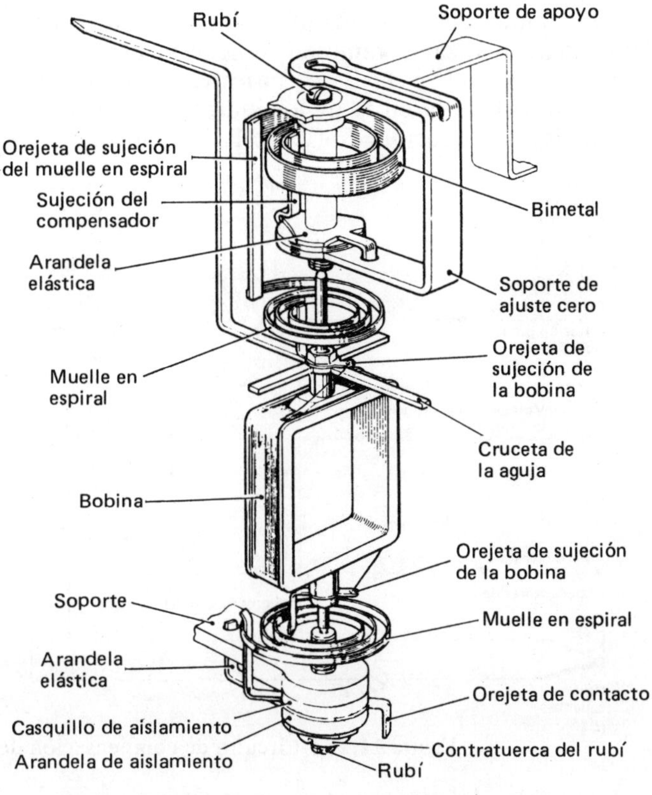

Figura 11.24.– Utilización del compensador de unión fría tipo bimetálico.

Cuando el indicador está en circuito abierto, esto es, desconectado del sistema de termopares, el muelle responde a los cambios de temperatura ambiente en el indicador. Un aumento de temperatura hace que el muelle se desenrosque de modo que su extremo libre mueva el muelle en espiral y el elemento móvil para que indique el aumento de temperatura. Por el contrario, una disminución de temperatura enrollará el muelle del compensador de forma que el elemento móvil indicará la temperatura inferior. Por consiguiente, un indicador desconectado de su fuente de fuerza electromotriz funciona como un termómetro bimetálico de lectura directa.

Con el sistema de termopares conectado al indicador se completa el circuito; y si las dos uniones tienen las temperaturas citadas anteriormente, esto es, 0 °C y 500 °C, la fuerza electromotriz situará el elemento móvil de forma que marque 500 °C. Si la temperatura en el indicador aumenta a 20 °C, entonces, como ya se ha visto, se reduce la fuerza electromotriz, pero la tendencia que tiene el elemento móvil a moverse a la parte baja de la escala tiene ahora la oposición directa del muelle de compensación cuando se desenrolla con el cambio de temperatura a 20 °C. Por consiguiente, el indicador sigue leyendo 500 °C, la temperatura verdadera de la unión caliente.

Método eléctrico de compensación

La compensación de los efectos de los cambios de temperatura de la unión fría puede realizarse también aplicando el principio de un circuito de puente eléctrico. En la Fig. 11.25 se muestra en forma muy simplificada la instalación del circuito basada en la de los indicadores de temperatura de los gases de escape del tipo servoaccionado (véase la pág. 306).

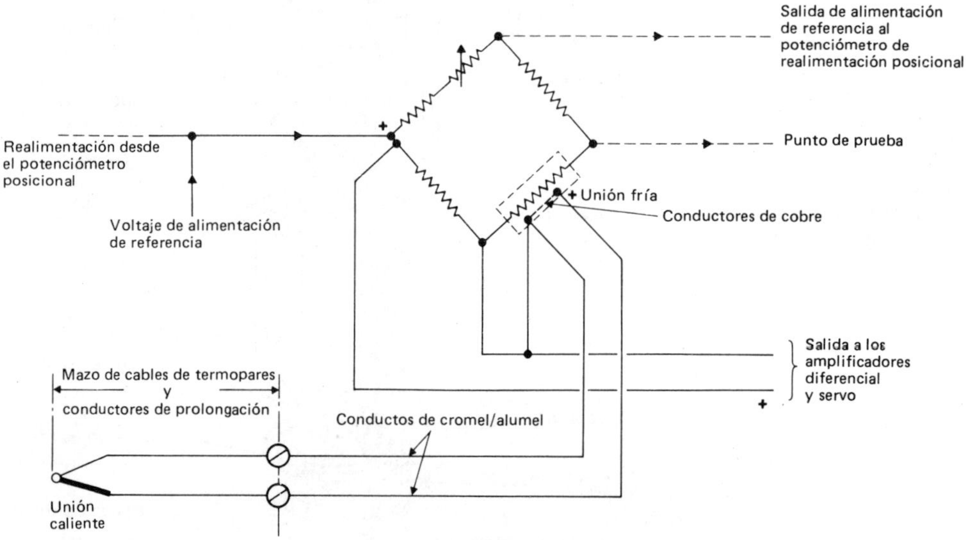

Figura 11.25.–Circuito de compensación de unión fría.

Los cables del mazo de termopar están conectados a los del mismo metal que el termopar y van dentro del módulo del circuito de compensación. Los cables del módulo están conectados individualmente a los cables de cobre que van metidos muy próximos unos a otros en el conformador que soporta la resistencia de bobina de cobre R_4; por tanto, juntos forman la unión fría eficaz del sistema. El circuito de puente recibe corriente continua a 7 voltios de un módulo de alimentación de referencia estabilizada dentro del indicador; la salida del puente se suministra al elemento de indicación del indicador vía un servoamplificador.

Como ya se citó anteriormente, los valores estándar de la fuerza electromotriz producida por un termopar están relacionados con el valor selectado de la temperatura de la unión fría. En este caso, el circuito de puente se ajusta por medio de una resistencia variable (RV_1) de forma que se inyecte una fuerza electromotriz del sentido y la magnitud correctos en serie con las del termopar, de modo que, combinados, la fuerza electromotriz sea igual a la que se obtendría si la temperatura de la unión fría fuese 0 °C. Puesto que la temperatura ambiente del indicador y, por consiguiente, la unión fría, estará en el medio ambiente de operación normal y siempre será más alta que ésta, la diferencia de temperatura dará lugar a una reducción de la salida del termopar (véase la página 302). Sin embargo, la resistencia R_1 estará también sometida a la temperatura ambiente más alta, pero debido a que bajo tales condiciones la resistencia R_1 disminuye, modificará las condiciones del circuito de puente de forma que se restablezca la salida de fuerzas electromotrices combinadas al valor estándar correspondiente a una temperatura de unión fría de 0 °C. La salida se conoce como la señal de temperatura de los gases de escape de demanda y se suministra al elemento de indicación del indicador de la forma descrita en la pág. 306.

Compensación de los cambios de resistencia de la bobina móvil

Los cambios de fuerza electromotriz del termopar comentados hasta ahora no son, desgraciadamente, el único efecto producido por los cambios de temperatura ambiente en el indicador. Un segundo efecto que precisa compensación es el cambio de resistencia de la misma bobina móvil. La forma en que se realiza depende del diseño particular, pero los dos métodos que se utilizan con más asiduidad son la derivación termomagnética y la termorresistencia, descritas en el Capítulo 2.

Circuito exterior y resistencia

El circuito exterior de un sistema de indicación termoeléctrico consta del termopar y sus cables y de los cables de la caja de conexiones en el mamparo del motor a los terminales del indicador. Por consiguiente, bajo este punto de vista, podría considerarse como un sistema eléctrico sencillo y total de instrumentos. Sin embargo, mientras que el último puede conectarse por medio de los cables de cobre apropiados o el cable normalmente utilizado en el avión, en un sistema termoeléctrico esto no puede hacerse así.

Esto puede explicarse tomando el caso de un termopar de cobre/constantan que se ha de conectar a un indicador de temperatura de la culata de cilindros. Si se conecta un cable normal de dos conductores de cobre a la caja de terminales del termopar, uno de los conductores de cobre se unirá al del mismo material en el termopar, pero el otro se unirá al conductor de constantan. Por tanto, es evidente que la unión de dos metales diferentes introduce otra unión caliente efectiva que responderá a los cambios de temperatura que se produzcan en la caja de conexiones, y que al desequilibrar la relación temperatura/fuerza electromotriz hará que las lecturas del indicador sean erróneas. Análogamente, todas las conexiones que puedan necesitarse para llevar los conductores o cables por el avión y las conexiones en el indicador crearán más uniones calientes y agravarán, por tanto, los errores del indicador.

Para eliminar estas uniones calientes, se suelen utilizar conductores de los mismos materiales que el termopar, que reciben el nombre de *conductores de prolongación*. Algunas veces se recurre también a la utilización de materiales de termopar que tengan características termoeléctricas combinadas similares; por ejemplo, un termopar de cromel/alumel se puede unir a su indicador por conductores de cobre/constantan, conocidos como *conductores de compensación*. Estos no sólo compensan los efectos parásitos, sino que reducen también el coste, puesto que el cromel-alumel es caro.

Las uniones calientes adicionales en el indicador se eliminan haciendo el terminal positivo de cobre o latón, y el negativo de constantan. Esta disposición se emplea en los indicadores que se usan con las diversas combinaciones de termopar.

Otro factor importante relacionado con el circuito exterior es su resistencia, que no sólo debe mantenerse baja sino también constante para una instalación particular. Los indicadores están calibrados normalmente para usarlos con una resistencia de circuito exterior de 8 Ω o de 25 Ω y sus esferas están graduadas en concordancia. El termopar, los conductores y el mazo de cables son trozos de baja resistencia fija, y en los rotores de turbina forman partes componentes del motor. Análogamente, los conductores de prolongación o compensación deben ser también de trozos y de resistencia uniforme para adaptarse a las diferentes distancias entre la caja de conexiones del termopar y las instalaciones del indicador.

La resistencia total del circuito exterior puede ajustarse al valor para el que se han calibrado los instrumentos asociados conectando en serie un carrete de resistencia reguladora con uno de los conductores de prolongación o compensación. El material utilizado para el carrete puede ser Eureka o Manganin, los cuales tienen coeficientes negativos de resistencia a la temperatura. Desde luego, la inclusión del carrete en el circuito introduce otra unión; el material del carrete y de los conductores es el que determina si debe estar en el conductor positivo o en el negativo. Por ejemplo, si se ha de utilizar un carrete de Eureka en un sistema de termopar de cobre/constantan, debe conectarse en el conductor de constantan o negativo, mientras que un carrete de Manganin debe conectarse en el conductor de cobre o positivo, con el fin de tener un efecto termoeléctrico insignificante. En un sistema de cromel/alumel, se suele emplear el Manganin, y en este circuito el efecto termoeléctrico insignificante se obtiene conectándolo en el conductor de cromel o positivo.

Es posible que la resistencia de los conductores de prolongación cambie con las variaciones de temperatura, pero como la mayor parte de la resistencia total del circuito está dentro del indicador, los métodos de compensación descritos anteriormente también pueden ser eficaces para compensar los cambios de resistencia del circuto exterior.

Sistemas de indicación servoaccionados

En algunos usos del método termoeléctrico de indicación de temperatura, los indicadores pueden ser del tipo basado en lo ya descrito en la pág. 263, esto es, pueden funcionar según los principios de servocontrol en oposición al principio convencional de bobina móvil. En la Fig. 11.26 puede verse la instalación del circuito, y como puede observarse, la salida del termopar se suministra a un módulo procesador de señales que consta principalmente de un circuito de referencia de unión fría y un amplificador de señales de error. El circuito de refe-

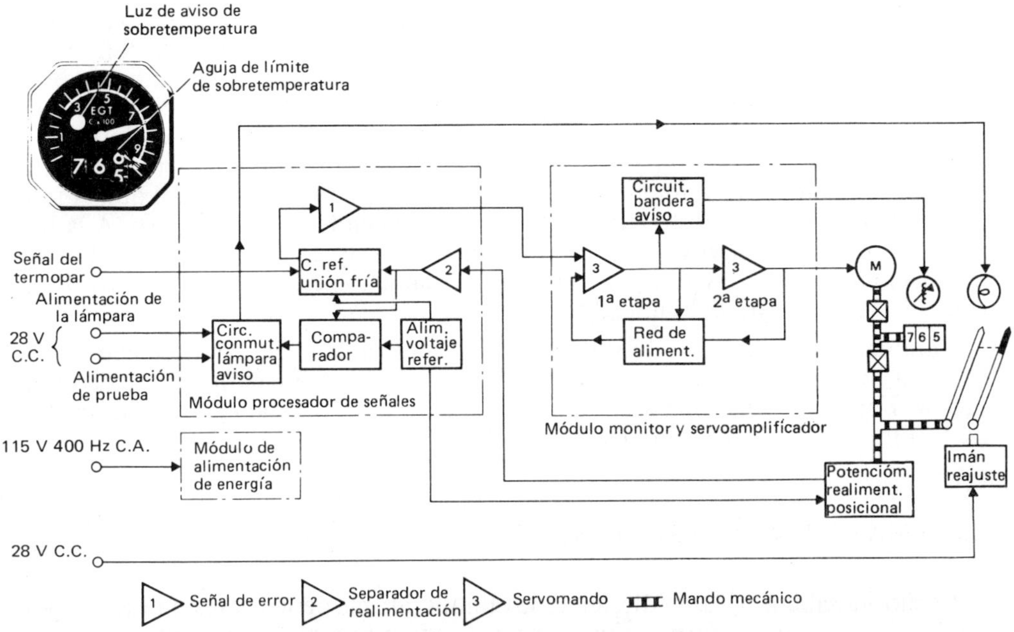

Figura 11.26.–Indicador servoaccionado.

rencia de unión fría (véase también la Fig. 11.25) compensa los cambios de la temperatura ambiente del indicador y ajusta automáticamente la salida del termopar para producir una señal de temperatura de demanda calculada de los gases de escape. Esta se compara entonces con la salida de corriente continua procedente del cursor de un potenciómetro de realimentación posicional, y, puesto que el cursor está engranado a la aguja principal y al contador digital del indicador, la salida de corriente continua que es realimentada al circuito de referencia de unión fría representa la temperatura indicada de los gases de escape. Cualquier diferencia entre las temperaturas calculada e indicada da lugar a que el circuito de referencia de la unión fría produzca una señal de error y que la suministre después a un servoamplificador. La salida del servoamplificador se envía al devanado del inducido del servomotor de corriente continua el cual activa entonces la aguja del indicador y los contadores digitales para que presenten una indicación aproximada y precisa de la temperatura de los gases de escape. El cursor del potenciómetro de realimentación posicional también se reposiciona para proporcionar un voltaje de realimentación que reduzca la señal de temperatura demandada hasta que la señal de error sea cero; en este punto el indicador presentará entonces la temperatura demandada.

El voltaje de salida de una etapa del servoamplificador se envía también a un monitor de servocircuito o servolazo, cuya finalidad es detectar cualquier fallo del servocircuito en la reducción del voltaje de la señal de error. Si se produce tal fallo, el monitor funciona como si fuese un interruptor de "conexión-desconexión", y en "desconexión" desactiva una bandera de aviso controlada por solenoide que aparece en la presentación del contador digital. La bandera también aparecerá si la alimentación de 115 voltios de corriente alterna al indicador cae por debajo de 100 voltios.

El indicador lleva una luz de aviso de sobretemperatura que es controlada por un relé, un comparador y un circuito de conmutación de estado sólido. La función del comparador consiste en comparar el voltaje de realimentación procedente del potenciómetro posicional con un voltaje preajustado cuyo nivel es equivalente a un límite de sobretemperatura predeterminado para el tipo particular de motor. Si se sobrepasa este límite, el voltaje de realimentación rebasará el nivel del voltaje de referencia, y el circuito de conmutación hará que el relé se active, cerrando con esto sus contactos para encender la luz de aviso. A la luz puede conectarse un voltaje de alimentación independiente por medio de una instalación de "prioridad", para probar su filamento en cualquier punto de la gama de temperatura del indicador.

También hay una aguja de sobretemperatura instalada concéntricamente con la aguja principal, la cual se sitúa inicialmente en la graduación apropiada de la escala. Funciona de forma análoga a la aguja de sobrevelocidad de un indicador de tacómetro servoaccionado (véase la pág. 264).

SISTEMA DE PIROMETRO DE RADIACION

Como ya sabemos, la medición de las temperaturas de los gases de escape por medio de termopares proporciona una indicación bastante representativa de las condiciones predominantes en una turbina, pero el rendimiento variable de un conjunto de compresor/turbina y el envejecimiento de los termopares pueden ocasionar errores. El resultado es que el motor de mejor actuación puede funcionar a una temperatura de la turbina inferior a la óptima especificada. Además, la temperatura real de los álabes de los motores que llevan álabes enfriados por aire, es función de la eficacia de refrigeración así como de la temperatura de entrada de la turbina, dando con ello una característica de disminución de potencia adicional. Por tanto, con el desarrollo del motor de turbina, se presentó la necesidad de un sistema que pudiese, de hecho, detectar directamente la temperatura real de los álabes de la turbina.

El sistema adoptado para este fin se conoce como sistema pirométrico de radiación, y sus principales componentes se muestran en la Fig. 11.27. Para su operación depende del hecho de que la radiación emitida por cualquier cuerpo, en cualquier longitud de onda, es función de la temperatura del cuerpo y su emisividad. Este método no tiene la inercia térmica inherente de un termopar y, por consiguiente, proporciona una respuesta más rápida.

La cabeza pirométrica y su conjunto de tubo de puntería está montada directamente en el cárter de la turbina, de tal forma que su línea de puntería está directamente encima de los álabes de la turbina. La radiación de los álabes es enfocada por una lente de záfiro sintética que está cobresoldada en una montura de titanio que tiene gran resistencia a la fatiga y un coeficiente de dilatación similar al del material de la lente. El cuerpo del pirómetro es de acero inoxidable, y tiene aletas de refrigeración exteriores para minimizar la temperatura en la unión con una articulación óptica de fibra en la cual la lente enfoca la radiación de los álabes. La articulación óptica de fibra, que va metida en tubo PTFE protegido por trenzado de acero inoxidable flexible, transmite a la unidad detectora, como una señal óptica, la energía irradiada de la cabeza del pirómetro. Los extremos de las fibras adyacentes a la cabeza del pirómetro están unidos

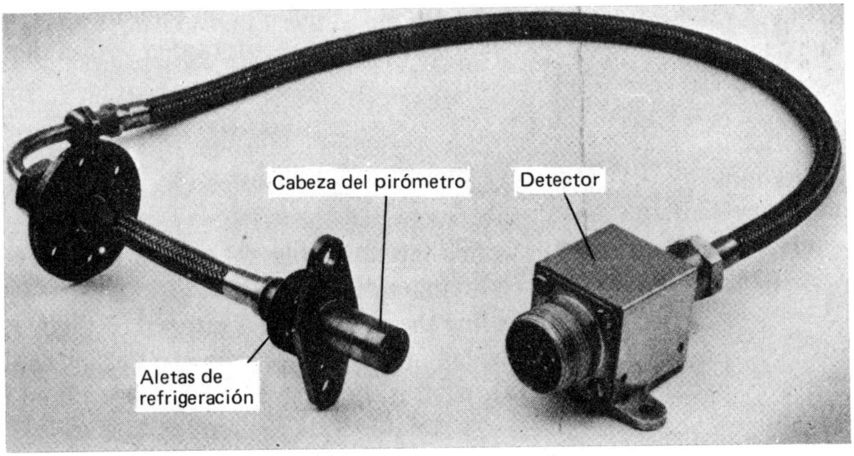

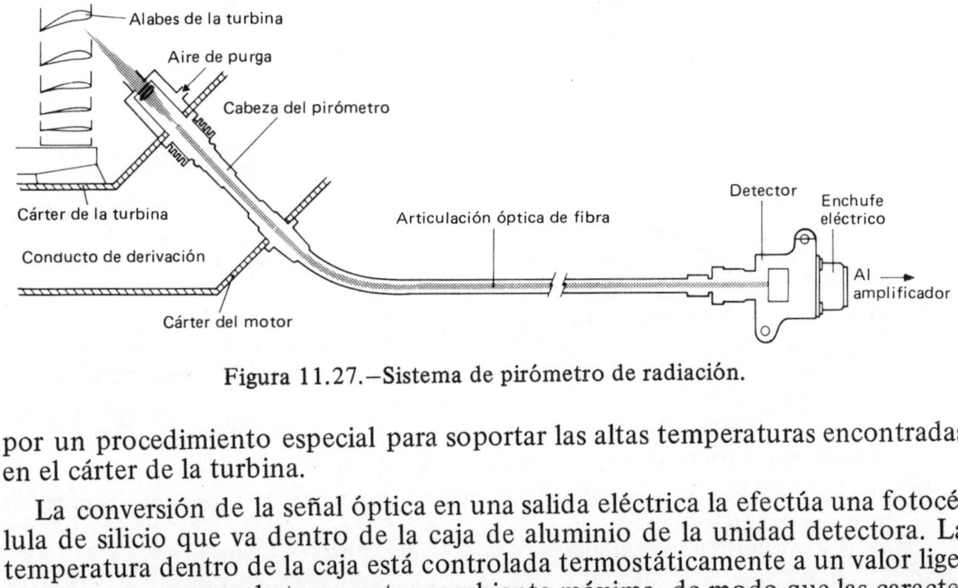

Figura 11.27.—Sistema de pirómetro de radiación.

por un procedimiento especial para soportar las altas temperaturas encontradas en el cárter de la turbina.

La conversión de la señal óptica en una salida eléctrica la efectúa una fotocélula de silicio que va dentro de la caja de aluminio de la unidad detectora. La temperatura dentro de la caja está controlada termostáticamente a un valor ligeramente mayor que la temperatura ambiente máxima, de modo que las características de la célula estén estabilizadas y sean exactas en un amplio margen de temperaturas ambiente.

La salida del detector es una señal no lineal de pequeña magnitud, y se suministra a un amplificador que produce entonces una salida lineal y mayor necesaria para el funcionamiento del indicador de temperatura, o unidad de control del motor, según corresponda a la instalación. Las alimentaciones de corriente alterna y los voltajes de referencia necesarios para el funcionamiento del sistema también se incorporan en el amplificador.

PREGUNTAS

11.1. Describir cómo la temperatura puede producir variaciones en las propiedades en las sustancias.

11.2. Definir lo siguiente: (i) convección, (ii) conducción, (iii) radiación, (iv) temperatura.

11.3. Definir el intervalo fundamental de temperatura y explicar cómo se divide de acuerdo con las escalas Celsius y Fahrenheit.

11.4. *a*) ¿Cuál es la relación entre las escalas de temperatura Celsius, Fahrenheit y absoluta (Kelvin)?
b) Convertir 40 °C en grados absolutos y grados Fahrenheit.

11.5. Convertir 77 °F en grados Celsius.

11.6. Definir la ley de Ohm y utilizar las expresiones utilizadas para calcular las tres cantidades, voltaje, corriente y resistencia.

11.7. Calcular la resistencia (R_T) de los circuitos *a*) y *b*), y explicar qué corriente fluirá en cada circuito cuando se aplique corriente continua de 24 voltios.

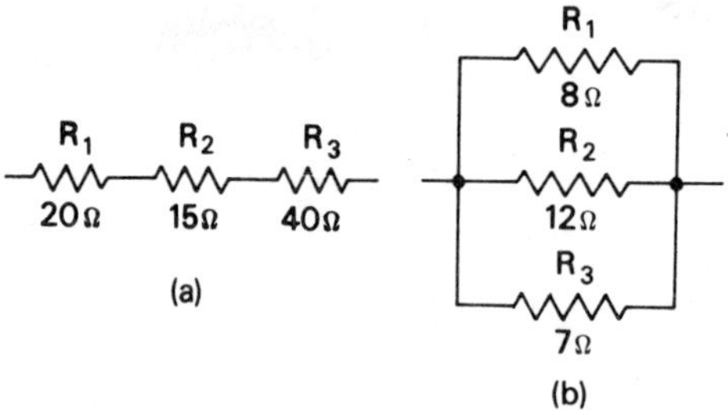

Figura 11.28.

11.8. *a*) Calcular la resistencia (R_T) de un circuito que contiene dos resistencias en paralelo, siendo los valores $R_1 = 20\ \Omega$ y $R_2 = 45\ \Omega$.
b) Dibujar un diagrama que muestre un circuito en serie-paralelo y explicar cómo se resolvería tal circuito para los valores dados.

11.9. *a*) ¿Cuáles son los factores que regulan la resistencia de un conductor?
b) Un conductor redondo de cobre de 0,8 mm de diámetro tiene una longitud de 1.200 cm. Calcular su resistencia a la temperatura normal. (La resistividad del cobre es aproximadamente $1{,}7 \times 10^6\ \mu\Omega$-cm.)

11.10. Dibujar un diagrama que ilustre un circuito de puente de Wheatstone, y derivar de éste la expresión para calcular el valor de una resistencia desconocida.

11.11. *a*) Explicar cómo puede utilizarse el circuito de puente de Wheatstone para medir temperaturas.
b) ¿Estaría el circuito equilibrado en cada temperatura?

11.12. *a*) ¿Qué materiales se usan más para elementos de detección de temperatura tipo resistencia?
b) Describir la construcción de un elemento típico.

11.13. *a*) Explicar el principio de funcionamiento de un instrumento de bobina móvil.
b) ¿Tiene tal instrumento una escala lineal o una no lineal?

11.14. ¿Por qué se coloca un núcleo de metal blando entre los polos del imán de un instrumento de bobina móvil?

11.15. Explicar cómo se protegen los instrumentos contra los efectos de campos magnéticos exteriores.

11.16. *a*) Describir la construcción y el funcionamiento de un indicador de temperatura tipo medidor de relación.
b) ¿Qué ventaja principal tiene el instrumento sobre un tipo de puente de Weatstone?

11.17. ¿Cuál sería el efecto de un circuito abierto entre el elemento detector y el indicador de un sistema medidor de relación?

11.18. *a*) Explicar el principio de termopar, y a qué medida de temperatura se aplica.
b) ¿Qué combinaciones de metales se usan en las sondas de termopares?

11.19. Una sonda de termopares utilizada para medir la temperatura de la culata de cilindros de un motor es de: *a*) el tipo de inmersión, *b*) el tipo de remanso, *c*) el tipo de contacto superficial. ¿Cuál es la afirmación correcta?

11.20. Describir la construcción de un conjunto típico de sonda de termopares utilizado para medir la temperatura de los gases de escape de los motores de turbina.

11.21. ¿Cómo se asegura que un sistema de indicación mide una buena condición de temperatura media de los gases de escape?

11.22. ¿Qué efectos pueden tener los cambios de temperatura de la unión fría en las indicaciones de los indicadores termoeléctricos? Describir los métodos de compensación.

11.23. ¿Cuál es la diferencia entre los conductores de prolongación y los de compensación?

11.24. *a*) ¿Cuál es el objeto de la resistencia conectada en serie con uno de los conductores en ciertos sistemas de termopares?
b) Citar los materiales de que están hechas las resistencias y explicar por qué no se conectan nunca en conductores que tengan la misma polaridad.

11.25. Describir brevemente cómo puede aplicarse el principio de servomando a la medición de la temperatura de los gases de escape de la turbina.

11.26. ¿En base a qué principio fundamental funciona un sistema de pirómetro de radiación? Describir brevemente un sistema práctico.

12. Medición de la presión

En muchos de los sistemas relacionados con la operación del avión y los motores se usan líquidos y gases cuyas presiones deben medirse e indicarse. Los indicadores y los sistemas de indicación están comprendidos en dos categorías principales: (i) *lectura directa*, o aquéllos a los que está directamente conectada la fuente de presión, y (ii) *indicación a distancia o remota*, o los que tienen un elemento detector independiente conectado a una fuente de presión en algún punto distante.

METODOS PARA MEDIR LA PRESION

La presión, que se define como fuerza por unidad de superficie, puede medirse directamente en relación con la producida por una columna de líquido de densidad conocida o dejándola que actúe sobre un área conocida y midiéndola luego en términos de la fuerza producida. El método citado en primer lugar es el que se utiliza en *manómetros de tubo en "U"* sencillos, mientras que con el segundo podemos medir la fuerza con relación a un peso conocido, o por la deformación que produce en un material elástico.

En conexión con las mediciones de presión, nos interesan los términos siguientes:

Presión absoluta

La presión absoluta de un fluido es la diferencia entre la presión de éste y el cero absoluto de presión, siendo este último la presión en un vacío total. Por tanto, cuando se utiliza un indicador para medir la presión de fluido, la presión absoluta del fluido será igual a la *suma* de la presión del indicador y la presión atmosférica.

Presión del indicador

La mayoría de los indicadores de presión miden la diferencia entre la presión absoluta de un fluido y la presión atmosférica. Tal medición se llama presión del indicador, y es igual a la presión absoluta *menos* la presión atmosférica. La presión del indicador puede ser positiva o negativa, dependiendo de si su nivel está por encima o por debajo de la referencia de presión atmosférica.

En los indicadores que se dice que indican vacío o succión, lo que realmente señalan es la cantidad que la presión absoluta es menor que la atmosférica.

Por tanto, la presión del indicador es igual a la presión atmosférica *menos la presión del fluido*, y la presión absoluta es igual a la atmosférica *menos la del indicador.*

MANOMETRO DE TUBO EN "U"

El manómetro de tubo en "U" sencillo mostrado en la Fig. 12.1 consta de un tubo de cristal parcialmente lleno de líquido, generalmente agua o mercurio, que encuentra su propio nivel en un punto 0 dentro de los brazos abiertos en la punta de la "U". Si se conecta una fuente de baja presión al brazo A, entonces actuará una fuerza igual a la presión aplicada multiplicada por el área del orificio sobre la superficie del líquido, obligándolo a bajar en el brazo A. Al mismo tiempo, se obliga al líquido a subir por el brazo B hasta que exista un estado de equilibrio y los niveles del líquido permanezcan a la misma distancia por encima y por debajo del punto cero. Teniendo en cuenta el área del orificio del tubo y la densidad del líquido, se puede calcular la presión por la diferencia de los niveles del líquido, según se muestra en los ejemplos siguientes.

Supongamos que el manómetro es de mercurio y que su orificio tiene un área de 3 pulgadas cuadradas, y que se aplica una presión tal al brazo A que en equilibrio los niveles del mercurio están 4 pulgadas por debajo y 4 pulgadas por encima del cero. La diferencia de los niveles es H y su valor se obtiene restando el nivel más bajo del más alto; por lo tanto, $H = h_B - h_A = 4 - (-4) = 8$ pulgadas.

Ahora debemos conocer el peso de la columna de mercurio que se soporta, y esto se calcula del volumen multiplicado por la densidad. El volumen en este

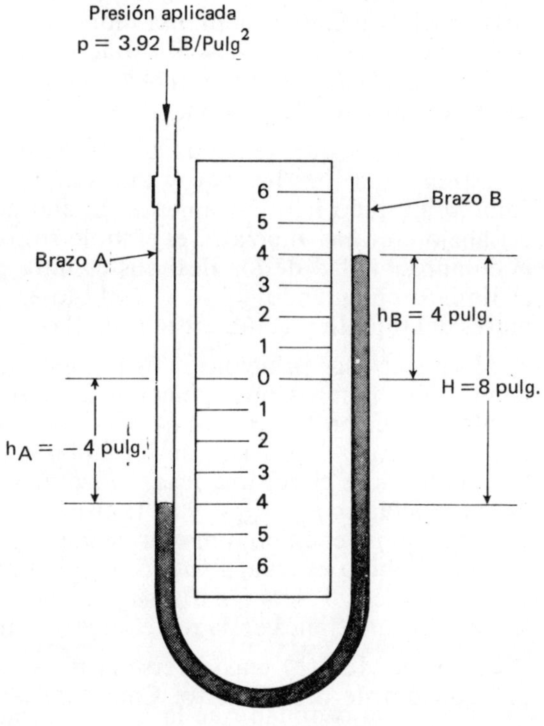

Figura 12.1.–Manómetro de tubo en "U".

caso es $3H$ y la densidad del mercurio se suele considerar como 0,49 lbf/pulg.^{3}. Por tanto, el peso de la columna es $3H \times 0{,}49 = 1{,}47 \times 8 = 11{,}76$ lb, y como la presión que equilibra, esto es, peso dividido por superficie, entonces $11{,}76/3 = 3{,}92$ lbf/pulg.^{2} es la presión que se aplica al brazo A y que corresponde a una diferencia de niveles del mercurio de 8 pulgadas. De la misma forma pueden calcularse otras presiones por los valores correspondientes de la diferencia de niveles H.

En la práctica, se utilizan manómetros para comprobar la calibración de los indicadores de presión, y por eso suele ser más conveniente graduar directamente la escala del manómetro en libras por pulgada cuadrada. Si 3,92 lbf/pulg.^{2} es representado por 8 pulgadas, entonces tenemos que, para el manómetro de mercurio que hemos considerado, 1 lbf/pul.^{2} es igual a 8/3,92, ó 2,04 pulgadas; así pues, puede graduarse una escala con marcas con esta separación, representando cada una un aumento de 1 lbf/pulg.^{2}. El valor equivalente 2,04 pulgadas Hg a 1 lbf/pulg.^{2} es estándar y los resultados de los cálculos para diferentes áreas de orificios mostrará que son independientes de las áreas.

Si se usa agua en el manómetro también se aplican los principios anteriores, pero como el agua tiene una densidad mucho menor que el mercurio, para una presión dada la diferencia de nivel H para un manómetro de agua será mucho mayor que la de un manómetro de mercurio (2,04 pulg. Hg = 27,7 pulg. H_2O aproximadamente).

Equilibrado presión/peso

La medición de presión equilibrándola contra pesos de valor conocido se basa en el principio de la prensa hidráulica, y en lo que a los instrumentos se refiere, encuentra una aplicación práctica en un dispositivo hidráulico conocido como el *probador de peso muerto* y que se usa para calibrar y probar ciertos tipos de indicador de presión.

Supongamos que tenemos un cilindro que contiene un líquido según se muestran en la Fig. 12.2(*a*), y que sobre la superficie del líquido se coloca un émbolo ajustado herméticamente. Si ahora tratamos de empujar el émbolo hacia abajo con una fuerza F, el émbolo sólo se desplazará muy poco, puesto que la compresibilidad de los líquidos es muy pequeña. La presión p producida en el líquido empujando sobre el émbolo es igual a F/a, se transmite a todas las partes del líquido y actúa sobre todas las superficies en contacto con él.

Al aplicar este principio a una prensa hidráulica necesitamos fundamentalmente dos cilindros interconectados según se muestra en (*b*), uno de área pequeña de sección transversal a_1 y el otro de gran área de sección transversal a_2. Cada cilindro está provisto de un émbolo y ambos reciben aceite de un depósito común. Si se ejerce una fuerza F sobre el émbolo pequeño, la presión adicional producida es $p = F/a_1$ y se transmite por todo el líquido y, por consiguiente, actúa sobre el émbolo mayor de área a_2. Por tanto, la fuerza que puede ejercer este émbolo es igual a pa_2. Si la prensa está proyectada para levantar un peso W, entonces W será igual a pa_2. El peso que puede levantarse aplicando una fuerza F se multiplica en la relación de las áreas de los dos émbolos.

En la Fig. 12.2(*c*) puede verse el principio de la prensa hidráulica aplicado a un probador de peso muerto. Cuando el émbolo se empuja hacia dentro en el

Figura 12.2.—Equilibrado presión/peso. *a*) Presión producida en líquido. *b*) Presión hidráulica. *c*) Probador de peso muerto.

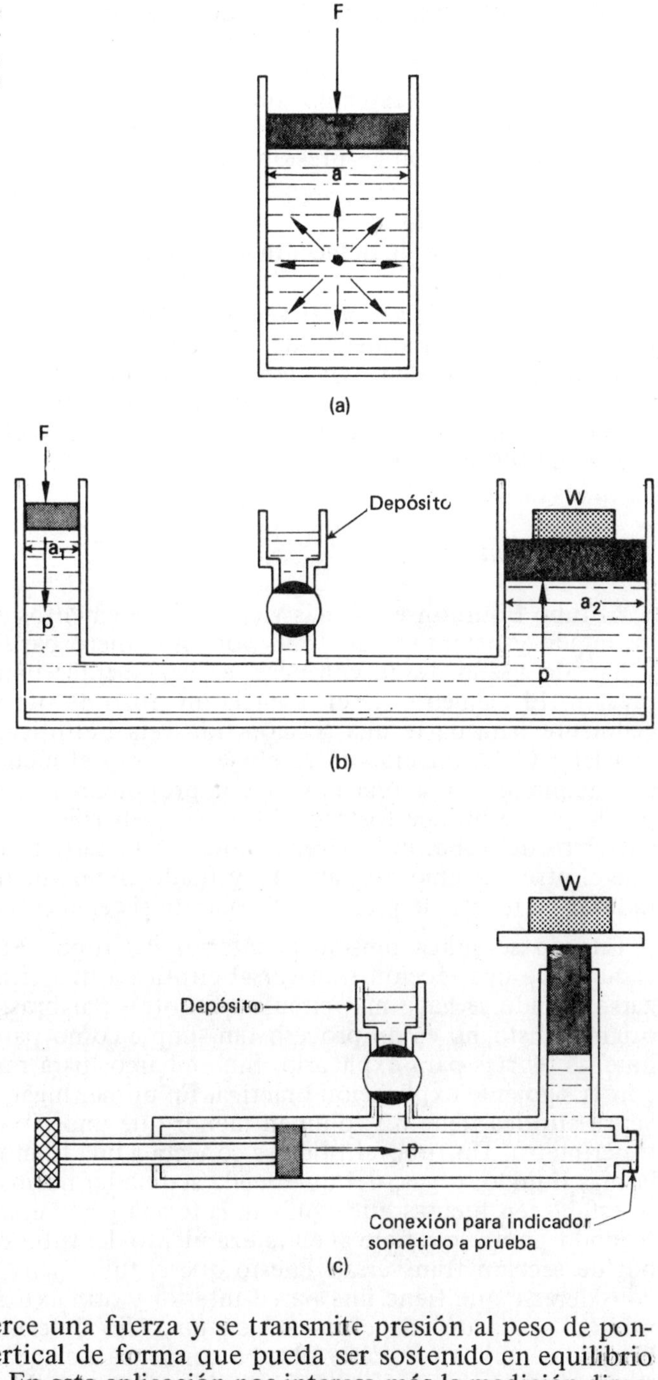

cilindro horizontal, se ejerce una fuerza y se transmite presión al peso de ponderación en el cilindro vertical de forma que pueda ser sostenido en equilibrio por la columna de aceite. En esta aplicación nos interesa más la medición directa de la presión y, por consiguiente, necesitamos saber qué pesos se necesitan para equilibrar contra las presiones requeridas. Ahora bien, *la constante A del área* para un probador típico de peso muerto es 0,125 pulg.^{2} ; por tanto, suponiendo que necesitemos equilibrar una presión p de 50 lbf/pulg.^{2}, entonces, por la relación $W = pA$, se necesita un peso de 6,25 libras. Con este peso en su posición en el émbolo ponderador se aprieta el émbolo en el cilindro horizontal hasta que el peso esté sostenido libremente por el aceite, que, en este punto, está sometido a una presión de 50 lbf/pulg.^{2}. En la práctica, los pesos están clasificados y marcados con las presiones reales contra las que se equilibrarán.

Elementos elásticos de detección de presión

Para medir presiones en el avión es evidente que no se puede equipar la cabina de vuelo con manómetros de tubo en "U" y probadores de peso muerto. Por consiguiente, se suelen usar *elementos elásticos de detección de presión*, en los que pueden producirse fuerzas por aplicación de presiones y hacer accionar elementos mecánicos y/o eléctricos de medición. Los elementos de detección que se suelen utilizar son los tubos Bourdon, diafragmas, cápsulas y fuelles.

Tubo Bourdon

El tubo Bourdon es el más viejo de los elementos detectores de presión. Fue inventado y patentado en 1850 por un relojero parisiense (cuyo nombre lleva) y ha sido usado desde entonces, especialmente cuando se necesita medir alta presión. El elemento es en esencia un trozo de tubo metálico, extruido especialmente para darle una sección transversal elíptica, y perfilado en forma de una letra C. La relación entre el eje mayor y el menor depende de la sensibilidad requerida; una relación mayor proporciona mayor sensibilidad. El tubo puede ser de bronce fosforoso, bronce de berilio o cobre berílico. Uno de los extremos del tubo, el "extremo libre", está cerrado herméticamente, mientras que el otro extremo está abierto y fijado en un saliente que puede estar conectado a una fuente de presión y formar un sistema cerrado.

Cuando se aplica presión al interior del tubo, éste presenta la tendencia a cambiar de una sección transversal elíptica a una circular, y también a enderezarse cuando se hace más circular. En otras palabras, tiende a asumir su forma original. Esto no es un proceso tan simple como parece y se han desarrollado muchas teorías para explicarlo. Sin embargo, para nuestro propósito nos basta con la siguiente explicación práctica. En primer lugar, un tubo de sección transversal elíptica tiene un volumen menor que uno circular de la misma longitud y perímetro. Un tubo elíptico se conecta a una fuente de presión para que acoja más líquido, o gas, del que pueda acomodar normalmente. En consecuencia, se establecen fuerzas que cambian la forma y con ello aumentan el volumen. El segundo punto se refiere al enderezamiento del tubo como resultado de su cambio de sección transversal. Puesto que el tubo tiene la forma de una C puede considerarse que tiene una pared interior y otra exterior, y en condiciones "sin presión" cada una de ellas está en un radio determinado del centro de la C. Cuando se aplica presión y el tubo comienza a cambiar de forma, la pared interior es forzada hacia el centro, disminuyendo el radio, y la otra pared es obligada a separarse del centro aumentando, por tanto, el radio. Ahora bien, a lo largo de cualquier sección del tubo curvo los efectos de los radios variantes tienden a comprimir la pared interior y a alargar la exterior, pero como las paredes están unidas como un tubo común, se establecen reacciones opuestas a las fuerzas de compresión y alargamiento, de forma que una sección entera se desplaza del centro de la C. Puesto que esto ocurre en todas las secciones a lo largo del tubo y aumenta hacia las partes más flexibles, la resultante de todas las reacciones producirá un desplazamiento máximo en el extremo libre. El cambio del ángulo suspendido en el centro por un tubo es proporcional, dentro de límites estrechos, al cambio de la presión interna, y el desplazamiento del extremo libre es proporcional a la presión aplicada dentro del límite de proporcionalidad del material empleado.

El desplazamiento del extremo libre es pequeño; por consiguiente, con el fin de transmitir esto en términos de presión, se emplea un sistema de cuadrante y aumento como elemento de acoplamiento entre el tubo y la aguja.

Diafragmas

Para medir bajas presiones se suelen emplear diafragmas en forma de discos metálicos circulares ondulados, debido a su sensibilidad. Se instalan siempre de forma que en un lado estén expuestos a la presión que se ha de medir, y sus flexiones se transmitan a mecanismos de agujas, o a un conjunto de contactos de luces de aviso. Los materiales que se usan para su fabricación suelen ser generalmente los mismos que los empleados para los tubos Bourdon. El objeto de las ondulaciones es la de facilitar mayores flexiones, para grosores dados, que las que se obtendrían con un disco plano. Además, su número y grosor controlan las características de respuesta y sensibilidad; cuanto mayor es el número y el grosor, más lineal en su flexión y mayor su sensibilidad.

Cápsulas

Las cápsulas se componen de dos diafragmas colocados juntos y unidos en sus bordes para formar una cámara que puede estar cerrada herméticamente o abierta a una fuente de presión. Al igual que los diafragmas simples, las cápsulas pueden emplearse también para medir baja presión, pero son más sensibles a los cambios pequeños de presión. El funcionamiento de las cápsulas en sus diversos usos ya se ha descrito en los capítulos dedicados a los altímetros y anemómetros.

Fuelles

Un elemento tipo fuelle puede considerarse como una ampliación del principio del diafragma ondulado, y en su operación tiene algún parecido con un muelle de compresión helicoidal. Puede usarse para medir presión baja, alta o diferencial; en algunos casos puede emplearse un muelle (interna o externamente) para aumentar lo que se denomina "régimen de muelle" y para ayudar al fuelle a volver a su longitud natural cuando se retira la presión.

El elemento es un trozo de tubo metálico sin costuras con racores adecuados para su conexión a fuentes de presión o para sellado hermético. En las páginas 320 y 321 se describen las aplicaciones típicas de los fuelles.

INDICADORES DE PRESION DE LECTURA DIRECTA

Estos se basan casi enteramente en el principio del tubo Bourdon ya descrito, y se utilizan para mediciones tales como presión del sistema hidráulico y, en varios aviones de aviación general impulsados por motores de émbolo, también presiones de combustible y aceite. En la Fig. 12.3 se facilita un ejemplo de su construcción.

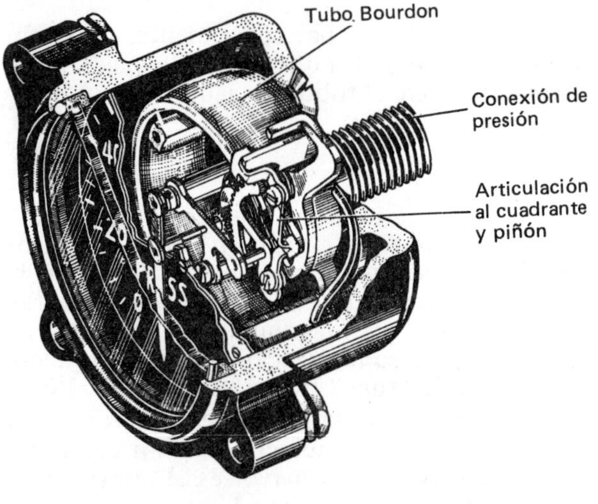

Figura 12.3.–Indicador de presión de lectura directa.

SISTEMAS DE INDICADORES DE PRESION DE INDICACION A DISTANCIA

Este tipo de sistemas presenta gran variedad de formas pero todos tienen una característica común; constan de dos componentes principales, un transmisor situado en la fuente de presión y un indicador montado en el panel apropiado. Tienen claras ventajas sobre los indicadores de lectura directa; por ejemplo, las presiones de fluidos peligrosos tales como combustible, aceite del motor y ciertos fluidos hidráulicos pueden medirse en su fuente y no en la cabina de vuelo; también son innecesarias tuberías largas, con el consiguiente ahorro de peso.

La mayoría de los sistemas que se utilizan actualmente son del tipo de transmisión eléctrica, esto es, la presión se mide en términos del desplazamiento de un elemento elástico de detección de presión, y se transmite a un indicador mediante una combinación de señales variables de voltaje y corriente. Por consiguiente, los transmisores están compuestos por secciones mecánicas y eléctricas, y según el principio de operación adoptado para cualquier sistema, los indicadores pueden ser receptores síncronos, medidores de relación de corriente continua y corriente alterna, y en algunos casos, servoaccionados.

Sistema síncrono de corriente continua

La Fig. 12.4 muestra un transmisor que funciona basándose en el principio micro-Desynn (véase el Capítulo 9). El elemento de detección de presión consta

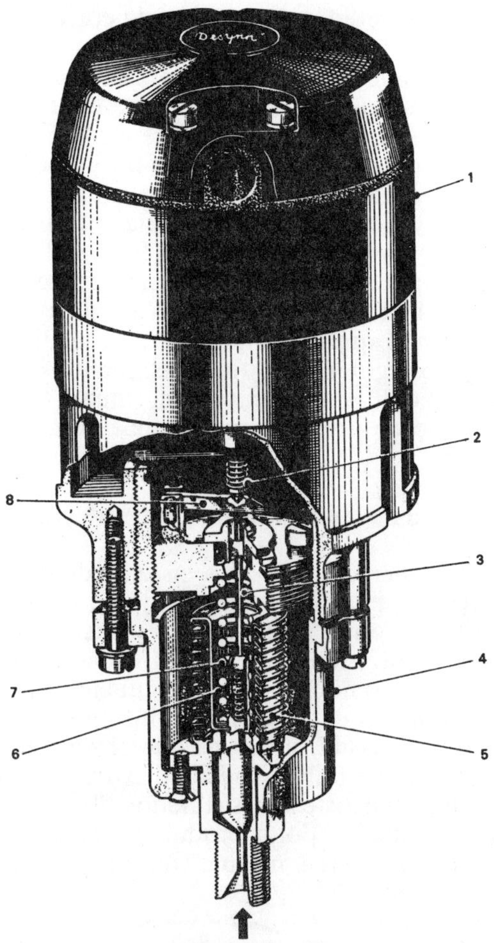

Figura 12.4.–Transmisor micro-Desynn. 1.–Elemento transmisor micro-Desynn. 2.–Pasador excéntrico. 3.–Varilla de empuje. 4.–Elemento detector de presión. 5.–Fuelle, 6.–Pieza forjada a presión en forma de copa. 7.–Muelle. 8.–Palanca oscilante.

de un fuelle que está abierto a la fuente de presión. Una pieza forjada a presión en forma de copa va instalada dentro del fuelle y forma una conexión para una varilla de empuje que se apoya en una palanca oscilante pivotada en una parte fija del mecanismo. En el interior del fuelle hay un muelle.

El elemento eléctrico es del mismo tipo que el que se muestra en la Fig. 9.4 y está situado en el cuerpo del transmisor de tal forma que el pasador excéntrico esté también en contacto con la palanca oscilante pivotada. El indicador es del tipo de sistema Desynn normal.

Cuando se admite presión al interior del fuelle éste se expande y mueve la varilla de empuje hacia arriba, girando así la palanca oscilante. Esta, a su vez, mueve el pasador excéntrico y las escobillas acopladas a él en un pequeño ángulo sobre las bobinas. Los cambios de resistencia producidos establecen combinaciones variables de voltaje y corriente dentro del indicador, que está calibrado para la gama de presión apropiada.

Sistema medidor de relación de corriente continua

Un ejemplo de un sistema medidor de relación de corriente continua puro que se sigüe adoptando todavía en uno o dos tipos de avión de la vieja generación, es el que emplea un transmisor que es una adaptación especial del transmisor de presión micro-Desynn ya descrito, diferenciándose fundamentalmente en la disposición del circuito eléctrico. El elemento sigue teniendo dos escobillas y bobinas de resistencia, pero en vez del método normal micro-Desynn de conexión (véase también la Fig. 9.5) éstas están conectadas como un circuito simple en paralelo de dos resistencias. Las dos conexiones que terminan en las bobinas van unidas a los terminales apropiados de un medidor de relación similar al que se emplea para la medición de temperatura (véase la pág. 290). Por consiguiente, el funcionamiento es muy simple; el movimiento del fuelle y las escobillas da lugar a un cambio de resistencia del circuito proporcional al cambio de presión, que se mide como una relación de corriente de las bobinas.

Sistema medidor de relación e inductor de corriente alterna

La operación de este sistema depende de la producción de una relación de corriente por un transmisor tipo inductor variable, el cual se muestra en la Figura 12.5. Consta de un cuerpo principal que contiene un fuelle y dos estatores bipolares bifásicos que rodean cada uno un núcleo del inducido de polos salientes. Ambos núcleos están en un eje común y dispuestos de modo que, cuando la presión aumenta, el núcleo inferior (A) se mueva acercándose a su bobina estatórica asociada, mientras que el núcleo superior (B) se lo haga alejándose de su bobina. Las bobinas reciben corriente alterna de 26 voltios, 400 Hz. Los polos de los núcleos están separados 90° y los estatores están colocados también de forma que los polos producidos en ellos estén separados 90° para evitar interferencia magnética mutua. Un muelle proporciona una carga controlada en el fue-

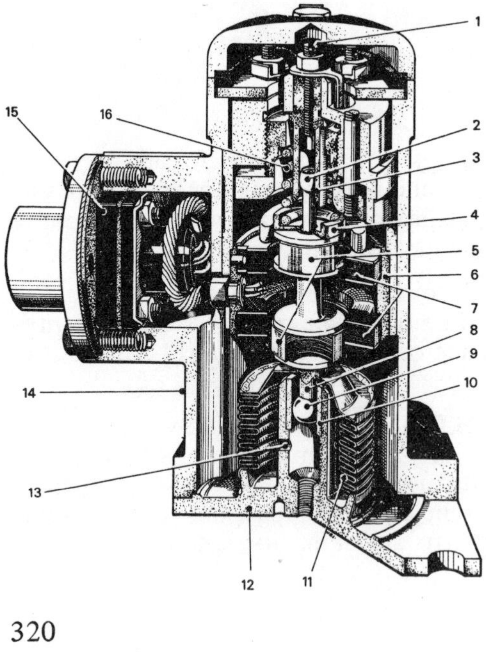

Figura 12.5.—Vista en corte de un transmisor tipo inductor. 1.—Tornillo de tope de sobrecarga. 2.—Cojinete del husillo central. 3.—Casquillo guía. 4.—Taza de aluminio. 5.—Núcleos del inducido. 6.—Alojamiento de aluminio. 7.—Estatores y denavados. 8.—Conjunto de husillo central. 9.—Cojinete del husillo central. 10.—Casquillo guía. 11.—Fuelle. 12.—Placa de base. 13.—Conductos radiales. 14.—Cuerpo. 15.—Enchufe eléctrico. 16.—Muelle principal.

lle y los núcleos del inducido, y puede ajustarse para que establezca la posición de referencia de los núcleos durante la calibración.

En la Fig. 12.6 se muestran las piezas fundamentales del indicador que se usa con este transformador particular. Las bobinas alrededor de los núcleos laminados están conectadas a las bobinas estatóricas del transmisor, y como se observará, existe un entrehierro en un miembro de cada núcleo. El objeto de los entrehierros es permitir que dos discos de aluminio en forma de leva, que forman el elemento móvil, giren libremente. La posición de los discos en su eje común es tal que, cuando el elemento gira en el sentido de las agujas del reloj (visto desde la parte frontal del instrumento), el radio eficaz del disco *a* delantero disminuye en su entrehierro, mientras que el del disco posterior *b* aumenta. El ele-

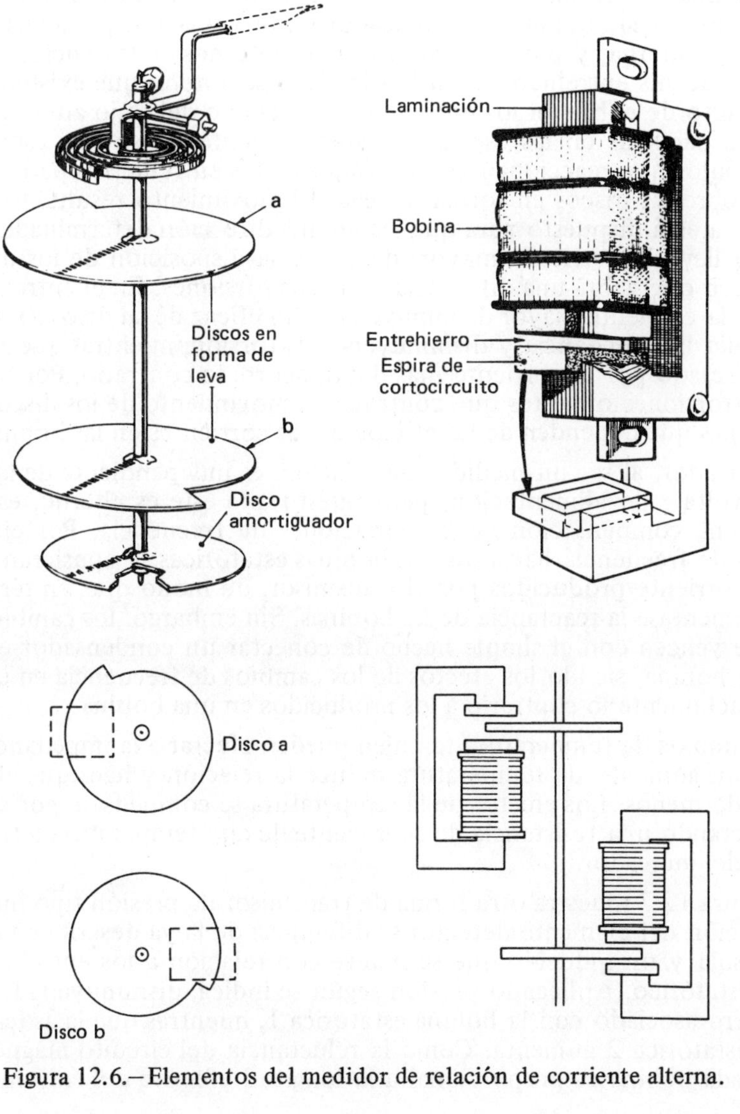

Figura 12.6.–Elementos del medidor de relación de corriente alterna.

mento móvil es amortiguado por un disco circular en el extremo posterior del eje, y puede girar libremente entre los polos de un imán permanente. Para devolver a la aguja a la posición fuera de escala en caso de un fallo de energía, se cuenta con un muelle en espiral.

Cuando el fuelle se expande bajo una presión en aumento, el núcleo del inducido se mueve en sus estatores respectivos, y puesto que estos últimos reciben corriente alterna, hay un cambio en la inductancia de las bobinas. Por tanto, el núcleo A, al acercarse más a su estator, aumenta la inductancia y la impedancia, y el núcleo B, al separarse de su estator, disminuye la inductancia y la impedancia. Por consiguiente, la diferencia entre los dos puede interpretarse en términos de presión.

Como las bobinas estatóricas están conectadas a las bobinas del indicador en forma de una red de puente, los cambios de impedancia producirán un cambio de corriente en las bobinas del indicador en una relación predeterminada. La corriente es alterna, y por eso produce flujos alternos en los núcleos laminados y a través de sus entrehierros. En la Fig. 12.6 se aprecia que existen espiras de cortocircuito de cobre en los entrehierros. El efecto del flujo alterno es inducir corrientes parásitas en las espiras, y estas corrientes, a su vez, establecen sus propios flujos que reaccionan con los flujos de los entrehierros para ejercer una torsión sobre los discos en forma de leva. El movimiento resultante de los discos de leva está dispuesto para que sea en una dirección determinada por la bobina que lleve la corriente mayor; debido a la disposición de los discos, esto quiere decir que habrá una diferencia entre sus torsiones. En el entrehierro afectado por la corriente mayor disminuye el radio eficaz de su disco *a*), aumentando con ello la impedancia y disminuyendo la torsión, mientras que en el entrehierro afectado por la corriente más débil, ocurre lo contrario. Por tanto, tenemos dos torsiones opuestas que controlan el movimiento de los discos y la aguja, torsiones que dependen de la relación de las corrientes en las bobinas.

El indicador, al ser un medidor de relación, es independiente de las variaciones del voltaje de alimentación, pero puesto que éste es alterno, es necesario realizar una compensación de las variaciones de frecuencia. Por ejemplo, un aumento de frecuencia haría que las bobinas estatóricas se opusieran a los cambios de corriente producidos por el transmisor, de modo que, en términos técnicos, aumentase la reactancia de las bobinas. Sin embargo, los cambios de reactancia se vencen con el simple hecho de conectar un condensador en paralelo por cada bobina, siendo los efectos de los cambios de frecuencia en un condensador exactamente lo contrario a los producidos en una bobina.

Los cambios de temperatura también pueden afectar a la impedancia de cada bobina; un aumento de temperatura reduce la relación y hace que el indicador marque de menos. Los efectos de la temperatura se compensan, por consiguiente, conectando una resistencia de coeficiente de alta temperatura a través de las bobinas del indicador.

La figura 12.7 muestra otra forma de transmisor de presión tipo inductor. La construcción del elemento detector se diferencia de la ya descrita en que utiliza una cápsula y un inducido que se mueve con relación a los entrehierros en el núcleo estatórico. Aplicando presión según se indica, disminuye la longitud del entrehierro asociado con la bobina estatórica 1, mientras que la asociada con la bobina estatórica 2 aumenta. Como la reluctancia del circuito magnético a través de cada bobina es proporcional a la longitud efectiva del entrehierro, la in-

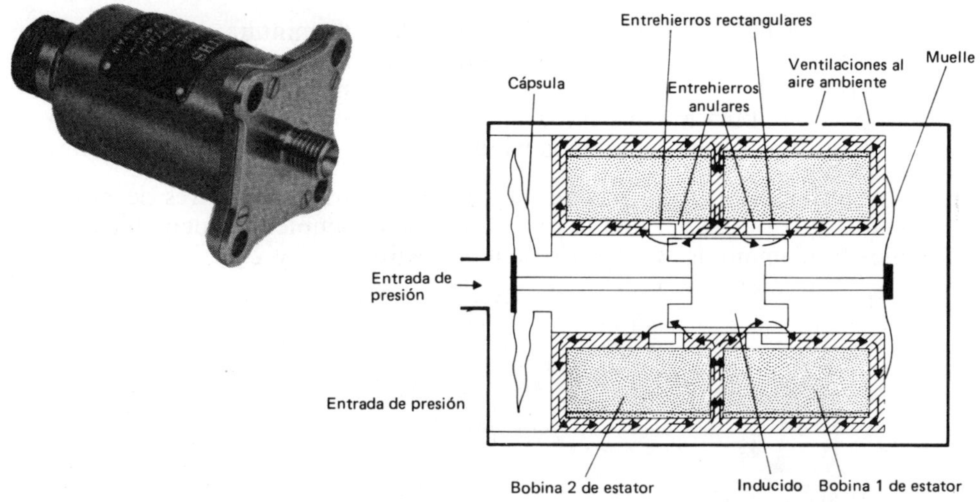

Figura 12.7.—Transmisor de presión inductor.

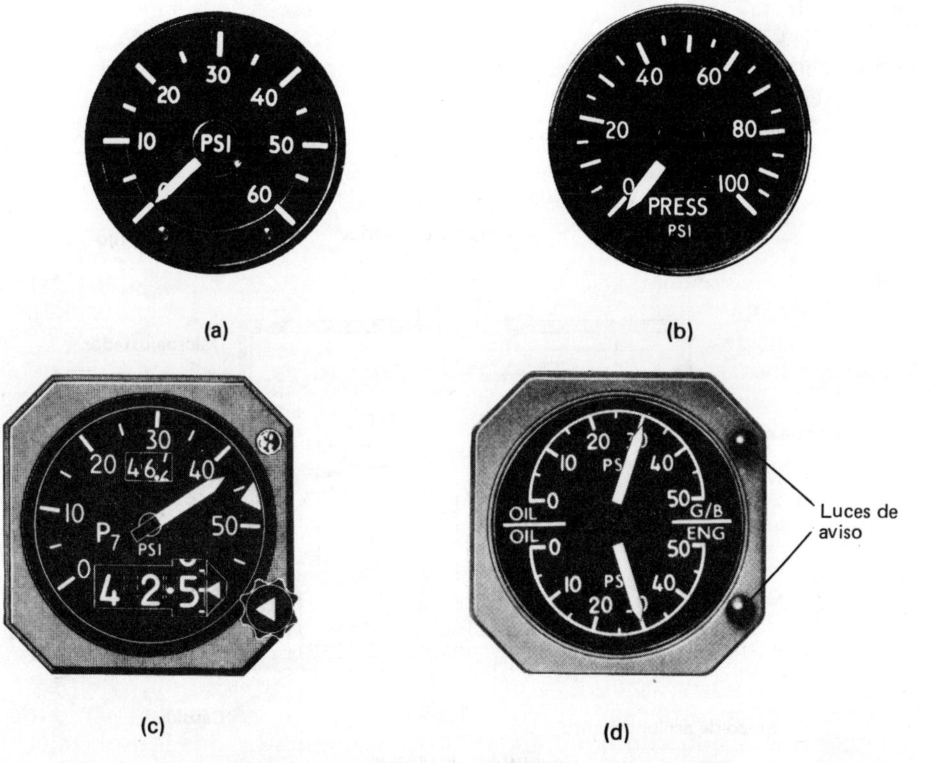

Figura 12.8.—Presentaciones en las esferas de los indicadores de presión. *a*) y *b*) Medidores de relación. *c*) Servoaccionado. *d*) Bobina móvil activada.

ductancia de la bobina 1 aumentará y la de la 2 disminuirá; la corriente que circula en las bobinas disminuirá y aumentará, respectivamente. Otra diferencia en relación con el uso de este transmisor, es que su indicador asociado puede ser del tipo de bobina móvil basado en el principio del medidor de relación de corriente continua (véase también la página 290).

Pueden utilizarse otros tipos de indicador con los transmisores de inductor apropiados, y como se verá en la Fig. 12.8 *c*) y *d*) también pueden aplicarse los principios fundamentales ya descritos en las páginas 263 y 293.

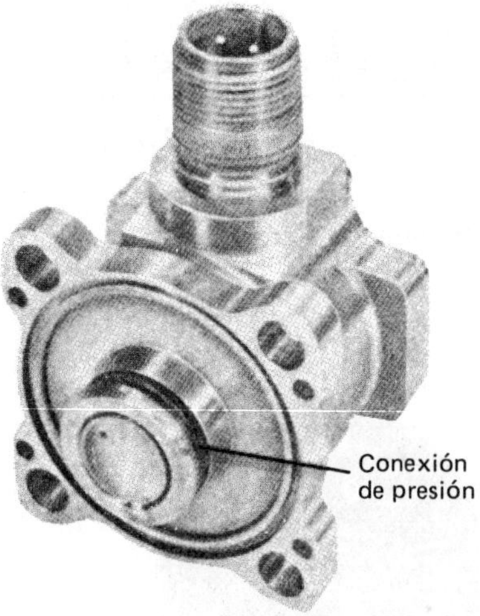

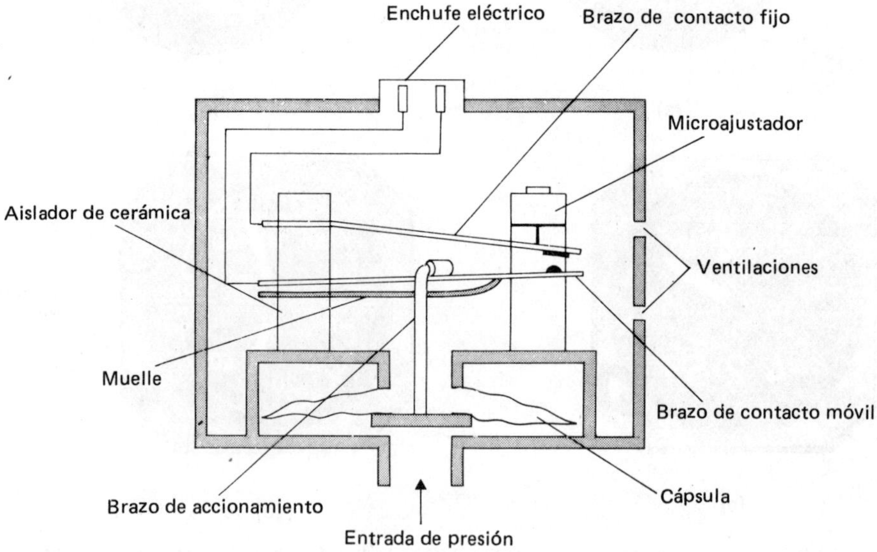

Figura 12.9.—Presostato.

PRESOSTATOS

En muchos de los sistemas del avión en los que hay que medir la presión, es necesario que los pilotos tengan un aviso de bajas o altas presiones que pudiesen provocar condiciones peligrosas de operación. En algunos sistemas también, la frecuencia de operación puede ser tal que el uso de un instrumento medidor de presión no está justificado, puesto que sólo se necesita que el piloto sepa que se ha obtenido una presión de operación para el período durante el cual funciona el sistema. Para satisfacer esta necesidad se instalan presostatos en los sistemas pertinentes y se conectan a luces de aviso o indicadoras situadas en los paneles de la cabina de vuelo.

En la Fig. 12.9 se da un ejemplo de un presostato. Consta de una cápsula metálica abierta a la presión ambiente y alojada en una cámara abierta a la fuente de presión. En el otro lado de esta cámara hay un conjunto de contactos eléctricos dispuestos para "cerrarse" al subir o bajar la presión; en el ejemplo mostrado, los contactos "se cierran" como consecuencia de una elevación de presión al valor preajustado por el microajustador. La cápsula está construida de modo que las ondulaciones de cada mitad de diafragma "encajen" cuando la cápsula esté totalmente contraída para formar virtualmente un disco macizo que impida que la cápsula se deteriore cuando se produzca una presión de sobrecarga.

Las entradas de presión de los presostatos están montadas normalmente en la pestaña de montaje, y pueden ser orificios de entrada plana sobre la fuente de presión, espitas o anillos de sellado en "O" (como en la Fig. 12.9) o conectores roscados para acoplamiento de tuberías flexibles.

Los presostatos también pueden utilizarse en sistemas que precisen aviso o indicación de los cambios de presión con respecto a cierta presión de referencia; en otras palabras, como un dispositivo de aviso de diferencia de presión.

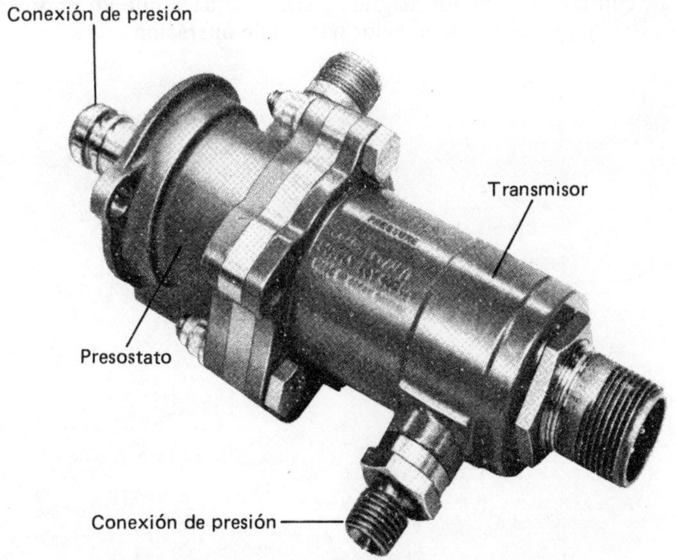

Figura 12.10.–Transmisor y presostato combinados.

La construcción y funcionamiento son básicamente los mismos que los del tipo estándar, con la excepción de que el diafragma está sujeto a una presión en cada lado.

En algunos casos, puede llevarse un presostato con un transmisor de presión según se muestra en la Fig. 12.10.

PREGUNTAS

12.1. Definir los términos presión absoluta y presión del indicador.

12.2. Citar algunos de los instrumentos que miden las presiones a las que se hace referencia en el apartado 12.1.

12.3. Describir el principio de funcionamiento de un manómetro de tubo en "U".

12.4. Describir brevemente cómo pueden medirse las presiones equilibrando contrapesos conocidos.

12.5. Explicar el principio fundamental de funcionamiento del tubo Bourdon.

12.6. Nombrar otros tres tipos de elementos elásticos de detección de presión y citar algunos usos específicos.

12.7. Describir un método para medir la presión basado en un principio de transmisión síncrona.

12.8. Explicar brevemente cómo una transmisión de presión tipo inductor produce las corrientes variables requeridas para el funcionamiento de un medidor de relación.

12.9. ¿Qué efecto tiene un cambio de la frecuencia de la fuente de alimentación en un transmisor tipo inductor? Describir un método de compensación.

12.10. ¿Qué tipos de indicador pueden usarse con transmisores de presión que operen sobre el principio de inductancia variable?

12.11. ¿Para qué se necesitan los presostatos en el avión?

12.12. Explicar, con la ayuda de un diagrama, cómo se hace que un presostato dé un aviso de una presión que sobrepase el valor normal de operación.

13. Medición de la cantidad y flujo de combustible

La medición de la cantidad de combustible en los depósitos de un avión es una necesidad fundamental, y, en unión de las mediciones del régimen de flujo de combustible al motor o motores, permite volar un avión con un rendimiento máximo compatible con sus condiciones de operación especificadas. Además, con ambas mediciones, un piloto o el mecánico pueden determinar el tiempo de vuelo que queda y hacer también comparaciones entre el rendimiento actual del motor y el pasado o calculado.

Los sistemas de indicación de combustible varían en sus principios de funcionamiento y en su construcción, dependiendo el empleo de cualquier método del tipo de avión y su sistema de combustible. Dos de los métodos principales que se usan actualmente utilizan el principio de transmisión de señales eléctricas desde unidades situadas en el interior de los depósitos. En uno de los métodos, empleado principalmente en los sistemas de combustible de aviones pequeños y ligeros, los depósitos constan de un conjunto de flotador mecánico que controla una resistencia eléctrica y varía el flujo de corriente al elemento de indicación. El segundo método, utilizado en sistemas de combustible de aviones grandes, mide la cantidad de combustibe en términos de capacitancia eléctrica, proporcionando una medición más exacta.

Los sistemas de medición de flujo de combustible también varían en lo que respecta al principio de funcionamiento y construcción, pero constan principalmente de dos unidades: un transmisor o medidor, y un indicador. El transmisor está conectado en el lado de entrega del sistema de combustible, y es un dispositivo electromecánico que produce una señal eléctrica de salida proporcional al régimen de flujo que se indica en unidades volumétricas o de masa. En algunos sistemas hay un amplificador/calculador intermedio para calcular una relación de flujo de combustible/tiempo y transmitir también señales a un indicador, que presenta información integrada del régimen de flujo y el combustible consumido.

SISTEMAS DE INDICACION DE CANTIDAD DE COMBUSTIBLE TIPO FLOTADOR

En la Fig. 13.1 se muestran esquemáticamente los componentes de un sistema tipo flotador y los métodos para transmitir señales eléctricas.

El flotador puede ser de corcho tratado especialmente para impedir la absorción de combustible, o en forma de un cilindro de metal de poco peso sellado adecuadamente. El flotador va sujeto a un brazo pivotante que produce un movimiento angular que se transmite a un elemento eléctrico, el cual consta de un brazo de contacto y potenciómetro, o un transmisor tipo Desynn. Cuando

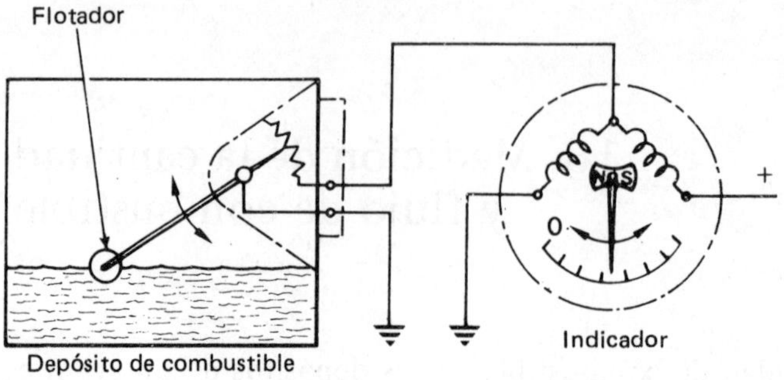

Figura 13.1.–Indicador de cantidad de combustible tipo flotador.

se producen variaciones en el nivel de combustible, el brazo del flotador se mueve en ciertos ángulos y desplaza el brazo de contacto o las escobillas para que varíen la resistencia y el flujo de corriente continua al indicador. Como consecuencia de las variaciones del flujo de corriente, una bobina móvil o rotor dentro del indicador se desvía para situar una aguja en la escala graduada de galones.

SISTEMA DE MEDICION DE COMBUSTIBLE TIPO CAPACITANCIA

En su forma básica, un sistema de medición de combustible tipo capacitancia consta de un condensador variable situado en el depósito de combustible, un amplificador y un indicador. El circuito completo forma un puente eléctrico que se reequilibra continuamente como consecuencia de las diferencias entre las capacitancias del condensador del depósito y uno de referencia. La señal producida es amplificada para accionar un motor, que sitúa una aguja para que indique el cambio de capacitancia del condensador del depósito y, por tanto, el cambio de cantidad de combustible.

Sin embargo, antes de entrar en los detalles de operación de tal sistema, es necesario primero comentar algunos de los principios fundamentales de la capacitancia y sus efectos en los circuitos eléctricos.

Capacitancia eléctrica

Siempre que se aplique una diferencia de potencial a través de dos superficies conductoras separadas por un medio no conductor (dieléctrico), éstas tienen la propiedad de almacenar una carga eléctrica. A esta propiedad se la conoce como *capacitancia*.

El flujo de una corriente momentánea dentro de un condensador establece una diferencia de potencial a través de sus placas. Puesto que el dieléctrico no contiene ningún electrón libre, no puede fluir corriente por él, pero la diferencia de potencial establece un estado de tensión en los átomos que lo contienen. Por ejemplo, en el circuito mostrado en la Fig. 13.2, cuando se coloca el interruptor en la posición 1, se produce una afluencia de electrones conocida como la corriente de carga desde la placa A, a través de la batería, a la placa B, y cesa cuando la diferencia de potencial entre las placas es igual a la de la batería.

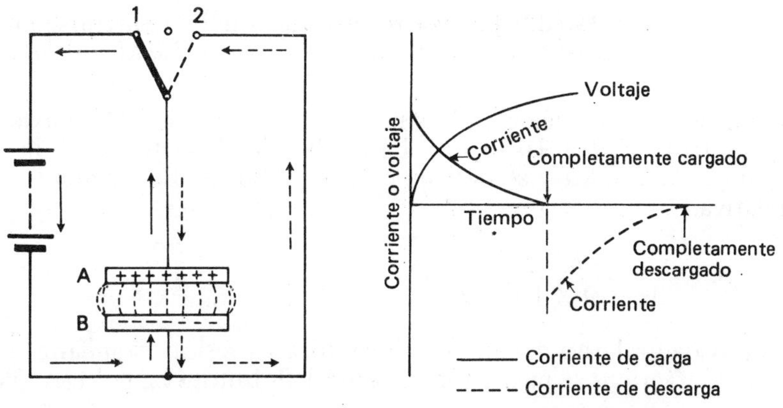

Figura 13.2.–Carga y descarga de un condensador.

Cuando se abre el interruptor, las placas permanecen cargadas positiva y negativamente, puesto que los átomos de la placa A han perdido electrones, mientras que los de la placa B los tienen en exceso. Por lo tanto, se almacena energía eléctrica en el campo eléctrico entre las placas del condensador.

La colocación del interruptor en la posición 2 hace que las placas se cortocircuiten y que los electrones sobrantes de la placa B vuelvan a la placa A, hasta que los átomos de ambas placas sean eléctricamente neutrales y no haya ninguna diferencia de potencial entre ellas. Esta corriente de descarga tiene lugar en dirección inversa a la de carga, según puede verse en la Fig. 13.2.

Unidades de capacitancia

La capacitancia o "capacidad de retención de electrones" de un condensador es la relación entre la carga y la diferencia de potencial entre las placas; se expresa en faradios; un faradio representa la capacidad de un condensador para retener una carga de un coulombio ($6{,}24 \times 10^{18}$ electrones) que eleva la diferencia de potencial entre las placas en un voltio.

Puesto que el faradio es, generalmente, demasiado grande para trabajo práctico, se usa un submúltiplo llamado microfaradio ($1\ \mu F = 10^{-6}$ F). Cuando se aplica el principio del condensador a los sistemas de medición de combustible, se usa como unidad estándar de medición una unidad aún más pequeña, el picofaradio ($1\ pF = 10^{-12}$ F).

Factores de los que depende la capacitancia

La capacitancia de un condensador de placas paralelas depende del área (a), de las placas, de la distancia (d) entre las placas, y de la capacitancia (ϵ_a) de una célula unitaria del material dieléctrico entre las placas:

$$C = \epsilon_a \frac{a}{d} \text{ faradios}$$

La unidad de ϵ_a es el faradio por metro, así que a debe expresarse en metros cuadrados, y d en metros; ϵ_a recibe el nombre de *permitividad absoluta* del dieléctrico.

Las permitividades se suelen citar con relación a la de un vacío, cuya permitividad, ϵ_0, es $1/(4\pi \times 9 \times 10^9 \text{ F})/\text{m}$. La permitividad relativa ϵ, se llama también *constante dieléctrica* y se designa a menudo por K. En términos de permitividad relativa,

$$C = \frac{K}{4\pi \times 9 \times 10^9} \frac{a}{d}$$

La permitividad relativa del aire a temperatura y presión estándar es 1,00059, que para fines prácticos se puede tomar como 1,0. Entonces, por ejemplo,

$$\frac{C_{agua}}{C_{aire}} = \frac{K_{agua}}{K_{aire}} = K_{agua} \text{ aproximadamente}$$

es decir, K es la relación de la capacitancia de un condensador con un dieléctrico dado a su capacitancia con aire entre sus placas.

Las permitividades relativas de algunas sustancias comunes son las siguientes:

Aire	1,00059
Agua	81,07
Vapor de agua	1,007
Gasolina de aviación	1,95
Keroseno de aviación	2,10

Condensadores en serie y paralelo

La capacitancia total de los condensadores conectados en serie o paralelo se obtiene de forma similar a las empleadas para calcular la resistencia total, pero aplicada de forma opuesta. Por tanto, para los condensadores conectados en serie, la capacitancia total viene dada por

$$\frac{1}{C_T} = \frac{1}{C_1} + \frac{1}{C_2} + \frac{1}{C_3} + \ldots$$

y para los condensadores conectados en paralelo,

$$C_T = C_1 + C_2 + C_3 + \ldots$$

Esto se debe a que la adición de condensadores en un circuito aumenta el área de las placas que, según se ha dicho ya, es uno de los factores de los que depende la capacitancia.

Condensadores en circuitos de corriente alterna

Como ya se mencionó, cuando se aplica corriente continua a un condensador no hay ningún flujo de corriente aparte de la corriente de carga inicial a través

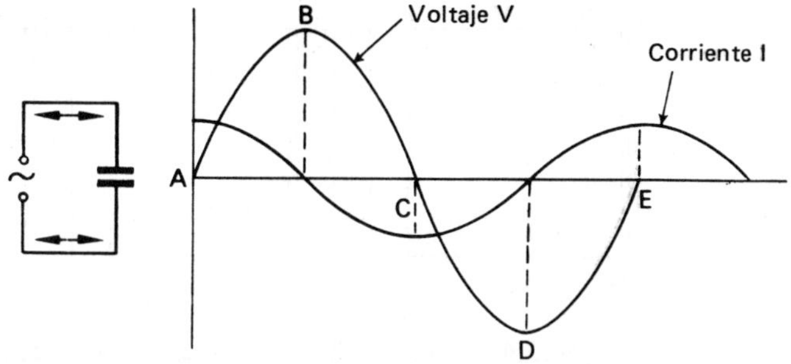

Figura 13.3.–Capacitancia en un circuito de corriente alterna.

del condensador. Sin embargo, al aplicar el principio de capacitancia a los sistemas de medición de combustible se necesita un flujo de corriente para hacer que el indicador responda a los cambios de capacitancia que se originen de las variaciones de cantidad de combustible. Esto se realiza suministrando a las unidades de tanque tipo capacitancia un voltaje alterno, ya que siempre que el voltaje a través de un condensador cambia, fluyen electrones hacia fuera de él sin cruzar las placas y circula una corriente resultante, la cual, en cualquier instante, depende del régimen de cambio de voltaje.

La Fig 13.3 muestra un condensador conectado a una fuente de corriente alterna. En la gráfica puede verse que cuando el voltaje (*V*) aumenta rápidamente en A, fluirá una gran intensidad (*I*) al condensador para cargarlo. Sin embargo, cuando el voltaje aumenta hacia B, la intensidad disminuye hasta que en B, cuando el voltaje está constante a algún valor máximo durante un breve instante, la intensidad ha disminuido a cero. De B a C el voltaje disminuye, el condensador se descarga y la corriente fluye en la dirección opuesta, siendo máximo en C, donde el voltaje es cero. De C a D el condensador se carga en la dirección opuesta y la corriente fluye en la misma dirección que el voltaje, pero alcanza cero en D, donde el voltaje está a algún valor máximo en la dirección opuesta. De D a E el condensador se descarga otra vez. Por lo tanto, cada medio ciclo hay una carga y flujo de corriente dentro y fuera del condensador, llevando la intensidad un adelanto de 90° sobre el voltaje.

La relación entre el voltaje *V* y la intensidad *I* se denomina *reactancia capacitiva*, que quiere decir la oposición o resistencia que ofrece un condensador al flujo de corriente alterna.

SISTEMA DE MEDICION BASICO

Para medir la cantidad de combustible, los condensadores que se vayan a instalar en los depósitos deben tener una construcción diferente de la de los que se emplean normalmente en los equipos eléctricos. Por consiguiente, las placas adoptan la forma de dos tubos montados concéntricamente con un estrecho espacio vacío entre ellos, y se extienden en toda la profundidad del depósito de combustible. Construidos de esta forma, dos de los factores de los que depende la capacitancia son fijos, mientras que el tercer factor, la constante dieléctrica, es variable, puesto que el medio entre los tubos se compone de combustible y aire. En la Fig. 13.4 se muestra la forma en que se producen los cambios de capacitancia debidos al combustible y al aire, que se describen en los párrafos siguientes.

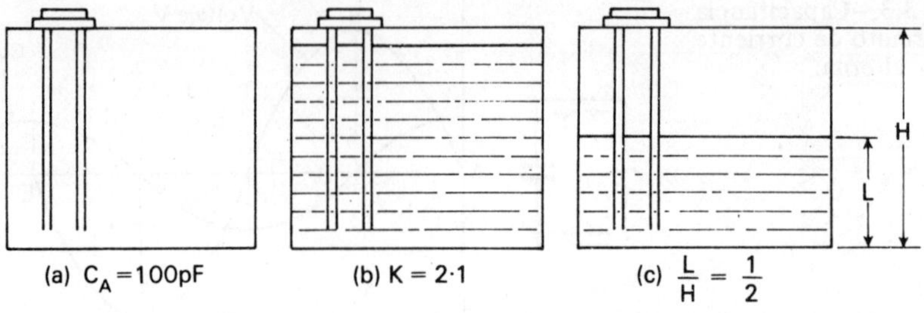

Figura 13.4.–Cambios de capacitancia debidos al combustible y el aire.

En (*a*) hay un condensador instalado en un depósito de combustible vacío y su capacitancia en aire es 100 pF, representada por C_A.

En (*b*) el depósito está lleno de combustible que tiene un valor *K* de 2,1, de modo que el condensador está completamente sumergido. Según se citó en la página 330, *K* es igual a la relación de capacitancia que usa un dieléctrico dado (en este caso C_T) a la que usa aire; por consiguiente,

$$K = C_T / C_A. \tag{1}$$

De la ecuación (1) $C_T = C_A K$, se deduce, por tanto, que la capacitancia de la unidad de tanque o depósito en (*b*) es igual a 100 X 2,1, esto es, 210 pF. El incremento de 110 pF es la capacitancia añadida debido al combustible y puede representarse por C_F. Por consiguiente, la unidad de tanque puede representarse eléctricamente por dos condensadores en paralelo, de una capacitancia total,

$$C_T = C_A + C_F. \tag{2}$$

En la Fig. 13.4(*c*), el depósito está medio lleno y por tanto la capacitancia total es 100 + 55, ó sea, 155 pF. La capacitancia añadida debida al combustible se determina de la forma siguiente. Transponiendo la ecuación (2), $C_F = C_T - C_A$, y sustituyendo $C_A K$ por C_T obtenemos $C_F = C_A K - C_A$, que puede simplificarse así

$$C_F = C_A \ (K - 1) \tag{3}$$

siendo el factor $(K - 1)$ el aumento en el valor *K* sobre el del aire.

Ahora bien, la fracción de la cantidad posible total de combustible en un "depósito lineal" en cualquier nivel dado viene dada por L/H, donde *L* es la altura del nivel del combustible y *H* la altura total del depósito. Por tanto, añadiendo L/H a la ecuación (3) la fórmula completa se transforma en

$$C_F = \frac{L}{H} (K - 1) \, C_A \tag{4}$$

En la Fig. 13.5 se muestra el circuito de un sistema básico de medición. Está dividido en dos secciones por una resistencia *R*; ambas secciones están conectadas en serie con el devanado secundario de un transformador de energía. La sección A contiene el condensador de depósito C_T y, por consiguiente, puede con-

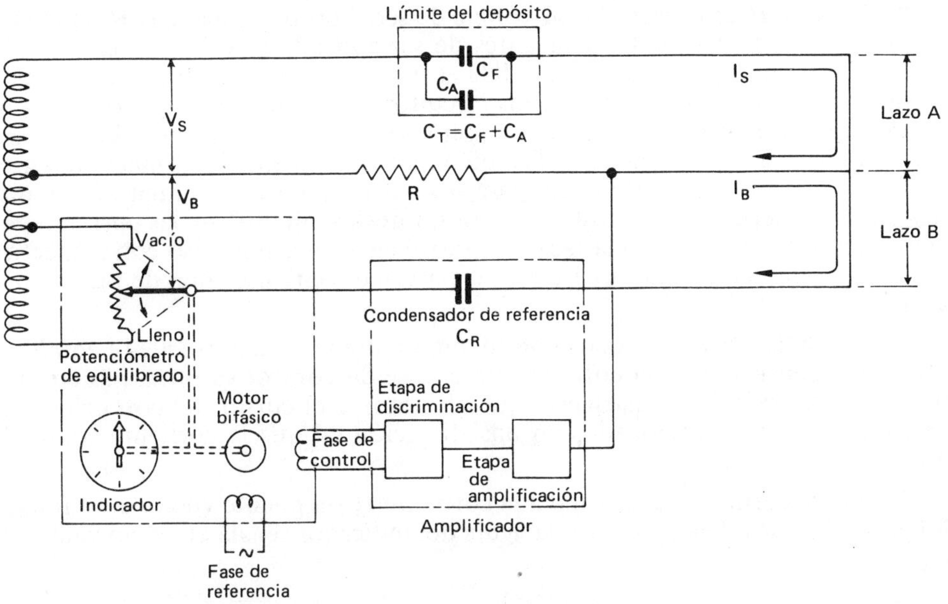

Figura 13.5.—Circuito de un sistema básico de capacitancia de medición de combustible.

siderarse como el circuito detector del puente, puesto que detecta los cambios de corriente debidos a las variaciones de capacitancia. El voltaje V_S del circuito detector permanece constante.

El circuito *A*, que puede considerarse como el equilibrador del puente, contiene un condensador de referencia C_R de valor fijo, y está conectado al transformador vía el cursor de un potenciómetro de equilibrado, de modo que el voltaje V_B sea variable.

El potenciómetro de equilibrado va dentro del indicador junto con un motor bifásico que acciona el cursor del potenciómetro y la aguja del indicador. La fase de referencia del motor está activada continuamente por el transformador de energía; la fase de control está conectada al amplificador y sólo es activada cuando hay una condición de desequilibrio en el puente.

El amplificador, que se basa en las técnicas de circuito de estado sólido, tiene dos etapas principales: una para amplificar la señal producida por el desequilibrado del puente, y la otra para discriminar la fase de la señal que se suministra al motor.

Consideremos la operación del circuito completo cuando se extrae combustible de un depósito lleno. Inicialmente, y en el nivel de depósito lleno constante, la corriente de detección I_S es igual a la corriente equilibradora I_B ; por tanto, el puente está equilibrado y no se produce ningún voltaje de señal a través de *R*.

Cuando el nivel del combustible desciende, el condensador tiene menos combustible a su alrededor; por consiguiente, la capacitancia añadida (C_F) ha disminuido. La capacitancia de la unidad de tanque o depósito disminuye, así como también la corriente de detección I_S, la cual crea una condición de puente desequilibrado con la corriente equilibradora I_B predominando a través de *R*.

A través de R se desarrolla un voltaje de señal proporcional a $I_B R$, el cual es amplificado y su fase detectada antes de ser aplicado a la fase de control del motor del indicador. La señal de salida es un impulso de media onda que es característico de los transistores en los circuitos discriminadores, y, con el fin de convertirla en una señal de onda completa, se conecta un condensador en paralelo con el devanado de control. También hay un condensador conectado en serie con el devanado de referencia para formar lo que se denomina un circuito resonante en serie. Este circuito asegura un desfase de 90° de las corrientes en ambas fases, la corriente en la fase de control en avance o retraso con respecto a la fase de referencia según qué circuito parcial del circuito total de puente predomine.

En la condición que estamos considerando, predomina la corriente equilibradora; por consiguiente, la corriente de la fase de control va retrasada con respecto a la de referencia, haciendo que el motor y el cursor del potenciómetro de equilibrado sean accionados en una dirección tal que la corriente equilibradora I_B disminuya.

Cuando la corriente I_B es igual a la corriente I_S, el puente vuelve a estar equilibrado, el motor deja de girar y la aguja del indicador señala el nuevo valor más bajo.

Efectos de los cambios de temperatura del combustible

Con los cambios de temperatura, el volumen, la densidad y la permitividad relativa de los combustibles varían aproximadamente como se muestra en la Fig. 13.6, que es un gráfico de los cambios aproximados que tienen lugar en una masa de combustible dada. En esta figura se observará que está trazado $K - 1$, puesto que, para un sistema de medición que mide la cantidad de combustible por volumen, el movimiento de la aguja del indicador depende directamente de esto. También debe observarse que, aunque varía en la misma forma que la densidad, el cambio de porcentaje es mayor.

Por lo tanto, un sistema de medición volumétrico estará sujeto a un pequeño error debido a las variaciones de la temperatura del combustible. Además, las variaciones de K y la densidad también se producen en tipos diferentes de combustible que tengan la misma temperatura. Por ejemplo, un sistema de medición

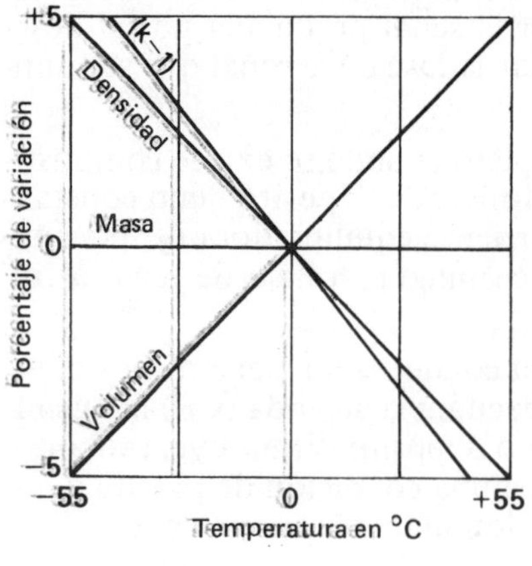

Figura 13.6.—Efectos de la temperatura en las características del combustible.

que está graduado para un valor K de 2,1 tiene un factor de graduación de $2{,}1 - 1 = 1{,}1$. Si se usa el mismo sistema para medir una cantidad de combustible que tenga un valor K de 2,3, el factor de graduación habrá aumentado a 1,3 y el error en la indicación será aproximadamente

$$\frac{1{,}3}{1{,}1} \times 100 - 100\% = 18\%$$

esto es, el indicador señalaría un 18% de más.

MEDICION DE LA CANTIDAD DE COMBUSTIBLE POR PESO

Un método más útil y exacto para medir la cantidad de combustible es hacerlo en términos de su masa y peso. Esto se debe a que la potencia total desarrollada por un motor, o el trabajo que efectúa durante el vuelo, no depende del volumen del combustible sino de la energía que contiene, es decir, del número de moléculas que puede combinarse con oxígeno en el motor. Puesto que cada molécula de combustible pesa algo, y debido también a que una libra de combustible tiene siempre el mismo número de moléculas sea cual fuere la temperatura y, por consiguiente, el volumen, el número total de moléculas (energía total disponible) se averigua mejor midiendo el peso total del combustible.

Para hacer esto, es preciso conocer el volumen y la densidad del combustible y determinar el producto de los dos. Por consiguiente, el dispositivo de medición debe ser sensible a los cambios de volumen y densidad con el fin de eliminar los efectos indeseables debidos a la temperatura.

Esto es evidente si se considera el ejemplo de un depósito que contenga 1.000 galones de combustible, con una densidad de 6 lb/galón a la temperatura normal. Al medir esto volumétricamente debemos obtener, desde luego, una lectura de 1.000 galones y una medición de masa de 6.000 libras. Si una elevación de temperatura aumentase el volumen en un 10%, entonces la medición volumétrica subiría a 1.100 galones, pero la medición de masa permanecería en 6.000 libras, ya que la densidad del combustible (peso/volumen) habría disminuido cuando aumentó la temperatura.

Para graduar medidores en términos de masa de combustible, se supone que la relación entre la permitividad relativa (K) y la densidad (ρ) de una muestra dada de combustible es constante. Esta relación recibe el nombre de índice capacitivo y se define por

$$\frac{K - 1}{\rho}$$

Un sistema medidor calibrado según esta expresión sigue sujeto a errores de indicación, pero son mucho más reducidos. Esto puede demostrarse con un segundo ejemplo.

Suponiendo que el sistema está midiendo la cantidad de un combustible de K nominal $= 2{,}1$ y densidad nominal $\rho = 0{,}779$, entonces su índice capacitivo es

$$\frac{2{,}1 - 1}{0{,}779} = 1{,}412$$

Ahora bien, si el mismo sistema de medición mide la cantidad de otro combustible para el cual los valores nominales de K y ρ son 2,3 y 0,85 respectivamente, entonces su índice capacitivo aumentará así:

$$\frac{2{,}3 - 1}{0{,}85} = 1{,}529$$

Sin embargo, el porcentaje de error es ahora

$$\frac{1{,}529}{1{,}412} \times 100 - 100\% = 8\%$$

y ésta es la cantidad que el indicador debe señalar de más.

SISTEMAS DE MEDICION COMPENSADOS

Aunque la relación constante supuesta entre permitividad y densidad resulta en una reducción del error del indicador, las pruebas sobre las propiedades de los combustibles han mostrado que, mientras que la capacidad varía entre un combustible y otro, esta variación tiende a seguir la permitividad. Por tanto, si un sistema de medición puede detectar también los cambios de la permitividad de un combustible cuando se aparta de su valor nominal, entonces la densidad puede estimarse con mayor exactitud, lo que da lugar a una reducción aún mayor de los errores de indicación.

Por consiguiente, los sistemas de medición que se usan actualmente son del tipo compensado en permitividad o densidad estimada, efectuándose la compensación por medio de un condensador de referencia añadido al circuito de equilibrado del circuito medidor y en paralelo con el condensador C_R, según se muestra en la Fig. 13.7.

La construcción de un compensador es similar a la de una unidad de tanque o depósito estándar y suele ir instalada en el fondo de una unidad para asegurar que el compensador esté siempre sumergido en combustible. Al estar situado de esta forma, su capacitancia se determina solamente por la permitividad, o valor K, del combustible, y no por su cantidad como en el caso de la unidad de tanque. Además de al voltaje variable, el circuito de equilibrado también estará sujeto a capacitancia variable, lo que significa que la corriente de equilibrado I_B, así como la corriente detectora I_S estarán afectadas por las variaciones de K.

Supongamos que el circuito de puente (véase la Fig. 13.5) está equilibrado y que una variación de temperatura del combustible hace que aumente su valor

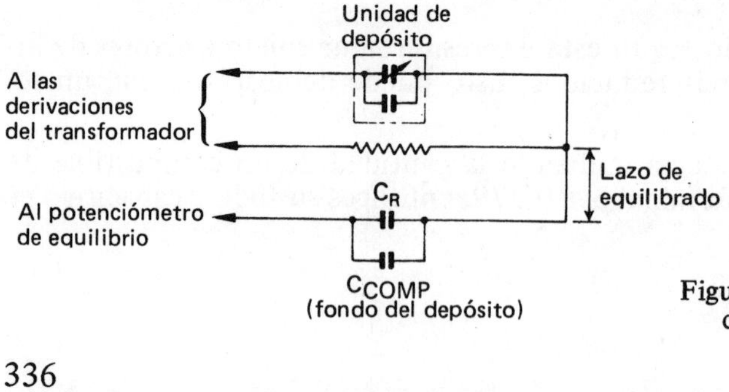

Figura 13.7.—Conexión del circuito del condensador compensador.

K. La capacitancia de la unidad de tanque o depósito aumentará y por eso predominará la corriente I_S para desequilibrar el puente y enviar un voltaje de señal al amplificador y fase de control del motor. Esta señal tendrá tal valor y fase que se precisará un aumento de corriente del lazo equilibrador para equilibrar el puente; el motor debe accionar el cursor del potenciómetro de equilibrado para disminuir la resistencia. Puesto que ésta está en dirección hacia la condición de "depósito lleno", es evidente que el indicador registrará un aumento de la cantidad de combustible. El aumento de K, sin embargo, aumenta también la capacitancia del compensador, de modo que la corriente I_B del circuito equilibrador aumenta simultáneamente con el aumento de la corriente I_S del circuito detector, pero en oposición. Por consiguiente, se obtiene una condición de puente equilibrado que es independiente del potenciómetro de equilibrado.

En la práctica, sigue habiendo una indicación de error debida al hecho de que la densidad varía con la temperatura, y ésta no se mide directamente. Pero el porcentaje de aumento de densidad no es tan grande como el de $K - 1$, y así, mediante una cuidadosa selección de los valores de capacitancia del compensador en conjunción con la capacitancia de referencia, se reduce al máximo el error de medición total.

SITUACION Y CONEXION DE LAS UNIDADES DE TANQUE O DEPOSITO

En los sistemas de indicación de cantidad de combustible tipo capacitancia hay varias unidades de tanque o depósito colocadas dentro de los depósitos de combustible, según puede verse en la Fig. 13.8; estas unidades están conectadas en paralelo a sus indicadores respectivos. Su objeto es asegurar que la indicación permanezca igual, sea cual fuere la posición de vuelo de un avión y sus depósitos, y en caso de oscilación del combustible. Esto puede entenderse consideran-

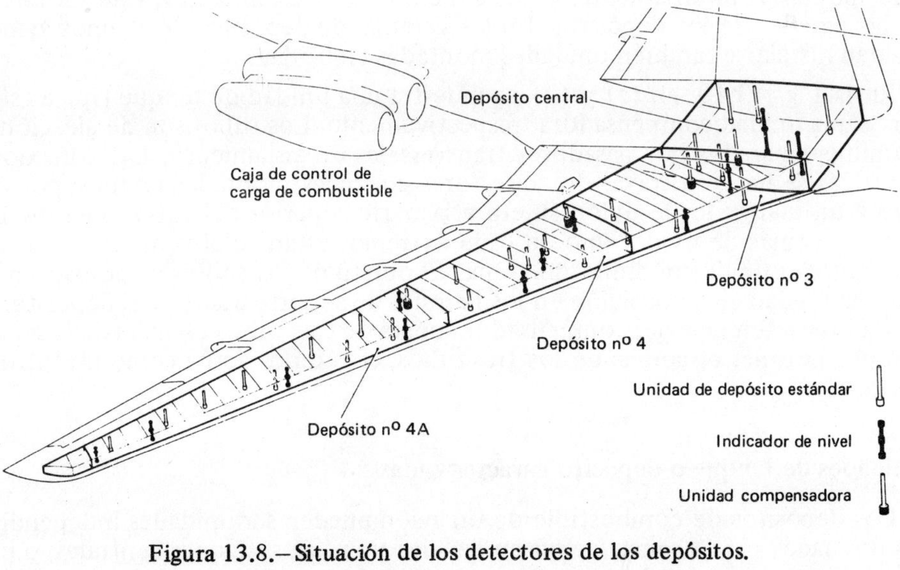

Figura 13.8.–Situación de los detectores de los depósitos.

do un sistema de dos unidades como el que se muestra en la Fig. 13.9. Si el depósito está medio lleno y en posición horizontal, cada unidad de tanque tendrá una capacitancia de la mitad de su valor máximo, y puesto que están conectadas en paralelo, la capacitancia total medida producirá una indicación "semilleno". Cuando el depósito está inclinado, y como el nivel de combustible es el mismo, la unidad A queda más sumergida en el combustible por la distancia *d* y gana alguna capacitancia, tendiendo a hacer que el indicador lea de más. Sin embargo, la unidad B se ha salido del combustible la misma distancia *d* y pierde una cantidad igual de capacitancia. Por tanto, la capacitancia total sigue siendo la misma que en la posición horizontal del depósito y la indicación no varía.

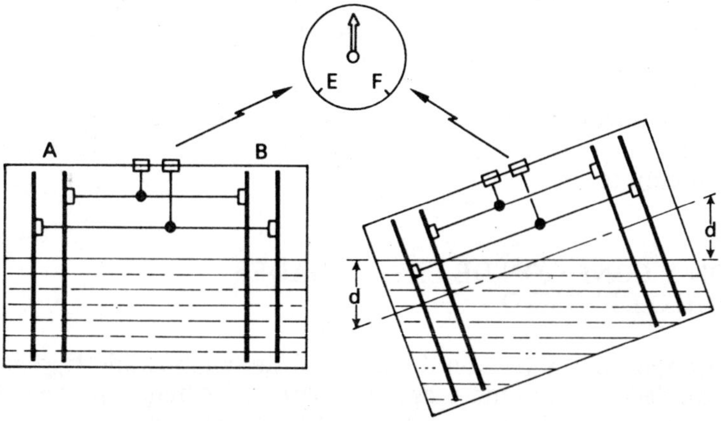

Figura 13.9.–Compensación de posición.

En la mayoría de los casos, las unidades de tanque o depósito están diseñadas para montarlas internamente, y sus conexiones se sacan a través de terminales en las paredes de los depósitos. En los sistemas de depósitos de algunos aviones pueden instalarse también unidades montadas en bridas.

En la Fig. 13.10, en (*a*) y (*b*), se muestra una unidad de tanque típica estándar y una unidad compensadora, respectivamente. Los tubos son de aleación de aluminio separados por pasadores transversales de aislamiento. Las conexiones eléctricas se hacen a través de conectores coaxiales montados en un soporte fijado a un manguito de nylon sujeto a la parte superior del tubo exterior. Dos manguitos más de nylon, uno en cada extremo, están sujetos al tubo, y a cada manguito va unido un anillo de goma. El objeto de los anillos de goma es mantener la unidad en su posición en los herrajes de soporte dentro del depósito. La unidad de referencia del compensador consta de tres tubos concéntricos separados por botones aislantes; de los tres tubos, el exterior actúa como un filtro de tierra.

Unidades de tanque o depósito caracterizadas

Los depósitos de combustible de un avión pueden ser unidades independientes diseñadas para su instalación en las alas y en las secciones centrales, o pue-

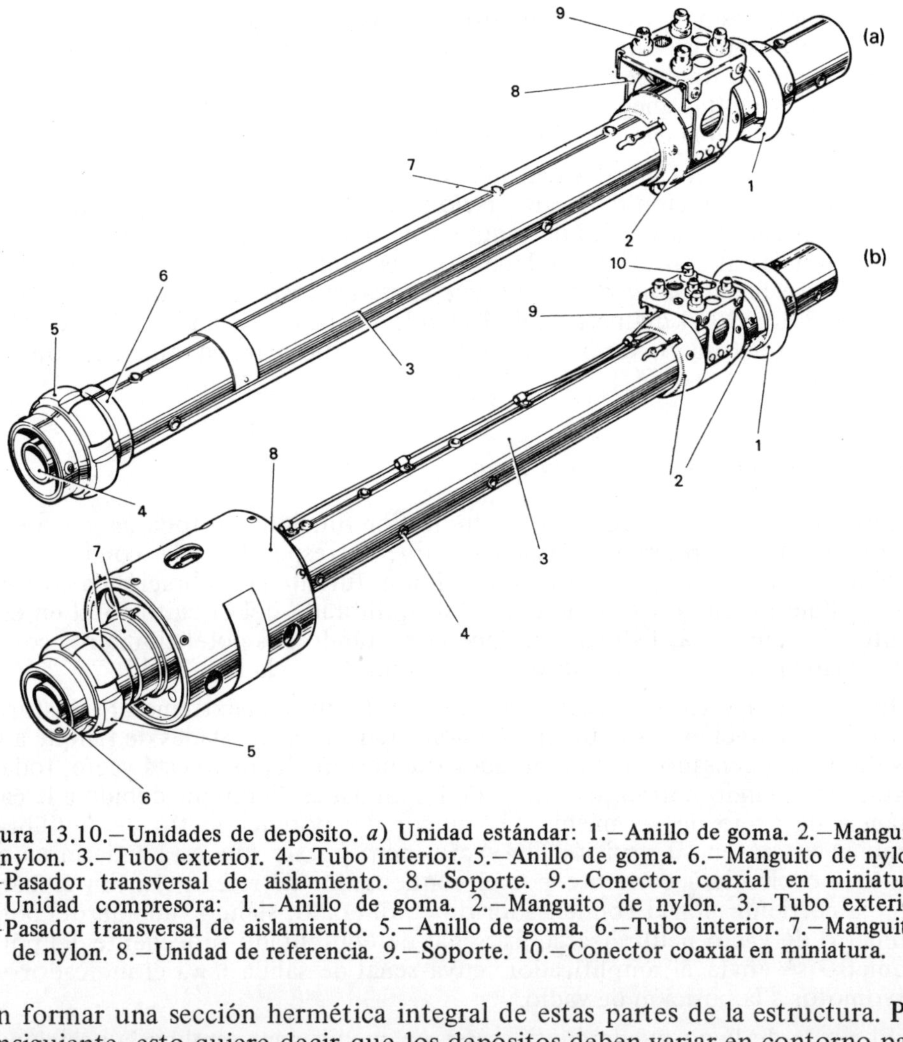

Figura 13.10.–Unidades de depósito. *a*) Unidad estándar: 1.–Anillo de goma. 2.–Manguito de nylon. 3.–Tubo exterior. 4.–Tubo interior. 5.–Anillo de goma. 6.–Manguito de nylon. 7.–Pasador transversal de aislamiento. 8.–Soporte. 9.–Conector coaxial en miniatura. *b*) Unidad compresora: 1.–Anillo de goma. 2.–Manguito de nylon. 3.–Tubo exterior. 4.–Pasador transversal de aislamiento. 5.–Anillo de goma. 6.–Tubo interior. 7.–Manguitos de nylon. 8.–Unidad de referencia. 9.–Soporte. 10.–Conector coaxial en miniatura.

den formar una sección hermética integral de estas partes de la estructura. Por consiguiente, esto quiere decir que los depósitos deben variar en contorno para adaptarse a los lugares elegidos, con el resultado de que el nivel de combustible se establece desde puntos de referencia variables.

La Fig. 13.11 representa el contorno de un depósito situado en el ala de un avión, y, como puede verse, los niveles de combustible desde los puntos A, B y

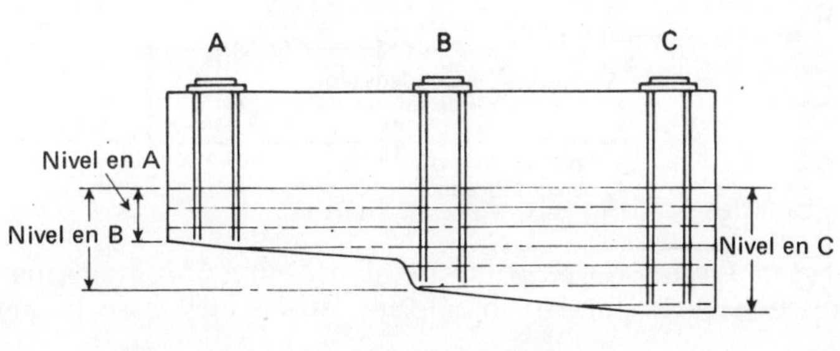

Figura 13.11.–Depósito de combustible no lineal.

C no son los mismos. Cuando en estos puntos hay unidades de tanque, la capacitancia total será la suma de los tres valores diferentes debidos al combustible (C_F), y como las unidades producen el mismo cambio de capacitancia para cada pulgada de longitud anegada, las escalas del indicador no serán lineales, en correspondencia con la característica no lineal del contorno del depósito.

Las variaciones no lineales del nivel de combustible son inevitables, pero los efectos en la separación de la graduación de la escala del indicador puede compensarse diseñando unidades de tanque que midan los cambios de capacitancia proporcionales al contorno del depósito. Las unidades de tanque no lineales así diseñadas se llaman *unidades de tanque caracterizadas*, lográndose el efecto requerido alterando el diámetro del electrodo central o variando el área de su superficie conductora en varios puntos de su longitud, para adaptarse al contorno del depósito.

Ajustes de las posiciones vacío y lleno

Con el fin de que la aguja de un indicador funcione en toda su gama entre los dos puntos de referencia principales que corresponden a las condiciones de depósito vacío y lleno, es necesario equilibrar durante la calibración la corriente y el voltaje de circuitos de detección y equilibrado del circuito total en estos puntos de referencia. Esto se consigue conectando dos potenciómetros controlados manualmente en el circuito según se muestra en la Fig. 13.12.

El potenciómetro de "vacío" está conectado en cada extremo al transformador de alimentación y su cursor está conectado a las unidades de tanque a través de un condensador de equilibrado. Cuando un depósito está vacío, todavía seguirá circulando corriente a través de las unidades de tanque debido a la capacitancia de vacío de las mismas. El cursor del potenciómetro de equilibrado también estará en su posición de vacío, pero puesto que está a tierra en este punto, no circulará corriente por el condensador de referencia. Sin embargo, circula corriente por el condensador de equilibrado, siendo función del potenciómetro de vacío neutralizarla. La señal de equilibrado procedente del potenciómetro se envía al amplificador, cuya señal de salida lleva el indicador y el servomotor a la posición de vacío.

El ajuste de lleno puede considerarse un medio para cambiar la posición del punto en el potenciómetro de equilibrado en el que se encuentra el voltaje de equilibrado para cualquier cantidad dada de combustible, y también para deter-

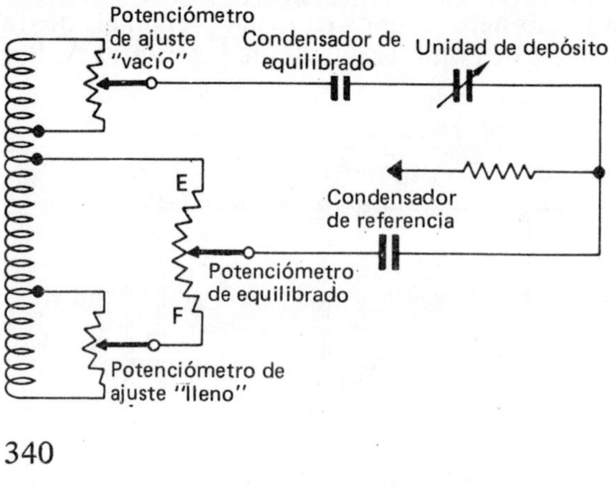

Figura 13.12.–Ajustes de "vacío" y "lleno".

minar la caída de voltaje a través del potenciómetro de equilibrado. En la Figura 13.12 puede verse que, si el cursor del potenciómetro de lleno está colocado en el fondo, el voltaje del secundario del transformador de lleno se aplicará al potenciómetro de equilibrado. Con el cursor en la parte superior, se introduce resistencia en el circuito, de forma que se aplica un voltaje menor al potenciómetro de equilibrado. Por consiguiente, puede variarse la distancia que el cursor del potenciómetro de equilibrado necesita moverse para desarrollar un voltaje de equilibrado dado.

Circuitos de prueba y a prueba de fallos

Si hay un fallo de la salida procedente de un amplificador, es posible que no haya respuesta a las señales de error y equilibrado; para tener la seguridad de que un piloto o un mecánico no es engañado por un indicador que permanezca fijo en algún valor de cantidad de combustible, el sistema de medición lleva un circuito a prueba de fallos o un circuito de prueba.

Un circuito típico a prueba de fallos consta de un condensador y una resistencia, conectados en el circuito del motor del indicador, de modo que la alimentación del devanado de referencia sea puesta en paralelo al devanado de control. Una pequeña corriente desfasada en avance circula siempre por el circuito en paralelo, pero en condiciones normales de operación del sistema es suprimida por las señales de la unidad de tanque que fluyen a través del devanado de control del motor. Cuando estas señales cesan debido a un fallo, predomina la corriente del circuito en paralelo y circula por el devanado de control para mover la aguja lentamente hacia abajo a la posición de vacío.

Un circuito de prueba lleva un interruptor montado adyacente a su indicador apropiado. Cuando se mantiene el interruptor en la posición de "prueba" se introduce en el devanado de control del motor del indicador una señal que simula una condición de depósito vacío, haciéndole accionar la aguja hacia cero si el circuito es operable. Cuando se suelta el interruptor, la aguja volverá a su indicación original.

INDICADORES TOTALIZADORES DE CANTIDAD DE COMBUSTIBLE

En diversos tipos de aviones de transporte público, el sistema de indicación de cantidad de combustible lleva un indicador adicional conocido como "totalizador de combustible". En la Fig. 13.13 puede verse una presentación típica en esfera, y en ella se observará que los contadores digitales no sólo presentan la cantidad total de combustible que queda, sino también el peso total del avión.

El indicador está compuesto básicamente por una red de resistencia apropiada al sistema del avión particular, que tiene un número de canales igual al de indicadores primarios de cantidad de combustible. Cada canal recibe un voltaje de señal de un indicador primario, y la red de resistencia aporta corrientes de acuerdo con la cantidad de combustible que representa cada voltaje, y luego suma las corrientes para representar la cantidad total de combustible que queda. Por tanto, cualquier cambio en el voltaje de señal de uno o más de los indicadores primarios, produce un cambio proporcional en la "corriente de cantidad de

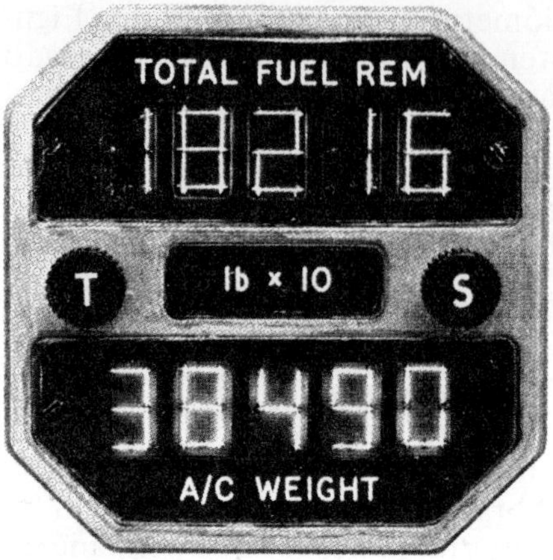

Figura 13.13.–Indicador totalizador. (Por cortesía de Smiths Industries.)

combustible total", y un desequilibrio de las condiciones del circuito que mueve el contador al valor correspondiente.

El contador de peso total, que se preajusta para que indique el peso del avión antes del vuelo, está también conectado al sistema de indicadores primarios de cantidad de combustible, pero de tal forma que cuando se consume combustible, el contador indica continuamente un peso total decreciente.

SISTEMA DE LLENADO POR CORTE VOLUMETRICO

En algunos aviones hay un sistema denominado "llenado por corte volumétrico" (VTO) que funciona en combinación con las unidades detectoras de los depósitos del sistema primario de indicación de cantidad de combustible. La finalidad del VTO es terminar automáticamente una operación de llenado de un depósito a un nivel de combustible preestablecido, permitiendo con ello cargar de combustible el máximo volumen y el espacio de expansión correcto en el depósito.

Cada depósito lleva un sistema independiente, que está compuesto por una unidad de llenado por corte volumétrico, una unidad compensadora y un conjunto de unidades de depósito que son compartidas con las del sistema de indicación primario. La salida de la unidad de llenado por corte volumétrico se suministra a la válvula de corte del sistema primario.

Durante las operaciones de llenado, el sistema de indicación primario registra la cantidad de combustible en aumento en las unidades de masa normales, y las señales correspondientes se aplican a un circuito de puente en la unidad VTO. Las señales del compensador del VTO están en relación con la capacidad del depósito en unidades volumétricas, y éstas se aplican también al circuito de puente, el cual compara entonces ambas señales. La señal resultante se amplifica y envía a través de un circuito de conmutación de estado sólido para activar la válvula de corte de repostado cuando se alcanza el nivel de llenado nominal, o volumen, del depósito de combustible. La calibración de todo el sistema VTO al volumen de "depósito lleno" nominal deseado se realiza ajustando la corriente a través del compensador del VTO de modo que se corresponda con la corriente total de las unidades de tanque o depósito en el nivel de corte particular.

PANELES DE CONTROL DE REPOSTADO

En los grandes aviones, la posición de los indicadores primarios de cantidad de combustible está bastante alejada de los puntos de repostado del avión, haciendo que el personal de tierra encuentre dificultades para supervisar la operación de repostado. Además, la cantidad de combustible cargado debe mantenerse dentro de los límites aceptables de exactitud para evitar llevar combustible que no se desee. Para solucionar estos problemas, se instalan paneles de control al lado de los puntos de repostado.

En la Fig. 13.14 puede verse un panel que se usa en conjunción con un sistema de llenado por corte volumétrico. Los indicadores están conectados en los mismos circuitos detectores que los indicadores primarios, proporcionando así una indicación duplicada de la cantidad de combustible durante la operación de repostado. Los interruptores debajo de los indicadores controlan las posiciones de sus válvulas de repostado de los depósitos respectivos.

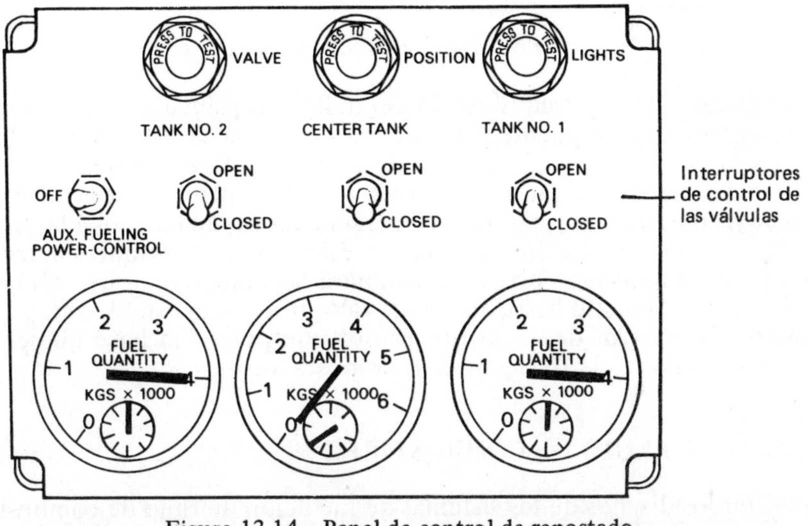

Figura 13.14.—Panel de control de repostado.

Si se necesita una carga parcial de combustible, se vigilan los indicadores; cuando se ha cargado la cantidad deseada, se cierran las válvulas de repostado mediante el interruptor de la válvula apropiada. Sin embargo, cuando se precisa una carga máxima de combustible, las válvulas se cierran automáticamente por la acción de cierre del VTO y en la forma descrita en la página 342. Al término de una operación de repostado, el panel de control se cierra con una puerta que actúa también como un interruptor que aisla toda la energía eléctrica al sistema de repostado.

En la Fig. 13.15 se muestra otro tipo de panel de control que se usa actualmente. En este caso, la cantidad de combustible que se necesita se selecciona en los controles de límite de carga antes de accionar los interruptores de las válvulas de repostado. Cada control de límite de carga tiene un dial graduado de forma análoga a los de los indicadores primarios de cantidad, y un mando y aguja ajustados manualmente. El mando va acoplado a un potenciómetro que, junto

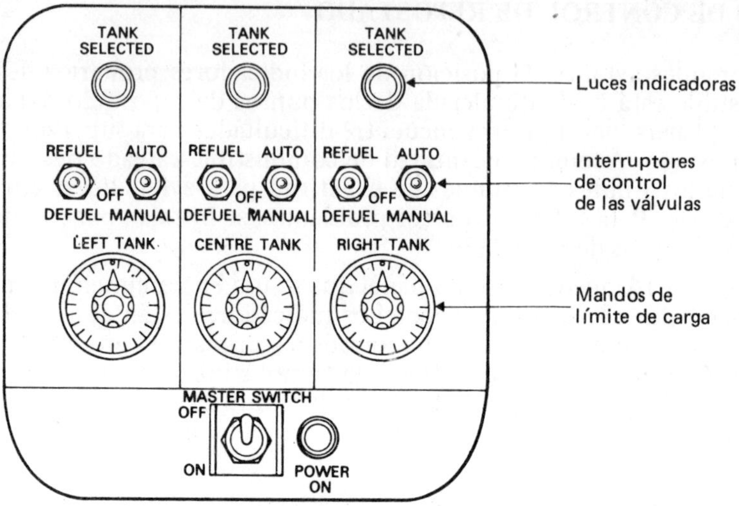

Figura 13.15.–Panel de control de límite de carga de combustible.

con el potenciómetro de reequilibrado del indicador primario respectivo, forma parte de un circuito de puente. Cuando se selecciona la carga de combustible necesaria, el potenciómetro de control de carga establece cierto nivel de voltaje de señal en el circuito de puente y activa un relé dentro del control de carga. Los contactos de este relé están también en el circuito de control a la válvula de repostado. Cuando el depósito apropiado esté lleno, el potenciómetro de reequilibrado en el indicador primario cambiará las condiciones de voltaje de señal del circuito de puente hasta que, a un valor inferior al establecido por el potenciómetro de control de carga, un cambio de polaridad hace que el relé se desactive y por ello se cierre la válvula de repostado.

MEDICION DEL FLUJO DE COMBUSTIBLE

Al analizar los diseños de los sistemas de medición de flujo de combustible se encontrará que quedan comprendidos dentro de dos grupos principales: (i) *flujo de combustible independiente*, y (ii) *integrado*. Se usan varios tipos y no es posible detallarlos todos. No obstante, se ha elegido un sistema que puede considerarse representativo de cada grupo para ilustrar las aplicaciones de los requisitos y principios fundamentales.

Sistema independiente de flujo de combustible

Este sistema consta de un transmisor y un indicador y precisa 28 voltios de corriente continua para su funcionamiento.

El transmisor, mostrado en la Fig. 13.16, tiene un cuerpo fundido con conexiones de entrada y salida en comunicación con una cámara de medición en forma de espiral que contiene el conjunto medidor. Este último consta de una paleta medidora pivotada de forma que pueda desplazarse angularmente bajo la influencia del combustible que pasa por la cámara. Entre el borde de la paleta y

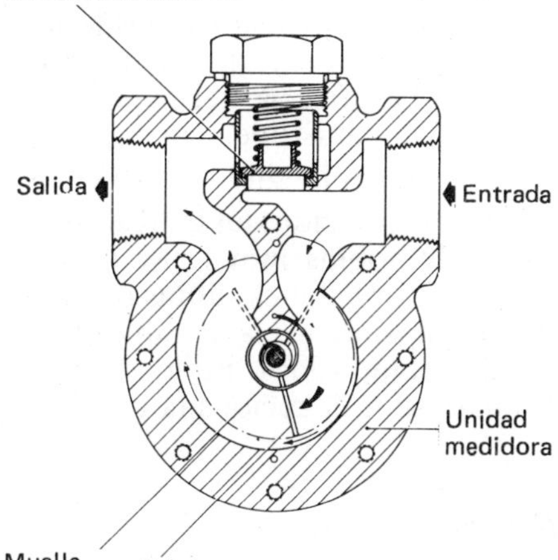

Figura 13.16.—Vista en corte de un transmisor de flujo de combustible de paleta giratoria.

la pared de la cámara se forma una pequeña separación, la cual, a causa de la forma en espiral de la cámara, aumenta de área cuando la paleta se desplaza de su posición cero. La variación del área de la separación controla el régimen de desplazamiento de la paleta, que es más rápido en los regímenes de flujo menores (separación más estrecha) que en los más altos. Por lo tanto, su función puede compararse con un compensador de ley cuadrática del anemómetro, que, como se recordará, es un dispositivo para abrir una escala indicadora. La paleta está montada en un eje que va en dos cojinetes planos con casquillo, uno en cada tapa que cierra la cámara de medición.

En un extremo, el eje sobresale a través de su cojinete y lleva un imán anular bipolar que forma parte de un acoplamiento magnético entre la paleta y la unidad de transmisión eléctrica. En este sistema particular la unidad es un potenciómetro de precisión; en algunos diseños puede utilizarse un sincro de corriente alterna. El eje del potenciómetro (o sincro) lleva un imán recto bipolar que está situado en el interior del imán anular. La interacción de los dos campos proporciona un "cierre magnético", de modo que el cursor del potenciómetro (o rotor del sincro) pueda seguir cualquier desplazamiento angular de la paleta de medición sin fricción.

El otro extremo del eje de la paleta de medición sobresale también a través de su cojinete y su punto de fijación para el extremo interior es un muelle de control calibrado especialmente. El extremo exterior del muelle está sujeto a una placa de disco que puede ser girada por un piñón que engrana con los dientes cortados en la periferia de la placa. Esto proporciona el ajuste de la torsión del muelle durante la calibración del transmisor.

Cualquier tendencia del conjunto medidor y del elemento de transmisión a oscilar en condiciones de regímenes de flujo estático es vencida por un sistema de amortiguación de líquido, siendo el líquido el mismo combustible. El sistema comprende una cámara de amortiguación que contiene un contrapeso y una paleta circular que están sujetos al mismo extremo del eje de la paleta de medición que el muelle de control. La cámara de amortiguación está sujeta a uno de los lados del cuerpo del transmisor, y, excepto por un pequeño orificio de purga en una placa obturadora circular, está separada de la cámara de medición. El propósito del orificio es, desde luego, dejar que el combustible llene la cámara de amortiguación y, de este modo, sumergir completamente el conjunto de contrapeso. La eficacia del sistema de amortiguación no se ve influenciada por el flujo de combustible. Un tapón roscado en la tapa exterior de la cámara de amortiguación facilita el drenaje de combustible de dicha cámara.

La construcción del indicador es sencilla. Está compuesto por un miliamperímetro de bobina móvil que lleva una sola aguja que se mueve sobre una escala graduada en galones, libras o kilogramos por hora. Las señales al miliamperímetro se transmiten vía un amplificador transistorizado que también va dentro de la caja del indicador. En los sistemas que emplean transmisión síncrona, la aguja del indicador es accionada por el rotor de un sincrorreceptor.

Funcionamiento

Cuando el combustible comienza a fluir a través de la tubería de alimentación principal, entra en el cuerpo del transmisor y atraviesa la cámara de medición. Al hacerlo así, desvía la paleta medidora de su posición cero y tiende a llevarla alrededor de la cámara. Puesto que la paleta está acoplada al muelle calibrado, este último se opondrá al movimiento de la paleta, dejándola que adopte solamente una posición angular en la que la tensión del muelle esté en cualquier instante equilibrada con el régimen de flujo de combustible. La paleta, a través del medio del acoplamiento de cierre magnético, hará también que el cursor del potenciómetro sea desplazado; con un voltaje continuo constante a través del potenciómetro, el voltaje en el cursor es directamente proporcional al flujo de combustible. El voltaje es alimentado al amplificador, cuya corriente de salida acciona la aguja del miliamperímetro para que indique el flujo de combustible.

En un sistema que emplee sincros, el flujo de corriente debido a diferencias de la posición angular de los rotores accionará el rotor del sincro del indicador directamente a la posición nula y, por ello, hará que la aguja del indicador señale el flujo de combustible.

En el tipo de transmisor considerado también es necesario proporcionar una derivación para el combustible en caso de agarrotamiento de la paleta o alguna otra obstrucción que produzca un aumento de presión en el lado de entrada. En la Fig. 13.16 puede verse que la válvula es del tipo sencillo cargada por resorte incorporado en la cámara de medición. La tensión del muelle se ajusta de modo que la válvula se levante de su asiento y deje que el combustible no pase por la cámara de medición cuando la diferencia de presión a través de dicha cámara pasa de 2,5 $lbf/pulg.^2$

SISTEMA AFORADOR INTEGRADO

Podemos definir el *sistema aforador integrado* como aquél en el que el elemento que indica el combustible consumido está combinado con el requerido para flujo de combustible, permitiendo así que se puedan presentar ambas cantidades en un solo instrumento.

Para realizar esto es necesario incluir en el sistema un dispositivo que dé directamente el combustible consumido en un período de tiempo del régimen de flujo durante ese mismo período. En otras palabras, se necesita un integrador de tiempo para saber el combustible consumido en la relación de régimen de flujo de combustible/tiempo.

Tal dispositivo puede ser mecánico, formando parte integral de un mecanismo indicador, o, como en los sistemas aforados electrónicos, una etapa divisora especial dentro del amplificador o incluso una unidad integradora completamente independiente. A continuación se estudiará un sistema típico al que se aplican los principios de funcionamiento.

El sistema consta de tres unidades principales: transmisor de flujo, relé electrónico o calculador, e indicador. Su funcionamiento se basa en el principio de que el par necesario para acelerar un fluido a una velocidad angular dada es una medida del régimen de flujo de la masa de fluido. La velocidad angular, que se imparte por medio de un impulso giratorio y un tambor, establece una reacción para realizar desplazamientos angulares relativos entre el impulso y el tambor. Los selectores inducidos detectan los desplazamientos en términos de impulsos de señales proporcionales al régimen de flujo y los suministra, a través del amplificador/calculador, al indicador.

El transmisor, que se muestra esquemáticamente en corte en la Fig. 13.17, consta de un cuerpo de aleación de aluminio que contiene una cámara de medición de flujo, un conjunto de impulsor accionado por motor, y un conjunto de bobina inductora montado exteriormente. El conjunto del impulsor está compuesto de un tambor exterior que es accionado a través de un acomplamiento

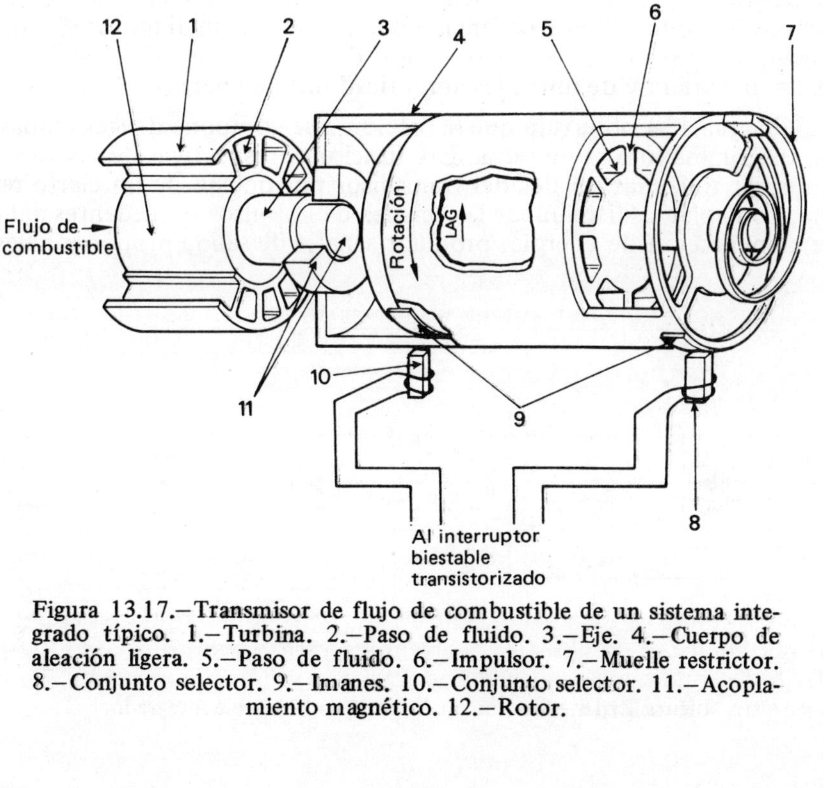

Figura 13.17.–Transmisor de flujo de combustible de un sistema integrado típico. 1.–Turbina. 2.–Paso de fluido. 3.–Eje. 4.–Cuerpo de aleación ligera. 5.–Paso de fluido. 6.–Impulsor. 7.–Muelle restrictor. 8.–Conjunto selector. 9.–Imanes. 10.–Conjunto selector. 11.–Acoplamiento magnético. 12.–Rotor.

magnético y un engranaje reductor, por un motor síncrono, y un impulsor que incorpora unas paletas para impartir velocidad angular al combustible que fluye a través de la cámara de medición. El tambor y el impulsor están acoplados por un muelle lineal calibrado. El motor va dentro de un tambor fijo en el extremo de entrada y gira el impulsor a una velocidad constante. El el tambor fijo hay paletas de enderezameinto para eliminar cualquier velocidad angular ya presente en el combustible antes de que pase por el conjunto de impulsor. Un aspecto a tener en cuenta en el uso de un acoplamiento magnético entre el motor y el conjunto de impulsor es que elimina los inconvenientes relacionados con las juntas de cierre giratorias. El motor y su engranaje de accionamiento están aislados del combustible al estar encerrados en una cámara que está evacuada y llena de un gas inerte antes del sellado.

Cada uno de los dos conjuntos de selectores constan de un imán y un inductor de núcleo de hierro. Un imán está ajustado al tambor exterior mientras que el otro lo está al impulsor, proporcionando así los puntos de referencia angular requeridos. Los imanes están situados de modo que en condiciones de flujo cero estén alineados efectivamente. Las bobinas están situadas en un compartimiento eléctrico en el exterior del cuerpo del transmisor, junto con unidades transistorizadas que amplifican y conmutan las señales inducidas.

El calculador efectúa la función de proporcionar la energía a los diversos circuitos del sistema, detectando el número de impulsos producidos en el transmisor, y calculando e integrando el régimen de flujo de combustible y la cantidad de combustible consumido. Consta de varias etapas interconectadas en tres secciones distintas, según se muestra en el diagrama de bloques de la Fig. 13.18. Las etapas de las secciones 2 y 3 constan de transistores y sus condensadores de acoplamiento asociados a resistencias. La sección de alimentación de energía (1) controla el voltaje y la frecuencia de la alimentación al motor síncrono del transmisor, y consta de un transformador, de un oscilador de cristal transistorizado, de una salida y de unidades amplificadoras de energía.

En el diagrama se observará que la sección 2 se compone de tres etapas: inhibidora, discriminadora y divisora. Las funciones respectivas de las tres etapas son: suprimir todas las señales del transmisor por debajo de un cierto régimen de flujo; controlar o discriminar las señales de impulsos procedentes del oscilador de alimentación de energía; producir señales de salida proporcionales al ré-

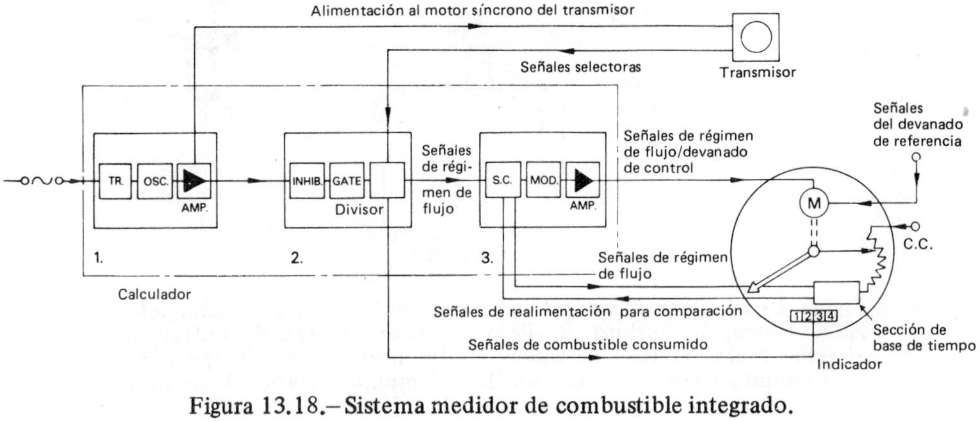

Figura 13.18.– Sistema medidor de combustible integrado.

gimen de flujo verdadero; proporcionar el factor divisor de tiempo y los impulsos de salida que representan la masa unitaria de combustible consumido. La sección 3 también se compone de tres etapas: comparadora de señales, moduladora y servoamplificadora. Las funciones respectivas de estas tres etapas son: comparar las señales de salida del transmisor con las señales de base de tiempo realimentadas desde el indicador; combinar la salida del comparador con corriente alterna de 400 Hz y producir una nueva salida; proporcionar una señal de accionamiento al devanado de control del servomotor del indicador.

El indicador emplea una sección de indicación de flujo que consta de un servomotor de 400 Hz que acciona una aguja y un cursor de potenciómetro a través de un tren de engranajes de reducción. El devanado de referencia del motor recibe un voltaje alterno constante, mientras que el devanado de control recibe sus señales del servoamplificador del calculador. El potenciómetro recibe corriente continua y su cursor está conectado eléctricamente a una sección de base de tiempo transistorizada, también dentro del indicador. Las señales de salida del transmisor se introducen también en la sección de base de tiempo vía un potenciómetro preajustado que forma parte de la etapa comparadora de señales del calculador. La diferencia entre la base de tiempo y los voltajes de las señales de flujo de combustible indicado se envía al servomotor, que entra en funcionamiento para reducir el voltaje de error a cero y corregir así el flujo de combustible indicado.

La sección de combustible consumido del indicador consta de un contador digital de 5 tambores accionado por solenoide y un amplificador de impulsos. El amplificador recibe un impulso de la etapa divisora del calculador para cada masa unitaria de combustible consumido y envía su salida al solenoide, el cual avanza los tambores del contador apropiadamente. Para reponer el contador a cero se facilita un botón de reajuste mecánico.

Funcionamiento

Cuando se conecta energía eléctrica al sistema, el motor síncrono en el transmisor se pone en funcionamiento para accionar el conjunto de impulsor a una velocidad constante. En condiciones de flujo de combustible cero, los imanes de los conjuntos de selectores están alineados efectivamente, aunque en la práctica hay una pequeña diferencia angular establecida para mantener una desviación que representa un régimen de flujo mínimo específico. Esto se indica en la Fig. 13.19(*a*). Cuando fluye combustible a través de la cámara de medición del transformador, el conjunto de impulsor giratorio y tambor imparte una velocidad angular constante al combustible, y puesto que los dos están interconectados por un muelle calibrado, se crea un par de reacción que altera el desplazamiento angular entre el impulsor y el tambor, y sus imanes correspondientes. Este desplazamiento angular es proporcional al régimen de flujo. En las Figuras 13.19(*b*) y (*c*) puede verse el desplazamiento para regímenes de flujo de combustible de crucero y máximo.

La posición de cada imán la detecta su propia bobina selectora; los impulsos primarios inducidos cuando cada imán se mueve más allá de su bobina son enviados a la etapa divisora en el calculador (véase también la Fig. 13.18). La salida de esta etapa se envía al devanado de control del servomotor del indicador a través de la sección 3 del calculador, y la aguja del indicador es accionada para

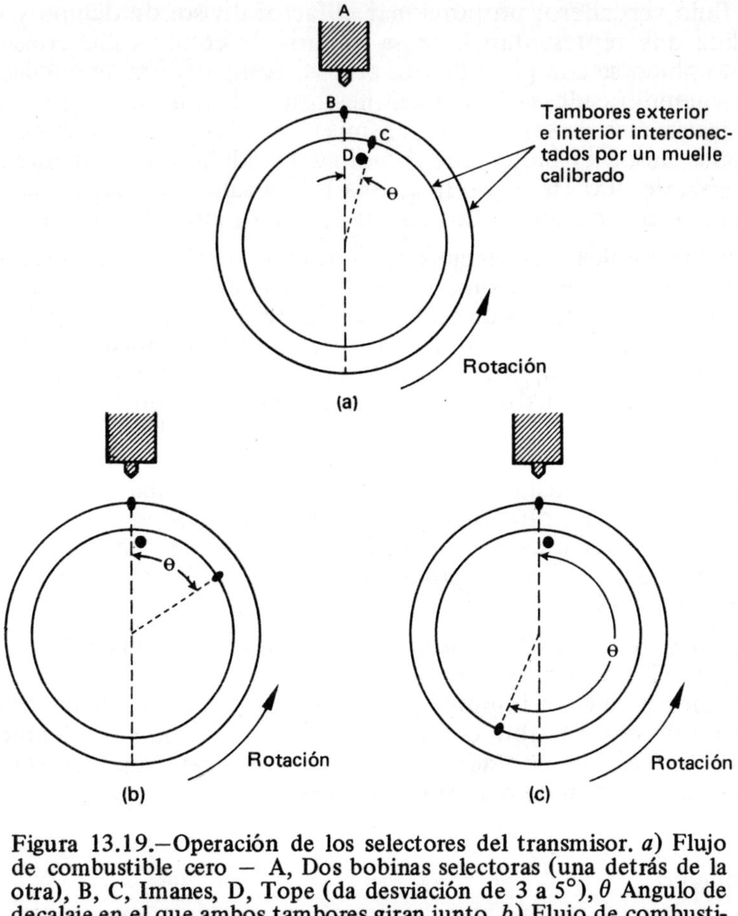

Figura 13.19.–Operación de los selectores del transmisor. *a*) Flujo de combustible cero – A, Dos bobinas selectoras (una detrás de la otra), B, C, Imanes, D, Tope (da desviación de 3 a 5°), θ Angulo de decalaje en el que ambos tambores giran junto. *b*) Flujo de combustible de crucero. *c*) Flujo máximo de combustible.

que indique el flujo de combustible. Al mismo tiempo, el motor acciona el cursor del potenciómetro, produciendo una señal que es realimentada a la etapa comparadora de señales y comparada con la salida producida por el transmisor. Cualquier señal de diferencia resultante se amplifica, modula y amplifica en energía para accionar el motor del indicador y la aguja a una posición que señale el régimen real de flujo de combustible.

La etapa divisora del calculador también utiliza las señales del transmisor para producir señales de "tiempo" de impulsos para la operación del contador de combustible consumido del indicador. En cada revolución sucesiva del conjunto impulsor del transmisor se añaden impulsos y se dividen por una relación seleccionada, y se suministran luego al contador como un impulso por cada kilogramo o libra de combustible consumido.

PREGUNTAS

13.1. Describir la construcción y operación de un indicador de cantidad de combustible tipo flotador con el que se esté familiarizado.

13.2. Explicar el principio de funcionamiento de un condensador y relacionar los factores de los que depende su capacitancia.

13.3. Definir *a*) las unidades en que se expresa la capacitancia, *b*) la permitividad.

13.4. *a*) Explicar cómo la corriente alterna aplicada a un condensador hace que fluya corriente a través de él.
b) ¿Cuál es el término utilizado para expresar la relación voltaje/intensidad?

13.5. Dar la fórmula para calcular la capacitancia total de un circuito que contenga: *a*) condensadores en serie, *b*) condensadores en paralelo.

13.6. *a*) ¿Cuál de las variables de capacitancia se utiliza en el sistema de cantidad de combustible tipo capacitancia?
b) Describir la construcción de una unidad típica de tanque o depósito.

13.7. Dibujar un circuito de un sistema de indicación de cantidad de combustible típico tipo capacitancia. Explicar el principio de funcionamiento.

13.8. *a*) ¿Qué efectos tienen los cambios de temperatura en los combustibles utilizados?
b) Explicar cómo se compensan en un sistema de indicación de cantidad de combustible.

13.9. Explicar por qué es necesario instalar varias unidades de tanque o depósito en un depósito de combustible.

13.10. ¿Por qué es preferible que los sistemas de indicación de cantidad de combustible midan el peso del combustible en vez del volumen?

13.11. ¿Cuáles son los ajustes proporcionados normalmente en un sistema de indicación de cantidad de combustible tipo capacitancia?

13.12. Explicar la función del interruptor de prueba incorporado en algunos sistemas de indicación de cantidad de combustible.

13.13. Explicar brevemente cómo puede indicarse el combustible total remanente.

13.14. ¿Cuál es la finalidad de un sistema de "llenado por corte volumétrico"? Describir brevemente la operación de un sistema de este tipo.

13.15. ¿Por qué existen paneles de control de repostado en algunos tipos de avión?

13.16. Describir un método de control de repostado.

13.17. Describir la construcción de un indicador aforador de combustible y explicar el principio básico de operación.

13.18. ¿Cuál es la función de la válvula de derivación cuando se instala en ciertos tipos de aforador de combustible?

13.19. *a*) ¿Qué es un sistema aforador integrado?
b) Describir un método para lograr integración.

14. Instrumentos de potencia y control del motor

La potencia de los motores de émbolo, de los turborreactores y de los turbohélices se refiere a la cantidad de empuje disponible para propulsión y se expresa como potencias nominales en unidades de potencia al freno o al eje (bhp ó shp) en el eje de una hélice o en libras de empuje en el tubo de chorro.

Las potencias nominales de cada uno de los diversos tipos de motor se determinan durante las pruebas de calibración en el banco de pruebas, realizadas por el fabricante para varias condiciones de operación tales como despegue, subida y crucero normal. Por ejemplo, el empuje de régimen de un motor turborreactor en despegue puede limitarse a cinco minutos a una temperatura de la turbina de 795 °C. Esto no quiere decir, desde luego, que el motor se vaya a desintegrar de pronto si se rebasan estos límites, pero si se hace con frecuencia es evidente que se le someterá a esfuerzos indeseables que llevarán al deterioro de sus partes internas vitales.

Por consiguiente, todas las potencias nominales se establecen con vistas a alargar la vida de los motores y a revisiones más espaciadas de los mismos. Por lo tanto, es necesario que los motores cuenten con instrumentos para la indicación de la potencia que desarrollan. En la Tabla 14.1 se relacionan los instrumentos asociados con la indicación de potencia para los diversos tipos de motor.

Tabla 14.1.–Instrumentos de indicación de potencia

Indicador	*Tipo de motor*				
	Embolo		*Turborreactor*		*Turbohélice*
	Sin sobrealimentación	*Sobrealimentado*	*Compresor centrífugo*	*Compresor de flujo axial*	
Tacómetro	X	X	X	X	X
Flujo de combustible		X	X	X	
Presión de admisión		X			
Presión de torsión		X			X
Temperatura de los gases de escape			X	X	X
Relación de presión				ó X	
Porcentaje de empuje					

INDICADORES DE POTENCIA PARA MOTORES ALTERNATIVOS

La potencia de un motor alternativo no sobrealimentado está relacionada directamente con su velocidad; por eso, con la palanca de gases en un ajuste correspondiente, un sistema de tacómetro (descrito en el Capítulo 10) sirve también de indicador de potencia.

Sin embargo, con el motor sobrealimentado entran en escena parámetros adicionales: el flujo de combustible, el aumento de presión producido por el sobrealimentador en el colector de inducción y, en algunos motores, la presión del torsiómetro o la presión media efectiva al freno (bmep). Por tanto, la potencia la vigilan cuatro instrumentos. Como en el Capítulo 13 ya se analizaron los indicadores de flujo de combustible, las descripciones que figuran a continuación quedan limitadas a los tres instrumentos restantes.

Indicadores de presión de admisión

Los indicadores de presión de admisión son del tipo de lectura directa y están graduados para medir la presión absoluta en pulgadas de mercurio. Antes de considerar un ejemplo típico, será útil exponer brevemente el principio general implicado en la sobrealimentación de un motor de avión.

La salida de potencia interna de un motor de combustible depende de la densidad de la mezcla de combustible y aire introducida en sus cilindros en la parte del ciclo de operación conocida como la *carrera de aspiración*. En esta carrera, el émbolo se mueve hacia abajo en el cilindro, se abre una válvula de entrada y la mezcla combustible/aire, o carga preparada por el carburador, entra en el cilindro como consecuencia de una diferencia de presión que actúa a través de él durante la carrera. Si, por ejemplo, un motor está funcionando en condiciones atmosféricas que corresponden a la presión al nivel del mar estándar de 14,7 lbf/pulg.^{2}, y la presión del cilindro se reduce a, digamos, 2 lbf/pulg.^{2}, entonces la diferencia de presión es 12,7 lbf/pulg.^{2}; es esta diferencia de presión la que "empuja" la carga dentro del cilindro.

Un motor en el que la carga se induce de la forma citada se dice que está aspirado normalmente; su característica sobresaliente es que la potencia que desarrolla desciende uniformemente con la disminución de la presión atmosférica. Esto puede entenderse considerando un segundo ejemplo en el que se supone que el motor está operando a una altitud de 10.000 pies. En esta altitud, la presión atmosférica se reduce en una cantidad que es alrededor de un tercio del valor al nivel del mar. En cada carrera de aspiración las presiones de los cilindros disminuirán en la misma proporción aproximadamente. Por tanto, tenemos una presión de alrededor de 10 lbf/pulg.^{2} circundando el motor y 1 1/2 lbf/pulg.^{2} en cada cilindro, dejándonos con un poco más de 8,5 lbf/pulg.^{2} para "empujar" en la carga útil. Esto quiere decir que a 10.000 pies sólo entra en los cilindros un tercio de la carga requerida, y puesto que la potencia está regulada por la cantidad de carga, sólo podemos esperar un tercio de la potencia desarrollada al nivel del mar.

Esta limitación en la actuación a gran altitud de un motor normalmente aspirado puede superarse aumentando artificialmente la presión disponible de forma que se mantenga en todo lo posible un valor al nivel del mar en el sistema de aspiración. El proceso para aumentar la presión y la densidad de carga recibe el nombre de *sobrealimentación*, y el dispositivo empleado es, efectivamente, una forma rebuscada de bomba centrífuga de aire instalada entre el carburador y los cilindros y accionada por el cigüeñal del motor a través de un engranaje multiplicador. Bombea dando al aire una velocidad muy alta, que se ve reducida gradualmente cuando pasa por los álabes difusores y una voluta; la reducción de velocidad da el aumento de presión requerido.

Para medir la presión de sobrealimentación entregada por el sobrealimentador y obtener así una indicación de potencia del motor, se necesita tener un indicador que señale la presión absoluta. En la Fig. 14.1 puede verse un indicador típico que funciona por este principio. El elemento medidor se compone de dos fuelles, uno abierto al colector de aspiración y el otro evacuado y sellado. En el interior del fuelle sellado va instalado un muelle de control; la distensión de ambos fuelles se transmite a la aguja a través del mecanismo usual de palanca, cuadrante y piñón. En la entrada al fuelle abierto va situado un filtro; en esta entrada también hay una restricción para suavizar cualquier aumento de presión.

Cuando se admite presión al fuelle abierto, éste se expande haciendo que la aguja se mueva sobre la escala (graduada en pulgadas de mercurio) e indique una variación de presión. Cuando la altitud aumenta, el fuelle tiene una tendencia a expanderse demasiado porque el descenso de la presión atmosférica que actúa sobre el lado exterior del mismo ofrece menos oposición. Sin embargo, esta tendencia se ve contrarrestada por el fuelle sellado, que detecta también la variación de la presión atmosférica pero se expande en la dirección opuesta.

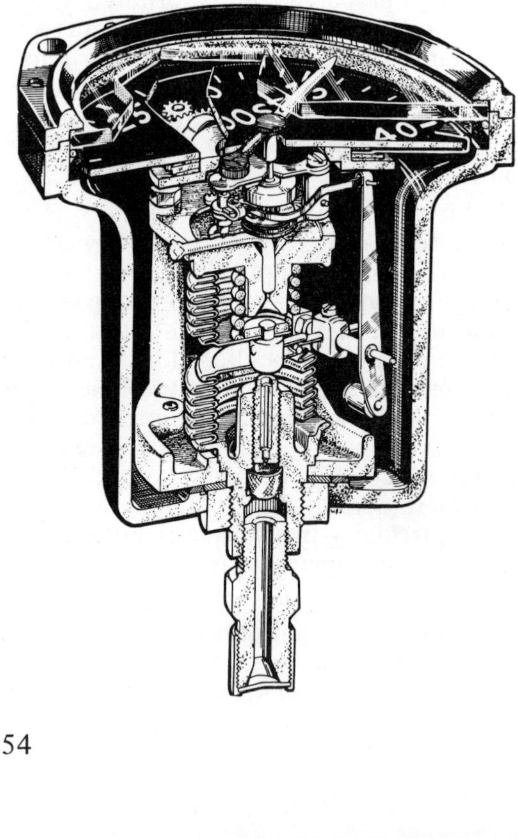

Figura 14.1.–Indicador de admisión de presión típico.

Así pues, se alcanza una condición en la que las fuerzas que actúan sobre cada fuelle son iguales, anulando los efectos de la presión atmosférica; de este modo, la presión de admisión se mide directamente contra el muelle.

Indicadores de presión de torsión

Estos indicadores complementan las indicaciones de potencia obtenibles de los tacómetros y los indicadores de presión de admisión midiendo las presiones creadas por un sistema de torquímetro, interpretándose dichas presiones como potencia disponible en el eje de la hélice.

El sistema de torquímetro forma parte del motor mismo y suele estar integrado con el conjunto de engranaje de reducción entre el cigüeñal y el eje de la hélice. La construcción de un sistema depende del tipo de motor, pero en la mayoría de los casos la operación se basa en los mismos principios; esto es, la tendencia a girar de alguna parte del engranaje de reducción sufre la oposición de los émbolos que funcionan en cilindros hidráulicos sujetos a la caja de engranajes. El principio se muestra en el diagrama de la Fig. 14.2.

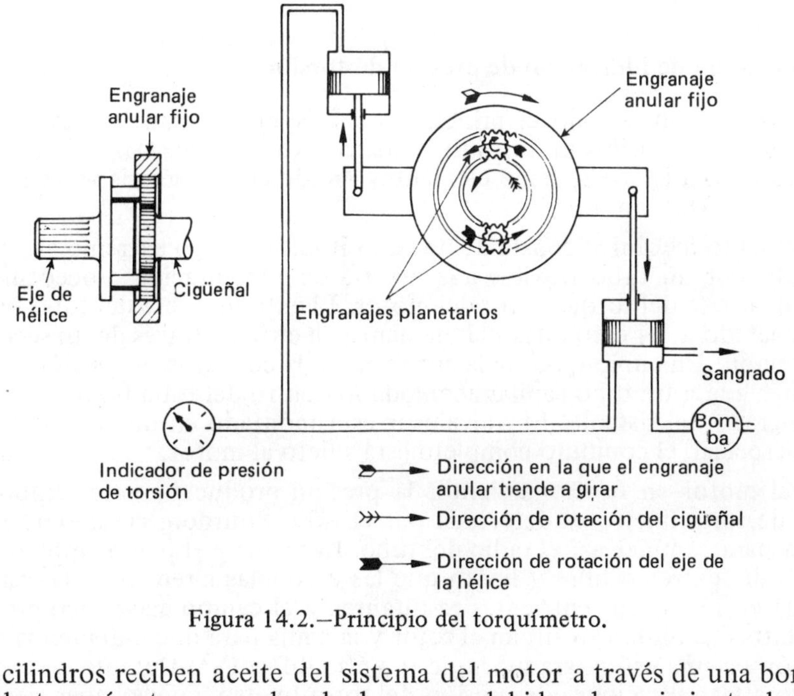

Figura 14.2.–Principio del torquímetro.

Los cilindros reciben aceite del sistema del motor a través de una bomba especial de torquímetro, que absorbe las cargas debidas al movimiento de los émbolos. Por tanto, el aceite está sujeto a presiones que son proporcionales a las cargas o torsiones aplicadas que se transmiten al sistema de indicación de presión de torsión, que suele ser normalmente del tipo síncrono de indicación a distancia.

La potencia al freno se calcula mediante la fórmula siguiente:

$$BHP = pN/K$$

donde p es la presión del aceite, N la velocidad (rev./min.) y K una constante del torquímetro derivada de la relación del engranaje de reducción, la longitud del brazo de torsión y el número y área de los émbolos.

INDICADORES DE POTENCIA PARA MOTORES TURBOHELICES

Los motores turbohélices son similares, en lo que a potencia se refiere, a los grandes motores de émbolo sobrealimentados; la mayor parte de la fuerza propulsora la produce la hélice y únicamente una parte muy pequeña procede del empuje del reactor. Por consiguiente, llevan incorporado un sistema de torquímetro e indicador de presión cuyas lecturas de presión de aceite son una indicación de la potencia al eje. El indicador de presión del torquímetro se usa en conjunción con los indicadores de tacómetro y de temperatura de los gases de la turbina.

El sistema de indicación empleado está regulado por el tipo particular de motor, pero actualmente se utilizan dos sistemas principales cuyos principios de operación se basan en los métodos de transmisión Desynn y sincro de corriente alterna.

Sistema Desynn de indicación de presión de torsión

Este sistema opera bajo el principio de Desynn de plancha descrito en la pág. 243 y se usa en los motores turbohélices Rolls-Royce Dart. El transmisor, mostrado en la Fig. 14.3, tiene elementos mecánicos y eléctricos igual que los otros sistemas Desynn.

El elemento mecánico consta de un tubo Bourdon cuyo extremo abierto está conectado por un tubo flexible a la tubería de alimentación procedente de la bomba de aceite del torquímetro del motor. El extremo libre del tubo Bourdon está conectado a las escobillas del elemento eléctrico a través de un sector dentado y piñón. Una unión montada adyacente a la conexión de presión principal está conectada a un tubo capilar acomodado dentro del tubo Bourdon y permite el sangrado del sistema. El transmisor está montado en una montura antivibración especial; el conjunto completo está sujeto al motor.

Con el motor en funcionamiento, la presión producida en los émbolos del sistema de torquímetro es detectada por el tubo Bourdon, cuyo extremo libre se dilata para cambiar así el radio del tubo. El sector y el piñón amplían el movimiento del extremo libre y hacen que las escobillas giren sobre la resistencia devanada en placa. Las corrientes resultantes y el campo magnético producido en el estator del indicador sitúan el rotor y la aguja para que indiquen la presión de torsión en una esfera graduada de 0 a 600 lbf/pulg.^{2}. Durante la operación, y debido a las pulsaciones de presión del torquímetro, puede haber cierta fluctuación de la aguja, pero esta fluctuación queda limitada a 30 lbf/pulg.^{2} en cualquier lado de una lectura de presión de torsión media.

Sistema de sincro de indicación de presión de torsión

Este sistema es una aplicación del principio de sincro de control de corriente alterna (véase la pág. 248).

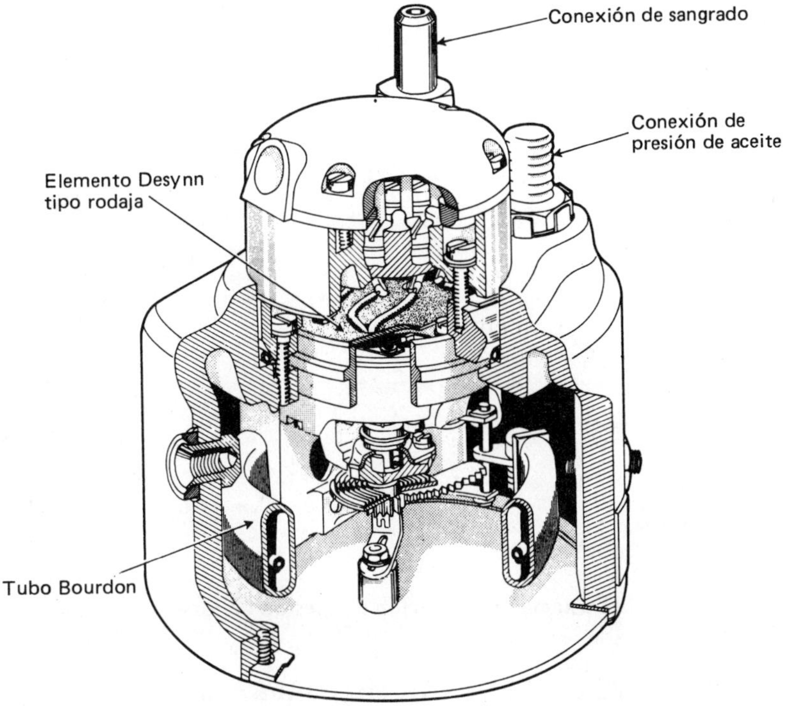

Figura 14.3.–Transmisor de presión de torsión Desynn.

Como puede verse en la Fig. 14.4, el elemento mecánico de un transmisor de presión de torsión sincro es muy parecido al del tipo Desynn de plancha. Sin embargo, el tubo Bourdon, el sector dentado y el piñón están dispuestos para accionar el rotor de un sincro CX. El transmisor está diseñado para montarlo directamente en un motor y está conectado al sistema de torquímetro por tubo flexible.

El indicador consta de un sincro CT conectado al CX del sincro del transmisor, un amplificador de transistores de dos etapas, un servomotor bifásico y dos agujas montadas concéntricamente accionadas a través de una caja de engranajes. La aguja más pequeña indica cientos de libras y gira al paso del rotor del sincro, mientras que la más grande gira a diez veces su velocidad.

Cuando el tubo Bourdon detecta un cambio en la presión del sistema de torsiómetro hace que el rotor CX gire e induzca un voltaje de señal en su estator que se transmite luego al estator del sincro CT en el indicador. Esta señal da lugar a un cambio de dirección del campo magnético resultante con respecto a la posición del rotor CT, induciendo así una señal de voltaje de error en el rotor. La señal de error se envía al amplificador, que determina su dirección, esto es, si resulta de un aumento o disminución de presión, la amplifica. La señal amplificada se aplica entonces a la fase de control del servomotor, el cual, a través de la caja de engranajes, acciona las agujas en la dirección apropiada, así como el rotor CT hasta que alcanza una nueva posición nula en la que no se induce ninguna señal más de voltaje de error.

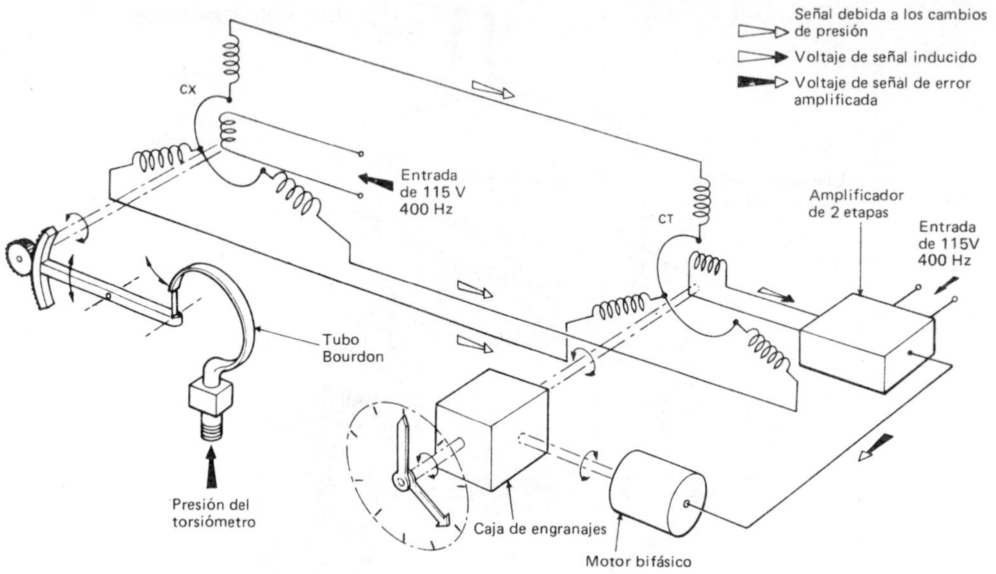

Figura 14.4.–Principio del sistema de indicación de presión de torsión tipo sincro de control.

INDICADORES DE POTENCIA PARA MOTORES TURBORREACTORES

En los motores turborreactores el número de instrumentos que se necesita para vigilar la potencia depende de si el motor emplea un compresor centrífugo o uno axial. El empuje de un motor de compresor centrífigo es proporcional aproximadamente a la velocidad, de modo que el tacómetro y el indicador de temperatura de los gases de la turbina pueden utilizarse para indicar empuje en el ajuste especificado de la palanca de gases.

El empuje producido por un motor de compresor axial no varía en proporción directa a la velocidad, calculándose los empujes nominales de tal forma que pueden corregirse para las variaciones de temperatura y presión predominantes en la entrada del compresor. Puesto que la presión de entrada del compresor está relacionada con la presión de salida o descarga en la turbina, el empuje se determina más exactamente midiendo la relación entre estas dos presiones. Esto se hace utilizando el sistema de indicación de relación de presión del motor o, en algunos casos, mediante un indicador de porcentaje de empuje en conjunción con los indicadores de rev./min., temperatura de los gases de la turbina y flujo de combustible.

Sistema de indicación de relación de presión del motor (EPR)

Un sistema EPR, en general, consta de una sonda de detección de presión de entrada del motor, varias sondas detectoras de presión que penetren en la unidad de escape de un motor, un transmisor de relación de presión y un indicador. La interconexión de estos componentes, basada en un sistema que se usa actualmente, se muestra esquemáticamente en la Fig. 14.5.

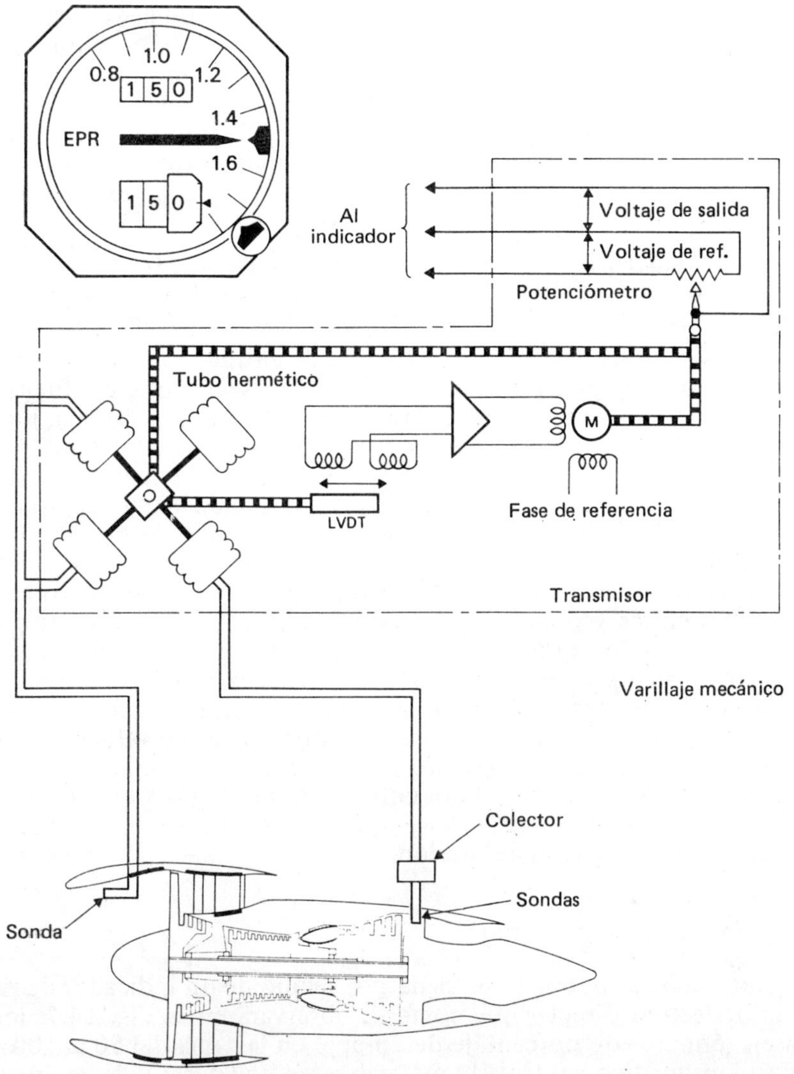

Figura 14.5.–Sistema indicador de relación de presión del motor.

La sonda de detección de presión de entrada es similar a una sonda de presión pitot, y está montada de modo que quede enfrente de la corriente de aire en la entrada del motor o, en algunos grupos motopropulsores, en el voladizo y en las proximidades de la entrada de aire. La sonda está protegida contra la formación de hielo por una alimentación de aire caliente desde el sistema antihielo del motor.

Las sondas detectoras de presión de escape están interconectadas por tuberías que terminan en un colector, promediando así las presiones. Una tubería desde el colector y otra desde la sonda de presión de entrada están conectadas al transmisor de relación de presión, que comprende un transductor detector de presión tipo fuelles, un transformador diferencial de voltaje lineal, un servomotor bifásico, un amplificador y un potenciómetro. Los fuelles del transductor están dispuestos en dos parejas en ángulo recto y soportados en un armazón que, a su vez, está sostenido en un conjunto de cuna y horquilla. La cuna está acoplada mecánicamente al servomotor a través de un tren de engranajes; la horquilla está acoplada al núcleo del transformador diferencial de voltaje lineal. El servomotor acciona también el cursor del potenciómetro que ajusta las señales de voltaje de salida al indicador EPR en términos de cambios de relación de presión.

El indicador es del tipo servoaccionado, que es una adaptación del indicador descrito en el Capítulo 10 (página 263). En algunos sistemas de relación de presión del motor, el indicador puede ser del tipo de escala vertical/cinta móvil.

En la Fig. 14.5 se observará que la presión de entrada se admite a dos de los fuelles del transductor y la presión de los gases de escape al tercer fuelle, mientras que el cuarto está evacuado y sellado. De este modo, el sistema, junto con su armazón, la cuna y la horquilla, forma un sistema torsional y equilibrador de presión. Cuando se produce un cambio de presión, dicho cambio ocasiona un desequilibrado en el sistema de fuelles, y la resultante de las fuerzas que actúan sobre el armazón del transductor actúa sobre la horquilla de tal modo que pivota alrededor de su eje AA (Fig. 14.6). La flexión desplaza el núcleo del transformador diferencial de voltaje lineal para inducir una señal de corriente alterna que se amplifica y aplica al devanado de control del servomotor. El motor, a través del tren de engranajes, altera la señal de salida del potenciómetro al indicador, cuya aguja y contador digital son servoaccionados para que indiquen la nueva relación de presión. Simultáneamente, el motor acciona la cuna del transformador y las bobinas del transductor diferencial de velocidad lineal en la misma dirección que el movimiento inicial de la horquilla, de forma que el movimiento relativo producido ahora entre dichas bobinas y el núcleo comience a reducir la señal al servomotor, hasta que finalmente se anule y el sistema se estabilice en la nueva relación de presión.

Indicador de porcentaje de empuje

En algunos casos la potencia se vigila por medio de un indicador de relación de presión de lectura directa, que como se observará en la Fig. 14.7, indica la potencia en términos de porcentaje de empuje en la gama del 50 al 100%. Además, lleva un dispositivo controlado manualmente que permite la compensación de las variaciones de las indicaciones de empuje en condiciones atmosféricas ambiente. La compensación se realiza girando un botón que ajusta un contador digital (en algunos instrumentos es posible que haya una escala) que, al mismo tiempo, gira el mecanismo completo y sitúa la aguja en un nuevo valor de referencia en la esfera principal.

Habiendo realizado esta compensación, el instrumento indica normalmente el 100% de empuje como un valor mínimo de despegue en las condiciones menos favorables para la actuación del motor. En condiciones más favorables, la actuación del motor puede indicar un valor de despegue mayor del 100% de empuje.

El contador facilita información de tres dígitos, y cada uno de sus números corresponde a una condición atmosférica ambiente apropiada obtenida de las curvas de actuación trazadas para combinaciones específicas de avión/motor.

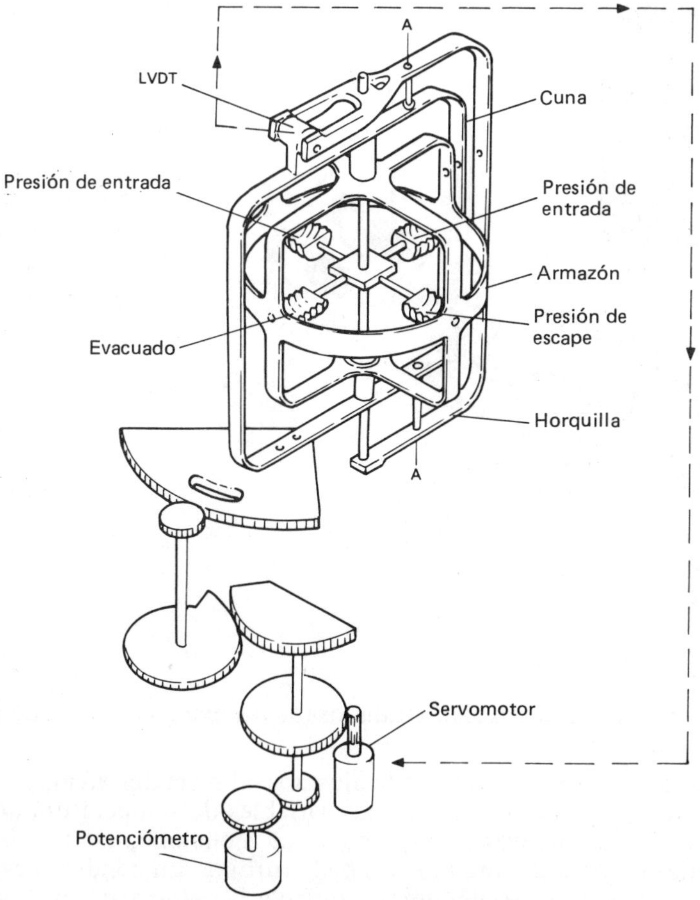

Figura 14.6.–Transductor de presión.

CONTROL DE TEMPERATURA DE LA TURBINA

La potencia desarrollada por un motor de turbina depende de dos factores principales: del flujo de masa de aire a través de él y de la caída de temperatura. El flujo de masa de aire varía con la velocidad del motor y también con la densidad del aire, que, a su vez, se determina por la altitud, la temperatura atmosférica y la velocidad de avance. La caída de temperatura es la diferencia entre las temperaturas inmediatamente antes y después de la turbina y, por consiguiente, es una medida de la energía extraída por la turbina.

Por tanto, es evidente que si la temperatura de los gases en la entrada de la turbina se mantiene al nivel más alto, la caída de temperatura será máxima y, de este modo, indicará la extracción máxima de energía. No obstante, hay una limitación práctica de esta temperatura provocada por los efectos sobre el material de los álabes de la turbina y, por consiguiente, sobre su vida. Por esta razón, se establecen temperaturas óptimas en las que se puede obtener potencia máxima sin perjudicar la integridad estructural de los álabes de la turbina; las condi-

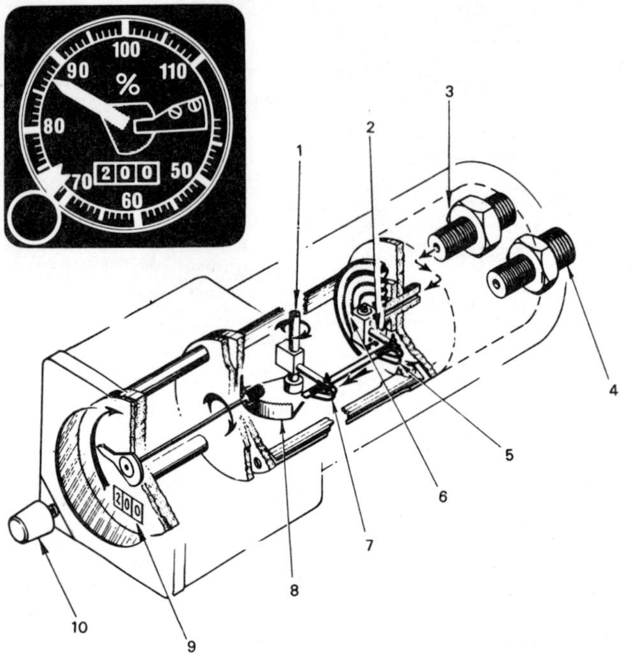

Figura 14.7.–Indicador de porcentaje de empuje. 1.–Eje oscilante. 2.–Brazo regulador. 3.–Conexión de presión de la unidad de escape. 4.–Conexión de presión estática. 5.–Muelle de sobrecarga. 6.–Cápsula. 7.–Muelle de sobrecarga. 8.–Sector dentado. 9.–Contador digital (referencia atmosférica). 10.–Botón de ajuste del contador.

ciones de operación se controlan cuidadosamente para asegurar que no se rebasen tales límites.

El control de las condiciones puede ajustarse al nivel del suelo, pero en vuelo una turbina debe operar en condiciones variables de temperatura atmosférica, densidad y velocidad de avance, y como ya se mencionó, estas variables determinan el flujo de masa de aire a través de la turbina. En condiciones atmosféricas dadas, el flujo de masa de aire lo controla la velocidad del motor, y para mantener la temperatura máxima de entrada de la turbina apropiada a estas condiciones, el flujo de combustible al motor debe controlarse de forma que se adapte al flujo de masa de aire.

Este proceso de control del flujo de combustible se conoce generalmente con el nombre de *ajuste de combustible*; este control puede efectuarse, según las instalaciones del motor particular, por medio de un sistema electromecánico bajo el control directo del piloto, o mediante un sistema de control de temperatura que supervisa automáticamente el flujo de combustible en respuesta a señales procedentes de los termopares del sistema estándar de medición de la temperatura de los gases de escape.

Sistema de indicación de ajuste de combustible

Un ejemplo del método electromecánico es el adoptado para ajustar el flujo de combustible en el motor turbohélice Rolls-Royce Dart y que nos sirve de modelo.

Los flujos de masa de aire y combustible se adaptan a la relación proyectada, en el primer caso, interconectando mecánicamente la válvula reguladora de combustible con los controles de rev./min. Esto da como resultado una temperatura óptima de los gases de escape a cualquier velocidad selectada del motor.

Para compensar los cambios en el flujo de masa de aire, un accionador acciona un mecanismo diferencial de palanca compuesta incorporada como parte de la interconexión entre la válvula reguladora y los controles de rev./min. La energía eléctrica al accionador se controla mediante un interruptor al alcance del piloto rotulado INCREASE (AUMENTAR) y DECREASE (DISMINUIR), indicando la condición de ajuste del flujo de combustible que se necesita y, en consecuencia, el cambio de temperatura de la turbina. El piloto debe tener, desde luego, algún medio para conocer en cuánto debe ajustarse el flujo de combustible, y por eso se facilita un sistema de indicación de posición de ajuste de combustible para utilizarlo en conjunción con las tablas de posición de referencia o un calculador de referencia suministrados por el fabricante del motor.

El sistema de indicación consta de un transmisor e indicador de posición que funciona mediante el principio básico Desynn descrito en el Capítulo 9 (página 240). El transmisor está conectado mecánicamente al accionador de ajuste o compensación por medio de un varillaje adecuado a la instalación del motor y conectado eléctricamente al indicador, que suele estar montado en el pedestal de mandos de la cabina de vuelo.

El porcentaje de aumento o disminución está relacionado con la temperatura predominante del aire y la altitud de presión, y se obtiene de las tablas o del calculador de posición de referencia. Cuando se ha selectado el valor requerido, el accionador se conecta de modo que su eje se retraiga o extienda, dependiendo de si se precisa un aumento o una disminución del flujo de combustible. El movimiento del eje del accionador sitúa la palanca de la válvula reguladora, a través de varillas de control y de la palanca compuesta diferencial que permite el ajuste del combustible sin alterar el ajuste de los controles de rev./min. El eje del accionador sitúa también las escobillas en la resistencia toroidal del transmisor; las combinaciones de voltaje producidas así se suministran a los devanados estatóricos del indicador. Puesto que el rotor del indicador es un imán permanente, se autoalínea con el campo magnético resultante inducido en el estator y, al mismo tiempo, mueve la aguja para que indique el cambio de ajuste de combustible.

Sistema automático de control de temperatura

Una evolución lógica del proceso de ajuste de combustible, especialmente debido a que es preciso mantener las temperaturas de la turbina dentro de unos límites especificados, consiste en utilizar las señales generadas por los termopares del sistema estándar de indicación de temperatura y dejar a éstos que realicen la función de variar automáticamente el flujo de combustible. Los experimentos realizados dieron lugar a un amplificador especialmente diseñado que, al estar conectado a los termopares, amplifica las señales producidas por encima de una temperatura de referencia preselectada y las suministra a una servoválvula accionada por solenoide que, entonces, reduce el flujo de combustible para restaurar la condición de temperatura de referencia.

En la Fig. 14.8 se muestra el diagrama funcional de bloques de tal amplificador, el cual puede servir como base para la explicación de los sistemas de control de temperatura actualmente en uso.

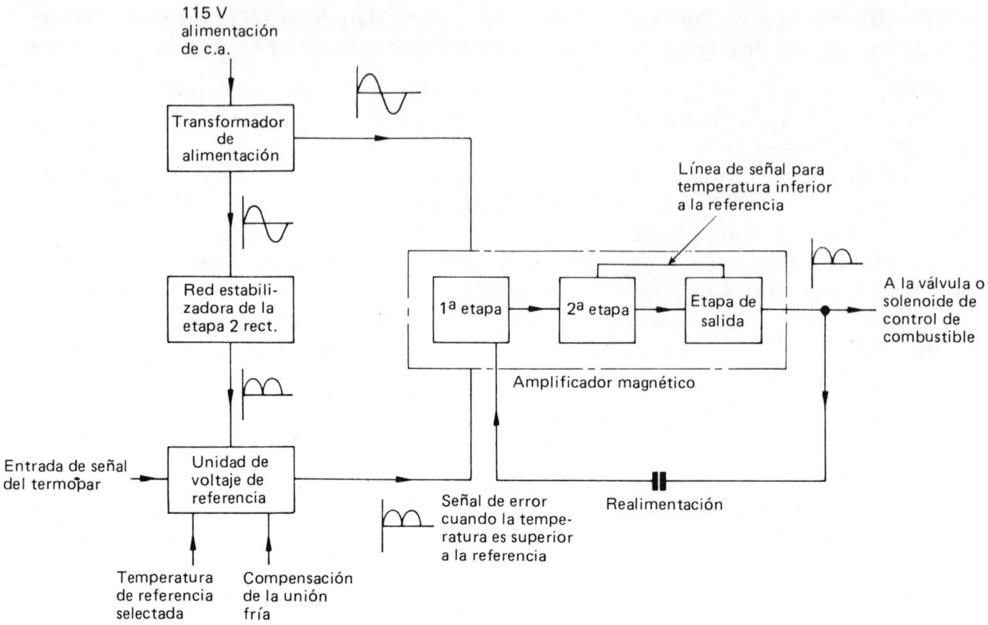

Figura 14.8.–Amplificador automático típico de control de temperatura.

La fuerza termoelectromotriz se alimenta como una señal de entrada a un bloque de terminales en el amplificador, formando los terminales la unión fría del sistema de control. La compensación de las variaciones de temperatura en esta unión la efectúa un circuito de puente, un brazo del cual varía su resistencia con los cambios de temperatura. Además de los termopares, el circuito de puente también está conectado a una unidad de voltaje de referencia, cuya finalidad es inyectar un voltaje opuesto al de los termopares y que se corresponda con la gama de temperatura de operación deseada del motor. Este voltaje está estabilizado contra los cambios de voltaje y frecuencia de alimentación (115 V, 400 Hz) y la temperatura ambiente, y se selecciona mediante un selector de temperatura.

La sección de amplificación tiene tres etapas principales: las etapas 1 y 2 amplificadoras y una etapa de salida conectada a la válvula de solenoide.

Cuando el motor funciona a la temperatura seleccionada, la fuerza electromotriz procedente del termopar sufre la oposición de un voltaje igual de la unidad de voltaje de referencia, de forma que no hay ninguna señal de entrada a la etapa 1 del amplificador.

Si la temperatura de los gases de escape es inferior al valor selectado, el voltaje de referencia es mayor que el de los termopares y esto proporciona una entrada de polaridad inversa a la etapa 1. Sin embargo, esta señal inversa queda bloqueada por una red conectada entre la etapa 2 y la etapa de salida, de modo que no se obtiene ninguna corriente de salida.

Cuando la temperatura de los gases de escape se eleva por encima del valor selectado, y ésta es la situación más crítica, el voltaje que predomina es el de los termopares. Cuando este voltaje tiene la polaridad correcta, la señal resultante se alimenta a las etapas 1 y 2 y, después de su amplificación, a la válvula de solenoide vía la etapa de salida. El voltaje opera de forma que se restrinja la alimentación de combustible al motor, reduciendo así la temperatura de los gases de escape y la fuerza electromotriz de los termopares hasta que una vez más se equilibre el voltaje de referencia. La válvula de solenoide queda entonces libre y se restablece el flujo de combustible normal fijo.

En la Fig. 14.9 se muestran gráficamente las características de operación de un sistema típico de control de temperatura. En el diagrama (*a*) se observará que, cuando la temperatura alcanza el valor limitador, la salida del amplificador sigue aumentando, alcanzando un valor máximo constante después de un pequeño aumento de temperatura de 8 °C aproximadamente. La característica de corriente de solenoide/flujo de combustible depende del tipo de sistema de combustible que se emplee, pero suele ser según se muestra en (*b*), que indica claramente la disminución del flujo de combustible cuando la corriente de solenoide aumenta. Una combinación de (*a*) y (*b*) nos da la característica final de control mostrada en (*c*).

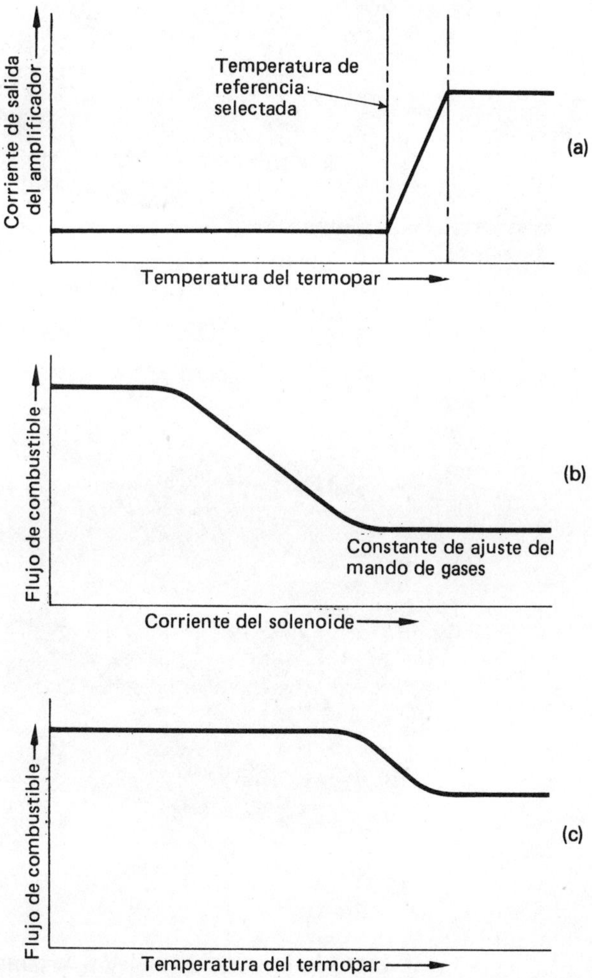

Figura 14.9.–Características de operación de un sistema típico de control de temperatura. *a*) Amplificador. *b*) Sistema de control de combustible. *c*) Característica de control combinada.

"La caza" de la válvula de solenoide que suscitaría un flujo de combustible y empuje del motor fluctuantes, se impide realimentando parte de la corriente de salida a las etapas amplificadoras, aumentando, de este modo, el retardo de tiempo.

En la Fig. 14.10 pueden verse ejemplos de la construcción de dos unidades típicas de control.

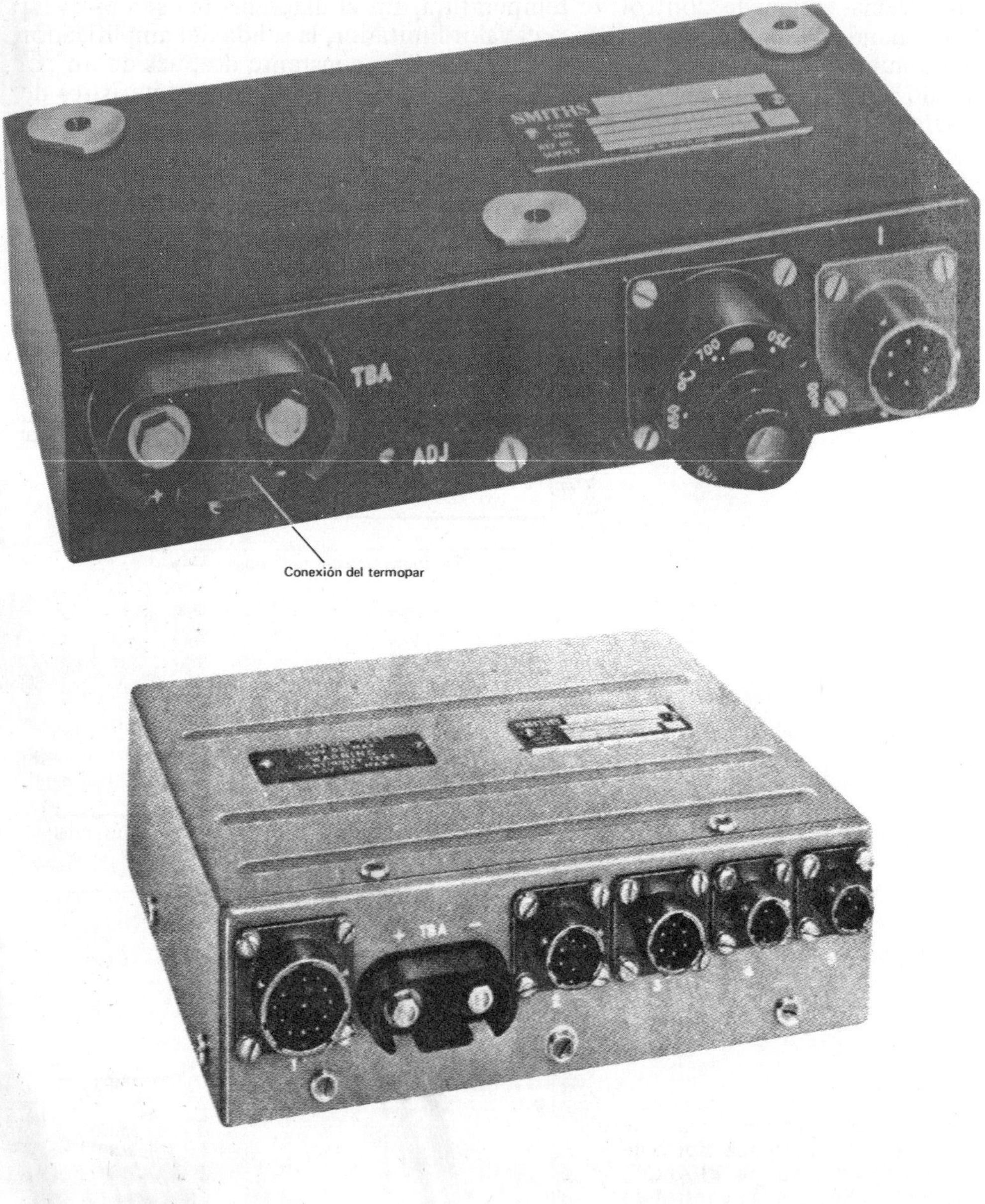

Figura 14.10.–*a*) y *b*) Unidades de control de temperatura.

SISTEMA COMBINADO DE CONTROL DE TEMPERATURA Y REV./MIN.

Este sistema es un desarrollo más en el campo del control automático de potencia del motor, en el que el flujo de combustible se regula combinando las señales de los termopares con las suministradas por un generador de tacómetro. En la Fig. 14.11 se muestra un diagrama de bloques del sistema.

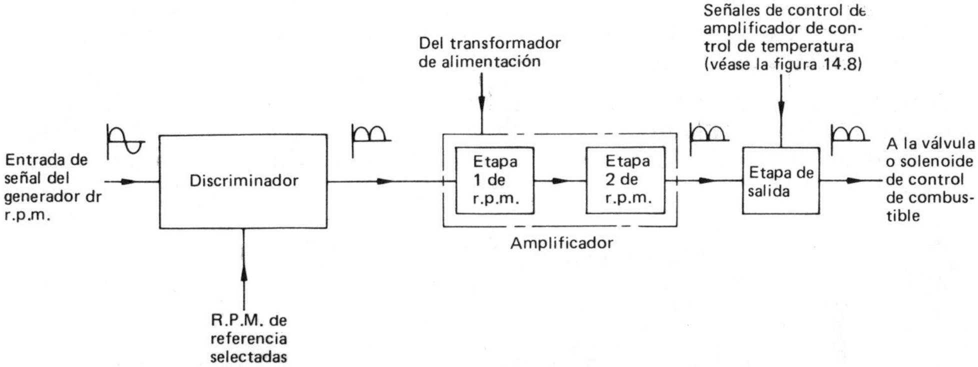

Figura 14.11.–Sistema típico de control de temperatura de rev./min.

El canal de control de temperatura opera bajo el mismo principio que el sistema descrito en los apartados anteriores; únicamente necesitamos considerar, por tanto, el canal de control de r.p.m.

La salida trifásica del generador de tacómetro se suministra a una sección discriminadora de rev./min. que se compone de dos elementos, cuya finalidad es proporcionar dos voltajes independientes desde la entrada del generador. Uno de los elementos es del tipo de resistencia, de forma que su voltaje es en gran parte independiente de la frecuencia del generador, y el otro elemento es del tipo de reactancia, es decir, contiene condensadores y por eso su voltaje es proporcional a la frecuencia y, por consiguente, a la velocidad del motor. Estos dos voltajes se rectifican luego y se aplican en oposición al amplificador del canal de control de rev./min., que es del tipo de dos etapas. Los voltajes pueden igualarse a cualquier velocidad deseada del motor mediante el ajuste del elemento tipo resistencia con la ayuda de un selector. La salida del amplificador del canal de control de rev./min. se alimenta, a su vez, a la etapa de salida, que, como puede verse en el diagrama, es común al canal de control de rev./min. y al de control de temperatura. En la velocidad de referencia selectada, la corriente procedente de la etapa de salida es la corriente estacionaria en el solenoide de la válvula de combustible.

Cuando la velocidad del motor es inferior a la referencia seleccionada, una red discriminadora similar a la usada para el canal de temperatura suprime la señal del canal de control de rev./min. Sin embargo, si la velocidad del motor se eleva por encima de la referencia, predominará la salida de voltaje del elemento reactivo de la sección discriminadora de rev./min. y pasará una señal a la válvula de solenoide, la cual reduce el flujo de combustible para restablecer la condición de velocidad de referencia.

El circuito entre ambos canales de control está dispuesto de forma que la válvula de solenoide permanezca bajo el control del canal de rev./min. hasta el momento en que la temperatura de los gases de escape rebase el límite de referencia, cuando el canal de control de temperatura con su mayor amplificación anula la señal de velocidad y asume el control del flujo de combustible para reducir la temperatura de la turbina.

La utilización de este sistema depende de las necesidades de un motor particular; por ejemplo, puede necesitarse limitación de velocidad y temperatura en una referencia fija ("limitación superior"), o puede necesitarse que sea variable ("control de alcance"). En uno y otro caso, se usan selectores de datos apropiados con los amplificadores.

Un ejemplo de "límite superior" se muestra gráficamente en la Fig. 14.12 y está en relación con el ascenso de un avión desde el nivel del suelo. En estas condiciones, la velocidad del motor es el factor limitador y se precisa potencia máxima de despegue. La válvula de solenoide modifica el flujo de combustible

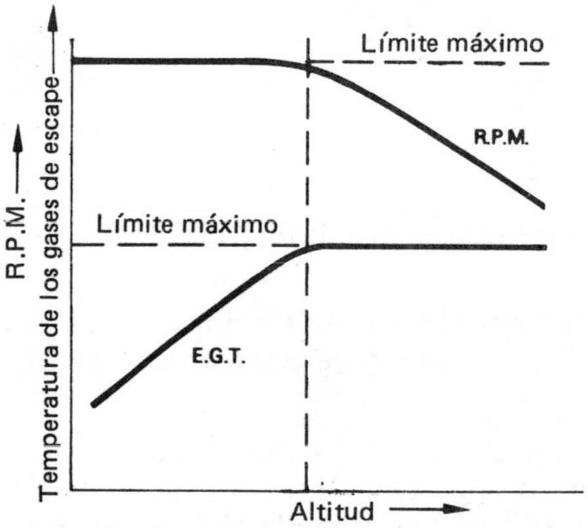

Figura 14.12.–Límite máximo de temperatura.

para mantener rev./min. constantes hasta que la temperatura de los gases de escape se eleve a su valor limitador. Cuando se alcanza este límite, el canal de temperatura se hace cargo totalmente y anula la acción reguladora del canal de rev./min., reduciendo así el flujo de combustible para evitar que se rebase la temperatura de referencia. En la Fig. 14.13 se muestra la construcción de una unidad representativa con sus tableros de circuitos internos asociados.

SISTEMAS DE SUPERVISION E INDICACION DE VIBRACION DEL MOTOR

La vibración del motor es, desde luego, algo que no se desea, pero desgraciadamente es algo que no puede eliminarse incluso en los motores de turbina, que no tienen partes alternativas. Unicamente puede reducirse al nivel más bajo posible.

No obstante, durante el funcionamiento existe siempre la posibilidad de que se produzca vibración superior a los niveles aceptables, como consecuencia de ciertas averías mecánicas. Por ejemplo, un álabe de turbina puede agrietarse o puede "termodeformarse" o puede establecerse una distribución de temperatura desigual alrededor de los álabes de la turbina y discos del rotor; cualquiera de

Figura 14.13.–Unidad limitadora. (Por cortesía de Smiths Industries.)

estas averías puede originar una condición de desequilibrado de los conjuntos de rotación principales. Por consiguiente, con el fin de supervisar la vibración e indicar cuándo la amplitud máxima de cualquier motor rebasa un nivel preajustado, se han desarrollado sistemas que quedan encuadrados dentro del grupo de instrumentos de control del motor.

Un sistema consta fundamentalmente de un captador de vibración montado en el motor en ángulo recto con su eje, una unidad de supervisión amplificadora y un microamperímetro de bobina móvil graduado de forma que muestre la amplitud de vibración en milésimas de pulgada. En la Fig. 14.14 se muestra un diagrama de bloques del sistema.

El captador es un detector de velocidad lineal que convierte la energía mecánica de vibración en una señal eléctrica de magnitudes proporcionales. Esto lo hace por medio de un imán permanente soportado por muelles suspendido en una bobina fijada al interior de la caja.

Cuando el motor vibra, el captador y la bobina se mueven con él; el imán, sin embargo, tiende a permanecer fijo en el espacio debido a la inercia. El movimiento de la bobina hace que las vueltas corten el campo del imán y, por tanto,

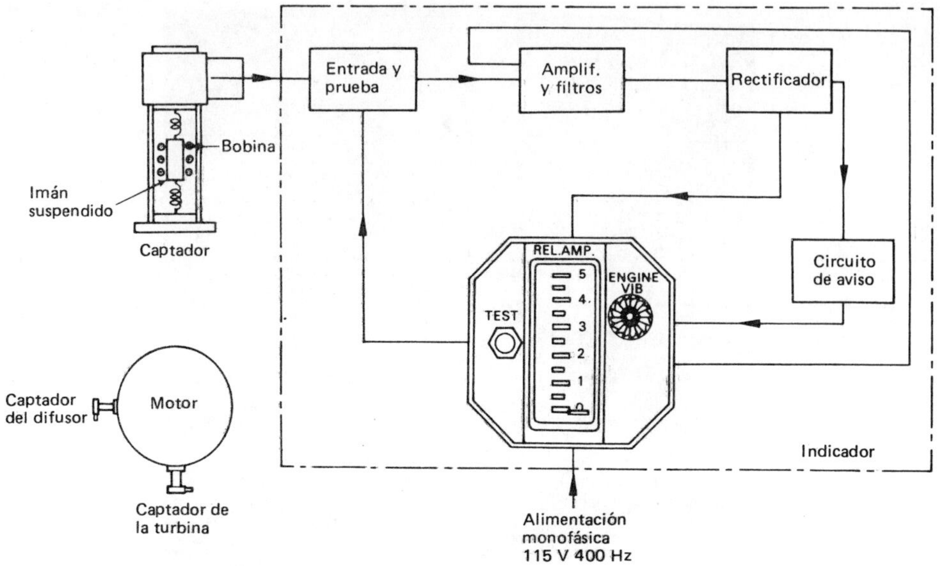

Figura 14.14.–Sistema de supervisión de vibración de la turbina.

induciendo un voltaje en la bobina y proporcionando una señal al amplificador. La señal, después de su amplificación e integración por una red de filtrado eléctrica, es enviada al indicador a través de una sección rectificadora.

Una luz indicadora ámbar forma también parte del sistema, junto con un interruptor de prueba. La luz recibe corriente continua de la sección rectificadora del amplificador y se enciende cuando la amplitud máxima de vibración rebasa el valor preajustado. Con el interruptor de prueba puede hacerse la comprobación funcional del circuito eléctrico del sistema.

En algunos motores pueden instalarse dos captadores, uno para supervisar los niveles de vibración alrededor de la sección de turbina y el otro alrededor de la sección del difusor. En este caso, se incluye un interruptor de dos posiciones en el sistema de supervisión de forma que el nivel de vibración pueda seleccionarse en cada captador como se precise y señalarlo en un indicador común.

PREGUNTAS

14.1. Explicar brevemente el principio de sobrealimentación del motor.

14.2. Describir la construcción y explicar la operación del instrumento utilizado para medir la presión de admisión.

14.3. ¿Cuál es la función de un sistema de indicación de presión de torsión? Describir la construcción y la operación de un sistema que se conozca bien.

14.4. Enumerar los instrumentos que se necesitan para vigilar la potencia de los motores turborreactores.

14.5. Explicar por medio de un diagrama esquemático la operación de un sistema de indicación de relación de presión del motor (EPR).

14.6. Describir un método para utilizar el voltaje generado por los termopares de los gases de escape para controlar el flujo de combustible y la temperatura de los gases.

14.7. Describir la operación de un indicador de vibración del motor. Mostrar con la ayuda de un boceto la construcción del dispositivo de detección.

15. Sistemas directores de vuelo e instrumentos integrados

La necesidad de integrar las funciones e indicaciones de ciertos instrumentos de vuelo y navegación dio como resultado el aumento del número de radioayudas especializadas que enlazaban los aviones con las estaciones de tierra. Estas se crearon para satisfacer las demandas de navegación y hacer frente a la creciente congestión del tráfico en el espacio aéreo alrededor de los mayores aeropuertos del mundo.

La información requerida se procesa mediante una multiplicidad de "cajas negras" que se pueden guardar en compartimentos eléctricos y bastidores de radio, pero para poder realizar el vuelo con la precisión necesaria, el piloto debe contar con información. Para ello se requieren más instrumentos, lo que podría significar más espacio para paneles. Para solucionar el problema se ideó el método de combinar los instrumentos relacionados en la misma caja y mezclar sus indicaciones de forma que se pudiese eliminar en gran medida el esfuerzo mental del piloto y facilitar la asimilación de las indicaciones.

En algunos aspectos la integración de instrumentos no es nueva; mucho antes de los logros técnicos actuales, por ejemplo, se utilizaba un indicador combinado de presión y temperatura. Otro ejemplo, en torno al cual se desarrolló la mayoría de los sistemas de instrumentos de vuelo y navegación integrados es el *Indicador Radiomagnético* (véase la página 212).

Durante la fase de aproximación a una pista en un aeropuerto, es fundamental que un piloto sepa, entre otras cosas, que está manteniendo la posición de aproximación correcta. Tal información puede obtenerse del horizonte giroscópico y de un indicador ILS especial que responde a las señales de los haces vertical y horizontal emitidas por los transmisores de un *Sistema de Aterrizaje por Instrumentos* (ILS) situado en el aeropuerto. Por consiguiente, la inclusión de la información del horizonte giroscópico y del indicador ILS fue un paso lógico en el desarrollo de las técnicas de integración en lo que se denomina Sistemas Directores de Vuelo. Además, se trabajó en el Indicador Radiomagnético (RMI) para que incluyese la presentación de la información del ILS. Los métodos adoptados para la integración de tal información, y la forma en que se presenta varía según los sistemas, pero básicamente siguen la pauta que se da en la Fig. 15.1. Un sistema se compone normalmente de dos indicadores, que se designan de diversas maneras: *a*) director de vuelo, director de posición en vuelo u horizonte de aproximación, y *b*) indicador de desviación de rumbo (CDI) o indicador de situación horizontal (HSI).

El indicador director de vuelo tiene el aspecto de un horizonte giroscópico convencional, pero, a diferencia de este instrumento, los elementos de indicación de cabeceo y alabeo son controlados eléctricamente desde una unidad de giróscopo vertical situada a distancia. Además, emplea un método diferente

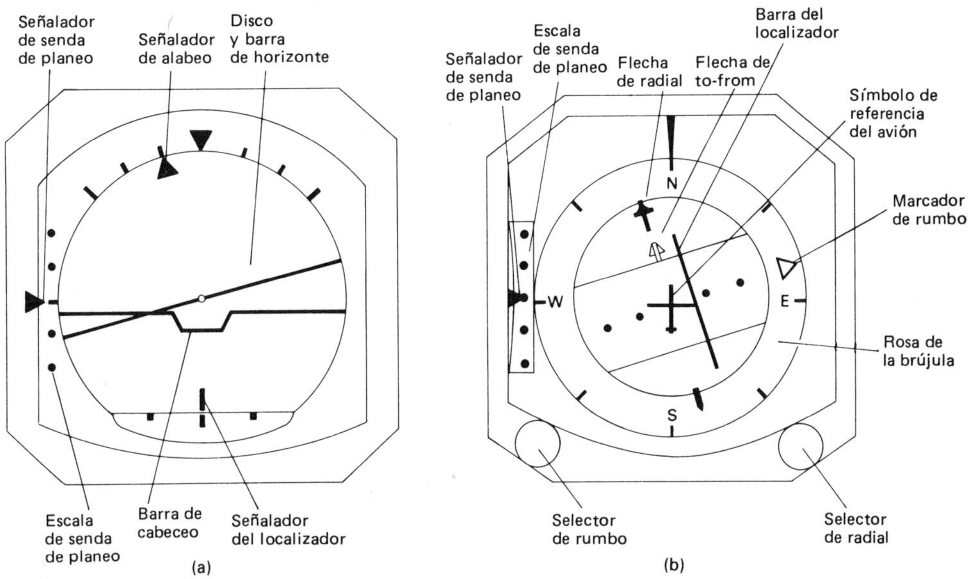

Figura 15.1.–Presentaciones básicas de los indicadores del sistema director de vuelo.

para hacer referencia a los instrumentos. Estas características son comunes a todos los sistemas directores de vuelo de instrumentos integrados. La barra de horizonte y la escala de alabeo están marcadas en el disco del fondo, que es gobernado por señales de mando de alabeo procedentes del giróscopo vertical y gira alrededor del eje longitudinal. La barra de cabeceo, o de mando, corresponde al símbolo de avión en miniatura en un horizonte giroscópico convencional, es gobernada por las señales de mando de cabeceo y se mueve en un plano vertical por encima y debajo de la línea central del instrumento.

La posición de aproximación de un avión con respecto a sus señales de haz vertical (senda de planeo) y señales de haz horizontal (localizador) la indican agujas independientes gobernadas por los canales receptores de ILS pertinentes. La aguja de senda de planeo se lee contra una escala vertical y la barra de cabeceo, y muestra el desplazamiento del avión por encima o debajo de la senda de planeo. El desplazamiento del avión a la izquierda o derecha del haz de localizador lo indican los movimientos de la aguja del localizador.

En la Fig. 15.2 se muestra la interconexión eléctrica de los componentes del indicador director de vuelo relacionados principalmente con la información de posición de cabeceo y alabeo. Siempre que se produce un cambio de posición del avión, fluyen señales de los sincros de cabeceo y alabeo dispuestos alrededor de los ejes pertinentes del giróscopo vertical a los sincros correspondientes dentro del indicador. Por consiguiente, se inducen señales de error en los rotores, las cuales, después de su amplificación, son enviadas a los servomotores, que giran para situar la barra de cabeceo y el disco de horizonte de forma que indiquen los cambios de posición del avión. Al mismo tiempo, los servomotores accionan los rotores de los sincros a la posición "nula".

En la Fig. 15.2 también se aprecia la interconexión existente entre los indicadores de senda de planeo y localizador, y el ILS. Durante una aproximación

ILS, el receptor de a bordo detecta las señales radiadas tanto en el plano vertical como en el horizontal por el transmisor de tierra. Si el avión está por encima de la trayectoria de planeo, se envían unas señales hasta el contador que controla el indicador de senda de planeo, haciendo que se deflecte hacia abajo en la escala, indicando por tanto al piloto que pique hacia la senda de planeo. Una deflexión hacia arriba del indicador muestra que está volando por debajo de la senda de planeo y por tanto el avión debe ascender para interceptar la trayectoria de planeo. El indicador también está unido a la barra de cabeceo para reflejar cualquier cambio de esta actitud necesario para interceptar o mantener la senda de planeo. Cuando se consigue esto, el indicador de senda de planeo y la barra de cabeceo están los dos fijos en la posición central horizontal.

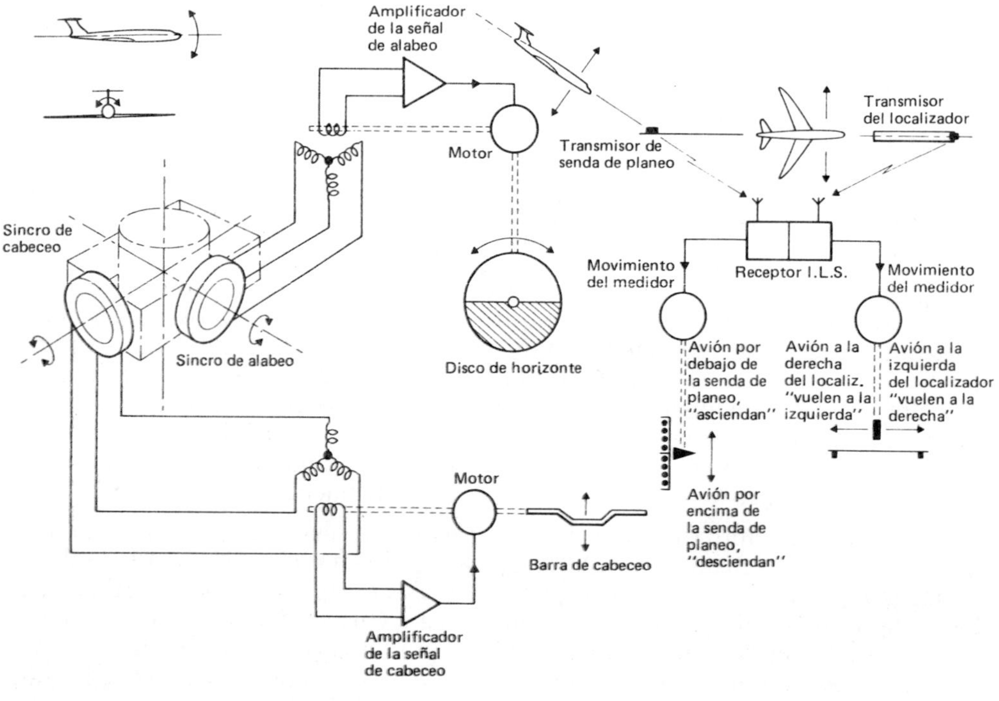

Figura 15.2.–Interconexión eléctrica de los elementos del indicador director de vuelo.

Si durante la aproximación el avión está a la izquierda del haz del localizador y de la línea de centro de pista, el indicador del localizador estará desplazado a la derecha, ordenando que el avión alabee a la derecha. El vuelo a la derecha del haz del localizador produce una deflexión del indicador hacia la izquierda, ordenando que el avión alabee a la izquierda. Cuando se corrige cualquiera de estos dos casos, el indicador se situará en la posición vertical en el centro del instrumento.

Un indicador de desviación de ruta es semejante, en lo referente a la presentación, a un RMI, excepto que incluye la información adicional del ILS. La presentación del rumbo magnético, marcación e información ILS se efectúa con referencia a un símbolo de avión fijado en el centro del indicador que provee una vista en planta de la posición del avión; de ahí el nombre alternativo de indicador de "situación horizontal". La interconexión de los diversos elementos de que consta un indicador se muestra esquemáticamente en la Fig. 15.3.

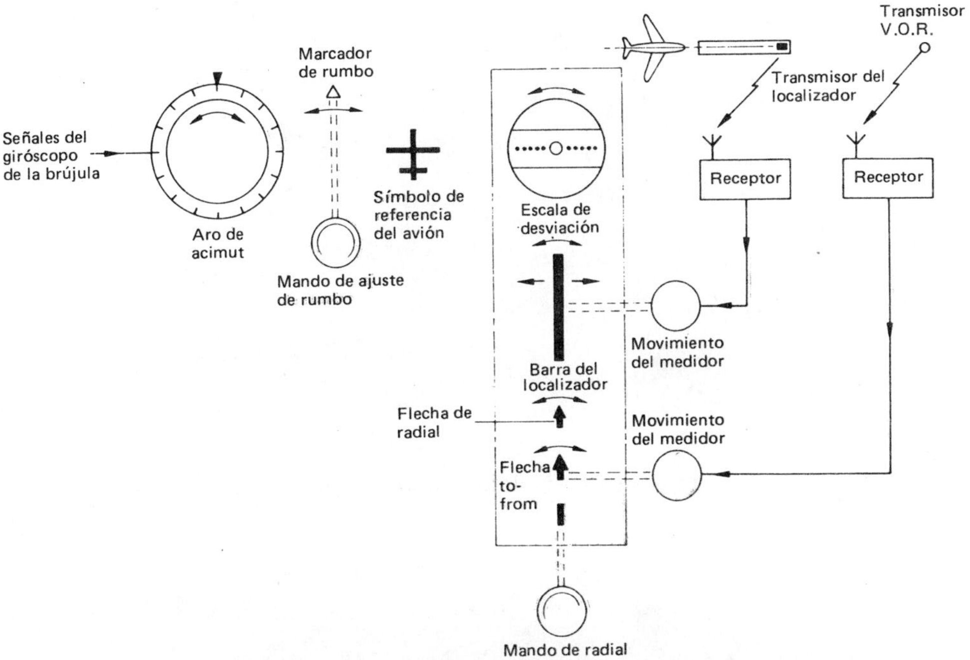

Figura 15.3.–Interconexión de los elementos del indicador de desviación radial.

La rosa de la brújula está gobernada por señales procedentes del giróscopo direccional de un sistema de brújula de indicación remota e indica el rumbo magnético contra una línea de referencia. Los elementos de indicación de localizador y senda de planeo son accionados de forma análoga a los del indicador del director de vuelo, pero como se observará, la barra de localizador o de desviación lateral, como se llama generalmente, también puede girar con la rosa de la brújula cuando se producen cambios de rumbo del avión. La indicación de vuelo "a" o "de" una estación VOR se realiza mediante un elemento tipo flecha que es posicionado por un medidor. El mando de selección de radial y el de rumbo permiten, respectivamente, la selección de un radial de localizador o VOR deseado, y el rumbo magnético deseado.

DESCRIPCION DE UN SISTEMA REPRESENTATIVO

En las Figs. 15.4 y 15.5 se muestran los indicadores de un sistema Director de Vuelo que pueden considerarse representativos de los utilizados actualmente.

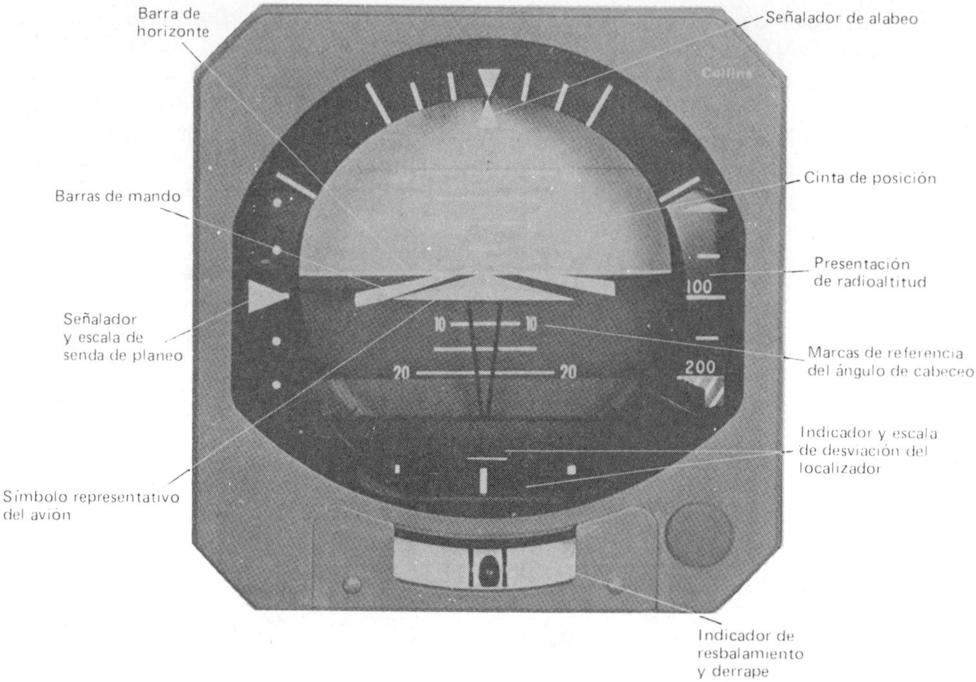

Figura 15.4.–Indicador director de vuelo.

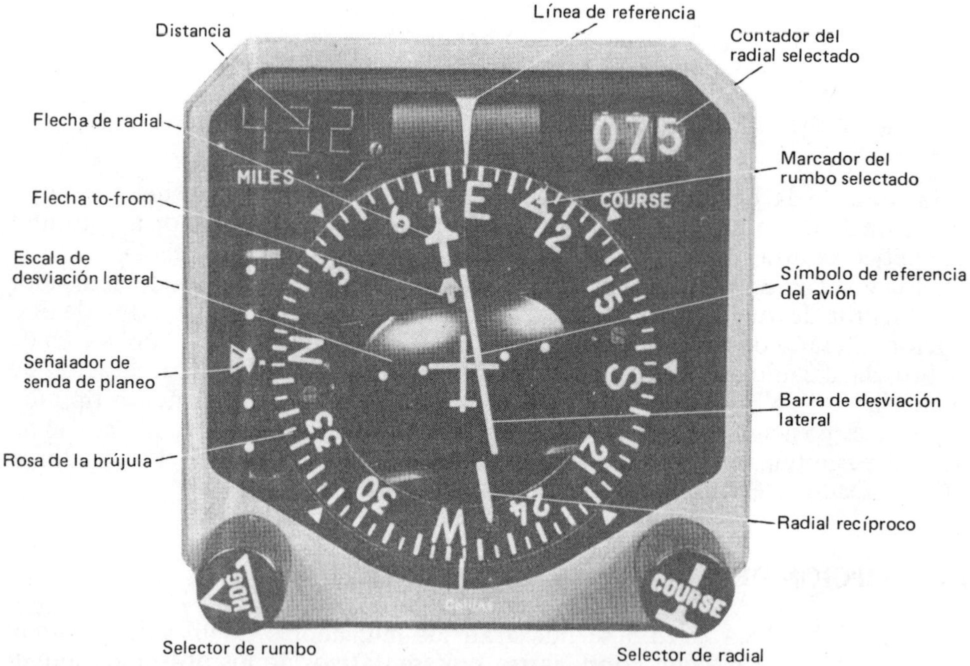

Figura 15.5.–Indicador de desviación de radial.

Indicador director de vuelo

En el indicador que se muestra, la información de posición del avión e ILS se presenta en forma tridimensional. La posición se indica por la relación de un símbolo, en forma de delta fijo que representa al avión, con respecto a las órdenes de alabeo y cabeceo presentadas por dos señaladores, o barras de mando que flanquean el símbolo del avión, y por una barra de horizonte. Las barras de mando forman una "V" invertida poco profunda y son accionadas por servomotores independientes dentro del indicador para que suban y bajen para ordenar un cambio de cabeceo y giren en el sentido de las agujas de un reloj o en el contrario para ordenar un cambio de posición de alabeo. Las salidas de los dos servos se combinan mecánicamente de forma que se proporcione una orden integrada de cabeceo y alabeo. La detección con respecto al símbolo del avión es tal que el piloto siempre recibe la orden de "volar dentro de la V". Cuando se ha cumplido una orden, las barras de mando se alinean con los bordes del símbolo del avión. La barra de horizonte va sobre una cinta flexible que es accionada también por los servomotores de cabeceo y alabeo independientes dentro del indicador. La cinta tiene una libertad de movimiento en cabeceo de ±90°, y 360° en alabeo. Las secciones superior e inferior de la cinta están coloreadas para que representen el cielo y el suelo respectivamente, y tienen también marcas de referencia para indicar los ángulos de cabeceo. En algunos tipos de director de vuelo, la sección inferior de la cinta móvil está marcada también con líneas que convergen en el centro de la presentación del indicador, realzando con ello su efecto de "vista hacia adelante". El ángulo de alabeo lo presenta un señalador que gira con la cinta flexible, y que se lee contra una escala fija. Los servomotores reciben señales de un giróscopo situado en un punto remoto.

Las desviaciones del haz de senda de planeo del ILS se muestran por los desplazamientos verticales de un señalador sobre una escala en el lado izquierdo de la presentación del indicador. Cada punto interior de la escala representa un desplazamiento de 1/4 ° de la línea central del haz, mientras que cada punto exterior representa un desplazamiento de 1/2 °. El señalador es accionado por el movimiento de un medidor y, cuando no se usa, desaparece de la vista en la parte superior de la escala. Un señalador en la parte inferior de la presentación indica las desviaciones con respecto al haz de localizador; se le ha dado una forma que represente una vista de una pista durante una aproximación. Los puntos de referencia en la escala de localizador o de la pista indican un desplazamiento de 1 1/4 ° aproximadamente de la línea central del haz. El señalador es accionado también por el movimiento de un medidor de corriente continua y, cuando no se usa, queda oscurecido por una bandera negra de aviso según se muestra en la Fig. 15.4. En algunos tipos de indicador, el señalador del localizador, o símbolo de la pista, también se presenta en respuesta a señales procedentes de un radioaltímetro, de forma que durante los últimos 200 pies de descenso, el señalador suba hacia el símbolo del avión fijo facilitando así una presentación "viva" de la aproximación. Este concepto de radioaltitud también se adopta en el indicador mostrado pero, en este caso, lo efectúa un indicador que se mueve en una escala fija de altitud.

Un inclinómetro, similar al adoptado en los indicadores convencionales de inclinación lateral y viraje, proporciona indicaciones de resbalamiento o derrape. Además, algunos directores de vuelo llevan un señalador de viraje en la presentación, que es accionado por señales procedentes de una unidad sensora del giróscopo de régimen de viraje.

Otra función de mando que puede presentarse en algunos indicadores de director de vuelo es la relacionada con la velocidad de un avión cuando ejecuta una maniobra de motores y al aire después de una aproximación frustrada. La presentación comprende una escala vertical y un señalador que es accionado en respuesta a señales correspondientes a la diferencia entre la velocidad indicada y la de motores y al aire predeterminada obtenida de un sistema calculador de velocidad externo al sistema director de vuelo. La escala tiene varias graduaciones que van desde la velocidad calculada en el centro, a "rápida" y "lenta" en la parte superior e inferior de la escala respectivamente. Con el fin de lograr la velocidad de motores y al aire correcta, la potencia del motor se ajusta de forma que el señalador se mantenga en el centro de la escala. El piloto selecta el modo de motores y al aire (go-around) apretando un pulsador en el volante de mando, selección que es indicada por la iluminación de una luz avisadora marcada "GA", y por el desplazamiento de las barras de mando del director de vuelo para ordenar una posición de subida con alas verticales. Hay también una segúnda luz avisadora marcada "MDA" (altitud mínima de decisión) asociada con el modo de motores al aire. La luz se enciende cuando el avión ha descendido a la radioaltitud preajustada en la que debe tomarse la decisión de aterrizar o realizar el procedimiento de motores y al aire.

Indicador de desviación de radial

Un indicador de desviación de radial presenta una información gráfica de una situación de navegación, y como se observará en la Fig. 15.5, la situación se muestra como una vista en planta de la posición y el rumbo del avión con respecto a una lectura y radial seleccionados. El símbolo de referencia del avión está fijo en el centro de la presentación e indica la posición y el rumbo del avión con relación a la rosa de brújula (o rosa circular), y la barra de localizador (esta barra se denomina a veces barra de desviación lateral). La rosa circular está enlazada sincrónicamente con el sistema de brújula magnética del avión. Cuando se produce un cambio de rumbo, aparece una señal de error de posición en un sincro CT dentro del indicador. Después de su amplificación por un servoamplificador en una unidad amplificadora de instrumentos independientes, la señal se suministra a un servomotor que, por medio de un sistema de tren de engranajes, acciona la rosa de la brújula para indicar el nuevo rumbo respecto a una línea de referencia en la parte superior central del indicador. Cada movimiento es amortiguado por medio de una señal de realimentación de régimen producida por un generador de régimen que es accionado por el motor. Las señales de realimentación se mezclan con las señales de error de posición, y la señal compuesta se amplifica y suministra a la fase de control del servomotor. Al mismo tiempo, el servomotor acciona el rotor del sincro CT a la posición nula correspondiente al nuevo rumbo. La barra del localizador es una sección central móvil de la flecha de radial y representa la línea central del rumbo del localizador ILS o radial VOR selectado. Un movimiento del medidor de corriente continua desvía la barra a la izquierda o a la derecha para indicar las órdenes apropiadas necesarias para la interceptación y captura del haz, y gira también con la rosa de la brújula cuando se producen cambios en el rumbo del avión. Cuando se opera en el modo de localizador, la barra del localizador comienza a moverse cuando el avión está a 4° aproximadamente del centro del haz localizador y los puntos en la escala de desviación representan 1 1/4° y

2 1/2° aproximadamente del centro del haz. En el modo VOR, el movimiento inicial de la barra empieza cuando el avión se encuentra a 16° aproximadamente del centro del radial, y los puntos de la escala de desviación representan entonces 5° y 10° aproximadamente del centro del radial.

La selección del rumbo del localizador ILS o radial VOR deseado se realiza girando el selector de radial hasta que la flecha coincida con el valor deseado en la rosa de la brújula. La barra del localizador y la escala de desviación giran también con la flecha de radial a través del sistema de tren de engranajes accionado por el selector. Al mismo tiempo, acciona un contador de radial tipo digital a la indicación de radial correspondiente; en la Fig. 15.5 esta indicación es 0,75°. Una vez ajustada, la flecha gira con la rosa de brújula cuando varía el rumbo del avión. El sistema de tren de engranajes sitúa también los rotores de un servosincronizador de radial asociado con el receptor de navegación VOR/LOC y, desde luego, un sincro CT de referencia. Cuando se cambia la posición del rotor del servosincronizador de radial, desplaza la fase de la señal de referencia de 30 Hz en un circuito de desplazamiento de fase de una unidad de instrumentación VOR. La señal se compara entonces con la señal variable de 30 Hz en un comparador de fases, cuya salida se suministra al movimiento del medidor que controla la barra del localizador. Cuando la salida es tal que centra la barra, el avión está en el radial selectado. Cuando el avión se desvía del radial selectado, la señal de referencia desplazada en fase se mantiene en el ángulo determinado por el rotor del servosincronizador, pero se cambia la fase de la señal variable recibida por el receptor de navegación VOR. El comparador de fases producirá entonces una salida que desvía la barra del localizador a la izquierda o derecha del radial VOR selectado. La flecha to-from la sitúa el movimiento de un medidor que recibe las señales correspondientes del receptor de radionavegación y vía un comparador de fases en la unidad de instrumentación del sistema director de vuelo. En la Fig. 15.5 se presenta una orden "volar a". En el modo LOC de operación, la barra del localizador es controlada análogamente por los cambios de la posición del rotor del servosincronizador, excepto que la salida al movimiento del medidor resulta de la comparación de amplitud de las señales a uno y otro lado del centro del haz localizador. Las flechas to-from permanecen ocultas puesto que no se transmiten señales to-from en el modo localizador.

Los cambios de posición del rotor del sincro CT de referencia de radial producen una señal de error de posición en los devanados del estator. La señal es proporcional a la diferencia entre el radial selectado y el rumbo real del avión y se transmite al canal de control de alabeo de un calculador de dirección o un calculador de director de vuelo como una orden de viraje para capturar el radial VOR/LOC selectado. La salida del calculador apropiado se suministra a un servoamplificador de mando de alabeo contenido en una unidad amplificadora de instrumentos, y después de su amplificación se envía al servomotor de alabeo acoplado a las barras de mando del indicador de director de vuelo. Por tanto, las barras giran para indicar la dirección de alabeo requerida para capturar el radial VOR/LOC. El servomotor también acciona un generador de régimen que produce una señal de realimentación de régimen para amortiguar los movimientos de la presentación.

La selección de cualquier rumbo magnético deseado se realiza situando un señalador de rumbo de forma triangular en la rosa de brújula, por medio del selector de rumbo y su sistema de eje y tren de engranajes. Al mismo tiempo, el rotor del sincro CT de error de rumbo gira en el interior de su estator, desde su posición nula, y esto produce una señal de error de posición proporcional a la diferencia entre el rumbo selectado y el rumbo del avión detectado por el sistema de brújula. Los rumbos que se presentan en la Fig. 15.5 son 110° y 085° respectivamente. La señal se procesa de la misma forma que la producida por el sincro CT de referencia de radial y, por consiguiente, su consecuencia es que las barras de mando del indicador del director de vuelo indican la dirección de alabeo requerida para volar en el rumbo deseado.

Banderas de aviso

En los sistemas directores de vuelo es preciso facilitar medios para avisar que hay presentaciones defectuosas. En la práctica, los avisos se efectúan vigilando las señales de mando producidas de forma que cuando se pierdan o sean demasiado débiles para proporcionar información fiable, aparezcan banderitas rojas en los lugares apropiados de las presentaciones del indicador del director de vuelo y del indicador de desviación de radial. Las banderas son activadas por mecanismos medidores de corriente continua que están conectados a las fuentes de señales pertinentes. En el caso de los indicadores de los directores de vuelo hay, principalmente, tres banderas de aviso rotuladas "GS", "GYRO" y "COMPUTER", que indican respectivamente funcionamientos deficientes del receptor o señal de senda de planeo, del giróscopo vertical y de los sistemas de presentación de posición en vuelo, y los sistemas de presentación del calculador de dirección y mando. La bandera GS, cuando indica mal funcionamiento, oscurece el señalador de senda de planeo y la escala para que no se use. Si el sistema no está operando en el modo de senda de planeo, la bandera GS y el señalador quedan fuera de la escala. También se produce indicación de mal funcionamiento de la señal de localizador y/o modo de localizador no selectado, mediante una persiana negra que oscurece la escala y el señalador del localizador (véase la Fig. 15.4). Pueden proporcionarse otras banderas de aviso que dependan de algunas funciones presentadas adicionales; por ejemplo, existe una bandera para dar aviso de funcionamientos deficientes en el circuito de una presentación de control de velocidad asociada con una maniobra de motores y al aire.

En el caso de un indicador de desviación de radial, hay también tres banderas de aviso principales que están rotuladas "GS", "COMPASS" y "VOR/LOC". La bandera GS funciona igual que la del indicador del director de vuelo, mientras que la bandera "COMPASS" indica funcionamientos deficientes del circuito de señales de rumbo magnético del sistema de brújula. La bandera VOR/LOC realiza la doble función de aviso de mal funcionamiento de la señal de radial VOR y de la señal del localizador.

Instalación de mando de cabeceo

En algunos tipos de sistemas directores de vuelo hay una instalación de mando de cabeceo mediante la cual el piloto puede preselectar una orden de subida o descenso fija en ciertos modos de operación. La selección se lleva a cabo por medio de un selector que, en algunos casos, está situado en la esquina inferior izquierda del indicador del director de vuelo y, en otros, en un panel independiente de selección de modo del director de vuelo. El selector va acoplado mecánicamente al rotor de un sincro CT, y después de girarlo se induce una señal en el sincro. Esta señal, después de amplificarla, se transmite al servomotor/generador de cabeceo, que lleva las barras de mando a la posición selectada. La posición en vuelo del avión se cambia entonces "volando el símbolo representativo del avión en las barras de mando". Además de la orden de cabeceo, se proporciona un ajuste de compensación de éste como medio para alterar la posición de la barra de horizonte del director de vuelo con respecto al símbolo representativo del avión. La operación de ajuste es puramente mecánica y se usa para alinear la presentación o información de posición durante la instalación de un indicador director de vuelo.

Modos de operación

Varios sistemas directores de vuelo tienen instalaciones para selectar diversos modos de operación; la selección de modo puede hacerse sobre una base común en los casos en los que se emplee un sistema director de vuelo en combinación con un sistema de control de vuelo automático. El número de modos varía según las necesidades específicas de operación del avión, y por una razón semejante, también puede variar el método para selectar los modos; por ejemplo, la selección puede hacerse con el botón de control de un selector giratorio situado en un indicador de director de vuelo o en un panel independiente de selección de modos.

En algunas versiones de un panel de control, los modos se selectan mediante pulsadores, que son interruptores sujetos por solenoides apretados/desapretados. Los pulsadores se iluminan cuando se selectan sus modos correspondientes y, al mismo tiempo, aparece una bandera accionada mecánicamente con la palabra "ON" en una parte de cada botón apretado. En la Tabla 15.1 se describen brevemente los modos de operación fundamentales en algunos sistemas típicos de director de vuelo. Cuando se selecta cada uno, se completan circuitos de señales a través de las secciones apropiadas de calculador y amplificador, cuyas salidas se suministran como señales de mando en el indicador del director de vuelo. Si se usa un sistema director de vuelo en combinación con un sistema de control de vuelo automático, este sistema utiliza también las señales de mando para aplicar control en el sentido necesario para cumplir las órdenes pertinentes.

Tabla 15.1.—Modos de operación fundamentales

OFF	Las barras de mando desaparecen de la vista, y el indicador del director de vuelo se usa únicamente como referencia de posición en vuelo.
HDG	Las barras de mando proporcionan guiado lateral para obtener y mantener un rumbo brújula, según se ha selectado en el indicador de radial. El guiado vertical se hace a partir de una posición de cabeceo preselectada.
VOR(NAV)/LOC	Las barras de mando proporcionan guiado lateral para capturar y seguir un radial VOR o haz localizador. El guiado vertical es igual que en el modo HDG.

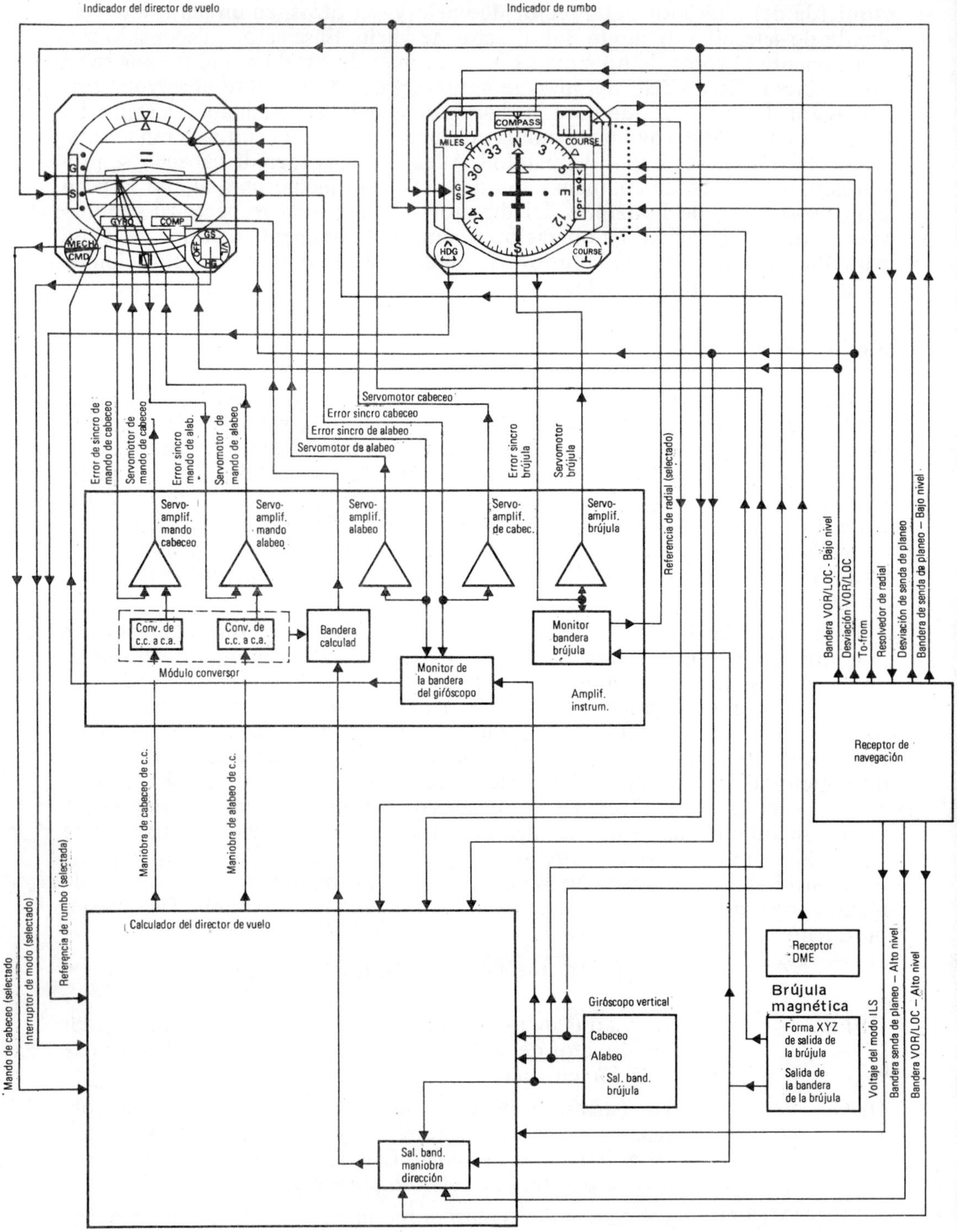

Figura 15.6.–Diagrama del flujo de señales.

GS	Las barras de mando proporcionan guiado lateral y vertical para capturar y seguir los haces del localizador y de senda de planeo respectivamente. Los señaladores GS y LOC vigilan las desviaciones del avión del haz.
GS AUTO	Igual que GS, con la excepción de que la interceptación y captura de la senda de planeo es automática, después de que se haya capturado el haz localizador.
ALT	Las barras de mando proporcionan guiado vertical para mantener el avión a la altitud deseada.
APPR I	Se selecciona para captura y seguimiento de los haces GS y LOC en aproximaciones ILS de normas de Categoría I. Las barras de mando proporcionan guiado lateral y vertical.
APPR II	Igual que APPRI pero produce un seguimiento más rígido de los haces para satisfacer los requisitos más altos de precisión de una aproximación ILS de Categoría II.
GA	Se selecciona para una maniobra de motores y al aire después de una aproximación frustrada, y después de selectar un modo cualquiera de aproximación. Las barras de mando ordenan una posición de ala vertical y encabritado. Después de que se hayan establecido los ajustes de potencia y de velocidad con respecto al aire, se pueden selectar los modos HDH e IAS.
IAS	Se selecciona para mantener una velocidad indicada durante la subida después del despegue, y durante el descenso sobre una estación VOR. Las barras de mando proporcionan guiado vertical.
V/S	Se selecta para mantener una velocidad vertical particular, esto es, régimen de subida o descenso. Las barras de mando proporcionan guiado vertical.
MACH	Igual que el modo IAS pero se selecta a altitudes más elevadas.

Calculador y amplificador

Como ya se citó en las breves descripciones anteriores de la operación del indicador director de vuelo y del indicador de radial, un calculador y un amplificador de instrumentos procesan las señales de mando apropiadas. La función principal del calculador consiste en proporcionar todo el cálculo necesario para determinar cualquier error de posición o actitud, y desarrollar las señales necesarias para ordenar cambios de posición o actitud. Cuando un sistema director de vuelo está integrado con un sistema de control de vuelo automático, las señales calculadas se utilizan también para aplicación de control. Un calculador, en algunos casos, puede ser una sola unidad que contiene circuitos de señales de estado sólido para información de guiado lateral y vertical, mientras que en algunos sistemas directores de vuelo se emplean calculadores independientes. Además de los circuitos de señales hay una red lógica, cuya finalidad es proporcionar graduación analógica de señales, que se ajusten a las ganancias del calculador, y lógicas, que se adapten a los tipos específicos de avión. Todos los circuitos de señales y alimentación de energía son circuitos impresos que están dispuestos como módulos funcionales enchufables independientes.

La función principal de un amplificador de instrumentos es suministrar energía servoaccionadora para los mecanismos de presentación de los indicadores del director de vuelo y de desviación radial. La unidad contiene también circuitos impresos de módulos enchufables independientes que, según se muestra en el diagrama general de flujo de señales de un sistema representativo (Figura 15.6), corresponden a cinco canales servo, dos canales convertidores de señales y tres circuitos de aviso con bandera. Si se necesitan más avisos, se aumenta el número de circuitos de aviso en concordancia. Los canales convertidores aceptan señales de entrada de corriente continua y las convierten en señales de 400 Hz para que las usen los servocanales de mando de cabeceo y alabeo. Los convertidores reciben señales de maniobra de cabeceo y alabeo del calculador, información de señales de error de posición de los sincros del transformador de control de orden de cabeceo y alabeo en el director de vuelo, y señales de realimentación de régimen de los servomotores/generadores de mando de cabeceo y alabeo. Estas señales se mezclan y, después del filtrado, las señales compuestas proporcionan la entrada para el servoamplificador de mando apropiado.

PREGUNTAS

15.1. Dibujar un diagrama que muestre la presentación de un indicador de director de vuelo típico.

15.2. ¿Cómo se accionan los elementos de localizador y senda de planeo de un indicador?

15.3. ¿Qué significan los puntos contra los que registran los elementos de localizador y senda de planeo?

15.4. ¿Cuál es el objeto de las luces avisadoras en algunos tipos de indicadores directores de vuelo?

15.5. Describir brevemente cómo es accionada la rosa de la brújula de un indicador de desviación de radial para indicar un cambio de rumbo.

15.6. Cuando hay un cambio de rumbo, ¿la barra del localizador gira con la rosa de la brújula o permanece inmóvil?

15.7. ¿Cuáles son las funciones de los botones de selección de rumbo y selección de radial?

15.8. ¿En qué modo de operación actúa la flecha "to-from"?

15.9. Citar el objeto y la operación de una instalación de compensación de cabeceo.

15.10. ¿Cuál es la función de las banderas de aviso proporcionadas en los indicadores directores de vuelo y los indicadores de desviación de radial, y cuándo aparecen?

15.11. ¿Qué dirección se precisa para volar dentro de un rumbo magnético seleccionado indicado?

15.12. ¿Cuáles son las funciones principales del calculador y el amplificador de instrumentos?

16. Registro de datos de vuelo

El registro de ciertos parámetros medidos por instrumentos y de cualquier incidente extraño relacionado generalmente con motores, células y actuación, ha sido siempre una característica de los procedimientos de dirección en vuelo. El método más fácil de registrar, y que todavía sigue siendo obligatorio, es hacer las anotaciones necesarias en el "cuaderno" de la aeronave. Sin embargo, a medida que el avión y sus sistemas se hicieron más sofisticados en sus procedimientos de operación, aumentó el número de parámetros que debían vigilarse, y esto impuso limitaciones en el método de anotaciones en el "cuaderno". Además, había que tener en cuenta también la cuestión de cómo obtener datos valiosos al investigar la causa de un accidente. Por consiguiente, a este respecto se hizo obligatorio (en 1958 en USA y en 1965 en el Reino Unido, por ejemplo) dotar a ciertas categorías de aviones con un sistema registrador de vuelo automático que comprende un registrador de datos de vuelo y un registrador de voces en la cabida de vuelo. El número de parámetros que se han de registrar aumenta progresivamente desde un conjunto básico común establecido según grupos de pesos de avión y, por consiguiente, de acuerdo con el grado de complejidad del avión y los sistemas. Puesto que la mayoría de los parámetros se medían "sacando" de los elementos detectores o los transductores de los sistemas de instrumentos existentes, de acuerdo con el número de éstos empleados en un avión, virtualmente no hay límite en lo que respecta al número de parámetros que pueden registrarse. Por lo tanto, la capacidad de los registradores puede aumentarse para facilitar no sólo los datos requeridos por las normas (registro obligatorio) sino también para la adquisición de datos que pueden ser valiosos a una compañía aérea al planificar una operación económica, y para contrastar la fiabilidad del avión, los motores y los sistemas (registro no obligatorio). Los sistemas registradores de esta naturaleza utilizan dos registradores complementarios conocidos unas veces como Sistemas de Datos Integrados del Avión (AIDS) y otras como Sistemas de Adquisición de Datos (DAS).

Antes de describir los fundamentos de operación de los sistemas registradores de datos de vuelo, es interesante considerar dos instrumentos que fueron los primeros que se emplearon para registrar en condiciones rutinarias de operación, como ayuda para recopilar datos sobre cargas de ráfagas. Estos instrumentos son el *acelerómetro* y el *medidor de fatiga*, y todavía pueden encontrarse en uno o dos tipos actuales de avión.

ACELEROMETROS Y MEDIDORES DE FATIGA

La estructura de un avión está proyectada para que resista ciertos esfuerzos que pueden ser impuestos sobre ella durante el vuelo, cuya magnitud depende de las fuerzas que actúen sobre el avión. Todas estas fuerzas pueden convertirse en componentes que actúen en las direcciones de los tres ejes mutuamente perpendiculares del avión, esto es: el eje longitudinal o de alabeo, el eje lateral o de cabeceo y el eje vertical o de guiñada.

Fuerza es el producto de la masa por la aceleración, y puesto que puede considerarse que la masa de un avión es constante, las fuerzas que actúen sobre el avión en vuelo pueden expresarse en términos de la aceleración que le afecte. Durante las maniobras del avión, los cambios mayores en las aceleraciones a que está sujeto tienen lugar en la dirección del eje vertical. En consecuencia, el peligro de rebasar los esfuerzos permisibles y la posibilidad de fallo de alguna parte de la estructura son mayores cuando se aplican aceleraciones excesivas a través del eje vertical. Las componentes verticales de la aceleración se miden mediante *acelerómetros* y *medidores de fatiga.* Funcionan con el mismo principio básico, pero mientras que el acelerómetro proporciona indicaciones instantáneas de aceleración vertical, el medidor de fatiga está diseñado para contar y registrar el número de veces que se han rebasado los valores de umbral predeterminados de aceleración vertical.

PRINCIPIO BASICO DEL ACELEROMETRO

En la Fig. 16.1 puede verse un mecanismo básico en el que se observará que las componentes principales son un contrapeso y dos muelles calibrados tensados para equilibrar estáticamente el peso del contrapeso. La posición del mecanismo mostrado en el diagrama corresponde al vuelo recto y horizontal normal.

En esta condición, la fuerza a lo largo del eje vertical se debe al peso del avión y, por consiguiente, el avión está sujeto a fuerza gravitacional normal, que

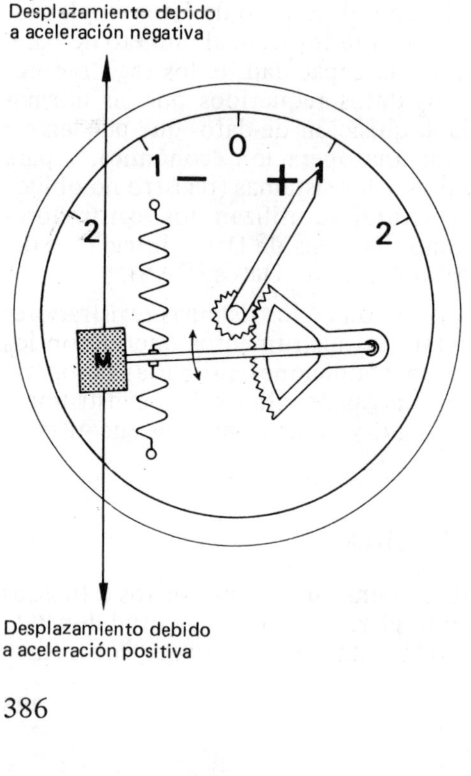

Figura 16.1.–Mecanismo básico del acelerómetro.

produce una aceleración de 1 $g = 32$ pies/s^2. Igualmente, la fuerza en el contrapeso se debe a su peso y, por eso, también está sujeta a 1 g. El peso del contrapeso extiende un muelle y deja que el otro se contraiga. La aguja, que es accionada por el brazo de palanca en el que va montado el contrapeso, se mueve en una escala graduada directamente en unidades g; en la condición de vuelo horizontal la aguja está situada en lo que puede denominarse el valor de referencia de 1 g.

En el diagrama se observará que la escala está graduada en valores positivos y negativos de g, que corresponden respectivamente a aceleraciones hacia arriba y hacia abajo a lo largo del eje vertical. Por tanto, la carga soportada por las alas de un avión en cualquier maniobra es el producto del peso del avión y la indicación del acelerómetro.

En condiciones de aceleración vertical producida por maniobras del avión, ráfagas o aire turbulente, el contrapeso se desplazará, variando así la tensión de los muelles hasta que compense la fuerza impuesta y produzca el cambio de indicación correspondiente. Una aceleración positiva mueve el contrapeso hacia abajo y una negativa hacia arriba.

En la Fig. 16.2 se muestra la presentación en la esfera y la disposición esquemática del mecanismo de un acelerómetro típico.

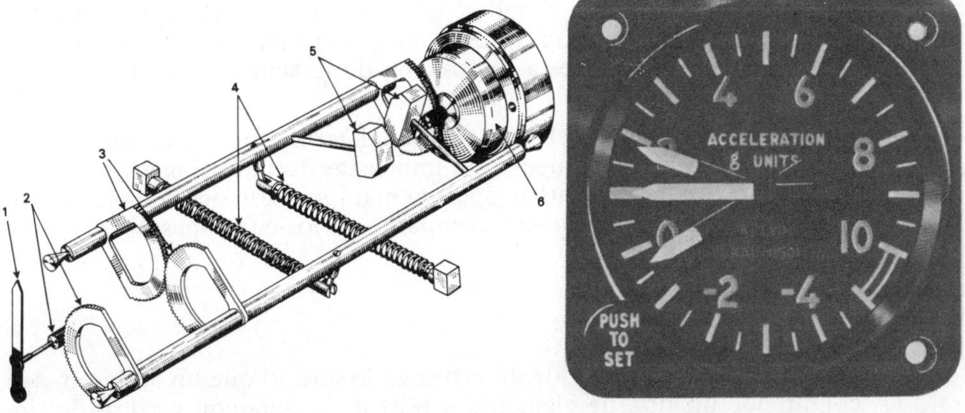

Figura 16.2.–Acelerómetro típico. 1.–Aguja instantánea de g. 2.–Arrastre de la aguja. 3.–Engranajes compensadores. 4.–Muelles de control. 5.–Contrapeso. 6.–Dispositivo amortiguador.

El mecanismo consta de dos contrapesos controlados por muelles montados en brazos en voladizo fijados a dos ejes oscilantes. Un sector dentado fijado a uno de estos ejes engrana con un piñón en el eje de la aguja instantánea. En el extremo posterior del segundo eje oscilante un sector dentado engrana con un piñón acoplado a un dispositivo de resistencia al arrastre de corrientes parásitas magnéticas. Su finalidad es amortiguar las fluctuaciones violentas de la aguja que podrían producirse en aceleraciones de corta duración.

Como la escala del acelerómetro es lineal, debe haber una relación lineal entre la aceleración y el movimiento angular de los contrapesos. Esto se logra utilizando muelles lineales y fijándolos a articulaciones sujetas a los ejes oscilantes en ángulo recto a los brazos en voladizo. Por consiguiente, la rotación de los contrapesos es directamente proporcional a la extensión de los muelles y, por consiguiente, a la fuerza de aceleración impuesta.

En este diseño particular de acelerómetro, las componentes horizontales de aceleración que pueden actuar en el plano de la esfera del instrumento también pueden ejercer fuerzas en los dos contrapesos, haciendo girar los ejes oscilantes a posiciones falsas. No obstante, puesto que la rotación de cada eje se produce en la misma dirección, cualquier tendencia a girar puede evitarse engranando los ejes. Esta es precisamente la función de los dos sectores dentados en el extremo anterior de cada eje.

Además de conocer el valor instantáneo de la aceleración, también es muy importante saber la aceleración máxima experimentada durante una maniobra o cuando se vuela en condiciones turbulentas. Por consiguiente, normalmente se dispone de acelerómetros con dos agujas auxiliares, una para indicar aceleraciones máximas positivas y la otra para indicar aceleraciones máximas negativas.

Ambas agujas están montadas concéntricamente con la aguja de "*g* instantánea" y son accionadas por una plaquita fijada a esta aguja. La placa tiene salientes que mueven dos ruedas de trinquete; al engranar en direcciones opuestas, una rueda acciona la aguja de aceleraciones máximas positivas y la otra la de aceleraciones máximas negativas, a la posición de aguja principal. Una uña ligeramente cargada y un muelle mantienen las agujas auxiliares en sus respectivas indicaciones máximas hasta que se rebase la aceleración, o hasta que se reajuste accionando el botón situado en la parte frontal del instrumento. Ambas agujas auxiliares son devueltas entonces a la posición de la aguja principal por la acción de los muelles en espiral.

Puesto que el objeto de un acelerómetro es indicar las fuerzas de aceleración, es evidente que tales fuerzas le pueden ser impuestas durante el manejo general. Para evitar el daño que podría sufrir por una manipulación descuidada, hay un dispositivo de bloqueo que impide el movimiento de los contrapesos.

Medidor de fatiga

En su forma básica, un medidor de fatiga es lo mismo que un acelerómetro, esto es, comprende un tipo de elemento sensor de aceleración vertical de tipo de contrapeso suspendido y muelle de control. Sin embargo, puesto que está diseñado para contar y registrar el número de veces que se han rebasado los valores de umbral de aceleración predeterminados, su mecanismo es necesariamente un poco más complejo. En las Figs. 16.3 y 16.4 se muestran una vista exterior y esquemática de un medidor típico.

El contrapeso del elemento de detección de aceleración consta de un contrapeso montado en un muelle en voladizo que está conectado por muelles secundarios y de una cadena de caracol conectada a una unidad giratoria de inercia y amortiguación. La unidad de inercia está, a su vez, conectada por un eje a un conjunto de brazo de contacto y escobilla que se deslizan rápidamente alrededor de la superficie de un conmutador. Cada segmento del conmutador representa un cambio igual de aceleración aplicada, por ejemplo 0,1*g*. La parte central del conmutador corresponde a la fuerza gravitacional normal de 1*g*.

Figura 16.3.–Medidor de fatiga. Vista exterior.

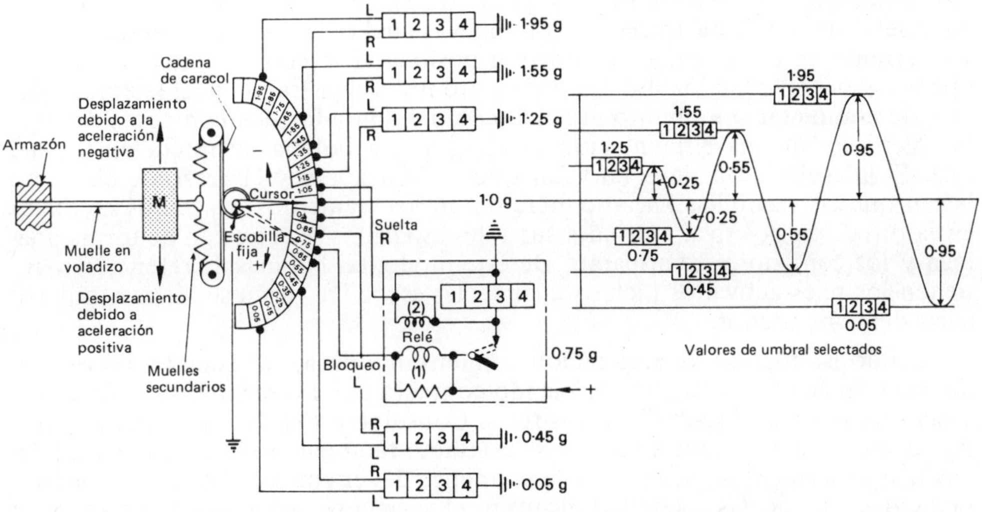

Figura 16.4.–Medidor de fatiga. Disposición esquemática.

Hay pares de segmentos del conmutador conectados eléctricamente a relés que activan contadores digitales electromagnéticos que corresponden a los valores de umbral selectados, en este caso 0,5*g*, 0,45*g*, 0,75*g*, 1,25*g*, 1,55*g* y 1,95*g*. Cada circuito de relé se compone de dos secciones denominadas "bloque" y "suelta"; en el esquema se observará que las secciones de "bloques" están conectadas a los segmentos que corresponden también a los valores de umbral seleccionados. Las secciones de "suelta" están conectadas a los segmentos que corresponden a los valores inferiores, que están separados un número determinado de incrementos. Por ejemplo, el relé que controla el contador que marca 0,75*g* tiene su sección de "bloqueo" conectada al segmento 0,75, su sección de "suelta" al segmento 1,05, y una diferencia incremental o progresiva de 0,30*g*. También debe citarse que, en las direcciones positiva y negativa, las conexiones para las secciones de "suelta" se toman de los segmentos que preceden a los conectados a las secciones de "bloqueo".

La energía para operar los relés y los contadores es corriente continua de 24 voltios. El instrumento va fijado rígidamente a la estructura del avión en compartimientos accesibles debajo del piso o en compartimientos especiales dentro de una cabina de pasajeros.

Operación

Igual que en un acelerómetro de indicación, el contrapeso puede moverse de la posición de 1*g* normal debido a las fuerzas que actúan sobre él. Suponiendo que el avión y el medidor estén sometidos a una aceleración vertical en la dirección positiva, el contrapeso se moverá hacia abajo y hará que el brazo de contacto se mueva en el sentido de las agujas del reloj en una distancia angular proporcional a la aceleración aplicada.

Cuando las escobillas de contacto alcanzan el primer segmento del conmutador conectado a la sección de "bloqueo" de un relé y el contador asociado, se completa un circuito a través de la bobina (1) del relé. Por tanto, los contactos se cierran y conectan una alimentación positiva al solenoide del contador que opera y arma el contador. En este momento no se registra ninguna lectura. Además de completar un circuito al solenoide del contador, los contactos del relé también envían una alimentación positiva a una bobina de retención (2) del relé. Si la aceleración tiene tal valor que el contrapeso y el brazo de contacto hacen que las escobillas hagan contacto con los segmentos selectados sucesivos en la dirección positiva, entonces sus relés asociados se activarán de forma análoga y los contadores se armarán. De este modo, las bobinas de retención mantienen los relés activados incluso cuando las escobillas dejan su segmento particular del conmutador.

Cuando las fuerzas de aceleración comienzan a decaer al valor 1*g*, las escobillas vuelven en el conmutador, haciendo contacto con los segmentos conectados a las secciones de "suelta" de los relés. Consultando el diagrama puede verse que cuando un relé sigue activado, su contacto también envía una alimentación positiva al segmento conectado a su segmento del circuito de "suelta". Por consiguiente, cuando las escobillas alcanzan el segmento, se completa un circuito que cortocircuita la bobina de retención del relé, haciendo que el contacto se abra. Por tanto, el solenoide del contador se desactiva y, de este modo, suelta una uña cargada por resorte del mecanismo de armado para completar la operación de conteo.

La razón de que el circuito esté dispuesto de esta manera es impedir que se haga una segunda cuenta cuando las escobillas se muevan a un alto nivel *g* y vuelvan sobre un segmento selectado. Además, también impide cuentas extras cuando se superponen aceleraciones de poca amplitud y alta frecuencia en la aceleración de ráfagas o maniobra.

Una resistencia al arrastre de corriente parásita inducida por la rotación de un amortiguador en forma de campana en un campo magnético permanente impide un recorrido excesivo del contrapeso.

Como los medidores de fatiga sólo se necesitan para contar y registrar las aceleraciones verticales experimentadas en vuelo, es preciso incluir en el circuito eléctrico un medio automático para conectar y desconectar la energía. Esto lo realiza un interruptor de velocidad con respecto al aire (véase la página 113) cuyos contactos están ajustados para hacer el circuito justo después del despegue y romperlo justo antes del aterrizaje.

Las cuentas de aceleración registradas por un medidor de fatiga son fundamentales para relacionar las aceleraciones experimentadas por un avión con lo que se denomina su longevidad a la fatiga segura. En consecuencia, hay que observar las lecturas en períodos regulares y anotarlas en hojas especiales de datos tabuladas que a su terminación se usan para análisis y cálculo de la longevidad a la fatiga.

REGISTRADORES DE DATOS DE VUELO

Según se citó en la introducción de este capítulo, las exigencias obligatorias para que el avión esté provisto de registradores de datos de vuelo se basan principalmente en la adquisición de datos que serán valiosos durante las investigaciones sobre las causas de un accidente.

La experiencia de los investigadores ha demostrado el valor relativo del registro de vuelo con respecto a dos categorías muy generales de accidentes. La primera categoría es aquélla en la que la causa principal del accidente ha sido alguna forma de mal funcionamiento del avión, o sistema. Al intentar establecer el fallo, el papel principal lo representaría probablemente el análisis de los restos, y esto tendría el apoyo de los datos registrados "antes del accidente" en cuanto a tiempo, altitud, velocidad y aceleración. La segunda categoría es aquélla en la que el accidente tiene una causa operacional, esto es, una en la que no ha intervenido ningún defecto técnico o deterioro de la actuación del avión. Algunos ejemplos son la pérdida de control resultante de un pilotaje incorrecto por parte de la tripulación, condiciones meteorológicas adversas, o factores de navegación. En esta categoría de accidente, el papel del análisis de los restos se limitaría a establecer los datos concernientes a la configuración final del avión, y amplios detalles de la posición y la velocidad en el momento del impacto. En este caso, el papel del registrador de datos de vuelo sería más importante, puesto que proporcionaría un historial cronológico de las principales maniobras en todo el vuelo.

Parámetros seleccionados

En la selección de los parámetros obligatorios para fines de investigación, el objetivo es obtener de los datos registrados, bien directamente o bien por deducción, la siguiente información:

1. la trayectoria de vuelo del avión y la posición al alcanzar esta trayectoria;
2. las fuerzas básicas que actúen sobre el avión, por ejemplo, sustentación, resistencia al avance, empuje y control;
3. el origen general de las fuerzas básicas y las influencias, por ejemplo, información de navegación e información del estado de los sistemas del avión.

Los parámetros obligatorios están especificados en las normas nacionales para la operación de aviones civiles y generalmente están relacionados con lo siguiente:

a) tiempo (GMT o transcurrido);
b) altitud de presión;
c) velocidad con respecto al aire;
d) aceleración vertical;
e) rumbo magnético;
f) posición de cabeceo.

Métodos para registrar

Hay dos métodos principales para registrar: (i) registro o grabación por trazado y (ii) registro o grabación electromagnética.

Registro por trazado

Como el nombre sugiere, se trata de un método por el que los cambios en los parámetros requeridos se graban en forma gráfica. Fundamentalmente, puede parecerse al adoptado en los instrumentos registradores gráficos utilizados en plantas industriales para registrar la temperatura, la presión, etc. Sin embargo, en vez de gráficos de papel graduado y estiletes grabadores, un registrador de vuelo usa cinta metálica de aluminio o de acero con gran contenido de níquel, en la que los trazos se graban con estiletes de punta metálica. En la Fig. 16.5 se muestra un ejemplo de una grabación con trazos hecha durante el despegue de un avión.

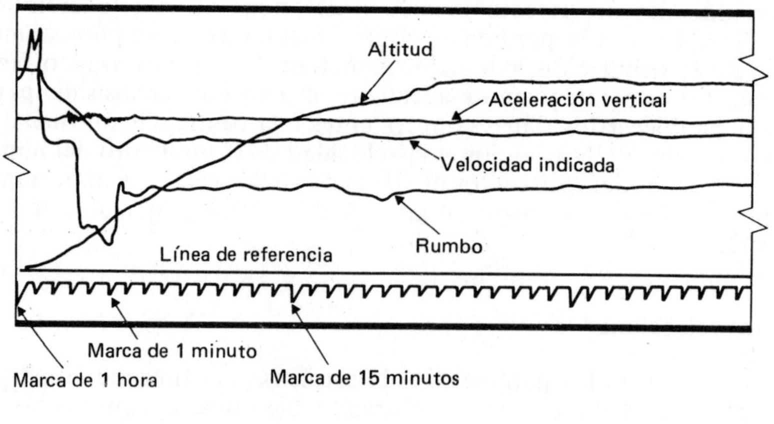

Figura 16.5.–Ejemplo de una grabación por trazos.

La cinta metálica, que suele tener 5 pulgadas de ancho, 200 pies de largo y 0,001 pulgadas de grosor, va enrollada en carretes de alimentación y recepción, ruedas dentadas y rodillos guía contenidos dentro de un conjunto de almacén. El carrete receptor es accionado por un tren de engranajes de gran relación y un motor eléctrico; el carrete, a su vez, transporta la cinta metálica desde el carrete de alimentación. El motor funciona en conjunción con un temporizador para producir una velocidad controlada de transporte de la cinta. Según el tipo de registrador, el motor puede ser del tipo de corriente continua de imán permanente, cuya velocidad es controlada por un mecanismo regulador cronométrico, o del tipo de corriente alterna de frecuencia constante. Los valores típicos de control de velocidad y las relaciones del tren de engranajes son tales que la velocidad de transporte de la cinta es de 6 pulgadas por hora; por tanto, una cinta de 200 pies proporciona un tiempo de grabación de 400 horas. Los conjuntos de almacén y motor de arrastre van dentro del alojamiento principal del registrador de vuelo junto con los transductores y servomecanismos requeridos para accionar el estilete correspondiente a cada parámetro que se ha de registrar.

Los parámetros registrados son altitud, velocidad con respecto al aire, rumbo magnético, aceleración vertical y tiempo. La altitud y la velocidad con respecto al aire se miden mediante transductores independientes que contienen elementos de detección de presión del tipo convencional conectados a un sistema de presión pitot estática del avión. Cada elemento detector va acoplado mecánicamente a un brazo accionador de estilete, de tal forma que el desplazamiento de un elemento mueve su estilete a una posición en la cinta que equivale a la altitud o velocidad con respecto al aire, según corresponda. Cada estilete o punzón es apretado contra la cinta por una barra de presión, de tal forma que la grabación se hace en intervalos de un segundo.

La información de rumbo magnético se suministra desde el sistema de brújula principal del avión, y las señales son enviadas a un sincrotransformador de control dentro del registrador de vuelo. Las señales de error se amplifican y envían a un servomotor que acciona el rotor del transformador a la posición nula y, al mismo tiempo, mueve el estilete de rumbo a una posición en la cinta equivalente al rumbo magnético. La grabación se hace también en intervalos de un segundo y con la barra de presión actuando contra el estilete. Puesto que el estilete de rumbo es accionado mecánicamente a través de dos sectores, cada uno igual a 180°, es necesario diferenciar entre rumbos este y oeste y resolver con ello cualquier ambigüedad cuando se analicen los trazos. Esto lo efectúa un estilete independiente accionado por solenoide que marca una línea en una posición en la cinta metálica cuando la posición del estilete de rumbo corresponde a rumbos en el sector de 180-360°, y en otra posición cuando los rumbos están en el sector de 0-180°.

El estilete de aceleración vertical lo acciona también un sistema de servomotor, que recibe, a través de un amplificador, señales de un transductor de aceleración situado adecuadamente cerca del centro de gravedad del avión.

El tiempo transcurrido se registra continuamente desde el momento en que se suministra energía al registrador, de la forma que se muestra en la Fig. 16.5; el estilete registrador de tiempo es accionado por un solenoide controlado por el temporizador que funciona en conjunción con el motor de arrastre de la cinta.

En el registrador hay también un indicador que muestra la cantidad de "cinta que queda", y que es accionado por una articulación a una palanca que monta en la cinta de forma que aprecia el radio de la cinta que queda en el carrete alimentador; el indicador está graduado en horas. En un sitio del panel de control del registrador hay también un segundo indicador que es accionado por señales transmitidas desde un potenciómetro conectado a la articulación de la palanca en el registrador.

Registro electromagnético

En este método, se codifican primero los datos de las señales analógicas de los transductores apropiados a cada parámetro, esto es, transformadas en una forma codificada digital de acuerdo con la escala binaria de la notación. Las señales codificadas pasan luego por subcanales tales como acondicionamiento, lógico, multiplexado y modulación, y se envían como una serie de corrientes de impulsos a una cabeza grabadora o "escritora" electromagnética, siendo las corrientes de polaridad positiva o negativa y correspondiendo respectivamente a un "estado 1" o un "estado 0" del código binario. El núcleo magnético de la cabeza "escritora" tiene un entrehierro muy pequeño (normalmente de 0,001 pulgadas) entre las piezas polares, y está situada muy próxima al medio grabador que, en algunos registradores, puede ser cinta con base de plástico revestida de material de ferrita, y en otros, un hilo de acero inoxidable. El entrehierro es lo más pequeño posible para que pueda haber gran densidad de empaquetadura y, además, en conjunción con el pequeño espacio entre el entrehierro y la superficie del medio grabador, para minimizar cualquier interferencia que el flujo generado pudiera tener sobre las secciones adyacentes del medio ya codificado magnéticamente.

La cinta o hilo se enrolla en carretes y rodillos guía, y se transporta sobre la cabeza "escritora" mediante un motor síncrono alimentado con corriente alterna de 115 voltios. La velocidad de transporte suele ser de 1,75 pulgadas por segundo para cinta magnética y 2,5 pulgadas por segundo para hilo. En la Fig. 16.6 se muestra un ejemplo de un método para transportar cinta magnética.

Siempre que se aplica corriente de impulsos a la bobina de la cabeza "escritora", surge un flujo de pérdida entre las piezas polares del núcleo, y como la cinta o el hilo pasan por las piezas polares, se producen "puntos" o secciones polarizadas magnéticamente en forma de serie en la cinta o hilo, y las polaridades están de acuerdo con las corrientes de impulsos codificados en binario aplicadas a la bobina. Por tanto, y según se muestra en la Fig. 16.7, una corriente de impulsos que tenga asignado el valor equivalente al estado binario "1" se magnetizará con una polaridad positiva, mientras que una corriente de impulsos equivalente al estado binario "0" se magnetizará con una polaridad negativa. En términos de codificación binaria, cada estado se conoce como un "bit" (derivado de dígito binario); varios "bits" correspondientes a los parámetros medidos forman una "palabra". Puesto que las "palabras" se polarizan en la cinta o hilo, éstos proporcionan lo que se denomina un "almacén magnético" de información. El número de "bits" que se pueden almacenar en una cinta o hilo determinan la densidad de empaquetadura; algunos valores típicos son 900 bits por pulgada de cinta y 414 bits por pulgada de hilo. En la grabación en cinta

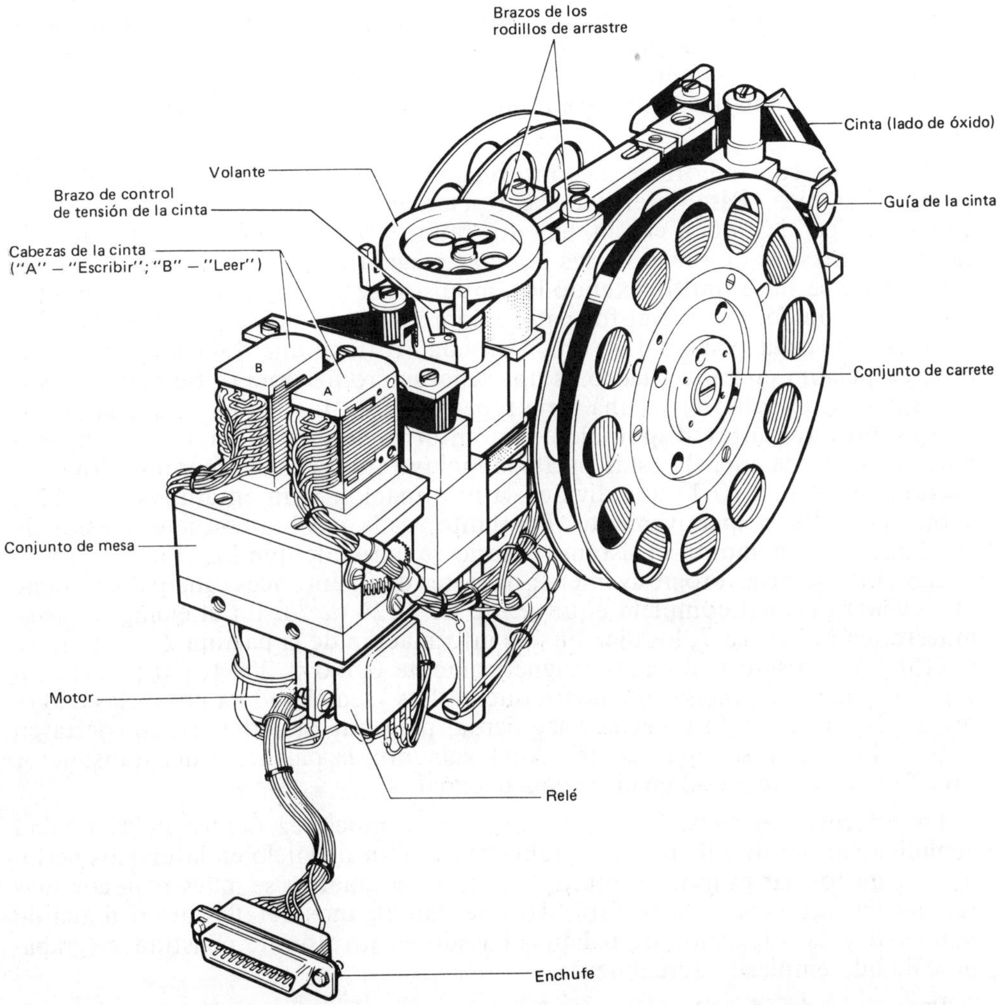

Figura 16.6.–Ejemplo de una cinta magnética de grabación o registro.

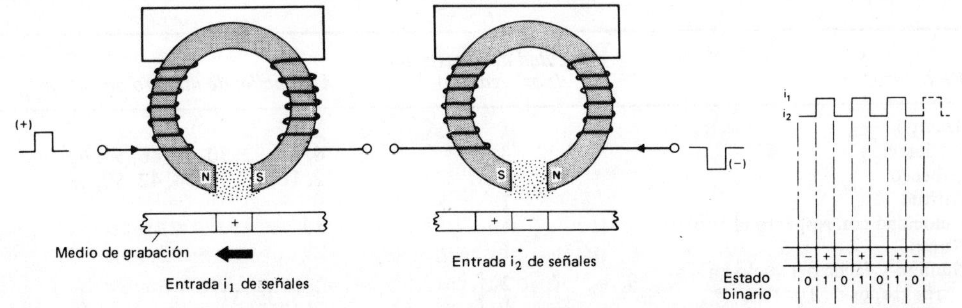

Figura 16.7.–Operación de la cabeza "escritora".

magnética, los datos codificados se almacenan en varias pistas en las que se divide una cinta de 1/2 pulgada de ancho y 850 pies de largo. La cabeza "escritora" tiene un número correspondiente de bobinas magnetizadoras que se selectan automáticamente para proporcionar grabación secuencial en las pistas.

En la Fig. 16.8 se ofrece más información sobre la técnica de la grabación electromagnética. Para interpretar correctamente la información almacenada cundo se "lee" la cinta o el hilo, hay que reunir primero en un formato identificable las entradas de señales a las bobinas magnetizadoras de la cabeza "escritora". Esto se hace multiplexando los impulsos en una unidad acondicionadora de señales, de forma que el formato comprenda un cuadro de 64 "palabras", conteniendo cada palabra 16 "bits"; un cuadro tiene una duración de 1 s. La primera palabra en cada cuadro es una señal sincronizadora (o tiempo relativo) de cuadros que comprende una serie repetitiva de "1 s" y "0 s", quedando las 63 palabras restantes disponibles para información pura en los parámetros requeridos. Cada una de estas palabras incluye tres señales sincronizadoras de palabras de 2 bits (0 1) que dividen la información pura en grupos de 4 bits, 3 bits y 3 bits, respectivamente. Por tanto, cada palabra contiene 10 bits de información, y como en el sistema binario se entiende que los "bits" se multiplican por potencias progresivamente mayores de 2, entonces cada palabra tiene una cuenta decimal completa equivalente de 1024 (2^{10}). En el ejemplo que se muestra en la Fig. 16.7, los diez bits de información de la palabra 2 de un transductor "A" ha sido codificada magnéticamente 0 1 0 0, 1 0 1, y 0 1 1; la conversión a decimal precisa solamente que el "1 s" sea elevado a potencias mayores de 2 y siempre de derecha a izquierda, para que el código se convierta en 156 + 40 + 3 y sea igual a 299. Análogamente, la palabra 3 del transductor "WB" se convierte en 43 en el sistema decimal.

La información en todos los parámetros se muestrea dentro de la unidad acondicionadora de señales del sistema registrador de vuelo en intervalos periódicos para formar el modelo multiplex; unos parámetros se muestrean con más frecuencia que otros. En la Tabla 16.1 se dan algunos detalles del régimen de muestreo y la asignación de palabras basado en un tipo de registrador (grabador) de hilo empleado actualmente.

Para fines de identificación, es preciso grabar la información de referencia del vuelo, esto es, el número del vuelo y la fecha. Esto se hace accionando los interruptores de "rueda de pulgar" en un panel codificador de vuelo (véase la

Tabla 16.1

Parámetro	*Velocidad de muestreo (por segundo)*	*Asignación de número de palabra*
Tiempo	1	1
Aceleración	8	6, 14, 22, 30, 38, 46, 54, 62
Cabeceo	8	2, 10, 18, 26, 34, 42, 50, 58
Altitud	1	9
Velocidad con respecto al aire	1	13
Rumbo	1	29
Número y fecha del vuelo en tres grupos de 10; 1 en → y 2 en →	2 1	3, 5, 35, 37

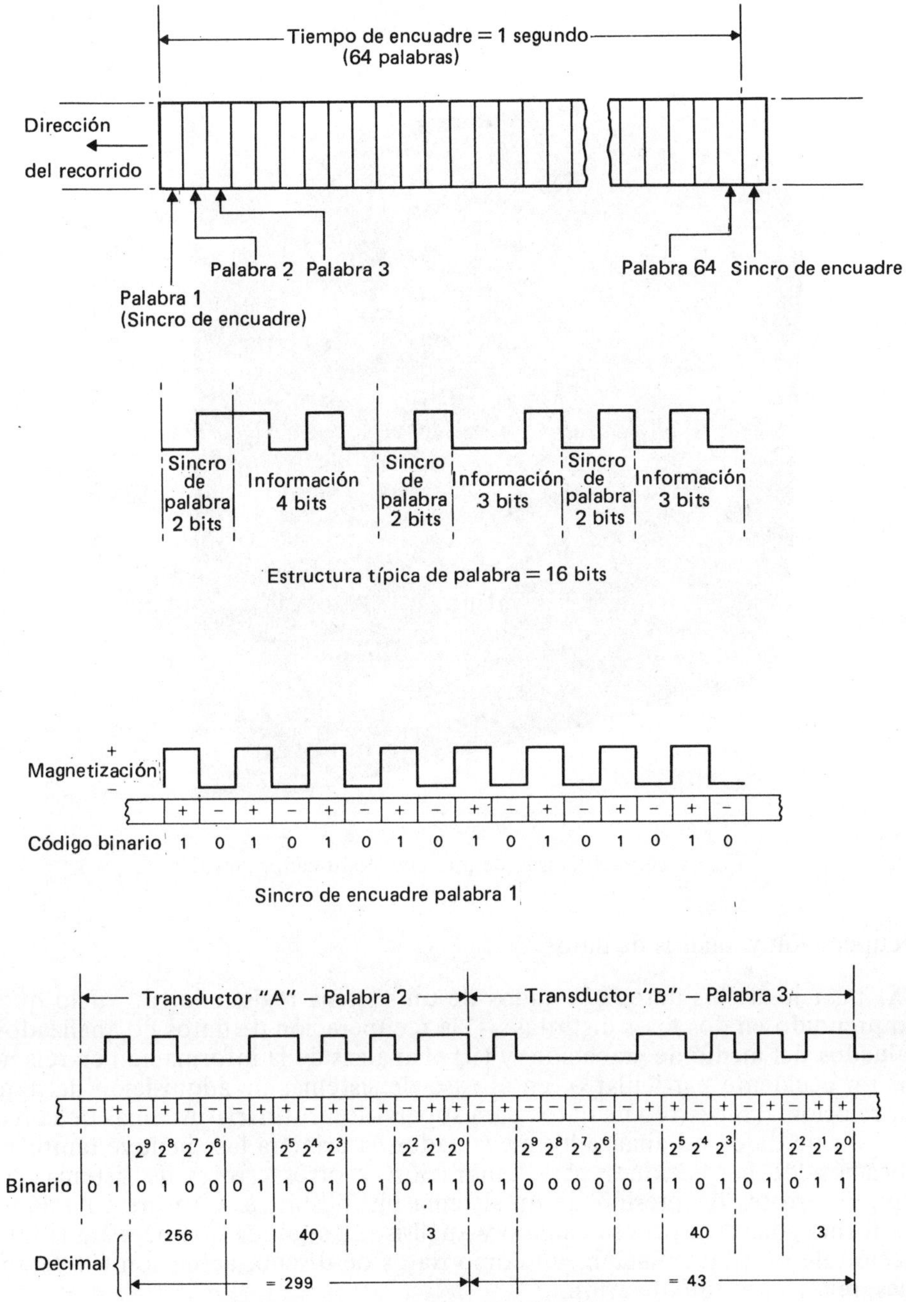

Figura 16.8.–Grabación electromagnética.

Fig. 16.9) situado en la cabina de vuelo. Los interruptores están numerados y al selectarlos envían una salida a la unidad acondicionadora de señales para su multiplexado y su transmisión al registrador en grupos de información codificada en binario.

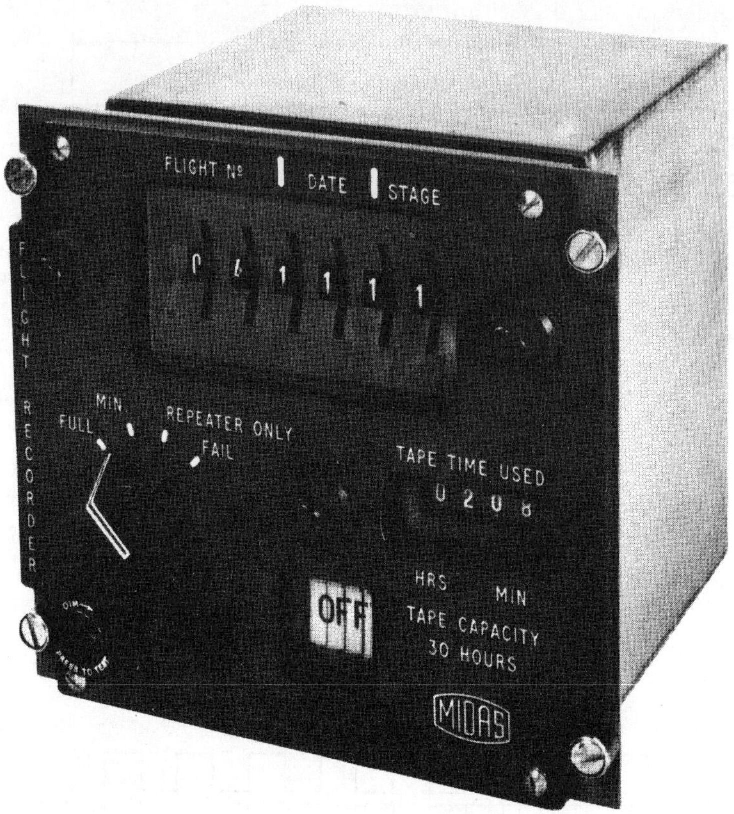

Figura 16.9.–Ejemplo de un panel codificador de vuelo.

Recuperación y análisis de datos

El manejo de los datos obtenidos de un sistema registrador de vuelo queda comprendido en dos fases distintas: (i) la recuperación de datos no analizados o evaluados del medio de grabación, y (ii) el análisis de la información en relación con un accidente particular o, en el caso de sistemas de adquisición de datos, con relación al muestreo de datos para supervisión rutinaria. Además de la recuperación de datos no analizados o evaluados, la primera fase incluye también la aplicación de correcciones para calibración y otros errores de sistemas, por ejemplo, errores de presión de un sistema pitot-estática, y su presentación en una forma adecuada para su cálculo y análisis. La segunda fase necesita la introducción de otra información, tal como datos de diseño, actuación u operacionales, relativos al tipo de avión.

La naturaleza del equipo necesario para la recuperación de datos depende del método de registro o grabación que se adopte. En el método de registro por trazos, y después de sacar del registrador la cinta metálica, los diversos trazos se convierten en valores de los parámetros registrados, mediante una plantilla transparente que tiene marcadas coordenadas que se puede registrar, con precisión, contra los trazos. El análisis de los datos registrados electromagnéticamente requiere el uso de equipo electrónico de procesado y presentación para convertir la información codificada digitalmente en analógica, esto es, decodificar.

El proceso de decodificación requiere, básicamente, que la cinta o el hilo codificado magnéticamente sea transportado más allá de una cabeza "escritora" del equipo procesador. La construcción electromecánica de esta cabeza es similar a la de una cabeza "escritora" de registrador. Cuando cada sección magnetizada del medio grabador pasa la cabeza, induce un pequeño voltaje en la bobina de ésta, y la polaridad del voltaje indica si se ha almacenado un binario 1 ó un binario 0. Las señales de voltaje se procesan luego electrónicamente para reproducir los parámetros registrados en forma analógica y de acuerdo con el código de palabras que se les ha asignado originalmente.

En algunos tipos de registrador de vuelo también existe una cabeza "lectora" muy cerca de la "escritora" (véase también la Fig. 16.6). Esto permite contrastar "in situ" la validez de la información registrada.

Protección y situación de los registradores de vuelo

Los registradores de vuelo para la recuperación de datos para investigación de accidentes deben estar adecuadamente protegidos y situados en el avión de forma que los medios o elementos de grabación no sean dañados si el avión se estrella (véase la Fig. 16.10). Los factores adversos contra los que deben protegerse los registradores de vuelo son el deterioro mecánico debido al impacto y las fuerzas de aceleración, el deterioro por incendio, y el ataque químico de los fluidos hidráulico, de deshielo y de extinción de incendios, los combustibles y los ácidos. También hay que protegerlos contra los efectos del agua de mar, y en caso de accidente en que los restos caen en aguas profundas, el contenedor del medio de grabación debe estar provisto de instalaciones de separación y flotación.

Las instalaciones de protección, desde luego, están "integradas" en el diseño de un registrador y por eso pueden considerarse como el medio principal para asegurar la supervivencia del medio de grabación o registro. No obstante, la situación de un registrador en un avión es también un factor importante que se ha de considerar a este respecto; por la evidencia facilitada por los accidentes se ve que la parte posterior del fuselaje y la sección de cola son las secciones que más posibilidades tienen de sufrir menos daños. Por este motivo, el registrador de datos de vuelo protegido va instalado en la parte posterior de un avión.

Además de los requisitos de protección y situación anteriormente citados, también es necesario proporcionar registradores con medios para facilitar su identificación después de un accidente. Esto se suele hacer adoptando un programa de colores de identidicación; por tanto, contrario a la denominación de "caja negra" adoptada frecuentemente en los informes de los medios de información de un accidente, la caja podría muy bien ser de color naranja fluorescente.

Sistemas de datos integrados del avión

Según se dijo en los apartados iniciales de este capítulo, la capacidad de los registradores puede aumentarse para adquirir datos adicionales en la investiga-

Figura 16.10.–Protección del registrador.

ción de accidentes. Excepto por los requisitos establecidos para ciertos procesos de certificación, la adquisición de datos, tales como operación de los sistemas de la célula y motor, no es obligatoria. No obstante, facilita al operador los medios para contrastar la actuación de los sistemas sobre una base comparativa, y de cualquier variación para prever posibles fallos de un componente o un sistema. Por ejemplo, por la supervisión de los parámetros asociados con la actuación del motor, en función de las presiones, temperaturas y niveles de vibración, puede detectarse la "característica" de un motor durante un período de tiempo, y ésta puede utilizarse como una referencia de actuación por la que se pueden comparar los parámetros registrados de otros motores cada vez que se haga una "lectura".

Los sistemas de esta naturaleza que se conocen por los acrónimos AIDS y DAS (Sistema de Adquisición de Datos) se pueden utilizar independientemente, o en conjunción con un registrador de accidentes. En la Fig. 16.11 se muestra la disposición esquemática de un sistema. Las entradas analógicas procedentes de los transductores apropiados se suministran a una o más unidades de adquisición de datos que contienen multiplexores analógicos y digitales, circutos de acondicionamiento de señales y un convertidor analógico-a-digital. Después de su procesado y conversión, las señales se "serializan" y transmiten a la unidad lógica a lo largo de lo que se denomina una pista digital; esto proporciona un enlace de datos común para todas las unidades de adquisición que puedan componer un sistema, y utilizar así el mínimo cableado de interconexión. La uni-

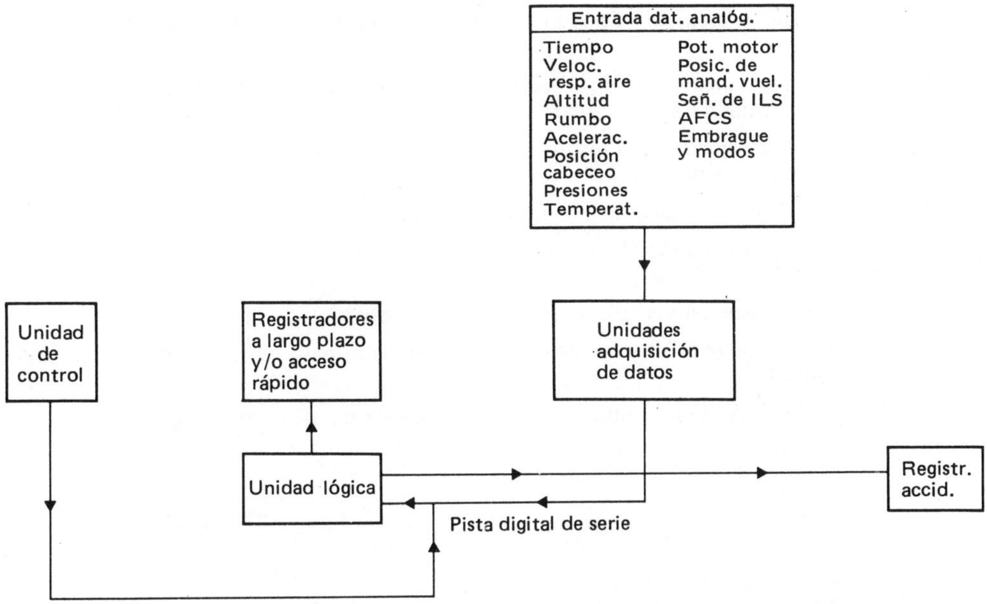

Figura 16.11.—Disposición esquemática de un sistema de datos integrado.

dad lógica convierte la información procedente de las unidades de adquisición en los formatos particulares apropiados a las diversas necesidades de salida. Con la unidad de control, la tripulación puede insertar información de vuelo en la grabación; esta unidad consta también de instalaciones de supervisión continua de los sistemas y de prueba. Los registradores que se usan en estos sistemas suelen ser del tipo de hilo, y van instalados en un avión de forma que se puedan alcanzar fácilmente para supervisión y "lectura" al azar de los datos registrados.

PREGUNTAS

16.1. Explicar con la ayuda de un diagrama el principio básico de operación de un acelerómetro.

16.2. ¿Cuáles son las diferencias fundamentales entre un acelerómetro y un medidor de fatiga?

16.3. ¿Cómo se asegura que un medidor de fatiga no registre *a*) "cuentas" de segundos, *b*) durante el carreteo y el aterrizaje?

16.4. ¿Qué parámetros son obligatorios para fines de investigación de accidentes?

16.5. Explicar brevemente cómo se registran mediante el método de trazos las variaciones de valor de cualquier parámetro.

10.6. ¿En qué intervalos de tiempo registra los parámetros un registrador de trazos?

16.7. Describir cómo se diferencian los trazos de rumbos este y oeste.

16.8. ¿Qué mecanismos de estilete de un registrador de trazos son accionados por solenoide?

16.9. En relación con los registradores de datos de vuelo, ¿qué significa "régimen de transporte"?

16.10. ¿Qué medio o elemento de grabación se utiliza en los registradore del tipo electromagnético?

16.11. Describir brevemente cómo sè "escriben" en el medio de grabación las señales codificadas apropiadas a un parámetro.

16.12. ¿Qué se quiere decir por el término "densidad de empaquetadura" en relación con un medio de grabación?

16.13. ¿Cuántos "bits" y "palabras" comprende un cuadro?

16.14. Convertir los siguientes "bits" de información de una "palabra" registrada al sistema decimal: 1001 000 001.

16.15. ¿Cómo se recuperan y analizan los datos registrados?

16.16. ¿Cuáles son los requisitos de protección y situación para un registrador de datos de accidentes?

16.17. Describir algunas de las ventajas del empleo de sistemas de datos integrados.

Símbolos y abreviaturas principales

Los símbolos de las cantidades aparecen en letra bastardilla, y las abreviaturas de los nombres de las unidades (símbolos de las unidades) en letra ordinaria.

A	amperio
a	velocidad del sonido
B	densidad del flujo magnético
bhp	potencia al freno
C	capacitancia
°C	grados Celsius
c/s	ciclo por segundo
F	faradio
ft/min.	pies por minuto
ft/h.	pies por hora
ft/s^2	pies por segundo por segundo
g	aceleración debida a la gravedad
H	fuerza del campo magnético
Hz	hertzios (frecuencia)
I	corriente eléctrica
	momento de inercia
in Hg	pulgadas de mercurio
K	Kelvin
lb/gal.	libras por galón
lbf/in^2	libras fuerza por pulgada cuadrada
M	número de Mach
	torsión, par
m	momento magnético
	masa
mA	miliamperio
mbar	milibar
mV	milivoltio
m.p.h.	millas por hora
mm H_2O	milímetros de agua
N	Newton (fuerza)
N	número de vueltas de una bobina
Nm	Newton metro (par)
Pa	Pascal (N/m^2)
pF	picofaradio
R	resistencia
rad	radián
rev./mi.	revolución por minuto
T	período, tiempo periódico
V	voltio
V	velocidad
W	peso
Wb	Weber (flujo magnético)
α	coeficiente de resistencia de temperatura
μF	microfaradio
ρ	densidad
Φ	flujo magnético
Ω	ohmios
ω	velocidad angular (radianes por segundo)

Factores de conversión

1. Presión

Para convertir	*en*	*multiplicar por*
Atmósferas	pulgadas Hg (0 °C)	29.921
	pulgadas H_2O	406,9
	kilogramos por cm cuadrado	1,0333
	milibares	1.013,25
	milímetros Hg (0 °C)	760,00
	piezés	101,331
	libras por pulgada cuadrada	14,696
	*pascals	101.325,000
Pulgadas Hg	atmósferas	0,03342
	pulgadas H_2O	13,60
	kilogramos por cm cuadrado	0,03453
	milibares	33,8639
	milímetros Hg	25,40
	libras por pulgada cuadrada	0,4912
Pulgadas H_2O	atmósferas	$2{,}458 \times 10^{-3}$
	pulgadas Hg	0,07355
	kilogramos por cm cuadrado	$2{,}540 \times 10^{-3}$
	milibares	2,490
	libras por pulgada cuadrada	0,03613
	pascals	249,089
Kilogramos por cm cuadrado	atmósferas	0,000987
	pulgadas Hg	28,96
	milímetros Hg	735,54
	piezés	1,0197
	libras por pulgada cuadrada	14,223
Milibares	atmósferas	0,01450
	pulgadas Hg	0,02953
	milímetros Hg	0,7450

* La pascal (Pa) es una unidad SI y es la presión producida por una fuerza de 1 Newton aplicada, uniformemente distribuida, sobre un área de 1 metro cuadrado.

Nota: Se suele definir una presión como tantas "libras por pulgada cuadrada". No obstante, puesto que presión es más exactamente libras-peso o fuerza actuando por pulgada cuadrada, ahora se adopta el símbolo "lbf/pulg.^{2}" en lugar de "lb/pulg.^{2}".

	libras por pulgada cuadrada	0,0145
	pascals	100,00
Milímetros Hg	pulgadas Hg	0,03937
	kilogramos por cm cuadrado	0,0013596
	pascals	133,322
	libras por pulgada cuadrada	0,019337
Libras por pulgada cuadrada	atmósferas	0,06804
	pulgadas Hg	2,03596
	pulgadas H_2O	27,68
	kilogramos por cm cuadrado	0,0703
	milibares	68,9476
	milímetros Hg	51,713
	pascals	6.896,55
Pascals	libras por pulgada cuadrada	0,0001450

2. Velocidad

Para convertir	*en*	*multiplicar por*
Pies por minuto	pies por segundo	0,01667
	kilómetros por hora	0,01829
	nudos	35,524
	metros por minuto	0,3048
	millas por hora	0,01136
Pies por segundo	kilómetros por hora	1,0973
	nudos	0,5921
	metros por minuto	18,29
	millas por hora	0,6818
Kilómetros por hora	pies por minuto	54,68
	pies por segundo	0,9113
	nudos	0,5396
	metros por minuto	16,67
	millas por hora	0,6214
Nudos	pies por minuto	101,34
	pies por segundo	1,689
	kilómetros por hora	1,8532
	millas por hora	1,1516
Metros por minuto	pies por minuto	3,281
	pies por segundo	0,05468
	kilómetros por hora	0,06
	nudos	0,03238
	millas por hora	0,03728

Millas por hora	pies por minuto	88,00
	pies por segundo	1,4666
	kilómetros por hora	1,60934
	nudos	0,8684

3. Volumétricas

Para convertir	*en*	*multiplicar por*
Centímetros cúbicos	pies cúbicos	$3,531 \times 10^{-5}$
	pulgadas cúbicas	0,06102
	galones imperiales	$2,1997 \times 10^{-4}$
	litros	0,001
	pintas	$1,7598 \times 10^{-3}$
	cuartos	$8,7988 \times 10^{-4}$
Pies cúbicos	centímetros cúbicos	28.316,85
	pulgadas cúbicas	1.738,00
	galones imperiales	6,2288
	litros	28,32
	pintas	59,84
	cuartos	29,92
	galones US	7,481
Pulgadas cúbicas	centímetros cúbicos	16,39
	pies cúbicos	$5,787 \times 10^{-4}$
	galones imperiales	$3,6074 \times 10^{-3}$
	litros	0,01639
	pintas	0,5688
	cuartos	0,2844
Galones imperiales	centímetros cúbicos	4.546,087
	pies cúbicos	0,160544
	pulgadas cúbicas	277,42
	litros	4,54596
	galones US	1,201
Litros	centímetros cúbicos	1.000,0
	pies cúbicos	0,03532
	pulgadas cúbicas	61,025
	galones imperiales	0,21998
	pintas	1,7598
	cuartos	0,8799
	galones US	0,2642
Pintas	centímetros cúbicos	568,26
	pies cúbicos	0,02007
	pulgadas cúbicas	34,68
	litros	0,5682
	cuartos	0,5

Cuartos	centímetros cúbicos	1.136,522
	pies cúbicos	0,04014
	pulgadas cúbicas	69,3548
	litros	1,13649
Galones US	centímetros cúbicos	3.786,44
	pies cúbicos	0,1337
	pulgadas cúbicas	231,00
	galones imperiales	0,8327
	litros	3,785

4. Medida angular

Para convertir	*en*	*multiplicar por*
Grados	minutos	60,00
	cuadrantes	0,0111
	radians	0,0175
Minutos	grados	0,0166
	cuadrantes	$1,852 \times 10^{-4}$
	radians	$2,909 \times 10^{-4}$
Cuadrantes	grados	90,00
	minutos	5.400,00
	radians	1,571
Radians	grados	57,2957
	minutos	3.437,75
	cuadrantes	0,6366

5. Velocidad angular

Para convertir	*en*	*multiplicar por*
Grados/segundo	radians/segundo	0,01745
	revoluciones/segundo	$2,778 \times 10^{-3}$
	revoluciones/minuto	0,1667
Radians/segundo	grados/segundo	57,30
	revoluciones/segundo	0,1592
	revoluciones/minuto	9,5493
Revoluciones/segundo	grados/segundo	360,00
	radians/segundo	6,283
	revoluciones/minuto	60,00
Revoluciones/minuto	grados/segundo	6,00
	radians/segundo	0,10472
	revoluciones/segundo	0,01667

6. Error de aceleración Coriolis

El valor de la aceleración Coriolis viene dado por $2\Omega G$ sen λ. En el hemisferio norte actúa a la izquierda de la derrota, inclinando un elemento detector de flujo en sentido contrario al giro de las agujas del reloj alrededor de un eje a lo largo de la derrota magnética. Por consiguiente, la inclinación α viene dada por:

$$\alpha = \frac{\text{aceleración horizontal}}{g} = \frac{2\Omega G \text{ sen } \lambda}{g} \text{ radians}$$

donde

Ω = velocidad de la Tierra en radians por segundo
G = velocidad con respecto al suelo en pies por segundo
g = aceleración de la gravedad en pies por segundo por segundo.

7. Error cardánico

La ecuación del error cardánico es la siguiente:

$$\text{tg } h_{ind} = \text{tg } h_{act} \times \cos\theta \times \sec\theta - \text{tg } \theta \times \text{sen } \phi$$

donde

h_{ind} = rumbo indicado
h_{act} = rumbo real
ϕ = ángulo de alabeo
θ = ángulo de cabeceo.

Puesto que los ángulos de cabeceo son mucho más pequeños que los de alabeo, la ecuación puede simplificarse así:

$$\text{tg } h_{ind} = \text{tg } h_{act} \times \cos\phi$$

Tablas

1. Atmósfera estándar

Altitud	*Presión*			*Temperatura*	*Velocidad del sonido*
Pies	Milibares	Pulgadas Hg	lbf/pulg.^{2}	°C	pies/s
−1.000	1.050,41	31,019	15,234	+16,981	1.119,9
0	1.013,25	29,921	14,969	15,000	1.116,1
1.000	977,17	28,856	14,172	13,019	1.112,3
2.000	942,13	27,821	13,664	11,038	1.108,4
3.000	908,12	26,817	13,170	9,056	1.104,5
4.000	875,10	25,842	12,691	7,075	1.100,7
5.000	843,07	24,896	12,226	5,094	1.096,7
6.000	811,99	23,978	11,775	3,113	1.092,8
7.000	781,85	23,088	11,338	1,132	1.088,9
8.000	752,62	22,225	10,913	−0,850	1.085,0
9.000	724,28	21,388	10,502	−2,831	1.081,0
10.000	696,81	20,577	10,104	−4,812	1.077,0
11.000	670,20	19,791	9,718	−6,793	1.073,1
12.000	644,41	19,029	9,344	−8,774	1.069,1
13.000	619,43	18,292	8,981	−10,756	1.065,0
14.000	595,24	17,577	8,630	−12,737	1.061,0
15.000	571,82	16,886	8,291	−14,718	1.057,0
16.000	549,15	16,216	7,962	−16,699	1.052,9
17.000	527,22	15,569	7,643	−18,680	1.048,8
18.000	506,00	14,942	7,335	−20,662	1.044,7
19.000	484,47	14,336	7,038	−22,643	1.040,6
20.000	465,63	13,750	6,750	−24,624	1.036,5
21.000	446,45	13,184	6,472	−26,605	1.032,4
22.000	427,91	12,636	6,203	−28,686	1.028,2
23.000	410,00	12,107	5,943	−30,568	1.024,0
24.000	392,71	11,597	5,692	−32,549	1.019,8
25.000	376,01	11,104	5,450	−34,530	1.015,6
26.000	359,89	10,628	5,216	−36,511	1.011,4
27.000	344,33	10,168	4,991	−38,492	1.007,1
28.000	329,32	9,725	4,773	−40,474	1.002,9
29.000	314,85	9,298	4,563	−42,455	998,6
30.000	300,89	8,885	4,361	−44,436	994,3
31.000	287,45	8,488	4,166	−46,417	990,0
32.000	274,49	8,106	3,978	−48,398	985,6

Altitud	*Presión*			*Temperatura*	*velocidad del sonido*
Pies	Milibares	Pulgadas Hg	lbf/pulg.^{2}	°C	pies/s
33.000	262,01	7,737	3,797	–50,380	981,3
34.000	249,99	7,382	3,622	–52,361	976,9
35.000	238,42	7,041	3,455	–54,342	972,5
36.000	227,29	6,712	3,293	–56,323	968,1
37.000	216,63	6,397	3,139		
38.000	206,46	6,097	2,991		
39.000	196,77	5,811	2,851		
40.000	187,54	5,538	2,717		
41.000	178,74	5,278	2,589		
42.000	170,35	5,030	2,468		
43.000	162,36	4,794	2,352		
44.000	154,74	4,569	2,241	–56,500	967,7
45.000	147,48	4,355	2,136		
46.000	140,56	4,150	2,036		
47.000	133,96	3,956	1,940		
48.000	127,67	3,770	1,849		
49.000	121,68	3,593	1,762		
50.000	115,97	3,425	1,679		

2. Equivalentes presión/velocidad con respecto al aire

Velocidad con respecto al aire	*Presión en milímetros de agua*			*Velocidad con respecto al aire*	*Presión en milímetros de agua*		
	Cuando la velocidad está en m.p.h.	*Cuando la velocidad está en nudos*	*Cuando la velocidad está en km/h.*		*Cuando la velocidad está en m.p.h.*	*Cuando la velocidad está en nudos*	*Cuando la velocidad está en km/h.*
10	1,25	1,66	0,5	360	1.711	2.308	640,3
20	5,00	6,63	1,9	370	1.813	2.447	676,0
30	11,25	14,93	4,3	380	1.918	2.591	706,9
40	20,00	26,55	7,7	390	2.026	2.740	752,9
50	31,29	41,51	12,1	400	2.138	2.985	793,0
60	45,08	59,81	17,4	410	2.254	3.054	
70	61,40	81,47	23,7	420	2.373	3.219	
80	80,24	106,5	30,9	430	2.496	3.389	
90	101,6	134,9	39,2	440	2.622	3.564	
100	125,6	166,7	48,4	450	2.752	3.745	
110	152,1	202,0	58,5	460	2.887	3.931	
120	181,2	240,7	69,7	470	3.024	4.124	
130	212,8	282,9	81,8	480	3.166	4.322	
140	247,1	328,6	94,9	490	3.312	4.526	
150	284,0	377,8	109,0	500	3.462	4.736	
160	323,6	430,6	124,1	510	3.616	4.952	
170	365,8	487,0	140,2	520	3.774	5.174	
180	410,8	547,1	157,4	530	3.937	5.403	

Velocidad con respecto al aire	*Presión en milímetros de agua*			*Velocidad con respecto al aire*	*Presión en milímetros de agua*		
	Cuando la velocidad está en m.p.h.	*Cuando la velocidad está en nudos*	*Cuando la velocidad está en km/h.*		*Cuando la velocidad está en m.p.h.*	*Cuando la velocidad está en nudos*	*Cuando la velocidad está en km/h.*
190	458,4	610,8	175,4	540	4.103	5.638	
200	508,7	678,3	194,4	550	4.274	5.880	
210	561,9	749,6	214,5	560	4.450	6.129	
220	617,8	824,6	235,6	570	4.630	6.384	
230	676,5	903,5	257,7	580	4.815	6.647	
240	738,0	986,3	280,8	590	5.004	6.917	
250	802,5	1.073	304,9	600	5.198	7.194	
260	869,8	1.164	330,1	610	5.397		
270	940,1	1.259	356,2	620	5.601		
280	1.013	1.358	383,5	630	5.810		
290	1.090	1.461	411,7	640	6.024		
300	1.169	1.569	441,0	650	6.243		
310	1.251	1.681	471,4	660	6.467		
320	1.337	1.797	502,8	670	6.696		
330	1.425	1.918	535,3	680	6.931		
340	1.517	2:043	568,9	690	7.172		
350	1.612	2.173	603,5	700	7.418		

3. Relación n.º de Mach/velocidad con respecto al aire

Altura (pies)	*Temp. Abs. °C*	*Velocidad del sonido*	*Número de Mach*						
		pies/s m.p.h.	*0,3*	*0,4*	*0,5*	*0,6*	*0,7*	*0,8*	*0,9*
			Velocidad con respecto al aire en m.p.h.						
0	288	761,6	228,5	304,6	380,8	457,0	533,1	609,3	685,4
5.000	278,1	748,4	224,5	299,4	374,2	449,0	523,9	598,7	673,6
10.000	268,2	734,9	220,5	294,0	367,5	440,9	514,4	587,9	661,4
15.000	258,3	721,2	216,4	288,5	360,6	432,7	504,8	577,0	649,1
20.000	248,4	703,3	212,2	282,9	353,7	424,4	495,1	565,8	636,6
25.000	238,5	691,1	207,9	277,2	346,5	415,9	485,2	554,5	623,8
30.000	228,6	678,5	203,5	271,4	339,2	407,1	474,9	542,8	610,6
35.000	218,7	663,7	199,1	265,5	331,8	398,2	464,6	531,0	597,3
36.090	216,5	660,3	198,1	264,1	330,2	396,2	496,2	528,2	594,3

4. Equivalentes temperatura/resistencia

Elementos detectores de níquel

°C	0	10	20	30	40	50	60	70	80	90
Menos	–	95,4	90,8	86,4	82,1	77,8	73,6	69,5	65,4	61,4
Más	100,0	104,7	109,5	114,4	119,4	124,6	129,9	135,3	140,8	146,4
100	152,2	158,2	164,4	170,6	176,9	183,4	190,1	197,0	204,1	211,4
200	218,8	226,4	234,3	242,3	250,6	259,0	267,7	–	–	–

Elementos detectores de platino

°C	0	10	20	30	40	50	60	70	80	90
Menos	–	105,9	101,8	97,7	93,5	89,4	85,2	81,1	76,9	72,7
Más	110,0	114,1	118,1	122,2	126,3	130,3	134,3	138,3	142,4	146,3
100	150,3	154,2	158,2	162,1	166,1	170,0	173,9	177,8	181,7	185,6
200	189,4	193,2	197,0	200,9	204,7	208,5	212,3	216,0	219,8	223,5
300	227,3	231,0	234,7	238,4	242,1	245,8	249,5	253,1	256,8	260,4
400	264,1	267,6	271,2	274,8	278,4	281,9	285,5	289,0	292,5	296,0
500	299,5	303,0	306,5	309,9	313,4	–	–	–	–	–

5. Equivalente temperatura/milivoltios de termopares típicos de hierro/constantan

Unión fría en °C

°C	0	10	20	30	40	50	60	70	80	90	100
0	0	0,48	0,96	1,46	1,96	2,46	2,97	3,48	3,99	4,50	5,02
100	5,02	5,54	6,06	6,59	7,12	7,65	8,18	8,71	9,24	9,76	10,28
200	10,28	10,80	11,33	11,86	12,33	12,93	13,47	14,01	14,55	15,08	15,62
300	15,62	16,16	16,70	17,24	17,79	18,33	18,87	19,40	19,93	20,45	20,98
400	20,93	21,51	22,04	22,57	23,10	23,62	24,15	24,68	25,21	25,74	26,28
500	26,28	26,32	27,36	27,90	28,44	28,98	29,52	30,07	30,62	31,18	31,75
600	31,75	32,32	32,90	33,48	34,06	34,66	35,28	35,90	36,53	37,15	37,77
700	37,77	38,39	39,01	39,63	40,25	40,87	41,49	42,11	42,73	43,35	43,97
800	44,97	–	–	–	–	–	–	–	–	–	–

6. Equivalente temperatura/voltios de termopares típicos de cobre/constantan

Unión fría en °C

°C	0	10	20	30	40	50	60	70	80	90	100
0	0	0,37	0,75	1,16	1,58	2,01	2,44	2,89	3,34	3,80	4,27
100	4,27	4,75	5,23	5,71	6,19	6,69	7,20	7,71	8,22	8,73	9,25
200	9,25	9,77	10,29	10,83	11,37	11,92	12,47	13,03	13,60	14,17	14,75
300	14,75	15,33	15,91	16,49	17,08	17,68	18,28	18,88	19,48	20,08	20,68
400	20,68	21,30	21,92	22,54	23,16	23,78	24,40	25,02	25,64	26,26	26,88
500	26,88	–	–	–	–	–	–	–	–	–	–

7. Equivalente temperatura/milivoltios de termopares típicos de cromel/alumel

Unión fría en °C

°C	0	10	20	30	40	50	60	70	80	90	100
0	0	0,40	0,80	1,20	1,61	2,02	2,43	2,85	3,26	3,68	4,10
100	4,10	4,51	4,92	5,33	5,73	6,13	6,53	6,93	7,33	7,73	8,13
200	8,13	8,53	8,93	9,34	9,74	10,15	10,56	10,97	11,38	11,80	12,21
300	12,21	12,62	13,04	13,45	13,87	14,29	14,71	15,13	15,55	15,97	16,39
400	16,39	16,82	17,24	17,66	18,08	18,50	18,93	19,36	19,78	20,21	20,64
500	20,64	21,07	21,49	21,92	22,34	22,77	23,20	23,62	24,05	24,48	24,90
600	24,90	25,33	25,75	26,18	26,60	27,03	27,45	27,87	28,29	28,72	29,14
700	29,14	29,56	29,98	30,40	30,82	31,23	31,65	32,07	32,48	32,90	33,31
800	33,31	33,71	34,12	34,53	34,94	35,35	35,75	36,16	36,56	36,96	37,36
900	37,36	37,76	38,16	38,56	38,96	39,35	39,75	40,14	40,53	40,92	41,31
1.000	41,31	41,70	42,08	42,47	42,86	43,24	43,62	44,00	44,38	44,76	45,14
1.100	45,14	45,52	45,89	46,27	46,64	47,01	47,38	47,75	48,12	48,48	48,85
1.200	48,85	49,21	49,57	49,94	50,29	50,65	51,00	51,36	51,71	52,06	52,41
1.300	52,41	52,75	53,10	53,45	53,79	54,13	54,47	54,81	55,15	55,48	55,81
1.400	55,81	–	–	–	–	–	–	–	–	–	–

8. Constantes dieléctricas y densidades nominales de los combustibles

Tipo de combustible	*Constante dieléctrica K*			*Densidad D (lbs/gal)*		
	Temperatura en °C					
	+55	0	–55	+55	0	–55
91/98	1,914	1,990	2,066	5,636	6.025	6,414
100/130	1,912	1,991	2,070	5,597	5,988	6,379
115/145	1,895	1,971	2,047	5,517	5,913	6,308
JP–1	2,071	2,145	2,219	6,493	6,835	7,177
JP–3	2,017	2,098	2,179	6,100	6,464	6,827
JP–4	2,007	2,083	2,159	6,160	6,520	6,880

9. Dimensiones de las cajas ATR estándar ARINC

	Volumen aproximado (pulg.^{3})	*Anchura (pulg.) ±0,03125 pulg.*	*Longitud (pulg.)*	*Altura máxima (pulg.)*
1/4 ATR corta	215	2,250	12,5625	7,625
1/4 ATR larga	335	2,250	19,5625	7,625
3/8 ATR corta	340	3,5625	12,5625	7,625
3/8 ATR larga	530	3,5625	19,5625	7,625
1/2 ATR corta	470	4,875	12,5625	7,625
1/2 ATR larga	725	4,875	19,5625	7,625
3/4 ATR corta	720	7,50	12,5625	7,625
3/4 ATR larga	1.120	7,50	19,5625	7,625
1 ATR	1.510	10,125	19,5625	7,625
1 1/2 ATR	1.295	15,375	19,5625	7,625

Notaciones típicas de presión (P), temperatura (T) y velocidad de rotación (N)

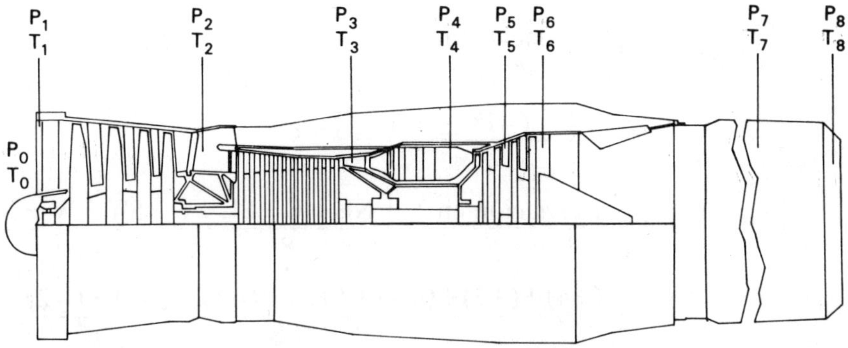

0.–Ambiente. 1.–Entrada. 2.–Entrega del compresor de baja presión. 3.–Entrega del compresor de alta presión. 4.–Entrada de la turbina. 5.–Salida de la turbina de alta presión. 6.–Salida de la turbina de baja presión. 7.–Escape. 8.–Tobera de impulsión.

Soluciones a las preguntas

8.6. $$\text{Coeficiente } B = \frac{\text{Desviación en este} - \text{Desviación en oeste}}{2}$$

$$= \frac{+4-(-2)}{2} = \frac{+6}{2} = +3°$$

$$\text{Coeficiente } C = \frac{\text{Desviación en norte} - \text{Desviación en sur}}{2}$$

$$= \frac{+4-(-1)}{2} = \frac{+5}{2} = +2{,}5°$$

$$\text{Coeficiente } A = \frac{\text{Desviación en N} + \text{NE} + \text{E} + \text{SE} + \text{S} + \text{SW} + \text{W} + \text{NW}}{8}$$

$$= \frac{(+4)+(+2)+(+4)+(+3)+(-1)+(-2)+(-2)+(0)}{8}$$

$$= \frac{+8}{8} = +1°$$

11.4(*b*). $40\ °\text{C} = 40 + 273{,}15 = 313{,}15\ \text{K} = \dfrac{40 \times 9}{5} + 32 = 104\ °\text{F}$

11.5. $77\ °\text{F} = (77 - 32) \times \dfrac{5}{9} = 25\ °\text{C}$

11.7(*a*). $R_T = R_1 + R_2 + R_3 = 20 + 15 + 40 = 75\ \Omega$

11.7(*b*). $\dfrac{1}{R_T} = \dfrac{1}{R_1} + \dfrac{1}{R_2} + \dfrac{1}{R_3} = \dfrac{1}{8} + \dfrac{1}{12} + \dfrac{1}{7} =$

$$= 0{,}125 - 0{,}083 + 0{,}143 = 0{,}351$$

de modo que

$$R_T = \frac{1}{0{,}351} = 2{,}847\ \Omega$$

El voltaje aplicado es 24 voltios; por consiguiente, de la expresión $I = V/R_T$, la corriente que circula en el circuito en serie es 0,32 A, y en el circuito en paralelo, 8,424 A.

11.8. Para un circuito en paralelo que contenga solamente dos resistencias,

$$R_T = \frac{R_1 R_2}{R_1 + R_2} = \frac{20 \times 45}{20 + 45} = 13{,}84$$

11.9(*b*). El área de sección transversal del hilo es

$$a = \frac{\pi}{4} \times 0{,}08^2 = 0{,}00503 \text{ cm}^2$$

La resistencia es $R = \rho\, l/a = 1{,}7 \times 10^{-6} \times \dfrac{1.200}{0{,}00503} = 0{,}406\ \Omega$

Indice alfabético

D

E

F

G

H

I

J

L